Studien zur politischen Begriffsbildung
in Deutschland
während der preußischen Reform

Der Begriff der öffentlichen Meinung bei Stein, Arndt und Humboldt

Von

Ruth Flad

Berlin und Leipzig 1929

Walter de Gruyter & Co.

vormals G. J. Göschen'sche Verlagshandlung — J. Guttentag, Verlagsbuchhandlung
Georg Reimer — Karl J. Trübner — Veit & Comp.

Gedruckt mit Unterstützung der Philosophischen Fakultät
der Universität München

Druck von Walter de Gruyter & Co., Berlin W 10

Vorwort.

Die vorliegende Arbeit versucht sich auf einem Gebiet, das methodisch für nicht ganz ungefährlich gilt: sie untersucht das politische Denken einer bestimmten, in sich sehr differenzierten Gruppe von politischen Köpfen — Stein, Humboldt und Arndt — während einer an Bewegungen aller Art überreichen Epoche — ca. 1790 bis 1821 — und zwar zunächst scheinbar ganz isoliert und nicht, indem sie dies Denken sogleich aus allgemeineren geistesgeschichtlichen Zusammenhängen entwickelt oder ihnen einordnet. Vielmehr ist zunächst versucht worden, den eigentümlichen Gehalt und Wandel eines bestimmten Begriffes — den der öffentlichen Meinung — in philologischer Arbeit festzustellen mit Hilfe soziologischer Kategorien, (deren Anwendbarkeit freilich immer problematisch ist) und unter beständiger Vergegenwärtigung der historischen Bedingungen, unter denen dieser Begriff mit spezifischem Sinn erfüllt und entwickelt wurde. Es ergeben sich dabei Aufschlüsse über die inneren Ursprünge und Konflikte des allerfrühesten deutschen Liberalismus, die seine spätere äußere Entstehungsgeschichte hoffentlich ergänzen. Denn die politische Begriffsbildung dieser individuell so verschiedenen Köpfe kann ein wenig gezeigt werden in der Verbindung und Wirkung auf das allgemeine politische Denken jener Jahre, das zwar noch nicht Klarheit und Stoßkraft, aber doch eine unterirdische Wirksamkeit gewonnen hatte.

Die Schilderung der unmittelbaren geistig-politischen Umgebung, die Charakteristik des Begriffs von öffentlicher Meinung, wie ihn preußische Reformer oder andere geistesverwandte Köpfe ausbildeten, endlich die Einordnung in den größeren politischen und geistesgeschichtlichen Zusammenhang ergab sich zwar während der Arbeit, konnte aber nicht mehr zur Darstellung gebracht werden.

Der Versuch dieser engsten Geschichte eines Begriffes — er mag immerhin leicht angefochten werden — entstand als Münchener Dissertation auf Anregung Professor D. Dr. Paul Joachimsens, dem ich auch an dieser Stelle meinen aufrichtigen Dank sage, und unter dem Einfluß des Studiums bei ihm, Herm. Oncken und Friedr.

Meinecke. Der Fürsprache der Herren Referenten Geh. Rat Oncken, Prof. Joachimsen und Günter danke ich auch die Unterstützung der Philosophischen Fakultät der Universität München für die Drucklegung der Arbeit. Die Literatur ist bis zu diesem Zeitpunkt verfolgt worden, machte aber eine wesentliche Änderung des bis zum Juni 1928 niedergeschriebenen Textes nicht nötig.

Leipzig, im März 1929.

R. Flad.

Inhaltsverzeichnis.

Seite

Einleitung 1

I. Teil. Das Material.

A. Der Begriff der öffentlichen Meinung bei Stein 7

I. Die ö. M. des preußischen Staatsmannes Stein . . . 7

Bis zur Katastrophe 1802—06 S. 7 ff. — Während der Reform 1806—08 S. 10 ff.

II. Eine ö. M. als Steins letzte Hoffnung im Exil 1808—12 19

Die Insurrektionsideen von 1808 S. 19 ff. — Theoretische Besinnung über Wesen und Quellen der ö. M. 1810 S. 26 ff. — Erziehung der ö. M. zur Insurrektion notfalls auch gegen die eigenen Regierungen 1810—12 S. 31 ff.

III. Die deutsche ö. M. bei Stein während der Befreiungskriege und in seinen deutschen Verfassungsplänen 1813—1815 39

IV. Steins revolutionäre und konservative Auffassung von ö. M. nach 1815 44

ö. M. im Kampf um die Bundesakte und um die Länderverfassungen in Deutschland S. 44 ff. — ö. M. in der Außenpolitik S. 47. — Neue Erkenntnisse über ö. M. beim alten Stein, dem Landtagsmarschall von Westfalen S. 48 ff.

B. Der Begriff der ö. M. bei Arndt 52

I. Vorbereitung des Begriffes 52

In den Schriften der Frühzeit 1801—06 ist ö. M. ein soziales und persönliches Problem für Arndt S. 52 ff. — Begriff einer politischen Meinung der Bürger in der Verfassungsutopie von 1802 S. 57 ff. — Begriff der »Meinung« in den Fragmenten zur Menschenbildung S. 61 ff. — Die »Meinung« ein politischer Faktor im Geist der Zeit II, 63 ff.

II. Ausbildung des nationalen Gedankens in der Notzeit 1806—12 (Geist der Zeit I—III) 64

Die Quellen für den später entwickelten Begriff der ö. M.: Zeitgeist und Volksgeist S. 64 ff. — »Volk«, »öffentlicher Geist« und preußischer Staat (1810) S. 66 ff. —

Seite

»Meinung« und Volk in den Fantasien und Ansichten, Aussichten der deutschen Geschichte (1812/13) S. 71 ff. —

III. Die ö. M. und der Publizist Arndt im Jahre 1813.. 76

Arndts persönliche Stellung zur ö. M. S. 77 ff. — Doppelte Mittel gegenüber der ö. M. S. 79 ff. — Der Rückzug S. 82.

IV. Arndts Begriff der ö. M. in den Kämpfen um die innere Umgestaltung Deutschlands 83

Die revolutionäre Wendung (1814) S. 85 ff. — Die passive nationale ö. M. als geistiges Band S. 91 ff. — Wiederauftauchen des Begriffs »Meinung«, die liberale Meinung des Jahrhunderts S. 93 ff.

V. Arndts Begriff der ö. M. während der Verfassungskämpfe in Preußen 1815—21 95

Das konkrete politische Problem einer ö. M. in Preußen nach 1815 S. 96 ff. — Analyse des Geistes der Zeit IV (1818): *Idee, Meinung der Zeit* und *ö. M. Deutschlands* S. 98 ff. — Arndts persönliche Tragik: Die ö. M. kann ihn nicht retten S. 104 ff.

C. Der Begriff der ö. M. bei W. v. Humboldt 107

I. Vorbereitung des Begriffes 107

Wenig vorbereitende Begriffe 108 ff. — Negatives persönliches Verhältnis zur ö. M. in Humboldts Frühzeit S. 111.

II. Entstehung des politischen Begriffs durch die Praxis des preußischen Staatsmannes 1808 ff. 113

Persönliche Stellung Humboldts gegenüber Bürokratie und Publikum — Einfluß des Amts (Zensur, Erziehungswesen).

III. Die ö. M. des Diplomaten Humboldt 1813—15 120

Das persönliche Erlebnis des Volkes 1813 S. 120 ff. — Die volonté nationale in der Außenpolitik S. 123 ff. — Die deutsche ö. M. in der deutschen Frage S. 124 ff.

IV. Auseinandersetzung Humboldts mit der ö. M. in Preußen nach 1815 praktisch und theoretisch (Febr.-Denkschrift 1819) 131

Kritik, Rücksicht gegenüber der ö. M. vor der Reaktion S. 131 ff., in der Reaktion S. 145. Ideen des Ausgleichs in der Verfassungs-Denkschrift S. 139 ff. — Gegensatz und Zusammenarbeit Humboldts und Steins für den Begriff einer ö. M. S. 149

II. Teil. Darstellung des Begriffs.

A. Die Träger der ö. M. 150

Einleitung. Methodisches. Die Kategorien der Untersuchung: »Gemeinschaft und Gesellschaft« 150

Seite

Die Entwicklung des Begriffs von den Trägern der ö. M. 155

I. Die universale ö. M. 155
Sie wird getragen von Zeitgenossen, Europäern (um 1800), von den Guten (1810/14 ca.), von den Liberalen Europas (um 1815 ff.).

II. Die ö. M. der Regierten, des Public 165

III. Die Eine ö. M. der deutschen Nation 168
Nation wird begriffen als Gemeinschaft der Zukunft S. 170 ff. — Ihre natürliche Gliederung S. 177. — Ihre nationalethische Führerschicht, die Gebildeten S. 181. — Der Eine große Führer S. 185.

IV. Auflösung der nationalen Einen ö. M. in Deutschländ nach 1815 187
Die Nation ist politisch keine Gemeinschaft S. 187 ff., sie ist sozial keine Gemeinschaft mehr; steigende Bedeutung der intellektuellen Schichten in den Verfassungskämpfen S. 191 ff. — Noch keine Parteien S. 194 ff.

V. Die gesetzlich in der Verfassung organisierte Ö. M. Steins und ihre berechtigten Träger 195
Verhältnis von Gemeinschaft u. Ständen S. 196. — Das Interessenprinzip bestimmt Steins Träger der ö. M. 199. — Hb.s Organisation ständischer 6. M. 207. — Das passive Wahlrecht, Organe der ö. M. S. 209.

B. Die Funktion der ö. M. 213
Einleitung. Ethisch-politische Doppelaufgabe der ö. M.

I. Normative und regulative Bedeutung der universalen Meinung 214
Sie ist passiv, ohne spezifisch politische Funktion S. 215. — wirkt versöhnend S. 217. — kritisch S. 218. — hemmt rein passiv auch innenpolitisch die Gewalt S. 220.

II. Anwendung der normativen und regulativen Funktion auf das politische Leben, gegen Napoleon 222
Die europäische Meinung wird aktiv S. 222. — Die ö. M. im Einzelstaat S. 223. — Rückblick auf die Funktionen des Public, Kritik und Information S. 224. — Aufgaben der nationalen ö. M. S. 226. — Neue Normgebung S. 228. — Darstellung der Einheit S. 230. — Das Richteramt der ö. M. und seine Entwicklung nach 1815 S. 335 ff.

III. Leistungen der nationalen ö. M. für die nationale Politik 241
für die Außenpolitik S. 242 — für den Reichsneubau S. 246. (Keine Lehre für die neue Einheit).

IV. Leistungen der ö. M. für die Freiheit 251
Die ö. M. vertritt die »gesetzliche Freiheit« der Verfassung

Seite

als Weg zur deutschen Einheit — als Schutz des Geistes — zur Verhinderung der Revolution.

V. Funktionen und Kompetenzen der organisierten Ö. M. im Staat 255

Die neue Norm in Preußen S. 255. — Verfassungsrechtliche Konsequenz der Kompetenzen der Ö. M. S. 259. — Diese sind Beschwerde, Information, Kontrolle, gegründet auf Interessenvertretung — Verwaltung und Gesetzgebung S. 262. — Teilnahme an der Legislation (Vorschlag, Beratung, Beschluß) S. 265. — Steuerbewilligung S. 267. — Beschwerde, Ministerverantwortlichkeit S. 269. — Wechselwirkung zwischen freier und organisierter ö. M. S. 272. — Die einigende Funktion ist von der ö. M. im Staat auf die Regierungen übergegangen S. 272.

III. Teil: Die psychologischen Voraussetzungen der politischen Begriffsbildung.

Einleitung 275

A. Stein. 278

Das Grundproblem.

I. Der Mensch und sein Handeln 279

Ethische Zielsetzung, Wirklichkeitssinn. Kontroverse über Universalismus und Nationalismus.

II. Die politische Ideenwelt 292

Kontroverse über das Verhältnis zu den Ideen von 1789 Steins Liberalismus u. reformatorischer Konservatismus.

III. Die rationalistische Denkweise 306

IV. Ergebnisse für die Bildung des Begriffs ö. M. 312

B Arndt.

I. Der Mensch 315

Patriot, Volksmann, Individualist, Wissenschaftler; der politische Mensch S. 324, Staatsverkündiger und Interpret Steins.

II. Die politische Ideenwelt 326

Verhältnis zu Stein, zur Zeit des histor.-eth. Liberalismus. Historische Denkweise S. 331, protestantische Unterbauung S. 334, Abgrenzung gegen die Romantik S. 337.

C. Humboldt.

I. Der Mensch 341

Der Individualist und seine Bekehrung. Zwischen Idee und Wirklichkeit S. 346.

II. Die politische Ideenwelt 349

Nur biographische Bedeutung? — Hb.s Liberalismus. Der individuell deutsche Staat S. 354. Das Werden S. 356.

III. Ergebnisse für den Begriff ö. M. 358

In dem kleinen Sammelband »Deutscher Geist und Westeuropa« [1]) hat Ernst Troeltsch die westeuropäische und die deutsche politische Denkweise einander gegenübergestellt und Entstehung, Wesen und Wirkung des bestehenden Unterschiedes zu verdeutlichen, zu erklären, vielleicht auch zu bewerten gesucht. Er beginnt mit der Deutung der beiden alten, das westeuropäische Denken bestimmenden Begriffe Naturrecht und Humanität und stellt fest, daß »die deutschen Begriffe demgegenüber die neuen, modernen, unausgearbeiteten, welthistorisch unbewährten und theoretisch unfertigen« sind. Sie entstammen, wie das gesamte deutsche politisch-historisch-ethische Denken »den Ideen der romantischen Gegenrevolution, die in Staat und Gesellschaft „das organische" Ideal eines von sehr antibürgerlichem Idealismus erfüllten ästhetisch-religiösen Gemeingeistes aufzurichten unternahm und dann aus diesem Ideal heraus die deutsche Staatslosigkeit durch die Bildung eines es verkörpernden starken Einheitsstaates zu überwinden suchte«. Nach einer Charakteristik dieser deutschen Ideenwelt [2]) aber fügt Troeltsch hinzu: »Das Schicksal hat ihr keine unbefangene... Entwicklung vergönnt, nur einige der Großen des Zeitalters der Befreiungskriege konnten in ihr wirken und denken, aber ihre Grundideen blieben« und »rauschen heute wieder überall allmächtig auf« [3]).

Es wird deshalb immer eine besonders reizvolle Aufgabe sein, die politische Ideenwelt jener wenigen Großen zu untersuchen, die den deutschen Staatsgedanken am reinsten gedacht und für ihn zu handeln versucht haben. Und es ist von vornherein klar, daß in ihrem Denken, das Troeltsch sehr mit Recht eben nicht als politisches, sondern als ein historisch-ethisch-politisches charakterisiert, Begriffe jenes alten, allgemein-europäischen Denkens eine neue Färbung, einen andern Sinn annehmen werden. Gerade an der Umwandlung solcher alter Begriffe im Sinn und Zusammenhang des spezifisch deutschen Staatsgedankens kann dessen Wesen beleuchtet, bestätigt werden und wiederum der Unterschied zwischen »deutschem Geist und Westeuropa«.

Einer der markantesten und zugleich problematischsten Begriffe gerade des westeuropäischen politischen Denkens, der in diesem eine lange und eigenartige Geschichte hat, ist der der öffentlichen Meinung. Betrachtet man die — durchaus aus westeuropäischer Denkweise ab-

[1]) Nach Troeltschs Tod erst erschienen, Tübingen 1925, S. 5 ff.

[2]) S. 14—17.

[3]) S. 18.

geleitete — Behauptung von Tönnies [4]), daß öffentliche Meinung die soziale Willensform sei, die auf der rationalistischen Stufe der »Gesellschaft« an die Stelle der Religion trete, eine rationalisierte Religion verkörpernd, mit eben deren Anspruch auf Allgemeingültigkeit der von ihr geschaffenen Moral, so scheint die innere Verwandtschaft der politisch-moralischen Ideologie Westeuropas mit diesem Begriffe auf der Hand zu liegen. Umgekehrt bleibt in der »Entwicklung des deutsch-romantischen Denkens zum heutigen historischen Realismus« für einen solchen Begriff der öffentlichen Meinung nur ein geringer Raum.

Umso wichtiger mag es sein, daß der Begriff oder vorsichtiger das Wort »öffentliche Meinung« im Sprachschatz des Kreises der preußischen Reform ziemlich oft auftritt. Es wird hier bei drei Vertretern des deutschen Staatsgedankens aus der Zeit der Befreiungskriege daraufhin untersucht: in welchem Sinn sie dieses Wort anwenden, welche Einflüsse oder welche gegebenen Umstände der Einführung dieses Begriffs in ihre Gedankenwelt wohl zugrunde lagen, und ob sie zu einer selbständigen deutschen Fassung dieses Begriffs vorgedrungen sind: bei Stein, Humboldt und Arndt.

Herbert Jordan [5]) hatte 1914 gemeint: »Wirklichen Sinn konnte diese Zusammensetzung öffentliche Meinung bloß haben zu einer Zeit, wo das Volk noch eine ungebrochene Einheit im Denken und Fühlen darstellte oder wo doch wie in der Romantik der Begriff einer einheitlichen... Volksseele allgemein geläufig und gebräuchlich war.« Für Tönnies aber ist die öffentliche Meinung eine Willensform, die einer soziologischen Entwicklungsstufe entspricht, auf der die unmittelbare elementare Einheit der »Gemeinschaft« aus dem Bewußtsein ihrer Glieder verschwunden ist zugunsten eines atomisierten Bewußtseins der Einzelnen, die sich als Einzelne erst wieder willkürlich zur Gesellschaft zusammengefunden haben oder dies wähnen; zu einer sozialen Verbindung, die nicht mehr durch Einheit des Fühlens, sondern durch die ratio, die für alle verbindliche Vernunft, zu einem sozialen Willen kommt, zu dessen Formen — wie auch die Konvention — die öffentliche Meinung gehört. Grundsätzlich legt Tönnies seinem Begriff der öffentlichen Meinung eine soziologische Struktur unter, die dem romantischen Denken fremd, ja verhaßt ist. Vielmehr beruht das romantische Denken auf dem Begriff der Gemeinschaft, die das innige Zusammen ihrer in Würde und Dienst natürlich-verschiedenen Glieder bedeutet, die als ein Ganzes tausend verschiedene Gruppen, Familie und Sippe, zum individuellen Volk zusammen-

---

[4]) Ferdinand Tönnies, Kritik der öffentlichen Meinung, 1922. Gemeinschaft und Gesellschaft, 1. Auflage, 1889.

[5]) Zitiert bei Tönnies, Kritik der öffentlichen Meinung, S. 132.

schließt. Dem romantischen Gemeinschaftsbegriff hatte die Klassik noch den besonderen Begriff der Individualität unterbaut, so daß das deutsche historisch-politische Denken auf der Verbindung beider Ideen zum Begriff der Volksindividualitäten beruht (Friedrich Schlegel, Wilhelm v. Humboldt, Hegel.)

Was Troeltsch in einem Nebeneinander von Westeuropa und deutschem Denken sah, betrachtete Tönnies als ein Nacheinander der Entwicklung und zwar der soziologischen Entwicklung oder besser des Bewußtseins von ihr, indem er die »Gemeinschaft« als die frühere Stufe bezeichnete, der notwendig — bei bestimmten wirtschaftlichen, sozialen und geistigen Veränderungen — die Stufe der »Gesellschaft« folge. Troeltsch's »romantisches deutsches Denken« würde also eine Rückbesinnung auf eine frühere Stufe bedeuten und eine »Reaktion«, vielleicht eine »schöpferische Reaktion«[6]) der sozial-ethisch-politischen Begriffe? Und die Annahme des Begriffs öffentliche Meinung oder des Worts öffentliche Meinung aus dem Sprachschatz einer bereits zu rein rationalistisch-gesellschaftlichem Denken vorgeschrittenen Nation, — der Franzosen des 18. Jahrhunderts — wäre eine der Rezeptionen, oder eine Konzession der deutschen Denker an die tatsächlich bestehende Entwicklungsstufe oder an die »gesellschaftliche« Struktur des Daseins im 19. Jahrhundert?

Der Historiker kann das lebendige historische Leben und auch das Denken der Vergangenheit nicht nur zwischen zwei polaren Gegensätzen betrachten, auch nicht, wenn sie als Entwicklungsstufen gedacht werden; die lebendige Wirklichkeit auch der Vergangenheit spielt zwischen ihnen. Die bestehende soziale Struktur Deutschlands um die Wende vom 18. zum 19. Jahrhundert ist keineswegs als Gemeinschaft oder Gesellschaft zu bestimmen, und die geistige Struktur ist jedenfalls nicht die rein rationalistische wie sie der »Gesellschaft« entspricht, sondern durch die gewaltigen »Gegenrevolutionen« der Klassik und Romantik gegen den Rationalismus des 18. Jahrhunderts in ihren Tiefen verändert. Ob nun der Begriff öffentliche Meinung in deutschem Denken wirklich nur mit dem einer gesellschaftlichen Willensform zur Deckung gebracht werden kann, erscheint doppelt fraglich. Einmal, indem er der geistigen Lage zwischen 1800 und 1820 entspringt, ist er von diesen Gegenrevolutionen betroffen, ja von ihnen mitgeschaffen und gebraucht. Um die Charakteristik dieses historischen Begriffs der »öffentlichen Meinung« soll es sich handeln[7]).

[6]) So hat ein moderner Dichter, Rudolf Borchardt, die Leistung der Romantik gepriesen.

[7]) Seine »Richtigkeit« oder »Klarheit« kann nicht am Maß des von Tönnies 1922 systematisch aufgestellten Begriffes öffentliche Meinung gemessen werden, das wäre so unhistorisch gedacht als möglich.

Aus Sprachschatz und Denkweise der Zeit und aus der Lage der Politiker muß das Wesen ihrer »öffentlichen Meinung« gefunden werden. Denn zum anderen wird öffentliche Meinung hier untersucht als ein politischer Begriff, geschaffen und gebraucht im lebendigen Wechsel politischer Forderungen des Tages, nicht sorgsam systematisch aufgebaut, sondern Mittel im Kampf um die nationale Selbstbehauptung, der das Denken und Handeln Steins, Arndts und zeitweise auch Humboldts ausfüllte. »Damit wir während des Kampfes einen ordentlichen geregelten Einfluß auf Deutschland ausüben« [8]) — dazu brauchen sie die öffentliche Meinung. Im Kampf gegen die napoleonische Macht, an dem sie mit Kraft der Hingabe an ganz verschiedenem Platz und unter ganz verschiedenen Voraussetzungen, doch in demselben Sinne teilnahmen, erfuhr jenes Wort Pascals seine tiefe Bestätigung: La force est la reine du monde et non pas l' opinion; mais l' opinion est celle qui use de la force [9]). Wenn dieser Glaube der Anlaß sein mochte, daß auch die öffentliche Meinung eine bedeutsame Rolle im politischen Denken jener großen Kampfjahre spielte, so lag ihre andere Bedeutung darin, daß auch in diesem Begriff mitausgefochten oder aus-gedacht werden mußte, »wie sich das autonome Leben der verschiedenen Stufen der Individualitäten vom Individuum bis zum Staat herauf mit ihrer gegenseitigen Abhängigkeit von einander vertragen kann« [10]), indem in der öffentlichen Meinung die Kraft individueller Überzeugungen und gemeinschaftlichen Willens beide auf den Staat bezogen und in ihm fruchtbar werdend gedacht werden sollten; wobei das Ineinanderströmen dieser Kraftrichtungen ebenso schwer zu denken wie zu schaffen war und als ein Teil der gesamten Reform aufgefaßt werden kann, die eben das Ineinanderfügen dieser Kräfte zum Ziele hatte. In dieser Reform war das Problem nicht nur der Konflikt zwischen Individualität und Volksgemeinschaft, sondern auch der Konflikt zwischen Individualität und Staatspersönlichkeit. Vom Staate aus gesehen war dies Problem nur: wie konnte man die Kräfte der Nation für den Staat gewinnen? »Man mußte sich entschließen, jene schlummernden Geister der Nationen, von denen bisher das Leben mehr unbewußt getragen wurde, zu selbstbewußter Tätigkeit aufzuwecken« [11]). Diesem Prozeß des Bewußtmachens entspringt auch der politische Begriff der öffentlichen Meinung. Aber ebenso sehr dem Prozeß eines natürlichen, politischen Bewußtwerdens

[8]) Humboldts Briefe an Caroline 19. 3. 15, Bd. IV, 498.

[9]) Pascal, Pensées, herausgegeben von E. Brunschwiek 1904, S. 303.

[10]) Meinecke, Weltbürgertum und Nationalstaat, S. 195.

[11]) Ranke, Die großen Mächte, Abhandlungen und Versuche 1872, Bd. I, 37.

der Geister, wie er für ganz Europa im Verfolg der französischen Revolution — auch da und dann, wenn sie bekämpft und gehaßt wird — in diesem Zeitalter gilt, das den Zeitgenossen schon als die ungeheure Zeitwende erschien und in dem jeder auf die Bedeutung des politischen Lebens aufmerksam wurde, das man nicht nur »für ein großartiges Schauspiel nehmen« könne. Dieses politische Bewußtwerden teilt sich in zwei Richtungen: das Erwachen des nationalen Bewußtseins und zwar des national-staatlichen in dem Sinn, daß die Erkenntnis wach wird, daß die Nation den Leib ihres Staates bedarf; die andere: das Erwachen des bürgerlichen Bewußtseins, daß jeder Einzelne am Leben im Staat teilnehmen will [12]); — es geschieht für zwei Aufgaben, für die Befreiung Deutschlands und für die Schaffung der neuen Einheit Deutschlands. Die Rolle der öffentlichen Meinung, auch für die zweite Aufgabe mitzuwirken, bringt die öffentliche Meinung in Gegensatz und Kampf gegen die Dynastien, die der Einheit widerstreben; und da die Dynasten zum größeren Teil napoleonisch statt deutsch gesinnt sind, so klafft alsbald auch in Deutschland der Riß zwischen öffentlicher Meinung und staatlicher Autorität, der endlich durch die Verfassungen der Territorialstaaten überbrückt werden soll. Im Kampf um Einheit und Freiheit nach außen und innen ist das Verfassungsproblem lebendig und der Begriff der öffentlichen Meinung erzeugt und verändert worden.

Im Dienst der Befreiung schien Ziel und Sinn der öffentlichen Meinung klar vorgezeichnet, aber nicht im Dienste der Einheit — dem eigentlich deutschen Problem — und noch weniger im Dienst der Freiheit — dem territorialstaatlichen Verfassungsproblem.

In den Verfassungsentwürfen Arndts, Steins und Humboldts aber findet sich, bei Stein und Humboldt an entscheidenden Stellen, der Begriff der öffentlichen Meinung. In Entwürfen, sagt Ranke, tritt das Planen, die eigentlichsten geheimsten Ideen am sichtbarsten zutage. In diesen Verfassungsentwürfen, darf man hinzusetzen, offenbart sich das politische Wollen jener Männer — vielleicht auch die politische Unfähigkeit, der Mangel an Einsicht in das Gegebene — am klarsten. Ursprünglich sollte die Untersuchung ihres Begriffs »öffentliche Meinung« nur aus diesen Verfassungsentwürfen entwickelt werden, nur an ihnen sich die politische Bedeutung ihres Denkens erhellen, der eigentümliche Unterschied zwischen westlich-demokratischem und deutsch-historischem Liberalismus. Aber es ergab sich, daß auf so enger Basis eine klare Schilderung der Entwicklung dieses

---

[12]) Wie die popularen Tendenzen sich mit diesen beiden Bewegungen des Bewußtwerdens verquicken, vgl. Ranke über die liberale Tendenz des 19. Jahrhunderts in W. Bd. 24, S. 236.

einen Begriffes nicht möglich war, daß diese Entwicklung lebendig und vielfältig ist, durch die historischen Geschehnisse bedingt, die das politische Denken bestimmen mußten. Deshalb wurde nach Möglichkeit das gesamte Material, das für Arndts, Steins und Humboldts politisches Denken bis zum Abschluß der preußischen Verfassungsreform-Versuche, also bis 1822 vorliegt, mit herangezogen, um die Entwicklung des Begriffes darzustellen. Da Arndts Publizistik durch die Demagogenverfolgung, Humboldts politische Tätigkeit durch seinen Abschied im Dezember 1819 abgebrochen wurden, da so ihre Bemühungen um eine preußische Verfassung sich durch den Sieg der Reaktion endgültig als gescheitert erwiesen, konnte man hier füglich einen Einschnitt machen [13]. Steins politisches Denken zeigt allerdings noch interessante Weiterbildungen in den folgenden Jahren der Tätigkeit in dem neuen Provinziallandtag Westfalens und unter dem Eindruck der Julirevolution. Doch konnte auch hierauf nur noch kurz hingedeutet werden. Die Tatsache, daß es diesen Männern nicht gelungen ist, der staatlichen »Wirklichkeit den Stempel ihrer Ideen« aufzudrücken — weder dem deutschen Bund noch dem preußischen Staat Friedrich Wilhelms III. — ist jedenfalls 1820 entschieden. Ob es an dem Wesen dieser Ideen selbst lag? Es ist üblich, mit Treitschke die Unklarheit der politischen und besonders der verfassungsrechtlichen Begriffe, ferner den Mangel an realpolitischem Blick und ein allzugroßes Vertrauen in die Macht der Ideen verantwortlich zu machen für das Scheitern jener Männer gegenüber den realen politischen Mächten der Militär- und Beamtenstaaten in Deutschland, in Europa. Die Erklärung scheint nicht genügend tief zu reichen. Auch haben sich im einzelnen schon viele dagegen gewandt [14], und vor allem haben die psychologischen und begrifflichen Analysen Meineckes und anderer gelehrt, die eigentümliche Struktur des deutschen Denkens jener Generation besser zu sehen, die zwischen zwei Zeitaltern im Kampf um die deutsche Selbstbehauptung stand. Wir glauben heute wieder an so gefährdeter Stelle zu stehen. Es ist eine Gegenwartsfrage, »ob wir den uns eigentümlichen Staatsbegriff erhalten und fortführen können oder selbst hier, im Zentrum unserer Selbständigkeit, den ausländischen Begriffen werden fronden müssen« [15].

---

[13]) Trotz Humboldts gelegentlicher bedeutender Äußerungen 1821, 23, 25, die noch flüchtig berücksichtigt sind.

[14]) A. W. Schmidt, Geschichte der deutschen Reichsverfassung 1812—15 für Arndt S. 122.

[15]) Otto Westphal in der Festschrift für Marcks in dem Aufsatz: Über die Entwicklung einer allgemeinen Staatslehre in Deutschland.

I. Teil: Das Material.

Der Begriff der öffentlichen Meinung bei Stein.

I.

Wenn es sich im folgenden zunächst handeln soll um eine Darstellung des Materials, das sich für den Begriff der öffentlichen Meinung bei Stein, Arndt und Humboldt findet, so muß vorausgeschickt werden, daß es dabei nicht angängig ist, ausschließlich das Wort öffentliche Meinung zu verfolgen. Die Tatsache, daß es sich eben um eine Begriffsbildung oder -Umbildung handelt, macht es erklärlich, daß der Sprachgebrauch sich nur langsam gefestigt hat; ja es fragt sich sogar, ob man seine Klärung überhaupt als Ergebnis der Entwicklung erreichen wird.

Für Stein kann ausgegangen werden von der Formulierung, die er in der Verordnung vom 24. 11. 1808 über die veränderte Verfassung der obersten Staatsbehörden niedergeschrieben hat [1]: »Der Hauptzweck der neuen Verfassung ist, alle Kräfte [2]) der ganzen Nation und des einzelnen auf die zweckmäßigste und einfachste Art für die Verwaltung in Anspruch zu nehmen«. Die Verfassung soll »den Fortschritten des Zeitgeists und dem neubestimmten Bedürfen des Staats dienen« [3]), und zwar, wie Stein, der geistige Urheber, wenn auch nicht mehr Unterzeichner dieser Verordnung, kurz vorher es an Friedrich Wilhelm III. formuliert: indem sie »aller Einsichten und Willen zur Hilfe der Regierung aufruft« [4]).

Dies aber ist nun das entscheidende Problem für Steins innenpolitisches Denken: Wie kann sich der Staat dieser »Einsichten und Willen aller« bemächtigen? Kann er es tun, indem er in ein unmittelbares Verhältnis zu jedem einzelnen tritt? Und wenn nicht, wie bildet sich etwas Gemeinsames aus diesen vagen Tausenden von Einsichten und Willen? Wie soll man es nennen? Im Namen läge schon ein Faßbarmachen, aber eben der Name schwankt in Steins Sprachgebrauch, der unsystematisch lebendig den gegenwärtigen Eindrücken gehorcht.

---

[1]) In der Gesetzsammlung der preuß. Staaten 1806—10, Berlin 1822; Verordnung vom 16. 12. 1808 von Dohna fast wörtlich ebenso S. 361.

[2]) Bei Dohna »die Geisteskräfte«.

[3]) Pertz II 689.

[4]) An den König 18. 10. 1808, Pertz II 261.

Die Zeit bot ihm manches Wort für die Bezeichnung geistiger Kollektivkräfte. Die Opinion publique, der Esprit public hatten sich seit der französischen Revolution eingebürgert in das deutsche Schreiben und Sprechen, dazu der »Zeitgeist«; neuerdings trat auch das Wort »Volksgeist« wiederholt auf [5]). Es überrascht, wie vielfältig der Wortgebrauch der Zeit ist, die erst langsam jede der Bezeichnungen mit einem bestimmten Inhalt zu erfüllen beginnt. Bei Stein erscheint am häufigsten die Bezeichnung »öffentlicher Geist« und »öffentliche Meinung«. Für welchen ihm gegebenen Inhalt suchte Stein diese Worte heranzuziehen?

Da findet sich zunächst, daß Stein ein treuer Beobachter der »Volksmeinung« oder »der Stimmung« der Münsterländer ist, als 1802 diese unter die preußische Herrschaft kommen [6]). Er anerkennt sie, ihren »Nationalstolz«, er begreift die allgemeine Niedergeschlagenheit der Annektierten [7]). Er sucht sie zu nutzen: »Die Richtung der öffentlichen Meinung« — der allgemeine Unwille gegen Österreich, das die Säkularisation geduldet hat — »ist der gegenwärtigen Landesverwaltung vorteilhaft« [8]). Bei der Verwaltung dieses plötzlich annektierten Landesteils [9]) stößt Stein — in der Praxis also — zum erstenmal auf die Notwendigkeit, Regierung und Regierte erst mühsam ineinander fügen zu müssen. In diesem Moment wird dem Verwaltungsbeamten die Bedeutung der populären Kräfte, sei es als Hemmschuh, sei es als Förderung der Regierung, klar, und er beginnt eben diese Kräfte aufzusuchen, ihre Äußerung und ihre Organisation: die öffentliche Meinung, die Stände.

Es kommt ihm dabei vor allem darauf an, um leichter zu regieren [10]), »das Zutrauen in der öffentlichen Meinung« [11]) zu gewinnen, selbst dadurch, daß man »keine Gesetze geben« wird, »ohne von

---

5) Vgl. Meinecke, Weltbürgertum und Nationalstaat, 6.° Kap. 9, Anm. 2, S. 221.

6) Pertz I 235, 236.

7) Pertz I 286.

8) An Schulenburg, 2. 10. 1802.

9) Eines Teiles des ehemaligen Bistums Münster, der im Verfolg des Reichsdeputations-Hauptschlusses an Preußen fiel.

10) Pertz I 232; auch an Schulenburg 21. 9. 02.

11) 2. 10. 02 Pertz I 236. Mittel dafür sind: Die amtliche Belehrung über die Notwendigkeit der Annexion — also einer außenpolitischen Aktion der Regierung! —, die Schonung der lokalen Einrichtungen und Beamten P I 238, 243 und der lokalen wirtschaftlichen Interessen P I 254: die wirtschaftlichen Maßnahmen der Regierung sollen das Publikum »nicht genieren« und dem »Geist der Nation« angepaßt sein. Dabei geht aus dem Zusammenhang hervor, daß der »Geist« lediglich Stimmung und Ansichten der »Nation«, nämlich der westfälischen Provinzbevölkerung ist. »Nation« in diesem engen Sinne auch Pertz I 130 u. a.

der Zustimmung der öffentlichen Meinung überzeugt zu sein« [12]) — und diese öffentliche Meinung ist deutlich dabei für Stein die provinziale Meinung des besonderen, von ihm verwalteten Gebietes, die die Zweckdienlichkeit seiner Maßnahmen kritisiert.

Stein untersucht nun »den Geist der Bevölkerung«, der sich »selbst unter den Trümmern der alten Verfassung« erhalten hat; er findet, daß er durch gute Schulen auf stattlicher Höhe, voll Religiosität und Moralität ist und begleitet von einem erfreulichen »Vorrat von Kenntnissen und ordentlichem logischem Denken« [13]). Endlich aber hat der Westfale »Ruhe, Ordnungsliebe, Anhänglichkeit an Formen, Herkommen«, und das macht ihn zur Behandlung der Geschäfte in öffentlicher Versammlung besonders geeignet, mithin: zur ständischen Verfassung [14]).

Diese aber sichert das Zutrauen der Regierten zur Regierung; in der Aufrechterhaltung der alten Stände sieht Stein den Weg zur Gewinnung der öffentlichen Meinung; diese Institution gibt der Regierung die Möglichkeit, »die Eingesessenen mit Geist und Absichten ihrer Maßregeln bekannt zu machen, sich die Kenntnisse und Erfahrungen der großen Gutsbesitzer und .... Geschäftsleute zu eigen zu machen und zu benutzen, das Publikum immer in Verbindung mit der Landesadministration selbst zu halten« [15]).

In diesen Ständen ist für Stein das eigentliche Interesse des Landes am wirksamsten lebendig, da sie »durch Eigentum und Anhänglichkeit an das Vaterland« fest daran gekettet sind [16]), und sie sind »die Stimme der Wahrheit, welche zum Throne dringt, wohin die des einzelnen selten kommt« [17]).

So deutet man die historische gegebene Institution der Stände als Ausdruck einer geistig politischen Kraft, die in ihr liege.

Als Stein sich von der provinzialen Verwaltung der des Gesamtstaats zuwandte — als Minster des Steuer-, Bank- und Fabrikenwesens — sah er sich »vielen Tausenden« »verwalteter Menschen« gegenüber [18]), denen er sich, wiewohl sie zuweilen nur »Publikum« seiner Maßnahmen waren, doch verantwortlich fühlte ebenso sehr wie der Regierung. »Die allgemeine Stimmung« des Publikums, die sich gegen die Einführung des Papiergelds erklärt, sucht der Minister aus taktischen

12) An Sack 11. 9. 02. Lehmann I 262.

13) 6. 10. 02 an Frau von Berg Pertz I 242.

14) Pertz I 234; 241.

15) Lehmann I 252.

16) Besser als die landfremden Beamten. Lehmann I 259 (30. 10. 1804).

17) Auf Steins Eingabe hin Schulenburg an Friedrich Wilhelm III. über die Paderborner Stände Lehmann I 255.

18) An Sack, zitiert bei Hintze. Ges. Aufsätze III 80.

Gründen durch amtliche Belehrung zu besiegen [19]. »Die öffentliche Stimme« aber, die sich gegen die unverantwortliche Kabinettsregierung der Lombard und Haugwitz wendet, vertritt Stein selbst beim König mit der Forderung, daß dieser »den von uns (den Ministern) aufgefaßten Ausdruck der öffentlichen Stimme« hören müsse [20]. Diese entscheidende Verbindung zwischen verantwortlichem Minister und Öffentlichkeit gegenüber dem König paßt gut zu der eigentümlich »parlamentarischen« Auffassung, die Ranke schon aus Steins Denkschrift gegen die Kabinettsregierung [21]) herausgehört hat, und sie ist ein wichtiger Schritt zu Steins Auffassung einer öffentlichen Meinung. Nach der Katastrophe versicherte Stein Friedrich Wilhelm, daß er »des öffentlichen Zutrauens, ohne welches gar keine Rettung möglich ist«, auch für seine auswärtige Politik bedürfe; es könne nicht befohlen, es wolle erworben werden [22]).

Man sieht in bunter Folge alle möglichen Beziehungen zwischen Regierung und Untertanenpublikum geknüpft und benannt, ohne daß dessen Äußerung eindeutig gefaßt, diese Beziehungen in ein eindeutiges System gebracht wären. Ein solches aber scheint als Programm die für Steins innerpolitische Gedanken bezeichnendste und eindruckvollste Denkschrift aus dem Juni 1807 zu geben, als die Katastrophe Preußen und seine verantwortlichen Leiter auf die Kräfte dieses Untertanenpublikums für die Rettung des Staates verwies. Seine wesentlichsten Stützen, Heer und Bürokratie, hatten versagt oder schienen versagt zu haben. »Nun ist es«, schreibt Stein an Hardenberg am 8. 12. 1807, »wichtig die Fesseln zu brechen, wodurch die Bureaukratie den Auschwung der menschlichen Tätigkeiten hindert. Die Nation muß daran gewöhnt werden, ihre eigenen Geschäfte zu verwalten und aus diesem Zustand der Kindheit herauszutreten, worin die ... Regierung die Menschen halten möchte« [23]). Sie kann das nur in Form »zweckmäßig gebildeter Stände«, die den Staat »verstärken durch Kenntnisse und das Ansehen aller gebildeten Klassen« [24]); die

---

[19]) »Die Begriffe des Publikums sollen durch eine in der Stille zu veranlassende und zur autorisierende Schrift von der Notwendigkeit der Maßregeln... von der Güte der Absichten und Aussichten« überzeugt werden. 26. X. 05, Pertz I 310.

[20]) Vorstellung an den König, Pertz I 350 und 351.

[21]) 22. IV. 06. Ranke, Hardenberg V 369 ff. Lehmann I 403 ff. und unten 273.

[22]) Pertz I 566, 568. Erst Hardenberg rollt bewußt das Problem der Stellung des Königs »zur allgemeinen Meinung« auf: 30. 12. 1806. Pertz I 577. »Das königliche Ansehen« wird durch die Rücksicht auf sie nicht kompromttiert sondern vielmehr »erhöht«; »jene öffentliche Stimme« irre nicht.

[23]) Pertz I 415. Lehmann II 76.

[24]) Pertz I 427.

geeignet sind, »diese an den Staat zu knüpfen durch Überzeugung, Teilnahme, Mitwirkung, sie zugleich zu erziehen zu der Richtung des Gemeinnützigen«, weg von »sinnlichem Genuß und Hirngespinsten der Metaphysik«, »und in denen der Staat ein gut gebildetes Organ der öffentlichen Meinung erhalten wird, die man jetzt aus Äußerungen einzelner Männer oder einzelner Gesellschaften vergebens zu erraten bemüht ist«. »Ein lebendiger, feststrebender schaffender Geist und ein aus der Fülle der Natur genommener Reichtum von Ansichten und Gefühlen« wird durch die Aufnahme von Menschen des praktischen Lebens in die im Formelkram erstarrte Verwaltung des Staates eintreten [25]). Kommen die staatlichen Angelegenheiten der Provinzen nun nach Berlin. so sind sie »gehörig vorbereitet vermittelst der Verhandlungen mit den Landständen, mit dem Resultat der öffentlichen Meinung begleitet. Der Minister ist über die Schwierigkeiten, die sich der Ausführung entgegenstellen, belehrt [26]).« Dies bedeutet also praktisch eine Erleichterung der Arbeit der Behörden. Der wesentlichste Vorteil aber, den die Landstände der Regierung bieten, ist die Erzielung «des Gemeingeistes und des Geistes der Monarchie«. Mittel dazu ist »die Teilnahme der Eigentümer an der Verwaltung« [27]). »Sinken aber die höheren Klassen durch Weichlichkeit und Gewinnsucht, so treten die folgenden mit verjüngter Kraft auf« [28]). Indem sie Vermögen erwerben werden, werden auch sie »an das Interesse des Landes gekettet« und damit fähig, es auch im Staate zu vertreten [29]). So werden auch die niederen Klassen imstande sein, »das ehrwürdige Gebäude einer freien und selbständigen unabhängigen Verfassung zu erhalten«. Auch sie zu geben? Stein rühmt »die Wohltat einer von der Nation selbst gegebenen freien Verfassung« [30]), aber er selbst schlägt sie in der Nassauer Denkschrift so wenig vor wie eine Erklärung der Menschen- oder Bürgerrechte [31]). »Man muß die Menschen nach und nach an selbständiges Handeln — das ist die Verwaltung der eigenen Geschäfte im Staate — gewöhnen,

---

[25]) Pertz I 436.

[26]) Pertz I 431.

[27]) Pertz I 426.

[28]) Pertz I 433.

[29]) Am stärksten tut dies naturgemäß das »Corpus der großen Landeigentümer«, Pertz I 118, und soweit dies der Adel ist, vertritt er zunächst das Interesse des Landes. Ähnlich an Nassau-Usingen, 1804, wo der Adel als die Stütze der großen Monarchien betrachtet wird, Pertz I 259. Seine besondere Verpflichtung zum Staatsdienst wird auch bei Arnim empfunden, vgl. Brief an Stein, 1807, Pertz I 413.

[30]) Pertz I 433, 434.

[31]) Lehmann II 65.

ehe man sie zu großen Versammlungen beruft und ihnen große Interessen zur Diskussion anvertraut [32])«. Was das Ziel einer solchen Diskussion sein werde: die äußere Politik des Staats? oder die Schaffung der Konstitution? das bleibt dunkel.

»Ein aus der Fülle der Praxis gewonnener Reichtum von Ansichten und Gefühlen«, um Steins Worte zu brauchen, steckt in der Nassauer Denkschrift, die den geistigen Standort Steins bezeichnet am Vorabend seines kurzen aber entscheidenden Reformjahres. Man sieht, daß sich sein Denken um die eine Frage dreht: wie veredelt sich der Staat durch das Aufsaugen aller nationalen, materiellen und geistigen Kräfte? Wie veredelt der Staat aber wiederum diese Kräfte als nationale zu sittlich-politischen Kräften?

Ein Exponent dieser Kräfte schien ihm die öffentliche Meinung zu sein, deren Organ und deren Resultat er für den Staat wirksam zu machen suchte. Deutlich ist sie für ihn ein Kollektivgeistiges, das sich nicht aus Äußerungen einzelner fassen läßt, vielmehr ein Ganzes ist. Wenn er verlangt, daß Einrichtungen umso notwendiger getroffen werden müssen, je größer der Staat ist, damit Einheit in seiner Bewegung erhalten werde [33]), so wird man schließen dürfen, daß es gilt, auch solche geistige Zusammenfassungen zu finden, die eine Einheit auch geistig begründen und ermöglichen.

Was hielt Stein für die bestimmenden psychologischen Elemente der öffentlichen Meinung? Diese Vorfrage ist nicht leicht zu erledigen, da die Zeugnisse der verschiedenen Epochen viel Widersprechendes aussagen. Es erwies sich deshalb am besten, diese Zeugnisse, im Zusammenhang ihrer historischen momentanen Bedingtheit chronologisch vorzulegen. Auf die Epoche der reinen Verwaltung 1781 bis 1806 und der Reformzeit 1807—08 folgen die Insurrektionspläne, die hauptsächlich im Exil 1808—12 ausgebaut werden. Es schließt an die Epoche der Befreiungskriege und der deutschen Verfassungsentwürfe 1812—15 und endet mit den Kämpfen um die Länderverfassungen 1815—25 ca.

»Stimmungen«, »Begriffe des Publikums«, »Einsichten und Willen aller«, »frei ausgesprochene, sich wechselseitig bekämpfende Urteile der Menschen«, »die Stimme der Wahrheit, der freimütigen Beurteilung, des Unwillens«, »der allgemeine Unwille gegen Napoleon und gegen die deutschen Fürsten, die ihre und Deutschlands Ehre nicht sicherten«, »die Bewegung der Ideen und der Geister«, das »Bewußtwerden der Generation über das, was sie will«, all das bildet die öffentliche

---

[32]) An Hardenberg, Dezember 1807 bei Lehmann II 76.

[33]) Juni-Denkschrift 1807, Lehmann II 67.

Meinung, wie die wichtigste der Denkschriften über sie, jene aus dem März 1810 in Brünn sagt [34]). Diese öffentliche Meinung wird aber wenig früher, 1809 in Brünn, noch durchaus gleichgesetzt mit »dem Geist der Bevölkerung«, dem Geist, »der in dieser Monarchie herrscht« [35]) — der vortrefflich ist, weil er keine Ständeunterschiede macht in der gleichen Opferwilligkeit für den Staat und den Kampf gegen Napoleon —; mit dem »Geist der Nation«, der in Norddeutschland gut sei, d. h. antifranzösisch, der sich aber trotzdessen durch einen englischen Feldherrn nicht ausnutzen lasse [36]). Die Meinung wird aufgefaßt nicht als Verlautbarung einer Gesinnung, sondern als diese Gesinnung selbst. Deshalb bedarf sie nicht des Organs, sondern nur der inneren Einheitlichkeit. Diese scheint gegeben mit dem Begriff der Nation.

Nation ist zunächst einfach identisch mit Bevölkerung [37]). Aus dem Geist einer solchen Nation wird Nationalgeist erst durch die Reform, die »das Volk zum Nationalgeist« entwickeln will, den »Nationalgeist« erwecken will »auf dem Wege der Nationalrepräsentation allein« [38]) Diese soll das Organ der öffentlichen Meinung sein — öffentliche Meinung ist also Voraussetzung und Mittel für das Zustandekommen des lebendigen Nationalgeistes. Umgekehrt aber ist der Nationalgeist eine Voraussetzung für die besondere Bedeutung, die das Wort öffentliche Meinung für Stein seit 1809 empfängt.

Während seiner Reformen findet es sich nur sehr selten. Scharnhorst [39]) hat zu Clausewitz gemeint, »daß die Nation mit sich selbst bekannt werden« solle, und Steins Reformen geben ihr zunächst die Bekanntschaft mit ihren Interessen. Weiterhin aber soll die Teilnahme an der Verwaltung des Gemeinwesens die Kenntnis seiner Bedürfnisse und »Gemeinsinn« erregen und erhalten [40]), und eben dies spricht auch der Eingang des Gesetzes über die neue Städteordnung 19. 11. 1808 programmatisch aus [41]).

---

34) 1810. Pertz II 424, 428.

35) Pertz II 366, 367.

36) Pertz II 371 an Gentz, vgl. auch Pfuel unten S. 50.

37) Z. B. Pertz I 549, 552, 553, vgl. auch Hans Drüner, Hist. Vierteljahrsschrift 1924, S. 33.

38) Politisches Testament 1808, Pertz II 311 ff.

39) Pertz II 184; 27. 11. 1807.

40) Gutachten über den St. O. Entwurf Wilckens, 23. 7. 08, Lehmann II 479.

41) Gesetzsammlung S. 324, Pertz II 688. Über den programmatischen Charakter der Gesetzeingänge vgl. Meier II. Aufl., herausg. von Frd. Thimme, 1912, S. 119 und unten Kap. 2, 2.

Diese Lehre, daß man durch Teilnahme an der Verwaltung den Gemeingeist wecke, ist bei Stein grundlegend für alle Formen von Verfassungsplänen;

In der Städteordnung — wo Stein den einzigen Selbstverwaltungskörper einrichtete — wird von ihm zum erstenmal das Problem der Repräsentation gelöst. »Der Gesamtwille der Bürgerschaft« soll zum Ausdruck kommen. Unter Freys Einfluß wird er hier »nicht auf die Zunft- und Korporationsverfassung« gegründet; durch sie sei er nie zu erfahren [42]); vielmehr die Einzelmeinung und die aus ihr entstehende Wahlmeinung sind für das Wahlrecht entscheidend, nicht ein Korporationsgeist. Der Einzelmeinung des aktiven und des passiven Wählers wird selbständiges Recht zur Äußerung zugesprochen (§§ 120 Instruktion § 40; § 110) [43]). Doch wünscht Stein, der Aktivwähler solle auch »das Gefühl der Verantwortlichkeit gegenüber der öffentlichen Meinung haben« [44]), und will deshalb eine öffentliche Abstimmung. Altenstein dagegen will, daß jeder »seiner Überzeugung treu bleibe«, was in geheimer Abstimmung leichter geschieht. So wird das Problem des Verhältnisses von Einzel- zu öffentlicher und zu Wahl-Meinung in dem Kampf um das Wahlrecht zur Stadtverordneten-Versammlung im kleinen schon ganz durchgedacht. Nur die Frage nach der sozial-ständischen Verschiedenheit innerhalb der Wahlmeinung fällt da, wo es sich nur um den Bürgerstand handelt, noch weg [45]). Diese Bürger, nach Eigenbesitz mit dem Bürger- und Wahlrecht begabt, aber so daß »die Beschränkung des popularen Elements, die jede Repräsentation einschließt«, auf ein geringes Maß zurückgedrängt ist, sollen in ihrer Vertretung »die Stimme des Volks« schaffen [46]). Daß sie »nicht rein sei«, befürchtet Stein, sobald Offizianten (Beamte) zu Repräsentanten — oder lieber Deputierten, da dies besser entspreche [47]) — wählbar sind [48]). Es ist charakteristisch, daß die Sorge Steins um das Organ der öffentlichen

---

sie ist deshalb »ein dringend sich äußerndes Bedürfnis«. Immer gilt es, Gemeingeist, Teilnahme zu erregen und »ein Organ« zu geben, »das die Wünsche und Bedürfnisse der Untertanen dem Regenten vorlegt«, den »Gemeinsinn«, den »so achtbaren Bürgersinn«, zu entwickeln und zu nutzen. Gleichzeitig scheint eben dies auch wieder der »Wunsch der Bürgerschaft«, »gesetzliche Repräsentation und Teilnahme am städtischen Gemeinwesen« zu haben, dem die königliche Regierung sich gerne willfährig zeige. Pertz II 152, 242, 243, 657, 676, 683, 685. Kgl. Kabinettsorder 19. 11. 08, Pertz II 688.

[42]) Bericht über die Städteordnung 1. 11. 08, Pertz II 684.

[43]) Gesetz-Sammlung, S. 360.

[44] Kritik zum Entwurf, 23. 7. 08, Lehmann II 479, 480.

[45]) Über die abweichenden Ansichten Steins, wenn es sich um den Adel handelt, besonders 1816 ff., vgl. unten.

[46]) Lehmann II 476.

[47]) Lehmann II 469, Pertz II 676.

[48]) Stegemann aber fürchtet, daß die Abgeordneten »in die Hände von Demagogen« fallen könnten.

Meinung größer ist als die um ihre Organisation, ja den Prozeß des Zustandekommens einer öffentlichen Meinung überhaupt. Die Rückwirkung der Stadtverordneten auf die öffentliche Meinung wird beschränkt »auf die Erlaubnis zum Druck besonders wichtiger Angelegenheiten, die sich zur Publizität eignen« [49]), und ihrer Gutachten. Diese sollen das Interesse der Bürger anregen. Aber die Sitzungen sind geheim und entziehen sich also der Kritik Nicht-Verantwortlicher. Es ist für Stein bezeichnend: eine allgemeine, nicht verantwortliche, nicht organisierte öffentliche Meinung als solche hat keinen Platz noch Erwähnung in den Gesetzen gefunden. Wird ihr Zweck erreicht, die Belebung der Gemeinschaftsgesinnung und die ihr entsprechende Handlungsweise, die praktische Teilnahme am Gemeinwesen, so wird sich »die ganze Einwirkung des Staats beschränken auf die bloße Aufsicht«, daß nichts gegen den Zweck des Staats vorgenommen werde und die Gesetze befolgt werden [50]).

Diesem individualistisch-radikalsten Gesetz, dessen Formulierungen bekanntlich auch mehr Frey als Stein angehören, folgten die Pläne für die Provinzialstände und die Teilnahme ihrer Deputierten an der Verwaltung in den Regierungen (den ehemaligen Kriegs- und Domänenkammern). Diese Deputierten bedeuten wieder in doppeltem Sinne »öffentliche Meinung«. Sie »müssen das Vertrauen der Nation besitzen, mit ihren Wünschen und Bedürfnissen bekannt sein«, »überwiegenden Anteil nehmen an dem ganzen Vorrat der Ideen und Gefühle, die einer Nation gehören« [51]) — also in stärkerem Maße an ein Gemeinsam-Geistiges gebunden sein als an das bloße Interesse, das die Abgeordneten der kleinen städtischen Wählerschar berief [52]). Im Provinziallandtag nun wird man nach Diskussion und Abstimmung nach Köpfen [53]) »die öffentliche Meinung und ihre Wünsche« hören; ja man wird »nicht nur die öffentliche Meinung über diesen wichtigen Gegenstand [54]), sondern auch, insofern sie dafür sein möchte, die Modifikationen vernehmen, unter denen die Sache zulässig sein

[49]) Gesetz-Sammlung, S. 349, § 14 der Instr. u. § 40 ebd.

[50]) 8. 11. 08, Pertz II 685.

[51]) Lehmann II 517.

[52]) Doch ist auch für das provinzialständische aktive und passive Wahlrecht die Interessenbindung die Grundlage, denn »die Klasse der Eigentümer in der Nation sind unmittelbar an den Einrichtungen des Staats und deren Erhalt interessiert«.

[53]) Seit Dezember 1807 wünschte Stein diese für den ostpreuß. Landtag. »Der Hauptnutzen der Beratung und der Stimmfreiheit« liege darin, daß jede persönliche »Meinung nach der Überzeugung« herauskomme. 31. I. 08 Pertz II 166.

[54]) Es handelte sich um Freiheit des Bodenbesitzes, Abschaffung der Lehngüter und der Fideikommisse.

möchte« [55]). Zu dieser Mitwirkung bei der Reformgesetzgebung wird der provinzialständische Abgeordnete aber nach Steins Meinung besser befähigt, wenn er auch in der Regierung mitarbeitet, wenn auch nur — und das ist wichtig — unter halber Verantwortlichkeit (§ 21). Dabei wird der ständische Deputierte dann mehr als Glied des staatlichen Ganzen, denn als Vertreter seiner Wähler und als Kritiker des staatlichen Betriebes aufgefaßt [56]). § 22 verbietet ihm, die Verwaltungsmaßregeln in die Presse mitzuteilen, sie dort zu kritisieren; § 18 aber erhofft, daß er in der Regierung Vorschläge machen werde, und »sich selbst von der Rechtlichkeit und Ordnung der öffentlichen Staatsverwaltung näher überzeugen und diese Überzeugung in der Nation gleichfalls erwecken und befestigen« werde, also eine Art beifällige öffentliche Meinung erzeugen werde, die die staatliche Verwaltung bejaht auf sein Urteil hin. Der Staat gewährt so zunächst praktischen Einblick an seine Bürger, da sie »noch so wenig gewöhnt« seien, selbst zu handeln, »so wenig mit ihrem eigenen Interesse, ihren eigenen Angelegenheiten, ihrem Standpunkt... bekannt« seien [57]).

Dann erst, wenn Landgemeinde-, Städte- und Provinzialverwaltung diese Gewöhnung geschaffen haben, könne man gesetzgebende Reichsstände für Preußen einrichten. Und dann erst, wenn die ständischen Dissonanzen überwunden sind, wenn durch Zusammenarbeit die adeligen, bürgerlichen und bäuerlichen Deputierten »se seront un peu plus amalgamées, on formera un corps législatif« für den Gesamtstaat [58]). Denn »die Teilnahme der Nation an der Gesetzgebung und Verwaltung bildet Liebe zur Verfassung, eine öffentliche richtige Meinung über Nationalangelegenheiten und die Fähigkeit, bei vielen einzelnen Bürgern, die Geschäfte zu verwalten« [59]). In dem Corps législatif wird die Nation »ein gesetzliches Organ ihrer Meinung« haben, und ohne ein solches glaubt Stein an keine Resultate der Reform. »Was soll dies liefern? Leeres Geschwätz«:

---

[55]) Antworten an Schroetter 13. 7. oder 27. 8. 08 Königsberg; Lehmann II 308.

[56]) Pertz II 665, 676 »Sie sollen wirklich als Offizianten, nicht als Volksrepräsentanten handeln«. Vgl. ebenso »Amalgamierung« der Repräsentanten mit der Verwaltungsbehörde in Hardenbergs Rigaer Denkschrift bei Ranke, Bd. IV, Beilage 27, S. 123. Vgl. auch Meineckes Kritik an Steins Plan, Boyen I, 177. Die spätere Entwicklung Steins widerspricht diesem Plan völlig; Humboldts Februardenkschrift 1819, § 4 u. § 53 kennzeichnet sie am stärksten: die ständischen Selbstverwaltungskörper haben dort volle Verantwortlichkeit, unter Aufsicht der Regierung. Jede Verbindung mit der Bureaukratie fehlt.

[57]) Lehmann II 521.

[58]) An Alexander v. Humboldt, 26. I. 08, Lehmann II 521 Anm.

[59]) Vgl. A. Stern, Abhandlung und Akten. S. 152. Pertz, Gneisenau Bd. I 401.

so lautet sein Verdammungsurteil über seine preußischen Nachfolger 1809, als sie seine Reform nicht weiterführten [60]). Daß Stein 1808 dies Organ wollte, kann, obwohl seine eigenen Pläne nicht erhalten sind, nicht bezweifelt werden[61]).

Aber in der Nassauer Denkschrift 1807, die wir zum Ausgangspunkt nahmen, hatte eben Stein die öffentliche Meinung in den ständischen Selbstverwaltungskörpern und Provinzialständen, aber nicht in der Gesamtstaatsvertretung gesetzlich organisiert [62]). Aus Interesse, Einsicht, praktischem Geschäftsgeist, sittlichem Gemeingeist setzte sich bisher wesentlich seine öffentliche Meinung zusammen; politische »Wirksamkeit verknüpft mit mehr Responsabilität« [63]) sollte ihr gegeben werden. Dies erfüllten die dezentralisierten Organe der öffentlichen Meinung, vom kleinen Kreise her angefangen, vollauf. Nun kommt aber ein Neues hinzu, das »die öffentliche Meinung, die der König dem preußischen Staat durch Reichsstände verschafft«, charakterisiert [64]): sie wird den Staat zusammenfassen, sich von den Lokalinteressen loslösen, einen höheren Gemeingeist darstellen. Beispiel für Vincke ist England, »wo wirklich Nationalrepräsentation und eine öffentliche Meinung besteht« und den Staat »trotz eines abgelebten Regenten« allein gegenüber dem moralischen Übergewicht Napoleons aufrecht erhält.

In praxi besteht nun ein Widerspruch darin, daß Stein mit Niebuhr in der öffentlichen Meinung die »des unverdorbenen Volks« und der »Gutgesinnten«, besonders der liberalen Bürokratie in Preußen, entgegen der Meinung der alten Feudalstände und der altpreußischen Bürokratie sieht,[65]) andrerseits aber doch in den Äußerungen der Stände, wie sie noch bestehen, einen Teil der öffentlichen Meinung wenigstens kennen lernen will, etwa in dem — durch Zuziehung bürgerlicher

---

[60]) 31. 10. 09 an Sack, Lehmann III, 29.

[61]) Daß der Nation und ihrem Urteil »wenn nicht Souveränität, so doch die Regulierung des öffentlichen Wesens und eine staatsbildende Kraft« damals von Stein zugesprochen wurde, das hat Lehmann sehr stark betont schon bei der Darstellung der April-Denkschrift 1806, die in Preußen eine »Staatsverfassung« vermißte. Lehmann I 409 cf. dagegen v. Meier, Französ. Einflüsse II, 379 ff. vgl. unten.

[62]) Lehmann II 65 ff.

[63]) Pertz II 292.

[64]) So Vinckes Denkschrift 1808 bei Pertz Denkschriften, S. 4. Für die Reichsstände-Pläne sind wir auf Vincke und Rhedigers Entwürfe und Steins Gutachten dazu, Pertz, Gneisenau I 397, angewiesen.

[65]) Ranke a. a. O. IV, 124 hat die Stellung Steins zwischen Repräsentation und vorhandenen Ständen so gedeutet: »Der Sinn der Minister Hardenberg, Altenstein ging nur dahin, für den unvermeidlichen Kampf mit den Ständen in den Repräsentanten eine Hülfsmacht zu gewinnen. Urheber der Idee ist Stein«.

Gutsbesitzer reformierten — Ostpreußischen Generallandtag von 1808 [66]). Die Rücksicht, die er zuweilen auf die in den Ständen geäußerte Meinung nimmt, [67]) lehnt er bei Einführung der Städteordnung ab: »Die Macht des Vorurteils und der Gewohnheit« soll die Schritte der Regierung nicht aufhalten; was »durch Gewohnheit und Alter in den Meinungen vieler geheiligt, soll weggeräumt werden«, und die Vernehmung (der Bürgerschaften) bei Einführung der Städteordnung würde überhaupt »großen Aufenthalt verursachen und bei dem jetzt so sehr geteilten Interesse der Bürgerschaften sicher viele unnütze Weiterungen zur Folge haben« [68]); d. h. Steins Geduld gegenüber der organisierten öffentlichen Meinung, die er vor sich hat, ist erschöpft [69]). Ihm bleibt nur das Vertrauen, daß »zweckmäßige Neuerungen mehr Popularität geben als Beibehaltung des Alten« [70]); das erstere »wünscht und erwartet die große Masse der Nation, das letztere einige Volksabteilungen, z. B. Adel und Beamte«.

Dieser vagen, noch nicht organisierten Masse des Volks gegenüber hält es die Regierung auch in der Reform für angemessen, »die Ansichten (über die Städteordnung) durch einen eigenen Aufsatz in der Berliner Zeitung aufzuklären« [71]), »der Öffentlichkeit die Grundsätze der zukünftigen Verwaltung bestimmt öffentlich auszusprechen«, ehe Stein abging, und zwar in der Königsberger und Hamburger Zeitung. Von dieser Öffentlichkeit aber erklärten die Männer der Immediatkommission (Schön, Stein u. a.) »ohne Umschweife« dem Monarchen, daß sie, die öffentliche Meinung, die Abschaffung von Oper und Ballett erfordere [72]); auf ihren Beifall zum Gesetz über Alienabilität der Domänen rechneten sie [73]), von ihrer Rücksicht auf sie sprechen sie häufig. Es ist offenbar, daß die Träger dieser öffentlichen Meinung auf theoretischem statt, wie die Wähler und Gewählten der Stände,

---

66) Dieser wird von Stein in seiner Lebensbeschreibung, Pertz VI, Beilage, als Stände bezeichnet, war aber nach Lehmann II 298 und von Meier II 367 (französische Einflüsse), Organ der ritterschaftlichen Kreditgenossenschaft Ostpreußens.

67) Pertz II 166.

68) Pertz II 244, 266, 687.

69) Niebuhr, Pertz II 84, 83, 4. I. 08 meint: »Durch offizielle Schriften« entkräfte man den Geist der Frondeure oder — nur einen Schritt weiter — man »zertrete ihn durch gebietenden Ernst«.

70) Zu seinen Nachfolgern Januar 09, Lehmann II 54.

71) Pertz II 154, 11. Februar 08.

72) 11. 8. 1807, Lehmann II 136.

73) Pertz II 65, ähnlich Schön, Lehmann II, 502 bei Aufhebung des Zunftzwanges u. a.

auf praktischem Weg, belehrt werden und wiederum die Regierung zu beeinflussen suchen. Ihr Organ sind nicht die Stände selbst, sondern das Wort, die Presse, die »Stimmung« und ihr Ausdruck nicht in politischen, sondern auf Politik bezogenen Handlungen und Reden. Und das ist nun das Entscheidende: auf diese öffentliche Meinung setzte Stein seine Hoffnungen, als man ihm die Möglichkeit, Organisationen im Staat für den Staat zu schaffen, genommen hatte.

II.

Auch in seinen außenpolitischen Handlungen hatte Stein Rücksicht auf den Beifall der Nation genommen, hatte den König zu solcher 1805 und 1806 ermahnt [74]). Beim Abschluß der französisch-preußischen Konvention vom September 1808 forderte er, daß sie der Nation bekannt gemacht werde, denn man nehme »ihr Eigentum oder ihr Gut und Blut in Anspruch« [75]). Eben damals ging Boyen so weit, die öffentliche Meinung eines preußischen Landtags über die auswärtige Politik gewissermaßen entscheiden lassen zu wollen [76]), denn die Nation werde, so meinte Stein, »Erbitterung und Verachtung gegen die Regierung« an den Tag legen, die sich jetzt abhängig von Napoleon gemacht habe [77]). Das heißt, es kam so, daß man die Organisation der öffentlichen Meinung, die sich zuletzt als Nationalrepräsentation über den kleineren Volksvertretungskreisen erheben sollte, von innen her noch nicht geschaffen hatte, als man sie unter dem Druck der Not der auswärtigen Entscheidungen für eine unmittelbare Teilnahme an ihnen vermißte. Wie Gneisenau es drei Jahre später sagte: gewiß ist die Berufung einer Nationalrepräsentation »nicht zu dieser Zeit« geeignet, »es fehlt uns hiezu an Einsicht und noch mehr an öffentlichem Geist; ... nur eine Frage gibt es, wofür man Stellvertreter der Nation zusammenberufen könnte, nämlich: wollt ihr das Unerschwingliche an den Feind zahlen oder fechten?« [78]) Aus dem Kriegssteuerbewilligungsrecht der Stände einerseits, aus der Notwendigkeit, an das vaterländische Ehrgefühl zu appellieren andrerseits, konnte die Regierung tatsächlich sich genötigt sehen, Stellvertreter der gesamten preußischen Bevölkerung zu berufen. Aber auch wenn sie es nicht tat,

---

74) Pertz I 204. Vgl. auch 1805 den Wunsch nach publizistischer Vorbereitung des Krieges durch Johannes von Müller; 1806 beruft sich Stein wiederholt auf die Stimme der Nation gegen Haugwitz' Politik. Siehe oben S. 10.

75) An den König 12. 10. 08, Pertz II 248, 250.

76) Meinecke, Boyen I 199 ff.

77) Ähnlich Scharnhorst, 14. 10. 08, Pertz II 256.

78) Pertz II 578, 1811.

schien es Stein zweifelhaft, ob die Regierung einer so unpopulären Sache wie einem französisch-preußischen Bündnis das Eigentum ihrer Untertanen opfern dürfe; so wenig wie der Zar, dem ebenso die antinapoleonische russische öffentliche Meinung einen Krieg mit Napoleon gegen den Westen unmöglich machen werde [79]. Es ist nicht nur bedeutsam, daß Stein eine unpopuläre auswärtige Politik selbst im despotischen Staat für nicht angängig hält, sondern auch, daß er bei der Berechnung der außenpolitischen Situation überhaupt die öffentliche Meinung anderer Länder mit in Rechnung setzt.

Mit ihr aber meint er wiederum etwas anderes als die Einsicht in die ständischen und staatlichen Interessen, Gemeinsinn und öffentlichen Geist, wie er sie in seinen Reformen erzielen will und wie sie — wie ja auch Gneisenau meinte — die notwendige Bedingung für das Wirksammachen der öffentlichen Meinung für das Leben des Staates sind. Diese öffentliche Meinung quillt vielmehr aus elementaren Gefühlen und wird durch mündliche und schriftliche Beeinflussung mehr als durch die Errichtung von Institutionen gefördert. Schon der Minister vom Stein hat sich ihrer zu bedienen gesucht für den Kampf des Staats gegen den Feind; auf dem unverantwortlichen, indirekten, geheimen Weg der Beeinflussung, auch wenn er weiß, daß er sie nicht in gesetzlichen Organen einfangen kann, erregt Stein »die Erbitterung Deutschlands und will auf die Menschen wirken« [80]. »Nur indem man den Geist der Völker in Aufregung und Gärung versetzt, kann man sie zur Entfaltung aller ihrer moralischen und physischen Kräfte bringen« [81]; allerdings nur »unter günstigen Umständen wird die Regierung diesen Geist benützen können«, denn sie steht ja unter feindlicher Kontrolle. Dem König selbst schlug Stein noch im August 1808 vor [82]: »Man muß gewisse Ideen über die Art, wie eine Insurrektion zu erregen und zu leiten, verbreiten und beleben... man muß die Nation mit dem Gedanken der Selbsthülfe, der Aufopferung vertraut machen«. Durch königliche Proklamationen solle man auf den Krieg hinwirken [83]. Friedrich Wilhelm III. lehnte das selbstverständlich ab. Jener Brief an Wittgenstein wurde Stein zum Verhängnis: die Franzosen fingen ihn auf und Napoleon ließ ihn im Moniteur — also vor der öffentlichen Meinung Frankreichs, ja Europas — veröffentlichen. Zugleich ächtete er Stein. Selbstver-

---

79) Pertz II 215, 30. 8. 08 an Friedrich Wilhelm III.

80) An Wittgenstein, 15. 8. 08.

81) An Goetzen, Hassel I 550.

82) 11. 8. 08, Pertz II 201.

83) Denkschrift an den König, 18. 9. 08, Pertz II 228; ebenda 247, 265. Aufruf Süverns.

ständlich konnte dieser nicht an der Spitze Preußens bleiben und ging ins Exil. Es war vielleicht schwerwiegender für ihn, daß er nicht nur die begonnene Reform fremden — und wie sich bald zeigte unfähigen — Händen übergeben mußte, sondern daß auch seine politischen Freunde seine Insurrektionsbestrebungen mißbilligten [84]). Sein Nachfolger Altenstein aber schrieb an Hardenberg: »Unter allen Maßregeln scheint die Bearbeitung des Volks und die Hineinziehung desselben in die Sache die gefährlichste«, und Hardenberg selbst warnte davor in seiner Denkschrift aus Braunsberg 12. 11. 1808 [85]).

Um wieviel mehr aber gewann gerade diese Maßregel für Stein an Bedeutung, als ihm nun die Hände gebunden waren, auf gesetzliche Weise etwas zur Erregung des Gemein- und des Nationalgeistes zu tun. Auf die Errichtung von Institutionen mußte er verzichten; er konnte sie höchstens durch Hardenberg oder durch Gentz der preußischen und österreichischen Regierung anraten. Aber der preußische Staat selbst war gebunden durch sein französisches Bündnis. Die Reform stockte zwei Jahre. Was die — unvollendete — Verfassung hätte tun sollen, mußte auf anderm Weg getan werden: Geist, Herz, Willen des Bürgers auf politische Dinge zu richten, wachzuhalten, während er am politischen Tun gehindert war. Seinen Nachfolgern im Amt wirft Stein vor, »daß sie nichts getan haben, um eine öffentliche Meinung zu erzeugen und der erzeugten Kraft und Wirksamkeit zu geben« [86]). In ihr aber sah er das letzte Mittel für den Widerstand gegen Napoleon.

»Diese verruchte Nation (die Franzosen) muß der öffentlichen Meinung unterliegen, wenn man diese recht aufreizt« [87]), schreibt er an Goetzen, den Parteigänger in Schlesien; »Napoleons System muß früh oder spät der öffentlichen Meinung und der Gegenwirkung gereizter Kräfte und gekränkter Gefühle unterliegen«, »diese öffentliche Meinung aufrecht zu erhalten, das Gemeine zu bekämpfen, ist die Pflicht und das Geschäft der Besseren unter den Zeitgenossen«. So wird es Steins Glaube und Steins Geschäft, während seines Aufenthalts in Brünn und Prag 1809—12 und dann an der Seite Alexanders; Stein selbst wird zum Führer und Vereinigungspunkt aller gegen Napoleon gerichteten öffentlichen Meinung. Und während er selbst sie zu schaffen sucht, ergrübelt er für sich, in seinen historischen Studien und staatswissenschaftlichen Betrachtungen die tieferen Gründe für die Rechtfertigung dieses Tuns.

---

84) Lehmann II 598, Anm. Niebuhr, Vincke u. a.
85) Hassel I 570, Abs. 10.
86) Lehmann III, 55 (aus Bassewitz I, 632).
87) Pertz, Gneis. I 503, 8. 6. 09 und Pertz II 475, 1810.

»Man muß die Tätigkeit vieler Menschen in Anspruch nehmen, die Leidenschaften aller Art reizen, damit das Schicksal aller an die Unternehmung gekettet sei« — dies ist die erste Forderung für die Erregung der Insurrektionsmeinung. Die Tätigkeit zu reizen [88]) gelingt den Institutionen, mit denen Stein auch noch im Entwurf für die Erregung der öffentlichen Meinung Norddeutschlands 1809 rechnet: er will liberale Communitäts- und Municipalverwaltung durch die englische Befreiungsarmee einrichten lassen [89]), er will eine Verwaltungssektion, die die Tätigkeit der Einwohner für die Beschaffung von Geld und Lebensmitteln für den Kampf in Anspruch nimmt [90]). Aber es ist die zweite Sektion; die erste Sektion »muß die der öffentlichen Meinung sein«. Ihre Mittel sind die Verbreitung von Flugschriften, Proklamationen, die »dem Geist der Nation entsprechen«, Predigten, tendenziösen Schriften über Spaniens Aufstand u. ä. [91]). Neben diese Einflußnahme durch das Wort treten auch Einrichtungen, »die durch Überredung und Zwang die Insurrektion fortpflanzen«; ferner Sitten, die die volkstümliche Gesinnung mit der politischen verbinden sollen: Prozessionen, Scheibenschießen, Turnen sollen dem »Aufreizen der öffentlichen Meinung« dienen. Zu dieser Propaganda, die die Gesamtheit der Bevölkerung unmittelbar zu beeinflussen versucht, gehört auch der Ausdruck der politischen Ziele oder Überzeugungen durch Symbole. Schon 1808 hat Scharnhorst in seiner Denkschrift »Für die Erhebung« (21. 8. 08) gesagt: »Der Krieg muß geführt werden für die Befreiung von Deutschland durch Deutsche. Auf den Fahnen des Landsturms muß dieses ausgedrückt sein.« Stein wollte nun eine Kokarde für das ganze Befreiungsheer [92]): schwarz-weiß-gelb, und ebenso die eine Fahne für die Truppen der verschiedensten deutschen Staaten. Ähnliches plante er für die deutsche Armee 1809, wo er sich bestimmte Symbole bildlicher Art für die Truppen dachte, neben bezeichnenden Namen und Farben. Derselbe Sinn für Symbolwirkungen läßt ihn dann im Februar 1813 für die ostpreußische Landwehr Nationalkokarde mit Kreuz als ihren Mützenschmuck vorschlagen [93]).

Denn nationale und religiöse Interessen sind es, die sie verteidigt.

Dieses Verständnis für Wirkung auf die Öffentlichkeit, und für

---

88) Pertz II 392, 8. September 1809.

89) Lehmann III 40 und 80.

90) Pertz II 374.

91) September-Denkschrift 1808 für Friedrich Wilhelm III.; an Goetzen 8. Juni 1809; im Juli und August 1809 Pertz II 377 und 379.

92) Pertz II 208 und Pertz II 393.

93) Lehmann III 239.

kollektivpsychologische Erscheinungen spricht sich auch aus in der Art, wie Stein seine Forderungen an diese Öffentlichkeit stellte: leidenschaftlich, streng, eher zu schroff als besonnen. Es ist Pflicht zu kämpfen; wer sie verletzt, ist des Todes schuldig »und verliert die Ehre« — nur eine solche Forderung rüttelt auf und reißt mit. Er besaß auch das Gefühl dafür, daß die öffentliche Meinung nur in bestimmtem einmaligen höchsten Spannungsmoment ergriffen werden kann; dieser muß mutig ergriffen werden [94]). Es lag Steins Fähigkeit, auf die Öffentlichkeit zu wirken, auch ein persönlich starkes Gefühl für sie als Richterin über sein eigenes Leben zugrunde. Beispiel sein für Zeitgenossen und Nachwelt, das war ihm eine Aufgabe höchster Verantwortlichkeit. Auch wenn sein Unternehmen der Insurrektion scheitern sollte, werde es die öffentliche Meinung einer künftigen Generation entflammen, erziehen [95]). Die seiner Zeit gilt als eine hohe Instanz über alle Zeitgenossen [96]). Er erlebte es, wie eben sein Sturz und die napoleonische Acht ihn vom Wirken ausschloß und ihm doch zu neuer Wirkung weithin verhalf.

Er ward »zum Führer aller Feinde Napoleons in der öffentlichen Meinung« [97]). Schon vorher war er zuweilen der Mann gewesen, dem die »öffentliche Meinung in Wetter« für sein Beispiel dankte; dem die deutsche öffentliche Meinung ihr Interesse wegen seines Briefs an den Herzog von Nassau-Usingen, der auch ein ausgesprochener Appell an sie war, zuwandte [98]); sie setzte sich in Bittschriften für seine Beibehaltung im Oktober 1808 ein und focht in der Presse den Kampf um seine Person gegen die französische Partei in Preußen [99]). Er selbst fühlte sich als Vertreter des Publikums, auf das seine Entlassung »einen so üblen Eindruck« machte, als er seine Kämpfe gegen die Kabinettsregierung ausfocht [100]). Weil man aber am Hofe betonte, daß er »das Vertrauen der Nation so lebhaft für sich« habe, konnte es leicht gefährlich oder demütigend für den König scheinen, wenn Beyme Stein aus diesem Grunde zum Minister empfahl: »Es ist aber jetzt mehr als je nötig, daß die Personen, die zunächst Eurer Majestät

---

94) Pertz II 377 und Pertz, Gneisenau Bd. I 440.

95) Ähnlich häufig z. B. Pertz II 475; Lehmann III 117.

96) Pertz II 559.

97) Pertz II 320; Gentz ebenda 331; Gneisenau ebenda 338.

98) September 1795, Pertz I 148; 1804 Pertz I 260.

99) Pertz II 241, 245, 264.

100) Pertz VI, 2. T., Beilage S. 162 in der Lebensbeschreibung vgl. oben S. 10. Bei Hintze, Gesammelte Aufsätze Bd. III 80 an Sack: »Der Beifall des Gewissens und der verwalteten Menschen ist besser als der eines Ministers«.

sind, die Opinion für sich haben« [101]). Auf die Beseitigung eben dieses Beyme, der die Opinion nicht für sich hatte, drang Stein, ehe er den Dienst antrat, und Friedrich Wilhelm III. mußte sich fügen. Kein Wunder, wenn ihm der Stein, der die Opinion bei ihm vertrat, gerade so fremd war wie der Stein, der als Staatsmann die öffentliche Meinung schaffen und sich auswirken lassen wollte.

Das Charakteristische für Stein ist, daß er selbst es liebte, nicht nur als Staatsmann, sondern auch in persönlichen Fragen vor dem Ohr der Öffentlichkeit zu verhandeln. Dem Offenen Brief gegen den Herzog von Nassau-Usingen folgte der Gedanke, »ob und in welcher Form er wohl den Druck der auf seine Dienstentlassung (vom 3. 1. 1807) sich beziehenden Aktenstücke im Auslande besorgen« solle [102]). Er ließ den Plan fallen wegen der Unruhe der Zeit. Immerhin — der Minister hatte die Öffentlichkeit über seinen Sturz aufklären wollen, gegen die eigene Regierung! Später kam es ihm nicht mehr so sehr auf Rechtfertigung über ein Vergangenes an [103]) als vielmehr auf Wirkung. Eben diese aber erreicht man »nicht bloß, wenn man ein eigentliches Geschäft macht. Man wirkt vielmehr durch Rede, Diskutieren, Raten, Tadeln und das — so sagt Humboldt zu Stein [104]) — das können Sie mehr als irgend einer ... da jedem Ihrer Raisonnements auch das aus dem Gemüt stammende Feuer Leben gibt«. Ebenso schildert Arndt die Wirkung Steins auf den Teil der öffentlichen Meinung, den die Salons ausmachen, im Herbst 1812 in den Kreisen der russischen Aristokratie: durch seine Rede und sein Wesen gab er dem Napoleon-Haß, dem Kriegswillen immer neue Kraft; von ihnen aus aber formten sich alle politischen Ansichten des Kreises um Stein.

Wirklich durch Rat und Rede auf eine große Masse der Bevölkerung zu wirken, durch die Presse nämlich, war Steins Sache allerdings nicht. Bei seinem überstürzten Ausscheiden aus dem Amt suchte er durch einen programmatischen Zeitungsartikel 29. 9. 08 die öffentliche Meinung quasi an sein Programm zu binden, dieses durch ihre Kenntnis zu sichern, (so wie das Politische Testament die

---

[101]) Pertz II 300, Friedrich Wilhelm an Stein; Oktober 1807, Lehmann II 108.

[102]) Nicht nur als Dokument zur Geschichte der Auflösung des preußischen Staates, sondern auch, um ihn persönlich »gegen die Verleumdungen der Klique zu sichern«. An Niebuhr März 1807, Pertz I 409. Noch der 72-jährige verteidigt sich gegen die albernen Gerüchte, er habe Montgelas oder Napoleon vergiften wollen, in der Presse. 1829 Pertz VI, T. 2, S. 792.

[103]) An Gentz, 7. März 09. So lehnt er das Memoirenschreiben ab: »Soll ich die Welt mit meinen Verdiensten unterhalten? So würde ich wenig Achtung für mich selbst haben«.

[104]) Teplitz, 4. 10. 13, Lehmann III 306.

Bürokratie an seine Pläne fesseln sollte). Die Redaktion des letzteren stammte wesentlich von Schön; später überließ Stein die Redaktion seiner Gedanken für die Einflußnahme in der Presse fast immer einem Mittelsmann [105]).

Das Entscheidende ist, daß ihm diese Einflußnahme notwendig erscheint, ja seit seinem Exil das letzte Rettungsmittel gegen die Übermacht. Auch auswärtige Ereignisse und Hilfen können für die österreichische Erhebung von 1809 erst dann von den größten Folgen sein, »wenn man die öffentliche Meinung erhebt und benützt« [106]). »Um die öffentliche Meinung zu gewinnen und zu befestigen, wird man die gutgesinnten Menschen aufsuchen und vereinigen müssen, man wird ihnen Anstellung ... verschaffen, ihre Tätigkeit leiten.« So wird die öffentliche Meinung durch die Einzelmeinungen zusammengesetzt und bearbeitet in einem individualisierenden Verfahren. »Man wird ferner durch Druck- und Flugschriften, Reden, Feierlichkeiten jeder Art die Leidenschaften aufreizen« — also in generalisierendem Verfahren. Man wird aber »die aufgereizten Leidenschaften« nicht völlig entfesseln. Vielmehr soll man zuvor die Organe des öffentlichen Geistes »untersuchen und sehen, wie sie zu benutzen wären, um auf die Volksmasse zu wirken, um sie als Werkzeuge zur provisorischen Verwaltung, als Aufsichtsanstalt gegen Egoisten und Furchtsame« zu nutzen [107]). »Leitung und Aufsicht über die öffentliche Meinung ist die Polizei des ganzen Geschäfts« — nämlich der Insurgierung Norddeutschlands mit Hilfe eines englischen Landungsheeres, die den österreichischen Krieg gegen Napoleon unterstützen und ganz Deutschland befreien soll. Die öffentliche Meinung bleibt, obwohl geleitet, doch bei Stein richtunggebend, ja eine höhere Instanz [108]): so wenn er an Oranien schreibt: »Es bedarf eines Vereinigungspunktes, um die öffentliche Meinung zu leiten und die vorhandenen Einrichtungen zum Aufstand zu verkitten ... um die Nation auf eine solche Weise zu behandeln, die ihrem Charakter und der Richtung, welche die öffentliche Meinung nehmen wird, angemessen ist« [109]).

---

[105]) Lehmann II 567 ff. Pertz II 241, Schön's Papiere, Bd. I 67 Anlage II 52.

[106]) Pertz II 371 an Gentz, 29. Juli 1809. Ähnlich stellt Stein den Kampf mit diesen Mitteln an Oranien dar.

[107]) Pertz II 373, 375.

[108]) Das bedeutet aber eine andere Auffassung der öffentlichen Meinung als jene, die Droysen an Bernadotte tadelt, wenn dieser zu Alexander meinte: »Benutzen wir die gute Gesinnung des Volks«, Droysen, Gesch. der Freiheitskriege II 615.

[109]) Pertz II 370.

In dieser Zeit des Exils begründet Stein seine Auffassung von Wesen, Wert und Entstehung der öffentlichen Meinnung auch theoretisch. Nur wenn man diese Äußerungen Steins beizieht, wird man verstehen können, warum er solch große Hoffnung auf sie setzt; warum er zugleich aus dem Widerspruch so schwer herauskommt, sie politisch als Geschöpf und als Schöpfer zu sehen, als Grund und als Folge, als Werkzeug und als Werk.

Eine doppelte Auffassung geht aus seinen historischen Betrachtungen hervor, die er 1810—11 über französische Geschichte, besonders über den Zeitraum von 1789—99 niederschrieb und die »politische Bekenntniswerke ersten Ranges« sind [110]). Da heißt es wiederholt über die Ursachen der Geschichte: die großen Ereignisse müssen entweder den großen Männern oder dem reinen Zufall oder der öffentlichen Meinung zugeschrieben werden. Betrachte man nun die Gegenwart — und nur deshalb betrachtet ja Stein seinerseits die Geschichte — so suche man freilich die großen Männer vergeblich, »aber wir dürfen mit Sicherheit auf die beiden andern Elemente rechnen« [111]). Was ist diese öffentliche Meinung? Sie ist die »Zunge des Gewissens der Menschheit« [112]), sie ist der Antipode des »Geistes des Bösen«, der Gewalt schlechthin [113]). Deshalb glaubt Stein an sie: »Dennoch glaube ich nicht, daß der Geist des Bösen triumphiert [114]); seine Herrschaft gründet sich nur auf Gewalt und Eigennutz. Die öffentliche Meinung steht ihr entgegen. ..« »Die Meinung bekämpft siegreich die Gewalt, die Herrschaft Napoleons steht in Widerspruch mit der öffentlichen Meinung, mit der Vernunft, sowohl mit denen eigennützigsten als mit den edelsten Gefühlen des Menschen, mit dem Gefühl für Recht und Wahrheit und Freiheit [115]).« Und nun bringt Stein Beispiele für die historische sittliche Macht der öffentlichen Meinung, die gewirkt habe »als Geistesdruck« gegen die Institutionen und gegen die Gewalt [116]). Heute sei die Kraft der öffentlichen Meinung geringer geworden, denn je mannig-

---

[110]) Erich Botzenhart in der Einleitung zur erstmaligen Veröffentlichung der »Geschichte des Zeitraums...« unter dem Titel »Steins Staatsgedanken«, 1926, zitiert als Botzenhart I.

[111]) Pertz II 439, 16. 4. 11 und II 444.

[112]) Botzenhart I S. 69.

[113]) Troppau, 2. 11. 09, Pertz II 408.

[114]) Napoleon ist der Böse schlechthin, die Inkarnation der »moralischen Verwilderung, der Entmenschung«. Pertz II 448.

[115]) Pertz II 426 ff., ähnlich 502.

[116]) Die päpstliche Herrschaft unterlag der öffentlichen Meinung, obwohl sie stärker war als die Napoleons heute, weil sie fester begründet war in jenem religiösen Zeitalter. Botzenhart I, S. 67 und 69.

faltiger eine Kultur sei, desto stärker fasse sich die öffentliche Meinung zu einer einheitlichen Kraft zusammen. Je stärker der Druck des Despotismus auf den Menschen laste, desto leichter sei sie verderbt, ihre Zunge gelähmt und spreche nicht mehr die Wahrheit. Schließlich sei ihr Verfall eine Erscheinung, die der Zerstörung des europäischen Völkerlebens im System des europäischen Gleichgewichts, auch der Zerstörung der freien Schiffahrt der Nationen parallel gehe. Die öffentliche Meinung erscheint also als eine universale sittlich-geistige Macht über dem Staaten- und Völkerleben und als eine Kraft innerhalb des politischgeistigen europäischen Gesamtlebens. Ihre Kraft erscheint sowohl gegenüber dem Papsttum als zu Beginn der Neuzeit gesteigert durch den wiederauflebenden »Geist der wissenschaftlichen und freien Untersuchung der Wahrheit«, durch die Denkfreiheit. So scheint öffentliche Meinung ein wesentlich rationalistischer Begriff, nahe verwandt mit sittlicher Vernunft, mit rationalisierter Religion, aber auch mit einem Gewissen der europäischen Staatengesellschaft fast im Sinne des 20. Jahrhunderts.

Sehr leicht aber bekommt bei Stein das Wort öffentliche Meinung ein negatives Wertvorzeichen. Kurz nach jener oben erwähnten Betrachtung über die Ursachen der weltgeschichtlichen Begebenheiten [117]) heißt es, diese Ursachen seien »Herren, Zeitgeist, Ereignisse«. Zweifellos ist Zeitgeist mit jener öffentlichen Meinung identisch. Dieser Zeitgeist aber soll jetzt »zweckmäßig vorbereitet und geleitet, durch Einrichtungen gelenkt« werden, durch ihn in der Nation »Gemeingeist und Kraftgefühl erregt und unterhalten werden«. Ohne Leitung nämlich bringe er so Furchtbares wie die französische Revolution hervor. Ihre entscheidende Ursache ist für Stein die öffentliche Meinung Frankreichs, der öffentliche Geist der Unwissenheit, des Dünkels, der Irreligiosität, dem er diesmal jene wissenschaftliche skeptische Denkfreiheit heftig vorwirft, da sie sich von der Religion und ihrer Offenbarung abwandte. Es war der Geist der aufgeklärten Pariser Salons, nicht die wirtschaftliche und soziale Not, nicht die fehlerhaften staatlichen Institutionen, der zur Revolution führte [118]). Ebenso spielen im historischen Überblick über die deutsche Geschichte in Steins September-Denkschrift 1812 für Alexander [119]) »die Bewegung der Gemüter, die öffentliche Meinung« eine besonders große Rolle. Geht so durch die geschichtliche Betrachtung Steins fast eine Überschätzung der Macht der öffentlichen Meinung oder des Zeit-

---

117) Pertz II 444. »Große Männer, öffentliche Meinung, Zufall«.
118) Botzenhart I 83, 120, 117.
119) Pertz III 141.

geists, so ist umso wichtiger, daß er sich bemüht, zuweilen diese einander entgegenzusetzen: der Zeitgeist gilt dann als unsittlicher rationalistischer Zeitdünkel, die öffentliche Meinung als sittlich bestimmte geistige Macht, modifiziert in ihrem Wesen durch den Charakter des Volks, bei dem sie zum Ausdruck kommt. In jedem Kapitel seiner geschichtlichen Betrachtungen untersucht Stein den »öffentlichen Geist«, ob er zu jenem, ob er zu dieser mehr neigt, aus welchem er mehr stammt.

Der Geist der Unzufriedenheit und Kritik von 1788—89 wird erklärt durch den Widerspruch zwischen Institutionen und »herrschenden Sitten und Meinungen«. Diese Meinungen können religiöse oder sittliche Grundsätze sein — so spricht Stein ja auch von den »besseren religiösen Meinungen« der Reformation [120]); sie können aber auch politische Ansichten sein, deren Beschaffenheit, besonders im Augenblick, da die französische Nation sich zur Verbesserung ihrer Staatsverfassung berufen sah, von den »entscheidendsten Folgen« war [121]). Und deshalb sind es hier auch die politischen Theorien, die die öffentliche Meinung, die im französischen Staat herrscht, erfüllen. Die Rousseausche Theorie lehnt Stein als »töricht« ab, denn — und das wird wichtig — »der allgemeine Wille eines zahlreichen Volks bedarf der Leitung der Veredelten aus ihm, eines Organs, und so bleibt immer das Problem, wie ein solches Organ einzurichten sei [122])«. Können die politischen Meinungen also falsch sein, so »der öffentliche Geist verwildert und zügellos« [123]). Beides traf auch in Europa außerhalb Frankreichs zu, sonst hätte die französische Revolution nicht »wirken« können. Auch in Deutschland war der öffentliche Geist durch die Aufklärung, besonders Friedrich den Großen, antireligiös — das ist für Stein dünkelhaft — und asozial, d. h. die Ständeunterschiede gaben Anlaß zu Reibung und Bitterkeit zwischen den Ständen, nicht etwa, weil diese Unterschiede zu groß, nein, weil sie durch die Masse des Reichtums und der Kenntnisse verwischt waren [124]). Dieser schlechte öffentliche Geist, diese falschen Meinungen aber sind bezeichnend für den Geist des Zeitalters, über den zu verzweifeln bei allen Denkern der Reformzeit in Deutschland üblich war. Man denke nur an die vernichtende Kritik, die Fichte am Zeitgeist übte.

Die Klagen über den »Geist der Persönlichkeit (!) und Weichlichkeit, Kleinlichkeit« waren schon dem jungen Stein 1792 geläufig;

---

[120]) Pertz II 444.
[121]) Botzenhart I S. 118.
[122]) Ebenda, S. 119.
[123]) Ebenda, S. 126.
[124]) Ebenda, S. 134.

»Genußliebe, Gleichgültigkeit gegen Meynungen und Grundsätze, Unheiligkeit« warf er ihm 1810 vor, Neigung zum Schwätzen und Schreiben statt Handeln 1811 [125]). »Verderbt« war er, »ohne Ehrfurcht für Religion und für den Regenten«, »ohne Gemeingeist«, mit »irregeleiteter öffentlichen Meinung« und »verunedeltem Nationalcharakter« [126]). Sollen aber »die liberaleren und edleren Grundsätze« wieder ihre Herrschaft erhalten, so muß durch Leitung der Erziehung, »durch die Nationen und die Regenten« »die öffentliche Meinung rein und kräftig erhalten« werden [127]). Sie ist also ursprünglich gut. »Als der gute Geist und die Vaterlandsliebe der noch unverderbten Nation« [128]) ist die öffentliche Meinung gut, weil sie »dem kräftigeren und frommen Sinn eines kindlichen Volks« entspricht. Diesem hat Stein schließlich im Mai 1813 zusammen mit Menschen und Umständen, also Herren und Ereignissen oder Männern und Zufall »die großen Ereignisse, von denen wir Zeuge sind«, zugeschrieben [129]).

In diesen Gegensatz zwischen intellektuell verderbtem Zeitgeist und »reiner öffentlicher Meinung« greift jener zwischen den Volksklassen. »Der Zeitgeist äußert sich besonders in den oberen Klassen so verderblich« [130]).

Die Frage bleibt offen, wie diese rein zu erhaltende öffentliche Meinung zum Ausdruck kommen kann; sie wird bei Stein kaum gestellt. Ebenso macht Stein sprachlich keinen scharfen Unterschied zwischen öffentlicher Meinung, öffentlichem Geist, Zeitgeist als bloßen Gesinnungen oder als Kundgebung solcher Gesinnungen. Er stellt tadelnd fest: die öffentliche Meinung »war geführt«, und zwar »durch Schriftsteller der Nation, die sich den äußeren Verhältnissen knechtisch anpaßten«; in Frankreich war sie irregeleitet durch Geistlichkeit (!), Adel und »ungebundene und eitle, verbrecherisch freche Schriftsteller, durch dreiste und rasche« Volksvertreter in der Assemblée nationale, durch Parteihäupter »mit metapolitischen Ideen« [131]). Sie hätte nicht Führer gebraucht, sondern »Männer, die den öffentlichen Geist beherrschten, ... indem sie zugleich die billigen Wünsche der Nation befriedigten«, Männer, die sich nicht auf das »Schmiegen

---

[125]) Pertz I 111, 113. Pertz II 428, 603.

[126]) Botzenhart I 135, 146 u. a.

[127]) Pertz II 428, 502.

[128]) Diese hatten die Auflösung Deutschlands trotz der unzureichenden Reichsverfassung von 1648 verhindert, die jetzt durch den schlechten Zeitgeist möglich geworden war. Botzenhart I 75, 76.

[129]) An Prinzeß Wilhelm, Pertz III 352.

[130]) Pertz II 428.

[131]) Pertz II 428 ff. Botzenhart I 83, 126, 129.

an die öffentliche Meinung« verließen [132]), wie Necker, der der Frechheit der Schriftsteller »nachgab« — deutlich wird hier öffentliche Meinung in einem abschätzigen Sinn wie sonst »Zeitgeist« gebraucht.

Im inneren Leben des Staats versteht Stein unter öffentlicher Meinung also eine Summe von praktischen Kenntnissen und Einsichten in die lebendigen Interessen des sozialen Körpers; dieser Begriff wird zusammengefaßt und ethisch-politisch bedeutsam gemacht durch die Gesinnung eines Gemeingeistes und bedeutet so eine echte öffentliche Meinung, die einen politischen Sinn in sich einschließt. Eine solche ist Ziel, ist Aufgabe und Ermöglichung der Reform. Im Völkerleben aber bedeutet öffentliche Meinung das Gewissen sowohl der europäischen Gesamtheit der Völker als das des eigenen Volkes. In diesem wird öffentliche Meinung zu einer spezifisch nationalen Gesinnung. Zuweilen wird auch der Antipode solcher Gesinnungen »öffentliche Meinung« benannt; diese ist dann eine aus dem rationalen Zeitgeist fließende, nur auf Politik bezogene allgemeine bloße »Meinung«. Stein mißt der öffentlichen Meinung in beiden Formen eine große historische Bedeutung bei, die sich auf ihre ethischen und praktischen Kräfte als reale politische Mächte bezieht. Nur widerwillig erkennt er in der öffentlichen Meinung eine Macht der Köpfe an, die weder Interessen- noch Gesinnungsvertretung ist. Es ist ihm schwer, in seinem ethisch-idealistischen wie in seinem praktisch-rationalen Welt- und Geschichtsbild eine logische Einheit zu schaffen. Aber für niemanden gilt mehr als für Stein, daß man, da er nun einmal nicht konsequent ist, den Menschen, seine Handlungen und seine Gedankengänge nicht als konsequente beurteilen soll [133]).

Stein läßt seine öffentliche Meinung sich entwickeln aus dem »öffentlichen Geist« im Staat [134]) und aus dem Nationalgeist in Deutschland. Beide bezeichnet er als »Gemeingeist« [135]). Durch dieselben Mittel, die eine öffentliche Meinung oder ihre Resultate für den Staat erzeugen sollten, — »Nationalrepräsentation, Erziehung und Leitung der Schriftstellerei — suche man einen öffentlichen und Gemeingeist zu bilden« [136]).

Neben ihm erscheint als Quelle für die öffentliche Meinung die

[132]) Botzenhart I 136, 131.

[133]) Auch bei Arndt wird das notwendig sein und selbst bei dem scheinbar immer gleichen und systematischen Humboldt. Vgl. dazu unten S. 281 ff.

[134]) Er verbindet den Bürger sowohl mit der Öffentlichkeit des großen politischen Lebens als mit dem seines kleinen Kreises, in dem die Selbstverwaltung den Gemeingeist erzeugt.

[135]) Vgl. Botzenhart I 81: der in Deutschland durch Ludw.g XIV. erregte »Gemeingeist«; er heißt P. III 141 »der von den Franzosen belebte Volksgeist«.

[136]) An Gentz 1809 Pertz II 373, 401.

Sittlichkeit aller Zeiten, aller Völker schlechtweg, und zuletzt die Richtung, der tiefere Sinn des Zeitalters. Daß dieser sich nicht oder verzerrt im Zeitgeist abspiegelt, ist der Fluch dieser besonderen Zeit. Ihr »fehlt die Richtung« [137]). Die öffentliche Meinung aber fühlt diese Richtung, drückt sie aus, und soll sich ihrer bewußt werden.

Die Verschmelzung der sittlichen öffentlichen Meinung und der politisch-wirksamen öffentlichen Meinung geschieht dadurch, daß die öffentliche Meinung national ist. Da für Stein die nationale Selbstbehauptung mit der sittlichen zusammenfällt [138]), so ist seine öffentliche Meinung zugleich nationalpolitischer und sittlicher Ausdruck, aus der Gemeinschaft erzeugter, politisch aktiver und sittlich-rationaler Faktor der Geschichte. In diesem Doppelwesen des Begriffs spiegelt sich die Eigentümlichkeit der preußischen Reform überhaupt: »die Vereinigung staatsbildender und geistbildender Macht« [139]).

»Aller Gemeingeist, aller Sinn für Wahrheit und Recht und jedes Gefühl der Selbständigkeit verschwand« — das heißt alle Grundlagen für eine öffentliche Meinung — das ist der wesentlichste Punkt der Kritik an Napoleon [140]). Er ist »eine Gewalt, welche alle Willen, alle Meinungen zusammendrückt« [141]).

Eben diese Gewalt bekämpfte Stein, indem er Wille und Meinung erregte. Seine Bemühungen um die Insurgierung blieben sowohl 1808 als 1809 erfolglos. Nun verfolgte Stein das Ziel langsamer, dauernder »Bewegung der Geister, der Ideen«. Seine Mittel werden dabei weniger volkstümlich, je mehr es auf dauernde Verbreitung einer politischen Gesamtgesinnung ankommt. Am verblüffendsten könnte wirken, wie Stein jetzt die Erziehung in die Hände »der aufgeklärtesten Männer«, die nationale Beeinflussung in die der Gelehrten legen will, ja dabei für Erleichterung der Zensur plaidiert [142]). All dies aber ist charakteristisch als Reaktion auf die geistig dumpfe und enge Atmosphäre Österreichs, in der er lebte. Dort schienen ihm Josephs II. Reformen gut gewesen zu sein, so fremd sie seinen eigenen Reformideen waren, weil sie Gärung und Bewegung in die Gemüter der Menschen und eine Entwicklung der Nationalkräfte gebracht

---

137) Pertz II 428.

138) »Nur einen Feind seiner politischen Selbständigkeit, seiner Sittlichkeit, seines Fortschreitens hat Deutschland...«.

139) Meinecke, Boyen Bd. I 164.

140) Lehmann, Bd. III, 102. Auch »Denkfreiheit« fehlt: Pertz III 44. »Eine unruhige, tyrannische, mißtrauische Polizei überwacht die öffentliche Meinung, Literatur, Briefwechsel, öffentliche Lehrstühle, alles ist ihr unterworfen.«

141) Denkschrift Wilna, Juni 1812, Pertz III, 69. Ähnlich Bd. II, 88, 447, 448 und versch. andere.)

142) Brünn, 9. 1.1810, Pertz II 422.

hatten [143]. Wollte Stein in Österreich eine öffentliche Meinung erziehen, einen »regen Unwillen, ein Streben nach Zerbrechen der Fesseln« entflammen, so mußten zuvor die Fesseln, mit denen Österreich die Geister ruhig hielt, gelockert sein [144]. Die Forderungen der Denkschrift aus Brünn März 1810 sind doch von demselben autoritativen Stein erhoben, der die öffentliche Meinung im Staat erzeugt, erzieht, die verwilderte zähmt, durch Zensur stets in Schranken hält, die rein geistigen Arbeiter in politischen Dingen verachtet, höchstens ausnutzt [145].

Die Einsicht in das Wesen der deutschen Nation, das selbstverständlich die Voraussetzungen für die Bildung der deutschen öffentlichen Meinung bot, bestimmte Steins Ansicht darüber, wie man sie beeinflusse. Die Deutschen waren nicht leicht erregbar, leichtsinnig, nicht völlig verderbt vom Zeitgeist, nicht neuerungssüchtig wie die Franzosen. Vielmehr schien Stein »eine Folge ihrer Gemütsruhe«, ihrer Neigung zur Besonnenheit — aber auch eine Folge ihrer Staatsverfassung — »die Leselust der Nation«, die unverhältnismäßig »große Anzahl von Gelehrten und Schriftstellern« und der große Einfluß, den diese auf die öffentliche Meinung haben [146]. Also sei es »wichtig, einen solchen kräftigen Hebel zu ergreifen und seine Anwendung nicht dem Zufall oder einer feindseligen Hand zu überlassen«. Österreich sollte die deutschen Gelehrten »mehr benutzen, um auf die öffentliche Meinung in Deutschland zu wirken, denn auf den Deutschen wirkt Schriftstellerei mehr als auf andere Nationen«. So groß Steins ursprüngliche Abneigung gegen die Schriftsteller ist, jetzt stellt er sie doch in seinen Dienst, gegen Belohnung durch die Regierungen will er sie zur Mitarbeit an offiziellen Zeitungen und Zeitschriften heranziehen [147]. Dazu braucht es in Österreich freiere Bewegung der Geister, in Preußen dagegen Zucht. Dort muß man »den elenden Schriftstellern entgegen wirken, die den gegenwärtigen Zustand der Dinge als wohltätig darstellen« [148]. Eine Freiheit des Geistes, verkörpert in der Freiheit der Schriftsteller gegenüber der öffentlichen Meinung, gibt es für Stein nicht. Wer die guten, wer die elenden sind, das zu erkennen ist dem Staatslenker, dem, der für das Gute verantwortlich ist, für Stein leicht, gemäß seiner ethisch absoluten und dualistischen

---

143) Botzenhart I 99.

144) Pertz III 46.

145) Vgl. unten S. 180.

146) Pertz II 428—30, 443; zum Teil wörtlich ebenso Denkschrift für Hardenberg Juli 1810, Pertz II 502 ff.

147) Pertz II 417, Lehmann III 46 ff.

148) Pertz II 502 ff.

Auffassung. Das Gute ist der öffentlichen Meinung bewußt; sie zu bilden und zu vertreten sind deshalb nur die berufen, die das Ganze »der sehr guten Gesinnungen«, »der moralischen und geistigen Bedürfnisse der Nation« vertreten, die deshalb zur »Leitung der Meinungen des jetzigen Geschlechts, der Kräfte des folgenden berufen« werden sollen. Damit macht Stein die Frage nach der öffentlichen Meinung zur Erziehungsfrage [149]).

Nicht »der Hang zum Genuß«, sondern »das Leben in der Idee« (einer hohen Aufgabe, nicht der philosophischen Spekulation), »edle Gefühle«, staatsbürgerlicher und kriegerischer Geist, zuletzt religiöser Sinn: das sind die Ziele seiner Erziehung, zugleich die Faktoren der öffentlichen Meinung, wie sie der Staat wünscht, wenn diese Erziehung zu seiner Regeneration beitragen soll. Sowohl auf die Jugend, auf die breiten Massen, als auch auf »den Zustand der Wissenschaften, der Gelehrten« richtet sich diese Erziehung [150]). Von der Kunst und ihrer Wirkung ist bei Stein nie die Rede. Der Unterrichtsminister ist ihm in diesem Sinne ebenso wichtig als Helfer zur Schaffung einer öffentlichen Meinung wie die Publizisten, die sie unmittelbar wecken. Humboldt hat Stein ebenso wie Arndt mitbeauftragt, den öffentlichen Geist, dessen er bedurfte, zu schaffen [151]). Am kürzesten formulierte Stein das Verhältnis seiner Reformen zu den Erziehungsplänen 1810: »Die Vollkommenheit der Erziehungs- und Lehranstalten kann den Mängeln der Einrichtungen des Staats abhelfen und umgekehrt können diese die Fehler jener mildern«. Beide gemeinsam »erzeugen Gemeingeist« und haben »wohltätigen Einfluß auf den Geist und Charakter der Nation« [152]).

Die Presse ist ein Erziehungsmittel des Staates, nicht eine Macht in ihm oder gegen ihn. Es findet sich bei Stein nirgends die Forderung nach Preßfreiheit als Geistesfreiheit wie bei Arndt und Humboldt [153]).

---

[149]) Pertz II 207, 502 ff. u. a.

[150]) Pertz II 418, vgl. auch Scheffners Lob über Pestalozzis Methode an Stein.

[151]) Stein hat Humboldt berufen, wenn auch nicht mehr mit ihm zusammen gearbeitet; auf Arndt wurde er aufmerksam im Exil durch Lektüre des Geistes der Zeit II und rief ihn zu sich nach Rußland. Für die Bedeutung der Erziehung in Steins Reform vgl. auch Instruktionen zur Verordnung vom 26. 10. 1808, § 3 und die Ordnung über Verfassung der oberen Verwaltungsbehörden vom 24. 11. 1808, Pertz II 710. Auch Pertz II 421, 465.

[152]) Es ist in Parallele zu Humboldt festzustellen, daß Stein ausdrücklich einen Vergleich antiker Erziehung aus praktischen Gründen ablehnt, Pertz II 465 ff. An eine Verwandtschaft des öffentlichen Geistes mit der staatsbürgerlichen Gesinnung der Polis denkt er nicht.

[153]) Schon 1797 sagte Stein zur Gentzschen Flugschrift für die Preßfreiheit Pertz I 180: »Da Preßfreiheit nicht schafft, sondern nur zu Tage bringt, so er-

In Brünn erlebte Stein zum ersten Male, daß unter strenger Zensur, ohne Informationen weder eine Einzelmeinung noch eine öffentliche Meinung sich bilden kann [154].

Er beobachtet zwei Gefahren: die »Kunst der Verleumdung«, seit 1789 hoch entwickelt, wirke vom kleinen Kreise aus mit Hilfe der »Schreier und der Briefsteller« über alle Schranken hinaus [155], auch wenn diese es an sich »wirklich gut meinen«; der ganz Unorientierte sei dem gegenüber wehrlos. So entsteht die »irregeleitete« öffentliche Meinung. Eine ebenso schlimme Folge scharfer Zensur aber ist »ein Zustand von Mittelmäßigkeit, von Trägheit, von Sinnlichkeit«, dem nur »durch Bewegung der Köpfe und Gedankenumlauf, durch weniger furchtsame Zensur und durch freisinnigere Einrichtungen« abgeholfen werden kann, die alle Klassen der Gesellschaft »an die Staatsverwaltung knüpfen« [156].

In Preußen aber wird dieses Ziel 1810 nicht durch gelockerte sondern verschärfte Zensur erreicht; einmal weil die außenpolitischen Schritte der Regierung sie erfordern, vor allem aber, weil die öffentliche Meinung »verderbt« ist. Als Stein im November 1807 hoffte, sich auf gütlichem Wege mit der französischen Besatzung über die Zahlungsbedingungen der preußischen Kriegskontributionen an Frankreich zu einigen, unterdrückte er den Franzosen zuliebe ohne weiteres die Vesta, eine patriotische Zeitschrift in Königsberg, deren Herausgeber Schenkendorff, deren Mitarbeiter Fichte war [157]. Über die Bedeutung dieses Schritts, der gewiß als Erziehung zum Nationalgeist nur schwer gedeutet werden konnte, findet sich bei Stein kein Wort. In der zwiespältigen Stellung Steins gegenüber der Presse [158]) kommt sein Doppelgesicht als Realpolitiker und absoluter Ethiker am deutlichsten heraus;

---

wartet man von ihr vergebens Hülfe, wo Glauben und Sitten verdorben sind«. Insofern aber auch die Erziehung »auf die innere Natur des Menschen gegründet jede Geisteskraft von innen heraus entwickelt und zu Tage bringt« (vgl. Pertz II 313) und es dabei vermeidet, »dem Menschen den tödlichsten Streich zu geben, wenn sie ihm die Meynung« nimmt und das Urteil über die Regierungen verbietet — so benutzt die Erziehung des Staates die Preßfreiheit doch. Das letzte hatte sich Stein 1810 aus Herder exzerpiert, Pertz II 449. »Ehrgefühl setzt Selbständigkeit in den Meinungen und Gefühlen voraus — Napoleon aber zerstört es«, fügte er selbst hinzu.

154) Er klagt über die Vormundschaft, »die man über unseren Geist durch das Verbot der fremden Zeitungen und die Beaufsichtigung des Briefwechsels ausübt, die bewirkt, daß wir hier in völliger Unmöglichkeit, eine Meinung über die Lage zu haben, leben«. Pertz II 422.

155) Pertz II 602 (1811).

156) Pertz II 433 ff.

157) Lehmann, Bd. II 534.

158) Die Presse soll dem Staat dienen. Lehmann I 356, II 363.

auch seine natürliche Anlage zum Diktator, der sich des sittlichen Arguments bedient zur Verstärkung und Rechtfertigung der Befehlsgewalt, nicht aber sich von ihm unter Mißachtung der Realitäten absolut befehlen läßt. Auch mit der öffentlichen Meinung, sofern sie rein sittliche Macht, sofern sie heroisch war, konnte Stein der Realpolitiker plötzlich zusammenprallen [159]), wie einst mit der konservativen (vgl. oben Städte-Ordnung 1808), später mit der neuerungssüchtigen oder mit der loyalen sächsischen öffentlichen Meinung 1813.

Über die praktischen Grenzen der Zensur war er sich dabei klar: die Wechselwirkung zwischen Einzelmeinung und öffentlicher Meinung [160]) läßt sich schwer hindern; so konnte die französische Polizei allgemeinen Unwillen nicht aufhalten, trotz schärfster Zensur.

Dieser allgemeine Unwille — aus einem nationalen und außenpolitischen Motiv — ist die ursprüngliche Wurzel alles dessen, was Stein unter öffentlicher Meinung begreift; wenn er durch Literatur und Erziehung bewußt gemacht werden soll, so heißt das, »Kenntnis und Erfahrung der eigenen Interessen« sollen ihn rationalisieren; anderseits sollen »Einrichtungen, welche die religiösen Gefühle erregen, den öffentlichen Geist beleben«, ihn vertiefen, versittlichen. So wird er zur öffentlichen Meinung. Die Betonung des religiösen Elementes wächst bei Stein während der Exilzeit sehr stark [161]). Ein letztes Bildungselement der öffentlichen Meinung ist die Geschichte: »sie gibt Kenntnis und Mut für die besondere Aufgabe dieses politischen Geschlechts« [162]).

Nicht Mut, aber Kenntnis schien Stein 1810 in Preußen vollkommen zu fehlen. Der Lage, dem durch sie gegebenen Zweck seiner Äußerung gehorchend verdammte Stein hier »den unbesonnenen

---

[159]) Gegen seinen Vorschlag 1808, ein französisches Bündnis zu schließen, um unter seiner Deckung die Rüstungen Preußens gegen Napoleon zu betreiben, wandten Scharnhorst und andere ein: die öffentliche Meinung würde eine so unmoralische Politik nicht billigen; »der edelste und darum kräftigste Teil der Nation wird sich von der verunreinigten Sache (der Regierung) abwenden, da der Rechtschaffene nur trauern über die Verschuldung, womit das Vaterland behaftet ist, nicht aber sie teilen kann. Der Übrigen Sinn und Arm wird das Bewußtsein der Schuld lähmen.« Pertz II 250, 255. Neben dieser idealistischen öffentlichen Meinung, deren sich Stein nicht bemächtigen kann, steht die heroische, die er fordert: »man muß die Möglichkeit des Mißlingens fest im Auge behalten, in der Gewißheit, daß ohnehin eine Auflösung nicht zu vermeiden ist«, Pertz II 202.

[160]) »daß nicht durch Reden, Schriften und Handlungen Grundsätze verbreitet werden« Pertz II 427.

[161]) Pertz III 15, 38.

[162]) Pertz II 415, 368, III 35. Besonders die englische Geschichte und Literatur lehre Sittlichkeit, Gemeingeist und gründliche Kenntnis der Elemente der bürgerlichen Ordnung.

Franzosenhaß«, die »dummen Schreyer« in der Notabelnversammlung von 1811, »das Toben der Patrioten in Rede und Schriften«, ganz ebenso das »wilde Geschrey der Franzosenfreunde« — kurz »die Opinion im Preußischen«; diese »verwilderte öffentliche Meinung« ekelte ihn an [163]). Die Versuche, sie in geheimen Gesellschaften zu organisieren, haben ihn schon 1808 enttäuscht, als er hoffte, »ein Werkzeug zur Einwirkung auf die Volksmasse darin zu besitzen« [164]). Gegenüber Gentz, für Österreich, hatte er Vereine zur Belebung einer öffentlichen Meinung geschätzt, gegen Pozzo gemeint, daß »die Menge mutiger und wohlgesinnter Menschen« »sich vereinigen sollten, um diese Gefühle von Erhebung und Mut zu unterhalten, durch Rede und Schrift zu kämpfen für öffentliche und persönliche Tugend«. Aber gegen die Versuche in Preußen mit »seiner halben Bildung und nordischen Gemütlosigkeit« ist Stein unnachsichtig: »Es schien mir unpraktisch und das Praktische sank in das Gemeine«, urteilte er 1830 über den Tugendbund in der Erinnerung (zu Pertz) [165]). Gegen die verwilderte öffentliche Meinung in Preußen rät er Hardenberg nur zu »ernsthaften Strafmitteln«, zur schärfsten Aufsicht über »Frechheit im Reden und Schreiben, Tadelsucht der Regierung« oder »Unfähigkeit, das Neue zu begreifen und zu wollen«, kurz »Gleichgültigkeit gegen das Wohl des Ganzen« [166]). Im letzten liegt der Schlüssel zu Steins Härte. In diesem Ziel, für das Wohl des Ganzen, sollen und müssen die Meinungen sich zu e i n e r öffentlichen Meinung zusammenschließen. Er wird zunächst tief enttäuscht und sieht, daß seine Hoffnungen der Jahre 1808—10 auf eine »reine öffentliche Meinung« verfrüht waren. »Der öffentliche Geist läßt sich benutzen«, »aber er ist noch nicht reif« [167]). So hält Stein nicht [168])

---

[163]) Pertz II 585, 587; III 336 gegen Steffens April 13; II 491, 498.

[164]) Pertz II 372. Er nannte sie »Fratzen, des moutons enragés«; »es war eine kleine Schwäche wohlgesinnter Personen«. Pertz III 99; Lehmann III 147. Stein tat nichts gegen die Aufhebung des Tugendbundes. Am selben Tag, an dem die Einl. zur Veränderten Verfass. der oberen Staatsbehörden erschien, schrieb Dohna: »Der Bürger soll geruhig und treu seinen Beruf üben und sich nicht weiter in die öffentlichen Angelegenheiten mischen als Verfügung und Landesgesetz ihm solches gestatten...« Gesetzsamml. der Preuß. Staaten, 16. 12. 1808, S. 361.

[165]) Pertz II 421, 194.

[166]) Pertz II besonders der Beamten 499, 501.

[167]) Pertz III 20, 1811. Wegen der Fehlerhaftigkeit der Reformen ist »der sich zeigende öffentliche Geist tadelhafter«, ist »ein Schwindelgeist des Dünkels«; »nicht dem Besseren, sondern dem Gemeinsten wird es gelingen sich hervorzudrängen, unterstützt von den zahlreichen natürlichen Anhängern«.

[168]) Wie etwa Graf Rheden Pertz II 476; oder wie Hardenberg bei Dienstantritt, ebenda.

eine »Würdigung der opinion«, nicht »eine Rechenschaft der Regierung vor den Bürgern« sondern Strafe und Kampf gegen die öffentliche Meinung »für die Pflicht bedeutender Männer« [169]). Der Ton gegen Preußens öffentlichen Geist gleicht dem, den Stein gegen die assemblée nationale in seiner Geschichte der französischen Revolution anschlägt.

Gegen eine verwilderte öffentliche Meinung [170]) wendet sich Steins Zorn auch in den Wirtschaftskrisen, die die österreische Papiergeldemission von 1811 hervorruft. Durch das Ansehen der »Vermöglichen« glaubt Stein dort die öffentliche Meinung wieder zur Vernunft zu bringen.

Trotz dieser Enttäuschungen Steins bleibt seine Hoffnung auf Befreiung Deutschlands an »den öffentlichen Geist« geknüpft [171]). Seit dem Bündnis Preußens mit Napoleon im März 1812 sind alle deutschen Fürsten für Stein unmöglich als Retter Deutschlands. Die doppelte Richtung des nationalen Unwillens beginnt deutlich zu werden: gegen Napoleon und gegen die deutschen Fürsten.

Von Führung oder Einfluß der Regierungen auf die öffentliche Meinung kann nicht mehr die Rede sein. Es wird Steins »Geschäft, die Leitung des öffentlichen Geistes im Inneren Deutschlands« zu übernehmen an einer politisch unverantwortlichen, aber bedeutsamen Stelle: Alexander ruft ihn nach Rußland [172]). Stein organisiert dort die deutsche Legion, zugleich ein ausgedehntes Spionagenetz über ganz Deutschland, das er z. B. durch v. Pfuel überwachen läßt [173]). Ein ganzes Kapitel in Pfuels Bericht an Stein handelt von der opinion publique, die er in Deutschland beobachtet. Dabei setzt er esprit publique mit opinion publique durchaus gleich, wie es wohl Brauch in Steins Kanzlei war. Das wesentliche Kennzeichen der Opinion publique ist uniformité, unanimité. Eben dies ist der Beweis dafür, daß die opinion »n'est jamais sans justesse, produite par une sorte d' instinct

---

169) An Schleiermacher Pertz II 583.

170) »Man überlasse sie nicht allen ihren Verirrungen« während der Inflation, deren hohe Preise Fritz Stadion für nichts Anderes qu'un résultat d'opinion hält; eben deshalb sei es unübersehbar, où cela s'arrête. Pertz II, 757, 752, 557.

171) Pertz III 68, Denkschrift für Alexander, 18. 6. 1812: »Die Kräfte Deutschlands stehen jetzt zur Verfügung Napoleons. Es kommt darauf an, sie gegen ihn zu richten, indem man die Meinungen soweit erhebt, daß sie sich offen gegen ihn aussprechen«. Sie müssen das zugleich gegen ihre Staatsleitungen. »Die Stimmung der deutschen Bevölkerung ist erbittert«; dies muß man benutzen, verstärken und erhöhen durch die Schriftsteller, die »eine Art Macht durch ihren Einfluß auf die öffentliche Meinung sind«.

172) Pertz III 114 ff.; 604: »Animer la haine... l'esprit publique; influer les opinions...« ist seine Aufgabe.

173) Pertz III 629 ff.

pour le vrai — et quand les événements répondent à cette opinion, sa force se double. Il faut la diriger et rassurer«. In dieser Auffassung des Beauftragten spiegelt sich die Steins, wie sie aus den geschichtlichen Betrachtungen hervorgeht. Die Grundlage der öffentlichen Meinung Deutschlands ist »der Haß gegen den Bedrücker und gegen die Fürsten, seine Komplizen«, eben darin liegt zugleich der Instinkt für das Wahre [174]. Nur wenn la force du gouvernement répond à la force de la nation, si l'esprit publique était monté et les Régences n'ont pu s'opposer à son élan [175] — nur dann kann der Widerspruch zwischen öffentlicher Meinung und Fürst oder öffentlicher Meinung und Regierung überwunden werden, also nur bei völligem Sieg des Willens der öffentlichen Meinung [176]. Die Notlage, aus der heraus sich Steins Berufung auf sie erklärte, nannte er selbst am Einfachsten: jetzt, nach Napoleons Rückzug durch Rußland, sei die Benutzung von zwei Millionen braver Deutscher möglich, »durch wen und in wessen Namen? das liegt im tiefsten Dunkel« [177].

Im Namen des nationalen Rechtes und in der Idee der Wiederaufrichtung der alten besseren Zeit sollte es geschehen.[178]. Stein kannte jetzt kein Preußen mehr: »ich habe nur ein Vaterland und das ist Deutschland«; nur um die nationale öffentliche Meinung für Gesamtdeutschland [179] war es ihm zu tun.

Er hatte freilich gelernt, auch ihre Kraft, die aus dem »Volksgeist« strömt, zu berechnen [180]. Der Deutsche kommt nicht zum Aufstand, weil »die Anhänglichkeit an die gesetzliche Ordnung der Dinge« durch seinen Enthusiasmus nicht überwunden wird. Vielmehr soll dieser Sinn für gesetzliche Ordnung als esprit publique parfait für die Be-

---

174) Pertz III 604; 19. 9. 1812 an seine Frau.

175) Pertz III 648 Februar 1813.

176) Die Frage nach dem Widerstandsrecht der öffentlichen Meinung mußte die nach der Souveränität des Volkes, als dessen Ausdruck die öffentliche Meinung gedacht war, nach sich ziehen. Zweifellos »mengte die öffentliche Meinung sich in die Angelegenheiten der höchsten Gewalt« wie Schön es haßte, der deshalb Stein prinzipiellen Widerstand gegen den Aufruf der populären Kräfte in Ostpreußen leistete. Lehmann III 221, 224, Januar 1813.

177) Pertz III 225 an Münster.

178) »Gerade diese Idee... soll die öffentliche Meinung für uns gewinnen und nur an dieser öffentlichen Meinung kann sich unser Preußen wieder aufrichten«, schrieb Gneisenau an Stein. Pertz-Gneisenau, Bd. II 467, 22. 2. 1812.

179) Pertz III 144 und Juni 1812 III 87; Lehmann III 279, 199.

180) Sie bedarf der äußeren Unterstützung neben den »einfachen Ermahnungen, Aufrufen, Versprechungen, geheimen mündlichen Bearbeitung durch Unterhändler«. Pertz III 71, 87, 88, 146. Lehmann III 151. Der Enthusiasmus, wie er ihn auf den Universitäten findet, die »dumpfe Gärung« und Erbitterung Norddeutschlands können allein die Befreiung nicht schaffen.

freiung selbst fruchtbar gemacht werden [181]). Es ist der praktische Gemeingeist, den Stein in seiner Reformzeit zu erziehen bemüht war, durch den allein auch die nationale öffentliche Meinung politisch tätig werden kann.

Das erlebte Stein in Ostpreußen 1813, auf der ostpreußischen Ständeversammlung, die die Landwehr bewilligte. In jenem Moment konnte Dohna farblos und feierlich sagen: vox populi vox Dei [182]). Es war der Augenblick »der völligen Reife«. Selbst York, dem altpreußischen General, erschien der Beschluß der ostpreußischen Stände, gegen Napoleon zu kämpfen, als »die erhabene Willensäußerung der Menge«, die er aufzunehmen im Namen des Königs sich verpflichtet fühlte [183]).

III.

Stein nun gewährte »dem Enthusiasmus der Volkes den freiesten Spielraum zu einer schnellen Ausrüstung der Nationalstreitkräfte« [184]), wollte aber übrigens die offiziellen Vertreter des ostpreußischen Gemeingeists in jener entscheidenden Versammlung nicht ohne Leitung und Aufsicht lassen [185]). Er lobte den öffentlichen Geist in Preußen [186]). Erst in Deutschland appellierte er an die öffentliche Meinung, die den Kampf für das Vaterland aufnehmen solle, gegen die Regierungen und Fürsten, die dem Kalischer Aufruf nicht gefolgt waren [187]). Vor einer Agitation, unmittelbar gegen die Bayerische

---

[181]) Pertz III 648.

[182]) Pertz III 656.

[183]) Pertz III 291.

[184]) Pertz III 492. Stein konnte das in seiner Stellung als Chef des Zentralverwaltungsrats im eroberten Deutschland. Wie weit er dabei »auf verfassungsmäßige Art« vorging, ist umstritten. Die ostpreußischen Landstände griffen durch ihre Truppenbewilligung faktisch der Entscheidung ihrer Regierung vor, es konnte scheinen, der élan de l'esprit publique reiße endlich die preußische Regierung zum russischen Bündnis mit. Freiwillige Mitarbeit nahm Stein auch für das Lazarettwesen in Anspruch. Pertz III 489.

[185]) Pertz III 287.

[186]) Pertz III 380, 390, 392, 408, 417 u. a. »der öffentliche Geist hat sich bewährt«, »er ist gestählt und frisch aufgeregt« usw.

[187]) Der Aufruf von Kalisch vom 25. 3. 1813 spricht von der verdienten Vernichtung der deutschen Fürsten durch die Kraft der öffentlichen Meinung und die Macht gerechter Waffen. Dieser Macht, verkörpert durch die russisch-preußischen Heere, legt man dafür die Verpflichtung auf, die opinion zu schonen, »Meinungen, Neigungen und Volkstümlichkeiten zu berücksichtigen« (Lehmann III 286, ähnlich Steins Denkschrift 17. 11. 1812). Denn man beruft sich »auf den ureigenen Geist des Volks«. Vgl. dazu Meinecke, Weltbürgertum und Nationalstaat, S. 221, Anm. 1. Kutusoff hatte sich am 21. 12. 1812 »direkt an die Völker gewandt«. Pertz III 252.

Regierung, den Sächsischen König gerichtet, scheute Stein jetzt nicht zurück [188]).

In der öffentlichen Meinung Sachsens sah Stein zum ersten Male, daß die Heimatliebe und die dynastischen Gefühle einer allgemeindeutschen öffentlichen Meinung entgegenwirkten, zugleich aber sich dem Zugriff seiner Autorität entzogen. Diese öffentliche Meinung Sachsens war ferner organisiert und äußerte sich durch Deputierte am Wiener Kongreß »namens der sächsischen Nation«, was Stein als »eine ungewöhnliche Erscheinung« mißbilligte und als »unverständig« abwies [190]). Er konnte nicht behaupten, daß Friedrich August »der öffentlichen Meinung seines Landes widerstand«, wie es die Denkschrift vom 3. 12. 1814 dennoch ausführte [191]). So wurde, wenn man eine nationale öffentliche Meinung bilden und politisch verwerten wollte, an der öffentlichen Meinung Sachsens das unlösbare Problem einer deutschen Einigung deutlich.

Um eine gesamtdeutsche öffentliche Meinung aber konnte es sich für Stein nur handeln, besonders wenn sie Wünsche für die neue Reichsverfassung geltend machen sollte. Schon im Oktober 1811 hatte Stein eine deutsche Verfassung erhofft, auf »Einheit, Kraft, Nationalität gegründet«, im September 1812 ein Reich, »welches alle sittlichen und physischen Bestandteile der Kraft, Freiheit und Aufklärung enthielte«, im August 1813 aber wünschte er eine Erhebung der Nation »zu einem mächtigen Staat, der alle Elemente der Kraft, der Kenntnis und einer gemäßigten und gesetzlichen Freiheit in sich schlösse«. Eine Ausdeutung des ersten Wunsches liegt in den zwei folgenden Sätzen: die intellektuellen und sittlichen Kräfte, die in der deutschen Verfassung ebenso wirksam werden sollen wie in der deutschen öffentlichen Meinung, sind Stein wichtiger geworden. Das steht mit der Entwicklung seiner historischen und politischen Gesamtauffassung während der Exilzeit in Einklang. Verfassung und öffentliche Mei-

---

188) Er ließ die Reisachsche Schrift gegen Montgelas, die halboffizielle Darstellung der Verhandlungen zwischen Friedrich Wilhelm III. und Friedrich August von Sachsen verbreiten. Pertz III 401, 353, 356, 665.

189) Im Frühling 1813 hoffte er, »die öffentliche Meinung Sachsens werde sich vielleicht in liberalerem Sinne aussprechen«. Dann suchte er »die öffentliche Meinung zu beruhigen«, damit sie vertrauensvoll »ihr Schicksal in seine Hände lege«, er suchte »die Bildung von Parteien zu verhüten« und zuletzt die öffentliche Meinung zu gewinnen durch einen compte rendu au public, den der Verwaltungsrat in Dresden herstellen sollte »pour diriger l'opinion publique«. Pertz III 331, 550, 551, Pertz IV 612.

190) Tagebuch vom Wiener Kongreß, Hist. Z. Bd. 60, 451, Pertz IV 398.

191) Pertz IV 232, aber 120, 123.

nung haben gemeinsamen geistigen Ursprung und sollen in enge Wechselwirkung treten.

Das Urteil über die alte deutsche Verfassung lautet in der Septemberdenkschrift sehr ablehnend: sie war »nicht das Ergebnis des Willens einer durch Erfahrung und Kenntnis ihres wahren Vorteils aufgeklärten Nation«, vielmehr das des Einflusses fremder Mächte und des aufrührerischen Geistes der deutschen Fürsten. Soll die neue Verfassung also das Ergebnis des Willens der Nation werden?

Ferner soll das neue Reich »das Gefühl der Würde eines großen Volkes, einen kriegerischen Geist« gewährleisten und die Kräfte »der Nation im Ganzen« zuwenden [192]).

Sowohl die Bundesverfassung als die Länderverfassungen sollen aus denselben Elementen entstehen, aus denen die öffentliche Meinung sich zusammensetzte: Geschäftssinn, Gemeingeist, Nationalgefühl und »sittliche Gewähr für Ruhe und Ordnung«.

Umgekehrt stellt die Verfassung jene »sittlichen und bürgerlichen Einrichtungen« dar, die die öffentliche Meinung, wie alle öffentlichen Kräfte, nutzbar machen [193]).

Begründung für die Notwendigkeit einer deutschen Verfassung [194]) ist das historische Recht der deutschen Bürger auf ständische Vertretung und das persönliche Recht des Einzelnen auf Sicherheit gegenüber den Eingriffen der absoluten Souveräne [195]). In dem letzten Argument nähert sich Stein dem Liberalismus, der zugleich wie er selbst die Beschränkung der Souveränität der Gliedstaaten erreichen will. Endlich aber: »Die Wünsche fast der Gesamtheit fordern eine deutsche

---

[192]) Pertz III 46, 141, 143, Schmidt a. a. O. S. 59 ff. Meinecke a. a. O. 6. Aufl. S. 181.

[193]) 1815 bei Wiederausbruch des Krieges schrieb Stein an Alexander: »Alle Maßregeln des Kriegs, der Transporte... werden an Einheit und Nachdruck gewinnen, sie werden durch die öffentliche Meinung unterstützt werden, wenn man sie anknüpft an eine Bundesverfassung und ein ständisches Zentralorgan, es ist daher höchst notwendig es zu bilden«.

[194]) Vgl. vor allem August-Denkschrift 1813 § 1—4 Schmidt a. a. O. 58 ff. dazu 21. 11. 1813 Thimme 114, 115; Pertz IV 16; 134, 138 ff.

[195]) »Die Deutschen allein sehen sich einer ebenso erniedrigenden wie lächerlichen Tyrannis unterworfen. Glaubt man, daß ihre Zungen, ihre Federn, ihre Arme gelähmt sind?« An Alex. 9. 7. 1814 Lehmann III 383. Auch der russische Bevollmächtigte in Wien 13. 1. 1815 macht für die Forderung nach Verfassungen in den deutschen Ländern geltend: la plupart des princes allemands se croit dispensés par le titre de souveraineté de respecter les opinions, les moeurs, les usages, les engagements les plus sacrés, contractés par leurs ancêtres..« die verzweifelte Bevölkerung, die die besten Gesinnungen zeigt, hätte etwas Anderes von ihren Fürsten erwarten dürfen. Pertz IV 706.

Verfassung« [196]); die deutsche öffentliche Meinung hat sich »deutlich ausgesprochen« für sie, und sie ist deshalb eine hohe Aufgabe derer, die sie schaffen, über die »Zeitgenossen und Nachwelt strenge urteilen« werden [197]). Die öffentliche Meinung als eine sittliche Macht fordert und beurteilt die Verfassung, und zwar hauptsächlich mit einem moralischen Maßstab: durch die Despotie war »der Deutsche fortschreitend schlechter, kriechender, unedler« [198]), das Gemeinschaftsgefühl der Deutschen immer schwächer geworden.

Die Verfassung nun sollte vor allem das Einheitsgefühl wieder beleben, während sie es umgekehrt für das Reich auch voraussetzte[199]). Eine unmittelbare Umsetzung der organisierten öffentlichen Meinung Gesamtdeutschlands in die Reichsverfassung hat Stein niemals vorgeschlagen. Die Aufgabe der nationalen öffentlichen Meinung war vielmehr die Kritik an der Politik der Gliedstaaten [200]).

»In den kleineren und mittleren deutschen Staaten« findet Stein weniger »frei ausgesprochene öffentliche Meinung« als in den großen Monarchien; sie könne deshalb »den Einwohner gegen den Despotismus nicht schützen« [201]). Um so notwendiger bedarf der kleine Staat der Konstitution, die die Souveränität beschränken soll. Der Gegensatz zum »Sultanismus« bestimmt Steins öffentliche Meinung nach 1815 immer ausschließlicher. Die ehemaligen Rheinbundstaaten wehrten sich gegen die Annahme ständischer Verfassungen. Dagegen machte Stein die öffentliche Meinung der Presse mobil [202]).

---

[196]) August-Denkschrift 1813; »sie ist eine der größten irdischen Angelegenheiten: 15 Millionen gebildeter, sittlicher, durch ihre Anlagen und durch den Grad der erreichten Entwicklung achtbarer Menschen«, »durch einen inneren unzerstörbaren Charakter der Nationalität« verbunden, haben einen Anspruch auf die Verfassung.

[197]) Ebenda; auch Lehmann III 309.

[198]) August-Denkschrift 1813, § 1—4; ähnlich Hist. Z. Bd. 46, 191.

[199]) Eine moralische Mitwirkung der nationalen öffentlichen Meinung beim Bau der Reichseinheit nahm auch Wellington an; H. Z. 60, 433, aber Stein wußte, daß die öffentliche Meinung »die föderalistischen Institutionen zugleich aufrecht erhalten wollte«; vgl. Pertz IV 339.

[200]) Schon 1808 »Preußen in der öffentlichen Meinung Deutschlands«, Pertz II 214; die öffentliche Meinung Deutschlands gegen Beauharnais, Pertz IV 292; Bayern hat sie verletzt, Pertz IV 324.

[201]) Pertz IV 126, 136.

[202]) Der Rheinische Merkur brandmarkte in Steins Auftrag das »undeutsche Wesen« der süddeutschen Staaten. Montgelas wirft man später vor, er fürchte die öffentliche Meinung, weil sie ihm seinen Ministerposten nehmen werde, sobald sie gesetzlich organisiert und durch die Verfassung dazu autorisiert sein werde. Stein hätte eine solche Wirkung der in Verfassungen organisierten öffentlichen Meinung der Einzelstaaten wohl gewünscht. Rhein. Merkur vom 31. Oktober 1814; Pertz IV 152; Tagebuch H. Z. 60, 405; Pertz V 33, 1816.

Für die Schaffung der »gesetzlichen Organe der öffentlichen Meinung« arbeitete er indessen in vielen deutschen Einzelstaaten[203]. Aber es ist wichtig, daß Stein keine allgemeine Verpflichtung für alle Gliedstaaten des deutschen Bundes anerkannte, Landtage bezw. Provinzialstände zu schaffen: »in Österreich halte ich die Sache für unmöglich, bei den Gesinnungen der Regierung und selbst eines großen Teils der Regierten, die mir sehr wohlbekannt ... eine Neuerung scheuen«[204]. In Bayern, Württemberg, Sachsen aber sind alte Stände noch da. In Preußen sind sie leicht aufzurichten, denn die Bevölkerung ist dafür besonders geeignet durch ihren Gemeingeist, ihre Energie und Vaterlandsliebe wie durch ihre Besonnenheit, die sie 1813 bewiesen hat[205]. Wenn Wellington 1815 meinte, Preußen zeige »einen militärisch-republikanischen Geist«, so widersprach dem Stein nur halb: es habe eine Verfassung gehabt und deshalb müsse eine solche wiederhergestellt werden[206]. Stein begründet aber die Verfassungsforderung für Preußen nicht mit dem Wunsch nach der Hegemonie Preußens in Deutschland[207] und zieht die deutsche öffentliche Meinung nicht zu Hilfe wie etwa Graf Münster, der ihr den hannoverschen Liberalismus anpreist, um sie zugleich für eine Vormachtstellung Hannovers in Norddeutschland zu gewinnen. Stein meint nur, Preußen habe die Politisierung seiner »öffentlichen Meinung nötig«, denn es sei »relativ schwach«[208].

Auf dem Wiener Kongreß konnte ein Streit entstehen über »die Richtung der öffentlichen Stimme in Preußen« zwischen Hardenberg und Stein, in dem Hardenberg sich auf sie berief, wenn er gegen die

[203]) Er hilft Frankfurt am Main zur Wiederherstellung seiner alten Verfassung, verspricht den Hansestädten, man werde sich nicht in ihre Verfassungsangelegenheiten mischen; Baden und Württemberg ermahnt er, daß eine Konstitution gegeben werde. Vor allem arbeitet er die Verfassung für Nassau mit aus, die sich (nach Lehmann III 348, 398, 410) seinem Verfassungsideal am stärksten genähert haben soll; vgl. Pertz III 484; IV, 218; Lehmann III 395. Ganz allgemein fordert Stein Publizität der Landtagsakten und der Beschwerden. Vgl. zur Bundesverfassung in 41 Art. Juli 1814. Hardenberg als Bürokrat lehnt das erste ab, als Liberaler nimmt er das zweite, in »Preßfreiheit« verwandelt, an!

[204]) Oktober 1814 Pertz IV 135.

[205]) Lehmann III 436, 413; ebenso Thimme, S. 77; Pertz IV 136; noch 1819 Lehmann III, 477. Pertz V 321.

[206]) H. Z. 60, 434, 24. 2. 1815.

[207]) Wie Gneisenau, der das dreifache Primat der Waffen, der Konstitution und der Wissenschaft für Preußens Hegemonie wünschte. Vgl. auch Humboldt.

[208]) Pertz.

österreichische Kaiserwürde stimmte, die Stein im Februar 1815 unter Berufung auf die deutsche Stimmung gefordert hatte [209]).

So wenig Stein die öffentliche Meinung objektiv betrachtete oder anerkannte, so sehr liebte sie ihn doch. Gerade damals, als sie die vage Hoffnung auf ein neues Reich erfüllte, schrieb man ihm: »eine große Hoffnung im Volk lebt, die fast einzig in dem Glauben an Sie gegründet ist«; deutsche Offiziere fragten 1813, ob es staatsrechtlich möglich sei, daß er deutscher Kaiser werde [210]). Der Rheinische Merkur nahm Steins Kaiserwünsche — so phantastisch sie waren, wie Stein selbst oft gesehen hat — mit Feuer auf, und Steins Verehrer erhofften in ihm den kaiserlichen Gesandten beim Bundestag. Zur Feier seiner Rückkehr aus dem Feldzug empfing ihn Nassau festlich und stiftete eine Sitte, jährliches Scheibenschießen an diesem Tage [211]).

IV.

Die großen Hoffnungen auf das Reich waren gescheitert. So wenig die öffentliche Meinung bei der Schaffung der Bundesverfassung hatte gehört werden können, so wenig fand sie in jener ein Organ; weder in ihr noch in den durch sie garantierten Landesverfassungen. Stein verurteilte das sehr hart [212]). »Man muß hoffen, daß ... nach und nach durch die öffentliche Meinung, die Freiheit der Presse und das Beispiel der Fürsten, die Verfassung geben werden, (die Bundesakte) zerstört wird«; Stein hoffte »auf die allgemeine Bewegung in der Meinung der Menschen [213])«.

Damit wird die öffentliche Meinung offen revolutionär [214]). Die Staatsbehörden sollen nach Steins Wunsch »den über ihre Maßregeln herrschenden Unmut erfahren« [215]), und 1817 findet Stein es in der Ordnung, daß »unsere deutschen Regierungen täglich in der öffent-

---

[209]) Hardenberg berief sich dabei vor allem auf »die Armee und Berlin«, Stein auf Grolmanns Zeugnis, H. Z. 60, 436, Pertz IV 344.

[210]) Pertz IV 85; Pertz III 480.

[211]) Stein unterstützte dies als Erziehungsmittel zukünftigen Gemeingeistes Pertz IV 388.

[212]) Pertz IV 443 ff. »Denn sie entspricht nicht den Erwartungen... Anstrengungen... der Tatkraft und Beschaffenheit des Geistes« der Nation, sie ist auch nicht »Gewähr bürgerlicher und politischer Freiheit«.

[213]) Pertz VI 446. 21. 6. 1816 an Capo d'Istria bei Thimme 147.

[214]) Wie sie schon im Rheinischen Merkur von Juli bis September 1814 den Kongreß beeinflussen wollte, so tadelt Stein selbst als anonyme Stimme der öffentlichen Meinung jetzt im Neuen Rheinischen Merkur und in der Nemesis die Nassauische Staatsverwaltung. Lehmann III 475; »Die öffentlichen Blätter, die ausgesprochene öffentliche Meinung« sollen rügen, Pertz V 125 ff. Ähnlich an Görres, ebenda 113. Pertz IV 66.

[215]) Pertz V 117.

lichen Achtung sinken durch ihre Lichtscheue und Wortbrüchigkeit«[216]).

»Ist nur erst eine Repräsentativverfassung vorhanden, welche Öffentlichkeit der Diskussion zuläßt, wodurch sich eine verständige öffentliche Meinung bildet, so müssen die Mißbräuche aufhören wegen des lauten Tadels, der sie treffen wird«[217]). Glaubt Stein 1817 so noch an die Heilung der Regierung durch die in der Verfassung organisierte Kraft der öffentlichen Meinung, so 1818 an die Heilung der ö. M. durch die Verfassung. Diese wird Preßfreiheit und Redefreiheit, die beiden »freien Äußerungen menschlicher Kraft«, unschädlich machen dadurch, »daß alle die öffentlichen Angelegenheiten kennen«. Besteht keine Verfassung, so bleibt die öffentliche Meinung ohne praktische Belehrung, den Pamphletisten preisgegeben[218]). Da Stein keine Verfassung in Preußen fand, schrieb er 1821 konsequent, daß »bei dem gegenwärtigen Zustand des öffentlichen Geistes, der öffentlichen Sittlichkeit« Preßfreiheit der Journale und Zeitungen verderblich sei. Sie entstellten die wichtigste Angelegenheit des Staats und der Kirche vor einer swinish multitude, ernsthafte Dinge gehörten nicht »an Teetische, auf Bierbänke«. So wird die Preßfreiheit aufgeschoben, bis die öffentliche Meinung urteilsfähig geworden ist, »bis die gegenwärtige verwilderte Generation verschwunden, bis die neuen Institutionen tiefer Wurzeln geschlagen«[219]). Staatliche Zensur muß bleiben, gerade weil »ein Buch eine beträchtliche Wirkung auf den unbefangenen Teil des Publikums« hat[220]). Bei literarischer Beeinflussung wünscht Stein 1820 seltsamerweise »die Konvenienzen geschont«[221]) zu sehen — was er bei Görres vermißt; wieviel mehr hätte er es an Arndt 1808—15 vermissen können! Wenn Stein die Karlsbader Beschlüsse auch »mißfielen«, so war ihre Forderung nach Zensur und Überwachung der Lehrer an den Universitäten ihm doch nicht verhaßt, wohl aber die tyrannisch-kleinlichen Polizeimittel, mit denen man die Demagogen verfolgte[222]).

---

[216]) Pertz V 156; 346 (1819).

[217]) Thimme 155, 19. 5. 1817.

[218]) Thimme 164, 15. 5. 1818. Ebenso Pertz V 248.

[219]) Thimme 180. An Niebuhr 20. 12. 21, Pertz V 633.

[220]) Pertz V 454 über Gagerns Buch, dem Stein auch Wirkung auf die Höfe zuschreibt.

[221]) Pertz V 461.

[222]) An Gagern, Mein Anteil an der Politik IV 79, 89, 135, Juli 24 u. v. a. Stein tadelt die Flugschriften S. 59, lobt sie S. 50, 51, 65. Derselbe Stein, der Abneigung gegen die Deutschtümelei eines Jahn wie gegen die demokratischen Lehren der »hosenlosen Schwätzer« (1813! Pertz III 456; V 132) auf den Kathedern an den Tag legte, verteidigte doch gegen Niebuhr die öffentliche Meinung in Deutschland: »einen delirierenden Zustand leugne ich«; »die deutsche Volksmasse hat keine demokratische Tendenz«.

»Die allgemeine Haltung ist gut«, [223]) lobt Stein am 9. 8. 1819, nach dem Morde Sands. Es gibt nur ein Mittel »gegen die Demagogen: man muß eine Verfassung geben und nicht langweilig diskutieren« [224]).

Alle Verfassungen hat Stein begrüßt [225]). Die Gefahren der freien Rede auch in der politischen Versammlung hatte er schon früh gesehen, ebenso wie die der Lehrfreiheit der Professoren [226]). In seiner Denkschrift für eine Herrenbank in Baden hat er vor Redefreiheit gewarnt [227]): beim Handeln hielt er die Öffentlichkeit für die sicherste Aufsicht über die Mitbürger [228]); durch Rednerkünste, »den Geist des Systems und der Einseitigkeit« aber lasse sie sich blenden und mitreißen und verliere die Kontrolle. Der jüngere Stein hatte den preußischen Reichsständen 1808 [229]) freie Rede geben wollen, die neuen Verfassungen sollten Freiheit der Diskussion nur im Kreise der Verhandlungen der Volksrepräsentanten oder ist ernsthaften Druckschriften gestatten [230]).

So kann das dreifache Ziel erreicht werden, 1817—19 so gut wie einst 1807: »die Verfassung läßt die öffentliche Meinung erkennen«, die Beamten werden »in allen Maßregeln von der öffentlichen Meinung unterstützt« [231]), und man hat »bei den ruhigen Deutschen, die von allen Zeiten die Bedenkzeit am meisten lieben, ein Reizmittel statt eines Opiates und der öffentliche Geist wird rege«. In den Ständen aber sucht die Regierung eine Stütze für ihre Stellung in der öffentlichen Meinung zu finden [232]); sie wird also nicht völlig organisiert in den Ständen aufgehend gedacht, wie es 1807 erscheinen konnte.

Grundlage für Steins Wunsch nach Volksvertretung bleibt der Glaube an die sittliche Qualität des Volkes, an seine geschichtliche Erfahrung und seine Kenntnis der Interessen; das alles diente bei Stein ursprünglich auch dem Begriff der öffentlichen Meinung zur

---

223) Pertz V, 337, 400, 524, 611.

224) 21. 7. 1817 an Gagern, Anteil... IV 50.

225) Auch wenn sie seinem Verfassungsideal nicht entsprachen. Im Landtag in Bayern sah er »einen gesunden deutschen Menschenverstand« sich äußern, keineswegs »Klopffechtereien«, wie man sie den Repräsentativverfassungen vorwerfe; Pertz V 295, 361, 633.

226) Pertz V 357, 424, 451.

227) Pertz Denkschriften 1848, S. 26 (1816).

228) Pertz VI, Teil I 493.

229) Lehmann II 521 ff.

230) Pertz V 633.

231) Thimme 164, Lehmann II, 521 ff. u. v. a.

232) »Durch sie gewinnt der Regent eines treuen und gescheuten Volkes an Macht« gegenüber den Beamten, »bei denen er nur wenig Unterstützung gegen die öffentliche Meinung findet«. Thimme 168.

Voraussetzung [233]). Jetzt betont Stein aber den konservativen Zug des Volkes stärker [234]) und auch die öffentliche Meinung erscheint sehr konservativ, wenn es von der altständischen Verfassung heißt: »der Gang der Regierung wurde durch die öffentliche Meinung unterstützt«, »er wurde nie durch unbillige Anmaßung der Stände gestört«[235]). Freilich wirft Stein dem Mittelstand gleichzeitig »neuernden Unternehmungsgeist«, »Lust zu Angriffen auf die obersten Stände und Person und Würde der Regenten« vor [236]).

Die Volksvertretung erscheint jetzt bei Stein weder als das reine Organ der öffentlichen Meinung gegen die Bureaukratie noch als die Äußerung des Volkes wie es sein sollte [237]). Die Wendung zum Konservatismus ist unverkennbar. Durch den Gegensatz zum französischen Liberalismus kann Stein endlich zu dem Satz kommen: »Was soll die Phrase: le gouvernement représentatif est celui de l'opinion? Es sind Fälle, wo der Regent oder die obere Kammer oder die Opposition geradezu die irregeleitete öffentliche Meinung, sie spreche sich nun in einer Mehrheit in einer Kammer oder außer derselben aus, bekämpfen muß.« [238])

Das erinnert an Steins Haltung gegenüber der öffentlichen Meinung Sachsens, die er hatte bestimmen oder verstummen lassen wollen [239]). Jenes war ein Fall der Außenpolitik, er stand als Eroberer einer fremden öffentlichen Meinung gegenüber. Daß er eine solche nicht völlig verachtete, zeigt die Bemerkung, man solle die Absetzung sächsischer Beamter vermeiden, denn das habe auf die öffentliche Meinung die nachteiligsten Folgen [240]). Allerdings fragt es sich, ob dabei die sächsische öffentliche Meinung oder die der europäischen Kabinette respektiert werden sollte, denn im Rahmen der Außen-

[233]) Thimme 166 zu Humboldts Februardenkschrift 25. 2. 1819.

[234]) »Der verständige Wunsch des Volkes« will eine geschichtliche Verfassung, in der alle gesetzgebende Gewalt unbeschränkt beim König ist. April 17, Pertz V 132, ähnlich an den Kronprinzen 1822, Pertz V 758, Thimme 186.

[235]) 1821, Pertz V 593.

[236]) Pertz Denkschriften 1848, S. 23 ff. Herrenbankdenkschrift 1816.

[237]) So wenn er die ständige Anwesenheit der Minister in allen ständischen Sitzungen wünscht, damit die Regierung »Einfluß erhalte, widerlege, belehre, ihre Freunde unterstütze«. Februar 19, Thimme 174. Im Vergleich zu dem Urteil über die Regierungen und Regenten von 1808 wird die Wendung besonders deutlich. Damals waren diese die »wahren Jakobiner«. Lehmann III 475.

[238]) Die »Partheyen« solch irregeleiteter öffentlicher Meinung legen statt »Haltung und Sittlichkeit« »Eitelkeit und Herrschsucht« an den Tag. Pertz V 608 ff., 1821.

[239]) Pertz IV 120: Gewissermaßen durch einen Gewaltakt, die Übergabe der Verwaltung an Preußen, sollte die Beeinflussung der öffentlichen Meinung Sachsens geschehen.

[240]) Pertz IV 123.

politik kennt Stein auch eine diplomatische europäische öffentliche Meinung [241]). Diese lehnte er gerne ab: sie sei eher geeignet, durch die Staatsverhandlungen bestimmt zu werden als ihnen den Anstoß zu geben [242]). Da die sächsische öffentliche Meinung nicht den Anspruch machen konnte, national zu sein, so lehnte Stein auch sie ab. Die öffentliche Meinung ausländischer Staaten berechnete er für seine politischen Zwecke: er unternahm die Bearbeitung der englischen, um seinen Gegner Castlereagh dort zu diskreditieren; er empfahl der russischen Regierung Rücksicht auf ihre öffentliche Meinung bei ihrer Finanzpolitik mit England [243]); er berechnete die französische öffentliche Meinung in Chatillon und später, und der Zentralverwaltungsrat suchte sie in den okkupierten Gebieten sofort durch die Presse Napoleon zu entfremden [244]). Bezeichnend aber ist wiederum, daß Stein diese französische öffentliche Meinung nicht über die Rückkehr der Bourbonen hören wollte oder vielmehr, daß er nur jene Teile des Volksausdrucks als öffentliche Meinung anerkannte, die die Bourbonen zurückwünschten wie er selbst. Da der französische Nationalcharakter denkbar schlecht sei, so war das »Rein-erhalten« der öffentlichen Meinung dort eben fast unmöglich. Ähnlich ist es in Polen, dessen Verfassungsverlangen aus solchen — und europäischen — Gründen abgelehnt wird [245]). Nur in der inneren Verwaltung »sollen die Polen selbst tätig sein, durch Einrichtung von Provinzialverwaltungen . . .«.

Für Polen deutet Stein den Ausweg an, den die preußische Regierung dann auch tatsächlich einschlug, als sie das Wirksamwerden einer echten politischen öffentlichen Meinung vermeiden, eine Verfassung umgehen wollte. Die Verwaltung ersetzt die Verfassung.

Was ist aus der Überzeugung geworden, die Stein noch 28. 12. 18 an Boyen schrieb: »nur eine freie Verfassung kann den Gemeinsinn erzeugen, aus dem die Hingebung an den Staat entspringt«? [246]) Jenes bescheidenere Wort hatte sich noch gerettet in die Zeit nach den Provinzialverfassungsedikten von 1822 ff. in Preußen: »was Erziehungsanstalten für die Jugend, das ist Teilnahme an den staatlichen Angelegenheiten für den Älteren. Er wird genötigt, seine Auf-

---

[241]) Diese öffentliche Meinung ist während des Wiener Kongresses zuweilen ein Argument Castlereaghs und Metternichs, Pertz IV 172, 253. Diesem warf Stein nur vor, er sei zu schwach, »das Publikum kräftig zu beherrschen«. H. Z. 60, 418.

[242]) Worte Hardenbergs, dessen Auffassung der Steins hierin gleich ist.

[243]) 1814, Pertz IV 238, 239.

[244]) Pertz III 510.

[245]) Denkschrift für Alexander, 6. 10. 1814 Pertz IV 164, 166, 172.

[246]) Lehmann III 477.

merksamkeit und Tätigkeit von dem Persönlichen auf das Gemeinnützige zu wenden«[247]). Aus dieser pädagogischen Aufgabe hatte Stein ursprünglich seinen Begriff der öffentlichen Meinung in Preußen entwickelt. Je mehr aber die Hoffnung oder Forderung nach Lösung dieser sittlichen Aufgabe durch eine Verfassung zurücktreten mußte, umso mehr verlor der Begriff öffentliche Meinung an Bedeutung für ihn. In der letzten Periode des preußischen Verfassungskampfes, als Arndt zum Schweigen verdammt, Humboldt aus dem Amt geschieden war, 1820—24, hat Stein wiederholt Gutachten für Provinzialstände abgegeben[248]). Er hat sie nie als Organe einer öffentlichen Meinung aufgefaßt. »Die moralischen und intellektuellen Kräfte der Nation«, die sie entwickelten[249]), nannte er nicht mehr öffentliche Meinung. Die Lage hatte sich sehr geändert. Hövel schildert: der öffentliche Geist, Teilnahme am Öffentlichen sei gestorben, aber die Parteiung habe sich vermehrt. Steins Auskunft aber war: »man hätte die Meinung nicht sich aussprechen lassen sollen«, sondern »die Meinung... für den Staat... leiten«[250]). Als Landtagsmarschall von Westphalen wird Stein enttäuscht in zwei Voraussetzungen, an die er während des Kampfes für ständische Verfassung fest geglaubt hatte: das Interesse der Stände fließt nicht organisch zum Interesse des Ganzen zusammen und das Interesse der Provinzen nicht zu dem des Gesamtstaates. Auf dieser Voraussetzung ruhte aber das Idealbild der einheitlichen öffentlichen Meinung. Stein selbst nahm in der Provinz Partei für das Ganze, im Staat Partei für den in sich geschlossenen Teil[251]).

Was aber nun am meisten überrascht, ist Steins Stellung zu »der Zwietracht unter den Ständen auf den deutschen Landtägen, Reichstägen«[252]), die seinen früheren Äußerungen fast unmittelbar widerspricht. Er bemerkt »einen verderblichen Geist. Hier finde ich nicht politische Parteien, Demokraten, monarchische Whigs, Tories, sondern Stände-Zwietracht, Adelsstolz und Bürgerneid. Man streitet nicht um Meinungen, sondern... mit Eitelkeit vernachlässigt man

---

247) An Hout, 6. 3. 28, Pertz VI, Teil I 492.

248) Pertz VI, Teil II, Beilage 244, 126, Pertz V 756, 731. Der Kronprinz zog Stein zu Rate, da er »über den Parteien« stehe. Dieser ist dabei immer mehr auf die partikulare Tendenz des altständischen Prinzips und auf die Betonung der Landstandschaft als Recht des Adels zurückgekommen.

249) Noch 1831, Thimme S. 244.

250) Pertz VI, Teil II, 213, 1826.

251) An Gagern, Anteil ... 195. Ich hatte einzig die Befürwortung des Interesses der Provinz, die ich als Landtagsmarschall vertrat, im Auge, als ich nach Berlin fuhr. Ebenda 247 Ablehnung der zentralisierenden Formen.

252) An Gagern, Anteil IV 205.

das Interesse des Ganzen«. Durch den Meinungskampf wird also dieses weniger als durch den ständischen Interessenkampf gefährdet; bisher hatte man den Streit der Meinungen vermeiden wollen als einen Schaden, den man mit Gentz [253]) besonders der westlichen Repräsentativverfassung zuschrieb. »... Ausbildung zu einem wahren repräsentativen System« tut viel mehr not, aber es wird nicht geschildert, nur fremde Maßstäbe werden genannt. Stein erkennt jetzt das neue, tatsächlich vorhandene Organisationsprinzip der öffentlichen Meinung in ihrer westlich-liberalen Form ausdrücklich an: »Mir scheint die Spaltung in Liberale, Konstitutionelle und Monarchisten weniger nachteilig als Trennung in Ständen, wo Adelsstolz, Bürgerneid und Bauernplumpheit gegeneinander auftreten mit aller... Eigenliebe, wo einer den anderen niederzutreten sucht und zwar ohne alle Rücksicht auf Erhaltung der Verfassung [254])«. So traten also an die Stelle der natürlichen Stände politische Gruppen, die durch ihre Stellung zum Begriff der Volkssouveränität bestimmt sind.

Um so wichtiger ist es, daß Stein an seinem Verfassungsgedanken festhielt; er schrieb 1827: »Die Anstalt (Landtag der Provinz Westphalen) muß in Verbindung gedacht werden mit zukünftigen Reichstägen«. Die Eingabe der westfälischen Provinzialstände im Dezember 1830 enthält die letzte Verfassungsforderung auf Einführung preußischer Reichsstände, die Stein erhob. Ihre Gründe klingen resigniert, zugleich realistischer als früher. Der Blick in die nahe Zukunft ist trübe: »der Elemente der Unruhe sind so viele« in diesem Deutschland der Restauration. Nicht die Hoffnung, daß eine heroische öffentliche Meinung einmal den Staat retten werde, begründet jetzt Steins Wunsch, sie verfassungsmäßig dem Staat einzufügen. Nein, weil der Funken des politischen Brandes überall glimmt, »ist es ratsam, die Flamme zu leiten, ehe sie zerstörend wirkt« [255]). Jetzt muß man dem Zeitgeist gehorchen, und er ist wie einst: »Habsucht, Neid unter den verschiedenen Ständen der Nation, Ehrgeiz, Rationalismus statt religiöser Grundsätze«; er breitet sich durch politische Schriften und Zeitungen aus und lebt in eben dem Geschlechte, das nun — wie Stein selbst es doch 1807 hatte erziehen wollen! — »nicht mehr an monarchisch-bureaukratische Formen gewöhnt ist«, das sich

---

[253]) Vgl. Gentz bei Klüber-Welcker 1845 a. a. O. S. 213 ff.

[254]) An Gagern, Anteil IV 211, 13. 2. 28, auch bei Lehmann III 483.

[255]) An Gagern Anteil IV, 184; 203. 1819 findet Stein »die Ideen der Menschen über Verfassung reifer und gemäßigter, Pertz V 402, und sieht doch »eine Art des Irrwahns, die im Schwange geht«, die er sich nur durch die Aufregung der Geister erklären kann, die die letzten 27 Jahre hervorgebracht haben«, Pertz V 437, 445.

durch die Weltgeschichte und durch politische Lektüre bilden läßt, das »sich fühlt, mit Jugendkraft und Drang zum Handeln« — so wie Stein und Arndt die Jugend gedacht hatten, die Träger einer echten öffentlichen Meinung der Nation gegen den rationalistischen und liberalistischen Zeitgeist sein sollte. Aber in dieser Generation von 1830 findet Stein echte öffentliche Meinung nicht.

Öffentliche Meinung ist ein westlich-liberaler Begriff geworden. Fast kann man sagen, Steins letzte Verfassungsforderung gründe sich »auf die Furcht des Regenten vor einer wild aufgeschossenen öffentlichen Meinung« — wie es Gentz als Verdammungsurteil über die Repräsentativverfassung aussprach (Klüber § 3). Dem dankte die öffentliche Meinung die wachsende Abneigung Friedrich Wilhelms III [256]).

Nicht nur das Organisationsprinzip und die Grundeinstellung zum Staat, wie sie den liberalen Begriff der öffentlichen Meinung bestimmt, erkennt Stein jetzt, sondern auch den Inhalt der liberalen öffentlichen Meinung, wie sie bestand; auch Stein glaubte 1831, das formelle Recht des Volkes auf die Erfüllung der Zusage vom 22. Mai 1815 zwinge Friedrich Wilhelm III. zum Erlaß der Verfassung. Es kann aber sein, daß Stein nicht nur durch Resignation seinen ständischen und ethischen Begriff der öffentlichen Meinung eine moderne Farbe annehmen ließ, wenn er »zwischen Napoleonischen Buralisten und neuerungssüchtigen Doktrinairs und am Alten starr Festhaltenden« hindurch mußte. Gegen die Neologismen in Bayern machte er geltend: es bedürfe der Zeit, um die öffentliche Meinung zu vernehmen; in England sah er die fortschreitende Bildung im Verein mit der öffentlichen Meinung [257]). Und es bleibt für Stein immer bestehen, daß in dieser öffentlichen Meinung »herabgewürdigt« zu werden gefährlich und beschämend ist; noch immer verachtet er sie nicht. Noch immer ist sie ihm ein Bollwerk gegen Intellektualität, Zentralisation, Nivellierung [258]); noch immer ist sie ein Stück der

---

[256]) Lehmann III 488, vgl. dagegen Humboldt Februar-Denkschrift 19, Kähler I, 175, § 15, s. u.

[257]) An Gagern, Anteil IV 154, 222, 206, 239, 208. Die Lage Englands schien ihm »bedenklich... wegen des Kampfes einer starren und habsüchtigen Aristokratie mit der... öffentlichen Meinung«.

[258]) Steins Urteil über Frankreich in der Julirevolution an Arndt 19. 10. 1830, Arndt notgedrungener Bericht Bd. II 267: er lobt »die gemäßigte Sprache einer starken Partei und die Selbständigkeit der öffentlichen Meinung in den Provinzen gegenüber dem Pariser Journalismus«. Denn jenem fehlt das Bemühen »um religiös-intellektuelle Veredelung«, das Stein immer bei den Franzosen vermißt, und das seine Stellungnahme gegenüber der deutschen öffentlichen Meinung wie sie ist und wie sie sein soll, bestimmte; an diesem Maßstab gemessen war die öffentliche Meinung bei Stein überwiegend eine positive, von ihm bejahte Erscheinung seiner Zeit.

fortschreitenden Bildung, auf die er trotz aller Neigung für das Alte seine Hoffnung setzte. Der greise Reichsfreiherr lobte das Zeitalter trotz allem, weil es »die freie Zirkulation der Ideen speziell über Staatsprobleme« gebracht habe[259]) — derselbe Stein, der doch das Tun, »nicht langweiliges Diskutieren« wollte und praktische Kenntnisse und moralische Energie, nicht aber »Ideen« und »Ansichten« der Staatsbürger für den Staat zu gewinnen gehofft hatte. Dieser Stein bewunderte vielmehr »die Emanzipation von Amerika, das freie Spiel der dortigen menschlichen geistigen und produktiven Kräfte«. In dieser Bewunderung liegt eine Brücke, ein Ausblick in die Welt der Zukunft, in die Ideale des 19. Jahrhunderts.

Der Begriff der öffentlichen Meinung bei Arndt.

I

Bei Arndt, dem Publizisten, muß die Untersuchung seines Begriffs der öffentlichen Meinung auf eine breitere Basis gestellt werden als bei Stein; nicht nur die unmittelbare Erwähnung und Betrachtung der öffentlichen Meinung durch Arndt, sondern auch die mannigfaltigen Gedankengänge, die seinen Begriff mittelbar geschaffen haben oder erklären können, müssen berücksichtigt werden. Die Vieldeutigkeit des Wortgebrauchs, die dem Publizisten eigentümlich ist, läßt eine Beschränkung auf die Gedanken, in denen er das Wort öffentliche Meinung gebraucht, noch weniger zu, als es bei Stein oder Humboldt erlaubt ist. Arndt kommt nicht wie Stein aus einem ursprünglich reinen, ausschließlich politischen Interesse auf den Begriff der öffentlichen Meinung als einen praktisch-politischen Begriff zu, sondern umspannt einen viel weiteren Kreis von Interessen, die im Begriff der öffentlichen Meinung zusammenschießen, da sie alle wesentlich historisch-politisch orientiert sind.

Der junge Theologe, mit einer historisch-philosophischen Dissertation beginnend, veröffentlicht zuerst »ein menschliches Wort über die Freiheit der alten Republiken«, Reiseschilderungen (1800), Gedichte und einen Beitrag zur sozialen Frage, die die Zeit am meisten beschäftigt, zur Leibeigenschaft (1803). Der Ursprung der drei letztgenannten Bücher ist unverkennbar das unmittelbar Selbsterlebte. In zweierlei Art wird es ihm wichtig für sein politisches Denken, in dem sein Begriff der öffentlichen Meinung aufzusuchen sein wird.

---

259) 1825 an Gagern, Anteil... IV 164.

In den Reiseschilderungen fröhnt Arndt zunächst der »naturhistorischen Belustigung, die ihm als Trieb angeboren«[1]) war und beobachtet die Volksindividualitäten. Gleichzeitig achtet er auf »die politische Stimmung« in Italien, den »öffentlichen Geist« in Lyon, aber auch auf den republikanischen »Schein«[2]); seine besondere Vorliebe gilt den Wahlaufzügen und ähnlichen Volksdemonstrationen, über deren Wert als Spiegel der echten Volksstimmung er aber sehr rasch skeptisch zu denken lernt[3]). Betrachtet er deren einzelne Elemente, so findet er Gefallen daran, daß bei den Republikanern noch immer ein kirchliches Bedürfnis rege ist, daß bei den Lyoner Bürgern keinerlei Nationalhaß gegenüber den deutschen Kriegsgefangenen zu spüren ist; er tadelt scharf die »Parteiwut des Pöbels« wie sie während der revolutionären Wirren in Lyon zutage trat[4]).

Fast ebenso sehr wie die Art des Volkes, sich zu geben und sich politisch zu äußern, interessiert Arndt der Ausdruck, den es in Sitte, Sagen, Gebräuchen und in den Lebensformen des praktischen täglichen Lebens gefunden hat. Der Begriff einer öffentlichen Meinung fehlt noch durchaus.

In seinem Angriff auf die Leibeigenschaft hat Arndt ihn in dreifacher Weise vorbereitet: einmal hat er die »Meinung der Angewöhnung«[5]), die Konvention, die überkommene Moralität angegriffen, die da Duldungswilligkeit predigt, wo dies dem Herrschaftsinteresse der besitzenden Klasse entspricht; damit hat Arndt diese Moralität aufgefaßt als historische Stufe, die überwunden werden müsse; aus einem absoluten Wert hat er sie zu einem relativen gewandelt[6]). Denn »der menschliche Geist ist jetzt ein Freigelassener und fordert Freiheit der Zunge und des Gedankens«[7]). »Das heilige Feuer der Publizität« verpflichtet freilich den Schreiber oder Sprecher zu Besinnung und Mäßigung.

Zum andern aber hat Arndt für die Aufhebung der Leibeigen-

[1]) Erinnerungen aus meinem Leben, S. 128, W. II.

[2]) Reisen in Italien und Frankreich... Ausg. v. 1801, Bd. I 29, 69, 94; 31.

[3]) Ebenda S. 12, 95 u. a. In Paris macht er die ironische Bemerkung: die Geschehnisse, die Geschichte würde auch anders ablaufen können »trotz aller Stimmung des Volkes, von der einige nach dem Erfolge so weise schwatzen«, als habe sie das Geschehen gelenkt. Ebenda, S. 119.

[4]) Ebenda S. 85, 103, 87, 89 u. v. a.

[5]) Gesch. der Leibeig. in Pom., 1802, S. 248 an den Adel: »Bedenkt wie ihr verblendet seid in der Meinung der Angewöhnung«. Das Wort wird im psychologischen und konventionellen Sinn gebraucht, keineswegs im politischen Sinn einer öffentlichen Meinung.

[6]) Ebenda S. 256.

[7]) Gesch. der Leibeig. in Pom. 1803, S. 269, 270, 275.

schaft, die das Menschenrecht, das rechtverstandene Staatsinteresse [8]) und »die freie und fortschreitende Gesellschaft« [9]) gleichermaßen fordern, geltend gemacht, daß die Entfaltung aller sittlichen Kräfte nur in der Freiheit möglich sei und daß der Staat und die Gesellschaft dieser Entfaltung aller Kräfte bedürfe, ja auf sie ein höheres Recht besitze — auch gegen das historische Recht der Privilegierten (der Gutsherren).

Das Wichtigste aber ist, daß Arndt sich in dieser Schrift bereits deutlich an eine Öffentlichkeit, eine durch den gegenwärtigen Moment bestimmte Hörerschar wendet, daß er schon mit diesem Werk für die Wirklichkeit, wie sie ist, arbeiten will; und zwar sucht Arndt indirekt, durch das Medium seiner Leser hindurch, Einfluß auf die praktische Gestaltung zu gewinnen. »Ich will nicht erbittern, sondern überzeugen« [10]), wen? Die politisch Verantwortlichen? Die rechtlich und wirtschaftlich Interessierten, den Adel? Es bleibt ganz unbestimmt, wie sich Arndt die Wirkung gedacht hat. Jedenfalls will er die für die Humanität begeisterte literarische öffentliche Meinung, die Deutschland besaß, bereits in dieser Erstlingsarbeit mit einem politischen Interesse erfüllen; er sieht die Bauernbefreiung, in ihrer Wurzel ein menschliches und soziales Problem, vom Staate her an und will es durch den Staat lösen. Er kann sich an diesen Staat weder mit einer Denkschrift wenden noch auf den Fürsten (Gustav IV. Adolf von Schweden) persönlich Einfluß nehmen. Seine soziale Stellung läßt ihm nur den unverantwortlichen Appell an die Öffentlichkeit übrig. So ist diese Öffentlichkeit eine subjektive Voraussetzung für Arndts Denken und Wirken; und er denkt nur, um zu wirken. Seine instinktive Einstellung auf eine öffentliche Meinung für die Lösung einer solchen sozial-politischen Aufgabe kann man auch der Charakteristik entnehmen, die Arndt im Notgedrungenen Bericht 1821 von diesem Buch gibt [11]). Es sei sein erstes politisches Erwachen gewesen: »in der Wirklichkeit ein Gegenstand, woran allgemeine Gefühle, Ansichten und Einsichten sich erproben konnten«.

---

[8]) Ebenda S. 274 »Freiheit ist Menschenrecht«; zugleich »darf der Staat durchaus keine Einschränkung der Menschenkraft dulden, wenn sie nicht unmittelbar aus der Notwendigkeit seiner Erhaltung erfolgt.« Das heißt, Menschenrecht und Staatsinteresse gehen für Arndt einen Bund ein, um die Aufhebung der Leibeigenschaft, den Sieg über das historische Recht durchzusetzen. Ebenda S. 243.

[9]) S. 239.

[10]) Ebenda S. 206. »ich wollte Vorurteile widerlegen, alte Verdrehungen zurechtrücken; man stelle mein Werk an das Bedürfnis und an das Urteil oder Vorurteil meines Landes«. Einl. zur Gesch. der Leibeig. S. 9.

[11]) Notgedr. Ber. I, 165.

Diese allgemeinen Gefühle... können sowohl die eigenen sein als auch die, auf die er wirken wollte. Von einem ihm untergeordneten oder einem ihm gegenüberstehenden »Publikum«, wie in Steins und Humboldts Anfängen, ist bei Arndt, dem Publizisten und Dichter, gar keine Rede. Um so lebhafter und vieldeutiger taucht bei ihm jene Öffentlichkeit auf, in der und aus der heraus er lebt.

Langsam bildet sich Arndt ein Urteil über die Lage, die Eigenart [12]) und Fähigkeit [13]) der Menge, zunächst der lokal und sozial bestimmten Gruppe seiner heimatlichen Bauern. Ihrer »Einfalt« will der junge Aufklärer bewußt machen, »wie sie das Rechte tun sollten« [14]). Wohl sind so Ansätze für Arndts politisch-publizistische Wirksamkeit deutlich, doch erhebt er sich noch nicht zu eigentlich politischen Gedanken. Dies tut er zusammenfassend zuerst in seiner Schrift über Germanien und Europa 1802 (erschienen 1803).

Ihr Zielgedanke ist, daß es zu einer Synthese zwischen den jetzt gespaltenen Kräften von »Geist« und »Seele« kommen soll; diese wird durch das Handeln »der Regenten und der Gebildeteren« sichtbar und politisch werden. Dazu muß in ihnen »Wissen und Gewissen«, »seelenvoller Verstand« sein, und ihre »Erkenntnis der Pflicht folgt nur aus der Erkenntnis der Zeit« [14a]). Es erscheint also deutlich, daß Arndts Bemühungen um die Erkenntnis des Zeitgeistes von vorne herein ethisch-politisch bestimmt sind; ja daß Arndts Zeitpsychologie und seine politische Begriffsbildung — aus denen auch sein Begriff öffentliche Meinung entspringen wird — entstehen aus dem inneren Wunsche nach politischem Handeln. Wenn auch viele Nebenströme seines Denkens darin zusammenfließen, so ist die Frage: was sollen wir, soll ich, jetzt tun? doch die letzte Quelle seines Denkens. »Das Gute wollen, was in der Zeit stehen kann, worin man lebt — das ist Patriotismus«, ist seine erste Antwort [15]). Deshalb muß man die Zeit kennen; die Kritik des »Zeitgeistes«, seiner psychologischen Gesamthaltung und seiner einzelnen Inhalte, lautet 1802 zuletzt — trotz lebhafter Ablehnung der Übergeistigkeit, der Zwiespältigkeit, des Rationalismus, des Unglaubens, der Schwärmerei — doch positiv: »Mir erscheint im

---

[12]) Er lobt das richtige Gefühl, Einfalt, Charakter der Bauern. Gesch. der Leibeig. 225. Schon damals ist ihm wichtiger als der »Unverstand« von Adel und Bauern, daß »die Masse des Volkes herzhaft ist und hohen Mut hat unter hohen Führern«.

[13]) Der Mangel an Kenntnis ihres Rechts und des Unrechts, das ihnen geschieht, ist ihnen gefährlich; Gesch. der Leibeig. S. 213, wenn auch wichtiger ist, daß sie jene »Kräfte des Gemüts« besitzen, ebenda 222.

[14]) Ebenda 268.

[14a]) G. u. E. 430 ff.; 405.

[15]) Germ. u. Eur. S. 216.

Zeitgeist durch alle Flecken *ein hoher Adel«* [16]). *Man muß ihn kennen* und achten. Arndts erstes Kriterium für das Urteil über Napoleon ist: »Hat er eine Idee vom Geist und den Bedürfnissen der Zeit?«. Nein, es ist sein Unrecht, ja Sünde, dem Geist der Zeit Schranken anzulegen.

Das zweite aber ist: »Hat er eine Idee vom Sinn der Nation, die er« regiert [17])? Dieser »Geist eines Volkes, der ein Volk unbesiegbar macht«, den der, der politisch handeln will, kennen und ehren muß [18]), wurde schon in den »Reisen« von Arndt dem »Freiheitsgeist« gegenübergestellt: Beide wirken kräftig und handeln groß [19]). »Dieser Volksgeist lebt in jeder großen Nation, die sich ihrer Unabhängigkeit versichern kann und wirkt aufs Herrlichste«. Der Freiheitsgeist aber ist nur »was Begeisterung und Schwärmerei für Freiheit ausschreien« [20]).

Neben diese drei großen Quellen einer geistigen Gesamthaltung tritt nun auch der Begriff »Gemeingeist«. Aber der Gemeingeist, der in Frankreich seit 1795 am größten war »durch die Namen der Feldherrn«, ist offenbar etwas ganz anderes als der Steins [21]). Er entsteht im Heer durch den Führer [22]) und schafft »die Begriffe von Ehre und Schande« [23]).

Wenn Arndt seine Zeit wie sie ist beobachtet, so betont er den Zwiespalt zwischen Geist und Seele; diese allein kennt die Elemente des Lebens, kann sie aber nur gestalten in Einklang und mit Hilfe des Geistes, der an sich Zergliederung und Entgötterung bedeutet [24]). In der Bildung der Zeit herrscht esprit allein; »das Volk aber fühlt das Bedürfnis, je tiefer es in sich einschaut, in der Seele zu leben« [25]). Wenn es nun Ziel der Zeit ist, »dem Staat und den Menschen eine gehaltvolle Gestalt« zu geben [26]), wenn zugleich »Erkenntnis und Einsicht werden, d. h. in Zusammenhang mit der Welt gebracht«

---

[16]) Ebenda S. 22, 71, 116 u. v. ä.; 430.

[17]) Ebenda 395; 371.

[18]) Ebenda S. 336.

[19]) Zit. bei Müsebeck, E. M. Arndt, I. Bd. 1769—1815, Gotha 1914, S. 61.

[20]) Germ. u. Eur. 336, 340.

[21]) Ebenda 242.

[22]) »Nur die Seele des Feldherrn habe immer Energie, die andern bedürfen nichts weiter als Elastizität«. Ebenda 240.

[23]) Die in die Franzosen, auch die Gemeinen, tiefer eindrangen, als in alle übrigen Völker, weil sie »unstreitig das gebildetste Volk aller Europäer« sind. Ebenda 242, vgl. unten.

[24]) Germ. u. Eur. S. 51, 72 u. a.

[25]) Ebenda S. 117.

[26]) Ebenda S. 302/03, 400.

werden soll, »was nun nur noch einzeln fliegt«, [27]) so muß Volk und Bildung, Geist und Welt miteinander verbunden werden, um zur Gestaltung des Staates zu gelangen. Dies Bemühen der Zeit, »ihr Wissen und Kennen auch auf der Erde als Gestalt sehen zu wollen«, zeigt sich in den Diskussionen über politische Ideen, in der »außerordentlichen politischen Teilnahme unserer Zeit [28])«. Die Anknüpfung dieser Ideen an den konkreten bestehenden Staat aber ist sehr schwierig [29]). Das Volk, das »in der Seele lebt«, hat zuerst nicht politische Ideen, sondern »die ersten irdischen Gefühle von einem Staate« [30]); sie sind »das Bewußtsein der Stärke, die Liebe zu einer großen Gesamtheit, die Idee der Gemeinschaft und des Vaterlandes — die dauernd größte für ein Volk«. In Deutschland fehlen diese irdischen Gefühle von einem Staate. »Nur wenn wir ein Vaterland, wenn wir die hochmenschlichen und hochpolitischen Ideen eines eigenen, einigen, kräftigen Volks hätten, würden wir stehende Sitten, festen Charakter und Kunstgestalt gewinnen«. »Einheit des Volkes und Staates«, »Vaterlandsliebe und Freiheit, die irdischen Ideen des Staats« [31]), werden entstehen, wenn Zeit- und Volksgeist im rechten Maß im Staat zusammentreffen und wirken. Dies geschieht innerhalb der Verfassung, die für Arndt bereits 1802 ebenso notwendig wie Einheit und Stärke des Staates ist [32]). Aus ihr »keimt jede Kraft und jede Tugend« [33]). Sie schafft Vaterlandsliebe, d. h. nicht nur Liebe des Bodens, sondern Liebe der Volks-, Sprach- und Staatsgemeinschaft [34]). »Da wird der Mensch stolzer auf sich selbst und edler«.

Die Träger der Verfassung sind — durchaus vage angedeutet — die Bürger. In ihnen steckt »die stille Kraft, die weiß, was sie soll und

---

[27]) Ebenda 370.

[28]) Ebenda 370; 249 u. a.

[29]) Denn »ihr (der modernen Staaten) Grundgetriebe ist so verwickelt, daß der Mensch, der doch im Staat leben und handeln soll, nicht einmal mit der Idee, geschweige mit dem vollen Herzen, an ihnen teilnehmen kann«. Ebenda 262. Damit der Drang zu politischer Gestaltung nicht phantastisch revolutionär, sondern für den Staat fruchtbar werde, ist es deshalb notwendig, »daß der Staat einfach« sei.

[30]) Ebenda 413.

[31]) Ebenda S. 429, 426, 317.

[32]) Ebenda 262 ff., 275 ff. Sie soll zunächst »dem einfältigen Gesetz aller Dinge gehorchen, das nur der Fromme und Einfältige finden kann«. Sie soll »irdisch« sein und aus »dem Interesse, das die Masse der Menschen immer regieren soll«, nicht aus »allgemeiner Gerechtigkeit« hervorgehen. S. 316. Sie bedeutet Herrschaft des Gesetzes und Rechtsgleichheit aller Bürger — das ist Freiheit im Staat.

[33]) Ebenda 318.

[34]) Die »sich als eine engverbundene Gesamtheit ansieht«, »durch einerlei Gesetz und Regierung zusammengehalten« S. 317. Vgl. unten 165 ff.

will und zwingen kann« 35). Sie sollen die ausübende Gewalt beschränken 36); »es ist nicht möglich, ein Gleichgewicht zu finden, daß die ausübende Gewalt genug könne und doch nicht zu weit gehe als in dem Zurechtweisen der besseren Bürger, nicht von Amts wegen — denn Ephoren taugen nichts — sondern als Menschen und Bürger. Die Zeit kann kommen und wird kommen, wo dies Zurechtweisen gelten wird. Die geistige Bildung wird noch mehrere Jahrhunderte fortgehen... 37). Die Regierungen selbst werden nicht mehr zittern — welches einige philosophische Träumer ihnen eingebildet haben — daß sie aufhören werden zu herrschen, wenn die Menschen so in Bildung fortschreiten: sie werden ihr Interesse darin finden gerecht zu sein, wenn die Menschen erst verstehen, was hier unten recht ist. Die Verständigen im Volk, die ja der 30. Mann ausmacht, werden ihnen ruhig die Gesetze des einfacheren Staates zeigen und zugleich ihnen vorhalten, wie sie zu weit gingen. Wirkt dieser ruhige Verstand der Verständigen den Regierungen gegenüber nicht als Vermahnungen, so wirkt er als Furcht (!) Die stille Kraft, die weiß was sie soll und will, kann zwingen. Ohne eine Revolution, die den Staat in allen Teilen erschütterte, fällt die Regierung, weil sie nicht stehen will. Wo so viele Verständige sind, da lässet sich der übrige Haufe des Volkes halten... Was einzelne Menschen schon erkennen — (den Einklang des Einzelinteresses mit dem Allgemeininteresse) — das werden die Völker lernen und sollten sie es erst nach Jahrtausenden... So kann ein solcher Staat entstehen«. Also eine Utopie. Und doch sieht Arndt bereits eine besondere Eignung der Deutschen für jenen Staat »in Jahrtausenden«: Ruhe, Arbeitsamkeit, Redlichkeit, Ordnungsliebe machen »wohl keine Nation mehr für eine einfache und freie Verfassung geboren als meine« 38). Voraussetzung ist eine ruhige, kampflose Übereinstimmung der Oberschicht, bei den »30.«, in ihrem Werten und Wollen, ihrem Verstehen dessen, was »hier unten recht ist«. Also eine aus Bildung, aus Erkenntnis gewonnene allgemeinverbindliche Moral und ein allgemeingültiges bewußtes Wollen — das wird auch im Staat zur Geltung kommen.

---

35) Ebenda S. 314.

36) Das ist bis jetzt bei genügend starker Exekutive noch nie gelungen und Arndt »gesteht es gerade«: »Da mich dies unmöglich dünkt, so dünkt mich auch mein Staat jetzt noch unmöglich in seinem vollen schönen Leben«. S. 313 ff.:

37) ebda. 313 ff. »...sie wird sich allmählich mehr mit der Seele und dem Leibe des Menschen und der Erde verbinden. Ein ruhiger klarer Welt- und Staatenverstand, ...wird daraus hervorgehen. Nicht alle Menschen werden zu dieser Einsicht, zu diesem Verstande ihres Weltverhältnisses kommen, aber wir wollen nur den 30. im Volke nehmen«.

38) Germ. u. Eur. 428.

Dies politisch gültige, freilich beschränkt allgemeine Werten und Wollen könnte man vielleicht als öffentliche Meinung bezeichnen. Es ist wichtig, daß sich diese Vorstellung — wenn auch noch ohne ein Wort dafür — für Arndt ergeben hat aus dem Wunsch, die von ihm selbst anerkannte Stärke der Regierung nicht zu groß werden zu lassen. Diese öffentliche Meinung wird nicht gedacht als ein Ersatz, sondern als lebendiger Gegenspieler der politischen Macht. Nicht aus moralischen oder sozialen, sondern aus politischen Gedankengängen ist diese Vorstellung erwachsen, die sich noch nicht zum Begriff verdichtet hat. An einer anderen Stelle, bei Gelegenheit der Legislative seiner Phantasieverfassung führt Arndt noch einmal auf Ansätze eines Begriffs von öffentlicher Meinung hin: er geht zunächst von dem naturrechtlichen Gedanken des Staatsvertrags aus und von dem, »was diese größere Menschenmasse eigentlich wollte, als sie mit mancher Aufopferung in den Staat trat« [39]). Dieser Wille der Masse soll vollstreckt werden durch die Gesetze, »die die Weisesten geben durch das Volk, d. h. diese Gesetze werden dem Volk vorgehalten... und an dem Zwecke des Staats beleuchtet. Erkennt das Volk sie an als diesen Zweck befördernd, so sind sie durch und für das Volk gegeben«. »Anders soll das Volk als Masse nie gesetzgebend sein; aber nicht gesetzgebend soll ein Volk nie sein, d. h. du darfst keine Gesetze geben, die nicht die Masse des Volks kennen und erkennen könne und dürfe. Das Volk... sucht... eine Gewalt, die diese Gesetze verherrliche... die Regierung soll nichts sein als das... durch das Volk gewaffnete Gesetz« [40]).

War vorhin der Ursprung im liberalistischen Denken, das bestimmt wird durch die Opposition: Regierung gegen öffentliche Meinung, unverkennbar, so tritt hier die Rousseausche Phantastik an seine Stelle, der Gedanke der Volkssouveränität, des Staatsvertrags, der nicht anders als durch das Volk bestehenden Regierung. Während die Idee von der Harmonie der Interessen von Rousseaus volonté générale übernommen wird, bedeutet der Gedanke der Gewaltenkontrolle eine Anleihe bei Montesquieu (Pouvoir arrête pouvoir). Um die Frage der Repräsentation, an der sich die Geister am Schärfsten scheiden, geht Arndt durchaus noch herum; er will »den Weisesten«, nicht den Abgeordneten. Darin ist er gleichmäßig selbständig gegenüber den Franzosen, wenn er auch im Wesentlichen sonst Montesquieu viel näher steht, in seiner biologisch, nicht abstrakt begründenden politischen Denkweise.

Genau wie bei der Kontrollfunktion der »besseren« Bürger bleibt

39) Germ. u. Eur. 275.
40) Ebenda 318.

die politische Organisation und rechtliche Fixierung dieses »Anerkennens der Gesetze« ganz unbestimmt. An diesem Mangel liegt es, daß man auch hier an eine spontane, mindestens nicht organisierte Äußerung der Bürgermasse etwa wie in der öffentlichen Meinung denken könnte. Über die Auslese der Weisesten vollends ist dasselbe Dunkel wie über die jedes 30. gebreitet. Aber an die Kontrollidee knüpft eine schon für die unmittelbare Gegenwart fruchtbare Forderung Arndts an den Staat: er fordert wieder »Öffentlichkeit« als ein Recht der Menschenwürde [41]).

Es ist die Schuld der napoleonischen Regierung, daß sie weder Öffentlichkeit noch Preßfreiheit kennt, ja Diskussion politischer Ideen verbietet [42]). Daß eine solche Diskussion, daß auch eine Schule des politischen Verstandes da sein sollte, sind Voraussetzungen Arndts, die er später in direkte Beziehung zur öffentlichen Meinung bringt, ja mit ihr identifiziert. Eben dies Argument in seinem Kampf gegen Frankreich wird im folgenden Jahrzehnt besonders fruchtbar für die Bildung seines Begriffs einer öffentlichen Meinung.

Es fällt aber auf, daß sich für alle diese politischen Ideen Arndts das Wort öffentliche Meinung nie einstellt; sondern er kennt nur »Meinung«. Diese, auch wenn sie zufällig einmal öffentliche Meinung genannt wird, bleibt im Sinn des 18. Jahrhunderts gleichbedeutend mit allgemeiner moralischer Ansicht der Gesellschaft, weltlichem konventionellem Dogma [43]). Er lobt die Griechen, bei denen die Sitten »mehr durch Gewohnheit und Meinung beherrscht und behütet wurden als durch Verordnungen« [44]); denn »das Geistige gehörte der Sitte

[41]) Nur durch sie könne der Mensch im heutigen Staate Mensch bleiben und zugleich »den stillen Verstand des Regierens und Gehorchens lernen«. »Die Regierung ist dem Volk durchaus Öffentlichkeit schuldig, umso mehr, je gewaltiger sie ist«. Germ. u. Eur. 374.

[42]) Arndt geht in seiner Forderung an Napoleon so weit, er solle »sagen, warum er so regiere«, solle »die Hauptorgane des politischen Lebens zeigen«, (Germ. u. Eur. 375) — dann werde die Nation das »würdigen« und »die Notwendigkeit verstehen, woraus er so regiere«. Arndt beobachtet schon damals die Kunst Napoleons, »Augen und Herzen des Volks von solchen Fragen wegzulenken und zu betören«; er spricht gerade den Franzosen die Fähigkeit zu, sich »durch Größe und Offenheit zusammen regieren zu lassen« 374. Aber seit der Konsulatsverfassung haben die Franzosen weder Freiheit noch Öffentlichkeit; das ist Arndts schärfster Vorwurf gegen Bonaparte. Ebenda, 391 ff.

[43]) So wenn Arndt die Grenzen des Staates in all dem sieht, »was nicht streng irdisch ist« und nicht notwendig unter »die organischen Gesetze des Staats« fällt (S. 302): darüber wird »die Meinung mächtiger herrschen als alle unsere Gesetze, wo sie für die Sitten gemacht sind« (308). »Was aber nicht gebändigt werden soll als durch sich selbst, das spottet selbst der öffentlichen Meinung und der Rache des Gesetzes« 309.

[44]) Ebenda 288.

und Meinung, die ganze Erdenlast des Staates war nicht auf das Geistige geworfen«. Eben diese — hier noch gepriesene — Trennung von Staat und Geist, Staat und Sitte will Arndt später aufheben. Seine Ansätze zu dieser Mediatisierung und Politisierung des Geistes in den Staat hinein waren in den Verfassungsideen erkennbar; aus ihnen wird die Wandlung der »Meinung« zur öffentlichen Meinung geschehen müssen.

In den folgenden Jahren, in denen Arndt die Fragmente über Menschenbildung, die Briefe an Freunde als Auseinandersetzung mit dem Kosmopolitismus und Humanitätsideal und sein bedeutendstes Buch, den Geist der Zeit (I, 1805; II, 1806—08) niederschrieb, vollzog sich seine Wendung zum politischen Leben geistig, aber noch nicht praktisch. Gundolf [45]) nennt die Fragmente und den Geist der Zeit I die weisesten Bücher Arndts; es ist kein Zufall, daß sie vor der rein politischen Epoche stehen, die notwendig aus der Weisheit die aktive Einseitigkeit machen mußte.

Noch tritt das Wort »Meinung« im Sinne der Frühstufe auf als die Konvention der Gesellschaft schlechthin, die neben die Sitte tritt [46]). Es scheint selbstverständlich, daß Arndt diesen gewohnten Begriff des 18. Jahrhunderts benutzt, aber es ist nicht unwichtig, daß er die Meinung im Gegensatz zu dem durch die Natur geschaffenen Zustand denkt und sie jenem unterordnet. Was die Griechen so besonders auszeichnet, ist eben: »Man bebte nicht vor dem ängstigenden Urteil der alten Zierpuppe, der Meinung«, man »fand nicht immer die düstere Moral« [47].)

In den Fragmenten über Menschenbildung führt Arndt einen energischen Kampf gegen die Übermacht der »Konvenienz« in der Erziehung [48]). »Wir wollen Männer, unabhängig von der Meinung, aber gezügelt von etwas Besserem, was ich zugleich mit ihr nicht zu

---

[45]) Hutten, Klopstock, Arndt, 3 Reden, Heidelberg 1924.

[46]) Z. B. wenn Arndt über die Lage der Frauen so urteilt: »Ihr ganzes Leben ruht auf der Meinung«; aber »welche Macht Sitte und Meinung auch haben, der Zustand der Frau bleibt abhängig vom Manne«. Briefe an Freunde 1807, S. 226, 247. Sitte und Meinung also mildern eine Naturnotwendigkeit, aber beherrschen sie nicht.

[47]) Fragmente über Erziehung, II, 166. Zuweilen unterstützt aber auch die Meinung das natürliche Gefühl, »sie heiligt es«; so wenn sie das Entehrende der körperlichen Strafe noch besonders betont. Aber nur, wenn das Gefühl und die Meinung etwas als ehrlos bezeichnen, läßt Arndt es als solches gelten. Das Urteil der Meinung allein (der Ehrenkodex des Adels oder der Gesellschaft überhaupt) gilt ihm nichts. Fragmente II 81, 82.

[48]) Fragment II 228 ff. 92, 244 sagt zum Schlusse: Die Tugend solle nicht der Meinung geopfert werden, die Natur nicht der Künstelei.

nennen wage« [49]). Dieses Bessere ist eine Gesinnung. Sie wird sichtbar zunächst »in aller Konvenienz der Guten und Verständigen«, diese »sollen die Jünglinge ehren«. Es gilt dieses Bessere zu erreichen auf nationalem Wege »in des Landes besten Sitten und Weisen, bis eine allgemeine Sitte herrschend werden kann«. Diese ist ein internationales Ziel, sie wird einer europäischen allgemeinen Brüderlichkeit dienen [50]). »Eben das aber ist der Verbrüderung höchstes Gesetz, daß sie kein Gesetz hat, keine Innung, keine sichtbaren Zeichen«. Der Ansatzpunkt für eine universale »Meinung« ist in dieser allgemeinen Sitte gegeben, die auf Gesinnung beruht und anders als die üblichen Sitten herrscht; zugleich wird sie klar abgegrenzt gegen die Konvention. Inhalt dieser allgemeinen Sitte ist die geistige und christliche Gesinnung [51]), die nicht nach dem Erfolg urteilt. »Durch viele Gesinnungen wird ein Sinn und endlich eine göttliche Welt«. Diese Gesinnung zu erziehen sind Sitten und Gebräuche besser geeignet als Gesetze, Belehrung und Regel [52]). Sie »sollen den Jüngling früher bilden als die Gesetze«. »Meine Jünglinge aber treten nicht politisch gebildet, aber so gebildet in das politische Leben ein«, daß sie nicht durch die hohle Konvenienz an alte Wahne gebunden sind, »Volkes Sitte aber, in der das Beste und Menschlichste des Volkscharakters liegt«, ehren sie im Gegensatz zu Wahn, Mode und Meinung. Die Jünglinge treten so in das politische Leben ein, »daß sie des besten Staates und der einfachsten Gesetze am Würdigsten sind« [53]).

Für ihn bringen sie jenen »trefflichen Geist der Bürgerlichkeit«, den die Alten besaßen, mit, aber nicht den Geist der Politik [54]). Den entscheidenden Einwand gegen solche nur menschlich-ethischen Erziehungsziele hat Arndt selbst gemacht: »Wo der Geist herrscht, da dient der Leib, und wo die Gesinnung gebietet, da

---

49) Ebenda 248.

50) Ebenda 243, 253/54. »**Solange** das Allgemeine, das heißt das Menschliche und Freie nicht leben kann, soll das Nationale gelten«. S. 234.

51) Fragment II 285. »Woher soll Weltheil kommen als durch Gesinnung?« Und: »Ich will den Menschen **vor** dem Bürger und **über** dem Bürger«.

52) Religiöse und heimatliche Gebräuche sind ein »bürgerliches Zusammenband **der Gemeinschaft**, als Erweckung der Andacht einer versammelten Menge halten wir sie in hohen Ehren, weil wir ihre Würde und Notwendigkeit begreifen«. Fragment II 199. »...weil nur das Große und Gemeinschaftliche die Menschen zur Andacht erhebt.«

53) Fragment II 200—202. Über die politische Erziehung denkt Arndt sehr gering. Sie muß notwendig auf einen Punkt zielen, einseitig machen und freie Menschlichkeit hindern. Politische Männer freilich »können selbst in der gebundenen aber edlen Wirksamkeit doch frei bleiben«. — Fragment II 44, 46, 42

54) Fragment II 189.

verstummt der Wille«[55]). Der Gesinnung und Meinung fehlt einstweilen das Willenselement. Es scheint nicht gleichgültig, welche Stellung Arndt den Mächten Meinung, Gesinnung, Sitte, europäischer Konvenienz und nationaler Sitte in seinem Plan der Menschenbildung zuwies, denn »die Grundsätze von Menschenbildung und Politik sind eigentlich eins«[56]), und die Bildung eines politischen Begriffs der öffentlichen Meinung ist abhängig von den vorgenannten Begriffen seines pädagogischen Denkens.

Politisch, als eine europäische geistige Macht neben den sich kreuzenden Interessen der staatlichen Mächte erscheint die Meinung in Arndts Appell an die Europäer »aus Gründen des Geistes«: »laßt mit Eurem Willen und Beifall nicht geschehen, daß seine (des deutschen Volkes) Freiheit untergehe«. Der europäische Zusammenhang würde das alle »schrecklich fühlen« lassen. »Ihr könnt helfen«, nicht durch Gewalt, sondern weil »die Entscheidung des Zeitalters ruht mehr auf dem Wort und der Meinung als auf dem Befehl und den Schwertern«[57]). Aber durch Napoleon ist Europa geknebelt, bei dem »ein Wort ein Aufruhr« heißt. Deshalb wird Europa Deutschland nicht retten[58]). Im Kampf gegen Napoleon gewinnt Arndt den Standpunkt des Rebellen gegen die rohe und listige Gewalt, er vertritt die geistige Selbstbehauptung gegen den geistunterdrückenden Despoten[59]).

Zu einem dichten Netz verweben sich die moralischen Ideen der Fragmente über Erziehung mit den politischen Forderungen seiner Zeitkritik im Geist der Zeit I. Nur zögernd wendet sich Arndt in den Fragmenten selbst vom rationalistischen zum realistischen, vom naturrechtlichen zum naturhistorischen, vom universalen zum nationalen Denken. Seine persönliche Neigung für die irrationalen Kräfte, die im historischen nationalen Zusammenhang lebendig sind, haben ihn früh dazu getrieben, in der Politik trotz seiner Humanitätsideale die großen Gegebenheiten der Nationen zu sehen und selbständig immer tiefer zu verstehen. Diese Entwicklung aber geschieht dadurch, daß das Volk in Arndts politischem Denken, mehr noch und ursprünglicher in seinem Fühlen einen ganz besonderen

---

55) Fragment II 194.

56) Fragment I 27.

57) Geist der Zeit II 107 (1807).

58) Geist der Zeit II 45, 57, 73 u. a. Geist der Zeit III S. 24 u. a.

59) Arndt vertritt für Europa die Auffassung, die ihm im eigenen Staat fruchtlos und doktrinär erscheint: für sein Volk ist ihm »das Wort« nicht Ersatz, nur Aufruf zur Tat; die Meinung soll die Geister lebendig, aber auch willig machen, das Gesetz des Staates zu erkennen, als Befehl ihm zu gehorchen.

Wert darstellt. Im Geist der Zeit I spricht Arndt das Bekenntnis zum Volkstum als dem notwendigen Zentrum der persönlichen und historischen Lebenserfüllung aus dem Gefühl einer drängenden Not heraus klarer, leidenschaftlicher aus, als es schon in »Germanien und Europa« zu spüren war. Schon auf seiner großen Reise 1798 war Arndt zur Erkenntnis gekommen: »Weil der Nationalgeist fehlt, ist Deutschland zum Spott Europas geworden« [60]). Jetzt gilt es ihm, diesen Nationalgeist zu wecken.

II.

»Ich wollte zu meinem Volk reden, aber wie spreche ich zu Dir, deutsches Volk? Was bis Du und wo bist Du?« [61]) Mit dieser Frage und Klage beginnt Arndt den Geist der Zeit I, seine große Schilderung der Struktur und Geschichte des europäischen Geistes in seinen verschiedenen nationalen Erscheinungsformen und in seinem Verhältnis zur Politik, wie er ihn am Ende des Aufklärungsjahrhunderts sah. Die seltsame Doppelgesichtigkeit und die wechselweise Beeinflussung von Zeitgeist und Zeitgenossen, der Gegensatz von esprit und Geist, Erkenntnis und Wille zum Handeln, von völligem Mangel an praktisch-politischem Verantwortungsgefühl und höchster ästhetisch-menschlicher Ausbildung erregte Arndts ebenso ethisch wie praktisch aktive Natur, die zugleich geistgläubig und wirklichkeitsnah war. »Ist aber das Zeitalter durch Geist verdorben, so werde ihm durch Geist geholfen, anders ist ihm nicht zu helfen« [62]); am besten »nicht ohne Schwärmerei und Liebe« [63]). Da liegt die Aufgabe all der »Schreiber«, der Gelehrten, Dichter, Journalisten und Arndts selbst [64]). Ebenso liegt sie in der Not Deutschlands; »Oh Vaterland, Du mangelst nicht tapferer kühner Herzen, aber kühner und tapferer Stimmen mangelst Du, welche mit Ernst und Liebe Deine Not und Deine Rettung verkündigten« [65]).

Als Quelle der schöpferischen Mächte des historischen Geschehens, aus deren Walten die Not erklärt wird und durch deren Verstehen Rettung kommen kann, nennt Arndt [66]) den Geist der Zeiten selbst,

[60]) Zitiert bei Müsebeck, S. 61.

[61]) Geist der Zeit I S. 29, 30.

[62]) Geist der Zeit I 39 (Werke X, 88 ganz ähnlich); 42, 120.

[63]) Geist der Zeit I 42.

[64]) Ebenda 32 ff.

[65]) Geist der Zeit II 13.

[66]) Nicht religiöse Mächte nennt Arndt seinen Zeitgenossen 1806: »Die Welt ist zu klug, zu gebildet, zu geistig, sie kann nicht mehr sinnlich-fromm sein«. Geist der Zeit I 74.

der noch über dem Geist der Zeit waltet und gegen den nicht anzukämpfen ist[67]); in der französischen Revolution war er mit den Franzosen. Von diesem Geist der Zeiten (der Vorsehung), wird der Geist der Zeit gelenkt, »der eigentlich fast eins ist mit dem Geist des Menschen«[68]). »Wir müssen wohl eine solche geheim wirkende Kraft annehmen«, »nur aus solch tiefer und höher waltendem Geist der Zeit« läßt sich der Zusammenbruch von 1806 erklären[69]). Erfolg und Schuld nimmt der Zeitgeist, der eine durch Gott geschaffene notwendige Schranke um den Einzelnen zieht, dem Handelnden ab[70]). Entscheidend ist nun, daß »der Geist der Zeit, unsichtbar, von wenigen begriffen«, plötzlich »die Herzen und Köpfe der Menschen regiert, ohne daß sie wissen, woher es gekommen und was ihnen geschehen ist«. Dies »wundersame Geheimnis und Gewalt, die in dem sogenannten Geist der Zeit liegt«, tritt nur auf »in dem, was die großen Abschnitte und Übergänge... der Geschichte beherrscht und bezeichnet«[71]). Zum andern aber ist entscheidend, daß »die feinste Vergeistigung des allgemeinen Zeitgeistes« »das Gesetz der Politik ist«[72]), das deshalb und als »die höchste irdische Notwendigkeit der Dinge in ihm selbst seinen Grund und seinen Beruf trägt«.

Die zweite wundersame Gewalt ist »dieser innerste Trieb, dieser geheime Geist des Volks, ewig wie seine Natur und sein Klima«. Er liegt nicht auf der Oberfläche der Dinge. Als das Ewige und Allgemeine in eines Volkes Geschichte stellt er sich besonders in den mythischen Urgeschichten dar und erscheint »im gebildeten Zustand nur bei außerordentlichen Menschen und Verhängnissen«[73]). Anders tritt diese Gewalt in Erscheinung im »hohen Volksgeist«, im »Volkssinn«, im »Gefühl und der Gesinnung der Gemeinschaft« der Natio-

---

67) 1809 Manuskript über die deutsche Zeitgeschichte, zitiert im notgedrungenen Bericht I 286. »Man soll in gewissen Epochen die einzelnen Menschen nicht zu schwer anklagen, sondern den geheim lebenden und waltenden Geist der Zeiten, der, wenn er neue Schöpfungen will, das Alte lähmt, damit es durch geschwinden Sturz die Formen zerbreche«, W. XI, 13, Oktober 1813.

68) Fragment II 197.

69) 1813 aber erklärte Arndt einfach den Sieg damit: »Das hat Gott getan, das haben nicht wir getan«. W. XI 14, 29.

70) »Wenige Sterbliche sind so groß geschaffen, daß sie diese innerlich zermalmende Gewalt des Zeitgeistes nicht fühlen sollten«, der inneren geistigen Lage ihrer Zeit entrinnen könnten. Auch W. XI 13. Selbst eine geistige Bewegung von der Größe und dem göttlichen Ursprung wie das Christentum »war ja nur Geist des Zeitalters, mußte also das allgemeinste Gefühl und Bild desselben an sich tragen«. Briefe an Freunde (1807), S. 265.

71) Schriften II, 413 (1815).

72) Geist der Zeit II, 158.

73) Geist der Zeit I, 138.

nalstämme [74]). Auf den Begriff des Volks, der sich hier für Arndt zu ergeben beginnt, ist später näher einzugehen. Genug, daß Arndt bis 1806 eine klare Wendung vom Universalismus und Individualismus zu Volk und Staat vollzogen hat [75]) — gedanklich, noch nicht praktisch — und weiterhin die Erkenntnis seiner Aufgabe in Volk und Zeit gefunden hat und die der zwei großen geheimnisvollen Triebfedern in ihnen: Volksgeist und Zeitgeist.

In einer verzweifelten Lage findet Arndt seine Zeit und sein Volk, die menschliche und die nationale Würde sind gleichermaßen durch die Despotie Napoleons bedroht. »Aber wir würden (nur) unterjocht sein, wenn Herz und Meinung es wären [76]).« Das ist Arndts Leitmotiv.

Arndt glaubt daran, daß alle die Not fühlen, aber »wie soll... eine Stimme werden dessen, was alle leiden und fühlen? Du (deutsches Volk) bist ohne Führer, ohne Fürsprecher, und die tausend Herzen, die bluten,... mangeln der Gemeinschaft« [77]). »An Euch wende ich mich, Edelleute, Priester, Gelehrte, Beamte. Eure Pflicht ist es, dem blinden hirtenlosen Volk zu zeigen, was es tun soll.« Und die Waffe dieser Führer, »das ist das Wort und die Meinung, seine Tochter; sie sind als allmächtig von dem Mächtigsten gefürchtet. Warum brauchen edle Herzen diese fürchterlichsten Waffen nicht gegen ihn!« [78]) Sie sind in die Hände der Führer gegeben: »Können die Herrscher Euch nicht verteidigen (das Volk und die Führer), so seid Ihr die Halter, die Könige und Helden, Ihr die Träger der öffentlichen Meinung und des Glaubens des Volks, worin das höchste Gesetz der Politik liegt; Ihr, denen die Tat ward das Große und Gute zu tun und zu wirken, Ihr, die den Geist in Rede

---

[74]) Fantasien 1812, S. 137 »sobald ein Volksgeist wieder alles beseelt«, werde jeder Stand zu seiner echten Ehre und Funktion zurückkehren. Im Geist der Zeit I, Kap. 5 wird erklärt, warum der deutsche Volkssinn so schwach ist: »Es gab einen ganz eigenen Geist im Norden, der nicht bloß klimatisch, sondern auch volklich von dem Süddeutschlands abstichte«. Die neugermanisierten Volksstämme seien von den alten »nicht zum Gefühl der Gemeinschaft gebracht worden...«. Vgl. unten S. 168 ff.

[75]) Geist der Zeit I, zitiert bei Müsebeck, S. 161: »Ohne das Volk ist keine Menschheit und ohne den freien Bürger kein freier Mensch«.

[76]) W. XI 70.

[77]) Geist der Zeit II 82.

[78]) Geist der Zeit II 19; ähnlich S. 87, 91 die Meinung nicht als spontaner Massen- oder Volksausdruck, sondern als Mittel der Führung oder als Inbegriff dessen, was geführt werden kann: »Edlen Männern ziemt, wenn Gewalt ihre Arme lähmt, das unsterbliche Wort«. Dieses ist »das Palladium Europens, wodurch die Mitwelt geführt werden soll«. Es ist besonders das heilige Palladium des deutschen Ruhms, »diese geistige Bildung und Freiheit, wodurch die bürgerliche allein würdig erworben und behauptet wird«.

und Schrift ausströmen könnt. Seine Majestät leuchte und entzünde unvergänglich in Euch und durch Euch« 79). Die Entscheidung der Notlage hängt also mittelbar von dem Glauben des Volkes ab, nicht von der Kraft der »Ideen«, der »Geister«, der »Wünsche«, der »Hoffnungen, der Entwürfe« aller, sondern von der sittlichen Haltung der Wenigen, von »Arbeiten und Taten der Besten von uns« 80). Von den Trägern der geistigen Gewalt, des Wortes, allein erwartet Arndt »die Idee einer geheimen Propaganda für das Vaterland« 81). Wer die echten Träger der öffentlichen Meinung und des Glaubens des Volks sind, wird eine der wichtigsten Fragen für Arndts Begriff der öffentlichen Meinung sein, die beantwortet wird durch die Untersuchung seines Begriffes Volk und Führer. Denn der Führer bedarf das Volk, sowohl die Menge, die noch kein Volk ist, als auch das echte Volk. Arndt trennt ganz scharf zwischen Pöbel und Volk und hat zu allen Zeiten Worte der Verachtung über die »Meinung, das Gerede, den Wahn« 82), »das Kaffeehausgeschwätz« der Menge gefunden 83). Die Menge hat eine passive und mutlose »hohle Meinung« 84). »Durch jämmerliche Kuren, Edikte und Zensuren« läßt sich freilich dem Wahn der Zeitgenossen (z. B. über die französische Revolution) nicht abhelfen 85). Gegen die Menge und ihre falschen Führer gibt es für Arndt nur den freien Kampf der Geister, den Kampf zwischen den echten und den falschen Führern. In ihm steht Arndt, seit er arbeitet und wirkt. Aber er klagt: »Wir haben Führer, aber alles steht vereinzelt« 86). Das Volk hat sich noch keineswegs zusammengefunden um seine Besten, es hat sich noch nicht erkannt, ist sich seiner noch nicht bewußt 87). Dahin aber muß der Führer es leiten. »Die großen Meister der Sprache und des Volkssinns« helfen ihm dabei, sie haben »eine göttliche Kraft, einen heiligen Einfluß auf das Volk« 88).

---

79) Geist der Zeit II 105.

80) Ebenda Kap. IV.

81) Ebenda 173.

82) Wächter I 392, 1815 die Unterscheidung von Volk und Pöbel. Notged. Ber. I 349 u. v. a.

83) Urteile über die Menge in Briefen an Freunde, S. 163, im Geist der Zeit I, zitiert bei Müsebeck, S. 165, in W. XI 153, im Blick aus der Zeit... S. 226 ff. u. v. a. Der Geist des Zeitalters ist aber auch in der Menge lebendig, z. B. mitschuldig an ihrem »Bildungswahn« Geist der Zeit II. 195., an ihrem Irrealismus ebenda 118, 157, 161 u. a. Die Menge dient gern, Geist der Zeit III 63.

84) Geist der Zeit II 101.

85) Geist der Zeit II 48.

86) Ebenda 173.

87) Ebenda 79 »die Zeit ist da, wo Ihr begreifen lernen müßt, was Ihr seid, was Ihr nicht mehr sein dürfet, was Ihr sein sollet«.

88) Geist der Zeit, II 155.

Er braucht diese Kräfte, um »das deutsche Volk zur Einheit der Gesinnung zusammen-zu-erziehen«, jenen stolzen »Geist der Gemeinschaft« ihm einzuhauchen, der seine politische Zukunft beleben soll [89]).

Zunächst wird nur angedeutet, daß dazu nötig sei, daß die Staaten Preußen und Österreich »das Volk hätten fassen können« [90]). Das gesamtdeutsche Ziel überwiegt bei Arndt, er sucht die gesamtdeutsche Volksstimme. »Liebe und Meinung deutscher Menschen«, »die Meinung der Menschen, die gewaltigste Macht auf Erden, und die Liebe und Neigung des deutschen Volks« wirken vielmehr zusammen für die Staaten Österreich (1809 und 1813) und Preußen, das »1814 durch sie mächtig ist« [91]). Das deutsche Gesamtbewußtsein steht zugleich mit der »Einheit großer Gesinnungen und erhabener Ideen« hinter dem Meinungskampf, der sich unter den echten und falschen Wortführern entsponnen hat.

Die große Gesinnung — das Ziel der Humanität, der Klassik, — und die erhabenen Ideen sind vereinigt »in der großen Einheit des Volks« [92]). »In unserer Sitte, in unserer Kunst, in unserem... Dichten und Trachten ist etwas, das an die höchste Idee reicht, etwas, das in dieser Zeit zu einer hellen Flamme aufschlagen und uns und andere entzünden müßte...« Diese lichte feurige Kraft, gesammelt, aber auch geleitet und rationalisiert, damit sie wirken könne — das ist Arndts Ziel. Ein Wort für sie fehlt.

Den Weg zum Ziel sieht Arndt zunächst »im stillen Einverständnis und Zusammenwirken der besseren Herzen und Köpfe... Alle Gewalt, die in männlichen Grundsätzen und kühnen Ideen liegt, wirke zusammen in einem heiligen Bund der besseren und freieren Männer... damit die Gewalt von außen an uns zerbreche« [93]).

Neben diese stille Propaganda der Besseren soll die Wirkung des Wortes treten, die »Stimme« [94]).

Aber gegen sie, besonders gegen »das viele Sprechen und das viele Hören« an Universitäten, Höfen, Gesellschaften [95]) wendet

---

89) Geist der Zeit II ebenda, 172, 167, 34. II 87.

90) Ebenda 167.

91) W XI 179. Sobald die Meinung getrennt auftritt, ohne Verknüpfung mit dem Volkstum, besitzt sie nicht diese Macht im politischen Leben: so haben 1798 »die Gewalt der Waffen, die Hoheit der Meinung, der Mut des Soldaten« — alles nur Exponenten des preußischen Staats, aber nicht des Volks — die gefährliche Lage nicht gemeistert. Der Geist Friedrich II., der sie allein belebte, fehlte. So waren sie, ebenso »der Eifer des Bürgers«, matt.

92) Geist der Zeit II 173.

93) Geist der Zeit II 173.

94) Ebenda 13; 91 u. v. a.

95) Briefe an Freunde, 1805, S. 66, 99.

Arndt selbst ein: »Je mehr der Mensch kann und tut, desto mehr liebt er das Schweigen«[96]). Das stark angewachsene politische Gespräch der letzten 15 Jahre hat weder politische Tugend geschaffen, noch politische Menschen[97]).

Neben die naturgeschichtliche und die naturrechtliche Auffassung des Volks beim jungen Arndt fügt das Manuskript über schwedische Verfassung einen politischen Begriff des Volkes, das vor allem seinen Willen »erkenne und dann deutlich und energisch ausspreche...«[98]). »Was das Volk will, d. h. was es tragen kann, das sollen — auch hier wieder — die Besten... verstehen und machen[99]).« Wenn Steins öffentliche Meinung aber auf allen Wegen entstehen würde[100]), »so würde doch immer die Kraft fehlen, die für ein rechtes Bürgerdasein mehr durch physische als durch geistige Reibung hervorgebracht wird, es würde... jene scheinbare Götterstimme fehlen, die doch aus der ganzen großen Masse klingt«. Arndt schließt mit der doppelten Bitte, daß jene Götterstimme die Weisesten beraten solle und daß eine freieste und unmittelbare Vertretung des Volks nötig sei. Man kann diese Stelle mit verfassungsrechtlichen Begriffen nicht recht ausdeuten. Wird in dieser Götterstimme irgendwie ein Ausdruck der Volksinteressen angekündigt, wie es auch die öffentliche Meinung sein kann? Die Verschmelzung des geistig-enthusiastisch- und außenpolitisch gemeinten Begriffs der öffentlichen Meinung als Mittel der Führung gegen den Feind mit dem innenpolitisch gemeinten Begriff der öffentlichen Meinung im Verfassungsstaat kann hier vorbereitet sein. Der Ausdruck »Stimme« für die Äußerung der Masse führt irre: eben der Gegensatz der physischen Kraft als Unterbau aller der geistigen Kräfte, die sich äußern können, zu diesen geistigen Kräften selbst ist Arndt wichtig.

Wie man diese Götterstimme (des Interesses) in Organisationen einfangen könnte, weiß Arndt 1809 und 10 noch nicht. Als Verbindung der Volkskraft mit dem politischen Leben genügt einstweilen theoretisch das unbestimmte Bild einer unmittelbaren Volksvertretung.

---

96) Ebenda S. 59, 113; 1807 ebenda S. 209. Arndt entsetzt sich über die politischen oder gelehrten Bänkelsänger, von denen gilt: »man spricht sich seicht oder man spricht sich dunkel«, »und die reichsten und geistreichsten Menschen haben selten die fertigsten und leichtesten Zungen«.

97) Im Geist der Zeit I ebenso wie 1814 (W XI S. 87).

98) Notgedr. Bericht I 265 ff.

99) Notgedr. Bericht I 286, Manuskript zur deutschen Zeitgeschichte.

100) Notgedr. Bericht I 266 »selbst wenn man eine richtige Repräsentation gewänne, wenn die Mitteilung der Geister die unbeschränkteste wäre, wenn also das Volk zu größerer Aufklärung über seine Interessen, zu lebendiger Teilnahme am Allgemeinen gebracht werden könnte ...« wenn also Steins öffentliche Meinung entsteht...

Im »Bauernstand politisch betrachtet« 1809—10 rollt Arndt die soziale Frage wieder auf. Die Selbstverwaltung im engen Kreis, die Volksvertretung und neben ihr das Reich der öffentlichen Meinung, das nicht organisierte Reich des Gedankens, treten in dieser Schrift deutlich nebeneinander, sich wechselseitig bedingend, aber mit getrennten Aufgaben, getrennten Trägern [101]). Arndt hat in Preußen die »einheitliche Gesinnung« der Bürger 1807 erlebt: »Sie hatten fühlen gelernt, daß sie Deutsche waren« [102]). Ebenfalls in Preußen sieht er den ersten Staat, der anerkennt, daß das Volk »etwas Heiliges ist«; das Volk aber hat den Staat »zu würdigen gelernt« [103]). In Preußen suche die Regierung »in der Unvergänglichkeit des Volkes ihre eigene Unvergänglichkeit zu erhalten«. Und damit ist Arndt für den konkreten preußischen Staat gewonnen; von ihm erwartet er die Schaffung des öffentlichen Geistes. Der innerstaatliche Geist [104]) und Bewährung des Bürgers treten neben »die Religion unserer Zeit«, die Arndt bisher für Deutschland gepredigt hatte: »Ein Volk zu sein, ein Gefühl zu haben...« [105]). Beide heißen nicht öffentliche Meinung. Aber sie sind Grundlage dessen, was Arndt später so nennt. Das nationale Gefühl und Bewußtsein, staatlos, hatte sich mit der enthusiastischen und reingeistigen Macht von Gesinnung und Meinung vermählt. Der öffentliche Geist des Staatsbürgers kam jetzt dazu, als Arndt 1810 die preußische Reform verstehen lernte.

Unter dem Druck der französischen Zensur ist zwischen 1810 und 12, bis kurz vor Arndts Reise nach Rußland ins Hauptquartier des antinapoleonischen Europa, nichts Neues bei Arndt entstanden. Die Briefe über Gripsholm [106]) zeigen feinsinnige Beobachtungen über das Keimen, Anwachsen, Sichverdichten einer Volksstimmung bis zu ihrem politischen Ausbruch [107]). Um diese Zeit hat Arndt sein Interesse

---

[101]) Ganz im Gegensatz zu dieser realistischen Erkenntnis steht die völlige Wirklichkeitsfremdheit, mit der die Verfassungsphantasie im Geist der Zeit II 171 ff. im Herbst 1808 entworfen ist. Weder eine Volksvertretung noch Selbstverwaltung noch öffentliche Meinung werden in ihr erwähnt; wenn Napoleon aus Deutschland gejagt sein wird, »richten wir uns so ein«. Arndt ist wohl als Erster an das gewaltige Problem der Neuordnung Gesamtdeutschlands herangegangen, ohne an irgend eine Staatsautorität anzuknüpfen. »Wir« setzen Habsburg ein, »denn wir wollen einen deutschen Herrn«, »Wir« lassen Preußen bestehen, denn »der Name wird gewaltig wirken, wann wir aufstehen«.

[102]) Geist der Zeit II 57.

[103]) Bauernstand politisch betrachtet 1810, W X 36.

[104]) Öffentliche Kenntnisse. Ebenda W X 72.

[105]) Geist der Zeit II 85.

[106]) Schriften I, 173 ff. Sie schildern den Untergang Gustav Adolfs v. Schweden. 1809.

[107]) Er schildert zuerst die Abneigung, die das Wesen des Königs allgemein einflößt, dann die Erbitterung der Armen »welche gewöhnlich die treuesten

stark auf »Volksahnungen« und Sagen gerichtet. Am Schluß der Briefe meint er: »Ich fühlte hier, wie lustig es ist, eine Fabelgeschichte zu haben wie in Schweden... das erhält mutigen und frischen Sinn im Volke und selbst das kleine Politische und Volkliche idealisiert sich unbewußt« [108]. Zu dieser romantischen Richtung seines Interesses paßt seine Neigung für den Heroenkult, der die konkretisierende, dichtende Volksphantasie voraussetzt [109]. Während das Volk in der Sage den Fürsten idealisiert und doch echt sieht, ist es dem Volk der zeitgenössischen Zuschauer meist nicht möglich, das fürstliche Handeln und Wesen in seinem Kern zu erfassen [110]. Diese Unterscheidung, aus einer realistischen und romantischen Volkspsychologie abgeleitet, wird wiederum wichtig für Arndts öffentliche Meinung.

Im Frühling 1812 arbeitete Arndt im Einverständnis mit dem Berliner Patriotenkreis um Reimer und in Zusammenarbeit mit Gruner an der notwendigen Insurrektion des Volkes, die allein von dem Joch Napoleons befreien könne. Dort schrieb er — noch ehe er Stein persönlich kennen lernte — die Phantasien über ein zukünftiges Deutschland. Rückschauend urteilte er später von jener dunkelsten Zeit, die das französisch-preußische Bündnis brachte: »Bei aller Gleichheit der Gefühle — nämlich der Vaterlandsliebe — waren die Ansichten, Erwartungen, Hoffnungen der Menschen in ihren Äußerungen oft die unklarsten und überspanntesten« [111]. In einer Zeit, deren Leitstern der Einheitsgedanke sein sollte, Einigkeit gegen Napoleon, sah Arndt besonders viel »verwirrte Herzen«, »falsche Ansichten«, »Köpfe, die das Zeitalter nicht zu deuten verstehen« [112]. Eine Einheit in den Ansichten war wirklich nur Aufgegebenes, nichts Gegebenes in dieser wilden Zeit.

Freunde der Könige sind« (über die Landwehr, ebenda 186). Dann folgten »die Ansichten und Urteile der Leiter und Führer und die Schilderungen und Deutungen, welche sie über den König und sein Betragen ausgehen ließen und welche bis zu den untersten Klassen des Volkes durchdrangen«. Zuletzt endlich »wirkte die Not, die jeder bei sich fühlte und sah... das Vorgefühl und Mitgefühl des Verhängnisses, welches über dem Zeitalter schwebt und als ein dunkler und prophetischer Keim der Dinge sich vielleicht in der Brust jedes Mitlebenden rührt«. Ebenda 191.

108) Ebenda 227.

109) Vgl. die Vorlesungen über historische Charakterbilder, die Charakteristiken im Geiste der Zeit I u. a. o. z. B. über Karl X, Schriften I 219, den er besonders liebt. Schriften I 222.

110) Der Fürst muß »jenes höchste Spiel des Lebens, das Politik heißt« beherrschen »so daß, was dem kleinen Menschen Wahrheit und Gerechtigkeit heißt, ... von den fern und tief unten Stehenden oft kaum als Andeutung gesehen wird«. Schriften I 184.

111) W. Ausgabe Meisner, XV 180 (1843).

112) Ebda. XIII 115.

Eine solche Einheit gelang bisher besonders den Franzosen. Ihnen ist schon lange geläufig, die eine Meinung als Waffe zu gebrauchen, Napoleon selbst ist ihr Meister [114]). Sogar der Verzicht auf das heilige, wenn auch mißbrauchte Recht der freien Rede ist den Franzosen »in der Meinung« gelungen, die es auf Napoleons Wunsch hin jetzt als Tollheit betrachtet [115]).

Mit dem Worte »Meinung« beruft sich Arndt auf ein europäisches Einverständnis, eine geistig-kulturelle Haltung der Oberschicht oder zuweilen, wie 1802, auch auf eine allgemeine soziale Wertung [116]). Diese Meinung als französisch begründete, europäisch wirksame Konvenienz ist durch deutsche Volkssprache und Sitte zu bekämpfen. Gegen die alte feudal begründete soziale Meinung muß eine neue »Meinung« geschaffen werden [117]), die die Ehre im vaterländischen Tun sieht; ihr Urteil, ihre Auslese einer Oberschicht will Arndt wohl anerkennen. Eine öffentliche Disziplin im nationalen Sinne [118]), die das öffentliche Bewußtsein zur Anerkennung, Wahrung und Hochhaltung nationaler Werte erzieht — das ist in den Fantasien Arndts ausführlich geschildertes Hauptmittel gegen »die Meinung«.

Der erste und letzte Abschnitt der Fantasien sind dem geistigen

---

113) Ja »sie sind groß geworden durch die Meinung« nämlich von ihrer Größe, die sie Europa beizubringen wußten. Fantasien 1812, 21.

114) »Er merkt die Hoffnungen des Zeitalters und will seine Meinung bestechen«, »er merkt sich Namen und Worte, worin ein so großes Geheimnis der Politik liegt und betört damit die große Menge«. Geist der Zeit II 142.

115) Geist der Zeit I, Kap. 8, 180. Dieses Recht aber ist für A »ein erhabenes Vorrecht der Geister, Kleines und Großes geistig zu messen und begeistert auszusprechen«. Es wird dadurch nicht entwertet, daß die Menge es auf den Gassen mißbraucht.

116) Vgl. Fantasien S. 21, 79, 81. Die Franzosen haben Deutschland besiegt, »... durch die Meinung und Neigung, welche die Sprache gepflanzt hatte«. Wenn Napoleon die Menschen »hassen muß, die zu denken wagen« (W. XI, 34), so hilft ihm bei ihrer Unterdrückung die Meinung der geblendeten Welt, »die schärfer schneidet als 1000 Schwerter« ebenso sehr wie die polizeilichen Mittel der Zensur.

117) Fantasien S. 108: der persönliche Adel hat nur Wert »durch den Glauben, welchen die Meinung ihm beilegt. Sonst ist (er) nichts als eine Münze mit falschem Gepräge«.

118) Durch bestimmte Strafen gegen anationales Wesen, durch völlige Ablehnung der französischen Kultur und Sprache, durch Schand- und Denkmale, durch Belohnungen, Orden, Feste für national bedeutsame Leistungen, durch deutsche Kleider und Mode, »wodurch das Volk für das Große geweckt wird«. Er berechnet die psychologischen Wirkungen der Hauptstadt, der Sprache, des königlichen Glanzes (Fantasien S. 29—38). Dazwischen aber geht er zu Schilderungen staatlicher Funktionen über, die nicht klar als solche gegen die nichtstaatlichen abgesetzt werden: besonders im Kriegswesen [S. 38 bis 44] fließt freie und staatliche Organisation verschwimmend ineinander.

Kampf in der Presse und der geistig-ethischen Erziehung der Nation gewidmet; dabei greift Arndt die falschen Zeitdeuter hart an, während er die Priester als »heilige Führer« bestätigt. Er fordert heftig Geistes- und Preßfreiheit: »Gott rollt die Gedanken«... und sie müssen auch ausgesprochen werden: »denn das Denken stirbt immer ohne das Reden, und nur die Freiheit des lebendigen Mundes locket die... kühnen Gedanken hervor«[119]). Preßfreiheit bedeutet Herrschaft des Worts[120]), höchste ethische Gerichtsbarkeit der Welt, ja »das Walten des Geistes« schlechthin. Innerhalb der Preßfreiheit »hält ein Schwert das andere in der Scheide«, »und die Ernsten im Volk werden die ausgelassenen Gedanken strafen«[121]). Es ist nur Sache des Satans Napoleon, alle mutigen und lichten Gedanken wie die Taten einzukerkern. Deutschlands Mission ist es, hier im Irdischen für ein Unsterbliches zu wirken, für das neue wahrhaft erkannte Christentum, dem die Zukunft gehört[122]).

Wenn Arndt sich an das Volk wandte, floßen ihm pädagogische, politische und religiöse Gedanken zusammen, von denen allen er Wirkung erhoffte. In den Fantasien wird auch das Bürgergefühl erzogen[123]), das durch die nationalen Sitten seine Grundlage, durch die politische Tätigkeit seine Bewährung erhalten soll[124]). Wenn es besonders in der Selbstverwaltung ausgebildet wird, so wird es in der Volksvertretung schon vorausgesetzt. Diese soll den »Willen des Volks lautwerden lassen« in der Versammlung der Volksboten, aber so, »daß das Wort nicht ohne Ziel durcheinander fährt«; nur in der organisierten Form der Meinungsäußerung »kann auf die Länge

---

119) Ebenda, 237, 240. Dies Argument widerspricht wohl dem des A. von 1805, der das Schweigen liebte. Auch jetzt sind »die Rede und die Schrift zuweilen ein Übel, aber das größere ist faule Gedankenlosigkeit von Knechten«.

120) Das Wort ist nicht mehr Mittel zum Ausdruck allein, es ist »ein unsterblicher Gedanke von den frühesten Ahnen den Enkeln überliefert und stehet der Mensch durch Rede und Vernunft allein höchst über den Tieren«. Der national-historisch gedachte Begriff der Sprache kreuzt sich mit dem aufgeklärt-allgemein gedachten, aber beide unterstützen einander: ein Beispiel wie Arndts Argumentierung und Begriffsbildung doppelt bestimmt ist.

121) Ebenda 238, 239.

122) Ebenda 245.

123) Fantasien S. 123.

124) Schon in den vielen kleinen Genossenschaften der Bürger lernt dieser »den eigenen Gesetzen zu gehorchen«, lernt »Zucht und Gehorsam« und glaubt mit zu regieren — darin aber liege die »Grundlage aller höheren Freiheit«. S. 122, 119. »So erwachsen viele einsichtige und erfahrene Männer... für den Staat wann Gefahr kömmt... denn die Klugheit vollbringt größere Dinge als das Schwert«. S. 202(!)

Freiheit bestehen« [125]). Im Verfassungsentwurf von 1812, dieser politischen Phantasie revolutionärster Gesinnung gegenüber dem Bestehenden, romantisch aber in der Ehrung dessen, was im Mittelalter gewesen war, fehlt völlig der Begriff, daß die Volksvertretung ein Spiegelbild der öffentlichen Meinung sei. Sie ist ein Spiegelbild »des Volks« schlechthin, der Interessen der Volksgemeinde. Die Ideologie von dem »Volke«, das unmittelbar will, entscheidet, handelt und soll, beherrscht die ganze Prophetie, aus deren absichtlich mythischer Gestalt sich erklärt, daß der praktische Begriff einer öffentlichen Meinung sich nicht findet. Wenn es heißt, daß »wenige regieren, aber alle glauben zu regieren« [126]), so ist das die beste Formulierung für Arndts Demokratie, die zugleich Aristokratie sein sollte.

Noch ehe Arndt zu Stein übersiedelte nach Rußland, schrieb er die Ansichten und Aussichten der deutschen Geschichte nieder, jedenfalls zum größten Teil. Die rein unitarische Betrachtungsweise des deutschen Volks, wie sie schon die Fantasien durchwaltet, bestimmt auch das historische Bild Deutschlands: das Mittelalter ist seine große Zeit. Wenn die Fantasien die Anknüpfung an das Alte predigten, so zeigen die »Ansichten«, welches Alte Arndt meinte. Die auffallend gefärbte Darstellung der Geschichte Deutschlands erklärt leicht, wie sehr sie für Arndt nicht Selbstzweck sondern ein Stück Publizistik war. Es ist hier nicht der Ort, Arndt als Historiker zu charakterisieren. Aber es ist wichtig, daß auch Arndt wie Stein die französische Revolution aus der geistigen Lage Frankreichs 1789 ableitet, und daß auch Arndt in dem Kampf der Regierung vor 1789 gegen die »Stimmung des Volkes« entscheidet, gegen das französische Volk — wie Stein [127]). Er sieht in seiner Revolutionsschilderung den Parteikampf als durchaus nötig an, und doch ist er zugleich der Kampf zwischen Guten und Bösen. Hier in Frankreich beobachtet er außerdem das Entstehen, besser das Erzeugen der allgemeinen Überzeugung mit Hilfe der Manifeste, der planmäßigen Verbrüderungen durch ganz Frankreich, der Spione und Aufhetzer, »dieser Mittel der Hölle« [128]). Das Geschehen

---

[125]) S. 134, 132, 97 die Volksboten sitzen als Rat beim König, bringen Anliegen und Beschwerden des Volkes vor und geben mit ihm Gesetze.

[126]) Ebenda, S. 119. Stufen sollen sein: König, Herren, Volk, »damit Du Zucht lernest und an den irdischen Gewalten erkennst, daß es eine himmlische gibt«. S. 169, 106; vgl. unten.

[127]) Es fehlte die Gegenkraft des Königs gegen die revolutionäre Kraft des Volks. Die Regierung hätte diese Stimmung des Volks zügeln sollen (ebenso Karl I. in England S. 389!), durch Geld und Spione lenken und auch die Wahlen, die Volksgesellschaften beeinflussen sollen, also gerade das, was in den deutschen Fantasien Arndt heftig ablehnte. Ansichten S. 478, 489.

[128]) Ebenda 487.

der Koalitionskriege leitet er aus der europäischen »Stimmung« ab, die entstand als Reaktion auf die französische Propaganda. Doch nennt er alles dies nicht, wie Stein es getan hatte, »öffentliche Meinung«. Daß eine solche nur Werkzeug der Vorsehung sein könnte, ist für den Pragmatiker Arndt sicher [129]).

Sobald Arndt zu Stein kommt, wird er zum großzügigen Publizisten der Befreiung im Dienste Rußlands, das allein noch gegen Napoleon auftritt, mehr aber noch im Dienst der Mächte, die in der Zukunft erst sichtbar werden sollen, die Stein erst um sich sammelt. Arndt ruft Gesamtdeutschland auf zum schrankenlosen Franzosenhaß. »Die Zeit ist erschienen, wo die allmächtige Meinung der Menschen der französischen Äfferei ... wodurch die gebildeten Deutschen entdeutscht waren, das Todesurteil spricht« [130]); »so schneidend muß das Schwert der deutschen Meinung werden, daß diese Buben (die französisch gesinnten Deutschen) nie mit Deutschen zusammenkommen dürfen« [131]). »Dies sei der furchtbare Galgen der Meinung«: ein »Volksgericht«, dessen Urteil keine Herrschergnade aufhalten kann. Die Wirksamkeit einer solchen Meinung knüpft an die der gesellschaftlichen Meinung an, deren Macht [132]) Arndt unter den Deutschen ausnützen will denen gegenüber, die nur aus Furcht vor der Meinung, nicht aus Ehrfurcht vor Volk und Vaterland zu dem rechten Handeln kommen. Arndt rechnet mit den Schwachen [133]). Für die Starken will er nicht den Zwang der konventionellen Meinung, sondern »den höheren Geist der Frömmigkeit, Treue und Tugend«, der doch dasselbe ist wie die »Macht der Meinung und der Grundsätze«, durch die einst König Heinrich IV. in Canossa bezwungen wurde [134])[135]); sie soll jetzt national begründet werden und die moralische Überlegenheit der Deutschen über die Franzosen dartun, in der allein die Rettung Deutschlands liegen wird. Das ist der Grund-

---

[129]) Ebenda 369: Die Vorsehung hat den Zeitwandel, der sich 1648 bis 1812 vorbereitete und der sich jetzt vollziehen wird, aus tieferen sittlichen Gründen gewollt und geschaffen.

[130]) Schriften I 367.

[131]) Ein Wort über die Franzosen und über uns, 1814, S. 27.

[132]) Ihre Macht beobachtete Arndt an den Franzosen und ihrer »Wahnehre«: sie mache die Franzosen heldenmutig, oft fast denen gleich, die für die höchsten Güter der Menschen streiten. Schriften I 457, 1813.

[133]) Über die Strafen gegen die Schwachen vgl. die Fantasien oder Über Landwehr und Landsturm W X. 180.

[134]) »Der Senat in Rom besiegte Hannibal durch das Wort und die Meinung, ohne Waffen... .« Solche »feste Grundsätze... sind eben Ursache der Weltgeschichte« nächst Gott. Schriften I 444. »Die stille Gewalt der Sitte und Meinung, die allmächtige Gewalt des Herzens«, das ist die »höchste Gewalt«.

[135]) Schriften I 430.

text der Soldatenkatechismen von 1812, des Geistes der Zeit III, der Flugschriften von 1813. In ihnen kommt Arndt bis zur Annahme des »deutschen« Gottes, diesem barbarischen »unser Gott«. Der Verlust deutscher Art und Kultur bedeutet jetzt einen ethischen Defekt. So erst wird die Erhaltung deutscher Art eine heilige Aufgabe. »Geistige und moralische Heilmittel gegen das geistige und moralische welsche Gift« [136]) sind Sprache, Sitte, Mode u. s. f. Das erste Heilmittel ist die Sprache, auf der die Äußerung der Meinung am meisten beruht. »Durch den Gebrauch der französischen Sprache haben alle Völker sich in Abhängigkeit von den Franzosen gesetzt, teils in Abhängigkeit der Meinung, welche unendlich viel bedeutet, teils in Abhängigkeit des Geistes« [137]).

Jede nationale allgemeine Erneuerung geht ein in Arndts innenpolitisches Programm, die Forderung einer Verfassung. Diese wird auch die deutsche Sprache wieder auferwecken. Die Verfassung aber soll durchgesetzt werden »durch die schneidenden Waffen allgemeiner Meinung«, die die Gesetzlosigkeit und Willkür der Fürsten vertilgen und das gesetzliche und freie Vaterland schaffen werden [138]). Die revolutionäre Kraft der Meinung tritt neben ihre nationale [139]).

III.

In der Erinnerung schilderte Arndt das große Jahr: »Auch hatte das Volk damals Eine Meinung, Einen Wunsch, Eine Stimme und diese Stimme ward ein Klang in Millionen, der die Welschen über den Rhein jagte« [140]). Aus dieser Kraft der Meinung ging ihr Recht hervor: »In den kaiserlichen und königlichen Worten

[136]) Geist der Zeit III 106, Notgedrungener Bericht I 348.

[137]) Schriften I 399 die Sprache eines Volkes ist Verständigung mit sich selbst, »Sprache und Volk sind innerlich eins«. Ebenda 429. Wenn das Volk kein politisches Leben hat, die oberen Klassen für das Politische die französische Sprache brauchen, so gibt es keine politische Sprache und keine politische öffentliche Meinung. S. 427.

[138]) Ein Wort über die Franzosen, S. 44.

[139]) Das national-revolutionäre Pathos gegen die Fürsten ist am stärksten in der ersten Fassung des Geistes der Zeit II, die in Deutschland nicht erschienen ist. W. XII, 253 ff. Vgl. Arno Dühr in den Grenzboten 1911. Sie wurde gedruckt 1809, Stein hat sie gelesen. Arndt wünschte sich die aufständischen Volksheere, »die wilden Menschen voll Kraft«, gehorchte dann aber der tatsächlichen historischen Entwicklung der Dinge und anerkannte die Fürsten als Führer im Kampf. Freilich schrieb er noch am 24. 4. 13 in Dresden: »wir können allein von dem Volk etwas hoffen«, ... » ich sehe hier die Elendigkeit, wie Kabinettskünste und Volkswille einander befehden... und ärgere mich oft bitter«. Notgedr. Bericht II 164.

[140]) Notgedr. Bericht I, 325 (1847).

von Kalisch und Breslau wurde das Volk und die Völker, die Gewalt der Stimmung oder Meinung, die sogar über die Fürsten mitentscheiden sollte, feierlichst anerkannt. Hier sollte die Gestaltung Deutschlands den Fürsten und Völkern anheimgestellt bleiben . .«, »dem Wunsch des Volkes . . .«. Deshalb setzte nach Beendigung des Kampfes gegen Napoleon die große Zeit der öffentlichen Meinung, d. h. der politischen, nicht nur allgemein national-ethischen Meinung sein.

Zweifellos stand Arndt in diesem großen Jahre auf seinem Höhepunkt als Publizist. Es war der Moment, wo er wirklich die einheitliche, nationale, idealistische und doch erdhaft gebundene, aktivdrängende und wollende Volksmeinung vertrat, wo er Sprecher war, der lauten und leidenschaftlichen Widerhall fand, wo er Priester war in dieser öffentlichen Kirche, in der wirklich »Haß gegen die Franzosen Eure Religion, und Freiheit und Vaterland die Heiligen, bei welchen ihr anbetet«, waren [141]).

Arndt ist eine streitbare Natur und hat den Kampf innerhalb der Meinungen immer als etwas Selbstverständliches angesehen. Dabei hat er die relative Berechtigung, die Erklärbarkeit des Gegners nie anerkannt. Arndts ethische Grundüberzeugung läßt nur Ein Recht, Eine Wahrheit, Ein Gutes zu und dieses zu verteidigen, ihm zum Siege zu verhelfen ist Arndts heilige Aufgabe [142]). Deshalb glaubt er jenseits des Kampfs der Meinungen immer an das Ziel der Einen einigen allgemeinen Meinung. Auch für die politische Meinung geht er davon keineswegs ab.

Er fühlt sich als Zwischenglied zwischen der Menge des Volks und den Trägern der Politik [143]), zwischen der hohen Sittlichkeit, die im Volke ruht, und der anderen, politischen Moral, die sich in der Erscheinung der großen politischen Führer verkörpert, fühlt sich als Vertreter des Staatsgedankens gegen alle staatlose Humanitätsschwärmerei und quietistische Romantik.

Schon von Anfang an besitzt Arndt die lebendigste Vorstellung vom Wesen einer öffentlichen Stimmung und von der großen Bedeutung des Meinungskampfes der Schriftsteller. Aus ihnen beiden will Arndt eine tatsächliche öffentliche Meinung entwickeln. Dabei sind die allzu beweglichen und die unbeweglichen Geister die größten Hindernisse, ja seine Feinde. Es bestimmt Arndts Publizistik seit dem Geist der Zeit I die Erkenntnis, daß sich allgemeine Meinungen

---

[141]) Geist der Zeit III, 172.

[142]) Geist der Zeit I, 51, sehr oft im Geist der Zeit II.

[143]) »Das Urteil der Menge — das ich kenne, Ihr aber nicht — würde für Euch (die Fürsten) streiten«, ruft Arndt den Fürsten zu; »sprecht laut vor den Ohren der Nation«. Geist der Zeit I 170.

stärker an Gefühlen, Wünschen, Wunschbildern entwickeln als an klaren Überzeugungen. Während der junge Arndt noch »überzeugen, nicht erbittern« wollte, hat der nationale Zorn ihn dahin gebracht, daß er nicht überzeugen, sondern erbittern will. Eben diese Mischung aus leidenschaftlichem Gefühl und ethischem Idealismus, ganz auf die nächste Wirklichkeit bezogen, aber ohne nur-logische sachliche Beweisführungen, gab seinen Phantasien über nationalpolitische Aufgaben die große Wirkung. Formen der Darstellung Arndts sind zu »spielen« oder zu »predigen«, zu singen oder zu klagen, aufzurufen oder anzuklagen, zu verzweifeln oder zu jubeln. Das gilt Arndt als volksnäher als das objektive Berichten, das Klügeln und Tüfteln, durch das man alles zuletzt als gut beweisen könne [144]). Immer sind Arndts Äußerungen von seinen pädagogischen und politischen Zielen her bestimmt. Beide fallen zusammen im Ideal des politischen Menschen.

Als subjektive Bedeutung der politischen Gesinnung fand Arndt, sie sei »ein Trost des Mannes gegen die Nöte der Gesellschaft und der eigenen Natur« [145]), ferner könnten politische Menschen Gefühle haben, »die sie bisher nicht haben konnten«, nämlich Gefühle der Gemeinschaft mit einem großen Staat und mit dem ganzen deutschen Vaterland [146]). In den Charakterschilderungen (in der Einleitung) schildert Arndt seine persönliche Krisis, die ihn zum Volk und zur Politik geführt habe aus der Enge nur individual-ethischer Zielsetzungen heraus [147]). In den Fantasien endlich spricht er von göttlicher Berufung zu seinem hohen Amt, Dolmetsch der Zeit und des Volks zu sein, zugleich aber Dolmetsch von Gottes Willen, der Ein deutsches Volk aus den Völkchen wolle [148]). Er suchte sich den Platz, zu diesem Volk zu reden, und wandte sich »allein zu denen, die einfältigen Gemütes sind« [149]). Für sie schuf er sich seine Ausdrucks-

---

[144]) Nur scheinbar stellt Arndt im Geist der Zeit I die Nationen objektiv dar. Aus einer erzieherischen Absicht mißt er sie an der Intensität ihrer nationalen Bewußtheit — denn diese fehlt Deutschland — und an ihrer sozialen Durchgliederung — denn diese droht es zu verlieren.

[145]) »Der Politische Mensch« Geist der Zeit II 87 am deutlichsten begründet. »Wohin fahren wir mit unserem Besten, wenn wir in dem Manne den Bürger nicht fühlen können?« W. I 42, zitiert von Steffens in der Einleitung.

[146]) Notgedrungener Bericht I 165 (von den Rügenern).

[147]) »Ich zog mein Leben vor Gericht und ich fand mich in allen Dingen der Menge gleich und sah... wie sie mich liebten und mir vertrauten.« »Wo ich des Volkes gedachte... da fühle ich, daß mein Gefühl und Tun nicht ein leerer Wahn ist... In diesem hohen menschlichen Gefühl bin ich sogleich von allen Sünden erlöst...«

[148]) Vgl. auch W. X 123, 131, 136, 144.

[149]) Geist der Zeit III 153, 152.

formen der »mythischen« Geschichtserzählung [150]), der Utopie, Lieder und Phantasien. Ganz anders aber wollte er wirken auf jene politischen Menschen, die den Sinn haben für die »Mitte zwischen der idealischen und irdischen Welt«, für die Politik [151]).

Die Doppelheit der Mittel macht es fast unmöglich, zu sagen, wie sich Arndt psychologisch das Wesen der öffentlichen Meinung dachte, an die er sich wandte. Denn neben das Volk treten die Schriftsteller, Gelehrten oder Beamten, die die Macht, geistig zu führen, in Händen haben, und die Vertreter der realen Mächte, Fürsten und Adel. Alle diese sind zumeist Arndts Gegner. Gegen sie wendet Arndt sich vor dem Forum des Volkes und dem der politischen Menschen, für die er wiederum den Kampf mit den »Verführern« aufnimmt.

Um die Mattheit der Menge zu bekämpfen, sucht Arndt die Dumpfheit der elementaren Kräfte, den Glauben und den Haß zum Bewußtsein und zur Aktion heraufzuheben. Er scheut in seinen Haßgesängen keine Ungerechtigkeit, keine absichtliche Übertreibung des eigenen Wertes. Er spricht Prophetien an das auserwählte, das Urvolk. In schlagenden Antithesen verdeutlicht er den schwarzweißen Gegensatz zwischen Franzosen und Deutschen, gibt abgekürzte, vereinfachte Bilder der Gegner und der Ereignisse, so wie die Massenphantasie das selbst zu tun pflegt. Dadurch übt er eine Art Massensuggestion, wie sie nur dem Publizisten zu Gebote steht, der selbst noch so unmittelbar zu fühlen vermag wie das Volk [152]). Seit 1812 spielt das religiöse und das mythische Moment eine bedeutsame Rolle in seinen Aufrufen an das Volk.

Arndt gibt nicht Belehrung, sondern Anschauung, er spricht zum Volk in Bildern, Gleichnissen, Allegorien. Nur das Sichtbare wirke; auch in ihm wohne »eine Macht, welche von dem Eitlen auf das Unsterbliche hinweist« [153]). Deshalb will er neben Zeremonien und Mode auch die Symbole, »alle diese Kleinigkeiten, wodurch auf die Menschen gewirkt werden kann [154]).« Dazu kommt die starke Wirkung des Gemeinschaftlichen [155]), aller Feste und Feiern,

---

[150]) Dieser Ausdruck von Arndt in der Fürstenerziehung 1813.

[151]) Schriften I 448.

[152]) Geist der Zeit III 29, 63; die Glocke der Stunde, 2. Auflage 1813, S. 57, 72, 87, 95. Dort auch das Idealisieren der Opfer (Enghien, Pichegru) des Ungeheuers Napoleon; vgl. auch Fantasien S. 19.

[153]) »Bei den meisten Menschen geht der Weg zur Seele zuerst durch die Augen.« Blick aus der Zeit auf die Zeit, 236 mit vielen Beispielen. Fantasien S. 91 ff.

[154]) Vgl. W. Ausgabe Meißner, XIII 115, 265. Geist der Zeit III 45 u. a.

[155]) Gundolf bemerkt, daß Arndts Lieder gedacht sind gesungen von einer Gemeinschaft, einem Bund.

die die Anteilnahme »an der großen Gemeinschaft und Andacht des Volks« beleben. Diese sollen ein Stück Volksleben werden, das sich tiefer in das Volksbewußtsein einwurzelt, als es eine intellektuell gewonnene politische Überzeugung kann. Überall setzen diese neuen Sitten, die eine Äußerung des Gemeinschaftsgefühls sein oder werden sollen, in gewissem Sinn eine nationale Meinung voraus, die sie verbreitet. An das staatliche Leben streift die Meinung zweimal dicht heran, wenn sie das nationale Handeln organisiert: in Arndts Entwurf einer deutschen Kriegsordnung und in dem einer Deutschen Gesellschaft.

Die Mittel Arndts gegen seine Bildungsgenossen sind hauptsächlich dialektische. Im Streitgespräch zwingt er den Leser seiner Flugschriften oder Briefe, beide Parteien vor Augen zu haben und ihre Argumente zu erwägen. Damit schafft er, was er vor allem will, geistige Erregtheit. An Stelle des Pamphletstils tritt Ironie und heftiger Sarkasmus [156]), dessen Übertreibung Arndts Temperament entspricht. Seine Beweisführung entwickelt er immer historisch, aber die historische Darstellung besonders der jüngsten Ereignisse ist so wechselnd in den verschiedenen Schriften [157]), weil sie immer durch ihr Thema probandum bestimmt wird. Die Anekdotenerzählung, die so leicht verfälschende Bilder enstehen läßt, Parallelen, die von vorn herein entstellen, Gerüchte, an die Arndt vermutlich selbst nicht glaubt [158]), notfalls Erfindungen [159]) gehören zu diesen »historischen« Beweisführungen [160]).

Neben sie tritt Arndts Vorwurf an den Gegner, daß er auch die gegenwärtige Wirklichkeit — die vorbildliche Kraft der nationalen

---

[156]) Vgl. z. B. Beherzigungen vor dem Wiener Kongreß, S. 74 ff.

[157]) Oft z. B. ein Wort über die Franzosen... S. 12, 15. Man vgl. das negative Urteil über England im Geist der Zeit I, II und wieder in den Schriften I, 1814, dagegen das positive Urteil 1809/10 oder im Geist der Zeit III, 1813; über Rußland negativ Geist der Zeit I 127, positiv Geist der Zeit III 31—33 u. s. f.

[158]) Ein Wort über die Franzosen, S. 14.

[159]) Die Glocke der Stunde, 2. Aufl. S. 81.

[160]) Das Verschweigen der Ereignisse, die die Argumentierung stören, ist auch ein Mittel von Arndt, z. B. die Niederlage von Bautzen u. ä. Wenn man hört, daß Arndt den französisch-englischen Pressekampf von 1802 ff. sich zum Muster nimmt (Glocke S. 76), so ist all das nicht erstaunlich. In dem internationalen Kampf mögen die Mittel erlaubt sein, aber es läßt sich nicht leugnen, daß Arndt zuweilen auch im innernationalen Meinungskampf diese hetzerischen Waffen gebraucht. Vgl. Beherzigungen S. 174, 180. In der Glocke benutzt Arndt auch den typischen Publizistentrick, die Bedeutung der Volksstimmung viel zu groß zu sehen (in der Erzählung vom Prozeß Moreaus). Napoleon selbst habe sie sehr gefürchtet und mit allen Mitteln bewacht (Glocke 87).

Aufstände in Rußland, Spanien, ja selbst des revolutionären Frankreich [161]) — nicht kenne. Sehr oft aber unterschiebt er ihm kleinliche oder feige Motive oder wenigstens gutmütige Schwäche, die »die Zeit nach dem Erfolg richte« [162]). Diese Kampfweise hat Arndt beibehalten, auch als der nationale Kampf zu Ende war und es sich nur um innenpolitische Meinungsverschiedenheiten handelte. Allerdings nahm dann 1814 ff. die Rezension fremder Schriften, der Kommentar zu fremden Auslassungen neben dem reinen Streitgespräch [163]) einen immer größeren Raum ein. Die intellektuelle Erwägung wird wichtiger als die gefühlsmäßige Erregung [164]).

Seltsam sticht von dem heiligen Ernst, mit dem Arndt seine Flammenreden an das Volk hielt, ab, wenn er betont, sobald er über Verfassungspläne sprechen will, daß er darüber »spiele«, immer leicht »ein wenig schwatze über das Geschwätz« [165]). Er betont dann die Unverantwortlichkeit seiner Anregungen, die ihm zuweilen das Recht zur Phantasie gibt, die an nichts Konkretes gebunden ist. Welche Gefahr darin lag, hat Arndt anderen z. B. der Schwärmerei eines Steffens vorgeworfen [166]). Aber er selbst konnte der volkstümlichen Neigung, Phantasiebilder bis ins Statutenhafte detailliert auszumalen, nicht wiederstehen. Es genügte ihm, sich als Anreger zu fühlen, denn »die Lage ist jetzt so, daß ein gescheiter Mann bloß Ideen aussäen darf, daß die trägen germanischen Geister aufgeschüttelt werden müssen« [167]). Und doch hat Arndt Einheit und Beharrlichkeit gefordert in dem, was die »Schriftner« dem Volk erzählen [168]). Sonst erhebt Arndt selbst den Vorwurf, den Treitschke später ausspricht: »daß die Schriftner nicht wissen, was sie wollen«, daß ihre Entwürfe wie vom Mond heruntergefallen seien und wechselnde Spiele der Phantasie [169]). Auch für sich selbst gibt Arndt das zu, aber er ent-

---

[161]) Geist der Zeit III 27.

[162]) Geist der Zeit II 59, 69, 74, 110, 153 u. a.

[163]) Wächter 1816, Bd. III, 290 ff. Ebenda 1815, Bd. I 385 ff., Bd. II 153 ff. Ebenda Bd. I 167 ff.

[164]) Arndt lehrt die Leser, also die öffentliche Meinung, außenpolitisch denken, indem er ihr objektiv die Interessen der verschiedenen Länder zu erläutern sucht. Wächter I 275.

[165]) Wächter I 167.

[166]) Notgedrungener Bericht II 57.

[167]) Blick aus der Zeit ... 1814, S. 79.

[168]) »Ein fester Sinn macht Tausende fest«, »glaube, wolle, denke immer dasselbe und Du beherrschst die Welt«; »was die Besten glauben und bekennen, das tut die Menge immer, nur müssen die Besten immer dasselbe glauben und wollen«. Schriften I, 444 ff. Jetzt 1814 aber »müssen wir die große Idee von Kaiser und Reich nimmer untergehen lassen in deutschen Herzen« (Blick 1814).

[169]) Blick aus der Zeit, Einl. S. 1.

schuldigt es: im Gegensatz zu England sei in Deutschland »Mangel an großem politischen Takt des ganzen Volkes«. »Jetzt darf daher noch nicht Narrheit genannt werden, was mit Recht als Narrheit gescholten würde, wenn unser politischer Leib sich schon auf irgend eine Weise gestaltet hätte«[170]). Sieht so das »Spiel« unverantwortlich aus, so ist es das doch keineswegs. Arndt — als Arbeiter an einer öffentlichen Meinung — fühlt wohl, was er tut und warum er es tut und daß er von der Reife der öffentlichen Meinung abhängt, daß er sie aber auch formt [171]). Sie ist ein Wagnis, diese Bildung der öffentlichen Meinung; die napoleonische Polizei bis 1812 macht Arndts öffentliche Arbeit ebenso gefährlich wie die deutschen Reaktionäre nach 1815. Beiden gegenüber fühlt sich Arndt als Sprecher, als Organ des Volkes, und »man muß den Mut haben, für das Volk Feindschaften zu übernehmen« [172]). Von Napoleon wollte er Verfolgung wohl leiden, aber er mußte es auch von den eigenen Regierungen. Aus dem Sprecher »aller guten und wackeren Teutschen, aller Weiseren unter den Teutschen«, der auch gegen die Menge sprach »ohne Furcht, von vielen getadelt oder gehöhnt zu werden« [173]), wird nach 1814 der Sprecher »der Sorgen, Hoffnungen, Wünsche, Ansichten des deutschen Volkes«, der mit dem Volk wissen will, »Was wir zu hoffen haben« von den Regierungen [174]). 1815 aber klagt er: »was kleine und dunkle Menschen wie ich klagen, verhallt klanglos im Winde«, nur das deutsche Fürstenwort würde Gewalt haben . . .[175]). Arndt verliert seine Autorität als Sprecher des Volks in dem Maß, wie die Forderungen der nationalen Freiheit und Einheit, die er vertritt, durch die Geschehnisse erledigt werden. Seine Forderung nach Einheit besteht 1816 nur noch in kulturellen Vorschlägen, zuletzt für Sprachpflege. Die Forderung nach nationaler Freiheit wandelt sich um nach der bürgerlicher Freiheit. Über der höchsten Freiheit des Gedankens allein verlieren die Deutschen nur zu leicht die kleinere politische Freiheit, denn »sie haben von jeher die unsichtbaren Götter mehr gezogen als die sicht-

---

[170]) Ebenda S. 3 »Man muß oft (den Deutschen) fast gleich wie halb toll reden und urteilen, damit man nur die Stellen findet, wo sie zu fassen sind und wo ein kleines Lichtlein von Vernunft wieder angezündet werden kann.«

[171]) »Ich habe gewußt, was ich gewollt und gewagt habe...« Notgedrungener Bericht Einl. S. 12, 1847... Arndt lehnt jeden »Knabenenthusiasmus« für seine politische Arbeit ab.

[172]) Geist der Zeit IV, 1818, S. 61, 62.

[173]) Notgedrungener Bericht I 102; Blick aus der Zeit, S. 6, S. 267, S. 5.

[174]) Von denen er kritisch meint: »Wir verstehen leider nichts von jener politischen Schicklichkeit, womit man die größten Schäden verschweigt«. Wächter I 287.

[175]) Wächter I 296; ähnlich ebenda Bd. II 394 »ich als armer Schreiber kann nichts weiter tun...«.

baren« [176]). Umso notwendiger bedürfen die Deutschen einer positiven Bildung und Freiheit an und im Staat, bedürfen einer Verfassung.

IV.

Während der Befreiung pflegte Arndt stärker die nationale Gesinnung; jetzt 1814 greift er wieder auf den Gemeingeist zurück, wie er ihn unter schwedischen und preußischen Eindrücken als »Bürgergeist« in der Verfassung begriffen hatte.

An keinem öffentlichen Charakter wird deutlicher als an Arndt, wie schwer der Verlust war für die politische Entwicklung Deutschlands, daß sich kein Verfassungsstaat aus den Befreiungskriegen entwickelte. Denn Arndt, der vor und in der Erhebung sich mit Recht als der Erzieher der Nation zu politischem Selbstbewußtsein und politischer Tat gefühlt hatte, gehört zu den Deutschen, die im Verfassungsstaat erst die Klarheit innenpolitischen Denkens und Handelns hätten gewinnen müssen. Gegenüber dem Problem des Verhältnisses von Macht und Freiheit, das Arndt nach außen gewendet hatte lösen können — eben durch die Mischung von volkstümlichem Empfinden und historisch-politischer Reflexion, die ihn auszeichnete — versagte er jetzt, als es sich als innenpolitisches deutsches Problem auftat. Auch die »öffentliche Meinung« wandelt sich dadurch entscheidend, sie wird der politischen Aktivität beraubt, wird zum öffentlichen Sinn.

Das Wort öffentliche Meinung findet sich weder im Verfassungsentwurf des Geists der Zeit II noch in dem des Geists der Zeit III [177]), so wenig wie in den Fantasien.

Arndt erkennt an, daß Deutschland besonders für die Verfassung vorbereitet sei durch die Denkfreiheit, die es zuerst ausgebildet habe, früher als England oder Frankreich; und daß die deutschen Fürsten »die Meinung ehren und fürchten lernten«, weil die Vielherrschaft die Denkfreiheit beförderte [178]). Aber Denkfreiheit allein ist nichts wert, wenn sie nicht mit politischer Freiheit zusammen auftritt wie in England oder Schweden. Die politische Freiheit aber hat die Viel-

---

176) Ebenda Bd. II 207 ff.

177) Geist der Zeit II 154; 170/71. Geist der Zeit III 125 ff. Die einzige Andeutung der Idee der Volksvertretung ist die Klage über das Verschwinden der alten deutschen Verfassungen, in denen einst die Männer hatten »mithandeln dürfen in Angelegenheiten des Volkes«. Nicht mitreden, mithandeln will der Bürger, der politisch geworden ist. Wenn eine ständische Verfassung und Selbstverwaltung das Handeln ermöglichen werden, dann »werden die Deutschen auch reden können«. Blick 169.

178) »Preußens Volk und Heer« 1813 betont, daß Preußen zuerst die Toleranz durchgeführt habe. Geist der Zeit III 137.

herrschaft vereitelt [179]) und auch kulturell rechtfertigt Arndt diese nicht [180]). Aber er »erklärt und klagt keineswegs die Regierungen an« — dies ist die typische Doppelstellung, die Arndt in den folgenden Jahren gegenüber den staatlichen Autoritäten immer wieder einnimmt. Es kommt ihm nur auf den rechten Geist, nicht auf die bestimmte Form einer neuen Verfassung an [181]). Ihre Einzelheiten entwirft er nicht: »Der Rat und die Weisheit der Besten, Wille und Notwendigkeit der Zeit, Neigung und Eigentümlichkeit des Volks« werden es »entscheiden« [182]). Durch die deutsche Verfassung erhofft Arndt wie Stein die Überwindung der Hirngespinste, der Metapolitik, dafür einen »deutschen Geist und einen kräftigen und gediegenen Verstand der irdischen und politischen Dinge« [183]). Dies ist ganz das Ideal der Steinschen öffentlichen Meinung, aber ohne den Namen dafür.

In der großen Arbeit Arndts über künftige ständische Verfassungen in Deutschland vom März 1814 beschäftigt er sich eingehend mit den Verfassungen der Einzelstaaten, deren Erhaltung seit Ried und Fulda nicht mehr bezweifelt werden kann [184]). Die gesamtdeutsche Verfassung mit Kaiser und Reichstag ist ihm weniger wesentlich jetzt als die »freie und menschliche Verfassung« im Einzelstaat, die den Ständen Anteil am Staatsleben sichert. Aber auch ihr Ziel ist: »man befestige, was den gemeinsamen Geist des Volkes reizt und erweckt« [185]); von den unteren, den wichtigsten und ehrwürdigsten Ständen her teilt sich der Gesamtheit der Stände »eine volkliche Gesinnung mit«. Die Gemeinsamkeit bedeutet sowohl nationales als soziales »gemeinsames Streben aller nach einer Richtung für ein Ganzes« [186]), ohne das »ein vollkommener Staat, ein Gemeinwesen, menschlich und würdig« nicht bestehen kann. Noch immer fehle den Deutschen politischer Verstand, Mut

[179]) »Galt die politische Freiheit durch die heilige und öffentliche Stimme des deutschen Volks und seiner erlauchtesten und besten Männer? . .« Geist der Zeit III 137—39.

[180]) »Daß nichts davon hervorgesprungen ist — von rechter deutscher Art und Bildung — das ist das Gottesurteil« über sie, das Arndt als Sprecher des Volks auszusprechen wagt. Geist der Zeit III 139.

[181]) Geist der Zeit III 179, 180.

[182]) Geist der Zeit IV 148. Nie tritt bei Arndt das Volk ohne Führer auf. Sobald die Führer Exekutivorgane sind (Großboten oder Femrichter oder Beamte) denkt Arndt sie sich durch »die Stände« gewählt, vom Reichstag und vom Kaiser bestätigt. Geist der Zeit III 145.

[183]) Geist der Zeit III 180.

[184]) Vgl. A. W. Schmidt, Die Geschichte der deutschen Reichsverfassungen 1812—15, 122 ff.

[185]) W. XI 119.

[186]) Schriften I, 455.

das Nahe und Wahre zu sehen, vor allem aber Ernst der Verantwortlichkeit; das alles werde das nationale Sittengericht der öffentlichen Meinung bessern: »aber wir haben keine öffentliche Meinung, welche in andern Ländern die Buben härter straft als alle Hochgerichte« [187]) und wir haben »keine politischen Menschen«. Solche zu erziehen ist ebenso sehr Aufgabe der Verfassung als der öffentlichen Meinung. Lebendiger Wettstreit zwischen den Bürgern, zwischen den Ständen bedeutet »das rechte politische Leben« [188]), Verfassung den gesetzlichen Kampf. Freilich: »Verklagen sollten die verschiedenen Parteien, durch deren gegenseitige Wirkung und Drängung aufeinander ein Staat hervorgebracht wird, einander nicht so bitter«, fügte Arndt 1815 hinzu [189]). Das Wort Partei bezieht sich wohl auf Interessenparteien, als welche die Stände erscheinen könnten; an die innere Verbindung zwischen ständischen Gruppen und politischen und historischen Weltanschauungen hat Arndt nicht gedacht. Der Kampf der Weltanschauungsgruppen, der Guten und der Bösen, konnte ihm nicht scharf genug sein. Dieser Kampf wird ausgefochten von den absichtlich im Staat nicht vertretenen »Ständen« der Gelehrten und Geistlichen. Ihre größte und heilsamste Wirksamkeit auf den Staat ist ihnen verliehen durch die Preßfreiheit [190]). Deutlich tritt hier das Reich des geistigen Kampfes neben das des politischen; die Kämpfer sind andere, sollen andere sein.

Weder der Pressekampf noch die ständische Versammlung wird — wie bei Stein zuweilen — als öffentliche Meinung bezeichnet. Nur als national-ethische höchste allgemeine Instanz gebrauchte Arndt bis zum Frühling 1814 das Wort öffentliche Meinung. Er hielt damit an dem ursprünglichen moralischen Sinn des Wortes fest; aber da es nicht an Stelle des Dogmas das Urteil der Gesellschaft, sondern das Urteil des Volkes bedeutete, so ist es nicht möglich, diese öffentliche Meinung mit der rational-moralischen der westlichen Gesellschaft gleichzusetzen. Man muß Arndts öffentlicher Meinung eine besondere Stellung einräumen.

Vielleicht ebenfalls auf Veranlassung Steins schrieb Arndt wenig später anonym seine Schrift an die Regierungen »Beherzigungen vor dem Wiener Kongreß«: in der Feststellung der Kriegsziele für die Pariser Frieden hätten die Regierungen Arndts Forderung, der Rhein Deutschlands Strom nicht Deutschlands Grenze, als ein Gebot von

---

[187]) W. XI, 89, ebenso Schriften I, 367, 430, 444 W. X, 180, W. XI, 86/87.

[188]) W. XI, 120; W. Ausg. Meißner XIV 212, Schriften II, 443.

[189]) Schriften II, 439.

[190]) W. XI, 126; »ohne die unbeschränkteste Preßfreiheit kann auch die bürgerliche Freiheit nicht bestehen«; ebenda S. 99.

Gott und Volkes Stimme erfüllen sollen; aber sie hatten sich alle versagt. Enttäuscht schrieb Arndt diese Schrift. Er forderte die öffentliche Sprache der Regierungen in der Außenpolitik, in dem Glauben, daß »eine edle und des Zeitalters würdige — freilich »keine unzeitige« — Öffentlichkeit der Verhandlungen über das endliche Schicksal der Welt« gegen außenpolitische Fehler helfen würde [191]). Schon dies, vor allem aber seine Auffassung: »nur Gott und das Volk« haben uns befreit, führte ihn jetzt notwendig zur Dissonanz mit der offiziösen Meinung des Fürstenkongresses [192]). Anonym, bedient sich Arndt jetzt statt des verdammenden Prophetentums der Notzeit des rebellischen Pamphlettons, tadelt, entlarvt, hetzt. Es ist bezeichnend, daß das erste Kapitel jetzt nicht vom Franzosenhaß in Deutschland handelt, sondern es heißt »die öffentliche Meinung«. Der außenpolitische nationale Gegensatz wird nur zuletzt noch einmal genannt, aber der innenpolitische Gegensatz zwischen öffentlicher Meinung und Regierung steht jetzt im Mittelpunkt. Man kann sagen, daß sich um den Begriff der öffentlichen Meinung die Gedankengänge der Schrift gruppieren lassen [193]). Die öffentliche Meinung wird definiert als »der Umtrieb der lebendigen Säfte eines Staats und die Stimme des Volks, das sich vernehmen läßt«. »Des Volkes Stimme, Tat, Wille ist Gottes«, und das hat sich 1810—13 bewiesen [194]). Damit rechtfertigt Arndt moralisch und historisch die Bedeutung, die er der Volksstimme beilegt. Für ihre psychologischen Voraussetzungen bringt Arndt auch jetzt manche Beobachtung bei [195]). Wo sich in den Gemütern Einfalt, Kraft, Freiheit behauptet, da gibt es öffentliche Meinung: im kleinen Freistaat oder in der großen Monarchie, aber nicht in der Nähe kleiner Höfe. Aufgeschlossenheit,

---

[191]) Wächter I 293.

[192]) Seine wachsend oppositionelle, aggressiv liberale Haltung gegenüber den Fürstentümern Deutschlands erklärt sich aus der Furcht, daß die süddeutschen Fürsten die Reichseinheit — in irgendeiner Form — vereiteln werden. Um sie an den Pranger zu stellen, hebt Arndt — neben ihrer antinationalen Gesinnung — besonders ihr absolutes Beamtenregiment mit seinen französischen Formen als ihre Hauptschuld hervor. Vgl. Stein oben S. 42.

[193]) Sprachlich und logisch fließen die Begriffe öffentliche Meinung (das erste Kapitel) und Preßfreiheit (das zweite Kapitel) stark ineinander.

[194]) Beherzigungen S. 11.

[195]) Zunächst ruht die öffentliche Meinung auf den »geistigen und göttlichen Urkräften«, die in der Menge liegen; sie kommt aus dem »geistigen Gemeingefühl und Gemeinleben aller« (S. 7). »Panische Begeisterung oder Entgeisterung kömmt aus dem Volke«. Hier möchte man zugleich die Schrift »Blick aus der Zeit auf die Zeit« 1814 mit heranziehen. Stumpfheit, Aberglaube und Verschlossenheit, wie sie die Gegenreformation in Österreich erzeugte, machen das Aufkommen einer öffentlichen Meinung schwer (Blick 165).

historische Erkenntnisfähigkeit [196]), deutscher Sinn sind Voraussetzungen für die echte öffentliche Meinung. Aber mit deutscher Art und deutschem Sinn ist noch keineswegs deutsche Staatsgesinnung gegeben, die unbedingt notwendig ist, um das alles zur öffentlichen Meinung werden zu lassen [197]). Zeiterkenntnis und nationale und historische Empfindung vereinen sich zu der »Richtigkeit politischen Sinnes und politischer Ansicht«, die Arndt in allen, auch in den meisten Schriften über außenpolitische Fragen sich offenbaren sieht [198]). Hat er sonst nur »Meinung«, »Meinung und Stimmung der Menschen« »Neigung und Stimmung des Volks und das Spiel der Führer und Stimmer«, »den Krieg der Meinungen« (über Mainz) aufmerksam verfolgt, so nennt er jetzt in den Beherzigungen das, was er um sich sieht, eine große und richtige politische Meinung bei der Menge in Deutschland [199]).

Dem widerspricht er aber selbst kurz vorher — in einer Flugschrift an das Volk über die Gründung deutscher Gesellschaften [200]), wo er das Gegenteil behauptet: »Daß wir noch kein Volk sind, wird am besten bewiesen durch die Unwirksamkeit der öffentlichen Stimme, was man die öffentliche Meinung zu nennen pflegt«. Arndt gibt hier zu, daß die nationale öffentliche Meinung da ist [201]), aber im Staat unwirksam. Um die politische öffentliche Meinung über die Sphäre einer nationalen Gesinnung hinaus wirksam zu machen, ist eben nötig, daß das Volk »seinen Willen und seine Meinung recht deutlich und kräftig aussprechen

---

[196]) Blick 264; Blick 117. »Auch der Einfältigste und Ärmste im Volke empfindet jetzt die deutschen Heiligtümer und Geschichte besser als vor 20 Jahren der Gebildete« (Blick 118).

[197]) Gegensatz dazu ist die »verstandlose Stimmung« der Franzosen während der Revolution. Germ. u. Eur. 221. Deutsche Art, aber nicht deutsche Staatsgesinnung bei dem Elsässer, Blick S. 94. Zeiterkenntnis, Blick 81.

[198]) Blick S. 82.

[199]) W. XI, 154, 159, 170. Beherzigungen S. 17.

[200]) W. Ausg. Meißner, Bd. XIII, S. 250 ff., 1814. Allerdings gibt er zu: »Diese öffentliche Meinung war vor 50 oder 25 Jahren in Deutschland kaum; weil durch Nachäfferei fremden Tandes... alles Gemeinsame Deutsche und Volkstümliche völlig vergessen... war. Unter der Herrschaft der Franzosen, als diese öffentliche Meinung entstehen wollte, als die Not den Menschen lehrte, auf etwas Gemeinsames zu schauen, durfte... kein freies Wort hervorbrechen...« Nach dem Oktober 1813, »da erschien allerdings sogleich ein allgemeiner Volkswille, da ließ die öffentliche Meinung sich hören«... und »aus Furcht vor dieser« wären viele Vaterlandsverräter über den Rhein geflohen, wenn nicht Fürsten und Minister sie beschirmt hätten.

[201]) Ebenda »Eine allgemeine Stimme, eine festere Meinung, ein allen begreifliches Gefühl dessen, worauf es jetzt ankömmt«.

lernt« [202]). Arndt schätzt in den Beherzigungen das moralische und politische Urteil des Volkes absichtlich sehr hoch ein, da er sich an die Regierungen wendet, und verachtet die dummen Gelehrten, die schlauen Minister und Advokaten. Aber er kann nicht leugnen, daß das Volk »eine laute politische Stimme« erst bekommt, wenn zunächst einzelne sie ihm leihen. Das können in der freien »Anstalt« einer Deutschen Gesellschaft gebildete führende Männer, die hier eine öffentliche Meinung zu begründen suchen [203]). Und »sie wird allmächtig wirken«, sobald diese Gebildeten das Volk zum Deutschtum erziehen. Der kulturell-nationale Idealismus überwiegt den realpolitischen Sinn Arndts immer wieder. Daneben treten allerdings ständische, »mit Macht und Ansehen gerüstete« Vertreter des Volks, durch die »die öffentliche Meinung, d. h. das, was alle wünschen und verlangen, auch bewaffnet auftreten kann«. Diese Führer vertreten aber nicht die öffentliche Meinung, sondern wählen aus ihr das Beste aus [204]). Denn die öffentliche Meinung, auf ihre Stellungnahme zur einzelnen politischen Frage betrachtet, erweist sich als mannigfaltig, gespalten und intellektuell sich äußernd, nicht mehr als Gesinnungseinheit.

Die Stimme des Volks kann aber auch das Fortklingen dessen sein, was der Führer angeregt hat; doch klagt Arndt: »wir haben keine Stimmen, die unsere Stimmen aufnehmen und weiterpflanzen und zurückklingen lassen«, eben weil wir noch kein Volk sind, sondern es erst suchen [205]). Deshalb glaubt Arndt zuweilen selbst, daß seine Worte vergeblich seien. Er vergleicht England, Frankreich, Spanien: in England höre, ehre und liebe man die öffentliche Meinung, der Bürger so gut wie die Regierung, in Frankreich fürchte man sie, in Spanien hasse man sie; nur in Deutschland fehle sie.

Der Wiener Kongreß hatte seine Aufgabe: Wiederherstellung des Vaterlandes in einen gesetzlichen Zustand und Garantie der »gebührlichen Rechte« der Deutschen, noch nicht in Angriff genommen [206]), als Arndt schrieb, die redlichen Deutschen wollten »lieber durch die

---

[202]) Beherzigungen 18.

[203]) W XIII 260.

[204]) Arndts Hauptproblem ist: »daß endlich die vornehmliche Stimme des Volks und die Meinung und Wille der Besten das Werk der deutschen Herrlichkeit und Freiheit vollenden«. Hier kommt Arndt zu dem Ausweg, daß die »Mehrheit der gescheiten und biederen Männer Deutschlands« aus den mannigfaltigen »Meinungen« über außen- und innenpolitische Probleme »bald das Geltende und Bleibende herausnehmen könnten« und danach »entscheiden«.

[205]) Über Preußens rheinische Mark W. XI, 151.

[206]) Tadel über den Wiener Kongreß, der die Völker verachte ebenda; Beherzigungen S. 18.

Gewalt der öffentlichen Meinung als durch eigenmächtiges Zugreifen« dazu gelangen. Hier zum erstenmal erscheint die öffentliche Meinung als Ersatz der Gewalt, des politischen Eingriffs gegen die Regierung. Wie Arndt sich den Druck der öffentlichen Meinung auf die Regierungen dachte, geht aus den Beherzigungen nicht klar hervor: immerhin ist die Drohung — wenn auch verhüllt in der Versicherung, daß der redliche Deutsche nicht eigenmächtig sei — unverkennbar, und durch keinerlei nationale Argumente gegen undeutsche Fürsten wird ihre rein liberalistische Begründung, der Kampf um das Recht, abgeschwächt. Arndt fordert in den Beherzigungen nicht nur Preßfreiheit, sondern vor allem die positive Beachtung der öffentlichen Meinung durch die Regierung. »Heiligkeit der Gesetze und Notwendigkeit der öffentlichen Meinung« [207]) müssen anerkannt werden, sie sind keineswegs »jakobinisch«. Nicht genug, daß die öffentliche Meinung »uns alle richten, strafen, verteidigen« sollte, soll sie auch die Minister tadeln, wenn sie undeutsch handeln, ja sie sollen ihr verantwortlich sein [208]); auch für Handlungen, die nicht nach nationalem Maßstab allein gemessen werden können. Gegen den Vorwurf, daß der Deutsche so zum Jakobiner werde, wehrt sich Arndt wiederholt, besonders da man seinem Soldatenkatechismus eine jakobinische Gesinnung nachsagte [209]). Wenn Arndt die deutsche Art und Eigentümlichkeit [210]) — »eher zu still als zu wild« — auch hochschätzt, so beläßt er sie doch keineswegs in ihrem selbstgewählten engen Wirkungsfeld.

---

[207]) Beherzigungen S. 12.

[208]) Auch verfassungsmäßig sollten die Minister der Volksvertretung verantwortlich sein. Beherzigungen S. 8. Es widerspricht seiner Auffassung von der hohen Politik, deren Moral der bürgerlichen fremd ist, daß das politische Handeln durch die öffentliche Meinung beurteilbar sei. Vgl. unten 303, 314 ff., 333—337, 388. Dazu Beherzigungen S. 21; W. XI, 151. »An den Regierungen, nicht an dem Volke« sollen die Schriftsteller ihren Tadel auslassen. Blick 110.

[209]) Beherzigung S. 16; W. XI, 34, 194, 60.

[210]) Während der Franzose sich gern und lebhaft in Gesellschaft und Öffentlichkeit ausspricht, zieht sich der Deutsche in die Gemeinschaft des Hauses zurück. Blick 162. Allerdings geht scheinbar der Streit darum, ob es dem deutschen Wesen gemäß sei, eine öffentliche Meinung und eine Verfassung zu haben. Da die öffentliche Meinung allein »das Fremde, das uns verpestet, aus uns vertilgen kann« (Beherzigung 20), besitzt sie ihre Autorität gegen die Regierung aus dieser nationalen Funktion. Außerdem ist der Deutsche für die Verfassung geeignet, Germ. u. Eur. 428 u. v. a. Im Geist der Zeit I hatte Arndt bei Betrachtung des deutschen Städtelebens im 14.—16. Jahrhundert ausgerufen: »Welch unendliche Anlage für Gehorsam und Gesetz; das ist doch wohl Anlage zur Freiheit«. Schon damals sah Arndt den schönen »bürgerlichen Sinn der Nation« im Gegensatz »zur begeisterten Freiheitswut des Atheners oder Genuesers«; »auch die Faktionen der Florentiner und Thebaner fehlen im Deutschland des Mittelalters«, dessen kindlicher und einheitlicher Sinn Arndts Ideal ist.

Ihre Fähigkeit zu gehorchen bedeute vielmehr den Nachweis der Fähigkeit zu herrschen [211]). Den Gegnern aus dem eigenen Lager, insofern ihr Hauptargument die Erhaltung der nationalen Eigentümlichkeiten ist, all den Romantikern und realistischen Haller-Schülern hält Arndt entgegen: Es gäbe wohl deutsche Ansichten, »die aber nicht eben deutsche Einsichten geworden sind« [212]). Die Einsichten fehlten allen mehr oder weniger, nur politische Verhandlungen und Verfassung würden sie hervorbringen. Gerade weil man nicht wie der französische Liberalismus aus bloßer Theorie Verfassungen wolle, bedürfe man der politischen Mitarbeit. Die Verfassung wiederum solle Wegbereiterin einer einsichtigen öffentlichen Meinung sein [213]). »So gewaltig wird die Majestät des Männerwortes« werden wie in England [214]). Im offenen Kampf der Meinungen glaubt Arndt die Theoristen und Radikalisten leichter zu Vernunft zu bringen als durch geheime Polizei oder die Beeinflussung durch »amtliche und vertraute Blätter« [215]). Der Gedanke des persönlichen Rechts auf Meinungsäußerung tritt bei Arndt jetzt immer mehr zurück [216]). Mit ihm hatte er die Humanitätsfreunde für eine öffentliche Meinung und gegen Napoleons Herrschaft gewinnen wollen. Dem deutschen Idealgesamtstaat gegenüber wird aber die Preßfreiheit hauptsächlich nur als die Bedingung der völkischen öffentlichen Meinung gepriesen. In den Beherzigungen lebt das individualrechtliche, liberale Argument gegen den süddeutschen Despotismus wieder auf, um mit dem volklichen und ethischen Argument verschmolzen zu werden [217]).

Mit der Forderung nach öffentlicher Meinung nur als Ergebnis der Preßfreiheit, aber ohne politische Freiheit im Verfassungsstaat

---

[211]) Geist der Zeit IV, 68 »jedem Gehorsam liegt das verhüllte Geheimnis einer Herrschaft zugrunde«.

[212]) Fantasien zur Berichtigung... Schriften II, 323 ff.

[213]) »Und wie ein Strom wird die Meinung, eine öffentliche deutsche Meinung, die jetzt kaum hie und da als ein stilles Bächlein rieselt, das von vielen frechen Händen ... mit Schutt verstopft wird ... durch das ganze Volk dahinbrausen und durch keine Späher mehr zu hemmen sein«. W. XI, 195.

[214]) Wächter III 56. Selbst »die Wildheit und Leidenschaftlichkeit« auch des politischen Interessenkampfes »überwindet der Mensch durch die Rede und durch das Wort, den Ausbruch geistiger Würde und geistiger Liebe«.

[215]) Wächter III, 355; Geist der Zeit III, 42—43, W. Meisner, XIV, 187.

[216]) Beherzig. 21 ff. Nur in seinen Briefen in den Klagen über die Zensur spielt dieser Gedanke eine Rolle. Notgedrungener Bericht II, 25 u. a.

[217]) »Die Preßfreiheit ist die Pflegemutter jeder stolzen Tugend, Kühnheit ... dem Deutschen und Christen notwendig wie Licht«. Blick S. 11. »Durch sie wird unser Volk durch stolze und edle Ideen zu Ruhm und Macht erstarken.« Beherzigungen 23.

hat Arndt sich nie zufrieden gegeben [218]. In dem Maß, indem sich die Reaktion in Presse und Regierung breitmacht, steigt seine Forderung nach politischer Freiheit. »Der Geist der Zeit und die Meinung des deutschen Volkes« erheben sie, zugleich aber ist sie »ein ursprüngliches menschliches Verlangen« [219]. Deshalb ist es notwendig, daß »die Regierungen im guten Sinne etwas mehr auf die Meinungen achten und sich ein wenig darauf verstünden, wie man sie für die höchsten Zwecke brauchen kann und welche Gewalt durch sie auch in den geringsten Kleinigkeiten liegt« [220], in »den Gegenständen der Meinung«, d. h. Volkstracht, Sitten und Ähnlichem. Diese »Mittel der echten Wiederverdeutschung« sind als eine Vorstufe der geistig-politischen Entwicklung der Nation mit der öffentlichen Meinung verwandt [221]. Aber eine Rückkehr von der politischen aggressiven öffentlichen Meinung zu einer nationalen passiven »Meinung« wird deutlich [222]. Diese, »eine edlere öffentliche Meinung wird herrschen« in »dem geistreichsten Teile des Volks«; unter den Jünglingen auf der Universität soll »eine große Volksmeinung» erwachsen mit den höchsten Ideen von deutscher Ehre, deutschem Volk und Vaterland [223].

Eine andere Gruppe Meinung schaffender Köpfe, an denen umgekehrt die Meinung ihre erzieherische Kraft beweist, sind die »spie-

---

[218]) Wächter III, 230 Gedankenfreiheit ohne politische Freiheit ist auf die Dauer gar nicht möglich, da »der äußere Reiz nur das Innere lebendig hält«.

[219]) Wächter I, 224 über die Bedeutung vgl. unten Träger.

[220]) Blick 240.

[221]) Blick 226, 235, Schriften II, 149 ff., Blick 229. A will »durch das Äußerliche auf das Innerliche hinarbeiten, bis dieses durch die Meinung und durch die Grundsätze, welche die Besseren daranhängen, genug erstarkt wäre«.

[222]) Schriften II, 290, 291. Die Frauen sollen »die Welt durch die Meinung beherrschen, aber das Würdige meinen und loben«, das ist auch das Nationale.

[223]) Wenn diese Stärkung der Meinung erwachsen ist, werden die Mängel der deutschen Universitäten, besonders die Wildheit in der akademischen Freiheit, wegfallen. »Wenn die Regierungen das Deutsche und Freie nicht absichtlich hindern« (Schriften II, 291). Wenn A. »die Meinung, worin die höchste Macht der Sitte ist«, mit dem »edleren Geist des Zeitalters« zusammen »die Studenten beherrschen« läßt statt des bestimmten Gesetzes, so ist das eine Weiterbildung der Ideen über Menschenbildung, daß durch das Gesetz die Sünde in die Welt gekommen sei (Schriften II, 286). Innerhalb der Universiät wollte A. keine gesetzliche Gliederung, keinen »Staat«, vielmehr demokratische und geistige Freiheit. Die Einrichtung einer Studentenverfassung lehnte er ab. Er nannte sie 1847 »die Idee der sogenannten Burschenschaft«. Notgedr. Ber. 372. Es erklärt sich aus A.'s Erziehungsideen vgl. oben, daß er den Kampf politischer Meinungen unter der Studentenschaft nicht wollte. Um so stärker sollte die bindende Kraft der »deutschen Meinung« auf der Universität sein.

lenden Gesellschaften« [224]). In ihnen werde auch die öffentliche Rede gepflegt, und sie sollten lehren, »auf dem Glatteise des politischen Lebens zu gehen« [225]).

Die politische Lage machte der enthusiastischen Volksmeinung des Jahres 1813 das Leben freilich zu einem gefährlich glatten Eise. Zur Lösung der deutschen Frage konnte die öffentliche Meinung nichts beitragen. Wenn Österreich »die volle Kraft der Meinung ... gebrauchen wollte, so war Bayern 1813 zwar verloren« [226]), aber die öffentliche Meinung konnte Österreich nicht dazu zwingen, die nationale Kraft dafür auszunutzen. Als die Einheit 1815 nur lose geschaffen war, mußte »das geistige Band in demselben Maße gestrafft werden, in welchem das politische sich löst [227]).

Die eigentliche Gefahr dagegen ist nun, daß die einheitsfeindlichen Regierungen selbst von Arndt als Mitschöpfer des öffentlichen Geists und Urteils erkannt werden, die »auf das Volk und die Meinung« »auf eine wunderbare Weise wirken« können [228]), ja so sehr, daß »die Meisten die Dinge schätzen, wie der Staat sie schätzen lehrt« [229]) — während die Organe des Staats zu wenig der »Meinung und Stimme des Volks« unterworfen sind. Daß es nicht genügt, wenn die süddeutschen Minister »die Stimme der öffentlichen Meinung fürchten« [230]), wenn der hannöverschen Verfassung »Tadel der Mit- und Nachwelt« vorausgesagt wird [231]), hat Arndt in seinen Beherzigungen deutlich ausgesprochen durch die Forderung der Ministerverantwortlichkeit [232]). Aber die geistige Macht hält Arndt für stärker als das verfassungsmäßig gesicherte Recht.

Schon in den Beherzigungen zeigt die Widerlegung der Schrift des Grafen Benzel-Sternau »Jason«, wie unendlich oft Arndts Schlag-

---

[224]) Entwurf einer deutschen Kriegsordn. S. 34: Auch die »Turngemeinden« werden »den politischen Sinn wecken«. »Möge das ganze deutsche Volk eine einzige brüderliche Gesellschaft sein«. W. Meisner XIII, 262.

[225]) Notgedrungener Bericht II., 41. 1816.

[226]) Beherz. 139.

[227]) Schriften II 458. Eine sichtbare Unterstützung auch der geistigen nationalen Einheit sieht A. in der Verkehrsfreiheit, Beherz. S. 26; weil sie fehle, sei Deutschland »so reich an politischen Käsekrämern«, Blick S. 258.

[228]) Wächter I 291 dort positiv gebucht: »und aus dem Volk geht die wohltätigste Rückwirkung immer wieder von unten nach oben«.

[229]) Wächter III 345.

[230]) Blick S. 44.

[231]) Blick S. 48. Auf das Urteil der Nachwelt hat Arndt sich auffallend selten berufen im Gegensatz zu Stein. Es wirkt mehr als rhetorischer Schmuck.

[232]) Beherzigung S. 40. Die Verantwortlichkeit ist das zweite Mittel gegen undeutsche Minister, das erste Mittel ist für Arndt öffentliche Meinung und Pressefreiheit.

worte [233]) in der Publizistik der Zeit von den liberalen oder auch den aufgeklärt-absolutistischen Schriftstellern wiederholt wurden. Sie gaben vor, alle diese Ideale zu finden in den Verfassungen nach dem Muster Westfalens, nach dem bonapartistischen System, wie sie die Rheinbundstaaten zum Teil besaßen. Wie unendlich schwer war es, dem politischen Denken der Zeit den großen Abstand fühlbar und begreiflich zu machen zwischen Arndts und Montgelas' Verfassungsideen, zwischen dem Geist, aus dem jene gedacht waren und dem, den diese erzeugen sollten. Dieser Klärung sollten die Fantasien zur Berichtigung der Urteile über künftige deutsche Verfassungen dienen [234]). Am Gegensatz zum rationalistischen »Verfassungmachen« der Franzosen entwickelt Arndt in ihnen sein Ideal deutscher Verfassung.

Bei der Charakteristik der gehaßten Nation gewinnt dabei die Meinung eine andere Bedeutung als bisher [235]), wird Arndt die ungeheure Gefährlichkeit, die dem Begriff öffentliche Meinung in seinem Ursprungslande innewohnt, wieder deutlich. Napoleon war ja »ein Mann der öffentlichen Meinung« [236]), der gezeigt hatte, »wie hart- oder weichmäulig die öffentliche Meinung ins Gebiß geht und zu regieren ist wie ein unbändiges Roß«. Die französische öffentliche Meinung, da sie durch den schlechten französischen Nationalcharakter bestimmt wird, ist für Arndt etwas völlig Anderes als die deutsche öffentliche Meinung. Auf sie braucht deshalb im zweiten Pariser Frieden keine Rücksicht genommen zu werden, auch wenn Fouché sich auf ihre Macht in diesem Jahrhundert der Vernunft und der Gerechtigkeit beruft [237]).

Diese aber sieht Arndt ganz ähnlich [238]): er kehrt dabei zum Begriff »Meinung «der Aufklärung zurück, zu »der aus dem Christentum

---

[233]) Kap. 15, z. B. Volksvertretung durch die Mehrheit der denkenden Bürger, öffentliche Meinung usw.

[234]) Im Wächter, Arndts Zeitschrift, die politische Menschen für Deutschland erziehen wollte, 1815 erschienen; auch Schriften II, 320 ff.

[235]) Er gebraucht das Wort wieder im konventionellen Sinn, wenn er tadelt: »Bei keinem Volk dienen auch die Männer so knechtisch der Meinung als bei den Franzosen« (Schriften II, 353). Und: »ihre (der Franzosen) öffentliche Meinung aber und Ehre verlachen wir; Fouché selbst (Napoleons Polizeiminister) hat uns bewiesen, wie man ein Volk zahm machen kann« (Wächter I, 403). Die Erweckung eines öffentlichen Geistes, wie man ihn in Preußen und Spanien 1808—13 erlebte, spricht Arndt dem französischen Volk einfach ab, »denn das Böse fällt auseinander«.

[236]) Wächter II, 181.

[237]) 20. 7. 1815. Wächter I, 403.

[238]) »Wahrlich, nie ist so sehr durch die Meinung und durch den Geist geherrscht und gesiegt worden als in unseren Tagen«. Blick S. 24.

entwickelten geistigen Gewalt, die keine irdische Macht bändigen mag«, die lebendig geworden ist in der neueren Geschichte, aber im Heidentum — also auch in der antiken Polis — »fast gar nicht gekannt« wurde [239]). »Seit anderthalb Jahrhunderten hat sie eine so weitgreifende ... Wirksamkeit gehabt, daß man von einer europäischen Meinung hat sprechen können. Diese europäische Meinung möchte ich den weltlichen, den bloß politischen Papst nennen«. Nur der Historiker begreift seine ganze geistige Allmacht aus der Geschichte der letzten Jahrhunderte [240]). Mit Hilfe der Nachrichtenverbindung knüpfte diese Meinung Europa enger zusammen als ehemals die einzelnen Landschaften verbunden waren. Es gibt Phantasten, die jene nachrichtenlosen Zeiten besser finden, die die europäische Meinung verdammen; für Arndt ist sie ein Gegebenes [241]). Höchst bezeichnend, daß Arndt einer Bewertung des universalistischen Elementes in der »Meinung« aus dem Wege geht. Seine nationalistische öffentliche Meinung existierte ja auch nicht, solange jene romantische Enge und Stille bestand. Die »Meinung« als solche ist doch auch Voraussetzung für seine öffentliche Meinung. Eine Absperrung gegen die europäische Meinung aus national-romantischen Gründen lehnt Arndt lebhaft ab [242]). Jede despotische Leitung der deutschen wie der europäischen Meinung ist unmöglich durch die unbegrenzte Gewalt des Geistigen, die in ihr wirkt. Dieser ist auch Napoleon unterlegen [243]). Die europäische Meinung fordert nun »Freiheit und Gleichheit, Verfassungen überhaupt« — nicht aus französischer Neuerungssucht, sondern besonders aus deutschem Ver-

---

[239]) Schriften II, 435. Die Herrschaft der Kirche ohne Schwerter hatte »eine zweite gewaltige politische Herrschaft gegründet, welche die Herrschaft der Meinung heißen kann. Diese Herrschaft erschien weniger, so lange die Hierarchie noch mehr in Ansehen und Stärke blühete, sie hat zugenommen in dem Maße, wie jene abgenommen hat«.

[240]) »Diese Macht war immer groß, aber in dem letzten halben Jahrhundert« ganz besonders, weil sie allein das sich auflösende christliche Europa »noch zusammen hielt«. Ebenda.

[241]) Die Vermischung der Elemente, aus denen diese Meinung entstand, ist sehr seltsam. Der Nachrichtenverkehr als eine technische Errungenschaft hat an sich mit dem Universalismus des Christentums oder gar mit seiner Geistigkeit doch nichts zu tun. Aber Arndt verwischt und vermischt das völlig.

[242]) Aber der Kampf einer deutschen Meinung gegen die Meinung Europas wird in praxi nötig. So wenn Arndt die deutschen Fürsten ermahnt, die deutsche Meinung, »die allmächtigste aller Gewalten, wann sie auf Gerechtigkeit und Majestät des Willens gegründet ist«, in Paris durchzusetzen gegen die Meinung Europas. Wächter I, 297 Die Interpretation dieser Stelle ist nicht eindeutig.

[243]) »Hätte er das große Herz gehabt, die Meinung seiner Zeit zu verstehen, hätte er wagen dürfen durch ihre Herrschaft zu herrschen, er hätte der größte geschichtliche Name werden können.« Schriften II, 437 u. 438. Vgl. oben S. 56.

langen [244]). Für Arndt fällt — noch immer wie 1812 — das Nationale mit dem Guten und Wahren und dieses mit der Mitte zwischen allzu rationalem Liberalismus und reaktionärer Romantik zusammen.

V.

»Die arme Zeit, die so viel Schlechtes hat, hat ihr Bestes« ... »in den liberalen Ideen« [245]). Klar hat Arndt Partei für den Liberalismus genommen. Weder auf den ungebildeten noch auf den ungeführten noch auf den im Staat unvertretenen Volks-Geist setzt er die Hoffnung auf Weiterentwicklung. Wissen, Wollen und Können sind ihm Werte, höher oder jedenfalls vom Moment dringender gefordert als heilige Wahne und elementare Dumpfheit [246]).

Das Wissen spricht Arndt aber allen Volksständen gleichmäßig zu [247]); für die politische Handlung sind alle Stände gleichberechtigt, wenn auch gleich ungeschickt [248]). »Das Urteilen und Sprechen gehört ... keiner einzigen Klasse mehr an« [249]). Arndt hat sich jetzt für die praktisch in der Verfassung wie für die frei kämpfende öffentliche Meinung ganz für das demokratische Prinzip eingesetzt, das immer zur Herrschaft der Optimi hinführe. Durch die Forderung, daß alle teilnehmen, ist aber die Art der Teilnahme immer passiver geworden. Dabei nimmt das Verfassungsideal an Konkretheit ab — während es bei Stein und Humboldt zunimmt. Es ist fast, als komme Arndt zurück zu jener vagen Teilnahme der passiven Staatsbürger von 1802, die nur die Gesetze »anerkennen« [250]). Eine öffentliche Meinung, ganz losgelöst von dem Interessegedanken, den die Stände verkörperten, jetzt ganz als geistige Macht aufgefaßt, ohne Möglichkeit,

[244]) Ebenda. Natürlich wirft Arndt jetzt den Franzosen statt Neuerungssucht wie 1802 ff. Reaktionsideen vor, um diese mit dem Odium des Undeutschen zu behaften. Wächter III, 43 ff gegen de Pradt; gegen die Reaktion ebenda, III, 148.

[245]) D. h. in geschichtlichen und philosophischen »Untersuchungen über Volks- und Herrscherrechte, über Verfassungen.« Wächter III, 333.

[246]) Freilich: »Viele schlechte Wahne sind zerflossen, auch einige herrliche mit, wir müssen nun durch höhere Wahne erlöst werden.« Wächter III, 334: »Geist der Wunder und Weissagung regt sich in allen Brüsten«. Wächter III, 96. Dem mystisch-religiösen Zug der Zeit nach den Befreiungskriegen zahlt auch Arndt seinen Tribut.

[247]) Wächter III, 22, 23; 56 ff.

[248]) W. XI, 192. Es fehlt noch allen die praktische Geschicklichkeit »in Behandlung, Beratung und Verstehung öffentlicher Dinge«. W. Ausg. Meisner XIV, 216. Aber es ist wichtig, daß sie »Aufmerker und Zuhörer« werden. XIV 218.

[249]) Wächter I, 231 ff.

[250]) Wächter III, 231 »Jene mittelbare Teilnahme, daß sie nämlich mit dem Herzen billigen oder verwerfen, was die höchsten Gewalten oder ihre Stellvertreter tun, ist ein großes Ding. Es gibt allen Kraft, Seele und Zunge«. Vgl. auch W. Meisner XIV 218.

sich national augenblicklich auszuwirken, beschränkt sich auf Zustimmung oder Ablehnung dessen, was die Regierungen tun. In dieser passiven Teilnahme konnte Arndt die Verschmelzung der Kräfte der »Meinung« mit der öffentlichen Meinung leichter vollziehen. Das machte die öffentliche Meinung zu einem so vielseitig brauchbaren, zwischen Ethik und Politik stets schillernden und schwebenden Begriff, der sie beide verband.

Die politischen Ideen Arndts schlossen sich seit 1810 an Preußen an, aber er teilte diesem lebendigen konkreten Staat gegenüber die Unsicherheit des politischen Urteils mit den Zeitgenossen. Deutsche Phantasieverfassungen kühn zu »spielen« war leichter als Vorschläge für eine öffentliche Meinung im preußischen Beamtenstaat zu machen. Dabei galt Preußen als Land der öffentlichen Meinung in jeder Beziehung. Hier sah Arndt 1810 »den öffentlichen Geist«, hier rühmte er die Geistesfreiheit. Schon Friedrich der Große hatte »Preußen groß in der Meinung Europas« gemacht [251]). Heute hat Preußen die Meinung des antinapoleonischen Europa durch seine Heldentaten für sich [252]). Preußen lebt in jener »Gemeinschaft mit deutscher Bildung«, die Österreich fehlt [253]). Deshalb kann Preußen »den Ruf und die Meinung des Vaterlandes vernehmen« und Deutschlands erste Verfassung geben, es kann seinen Willen auch durchsetzen in Wien oder gegen Wien, da es »mächtig ist durch die Liebe und Meinung deutscher Menschen«[254]).

Eine öffentliche Meinung in Preußen sah Arndt nicht. Daß sie auf dem Boden dieses Staates besonders schwer gedeihen würde, ahnte er nicht, dieses Staats, den er zum Hüter des kommenden Reiches werden ließ [255]). Seine echten Kräfte kannte er nicht und hätte sie auch nicht anerkannt [256]). Er überschätzte nicht nur die Macht

---

[251]) Ansichten der deutschen Geschichte S. 426: freilich dadurch, daß Friedrich II. die Franzosen, Träger der europäischen Meinung im 18. Jahrh., für Preußen gewann.

[252]) »Es stehet groß da durch die gewaltigste Königin des Lebens, durch die Meinung. Aber wahrlich, mehr ist auch seine Macht in der Meinung als in Wirklichkeit«... »durch die Meinung ist es groß, durch die Kraft, welche die Geister lockt und gebiehrt; durch Geist, durch Glauben«. Wächter III, 50 f., 52, 54. Ebenso Blick 27; W. XI, 16, 32 ff. u. v. a.

[253]) Preußens Anziehungskraft für die Köpfe macht es zum »Anführer der Freiheit«, sowohl für die deutsche wie für die geistige Befreiung. W. XI, 27; schon Geist der Zeit II, 58; dann 1810 W. X, 168; 1813 W. XI, 9; 187; »Das Volk ist der Bundesgenosse, worauf Preußen bauen kann« wegen der sozialpolitischen Freiheit, die es gewährt W. XI, 162.

[254]) Blick, 36, 38; 28.

[255]) 1815 W. XI, 150 ff. Preuß. rhein. Mark; auch Notgedr. Ber. 354.

[256]) Darin unterschied sich Arndt (und all die großen Wahlpreußen der

der Meinung, des Geistes im Preußen der Reform, auch die der deutschen Meinung in ihrer Bedeutung für den preußischen Staat [257]). Sie bedeutete wenig für ihn, dessen Kraft aus ganz anderen Quellen floß [258]). Diesem »Staat der Idee« wagt Arndt zuzurufen: »Haltet den fliegenden Geist der Zeit nicht auf, er wird zermalmen, was ihn aufhalten will«. »Lasset und rufet alle mutigsten Geister Eures Volkes« [259]). In ihm sieht er die Synthese, die er suchte zwischen Herrschaft der Meinung, Geistesfreiheit, und kriegerischer Waffenübung, irdisch-politischer Kraft und Zucht. Hier traf für ihn der große Führer (Stein) mit der Arbeit der politischen Menschen (z. B. des Reimer-Kreises, des ostpreußischen Adels) und den elementaren Kräften des Volks wirklich zusammen.

In diesem Staat wollte Arndt wirken für »Erziehung und Bildung der deutschen Meinung« nicht nur als Publizist, sondern an einer verantwortlichen Stelle, im Auftrag und Namen des Staats; an der einzigen Stelle, die es dafür in Deutschland zu geben schien, auf dem Katheder. »Auf die große Erziehung kommt es an, auf die sittliche Erkenntnis dessen, was nun sein kann und sein soll [260])«. Auf ihr beruhe der Staat, gehe aus ihr hervor, solle sie aber auch ausüben. So wird Arndt Organ des Staats, eine deutsche Gesinnung zu erziehen, und fühlt sich zugleich als Organ des Volks diesem Staat gegenüber. Aus der Ernennungsorder Arndts zum Professor der Geschichte in Bonn [261]) geht klar hervor, daß Hardenberg in ihm nicht den Gelehrten, sondern den Jugendlehrer in den preußischen Staatsdienst berief, der eine bestimmte ethisch-politische Gesinnung, ja Meinung lehren sollte. Über diesen Anspruch des Staats hatte Arndt damals nichts zu bemerken. Er selbst faßte die Universität als unpolitische Anstalt auf, ihren Zweck aber als politischen: Die geistige Durchdringung der neuen Rheinprovinz mit preußischer Staatsgesinnung und mit deutschem Nationalgefühl [262]). Die Hochschule übernimmt die Bildung der

Reformzeit) von Hardenberg, der die bureaukratischen und militärischen Kräfte des altpreußischen Staats für gefährlicher hielt.

[257]) Noch 1848 fürchtet Arndt, wenn die Polen Preußen »klein und verächtlich in der Meinung der Deutschen« machen, »hätten sie viel von ihrem bösen Spiel gewonnen«. W. Meisner, XVI, 78.

[258]) Wenn man die großartigste Schöpfung der preußischen Reform, Boyens Wehrgesetz vom September 1814 mit Arndts freiwilliger deutscher Kriegsordnung vergleicht, die nur ganz lose die Miliztruppen mit einem winzigen stehenden Heere verbindet, tritt der Gegensatz zwischen Arndts Auffassung vom preußischen Staat und dessen echtem Wesen scharf in Erscheinung.

[259]) W. XI, 36.

[260]) Wächter III, 345 unter Berufung auf Fichte!

[261]) 9. 8. 1818. Abgedruckt bei Sybel, Kleine Schriften II, 471 ff.

[262]) Eine Universität soll nach Arndt nicht Echo der Gesinnung der Pro-

wesentlichen Grundlagen der öffentlichen Meinung [263]) und zum Teil auch Funktionen der öffentlichen Meinung: wie jene wirkt sie werbend für den preußischen Staat, einigend über die Partikularstaatengrenzen hinweg [264]).

Noch am 5. Januar 1818 entwarf Stein an Arndt [265]) sein Idealbild des ständisch-gegliederten, im Staate mittätigen Volks und ermahnte Arndt, seinen publizistischen Einfluß im Kampf der Meinungen, der die Jahre nach 1815 erfüllte, geltend zu machen. In seinem Geist der Zeit IV (Sept. 1818) faßt Arndt seine Stellung zu den nationalen und politischen Problemen des Augenblicks zusammen in ausgesprochen kämpferischer Absicht gegen seine Gegner der radikalen Richtungen. Seine Stellung ist am ähnlichsten der in den Beherzigungen vor dem Wiener Kongreß, und wie dort ist auch jetzt die öffentliche Meinung und sein Kampf in ihr ebenso deutlich zu erkennen wie das Idealbild einer öffentlichen Meinung, die Arndt dem politischen Leben einfügen will.

Arndts Staatszweck wird überpolitisch gerechtfertigt: »Das aber steht fest, man muß stolz, frei, unabhängig bei sich sein, damit man als Volk den hohen Beruf der Menschheit und des Christentums erfüllen könne« [266]). Dieser »Freiheit bei sich« soll auch die öffentliche Meinung dienen, die in diesem letzten Werk, in dem Arndt um die Politisierung der Deutschen kämpft, häufig Erwähnung findet. Die Elemente, die in Arndts Begriff der öffentlichen Meinung während der Frühzeit, Notzeit und zuletzt um 1815 sich fanden, fließen hier noch einmal zusammen. Ihre wesentlichen Erscheinungsgebiete: Verfassung, Frage der Preßfreiheit, freie Organisation des geistig-sittlichen Lebens der Nation — bilden die Themata des Buches.

Über das Materielle einer Verfassung hat Arndt sich weniger ausgesprochen als je, desto lebhafter über ihr Wesen, ihre Notwendigkeit, ihre Bedeutung. Mit den Waffen des Beweises kämpft er gegen die theoretischen Gegner der Verfassungsidee überhaupt und sucht

---

vinz (wie Friedrich Schlegel meinte) sondern selbständige Pflanzstätte einer neuen Gesinnung, Kern einer »Meinung« sein. Arndts Denkschrift über die Universitätsgründung 1817 bei Sybel II, 445. Sie soll »in den Volksgeist eingreifende Bildungsanstalt« sein, zugleich dem Volksgeist entstammen und ihn bewußt bilden, — wie die öffentliche Meinung der Zukunft. Schriften II, 238. Ihre »akademische Freiheit ist ein Zeichen für unsere künftige politische Erneuerung«, eine Reliquie germanischer Freiheit, ein Beweis der Urkräfte des deutschen Volks. Schriften II, 253, 255.

263) Ebenda, über den deutschen Studentenstaat, in dem der Student als Urbild des Bürgers und politischen Menschen gebildet wird.

264) Schriften II, 281, Sybel II, 452.

265) Notgedrungener Bericht II, 152.

266) Geist der Zeit IV, 34.

sie zu propagieren. Er nimmt damit die Stellung des »öffentlichen Menschen« ein, die er für alle wünschte: nicht als politischer Kenner, sondern als ein Teil des Gewissens der Nation tritt er verantwortlich für seinen Verfassungswunsch in die Öffentlichkeit. Nicht Detailratschläge will er geben an die, die die Macht haben, sondern Wesen und Sinn der Verfassung soll den Politisch-Handelnden und den anteilnehmenden Bürgern lebendig werden. Sie soll gerechtfertigt werden, nicht ihre spezielle politische Erscheinungsform wird erklärt. Wenn diese der Zeit und dem Land »entsprechen« wird, wird sie gut sein. Der Geist der Zeit IV ist wieder ein Buch der Mahnungen, aber nicht an die Regierungen. Denn Arndt verhehlt sich nicht — voll Trotz — daß diese, auch wenn sie sie hören sollten, nicht hören [267]. Er glaubt — wie seine Zeitgenossen — nicht mehr direkt auf sie einzuwirken. Um so mehr muß ihm daran liegen, indirekt durch das Medium einer öffentlichen Meinung Wirkungen auf sie auszuüben.

Arndt ist auch nicht mehr Sprecher des Ganzen, nicht mehr Mund des Volks wie in jener hochgestimmten Zeit von 1813; jetzt ist er im Wesentlichen Streiter für eine — und zwar die wahre, volkstümliche, zeitgemäße — Meinung, allenfalls die »der guten Mehrheit des Volks« [268], gegenüber andern Meinungen innerhalb desselben Volkes, ja solchen, die sich ebenfalls auf dies Volk, sein Wesen, seine Geschichte berufen. Die Gegner Arndts, die er als Mystizisten, Romantiker, Quietisten, noch mehr als Reaktionäre aus Hallerschem Egoismus, im Geist der Zeit IV bekämpft, haben das gewaltige Übergewicht der Staatsfrömmigkeit für sich, der Bejahung des geltenden, bestehenden Zustandes.

Arndts Grundstimmung diesem gegenüber aber ist — wieder wie 1806, wie 1814 — die einer leidenschaftlichen Kritik.

Zugleich aber soll sein Werk »die Edleren und Besseren« in ihrem Glauben »an ein freies unvergängliches Deutschland, an die Pflicht, als Deutscher ein freier frommer Mann zu sein«, stärken. »Dieser Glaube wird die neue Zeit gebären« [269]. Aber es ist ein Widerspruch zwischen der ideologischen Übertreibung der Macht jenes politischen Glaubens, der vielmehr eine Gesinnung ist, und der Betonung des irdischen Wesens der Politik, das zu Einsicht, Kenntnis und Tat zwingt. Es ist ein Widerspruch, wenn Arndt diesen weltverwandelnden Glauben lebendig halten will durch »das Zügeln und Besänftigen der Geister in frommer Liebe und stiller Demut«; wenn öffentliche Menschen voll Kraft, die ein derbes politisches Leben mit

[267]) Geist der Zeit IV, 9.
[268]) Ebenda, S. 44.
[269]) Ebenda, S. 250.

seinem Streit in Rede und Schrift tapfer führen sollen[270]), »in Stille und Demut« »die Zeit bekennen« sollen, »den Funken bis zur vollen Flamme nähren« sollen[271]).

Das ist das Problem der öffentlichen Meinung 1818: wie soll sie in Stille eine Gesinnung bekennen, die die mutigste Umwälzung des gegebenen gesetzlichen Zustandes bedeutet? Dieser innere Zwiespalt bestimmt den Begriff von Meinung und öffentlicher Meinung im Geist der Zeit IV sehr stark. Er wird fühlbar schon in der Bestimmung des historischen Moments: Dieser fordere, daß die neue Zeit, der neue Mensch durch den Geist, aus der Idee[272]) neugeschaffen werde; er fordere aber ebenso, daß Deutschland nicht wie »bis jetzt in nichts weiter als in Ideen besteht«[273]).

Immerhin ist »die unsichtbare und heilige Idee von Volk, Freiheit, Vaterland, Deutschheit, die eben weil sie unsichtbar ist, allenthalben lebt ... zu allmächtig in deutschen Herzen, als daß die schlechteste irdische Gewalt die mächtig waltenden Geister fassen könnte«[274]).

Mittel zur Herrschaft der Idee ist die Preßfreiheit. »Um sie bittet das Volk. Warum? Weil die Freiheit und Gerechtigkeit als die höchsten irdischen Ideen nie ohne Herrschaft der Idee haben bestehen

---

[270]) Geist der Zeit IV, 61 ff.; 63.

[271]) »Denn im Stillesten ist das Festeste, im Demütigen das Klarste«. Ebenda, 248.

[272]) Ebenda, 200. »Das ist jetzt mehr denn je in die Hände der Gelehrten und Wissenden gegeben, das lange verlorene Vaterland wieder zu erschaffen ... denn kann die Idee diese Welt nicht zügeln, so geht sie wild mit uns durch; kann die Idee diese Erde nicht wieder zusammen bauen, so bleibt sie als eine zerrissene Leiche liegen. Diese hohe Bestimmung ist der Denkenden und Wissenden Kraft geworden«.

[273]) Es kann aber nicht bleiben »ohne irgendeine mächtiger zwingende Gewalt als die Gewalt der Idee — und dieser armen Idee vollends, worauf man, wie sie sich nur blicken läßt, als auf eine Brandstifterin, Kronenräuberin und Volksverwirrerin laute Schalljagd macht«. »Traun diese Menschen der Idee auf einmal so Gewaltiges zu, daß sie fast ohne alle Leiblichkeit das Leibliche verbinden und zusammen halten soll? ... Ich möchte das auch gern — aber.«. Geist der Zeit IV, 26, 27, 32.

[274]) Ebenda, 38. Bei dieser schönen Gesinnung und Stimmung im Volk ... gerade durch ihre Stille und ihren Gehorsam ... bleibt es ... die unerläßliche Pflicht eines jeden, dem in das Herz und in den Mund eine Kraft gegeben ist, . . . für viele . . ., daß er im Vertrauen auf Gott (!) die heiligen Flammen schüre und die schönen Hoffnungen nähre«. »Wenn der höchsten himmlischen Idee das feste irdische Vaterland immer als fester Mittelpunkt vorschwebt ... wenn damit ... die Liebe zusammenrinnt und den Gehorsam, die Geduld und Demut mitbringt (welche in christlichen Staaten nimmer fehlen soll) so dürfen wir für die Zukunft hoffen.« Ebenda, 200.

können« . . . [275]). Unsere Zeit fordert sie besonders. Wodurch aber ferner »die Überlegenheit der Idee entwickelt wird«, das ist die Verfassung, wie sie die europäischen Völker »in dieser lebendigsten Zeit gewinnen«. Diese Zeit — »Ihr mögt sie für einen Teufel halten oder für einen Gott« — wird siegen [276]). Das Gefühl, am Beginn einer Zeitwende zu stehen, gibt Arndt das eigentümliche Pathos, mit dem er das Verständnis »der Stimme der Zeit« und »des Geschreis der Welt« fordert, das »also eine Stimme Gottes« sei. Die öffentliche Meinung aber erhebt dies »Notgeschrei« und dient der Volk- und Zeitidee [277]).

Dem, was die höchsten irdischen Ideen der Zeit trägt, gibt Arndt den Namen Meinung nicht. »Diese Zeit hat jede Tugend, jede Vortrefflichkeit und Gelehrsamkeit zuweilen in Zweifel gezogen«; so ist Raum frei geworden für eine Revolution der Werte, eine Abkehr von dogmatisierten Werten der Vergangenheit und für »den neuen Geist in Wissenschaft, Leben und Staat«. Erst auf den Trümmern können sich die freien Meinungen durch ihren Kampf untereinander zu einer »Meinung« läutern. Ebensowenig aber gibt er diesen Namen der Gesamtheit »von Ansichten und Meinungen über Staat und Verfassungen«, die heute im politischen Getümmel der »Schreier« laut werde [278]).

Gegen drei Hauptschäden jener Meinungen, »die nicht aus einem allgemeinen Willen noch einer allgemeinen Not hervorgehen« [279]), wird Verfassung und Preßfreiheit helfen, Schäden, die die Bildung einer öffentlichen Meinung in Arndts Sinn bisher unmöglich machen. Zunächst wird »der politische und metapolitische Unsinn, der in Worten und Schriften umgetragen wird«, aufhören und die Beziehung des politischen Denkens auf das gegebene Irdische wieder lebendig [280]). Ferner wird das Zutrauen der Einzelnen zum Staat, das jetzt durch

---

[275]) Ebenda, 54/55.

[276]) Ebenda, 87. 48 »wir leben in einer anderen Zeit und das Unsrige muß aus Einsicht geboren und auf Gesetze gegründet werden«.

[277]) S. 53, 54; 28. Auch S. 52 »Ist denn noch irgendwo in Europa die alte Zeit ... Es muß uns eine geistige Kraft gegeben werden ... so allein können wir sicher stehen«.

[278]) Geist der Zeit IV, S. 28, 40, 61 u. v. a.

[279]) Vorwurf an die Reaktionäre, S. 42.

[280]) S. 89; S. 200: Dies Unwesen wird sein Ende haben, »wie die Welt sich politisch befestigt hat und die öffentliche Meinung, die nun freilich über der chaotischen Sintflut der mancherlei ... Ideen und Ansichten ... eine flatternde Noah-Taube ist, welche weder Baum noch Strauch findet, wo sie sich niederlasse, in dieser festen politischen Grundlage einen Mittelpunkt des Urteils gewinnt«.

das »Polizeien« leidet, wiederhergestellt [281]). Denn auf die Staatsgesinnung als Grundlage seiner öffentlichen Meinung will Arndt nicht verzichten [282]). Das Dritte, vor dem die Verfassung schützen muß, ist der gefährlichste Gegner Arndts, die quietistische Abkehr des Christen vom politischen Leben; sie kommt der Neigung der Nachkriegszeit entgegen und argumentiert wie Arndt ethisch [283]). Aber, wendet Arndt ein: »Gott hat uns die Vernunft gegeben, daß wir die Erde nach seinem Bilde verwalteten«.

Politische Einsicht in das Gegebene, Liebe zum Staat und Drang und Verantwortlichkeitsgefühl zum Handeln — diese Elemente der öffentlichen Meinung müssen noch geschaffen werden. Vorhanden dagegen als Frucht des großen Krieges sind die nationalen Elemente, Liebe zum Vaterland und Deutschtum [284]) und aus ihnen heraus der Wunsch nach Einheit. »Dahin ist es gottlob bei uns gekommen [285]), so weit ist ein öffentlicher Sinn, ohne welchen ein Volk als Volk nichts ist, erwacht; . . . was so aus allen herausklingt ohne daß es hineingebracht ist, was so allen ohne Lehre offenbar wird, das liegt viel tiefer als Bücher und Polizeiminister tasten können, das kommt von einer gewaltigeren Macht als die etwa in ein paar hundert Schreibfedern sitzt«. Und das ist, darf man hinzufügen, jetzt der Begriff Arndts von der nationalen öffentlichen Meinung.

Entscheidend aber für die kommenden Jahrzehnte ist der folgende Satz: »Und sie werden sie fühlen müssen, wenn sie sie nicht erkennen wollen«. Ist Arndt damit definitiv auf den liberal-revolutionären Boden eines Görres um 1815 übergetreten? Nicht Legitimität gegen Revolution sieht Arndt im Sieg Europas über Napoleon, sondern Freiheit und Gesetzlichkeit im Sieg über Despotie. Darin teilt er

[281]) S. 82/83. Nicht die Polizei darf sich »Stütze der Herrschaft, Beobachter und Leiter der öffentlichen Meinung, Zügler des unruhigen Volksgeists« dünken. S. 74.

[282]) Es ist sein schärfster Vorwurf nach 1815, daß es so weit gekommen ist, daß das Volk voll Furcht, Scham und Enttäuschung, die Gebildeten voll Mißtrauen und Scheu ihr Vertrauen und ihre Liebe zurückgezogen haben vom Staat wie er ist; nicht aus revolutionärer oder gleichgültiger Ablehnung des Staats wie vor 1813, sondern weil »sie sich sehnen nach etwas Stillem und Würdigem, ... Festem und Freiem, das ihnen das Leben sichert«. (Das ist Verfassung).

[283]) Arndts Wendung gegen den christlich leidenden Gehorsam und gegen die romantische Auffassung des Mittelalters, in dem die Herrschaft der Hierarchie und der Ritter den Beherrschten stillen Frieden gegeben habe, ist schon seit 1809 zuweilen sichtbar, kommt aber jetzt erst besonders energisch zum Ausdruck. S. 38, 68, 90; 52 u. a.

[284]) S. 28; 57.

[285]) S. 45 »... daß der Bauer und Handwerksmann jetzt richtiger fühlt worauf es in der Zeit ankommt und was das Vaterland und die Welt bedarf, als vor 20 oder 30 Jahren der Gelehrte oder Edelmann...«.

durchaus die Auffassung, die Gentz u. v. a. als revolutionär bezeichneten, und nicht nur König Friedrich Wilhelm III. war entrüstet über Arndts Liberalismus oder Jakobinismus. Er ist unleugbar in dieser Schrift [286]). Von dem Bekenntnis zu einem »bewußt gesetzlich geregelten« Herrschaftsverhältnis [287]), was zweifellos liberal gedacht ist, lenkt Arndt freilich gleichzeitig zurück zur Anerkennung der — mystisch schimmernden — Majestät der Fürsten und zur Ablehnung der Volksmajestät, zu einem Ideal des christlichen Staats, in dem Stände und Regierung nicht in Opposition, sondern in gemeinsamem Streben ein »Ebenbild des himmlischen Reichs« schaffen, »das sie im Glauben und in der Liebe anschauen«.

Aber die Verpflichtung zum bewußten verantwortlichen Mitschaffen beider Teile bleibt für Arndt fest bestehen. Sein Volkswille im Staat, ein einheitlicher, der Notwendigkeit der Zeit und des Volks gehorchender Wille, bestimmt — wie Rousseaus volonté générale — nur das Was, das Allgemeine, nicht das Wie, den Weg zum Ziel. Die Entscheidung über das Wie ist eine Frage der politischen Kenntnisse, die die politische Mitarbeit oder aber das intellektuelle Interesse, Lesen und Gespräch vermittelt. Zwar wächst dieses im Volke [288], aber Arndt schätzt es nicht gerne hoch ein [289]). Der politischen Kenntnis dient die Preßfreiheit und die Verfassung. Zwischen ihnen aber soll noch ein Wirkungsfeld geschaffen werden für die öffentliche Meinung in losen Organisationen, in denen sie sich Gesinnung — erziehend und — bildend betätigt. Damit dies eine politische Bedeutung habe, müssen sie an das echt Volkstümliche anknüpfen, »das allein Wucht und Dauer verleiht«; sonst werden sie romantische Schwärmerei oder ästhetisch-wissenschaftliche Spielerei. So soll Arndts ö. M. der Zukunft auch aus nationalem Geist, wie er in Sitten und Sprache leben soll, entstehen und in ihnen den steten Zusammenhang mit den

[286]) Wie stark Arndt bereits vom Untertanen aus die Regierung sieht — und nicht als Bürger den Staat — d. h. wie weit praktisch Arndt schon in den westlichen Liberalismus geraten ist, zeigt die Begründung der Selbstverwaltungswünsche S. 86: die Regierungen sollten alles wegschaffen »wodurch sie dem Volk zu nahe kommen und bei ihm Verdacht und Mißtrauen erregen«. »Deshalb sollte der Herrscher die einfache Exekutive, woran so weniges von der Majestät hängt, dem Volk selbst in die Hände geben. Diese höchste Gewalt würde also von den kleinen Volksbedürfnissen in jener wohltätigen Entfernung gehalten, deren es bedarf, damit der Thron nichts von seiner himmlischen Majestät verliere.« Diese Argumentation klingt an Steins Kampf gegen den Buralismus an, ist der Idee nach ihm aber sehr fremd.

[287]) S. 50.

[288]) S. 42; 45 u. a.

[289]) Arndt zieht die »einfältige Stärke« der Bauern (S. 232) immer den Gebildeten oder Städtern vor. Vgl. unten S. 176 ff.

elementaren Kräften des Volkes offen finden [290]. Die patriotisch-ästhetischen Kräfte der Zeit Klopstocks und Schillers sollen nicht zur Bildung einer ö. M. beitragen [291]. In den nationalen Sitten findet die Gesinnung, die der ö. M. zugrunde liegt, ihre »halbirdischen, halb geistigen Hilfen« [292], die höhere persönliche Sittlichkeit des Bürgers aber, die der ö. M. die letzte Bedeutung geben soll, tritt im neuen Typ des öffentlichen Menschen in Erscheinung [293]. Nicht als Macht- sondern als Gesinnungskampf führt dieser seinen Kampf gegen die Träger anderer Meinungen [294]. Daß der politische Kampf ein solcher sei, das eben rechtfertigt ihn als sittlichen [295]. Im irdischen politischen Kampf wird die Erkenntnis des Wahren und Echten der bewußten ö. M. gelingen, — das ist Arndts Glaube — sie bedeutet wie die Politik »Geistiges und Irdisches«, Erkenntnis der Notwendigkeit und sittliche Entscheidung zugleich. Wird diese ö. M. aus »öffentlichem Sinn« und »Gesinnung« entstehen?

Das wird besonders zweifelhaft, wenn Arndt von den Trägern der ö. M. der Zukunft, von der Jugend fordert, daß sie die politisch-ethische Gesinnung, die er aus seinem aktivistischen Christentum ableitet, in sich pflegen, einen »heiligen Willen« auf das Irdische zugewandt in sich wach halten solle. Aber was soll sie, was darf sie konkret wollen? Nichts, für die politische Tat gilt für sie nur: Bereitsein ist alles. An dieser inneren Ausweglosigkeit derer, die »das Salz der Erde« sein sollten, ist jene Generation in ihrem politischen Wirken gescheitert — an dieser allzu idealistischen inneren Haltung wohl ebensosehr wie an der Verworrenheit ihrer politisch-staatsrechtlichen Begriffe [296], die indirekt Arndts Schweigen über die Verfassung verrät.

Die Tragik, die in der Geschichte jener Generation liegt, wird an Arndts eigenem Schicksal sichtbar. Er ist auch hier Repräsentant

---

290) Besonders die Sprache als »das Urbild der Vorzeit und eines in einer großen Genossenschaft abgeschlossenen eigentümlichen Seins und Lebens« (S. 169) ist ein Bild des Volkes und bestimmt seine Gedankenbildung. Sie wird durch das öffentliche Leben auch gebildet werden (S. 178). »Das unmittelbare Wort« gilt Arndt immer sehr viel. Auch die Wissenschaft wird durch Verfassung und Preßfreiheit gewinnen, was ihr fehlt. S. 63—65. Unmittelbare Beziehung auf die öffentliche Meinung ist sachlich damit gegeben, wird aber nicht wörtlich ausgesprochen bei Arndt.

291) Sie haben nur jener Zeit gedient, in der »die politische Deutschheit« unterging.

292) S. 135.

293) S. 60, 61 ff.; 238 ff. Besonders 244.

294) S. 238.

295) Er bedeutet ein Gebiet für Bewährung der Sittlichkeit des öffentlichen Menschen, darin liegt seine ethische, ja religiöse Bedeutung.

296) Dieser gab Treitschke besonders Schuld.

des Volks und »trägt seine Feindschaften«, aber er findet das freie Kampffeld nicht, auf dem die Kraft »des öffentlichen Mannes« genügt um sich zu behaupten. Er findet die ö. M. nicht, die seine Widersacher vernichtend straft, die ihn rettet vor ihrer Gewalt. Sie haben die staatlichen Machtmittel in der Hand. Arndt hatte das Bewußtsein von der noch immer ungebrochenen Macht des alten Staats zuweilen durchklingen lassen: »Es müssen noch große Umwälzungen geschehen, bis die neue Zeit einziehen kann«, schrieb er 1815 seinem Freunde, Aber er wollte keine Revolutionen, die geistige Umwälzung hielt er für gründlich und wirksam genug, und den preußischen Staat glaubte er tiefer von ihr durchdrungen als er es war. Verfolgt, seines Amtes entsetzt, behauptet Arndt nun alle die Positionen, die er »dem Guten« im Begriff seiner ö. M. geschaffen hatte. Er beruft sich darauf, daß er 1813 gesagt und gelehrt habe, was alle empfanden, »was er mit den trefflichsten Männern gemeinsam hatte«[297]), kurz was damals zur ö. M. wurde. Er beruft sich auf die Reinheit seiner politischen Gesinnung. Das Volk solle richten über die Anschuldigungen, die man gegen ihn vorbringt, denn ihm fühle er sich für seine politische Tätigkeit verantwortlich, von seinem Urteil lasse er seine persönliche Ehre abhängen und bestimmen[298]), diesem Volk vertraue er, daß es ihn unparteiischer richten werde als das Kommissionsgericht, das der Staat über ihn gesetzt hat[299]). »Ich bin mit der Meinung schwerer Schuld belastet bei Tausenden«, dies muß zerstört werden. Deshalb fordert Arndt Freiheit zu seiner Verteidigung, auch zum Angriff auf seine Angreifer; aber der Kampf innerhalb der Preßfreiheit — jetzt ganz individualistisch als persönliches »geistiges Recht« gefordert — wird ihm nicht gewährt[300]).

Seltsam ist ein Argument, das Arndt gegen Hardenberg 1820 vorbringt[301]): »Urteile und Meinungen können nie Schuld bilden,

297) Notgedr. Bericht I, 87. Ebenda, S. 4.

298) Notgedr. Bericht Einl. S. 11. Seine persönliche Ehre hängt ab »von dem König und dem ganzen Volk«, deshalb richtet er an diese seine Rechtfertigungsschriften, einen Brief an Friedrich Wilhelm III., ein Abgenötigtes Wort in seiner Sache 1821 und den Notgedrungenen Bericht 1847 an die Öffentlichkeit.

299) Notgedr. Bericht S. 8, 18, 89, 161. Er glaubt, die breite öff. M., die von der Presse »aus den Vielen und Schwachen« gemacht wird, werde den »billigen Leser«, »den Wissenden und Gewissenhaften«, auf dessen Urteil es allein ankommt, nicht beirren. So hat auch praktisch Arndt wieder die scharfe Trennung in verantwortliche und urteilsfähige Oberschicht und die Menge machen müssen.

300) Notgedr. Bericht. 38.

301) Notgedr. Bericht I, 73, vgl. dagegen, wie Hardenbergs »Meinung« den Kern des Charakters ergreift.

weder vor Gott noch vor den Menschen«. Dem steht gegenüber, daß Arndt selbst die Meinungen seiner Gegner stets als ihre Schuld betrachtet hatte[302]). Früher ließ er nicht für den Schriftner, eher noch für das Volk gelten: »Der Irrende und Verirrte ist kein Verbrecher« [303]). So wird Arndt das Richteramt der ö. M. über politische Menschen jetzt fragwürdig und in seiner ganzen Unsicherheit deutlich; ein gut Teil der Würde der ö. M. wird damit hinfällig. Indem die deutsche ö. M. Arndt weder schützen wollte noch konnte, wurde klar, daß sie weder als geistige Kraft noch als politische Macht bestand; daß der Zusammenschluß bedeutender politischer Menschen, wie sie Arndt in erstaunlicher Zahl liebten und achteten[304]), noch eine rein persönliche Angelegenheit ohne weitere politische Wirksamkeit war; daß die Vereinigung von deutscher Persönlichkeit und deutschem Staat noch kaum begonnen hatte. Arndt, der sie versuchte, unterlag der Staatsmacht und mußte auf jeglichen Ausdruck seiner Gedanken verzichten[305]). Nur unter dem Druck der Not war sie Arndt und Stein gelungen, Arndt von der Persönlichkeit her, Stein vom Staate her. Aus der Vereinigung des Nationalismus mit dem ethischen Dualismus konnte ein politisch-ethischer Begriff von der Zwitterhaftigkeit ihrer ö. M. entstehen. Als der Druck der Not wegfiel, löste sich das nationale Element oder das politische von dem Begriff einer ö. M. ab und damit veränderte sich ihr Wesen völlig. Die ö. M., an die Arndt sich zum Schutz seiner Persönlichkeit im und gegen den Staat wandte, war bereits wieder eine gesellschaftliche, ungreifbar, abstrakt wie »die Meinung», »der Papst der neuen Zeit, der Vermittler, Versöhner und Richter«, an dessen wachsende Macht Arndt glaubte. »Wird nicht . . . hieraus Recht und Kraft und Gleichgewicht geboren?« [306]).

Arndts Begriffsbildung von 1830 bis zu seinem Ende, stark durch den Liberalismus, der sich durchgesetzt hatte, verändert, und in völlig neuer historischer und geistesgeschichtlicher Situation deutlich sichtbar erst in Flugschriften und Zeitungsartikeln über die Fragen des Frankfurter Parlaments von 1848, kann hier ununtersucht bleiben, da nur das biographische Interesse dahin führen würde, nicht die ursprüngliche Fragestellung, die im Scheitern der preußischen Verfassungsbewegung ihren Abschluß findet.

---

[302]) Fantasien 1812 S. 71: »Ein redlicher Mut kann so nicht irren«.

[303]) Notgedr. Bericht S. 40; 286.

[304]) Notgedr. Bericht. Einl. S. 17. Es ist nicht uninteressant, daß Stein an Arndt festhielt, seinen Geist der Zeit IV mehrfach lobte. Pertz V, 292, 293, Pertz VI, 2, Beilage 179.

[305]) Stein hatte aus seinem politischen Wirken weichen müssen und »die ö. M. aller gesitteten Völker« war keineswegs imstande gewesen, ihm zur Wiederaufnahme einer politischen Tätigkeit zu verhelfen.

[306]) Geist der Zeit IV, 197.

Der Begriff der öffentlichen Meinung bei W. v. Humboldt.

I.

Es erscheint vielleicht seltsam, daß der in Frage stehende Begriff der ö. M. im politischen Denken der Führer der Erhebungszeit noch untersucht wird bei Humboldt. Denn zu den leidenschaftlichen Patrioten, die mit Insurrektionsideen auf das Volk hofften, das einzig Napoleon stürzen könne, und die dadurch ihren Begriff der ö. M. bildeten, scheint er in seiner abgeklärten Diplomatenruhe keineswegs zu gehören. Die politische Aktivität, aus der Arndts und Steins politisches Denken fließt, der ethische Impetus, mit dem sie es erfüllen, der es zu einem Stück »Kampf gegen das Böse« macht, ist bei Humboldt völlig abgeschwächt, gedämpft, differenziert. Es muß auch vorausgeschickt werden, daß der Begriff der ö. M. eine wesentlich geringere Rolle bei Humboldt als bei Stein und Arndt spielt, daß kollektiv-psychologische Beobachtungen dem geborenen Individualisten, der immer der isolierte Einzelne bleibt, ganz unmöglich sind. Und doch gibt die politische Begriffsbildung dieses »Staatsmanns wider Willen«, der dem Volksleben — in seiner natürlichen und in seiner staatlichen Form — innerlich weitaus am fremdesten gegenüber stand, dafür aber in der geistigen Welt der Zeit und der von ihr geprägten Gesellschaft völlig heimisch war, besondere Aufschlüsse. Noch durch den eben zum Abgang gezwungenen Stein wurde Humboldt ins Ministerium in Preußen empfohlen und führte die Reform auf anderem Gebiet als Stein, aber doch im Geiste der Reform weiter. Im Gegensatz zu Stein und unter seinem Einfluß hat Humboldt seinen Begriff der ö. M. entwickelt, auf der Grundlage einer umfassenden Bildung. Im letzten Jahr seiner politischen Tätigkeit hat er in einem der bedeutsamsten Dokumente der preußischen Reformideen, wie sie im Kampf um die preußische Verfassung lebendig sich wandelnd noch fortwirkten, den Begriff wiederholt gebraucht, in der Februardenkschrift 1819[1]). Weil es wichtig scheint, in der letzten Etappe der Verfassungshoffnung und Verfassungsarbeit den Begriff noch einmal zu betrachten, wird Humboldts ö. M. hier zu untersuchen sein; dann aber auch, weil in Humboldts Persönlichkeit am sichtbarsten der Versuch gewagt wurde einer Verbindung von deutschem Humanitätsideal aus der Welt der Klassik und der Romantik mit der Welt der Politik. Humboldt ist für uns die geistig reichste und gebildetste, — aber auch nur in Bildung und nicht im Boden

---

[1]) Denkschrift für eine preußische Verfassung, Februar 1819, Werke Bd. 12, 225 ff. 2. Fassung Okt. 1819 Bd. 12, 389 ff.

wurzelnde — Persönlichkeit unter allen politisch handelnden Männern jener großen Epoche. Wenn Arndt ein Repräsentant der ö. M. der breiten Schichten ist, so ist Humboldt die einmalige geniale Synthese von Möglichkeiten, die einzeln den bedeutenden Persönlichkeiten der »geistigen« Gesellschaft Deutschlands damals offen standen; die universale individuelle Bildung von Weimar und Jena verbindet sich in Humboldt zum ersten Male mit der preußischen und der deutschen Staatsidee. Es ist der Inhalt der Entwicklung, der auch Humboldts Begriff der ö. M. langsam entwuchs, wie sich aus der Kultur der Persönlichkeit und aus dem Pflichtbegriff des aufgeklärten preußischen Beamtentums ein deutsches Verantwortlichkeitsbewußtsein bilden konnte. Humboldts Begriff der ö. M. entstand aus der Praxis, der Erfahrung des Staatsmannes von 1809. Die Gedankenentwicklung seiner Bildungsjahre führte auf ganz anderem Wege immerhin vom reinen Individualismus zu Volk und Staat hin und bereitete so, wenn auch nur sehr mittelbar, die Bildung des Begriffes vor.

Es ist vielleicht kennzeichnender für Humboldt, daß zunächst ein Begriff der ö. M. bei ihm nicht entstand, obwohl er manche Gelegenheit hatte, in der Erfahrung ö. M. kennenzulernen.

In den Reisetagebüchern von 1788/89 erweist sich der junge Humboldt als ein junger Kavalier, der in den literarischen Kreisen Berlins wohl aufgenommen, mit literarischem Meinungskampf vertraut ist, in den Kämpfen der aufgeklärten Richtung gegen das Wöllner-Edikt ganz auf Seite der Aufklärer steht und ebenso rationalistisch als individualistisch denkt. Was aber wichtiger erscheint, ist, daß er sich weder über das Faktum einer Massenstimmung noch über eine spezifisch politische ö. M. an irgendeiner Stelle ausläßt, obwohl er kurz nach der belgischen Revolution in Brüssel ist und den August 1789 in Paris zubringt [2]). »Der Geist, der jetzt die Nation belebt, zeigt sich auch im Schauspiel« in Paris — es ist das ein allgemeines Schwärmen für Freiheit, durchaus nicht ein Nationalgeist oder eine politische Ziele setzende ö. M.

In der Schweiz betrachtet er gelangweilt jene »Klubs, wo politisiert wird«, wie sie die einzelnen Stände zum Beispiel in Bern haben. Über ihre politische Bedeutung ist er sichtlich ganz im Unklaren,

---

[2]) Wie stark er in den Rousseauhaften oder sentimentalen Aufklärungsbegriffen befangen war, die fast allen Zeitgenossen einen klaren Blick auf die Realität der französischen Revolution unmöglich machten, zeigt seine Terminologie vom »gutmütigen Volke« von Paris, dessen naiven Stolz über den Bastillesturm er sympathisch findet, dessen Gerede von Freiheit und Gleichheit ihm für seine Aufgeklärtheit zu zeugen scheint. Tagebücher, Werke Bd. 14, S. 123, 119 124.

vermutet keineswegs Keimzellen der Bildung eines politischen Verständnisses oder einer ö. M.; sonst bemerkt er mit Sympathie den demokratischen politischen Geist und die Einrichtungen in der Schweiz [3]). Er bleibt gegenüber dem staatlichen und völkischen Leben in einer rein theoretischen individualistischen Haltung; aus ihr entsprangen auch seine ersten bekannten Arbeiten zur Kritik der französischen Verfassung und zum Problem des Staates überhaupt. In diesen programmatischen Äußerungen findet sich das Wort ö. M. nicht. Da es Humboldt ankommt »nicht auf den Menschen als genus sondern auf die wirklich gegebene Individualität« [4]), so strebt er gerade von einem solchen Begriff weg, auf den sich die französischen Theoretiker mit Vorliebe berufen, um in ihm die Individualität aufgehen, die individuelle geschichtliche Gegebenheit gewissermaßen überstimmen zu lassen. Humboldt aber will die »an sich wirkende Kraft der Dinge« und die Kraft des Einzelnen im Gegensatz zur theoretischen Meinung Aller. Er empfindet, ähnlich wie Arndt einen Gegensatz zwischen Neuerungssucht und Sitte feststellt, einen solchen »zwischen wirklicher, nur vielleicht wankender und daher der Sanktion des Gesetzes bedürfender Volkssitte« und der willkürlichen Wirkung des Gesetzgebers [5]). Eine Verbindung zu Arndtschen Gedankengängen wird in den »Ideen . . .« angedeutet: freie Nationalverbände — also eine lose Organisation außerhalb des Staates — sollen die Erziehung übernehmen [6]).

Humboldts Fragestellung richtet sich zunächst auf Ästhetisches und Psychologisches, besonders in seiner ersten rein individualistisch-rationalistischen Epoche (1790—1798 ca.). Denn in diesen Jahren sucht er unter dem Einfluß der Klassik aus dem bewußten Individuum, dem Träger angeborener Rechte, das dem französischen Aufklärungsdenken als der letzte und höchste Wert erschien, das ästhetisch begriffene Ideal der Individualität zu bilden. »Die allseitigste und proportionierlichste Ausbidung« seiner Kräfte ist dazu die Voraussetzung. Indem Humboldt dieser Individualität nachgeht, tritt zum ersten Male der Begriff »Meynung« in doppelter psychologischer Bedeutung auf. Es findet sich einmal, daß Meynungen, Ansichten, weniger wesentlich mit der Persönlichkeit verknüpft

[3]) Tagebücher, W. Bd. 14, 215, 209.

[4]) Klass. der Politik, Kaehler I, Einl. S. 15.

[5]) Ideen zu einem Versuch, die Grenzen der Wirksamkeit des Staats zu bestimmen, W. I, 141. Dieser, gleichgültig ob der aufgeklärt-absolutistische Staat oder das aufgeklärt-revolutionäre Frankreich, hat kein Recht, Nationalerziehung in die Hand zu nehmen, also auch nicht das, mit ihrer Hilfe eine bestimmte ö. M. zu erzeugen.

[6]) Vgl. Meinecke, Weltb. und Nationalstaat, 37 ff.

sind als »die freien Neigungen und der eigentliche Charakter«, die irrational das Grundwesen der Individuen bestimmen 7). Zu diesen irrationalen Grundtrieben des Charakters aber setzt Humboldt — in demselben Aufsatz, der sich die Darstellung des 18. Jahrhunderts als geistige Einheit zur Aufgabe macht, — die Meynung in nahe Beziehung 8); sie ist offenbar etwas ganz Anderes als die Meynungen 9). Das wird für ö. M. erst wichtig, wenn er zur Anerkennung einer überindividuellen Individualität gekommen ist, der er solche Meynung und auch Meynungen beilegen kann. Einstweilen bleibt sein Denken auf die menschliche Individualität beschränkt. In ihr verbinden sich beide »durch eine sittliche Gesinnung«, wie sie nur der individuelle Charakter besitzt. Die Kultivierung eines solchen Charakters geschieht nicht durch intellektuelle Steigerung 10). Für Humboldt ist »die Energie die einzige Tugend des Menschen«, dazu der »Charakter«, »so sehr bloße und ursprüngliche Natur« 11).

7) Werke II, 103; 22, 104; 1796/7. Es scheine erfreulich, daß das ausgehende Jahrhundert »eine größere Freiheit der Meynungen« gebracht habe, so daß »jetzt die häuslichen und bürgerlichen Verfassungen einer räsonnierenden Prüfung unterzogen« werden. Treffen diese »räsonnierenden Meinungen« zusammen, so könnte eine ö. M. entstehen, aber für Humboldt scheint damals die Welt noch aus einem unverbundenen Nebeneinander von Individuen zu bestehen.

8) »Der Hang zu einer philosophischen Beurteilung (Räsonnement) aller Dinge hat das Ansehen der Meinung geschmälert« — und »das unleugbare Bestreben, die trockenen Aussprüche der bloßen kalten Vernunft an die Stelle der tiefer in das Innere der Menschen greifenden Herrschaft der Meinung und der Gewohnheit, des Gefühls und des Enthusiasmus zu setzen« ist tadelnswert an dem Jahrhundert, denn »wir verlieren nur gleichsam die Stärke und Heftigkeit des Instinkts«. Werke II, 109, 105. Ebenso hat Schiller dem Kulturmenschen zur Aufgabe gemacht, die »Natur« wieder zurückzuerobern, die Stärke des reinen Instinkts, um zu einer vollendeten Menschlichkeit, die Natur und Kultur verbindet, aufzusteigen. Humboldt, der ganz in klassischen Gedankengängen Lebende, verweist gegen das Räsonnement des Jahrhunderts auf »die ersten unergründlichen Triebfedern, die das eigentliche Wesen des Individuums ausmachen, aus denen allein jede große Tat und jeder genievolle Gedanke entspringt.«

9) Eine ähnliche Auffassung des Wortes Meinung hat Ranke, wenn er im Lutherfragment unterscheidet zwischen der Meinung und dem Grundsatz und dabei sagt, daß Luther von der Meinung, d. h. aus den Tiefen des gläubigen Gemüts und seiner unbedingten Überzeugung, ausgegangen sei und dann zum Grundsatz, zur bewußten und zur Lehre verfestigten Glaubensauffassung kam durch den Zusammenstoß mit der Kirche.

10) »Was aber hilft uns die Fähigkeit, der Kraft die Richtung zu geben — und was ist Vernunft wohl mehr? — wenn uns die Kraft selbst gebricht?« Die Vernunft hat wohl die Fähigkeit, »vorhandenen Stoff zu bilden, aber nicht auch die Kraft, neuen zu erzeugen«. Ideen... 1792, W. I, oft z. B. S. 80; W. II, 89, 103.

11) W. II, 81. Diesen Charakter fand Humboldt »in der Regel unter

Die Beziehung auf den »Charakter eines Zeitalters« gibt derselbe Essay: »denn er erscheint nicht anders als an Individuen« und kann erst, wenn das individuelle Eigentümliche abgesondert ist, klar gesehen werden [12]). Humboldt kommt es auf die Erfassung dieses Zeitcharakters, obwohl es sein ursprüngliches Ziel war, in dem Fragment noch gar nicht so sehr an; die Kenntnis eines Zeitgeistes, einer kollektiven Besonderheit, die aus dem Zusammenströmen verschiedener Kräfte in eine Einheit entsteht, ist ihm damals fremd; er mißt sie am höheren Wert eines »Geistes der Menschheit«, dessen Erscheinung er nur in der Antike begegnet.

Neben die Beziehung des Individuellen auf die Gesamtheit des Zeitcharakters tritt die zweite auf den Nationalcharakter [13]). Während der großen Reisen in Frankreich und Spanien, von denen die Tagebücher berichten, gewinnen die Untersuchungen über ihn eine steigende Bedeutung [14]). Sie beschäftigten Humboldt auch in Paris am meisten [15]). »Ich rede dabei nicht von der politischen Stimmung, ich beschränke mich bloß auf das, was eigentlich national ist, auf den Gang der Meinungen und des Geistes, das Bild des Charakters, die Sitten usf.« [16]). Man sieht wie auch Humboldt hier um einen zusammenfassenden Ausdruck ringt für das, was für Stein und Arndt Quellort der ö. M. war.

Humboldt trat in Paris 1797 in eine Atmosphäre der lebhaftesten

---

den niedrigen mehr als unter den vornehmeren Klassen«. Da die Vernunft als solche nicht produktiv ist, wendet sich Humboldt ebenso energisch wie Arndt von der Aufklärung ab, zugleich von einem Primat der intellektuell gebildeten Klassen. Auch in »Bauern und Handwerkern« liege die Möglichkeit »Künstler zu sein, d. h. Menschen, die ihr Gewerbe um ihres Gewerbes willen lieben, durch eigen gelenkte Kraft... ihren Charakter veredeln, ihre Genüsse erhöhen«. Ideen, Ausgabe Kaehler I, S. 26.

[12]) W. II, 112.

[13]) Schon auf der Reise in Norddeutschland 1796 schreibt er: »Empfindungen und ihr Ausdruck sind individuell ganz verschieden«, das ist »vorzüglich bei Nationalcharakteren wichtig und anwendbar«. Reisetagebuch in Norddeutschland, herausgeg. von A. Leitzmann, Weimar 1896, S. 109, jetzt W. XIV, 258 ff.

[14]) Humboldt warf während dieser kollektivpsychologischen Beobachtungen bereits die Frage auf, wie sich Volk und Nation, d. h. die elementare Kraft und der sozial und historisch einheitliche Körper, der auf ihr ruht, innerhalb des Staates verhalten. W. Bd 15, 44.

[15]) Briefe an Goethe, II, 39, 65 ff., 400 ff., vgl. Tagebücher W. Bd. 14 u. 15.

[16]) An Jakobi. Th. Kappstein, W. v. H. im Verkehr... Briefe, Berlin 1918, S. 120. »In der französischen Nation fehlt eine lebendige immer rege Kraft, eine innere Triebfeder, aus der sich eine höhere Tätigkeit entwickeln kann«. Die deutsche Nation habe eine solche, deshalb liebe sie H. Die Unterscheidung wird wichtig für die Annahme einer nationalen ö. M. und ihrer Kräfte in Deutschland.

politischen Erregtheit. Dort war die ö. M. ein lebendiges Faktum. In parlamentarischen und Advokatenreden, Presse, Volksfesten, Wahlen, Salons, wissenschaftlichen Instituten, gesellschaftlichen Einrichtungen machte sie sich geltend. Humboldt kennt sie, aber nennt sie nicht. In den Materialien [17]) und Briefen an Goethe u. a. findet sich eine Fülle von Tatsachen, aus denen hervorgeht, daß Humboldt mitten in diesem politischen Leben stand, das dauernd aus seinem Kampf eine ö. M. gebar, sie beherrschte, von ihr beherrscht wurde. Er registriert »die öffentliche Stimme über Bonaparte«, bezeichnend für ihn, dem das Urteil der öffentlichen Stimme über einzelne große Persönlichkeiten immer interessant blieb; über den Vorgang ihres Entstehens findet sich keine Bemerkung. Humboldt beobachtet ganz allgemein das Volk [18]) oder den Denker und Politiker, ohne die wechselnde Beeinflussung beider, die Bildung nationaler Ansichten zu berühren [19]). Aus Negativem muß man bei Humboldt öfter schließen; so darf man hier auf zweierlei hinweisen: der Vorgang der Wahlen war ihm uninteressant, er erschien ihm kaum bemerkenswert [20]). Seiner kühlen, klarsichtigen, unbeteiligten Art zu denken ist es unmöglich, das affektbetonte, scheinlogische Denken der republikanischen echten Propaganda als wirksam vorzustellen [21]).

Dies alles erklärt, daß sich bei Humboldt bis zu seinem Wiedereintritt in den preußischen Staatsdienst der Begriff der ö. M. nicht findet, auch nicht in seinen Griechenstudien, denen Humboldt die wesentlichsten Vorstellungen eines Volkes, wie es zur vollkommenen Ausbildung der Persönlichkeit notwendig und selbst vollkommene Individualität sei, dankt. Weder die Betrachtung der griechischen Sozialität, des griechischen Demagogentums noch der griechischen Demokratie findet sich in seinen Betrachtungen über griechischen Staat [22]).

---

[17]) Werke XIV, 360 ff.

[18]) Beobachtungen über die Schaufeste, Kunst, Umgangsformen, psychologische Eigentümlichkeit des Volks, Bd. 14, 459 u. v. a.

[19]) H. notiert, daß man ihm erzählt habe, die ganze Revolutionsgeschichte sei die Geschichte der Intriguen von Privatpersonen!

[20]) H. beobachtet, daß das Landvolk sich nicht an den Wahlen beteiligt. Er hat eine gewisse Abneigung gegen das Repräsentativsystem schon 1791/92 gezeigt, übrigens ehe er Rousseau gelesen hatte. Vgl. Kaehler, Z. für Politik X; W. XIV, 403; 464.

[21]) W. XIV, 401, 463, 487. Ein Abgeordneter erzählt ihm, wie langsam das französische Volk republikanisch fühlen gelernt habe; trotz dessen versteht H. nicht, daß man noch immer mit den stärksten Mitteln der Propaganda für die Republik auf eben dies Volk zu wirken sucht.

[22]) W. III, 171, 373, W. VII, Teil II, 613.

II.

Die politische Begriffsbildung Humboldts wird bedingt unmittelbar durch seine politische Tätigkeit. Gerade von ihm gilt, was oft hervorgehoben worden ist: die Denker der Ideen von 1813 sind bestimmt worden nicht schon durch die Bewegung der Ideen selbst, sondern erst durch die Not der Zeit, die Macht der Ereignisse.

Humboldt trat seine Stellung im Staat nach dem Niederbruch Preußens 1809 an in dem Gefühl der Verpflichtung an den Staat, wie es das friderizianische Preußen seiner Bureaukratie statt seinem Herrschergeschlecht zu vererben vermocht hatte.

Das Staatsgefühl Humboldts oder sein politischer Tatendrang hätten ihn keineswegs zum Entschluß des Diensteintrittes treiben können; das beweisen besonders seine Briefe an seine Frau. Er fügte sich vielmehr der Macht der ö. M., wie er sie fühlte — nämlich der Meinung jenes Kreises preußischer Beamter, an dessen Spitze Stein sein Reformjahr hindurch gearbeitet hatte, dessen Ehrbegriff von ihm jetzt Mitarbeit forderte. »Ich fürchte das Geschrei von Undankbarkeit, Verlassen der Unglücklichen, Mangel an Vaterlandsliebe«[23]. Diese eigentümliche Art ö. M. wie sie in Preußen entscheidend in Humboldts Entschlüsse eingreift, ist ihm auch nicht gleichgültig, als er an leitender Stelle steht: er betont stets während und nach seiner Amtsführung, daß er das Vertrauen des Publikums genieße, daß seine Beförderung den allgemeinen Mut belebt habe, daß dies den König zu seiner Verwendung mitbestimmt habe, ähnlich seine Abberufung 1810 zunächst vereitelte. Kurz, er wird »von der ö. M. ausgezeichnet«, »aber ich folge nun einmal nur mir und kehre mich nicht an das Reden der Menschen«[24].

Humboldt war an eine Stelle berufen worden, die ihm unmittelbar die Idee einer ö. M. zu geben geeignet war: er hatte das Erziehungs-, Unterrichts- und Zensurwesen Preußens zu reorganisieren. Der leitende Gedanke des Ministeriums Dohna kann als eine Verflachung der Steinschen Ideen aufgefaßt werden, die mit minderer Intensität und Konsequenz in dieser zweiten Phase der preußischen Reform verfolgt wurden. Man suchte wohl die Kräfte des Volkes dem Staat dienstbar zu machen, blieb aber — und Humboldt nicht weniger als die anderen, ja in seinem Sprachgebrauch scheinbar eher stärker —

---

[23]) Briefe an Karoline, Bd. III, 55; vgl. ebenda S. 17—56; 73, 86. Briefwechsel Wilh. u. Karoline von H., herausgeg. A. v. Sydow, Berlin 1916 ff., 7 Bde.

[24]) Briefe III, 73, 86, 241; 297, 313, 372, 376; 415, 444; 382; 377.

in dem Begriff des Publikums stecken, dessen Vertrauen die Regierung bedarf; dessen »guter Geist« in der Willigkeit besteht, mit der es der Regierung zustimmt. Dieses Publikum erscheint Humboldt kritisch, es verlangt deutlich Beweise der Besserungen, aber es scheut sich auch wieder — gefühlsmäßig konservativ — vor gewaltsamen Neuerungen. Es hat moralische und politische Überzeugungen, religiöse Neigungen, nationale Stimmung, aber auch kritische Einsicht z. B. in die Wahl von Ministern, ja sogar in Verwaltungsprobleme des Staats und demzufolge auch bestimmte politische Zielsetzungen [25]).

Diesem Publikum gegenüber sieht Humboldt zunächst seine Aufgabe darin, es gewähren zu lassen und es so wenig als möglich zu beschränken [26]).

Das tritt zutage in Humboldts Auffassung von der Zensur [27]). Eine Reorganisation der Zensur, in Verfolg der Verordnung vom 24. 11. 08 notwendig, sollte der »wohltätigen Absicht« folgen, »der Entwicklung geistiger Kräfte, insofern solche durch schriftstellerische Produktion gefördert wird, den höchsten Grad der Freiheit zuzusichern, welcher nur immer mit der augenblicklichen und allgemeinen äußeren und inneren Sicherheit des Staats verträglich ist«. Nur weil der preußische Staat nicht mächtig genug nach außen und eine große Spannung in den Gemütern innen ist, ist das einzig richtige Prinzip — »uneingeschränkte Zensurfreiheit« mit persönlicher Verantwortlichkeit — augenblicklich nicht durchführbar.

Eine bestimmte Erziehung des Staatsbürgers oder einer ö. M. liegt der Auffassung der Zensur bei Humboldt ursprünglich fern; sie soll ihren Nutzen in der Freiheit haben, die sie gewährt [28]). Zu-

---

[25]) W. X, 289, die Juni-Denkschrift 1810 bei seinem Abgang aus der Sektion für Kultus und Unterricht des Innenministeriums Dohna-Altenstein: »nichts schadet der Regierung so sehr, als wenn einmal die Meinung der Langsamkeit und Unordnung herrschend gegen sie geworden ist, und diese Meinung wird nicht durch allmähliches Verbessern der Unvollkommenheiten, sondern nur durch auffällige Umänderungen aufgehoben«. Ebenso muß »die Überzeugung des Publikums«, die »Wirkung der besten Wahlen — nämlich der Minister — aufs Publikum« berücksichtigt werden. »Die allgemeine Klage über den Mangel einer oberen Einheit« in der preußischen Verwaltung war die Klage eines Publikums, nicht nur der Beamten selbst.

[26]) Diese Auffassung leitete ihn vor allem bei der Behandlung der geistlichen Angelegenheiten. »Selbst wirkliche Vorurteile verdienen Schonung, wenn sie die Religion betreffen«, hatte H. schon 1808 an Graf Goltz aus Rom geschrieben.

[27]) Denkschrift W. X, 54, 55.

[28]) Ebenda S. 53.

nächst steht dieses Freiheitsgewähren im Dienste Preußens, das damit um die Meinung Deutschlands, ja Europas wirbt [29]).

Dann aber wird der Erziehungsgedanke wach, — der des aufgeklärt-absolutistischen Staates, den Humboldt 1792 abgelehnt hatte, — wenn Humboldt sich den Gegebenheiten anpassend an Goltz und Dohna schreibt [30]): »Beim Publico ist politische Zensur unbedingt notwendig«, nicht nur weil sie unangenehme Eindrücke im Ausland vermeide; sondern sie diene der Erhaltung der Ehrfurcht vor der Regierung und gegenüber den Beamten; sie sei heilsam und hindere nicht die Entwicklung der geistigen Kräfte [31]). Ja sie solle sogar dienen zur positiven Einflußnahme der Regierung »auf die Verfasser vorzüglich der mehr unter das Volk kommenden Zeitschriften«, was freilich lieber leise, indirekt, ohne »förmliche Verfügung« geschehen soll.

Presse-Äußerungen, die der Zensor damit entschuldigt, daß sie dem jetzigen Zeitgeist angemessen seien, findet Humboldt dadurch noch keinesfalls gerechtfertigt und wünscht sie doch unterdrückt [32]).

H. fühlt sich als der verantwortliche Staatsmann, der dem Publikum der unverantwortlichen Bürger gegenübertritt, sobald er an die Menge, an deren Zeitungen u. ä. denkt. Aber »achtungswürdigen Autoren« gegenüber soll die Zensur »lieber wie ein Rat als wie ein Befehl« behandelt werden [33]). Der bedeutende Einzelne, der »Kopf« soll möglichst zensurfrei sein. Wenn auch eine gewisse Entwicklung Humboldts erkennbar erscheinen könnte auf eine immer umfassendere Freiheit der Meinungsäußerungen hin — so daß er z. B. die Diskussion über die Staatsbehörden, die § 16 seines Entwurfs

---

29) »Es soll nicht die Meinung entstehen«, man wolle strengere Zensur als ehemals einführen. Dies könnte die Erwartungen, die man an vielen Orten Deutschlands von den preußischen Staaten hat, plötzlich herabstimmen. Ebenda S. 45; ähnlich für ganz Europa Brief an Frau v. Stael.

30) 7. 3. 1809, W. X. 37.

31) Beschneide die Zensur manche Elaborate, so sei auch das gut, denn so erziehe sie die Schriftsteller, sich nur mit dem, »was allgemein wichtig und auch des Anteils der Nachwelt würdig« ist, zu beschäftigen. W. X. 56.

32) Es geschieht dies ebenfalls, als die Voss. Zeitg. das unpatriotische Verhalten einer Stadt gegenüber ihrer Garnison tadelte; das hätten Arndt und Stein gerade von der ö. M. bzw. von der Presse erhofft und an ihr gelobt. 1. 4. 09 an Dohna, W. X. 48.

33) An v. Hüttel, W. X. 44. In den Wünschen an seine Untergebenen betont H., daß die Zensur vorsichtig gehandhabt werden solle, da er es noch mit dem Beamtenmechanismus zu tun hatte, der eher zu streng, zu gedankenlos funktionierte. Gegenüber Dohna und Goltz konnten höhere politische Gesichtspunkte eher betont werden, die für die Zensur sprachen, ohne daß die Gefahr entstand, man werde sie überspannen.

verboten hatte, ausdrücklich wieder zuließ — so ist das erklärlich aus dem immer stärkeren Anteil, den Humboldt als Chef der Sektion für Kultus und Unterricht »an der Bildung der Nation« nimmt, die ihm auf eine würdige Preßfreiheit Anspruch zu haben scheint.

Daß er eine ö. M. schaffen wolle, erwähnt Humboldt nie in seiner Arbeit an der Bildung der Nation; aber vielleicht ermöglichte auch diese letzten Endes die Schaffung einer ö. M. in Steins Sinne. Deshalb mag kurz ein Blick auf sie fallen.

»Gewiß ist schon im Ganzen die innere Verwaltung eines Staates viel viel wichtiger als die äußeren Verhältnisse [34]); die Bildung der Nation, der ich gerade vorstand und die unter mir gut gelang, ist es noch ungleich mehr«; so urteilte Humboldt über die Bedeutung seines Amtes. Er hatte es nicht als Erzieher, sondern als Organisator und Politiker ausgefüllt [35]). Die Bildung der Nation schwebte ihm dabei vor, aber nicht eine speziell staatsbürgerliche Erziehung. Man kann nicht sagen, daß Humboldt hätte beitragen wollen zur Erziehung tüchtiger Repräsentanten, etwa durch Übermittelung einer offiziellen politischen Anschauung oder durch Unterricht über staatliche Fragen [36]); er wollte nicht einmal eine besondere Anregung für ein allgemeines Interesse an politischen Dingen geben. Die Bildung der Nation sollte tiefer und praktischer zugleich sein.

Humboldt betonte in seiner Denkschrift vom 1. 12. 09, daß er »nirgends einzelne Teile der Nation sondern ihre ganze ungetrennte Masse vor Augen habe« [37]), und teilte wohl die Überzeugung, die er dem Pädagogen Becker zuschreibt: »Es war ihm durchaus fremd, dem Volke eine gleichsam für sein Dasein besonders berechnete Bildung mitzuteilen und noch mehr war er entfernt, ihm etwas aufzudringen, wozu es die Grundlagen nicht in sich selbst besaß. Er arbeitete allein auf die Gediegenheit des inneren Gehalts im Denken und in der Gesinnung, also auf die weite Basis hin, auf der auch das höchste und feinste Wurzel fassen muß« [38]). Auch die Kunst sollte dem dienen: durch sie bleibe das Volk empfänglich für etwas Höheres [39]).

---

34) 28. 7. 1810, Briefe III, 44. Sonst geht Humboldt vom Primat der Außenpolitik aus, das die harte Schule der napoleonischen Fremdherrschaft jeden Politiker verstehen lehrte.

35) Spranger II, 68. W. v. H. u. d. preuß. Bildgswesen, Berlin 1910.

36) Altenstein klagte (Haacke, Preuß. Verfass.kampf S. 43) 22. 8. 10: In keinem Land Europas sind Sinn und Bildung für höhere Staatsangelegenheiten, überhaupt alle einem tüchtigen Repräsentanten nötigen Eigenschaften so unerhört selten wie in Preußen.

37) Kaehler I, S. 74. Tatsächlich machte er doch einen Unterschied zwischen der Bildung zur vollkommenen Universalität und Individualität auf der Hochschule und der Bildung des Volkes.

38) W. XV, 545 (Roman). Da H. schon 1796 den Charakter »in fast

Dieses Höhere selbst soll nicht als Religion gelehrt werden; vielmehr ist »vorzüglich wichtig das Bemühen, klare und bestimmte Begriffe so tief einzupflanzen, daß sie zugleich als Gefühle Triebfedern und als Grundsätze Richtschnur des Handelns werden«[40]. Diese Erziehung einer Meynung erscheint für die Bildungsmöglichkeiten einer ö. M. im Sinne von Tönnies, einer rationalisierten Religion, bedeutsam, indem sie Begriffen die Kraft zuschreibt, seelische Grundkräfte des Menschen lebendig zu machen und zu richten.

Freilich sind dies moralische, nicht wissenschaftliche Begriffe. »Die Kraft echter Wissenschaftlichkeit ist immer nur bei den Wenigen«, dem Staat ist es »nicht um Wissen und Reden, sondern um Charakter und Handeln« zu tun[41]. Wie ferne Humboldts erzieherischen Plänen die Bildung einer politischen Anteilnahme, Einsicht, Kenntnis lag, so bereiteten sie doch eine ö. M. vor: sie wollten allen die gleiche Grundlage des Denkens geben und schlossen dadurch die Bürger des Staates zusammen.

Zugleich verfolgte Humboldt das Ziel, daß die ö. M. selbst das Schulwesen des Staates unterstützte. Sie sollte an der Universitätsgründung in Berlin teilnehmen, durch die wiederum die ö. M. Deutschlands für Preußen gewonnen werden sollte[42].

Nur einmal fällt Humboldt deutlich zurück in die echt rationalistische Auffassung vom Erziehungsstaat: Im Judenedikt. Dieses verfolgt nun auch ein Ziel, das durch die Idee des Rechtsstaats gegeben war, die Freiheit, das ist die Gleichberechtigung der Juden im Staate[43]. »Der Staat soll dadurch nicht gerade die Juden zu achten lehren, aber die inhumane Denkungsart aufheben[44] . . . .

umgekehrtem Verhältnis mit der Ausbildung des Verstandes und mit der Menge der Kenntnisse« anzutreffen glaubte (Essay: Das XVIII. Jahrhundert, W. II, 89, vgl. auch oben), leuchtet ein, daß er Gesinnungsbildung, nicht intellektuelle Bildung zur Aufgabe der Nationalerziehung machte (H.s Kritik an Pestalozzis mechanistisch erzogener »Anschauung» Brief 1804 an Goethe, bei Spranger II, S. 67).

39) Dk. über geistliche Musik, 14. 5. 09, W. X, 73; Ges. W. 1853, 319.

40) Bei Kaehler I, S. 75.

41) Kaehler I, 82.

42) 10. 7. 09, W. X, 299, Ges. W. V., 325 ff., 330; an Nikolovius Briefe, S. 19, 6, 26 (6. 9. 1810, 25. 3. 1809, 26. 2. 1811) herausg. v. Rud. Haym, Berl. 1894.

43) Vgl. Gebhardt, W. v. Humboldt als Staatsmann, Bd. I, 314 ff.; Dk. 17. 7. 09. W. X., 100 ff.

44) Die inhumane Denkungsart, die einen Menschen nicht nach seinen eigentümlichen Eigenschaften sondern nach seiner Abstammung und Religion beurteile »und ihn gegen allen wahren Begriff von Menschenwürde nicht wie ein Individuum sondern wie zu einer Rasse gehörig« ansehe W. X, 115. (Arndt

In einem neuen Gesetz spricht die Regierung die Meinung aus, die sie jetzt hat, und diese Meinung muß nun notwendig von der größesten Wichtigkeit sein, zugleich die allgemeine der Nation zu bestimmen«; sie wird dabei »die Mißleitung der allgemeinen Meinung und Befestigung der alten Vorurteile« vermeiden.

Doch wendet sich Humboldt zugleich selbst gegen die Überspannung des Erziehungsgedankens ganz im Sinne einer liberalistischen Denkweise seiner eigenen Frühzeit [45]) — mit einer tieferen Begründung: »Der Staat ... muß die Menschheit genug achten, um zu wissen, daß der moralische Standpunkt einer Nation sich nie genau berechnen, noch weniger sich aber die Entwicklung derselben mechanisch voraussehen läßt — also doch wohl auch nicht durch die Meinung der Gesetze bestimmen läßt — indem sie (die Nation) vielmehr und ganz aus innerer Kraft, wie die Geschichte lehrt, oft plötzliche Impulse erhält, die weit entfernt sich durch die Gesetzgebung leiten zu lassen dieselbe ihnen zu folgen zwingen«. Humboldt hat eine allgemeine soziale Meinung vor Augen, die durch die Gesetze erzogen werden kann zur Anerkennung der Gleichheit der Menschen; die selbst voll Vorurteilen steckt, über die die Regierung erhaben ist; im selben Entwurf aber formuliert er das Primat des moralischen Standpunkts des Bürgers, der das Recht hat sich selbst zu erziehen, und das der Nation, die die Moralität ihrer Gesetze bestimmt.

So liegen unverbunden die Wurzeln einer Auffassung der ö. M. im Staat bei Humboldt 1809/10 nebeneinander: praktisch bedarf die Regierung der Zustimmung der Untertanen für ihre Maßregeln, sie gewinnt sie in Form der ö. M. So weit konnte Humboldt den Begriff aus der vorhandenen Reform, bei der preußischen Bureaukratie entnehmen [46]). Es ist auffallend, wie lange Humboldt die ö. M. als eben nur dieses Antworten, als Zuschauer empfand, dessen Beifall

---

und Stein, ursprünglich und rassenbewußt, waren dagegen immer Antisemiten!) Das kann der Staat durch die laute und deutliche Erklärung, daß er keinen Unterschied zwischen Juden und Christen mehr anerkennt ... »der Moralität der Christen wegen«.

[45]) Die Gesetzgebung wähne nur ... »von einem bestimmten Begriff des Charakters und der Kultur der Nation ausgehend, imstande zu sein, den Fortschritt und sogar die Richtung zu einer anderen Stufe leiten zu können«. Dagegen scheint es Humboldt, »daß der Staat nur durch Erteilung und Beschränkung der Freiheit ... die Bürger in stand setzen muß, sich selbst zu erziehen, und das positive Wirken der freien Tätigkeit der Nation zu überlassen« hat.

[46]) Vgl. aus den Papieren Schöns Bd. I, 82, 62, 53, 90, Altenstein, Rigaer Dk 07, Beyme, Dk 06 u. v. a.

für die Akteurs auf der politischen Bühne nötig sei. Daneben aber repräsentiert die allgemeine Meinung die moralische Haltung der Nation. Wie diese zu einem bewußten Ausdruck kommen könnte, etwa wenn sie der Gesetzgebung eine neue Richtung geben will, wird nicht erwähnt [47]).

Der Rationalisierung eines solchen Impulses, die allein ihn zum Willen machen kann, scheint auch Humboldt wie Stein das Wesen der Nation, »ihr Hang zu Ideen« nicht günstig. Aber er sieht die Brücke zwischen Impuls und Idee einerseits zur Wirklichkeit andererseits leichter geschlagen, da er glaubt, daß »nur der Geist den schwer zu entdeckenden Punkt nicht verfehlt, auf welchem Gedanke und Wirklichkeit sich begegnen und freiwillig ineinander übergehen« [48]). Unter diesem Motto kann Humboldts Erziehungstätigkeit zusammengefaßt werden. Es hat sich durch sie »ein neuer und besserer Geist gebildet«. Und Preußen wird eine moralische Macht, »durch die Meinung, die man anderwärts vom Staate Preußen hege« [49]).

Eine Begründung dieses neuen und besseren Geistes auf die Volksindividualität fehlt bis 1810 völlig, so stark auch der Begriff von der nationalen Eigentümlichkeit ausgebildet war. Die Beziehung dieses Geistes auf den Staat Preußen machte ihn allein zum öffentlichen Geist. Humboldt kennt den elementaren Willen, der einen Volksgeist zu einer ö. M. machen könnte, noch gar nicht [50]). Ebenso fehlt jede Berufung auf einen Zeitgeist in irgendwelcher Form, er hat für Humboldt immer nur einen Sinn als Einschränkung der Individualität. Nur aus der Staatsbezogenheit der kritischen und moralischen »allgemeinen Meinung« ergibt sich der Ansatzpunkt für eine ö. M.

Auch die Epoche der Insurrektionspläne in Preußen ändert

---

[47]) »So wie der Mensch aus der Dumpfheit der Begierde zum Selbstbewußtsein erwacht, so ist auch das Wort da — gleichsam der erste Anstoß, den sich der Mensch gibt, plötzlich stillzustehn, sich umzusehen und zu orientieren«, W VII, 2, 581. Auf den Prozeß der Meinungsbildung der Nation hat er das nie bewußt übertragen.

[48]) Antrittsrede in der Akademie W III, 220. Schon 1798 die seltsame Bemerkung W XIV, 479 (in der Kritik Condillacs), es fehle »das Gefühl oder vielmehr die Tathandlung des Ichs«.

[49]) An Hardenberg, 22. 6. 1810, W X, 299.

[50]) Von der leidenschaftlichen Erregung Österreichs 1809, von der tiefen Enttäuschung des Wiener Friedens 1810, von einem Wunsch, Preußen möge aus nationalen Gründen Österreich zu Hilfe kommen, hört man bei H. nichts. Erklärt dies allein die französische Zensur, die den Briefwechsel mit seiner Frau überwachte? Oder empfand H. die Eigenmächtigkeiten Schills usw. wirklich nur »als Auflösungen« in der preußischen Monarchie? 8. 5. 09 Briefe III, 155.

dies nicht. In der Entfernung von Berlin, in der Wiener Atmosphäre blieb Humboldt der Zugang zum Erlebnis des Volks versperrt, wie es, als Wunscherlebnis, Arndts und Steins Begriff der nationalen ö. M. in seiner ganzen Tragweite erst geschaffen hat. Vielmehr benützte Humboldt die Zeit, an Spanien, dessen Nationalcharakter er von seinen Reisen her (1799 und 1801) gut kannte, zu beobachten, wie auch im äußeren Befreiungskampf der Nation die Verwirrung, die Parteikämpfe im Inneren nicht aufhörten [51]).

Erst die großen Ereignisse der Erhebungszeit konnten Humboldt die Erfahrung einer elementaren Gesamtmeinung des Volks bringen und damit zugleich den Gedanken, daß sie an dem Aufbau ihres Staates in irgendeiner Form teilnehme.

III.

Als das große Jahr 1813 anbrach, stand Humboldt außerhalb des Kreises, der es vorbereitet hatte. Die »Nation«, die er nun aufstehen sah, war für ihn nicht so wie für Stein und Arndt schon lange ein Aufgegebenes, sondern er erlebte sie nun als ein Faktum, ein Gegebenes, mit dem er als Diplomat rechnen konnte und mußte [52]). Daß Humboldt dem Erlebnis der Nation nur zögernd Glauben schenkte, wird allerdings darin deutlich, daß sich bis zum Oktober 1813 kein Wort des Ergriffenseins, kein Wort über den Enthusiasmus, die Hingabe, den Geist des Volkes findet. Humboldt in Wien — und noch in Prag — scheint nichts davon zu bemerken, wie es in Preußen aussieht. Nur langsam wurde die nationale Gesinnung der ö. M. dort und dann auch in außerpreußischem Gebiet ihm bewußt.

Ein leiser Widerwille gegen die Äußerungen des Volkes ist sogar unverkennbar [53]). Auch noch in den feierlichsten Momenten [54]) ist

---

[51]) Die diversité d'opinions in der Assemblée constituante verstärkt im Gegenteil seine Kenntnis der Uneinheitlichkeit der politischen Meinungen. Deshalb bedauert er die nation espagnole plongée dans l'état malheureux de devoir choisir et se donner elle-même un gouvernement. W XI, 6. 6. 1811, S. 11.

[52]) Haym hat gemeint (W. v. H. 1856, S. 300/01), H. habe die Nation kaum in der Stärke erlebt wie fast alle seine Zeitgenossen. Der Briefwechsel mit Karoline widerlegt das, als ein weit persönlicheres Zeugnis spiegelt er das Erlebnis reiner als die amtlichen Schriftstücke, die der Diplomat Humboldt verfaßte. Vgl. Kaehler, I, Einl.

[53]) »Wie wir mit dem König durch das Volk gingen, war ein entsetzliches Vivatrufen«. 20. 8. 1813, Prag, Briefe IV, 103.

[54]) Den Einzug der Monarchen in Leipzig schildert H.: »So eine Bewegung, Empfindungen, Leidenschaften in Masse kommen einem im gewöhnlichen Leben nicht vor.« 19. 10. 1813, Briefe IV, 148; vom Einzug in Frankfurt berichtet er: »Und man fühlte doch in der Tat, daß es aus voller Brust und

Humboldt Zuschauer, Beurteiler, nicht Glied der Volkserhebung. Aber er kam jetzt darüber hinaus, in der ö. M. nur das Publikum zu sehen. Wenn er selbst auch der isolierte Einzelne, der Regierende, der Diplomat blieb gegenüber der Nation, so ist es wichtig, daß er doch das génie du peuple einmal erspüren konnte, das er bisher aus philosophischen Gedankengängen entwickelt hatte. Nur aus solchem Erlebnis konnte das Bekenntnis an seine Frau hervorgehen: »Glaube mir liebe Li, es gibt nur zwei gute und wohltätige Potenzen in der Welt, Gott und das Volk. Was in der Mitte ist, taugt reinweg nichts und wir selbst nur insofern als wir uns dem Volke nahe stellen« [55]). Nur in diesem Zeugnis findet sich jenes ausschließliche Vertrauen auf das Volk, in dem immer ein revolutionärer Unterton gegen die Welt der Gesellschaft und des Staates wie sie bestanden, mitschwang. Eben damals klagte Humboldt über die Fürsten; »ihre Völker sind gewiß besser« [56]).

Im Wesentlichen aber bleibt Humboldt ganz im Einklang mit den Regierungen und beeinflußt in ihrem Dienste die Stimmungen dieses »Volkes« [57]). Von den Ereignissen sucht er nicht mitgerissen zu werden, vielmehr sie zu übersehen, zu lenken. Jene bedingungslose innere Hingabe des Menschen an die eine große politische Aufgabe der völkischen Not fehlt Humboldt, ebenso die religiöse Empfindung und Motivierung dieser Hingabe, wie Stein und Arndt sie besitzen.

Zwei Gründe für dieses Verhalten Humboldts 1813 mögen angeführt werden: die elementaren Empfindungen, die in der Erhebungszeit selbst das Volk beherrschten, sind ihm ganz fremd [58]). Zum anderen aber fehlt ihm das politische Vertrauen zum Volk, wie

von Herzen geschah.« Briefe IV, 162, 7. 11. 1813. Berichte über die Äußerungen von Volksfreude Briefe IV, 168, 169, V, 133, 157.

55) Vgl. Kaehler, Diss. Freiburg 1914; Briefe IV, 195, 13. 2. 1813.

56) Briefe IV, 175; 185: »die Hauptursachen, die uns siegen machten: die Bereitwilligkeit der Völker, der Mut der Soldaten und die Einigkeit der Fürsten dauern auch jetzt ungeschwächt fort«, der Gegensatz gegen die Fürsten wird also sofort wieder aufgegeben. 1. 12. 1813.

57) Auch in der Presse. Berliner Zeitungsartikel erwähnt Humboldt in den Briefen IV, S. 80, 25. 7. 1813.

58) Selbst seine Gattin, sonst eine Repräsentantin jener nationalen »Meinung der Besseren«, wie Arndt sie herbeigesehnt hat, ist skeptisch den Leidenschaften der Zeit gegenüber, die ihrer harmonischen Persönlichkeit fremd erscheinen müssen. »Ich meine nicht, daß die Anstrengungen der Völker jetzt nicht etwas Großes und Gewaltiges hätten, aber die Leidenschaften, die diese Anstrengungen erregt haben, tragen durchaus nicht den Charakter der Größe.« 6. 8. 1813, Briefe IV, 86.

es ihm etwa Gneisenau einflößen möchte [59]). Er bleibt durchaus kühl gegenüber jenem gläubigen Franzosenhaß, der gerade während des Kampfes die Nation entflammt, den Stein und Arndt zu einer national-religiösen Angelegenheit gesteigert hatten [60]). Später meinte er [61]), man könne die Begierden von Zorn und Haß dulden »um Wirkungen hervorzubringen, zu denen das Gemüt nur in diesen Krankheiten Kraft genug hat; dann erhält der Mensch die Gestalt einer Naturkraft, die ich wohl bewundere und nicht mißbillige, aber nicht selbst annehmen mag«.

Andererseits ist seiner überlegenen Sachlichkeit die Bedeutung des Nachrichtendienstes für die Stimmung des Volks unverständlich, die Wirkung symbolischer Zeichen auf das Volk scheint ihm übertrieben. Seine Gattin wirft ihm einmal vor, es sei ihm zu gleichgültig: ob der Frieden in deutscher Sprache abgefaßt, ob napoleonische Anhänger sichtbar gestraft, ob die Leipziger Schlacht gefeiert werde, kurz, ob alle diese Zeichen für die Empfindung der nationalen Ehre beachtet werden, auf die Arndt und Stein so viel Wert gelegt hatten [62]).

Die politische Erstarkung der Nation in ihrem großen Kampf erkennt Humboldt nur sehr zögernd an. Freilich deutet auch er den Kampf gegen Napoleon als den Krieg, »der vom selbstständigen Willen ganzer Nationen geführt wird« gegen die »einzelne Willkür« und damit dem wahren Prinzip in der Weltgeschichte diene [63]). Die Äußerung dieses selbstständigen Willens aber wird bei Humboldt nur außenpolitisch berücksichtigt und gewertet, nicht innenpolitisch [64]).

Von ö. M. spricht Humboldt auch jetzt nicht. Das Wort war nicht geeignet, — mit den revolutionären Erinnerungen verbunden, wie es den Diplomaten erscheinen mußte — um Metternich gegenüber Wünsche der Nation geltend zu machen [65]); den Willen des kämpfenden

---

59) Briefe IV, 111, September 1813.

60) Obwohl Humboldt philosophisch einen solchen Franzosenhaß schon 1798 vorbereitet! Theodor Kappstein Briefe S. 120, auch Tagebücher, W. XIV.

61) Selbstbiographie vom 1. 1. 1816, W. XV, 456; Rache als Pflicht sei spezifisch französisch, W. XV, 508.

62) Briefe IV, 272, 425.

63) Gebhardt I, 424, W III, 350, 1814.

64) Er wünscht qu'on observe l'esprit de la nation, er will vor dem Volke rechtfertigen können, daß man den Krieg in Frankreich fortsetzt. Aber er schreibt zweifelnd bereits am 14. Dezember 1813: »Ich denke oft daran, wo das mit unserer Nation hinaus will. Sie nimmt sich jetzt ungemein tüchtig, sie wird Forderungen machen, die Regierung ist ganz locker und lose und die Nation wird Mut haben, auch gegen sie etwas durchzusetzen. Ohne eine starke Hand und eine ruhige Billigkeit geht es gar nicht, das ist vorauszusehen ...«, W XI, 82, W XI, 91 und Briefe IV, 113.

65) Den Krieg über die französischen Grenzen zu tragen. Dezember 1813,

Volkes nennt Humboldt nicht opinion sondern volonté nationale. Auch mit der volonté nationale der fremden Nation[66]) rechnet Humboldt in der Außenpolitik; als Ausdruck der nationalstaatlichen Individualität ist ihr Recht ohne weiteres gegeben. Den fremden Eroberern aber gesteht Humboldt schon 1814 in Frankreich eine Einmischung nicht zu[67]) und warnt: »l'esprit publique et la volonté nationale là, où en existe une — und das ist in Frankreich der Fall — se composent de tant éléments divers qu'il est très difficile d'éviter même des mesures assez grossières en les jugeant en détails et plus encore en voulant y exercer une influence directe«.

In den Verhandlungen des zweiten Pariser Friedens vertrat Humboldt die Wünsche des deutschen Nationalwillens, aber nicht mit dessen Argumenten[68]). In der politischen Aktion störte ihn nun die Kritik »der Armee und der Nation«, »die übertriebenen Erwartungen der immer frondierenden Menge und die Verblendung, in der man jetzt ist«. »Diese ins Geleg hineinschnatternden Menschen sehen die Gründe nicht ein«[69]), die die große Politik regieren, und sind wiederum befriedigt über irgendeine Belanglosigkeit, die sie überschätzen. Der Konflikt mit der Meinung politisierender Generäle[70]) hat Humboldt vollends in die zornige Überlegenheit des zünftigen Diplomaten versetzt, der »ein Publikum« und sein »Lärmen«, mit dem nichts Positives erreicht wird, verachtet. Leidenschaft und Propaganda sind Humboldt gleich zuwider. Die Presse soll nur nationale Gesinnung pflegen. Damit lehnt Humboldt persönliche und öffentliche Stellungnahme der Journalisten, der »Laien«, zur Führung der auswärtigen Geschäfte ab. Man soll wissen, daß eine genügende Instruktion, gründliche Kenntnisse für die ö. M. nicht möglich sind, und,

---

W XI, 91 ff. Hs. Note über das Friedensprogramm für den Kongreß in Prag 30. 7. 1813 W XI, 85 ff. gebraucht tous les voeux des nations nur als Phrase; die Nation in Deutschland wünschte damals nicht »die Wohltat eines allgemeinen Friedens«, sondern den Krieg.

[66]) Sie wird in Polen, mehr noch in Frankreich 1815 von Humboldt mit in Rechnung gestellt.

[67]) L'influence des Puissances étrangères blesse naturellement la fierté nationale et le droit même de s'y immiscer est bien plus douteux que celui de pourvoir à leur propre sureté. W XII, 10, ähnl. S. 14.

[68]) »Die Armee hat nicht Frankreich zu strafen, sondern durch Ordnung, Billigkeit, Disziplin auf die Franzosen zu wirken«, Briefe V, 43. Er wollte keine »Ranküne«, keine Leidenschaft in der Außenpolitik, Briefe V 10.

[69]) Briefe V, 67; 63.

[70]) Die Unbotmäßigkeit Blüchers gegenüber den diplomatischen Festsetzungen verurteilt Humboldt scharf, gerade weil jener sich darauf beruft, er repräsentiere den Volkswillen. Briefe V, 22, 67, 126.

indem man dies einsieht, soll man auf Kritik verzichten [71]. Die schweren diplomatischen Kämpfe auf dem Wiener Kongreß, die Unzufriedenheit der preußischen Patrioten haben ihn gelehrt, daß die ö. M. auch in ihren rein nationalen Wünschen aus nationaler Gesinnung politisch urteilslos bleibt — eine Erkenntnis, die mit solcher Energie Arndt und Stein nie gegen die ö. M. der Nation geltend machen: denn jene beiden sehen die Außenpolitik durch den deutsch-französischen Gegensatz beherrscht und vereinfacht und durch einen tiefgehenden moralischen Gegensatz begründet. Indem Humboldt die ö. M. wie sie erscheint, in der Außenpolitik zuletzt doch verachtet, liegt die Gefahr nahe, daß er in die Haltung des aufgeklärten Absolutismus zurückfällt. Die Entscheidung verlegt er allein in die Hand des Politikers, der gehemmt werden kann dadurch, daß sein Handeln auf »die allgemeine Stimmung ungünstig wirken« könne, auch wenn er vorsichtig und weise sei [72]; denn »diese ganz reinen Gesinnungen« fänden sich nur in einzelnen [73].

Als es sich um die Lösung des nationalstaatlichen Problems handelte, in der deutschen Frage, nahm Humboldt eine andere Stellung gegenüber der ö. M. ein. Während des großen Jahres hatte auch Humboldt zuweilen an die Kraft »der einen großen Gesinnung« in der Gesamtheit geglaubt und ihr eine Wirkung zugetraut, die größer sein sollte als das absichtliche Handeln der Einzelnen [74]. »Die neuen Staatseinrichtungen, die ganz natürlich aus der Krisis der jüngsten Vergangenheit hervorgehen müssen, würden, selbst wenn die Regierungen sie auch nicht wollten, von selbst aus den Gemütern der Bürger entstehen . . . [75]« Hat sich hier ein Gedanke der Steinschen Reform verknüpft mit dem romantischen Glauben an die unbewußte schaffende Kraft »des Gemüts«? Dieses — sogar Institutionen schaffende — Gemüt ist aber keineswegs nur eine instinktive Naturkraft, sondern verknüpft sich mit einer ethischen Gesinnung; dadurch wird es in den Bereich sittlicher Bewertung erhoben. Natürliche und sittliche Kräfte vereinigen sich im Gemüt oder Geist des Bürgers, die »die beste Gewähr für die Sicherheit der Staaten« sind [76].

Die große Denkschrift aus dem Dezember 1813 enthält den ersten

---

[71] «Il n'appartient pas à un article de gazette de dérouler aux yeux du Public les négociations des cabinets; »le ton positiv qui est le langage des cabinets» steht der Zeitung nicht zu. W XI, 197 zum Zeitungsartikel 5. 12. 1814.

[72] Briefe IV, 193, Dezember 1813.

[73] 29. 11. 13 Briefe IV, 182/83.

[74] »Die rechtverbreitete Gesinnung« W III 344.

[75] Briefe IV, 246, Februar 14.

[76] Dezember Dk 1813, W XI, 98 ff.

großartigen Ausdruck des nationalstaatlichen Gedankens bei Humboldt, bedeutungsvoll durch die Erkenntnis von der innigen Verknüpftheit nationaler Macht, nationalen Selbstgefühls und nationaler Kultur [77]). Diese Denkschrift läßt die zukünftige Verfassung Deutschlands abhängig sein von der Richtung, die die Nation wie die Individuen unabänderlich haben, vom Nationalcharakter und von dem Wunsch und Entschluß von Haupt und Gliedern, nicht »von einem kalten Verstandesurteil«.

Unter den bindenden und erhaltenden Prinzipien in dem Staatenverein Deutschland, die »freilich meist moralische« sind, nennt Humboldt »den wiedererweckten und durch Freiheit und Selbstständigkeit zu erhaltenden Geist der Nation«. Die Staatsform scheint ihm besonders empfehlenswert, die solchen Geist der Nation zu Worte kommen läßt. Die Äußerung geschieht in der opinion de la nation allemande, die aber nicht vollständig Ausdruck des Geistes der Nation ist. Vielmehr scheint die opinion aus dem Zusammenwirken der exaltierten und der kritisierenden Köpfe zu entstehen, woraus sich die Gefahr erklärt, daß sie durch Phrasen und Manifeste sich leicht irre leiten läßt: »l'opinion de la nation allemande pourrait etre égarée par une déclaration isolée de ses droits. Ceux dont la tête s'exalte facilement pourraient se croire dégagées de tout lien envers leur gouvernement« [78]). Es ist dies das einzige Mal, daß sich Humboldt über die psychologische Besonderheit und die Gespaltenheit der ö. M. äußert. Mit einer gewissen Geringschätzung stellt er bei anderen Nationen fest, daß sich der Teil der Nation äußert qui s'agite, qui est habitué à ne pas être tranquille«. Bei den Polen beobachtet er die Entstehung des voeux et des espérances vagues de changements futurs. Gegen diese kann der Staat nur energisch durchgreifen und sie unterdrücken durch Kraft und Autorität [79]). Diese projektierende, unruhige stimmungsmäßige Meinung ist ebenso undeutsch [80]) wie die parteipolitisch gespaltene ö. M., die in den Verfassungskämpfen Spaniens sich zeigte. Beide Formen lehnt Humboldt ab. Jene erhebt und vertieft er zur eigentümlichen Neigung der Nation, trägt also einen notwendigen, zugleich instinktiv treibenden Wesenszug in sie

---

[77]) Vgl. darüber Meinecke, Weltb. u. Natstaat, Kap. 8. W XI, 101, 99.

[78]) Mémoire préparatoire Bd. XI, 206 ähnlich an Hardenberg XI, 220.

[79]) W XI, 200, 30. 1. 15. XII 11,

[80]) Den Franzosen gegenüber will H. 1815, daß man konkrete, nicht allgemeine Friedensvorschläge dem public unterbreite. Er bemerkt, eine pièce raisonnée sei einer ö. M. nicht verständlich, sie werde immer nur durch wenige verstanden, durch subjektives Urteil gefärbt weitergegeben. H. hat niemals ausdrücklich festgestellt, daß jede Ansicht des public in dieser Weise entsteht. W XI, 94.

hinein; diese vereinfacht er zu politischer Kritik. Denn er bedarf beider Arten der Meinungsbildung für Deutschland, als Gegenmittel gegen Staatsfremdheit und Gleichgültigkeit der Deutschen, die man auch jetzt noch befürchten mußte, sobald die Regierungen den patriotischen Eifer wieder einschläfern wollten.

In der Debatte über die Staatsform Deutschlands betonte Humboldt, daß die »Idee und Meynung« eine reale Kraft bedeute; sie habe zur Erhaltung des deutschen Kaisertums lange gewirkt und ihm seinen »schönsten und mildesten Glanz verliehen«. Heute aber könnten nur tatsächliche Kräfte Österreichs die Macht solcher Meynung ersetzen, ein deutsches Kaisertum könne heute auch die Meynung nicht mehr aufrecht halten. Dadurch gerät Humboldt im Februar 1815 [81]) in Konflikt mit Stein, in dem er nun geltend macht: l'opinion publique même, à laquelle un cabinet seul (das kaiserliche) refuse facilement l'accès, se fait écouter plus aisément par plusieurs (nämlich durch das Fünferdirektorium). Un avantage très essentiel du système fédératif est celui qu'il est propre à se laisser influencer par l'opinion publique, par la volonte nationale et par l'esprit du temps. Diese Dreiheit ist die wohlvertraute von Zeitgeist, Nationalwille und ö. M., die aus jenen beiden fließt und mit ihnen innig verknüpft ist. Zweifellos hat Humboldt dies von Stein selbst übernommen, ebenso wie die Auffassung Steins, daß Institutionen zur Erhaltung, Besserung und Ausbildung des Geistes der Nation notwendig sind, und ebenso den Glauben, daß ein Einheitsstreben die Nation beherrsche. Von ihm aus hatte Humboldt dem Plan der Abtrennung Ostelbiens und des östlichen Österreichs von dem engeren deutschen Bunde seinen Widerstand entgegengesetzt: »Je vous supplie de bien peser encore une fois cette objet qui, en ayant aussi seulement égard à l'opinion publique n'est certainement point indifférent. Wien und Berlin ausschließen aus Deutschland? J'ose dire que cette idée choquerait la partie du public la plus estimable dans toute l'Allemagne et surtout chez nous-mêmes. Es ist nicht nur äußere Rücksicht auf dieses Publikum; sondern Humboldt fügt hinzu: Je ne sais point si l'on aurait le droit devant la nation allemande [82]). Er gibt damit dem inneren Verantwortungsgefühl Ausdruck, das den Politiker gegenüber der ö. M. beherrscht.

Schon 1813 in der Dezemberdenkschrift hatte Humboldt Stände gefordert, und 1815 begründete er dies damit, daß der Zeitgeist ne demande plus que des institutions qui lui répondent pour s'améliorer

---

81) W XII 294 ff., 298, 301.

82) An Hardenberg 31. 8. 1814 W XI, 222 ff.

lui-même de jour en jour. Der andere Zweck der Stände ist, die Nation fester mit der Regierung zu verbinden, während gleichzeitig ein lebhaftes politisches Selbstständigkeitsgefühl der Nation in ihnen zum Ausdruck kommen soll [83]).

Kontrollierend und einigend, als eine force morale wirkt die opinion publique stärker, als es je heute einem Kaisertum in Deutschland gelingen würde [84]). Humboldt hält an der Fiktion der einheitlichen ö. M., die für die nationalen Idealisten von 1813—15 so charakteristisch ist, besonders fest. Er glaubt an sie, er steht nicht im Kampf um sie zu erzeugen. Freilich bleibt sie dadurch nur eine Idee, keine Vorstellung von dem Wirklichen, die von dem Begriff der Nation logisch, nicht psychologisch abhängt.

Auch Humboldt stellt gerechte Ansprüche der Nation auf eine Verfassung fest; die Nation sei in der Erinnerung an die alte Reichsverbundenheit von dem Gefühl durchdrungen, daß ihre Sicherheit, Wohlfahrt, und Fortblühen echt vaterländischer Bildung größtenteils von ihrer Vereinigung in einen festen Staatskörper abhänge; sie hat also eine politische Tradition, Staatsbewußtsein, politische Erkenntnis und Ansprüche. »Sie will nicht in einzelne Teile zerfallen, sondern ist überzeugt, daß die treffliche Mannigfaltigkeit der deutschen Völkerstämme nur gut ist, wenn sie sich in einer allgemeinen Verbindung wieder ausgleicht« [85]) — also liegt dem nationalen Einheitsstreben ein nationaler Wille und eine bestimmte politische Überzeugung zugrunde. Dies macht die ö. M. aus.

Nun aber stößt Humboldt auf eine Differenz zwischen dem Nationalcharakter und dem nationalen Einheitsstreben. Die Wünsche der ö. M. nach Kaiser und Reich widersprechen dem ursprünglichen Empfinden landschaftlicher und dynastischer Gebundenheit, wie es im einfachen Bürger in den Ländern lebendig war. Die Kaiserpläne von Görres scheinen Humboldt deshalb einfach nicht aus der Nation, in deren Namen Görres zu sprechen vorgab, zu stammen: es sei die Art der Nation nicht, sich in politische Spekulationen zu verlieren [86]). Während er das Staatsgefühl des Einzelnen zu einem nationalstaatlichen machen will, stößt er den Deutschen doch wieder vom politischen öffentlichen Interesse zurück in ein privates Biedermeierdasein:

---

83) W XI, 301; Dezember-Dk XI, 108.

84) W XI, 298 »une certaine pudeur publique qu'aucun gouvernement ne viole impunément, et l'équité . . . exerceront une plus grande force morale als heute die deutschen Fürsten je im deutschen Bund einem Kaiser einräumen würden.

85) 10. 2. 1815. W XI, 288.

86) Dez.-Dk W XI, 101; Nov. 14, W XI, 270; W XI, 295.

es sei deutsch, »mit Emsigkeit und Treue den einzig wahrhaft belohnenden Weg des einzelnen Lebens zu verfolgen«, aber jedes einzelne Glück der Verteidigung des Ganzen zu opfern. »Dieser Gesinnung, welche da ist und nicht erst geschaffen zu werden braucht, die Geleise zu bahnen«, das sei Aufgabe der Regierung, nicht die Anerkennung politischer Phantasien und Pläne der Nation. Weder Arndt noch Stein hätten das je schreiben können: eine ö. M. war dann nicht nötig.

Der scheinbare Widerspruch gegen den Gedanken, daß der Geist der Nation lebendig erhalten werden soll, liegt deutlich auf der Hand; man muß diese Äußerung Humboldts als Kampfäußerung auf ein geringes Maß von Bedeutung zurückführen. Immerhin sieht man den Ansatzpunkt, von dem aus Humboldt zur Verneinung einer deutschen ö. M. als einer politischen Notwendigkeit kommen konnte. Jedenfalls würde Humboldt jeder Auffassung einer ö. M., die sie nicht als nationalbedingten Ausdruck bestimmte, den Kampf ansagen; wenn sie etwa dem Kampf gegen die Autorität dienen soll, gilt sie Humboldt gar nichts. Einstweilen entwickelt sich aber erst eine besondere politische Notwendigkeit einer deutschen ö. M., als die Bundesakte den Patrioten nur ließ, »die Idee des unsichtbaren deutschen Reichs zu glauben« wie es Karoline tat [87]).

In der großen Septemberdenkschrift 1816 faßt Humboldt sein Urteil über den deutschen Bund und seine Entwicklungsmöglichkeiten zusammen. Die positiven Einheitswünsche der tief enttäuschten Nation nennt er hier ö. M. [88]). Wieder nimmt er eine doppelte Stellung ein, gewissermaßen eine theoretische und eine praktische. In der eigentümlich undynamischen Denkweise, die ihm, dem Kontemplativen, eigen ist, sagt er, es sei unklug, wenn der Politiker den nationalen Meinungen und Gesinnungen, die in der nationalen Wesensart begründet sind, entgegenarbeite [89]). Dieser konstanten, der nationalen

---

87) Briefe V, 104, 19. 10. 1815; auch H. faßt »diesen Zustand nur wie einen Übergang« auf vgl. Briefe IV 483—85, wie Stein es tat.

88) »Wenn es auch augenblicklich der ö. M. schmeichelte, so würde« auch eine stärkere Zusammenfassung Deutschlands »doch nachteilige Folgen haben, da unfehlbar dieselbe ö. M. nachher doch nicht zu erfüllende Anforderungen darauf gründen würde.« September-Dk 1816, W XII, 61 ff.

89) »Es gibt gewisse durch die natürlichen Verhältnisse der Dinge, zu denen man auch die Meinungen und die Gesinnungen rechnen muß, einmal so eingewurzelte Begriffe oder Einrichtungen (diese Doppelheit könnte man auf ö. M. und »Stände« deuten), daß sie sich immer wieder, auch unter den wunderbarsten Umgestaltungen von neuem erzeugen. So liegt die Neigung wenn nicht nach Einheit wenigstens nach irgendeinem Verband in allen Köpfen und Gemütern.« Die Wirkung dieser Neigung ist sehr groß: »Deutschland wird immer und auf irgendeine Art Ein Staat und Eine Nation sein.«

Grundtendenz entsprechenden Meynung steht nun die beweglichere, dynamische ö. M. gegenüber, die jeweils die Forderungen, die sich aus dieser Grundhaltung unter den gegebenen Verhältnissen und Menschen ergeben, umfaßt. Dieser momentanen ö. M. gegenüber ist Humboldt der kritische Kenner und Leiter der politischen Geschehnisse. Diese ö. M. mit bestimmtem politischen Programm ist ihm nicht maßgebend. Trotz dessen wurde er zur selben Zeit als Führer einer Umsturzpartei, die die ö. M. vertrete, betrachtet [90]).

Auf die nationale ö. M. und ihre Gesinnung greift Humboldt wieder zurück, wenn er ihr die Kontrolle über die nationale Gesinnung der Bundesglieder einräumt: »ein großer Nutzen des Bundes wird in der Richtung bestehen, welche die in ihm geäußerten Gesinnungen der ö. M. geben wird, in der Scheu, die nach und nach entstehen wird, von ihm mißbilligt zu werden« [91]). Der Bund erscheint als das Organ der ö. M., das über die nationale Gesinnung der Höfe Deutschlands wacht [92]).

Humboldt begründet das national-ethische Wächteramt der ö. M. damit, daß es dem deutschen Nationalcharakter entspreche, eine ideale Gesinnung auch in die Wirklichkeit zu übertragen; ferner mit der Idee, daß »Deutschland sich in Europa ausgezeichnet habe durch die intellektuelle Tätigkeit und den lebendigen Geist« [93]).

»Die Stärke Preußens an sich und in Deutschland wird immer zum Teil eine moralische sein müssen — so wie die Deutschlands in Europa — und ist es in unserer Nation gerade jetzt in hohem Grade. Daß sie es auch noch mehr als schon jetzt in Deutschland wird und daß sich diejenigen die für uns sind, freier ausprechen können, dahin muß unser Bemühen gehen« [94]). Am deutlichsten ergibt sich ein Bild dieser deutschen ö. M. aus dem, was Humboldt rät, zu tun, um sie zu gewinnen: er hielt sie für freiheitlich gesinnt, begeistert für

---

[90]) Treitschke 19. Jhd. II, 129 ff.

[91]) W XII, 61 ff. Vgl. dagg. Hs. Skepsis gg »moralische Nötigung allein« in der Politik! W XII 96.

[92]) »Wo eigensüchtige Absichten Einzelner (dem deutschen Gesamtinteresse) entgegenstehen, wird schon die Scheu vor der öffentlichen, auf diesen Punkt gerade sehr gerichteten Meinung sie laut zu werden hindern.« W XII 67.

[93]) Deshalb sei es angemessen, sich im Bunde sofort »auf ernstliche Weise« mit der Preßfreiheit zu beschäftigen. W XII, 112 . . . »nicht bloß um die ö. M. zu gewinnen«, ist das ratsam.

[94]) »und wir haben den Schein zu vermeiden, durch unsere Macht auf fremde Freiheit einwirken zu wollen«. W XI, 277, 11. 12. 1814 an Hardenberg.

eine liberté germanique [95]; er hielt sie für ernst, für religiös [96]. Wieviel er sich von der Universitätsgründung versprach, wurde schon 1810 erwähnt. Auch künstlerische Begeisterung sah er in der ö. M. lebendig: der Dombau in Köln würde der preußischen Regierung die Herzen gewinnen [97] Der Gedanke der moralischen Hegemonie Preußens in der deutschen ö. M. bleibt immer ein Zentralgedanke Humboldts auch in den schweren Jahren, die auf den großen Kampf folgten [98]. In der September-Dk beklagt Humboldt, daß Preußen in Deutschland nicht der günstigen Meinung genieße, wie es sie nach seinen Taten verdiene. Man darf wohl sagen, daß in dieser Auffassung die Wurzel liegt für seine Stellungnahme gegenüber der deutschen ö. M. überhaupt. Als preußischem Staatsmann bedeutet Humboldt die ö. M. ein Machtmittel; ihre Überspannung des Einheitsgedankens muß er aus Gründen der preußischen Staatsraison genau so ablehnen wie später die des Freiheitsgedankens. Als Preuße hat Humboldt nicht wie Stein und Arndt den Aufbau des neuen deutschen Staats über die alten territorialstaatlichen Mächte hinweg erwartet; Wünsche der ö. M. dahin galten ihm nichts.

Auf eine auf das politisch Zweckmäßige, Rationelle zielende Richtung und politische Fähigkeit der nationalen ö. M. kam es ihm nie an; sie sollte rein moralische und nationale Wertmaßstäbe geltend machen. Er ging so weit vorzugeben, Preußen opfere seinen Vorteil um des europäischen Vorteils willen — durch diese Ideologie wollte er die deutsche ö. M. für Preußen gewinnen.

---

95) Der Ausdruck im Mémoire préparatoire April 14 W XI, 209; die freiheitliche Gesinnung W XII, 63, ähnl. XII, 88, XII 112.

96) H. riet W XII, 38, Preußen solle die Verhandlungen am Bundestag über die Religionsmaterie beginnen, denn »nichts würde so ... auf die ö. M. wirken als wenn der erste wichtige ernste allgemeine Gegenstand am Bundestag von Preußen zur Sprache gebracht würde und ganz uneigennütziger Natur wäre«.

97) Briefe V, 153, Dez. 1815.

98) Am 18. 6. 1816 Briefe an Nicolovius, herausg. v. Haym, S. 37: »Preußen ist mit keinem anderen Staat vergleichbar; es ist größer und will nicht bloß, sondern muß größer sein als sein natürliches Gewicht mit sich bringt und es muß also zu diesem etwas hinzukommen. Dies Etwas sind jetzt die Umstände und der auf Einen Punkt energisch gerichtete Volkssinn gewesen, zu Friedrichs II. Zeiten war es dessen Genie; als weder dieses noch jenes waltete, war die trostlose Zeit. Man müßte also eine dauernde moralische Macht organisieren, die nichts anderes ist als eine feste, systematisch zusammenhängende Administration, in allen Teilen gemacht, die Stimmung der Nation zu erheben, indem sie sie beherrscht.« In den ersten Sätzen ist eine Verwandtschaft zu Steins weltgeschichtl. Betrachtung: Umstände, ö. M., Herren machen die Geschichte. Die »organisierte moralische Macht« leitet zum Kerngedanken der Steinschen Reform über.

IV.

Eine konkrete Aufgabe und ein echt politisches Wesen hatte die ö. M. innerhalb des bestehenden preußischen Staates, auf den sich Humboldts Arbeit nach 1815 wieder völlig konzentrierte. Hier war der esprit publique, »der Geist der Staatsbürger« [99]) ein echt politischer, dessen Grundlage das preußische Pflichtgefühl war. Diese Staatsgesinnung war dem phantastisch-leidenschaftlichen Volksgefühl und dem daraus entspringenden revolutionären Pathos eines Arndt von vornherein fremd. Sie wird sich nur »durch eine feste und gerechte Verfassung« bilden und stärken, durch die Preßfreiheit lebendig erhalten werden und zugleich deren Gefahren vereiteln [100]).

In seiner Denkschrift über die Reform der Zensur in Preußen [101]) hat Humboldt die große Arbeit der preußischen Reformjahre nach dem ersten Halbjahr im neuen Deutschland wieder aufnehmen wollen. Welches unmittelbare Erlebnis zugrund liegt, kommt in einem Privatbrief unbefangen zum Ausdruck [102]): »Allerdings kann man nichts ohne das Volk ausführen und bedarf seiner beständig; aber man bedarf noch viel mehr um recht zu handeln und verkehrtem Handeln zuvorzukommen seines Sinnes und Gemüts, und die ganze, darum aber auch für den Augenblick unheilbare Krankheit der Zeit ist dieser furchtbare Zwiespalt zwischen denen, die das Rechte wollen und denen, die nicht einmal den Sinn für das Rechte haben ... Solange die Menschen, die weder Grundsätze noch Gemüt haben — (Wittgenstein und ähnliche) — regieren und die anderen, die wenigstens fühlen, daß man das alles nicht entbehren kann, sich zwar das Regieren gefallen lassen müssen, aber sich bewegen, tadeln, schreien — (also eine kritische ö. M.) — solang muß es schlecht gehen«. Humboldt sah also den Kampf zwischen Regierung und ö. M., in der die ö. M. zweifellos der bessere Teil war, der aber seine oberste Forderung vereitelte, die Einheit zwischen Regierung und Meinung der Bürger. An dieser Forderung mußte Humboldt festhalten; im Begriff der Staatspersönlichkeit sollte das höhere Dritte geschaffen sein, in dem sich dieser Gegensatz aufhob. Indem Regierung und Bürger gleichermaßen dem Staat dienen, wachsen sie über den liberalistischen Gegensatz: Autorität gegen ö. M., hinaus [103]). Humboldts Begriff einer ö. M.

---

99) Vgl. Dezember-Dk W XI 101.

100) W XII, 40.

101) 9. 1. 1816, W XII, 36.

102) Briefe V, 106 ff., 28. 10. 1815.

103) W XII, 41. H. betrachtet die Richter, die »zwischen der Regierung und der Nation (der Staatsbürger) ... gleich unabhängig von beiden in der Mitte stehen«; der Gegensatz zwischen Regierung und ö. M. wird in ihnen

blieb so lange vague, politisch kaum greifbar, als sie nur als Attribut der Nation bestimmt wurde. Jetzt in Preußen wurde sie als ein Teil des innerpolitischen Lebens von ihm verstanden [104]).

Die anregenden Kräfte, die in der wenn auch kritischen Anteilnahme der Bürger liegen, macht die Regierung fruchtbar für den Staat, indem »sie auch leise Äußerungen derselben, da wo sie Beifall verdienen, benutzt, aber mit der größten Festigkeit im entgegengesetzten Falle auch der lautesten nie nachgibt. Eben dadurch aber wird sie »bei einer sichtbaren Aufmerksamkeit auf die ö. M. mit einer aufrichtigen Bereitwilligkeit« »ohnfehlbar den öffentlichen Beifall aller Vernünftigen und Gutgesinnten und sogar den heimlichen der anderen« verdienen. In dem Gedanken, ein Regierungsblatt zu schaffen, verstärkt sich noch die Tendenz, die ö. M. zu machen, um sie zu benutzen.

Bei jeder tatsächlichen Regierungsmaßnahme erwähnt Humboldt die Rücksicht auf den »Eindruck«, die »Wirkung« [105]). Aber eine Rücksicht auf die Wünsche des Volkes in einer allgemeinen Er-

---

ausgeglichen durch das Recht; die ö. M. wird nicht etwa der Regierung unterworfen. H. hat diesen Satz aber gestrichen. Eine ähnliche Gleichberechtigung der Regierung und der in der Presse sich äußernden ö. M. setzt das Verfahren voraus, das im § 7 festgesetzt wird. (Suspension einer Zeitung, Schadensersatzpflicht der Regierung, wenn das Urteil des Gerichts die Suspension für unberechtigt erklärt).

[104]) »Die Neigung, alle Maßregeln der Regierung der Prüfung zu unterwerfen, die wenn sie auch zu einer gefährlichen Krankheit ausarten kann, doch, solange sie in den gehörigen Schranken bleibt, als das erste Zeichen des erwachenden öffentlichen Geists, also des einzigen Elementes, in dem sich eine Regierung mit freudiger Wirksamkeit bewegen kann, von jeder weisen sorgfältig geschützt werden muß, ist bereits sehr stark und rege. Die Regierung kann daher nichts Besseres tun, als sich von allen Seiten mit festen Grundsätzen, systematischer Ordnung, festen Einrichtungen umgeben; das Gebiet, von dem sie die Willkür verbannt, ist erst der Boden, auf den sie sicher treten kann.« Denn eben in der Verbannung der Willkür liegt das Wesen des (Rechts-)Staats, zugleich das Ziel der ö. M., wie sie sich im Staat zeigt.

[105]) z. B. der neuen Steuergesetze, an denen H. mitarbeitet, W XII, 180; 197. In den amtlichen Dk für König und Kanzler fühlt man deutlich, daß der Ratschlag, die ö. M. zu berücksichtigen, sich gegen die Reaktionsgesinnung in der preußischen Regierung richtet. Zuweilen bezieht sich diese Rücksicht auf fast komische Kleinigkeiten, so wenn H. meint: »Es dürfte einen schädlichen Eindruck auf die ö. M. machen«, wenn der preußische Staatsrat jährlich ein Vierteljahr Ferien habe; sachlich sei eine Arbeitsruhe während der drei Sommermonate aber durchaus möglich, ja geboten, W XII, 148. Briefe V, 325 will H. nicht, daß »die Leute noch unzufriedener gemacht werden«. Es ist »Pflicht der Regierung, die politischen und moralischen Wirkungen in Erwägung zu ziehen«, sonst »leidet das Vertrauen des Volkes«, W XII, 164, 134, 190.

klärung mißbilligt er, so das berühmte Mai-Edikt Friedrich Wilhelms III., das die Einführung einer landständischen Verfassung in den preußischen Staaten versprach. Humboldt will keine déclarations isolées [106]). Auch in Preußen fürchtet er nach den Erfahrungen von 1815 und 16, daß »der gute Geist nur wirksam bleibt für eine Regierung, wenn sie ihn auch hinlänglich zusammenpreßt« [107]). Diese Festigkeit will Humboldt gegen eine liberale ebenso wie gegen eine reaktionäre Richtung der ö. M. Obwohl er 1815 ebenso tief enttäuscht wurde wie Stein und Arndt, zog er weder die Folgerung eines revolutionären noch die eines reaktionären Denkens; er suchte die Schuld in der Haltung der Regierenden ebensosehr wie in der der Regierten. Schon im Herbst 1815 empörte er sich über den Chauvinismus, der mit den beginnenden Reaktionsideen verbunden oder mit der nationalrevolutionären Frondeurstimmung in der preußischene Armee auftauchte [108]). Aber Humboldt kann nicht wie Arndt und Stein diejenigen, die falsche Auffassungen der sozialen und politischen Probleme vertreten, einfach als Feinde betrachten, bekämpfen, verachten. Mit objektiver Ruhe stellt er fest, daß »Gute und Geistreiche« unter denen sind, die »Anathemen aussprechen, Fesseln schmieden, von denen ich keinen Begriff habe. Engherzige Ideen des Mittelalters, sogenannte alte Deutschheit, übel verstandene von Moral und Religion sind freilich aus dem noch viel ärgeren Gegenteil von alledem entsprungen und herrschend geworden« [109]).

Er fühlt sich deutlich zwischen alten und neuen Gegnern, zwischen der alten und neuen Zeit [110]). Was die preußische Reform selbst an neuer Anteilnahme am Staat hat erzeugen wollen, zeigt sich jetzt als absolute Neigung der ö. M. »für das sorgen zu wollen,

---

[106]) W XII, 41; 45. W XI, 206, vgl. oben.

[107]) Januar 1816, Briefe V, 170.

[108]) Briefe V, 72; Briefe V, 118: »Der offenbare Zustand des Streits, in dem die Menschheit ist« macht Humboldt wie Karoline als Ergebnis der großen Kampfzeit »unendlich traurig«. November 1815.

[109]) 16. 9. 1815 Briefe V, 72.

[110]) Briefe V, 256. Die Berichte der Karoline spiegeln dieses Erlebnis beider Gatten noch deutlicher. Wie Arndt fühlt Karoline die Zeit als eine große Krisis. Mit ihm teilt sie die Gabe, vielerlei Gründe zu sehen ohne doch relativ zu werten, und das instinktive Ablehnen aller volksfremden Elemente in der ö. M.: Die Welt der geschäftlichen Interessen, die Beredsamkeit der Juden (Briefe V, 75, 220), der Spott des Hofes und der höfischen Gesellschaft, die machtpolitischen Interessen der reaktionären Oppositionspartei in Preußen und im Bund (Briefe V, 207, 365) sind ihr tief verdächtig; sie erkennt, wie die ö. M. dadurch gefälscht wird: »man mißbraucht das ehrwürdige Bedürfnis einer großen Nation« als Deckmantel zu unreinen Absichten.

wofür sie nicht zu sorgen haben« [111]). Während Humboldt in Frankfurt zu tun hat, läßt er sich das Getriebe der nun in Preußen zum erstenmal lebendig gewordenen widerstreitenden Meinungen und Richtungen schildern [112]). Seine Gattin, eine sehr gute Beobachterin, berichtet im September 1815: »Es ist hier ein entsetzliches Geschnatter und Gerede an der Tagesordnung« [113]). Zugleich aber meldet sie den Beginn der Reaktionsstimmung. Die Schmalz-Gesinnung ist ihr genau wie Humboldt tief zuwider [114]). Hier taucht zum erstenmal für beide Humboldts das Problem auf, daß sie in Opposition zu Hof und Regierung innerlich auf Seite einer patriotischen ö. M. stehen, wie Stein und Arndt es 1809—13 erleben mußten. Denn Karoline fährt fort: »Die Stimmung bei Hofe war mehr für Schmalz «[115]). Zwischen den Radikalen beider Richtungen steht Humboldt zweifelnd, fast verzweifelnd. »Es ist immer, als wäre etwas verborgen, was auf einmal losbrechen würde oder als sinke, was besteht, allmählich unvermerkt ineinander, ohne daß ein Halten oder Verbessern dabei wäre« [116]).

Neben Humboldts Kritik an der ö. M. wie sie sich jetzt zeigt, entstanden aus dem Wollen der kleineren Zirkel und Kreise, und wie sie den »Geist von 1813« zu lähmen beginnt, tritt seine Kritik an der Regierung [117]), besonders in der Denkschrift vom 14. 7. 1817, die für Hardenberg bestimmt ist [118]). Es ist das Grundübel der Verwaltung, daß sie »nicht das Streben nach Erhaltung vaterländischer und energischer Gesinnung« mit dem Kriegsministerium Boyen geteilt hat. So herrscht in der Nation nirgends »die lebendige Bereitwilligkeit, mit der ein Volk nach so glorreichen Begebenheiten seiner Regierung folgen« müßte. Die Einheit von öffentlichem Geist und Regierung soll das Ziel und Maß für die neue Einrichtung der Verwaltung sein, die die Ideen von 1813 allein erhalten kann. Nicht

[111]) Briefe V, 126, 225. Ebenso Karoline V 285. »Anmaßende unbehutsame Reden von Einzelnen« W XII 63 Sept. 1816.

[112]) Briefe V, 169.

[113]) Briefe V, 75; vgl. auch ein Jahr später V, 285.

[114]) »Das Verbot der geheimen Gesellschaften hat den traurigsten Eindruck bei allen Gutgesinnten gemacht.« Briefe V, 171, 173.

[115]) »Alles was vor drei Jahren die Gemüter der Menschen bewegt und entzündet hätte« ist jetzt ein Gegenstand des Spottes geworden, »es käme keine liberale Idee auf« am preußischen Hofe. Briefe V, 212. Karoline versteht die ernste »Klage im Volk« ebenso wie die religiös-revolutionäre Gesinnung, die die Anekdote Plehwe spiegelt. Briefe V, 241, Mai 1816.

[116]) Briefe V, 301.

[117]) »Sie gefährdet die moralische Kraft des Staates«. W XII, 201. Dem Staatsdiener muß »die Meinung der Besseren zur Richtschnur dienen«. Ebenda.

[118]) W XII, 197.

verfassungsrechtliche Erwägungen veranlassen Humboldt, diese Institutionen zu wollen.

Die Bildung einer wahren ö. M. ist psychologisch ein weit weniger sicherer Weg als die Institutionen, um die sittlich-geistigen Kräfte der Bürger in den Staat einströmen zu lassen. Das war die traurige Erfahrung der Nachkriegsjahre. Aber Humboldt ehrt in dem, was er ö. M. nennt, doch auch den Geist schlechthin, durch den sie mehr und etwas grundsätzlich anderes ist, als was alle Institutionen schaffen können. Deshalb hält er so fest an der Idee der Preßfreiheit [119]) unter Verantwortlichkeit der Schriftsteller. Verantwortlich ist jede Äußerung der Presse, denn »der Herausgeber einer Schrift unternimmt eine öffentliche Handlung, von der er dem Staate Rechenschaft schuldig ist« [120]). Es gibt keine rein geistige nichtöffentliche Sphäre mehr in dem neuen Staat der preußischen Reform. Nicht das Menschenrecht des Autors ist das wesentliche Argument für die Preßfreiheit [121]), sondern die Leistung der Presse für den Staat [122]). Es fällt auf, daß Humboldt über die Wechselwirkungen zwischen Autor und ö. M. nie spricht; daß ihm die Zeitung mehr als eine Einflußnahme des Autors auf die ö. M. erscheint, denn als ein Ausdruck der ö. M. durch das Medium des Autors hindurch [123]). Die Zeitung ist Führerin, nicht Organ der ö. M.

Die Einflußmöglichkeit der Zeitung schätzt Humboldt hoch, rechnet also mit einem intellektuell beeinflußbaren, politisch »interessierten« Publikum, wie er es etwa in Berlin kannte. Diese ö. M. ist kritischer Betrachter und aufmerksamer Begleiter des politischen Geschehens. Grundsätzlich will Humboldt sie hören, auch ein oppo-

---

[119]) Dk. vom 9. 1. 1816; schon im Mémoire Préparatoire, April 1814, § 4. W XI, 209. Die Forderungen nach Preßf eiheit unter den droits de tout sujet allemand, auch im Entwurf der Bundesverfassung Februar 1815, § 96.

[120]) W XII, 43. Vgl. Gebhardt I, 331; II, 221. H. stimmt überein mit Gentz' Aufsatz über die Preßfreiheit in England 1818, Ges. Schriften II, 39. »Immer nur Freiheit unter nachheriger Verantwortlichkeit . . .« W VII, Teil II, 637, 1818.

[121]) Nur weil der Staat über-persönliche Individualität ist, kann die Beschränkung der freien Äußerung der individuellen Geister aus seinem Interesse gerechtfertigt werden. Vgl. unten.

[122]) »Daß man sehr unrecht tun würde, die Zeitungen etc. mit einer gewissen Geringschätzung zu behandeln« denn »in unserer Zeit haben zwar die Zeitungen . . . den ö. Geist oft irre geleitet« — die Dissonanz zwischen Volks- und Staatsgesinnung einerseits und bewußter Äußerung in der Presse andererseits wird hier angedeutet, aber nie ausgeführt — »aber sie sind auch ein so wichtiges Mittel ihn zu wecken und zu bilden geworden«. W XII, 42.

[123]) Er besitzt die Vorstellung, daß das Denken des Sprechenden von der Sprache mitgeschaffen werde, aber nicht, daß es aus einer kollektiven seelischen Gesamtbeschaffenheit stamme.

sitionelles Blatt deshalb dulden [124]). Freilich glaubt er nicht, daß es das Publikum verhetzen könne; er vertraut auf den »gesunden Verstand der Leser«, — nicht auf ihre Gesinnung —, der sachliche Mißbilligung unterscheiden könne von ungerechten Beschuldigungen der Personen. Humboldt selbst hat in verschiedenen Zeitungsartikeln auf die ö. M. wirken wollen [125]). In ruhiger klarer Form sucht er die Öffentlichkeit über die Absichten der Regierung zu verständigen und sie zurechtzuweisen. Der völlige Mangel an Verständnis für die psychologische Eigenart der Masse des lesenden Publikums fällt dabei genau so auf wie einst in Humboldts Berichten aus dem Paris der Konsulatszeit; noch immer sind ihm die leidenschaftlichen Abneigungen und Wünsche, das ganze laute und unklare Wesen der Menge unverständlich. Daß man in einer Zeitung nicht überzeugen, sondern überreden müsse nicht durch wohlabgewogene Gründe, sondern durch Überschwang und schroffe Kritik, ist Humboldts Wesen allzu fremd [126]). Er sucht vielmehr die ö. M. durch Beweisgründe einzunehmen und ihr gleichzeitig zu lehren, daß »die, die die Absicht verraten, durch etwas anderes als ihren inneren Gehalt wirken zu sollen und sich dadurch als eine Art unrechtmäßige Macht herandrängen«, mit Recht einer gesetzlichen Beschränkung unterliegen. Diese Macht ist unrechtmäßig, weil sie nicht die Wahrheit vertritt, sie ist unsittlich. (Spranger.) Das verrät, wie tief moralisch Humboldt auch die Äußerungen politischer Meinungen verankert wissen will. Die Erkenntnis des Machtkampfes, der in der Presse ausgefochten wird, ergibt die Notwendigkeit der Zensur, der gesetzlichen Beschränkung der Preßfreiheit, gleichsam als Strafe.

Dazu taucht wieder das Problem der Publizität auf. Humboldt, dem Diplomaten, ist sie etwas anderes als Arndt, dem Publizisten. Humboldt bekennt, daß er der ö. M. die diplomatische Information verweigert und das Urteil über die Schritte der Diplomatie nicht zutraut [127]). Es bleibt dunkel, was die ö. M. in Preußen im politischen Leben nun tatsächlich tun soll. Humboldt faßt sie nie als einen politischen Willen auf, es fehlt ihr jegliches politisches Programm.

---

[124]) W XII, 45.

[125]) 4 Zeitungsaufsätze in W XI; vgl. dazu Briefe IV, 80.

[126]) So tadelte er einen Zeitungsaufsatz im Moniteur vom 5. Dezember 1814 in der polnisch-sächsischen Frage, weil au lieu de discuter avec calme la question on tache de réveiller les passions.

[127]) Das Publikum soll das Geheimnis der Verhandlungen der Kabinette respektieren (Briefe V, 159, W XII, 44, Zeitung XI, 231 ff.), ohne daß sein Vertrauen dadurch beeinträchtigt wird. Ein mémoire, das für einen festen diplomatischen Zweck bestimmt ist, darf nicht veröffentlicht werden, da es nicht für das Publikum zurechtgeschrieben ist Briefe V, 159.

Wenn man betrachtet, wie Humboldt selbst damals zur ö. M. stand, so wiederholt sich wiederum der doppelte Sprachgebrauch: das Urteil der gesellschaftlichen »Meinung« läßt ihn kühl; er stellt zwar — nicht ohne Genuß — fest, daß er »sehr oben in der Meinung« sei, aber gleichzeitig betont er: »Gneisenau ist eine andere Natur als ich und hängt sehr an der Meinung; mich würde so etwas nicht rühren«[128]. Er fühlt sich der gesellschaftlichen Welt innerlich überlegen, durch ihr Urteil weder bestätigt noch verdammt; aber er hält sie politisch keineswegs für bedeutungslos, denn er fügt hinzu: »meine Gegner haben Furcht« und das erleichtere ihm seine Politik. Ganz anders beglückt und bestätigt ihn »die gute Meinung in Deutschland«[129]. .. »Ich liebe an so etwas nur eins — die Volksstimme, die mir sehr viel wert und die würde ich gerne für mich haben«; »sie urteilt auch nur im ganzen, ob einer gut gesinnt ... ist«[130]. Allein die Problematik des »öffentlichen Vertrauens«[131] ist ihm aus eigenem Erlebnis bewußt: Es entsteht nur da, wo das Volk den Kampf um den Erfolg zu sehen glaubt, den aber Humboldt selbst verborgen und sachlich kämpft[132]. Indem Humboldt das Problem der Popularität und des Sich-Darstellens erwägt, nimmt er der ö. M. das absolute Richteramt über den Staatsmann, vor allem in der Form der Presse. Das Urteil der ö. M. bedeutet ihm aber doch

---

[128]) 1817, Briefe V, 348; 215.

[129]) Briefe IV, 218, 384; 449, 1814 »Die Leute mögen« — in der Zeitung — »sagen was sie wollen von mir, es kennt mich von ihnen keiner; ich liebe nur die Volksstimme ...«

[130]) Briefe V, 338. Er erträgt die Unzufriedenheit der Meinung Berlins gelassen, lacht darüber, daß man ihn den klügsten Menschen in Europa nennt u. v. a. In seinem Privatleben richtet er sich in gewissen Dingen danach, seinen Ruf im Lande zu erhalten, und es ist ihm ganz geläufig, den »Ruf« eines Ministers im Lande zu berücksichtigen. Briefe VI, 1818, 340. Er verlangt z. B. deshalb keine Pension; vgl. auch Briefe V, 137, VI, 162. Er tadelte Hardenbergs Leichtsinn darin schon 1813, Briefe IV, 79; die süddeutschen Minister sind durch ihren Ruf allein schon »unmöglich« geworden für die Fortführung der Politik und müssen ersetzt werden.

[131]) »Das Volksvertrauen ist ein Glück, dem aber in dem, der es hat, auch immer eine beneidenswürdige Anlage, eine Art Genie des Charakters entspricht« Briefe V, 109.

[132]) »... Wenn man um ihren Rat und Beifall nicht bemüht scheint, — nicht anders als er insofern nebenher aus dem Rechttun fließt — so ist man ihr Mann nicht«. Briefe VI, 254. »Ich bin überhaupt und auch gegen alle im Volk die urteilen, in einer sehr eigenen Lage. Ich genieße an sich eines großen Vertrauens selbst in Absicht gewisser Charakterseiten, aber für keine Klasse bin ich der, der ihnen eigentlich zusagt ... Ich habe sogar eine zurückstoßende Kraft für sie, ... Ruf der Kälte ... Weil ich mich nie darum bekümmert habe ihr Urteil über mich zu leiten ...

eine moralische Bestätigung seines Wertes in den Jahren des Kampfes zwischen reaktionär- und reformgesinnter Beamtenpartei in Preußen[133]).

Man kann wohl sagen, daß sich zuletzt Humboldts Kampf gegen Hardenberg um die Durchsetzung der preußischen Verfassungsreform unter der lebhaftesten Anteilnahme, ja fast Einflußnahme der ö. M. abspielte [134]). Humboldt selbst sah seine Berufung zum Minister in das Departement für Verfassungsangelegenheiten an als einen Sieg der ö. M. ganz Deutschlands, die mit der Hoffnung auf eine preußische Verfassung zu Humboldt aufschaute, der sie gegen Hardenbergs Alleinherrschaft durchsetzen werde. Diesen »richtet jetzt, und fast ohne daß sie sich ausspricht, die ö. M. . . .« [135]). »In Absicht der Einrichtung ständischer Verfassung« hat Humboldt »die ö. M. ganz Deutschlands« für sich, und Preußen beweist, daß es eben diese ö. M. ernst nimmt, durch seine Berufung [136]).

Im Kampf zwischen den intriguierenden Parteien innerhalb der preußischen Regierung lernt Humboldt, daß es nötig ist, um sich in der ö. M. zu behaupten oder durchzusetzen, daß man sich eine Partei selbst bilde. Aber nichts liegt seinem Wesen ferner [137]). Wenn sie sich ohne weiteres für ihn erklärt, dann allein gibt ihm dies ein Gefühl seiner wahrhaften Berufung, der er folgen muß [138]). Er muß seine Position in der ö. M. gegenüber der Regierung ausnützen, um das Ziel zu erreichen, das die ö. M. von ihm erhofft; er fühlt sich gebunden und verpflichtet, schon um die ö. M. nicht völlig zu entmutigen [139]) und das Gerücht nicht entstehen zu lassen, der Zustand der Verwaltung sei rettungslos. Die Berufung auf die ö. M. begleitet seine langsame und zögernde Entschließung; bemäntelt sie seine Entschlußlosigkeit? Nicht persönliche Machtstellung, sondern Kraft, im Staat zu wirken, soll die ö. M. ihm geben; ohne die Überlegenheit Steins, ohne das dankbare Zusammengehörigkeitsgefühl Arndts sucht Humboldt im Vertrauen der ö. M. die Grundlage seines Selbstvertrauens [140]).

---

[133]) Briefe V., 399, 300; Karoline widerrät H. seine passive Haltung gegenüber der ö. M. und mißbilligt, daß er sie weder bekämpft noch zu leiten suche. Briefe VI, 317 u. a.

[134]) Hardenbergs Vorgehen erklärt Witzleben an Humboldt: »Man fürchtet die Gewalt Ihres Geistes und möchte Sie womöglich auch in der ö. M. herunterbringen«, im »Urteil des Publikums« . . .

[135]) Briefe VI, 457.

[136]) »Vorzüglich der ö. M. wegen« Briefe VI, 395, 399; auch 434, 494, 529; schon vor der Berufung vom Januar 1819 Briefe VI, 161, 186.

[137]) Vgl. Oktober 1818, Briefe VI, 328.

[138]) Vgl. Briefe VI, 126, 179.

[139]) Vgl. Briefe VI, 433.

[140]) Vgl. Briefe VI, 287, 369.

Nach jahrelangen Kämpfen, in denen der »Geist von 1813« längst verweht ist, sucht Humboldt noch einmal die preußische Verfassung zu schaffen. In den großen Verfassungsentwürfen für das Deutsche Reich vom Dezember 1813 und vom Februar 1815 wurde die ö. M. nicht erwähnt, von Ständen wurde nur gesagt, daß sie die Nation enger mit ihren Regierungen verbinden sollten. Aus dem Mangel einer festen Institution ergab sich nach 1815 die Wirkungsmöglichkeit einer ö. M. am Bunde. In Preußen weist Humboldt der ö. M. die Aufgabe, als einheitliche preußische Staatsgesinnung die Einheit zu ersetzen, nicht zu: hier erhofft er das von der Verfassung und der Administration [141]). Den Gedanken der Stände hatte er besonders unter Steins Einfluß in Frankfurt inzwischen ausgebildet und wollte ihn jetzt gegen den Konstitutionalismus Hardenbergs vertreten, vor dem er »mehr Angst hatte als vor 10 Jahren ohne Konstitution . . .« [142]). Humboldt hatte lange gebraucht, um »mit sich selbst über die Verfassung im Reinen zu sein«. Aber »in den Grundideen, nämlich dem Hängen an wahren Ständen als Korporationen und in dem Abscheu gegen die neuen französischen Verfassungen war ich immer einerlei Meinung mit Stein«. »Ich habe mich jetzt auch in England (1817/18) sehr viel mit allem, was dahin einschlägt, beschäftigt . . . Stein geht nur manchmal . . . historisch zu weit« [143]).

Von dem englischen Aufenthalt ist, außer einer anschaulichen Schilderung des Wahltages, verhältnismäßig wenig erhalten, das Zeugnis gäbe, welchen Eindruck auf Humboldt das reiche politische Leben dieses Landes machte; besonders ob er dort die lebendige Anschauung einer ö. M. im parlamentarischen Machtkampf gewann und welche Konsequenzen für seinen Begriff von ö. M. das etwa hatte.

Zunächst fällt ein Urteil über die englischen Zeitungen in die Augen: »Sie sind eine Macht, es wäre vergebens es abzuleugnen« [144]).

---

[141]) Vgl. Briefe IV, 558, schon 1813 Briefe IV, 187. Den Anspruch darauf hat die Nation »auf der Stufe, auf welcher sie steht, und nach den Beweisen von Kraft, Anhänglichkeit an den König (!) und Vaterlandsliebe, die sie gegeben hat«. Nov. 1817, Briefe VI, 54. Das Interesse für die Administration als die wesentliche Sicherung für Einheit und Stärke des Staats ist bei H. alt. Schon im Tagebuch, 20. 5. 1798, W. XIV, 470 hat er sich notiert, daß Sièyes Administration für wichtiger als die Verfassung hielt; Niebuhr hatte das in der Einleitung zu Vinckes Werk über die Verwaltungsorganisation Englands 1815 ausgesprochen. H.s Arbeit galt zunächst der Reform der Finanzverwaltung.

[142]) Briefe VI, 381, 17. 11. 1818.

[143]) Briefe VI, 463. »Durch Steins Aufsätze ist mir Vieles erst eigentlich klar geworden«.

[144]) Er notiert sich alles, was sie über ihn sagen, obwohl er ihre populären Episodenerzählungen über öffentliche Personen »Inseleingeschränktheit« nennt.

Die größere und volksmäßigere Wirkung der Zeitungen fällt ihm auf. Dann beobachtet er die in den Parlamentswahlen sich breitmachende Plebs, mit der an keine Verständigung zu denken sei [145]. Das allgemeine öffentliche Interesse an den Wahlen, »die Sicherheit, mit der das Volk seine Schranke zu finden weiß«, die rege Vaterlandsliebe, der gesunde Sinn der Engländer, ihr Nationalcharakter, aus dem ihre Verfassung entsprungen ist so sehr, daß sie »wirklich zu einem Naturwerk geworden« ist — all dies bewundert Humboldt, am meisten aber, daß »es immer eine der edelsten Eitelkeiten sei, Einfluß auf den Nationalanteil der Regierung zu haben ...« und darin kämen die Engländer »den Alten gleich« [146]. Doch kann an eine Verpflanzung englischer Formen nach Deutschland nicht gedacht werden; deutsche Stände, wie sie dem deutschen Nationalcharakter entsprechen, können allein in Deutschland gedeihen [147]. Die schroffe Ablehnung jeglichen fremden Vorbildes wiederholt die große Verfassungs-Denkschrift vom Februar 1819 (§ 6; § 19) programmatisch.

Was haben diese deutschen Stände, die korporativ sind und historisch begründet, mit einer ö. M. zu tun, wie sie Humboldt bisher erwähnte? B e i d e d i e n e n d e m s e l b e n Z i e l, »statt den Gang der Regierung zu erschweren, ihre Festigkeit und Stärke vielmehr zu vermehren und das Volk zu beleben, von seinem Standpunkt mit ihren Maßregeln zusammenzuwirken« [148].

Unter diesem Gesichtspunkt hat auch die ö. M. ihre Stelle in dem Verfassungsentwurf der an Stein gerichteten systematischen Februar-Dk 1819 gefunden (§ 3): Als der Hauptzweck der Einrichtung einer landständischen Verfassung kann gelten, daß ... drittens »d i e ö. M. i n d e n S t a n d g e s e t z t u n d g e n ö t i g t w e r d e, s i c h m i t m e h r E r n s t u n d W a h r h e i t ü b e r d i e I n t e r e s s e n d e s L a n d e s u n d d i e S c h r i t t e d e r R e g i e r u n g a u s z u s p r e-

---

Briefe VI, 5, 67, 166. Karol. Briefe VI, 37; er mokiert sich VI 513, 529 über ihren Anspruch auf das Richteramt.

[145]) Briefe VI, 233—35; aber selbst jene Masse »hat ein richtiges Gefühl«, d. h. sie richtet richtig über einen Demagogen, dessen Privatleben sie verurteilt.

[146]) Briefe VI, 229. H. hat bereits 1814 nach einer tieferen Begründung gesucht, 14. 6. 1814, Briefe IV, 352: »Man fühlt, daß der Mensch als Gesellschaft und in Masse doch hier (in England) am Würdigsten erscheint«, während »der Mensch in Deutschland strebt nach einer idealischeren Natur, daß, wenn er als Masse nachsteht, das gerade in seinen Vorzügen liegt«.

[147]) So schon September-Dk. 1816, W XII, 110. H. unterscheidet vor Gentz den deutschen vom französischen Konstituonalismus als landständische statt Repräsentativverfassung. Die Kompromißform landständischer aber nicht altständ. Repräsentation ist 1816 noch nicht erkennbar.

[148]) Briefe VI, 446 ähnl. in der Note 30. 1. 1815 an Castlereagh.

chen«, damit die »Regierung auf den Geist rechnen kann, der die Nation belebt, daß »der Staat von der erhöhten sittlichen Kraft der Nation« getragen werde [149]). Diese sittliche Kraft der Nation aber wird nun nicht in der Stimme des Volks, nicht in der ö. M., sondern in der Aktion gesucht; den Raum zur Wirksamkeit gibt dem Bürger die ständische Verfassung; seine Fähigkeiten, seine tätige Gesinnung, seine durch seine soziale Lage gegebenen Interessen sollen sich auswirken, weniger seine Anschauungen und Meinungen. Die Verfassung selbst verbürgt »die Erziehung des Volkes zur Einsicht und Tat« [150]). »Die Volksbehörden« sind eng verbunden mit den »Bedürfnissen und Gesinnungen des Volkes«, sie, weniger die Presse, beeinflussen die ö. M.

Das Anteilnehmen des Volkes »ohne feste praktische Grundlage« (§ 11) — also das, was Arndt ö. M. nannte — wird teilweise als schädlich betrachtet. Ihm entspringt bisher die ö. M. Der Staat aber wird jetzt dieser ö. M. durch die ständische Selbstverwaltung den notwendigen Zusammenhang mit den Interessen des Volkes geben; daraus aber auch die Verpflichtung ableiten, daß sie mit mehr Verantwortungsgefühl, mit mehr Kenntnis des realen Lebens und mit mehr ehrlichem Bemühen um Wahrheit sich ausspreche; mit diesem doppelten darf man die »Wahrheit« des § 3 übersetzen.

Die Äußerung der ö. M. in der Presse ist frei — dies gewährleistet die spezielle »Konstitution«, die der Wahrung der individuellen Rechtssphäre innerhalb des Staates dient (§ 8).

Im Zusammenhang der Denkschrift wird die ö. M. deutlich erkennbar als ein Begriff, der aus der Erfahrung Humboldts während der letzten Jahre erwachsen ist: sie ist nicht wie bei Arndt und ganz vorübergehend auch bei Humboldt selbst (1814—16) die große elementare Gesinnung und Kraft, die aus dem geistigen Wesensgrund der nationalen Individualität aufsteigt und die staatlichen Formen durchdringen und beleben soll; sie ist nicht der Zeitgeist, ihn lehnt Humboldt ausdrücklich ab (§ 15); sie ist auch nicht Ausdruck des Gemeinsinnes oder der Staatsgesinnung, eben diese sind heute nicht zu finden. Deshalb steht der ö. M. in der Denkschrift von 1819 weder ein moralischer noch gar ein rechtlicher Anspruch zu. Sondern die ö. M. erscheint als eine Spiegelung der bedauerlichen Entwicklung, die zu den französischen Konstitutionen führte [151]). Es ist

---

[149]) Ausg. Kaehler (Klass. d. Pol.) S. 53, 50.

[150]) Ebenda S. 55. Der Ausdruck »zu Einsicht und Tat« findet sich in einer anonymen Nassauer Dk. vom 10. 10. 1815, deren Kopie in Tegel ist und die Kaehler für eine Arbeit Steins hält.

[151]) »Als nun durch die französische Revolution . . . und die ihr folgenden

nötig, daß man dem schon überhaupt an Staatsbegebenheiten vorhandenen Interesse die Richtung »auf die Verknüpfung mit kleinen Bürgergemeinheiten im Staate« gebe. Nur so kann die ö. M. eine wahre Kenntnis erlangen von dem, was notwendig im Staate sei, nur so kann sie über Staatsoperationen urteilen, »weit sicherer« als aus Erwägungen, was nützlich sei.

Humboldts ö. M. wird 1819 ganz klar nur zum Begleiter des politischen Lebens, das pulsiert in der Zusammenarbeit von Regierung und Ständen; sie betrachtet die Gesetze, die durch diese Zusammenarbeit zustande gekommen sind (§ 39).

Es besteht aber doch eine tiefere Verwandtschaft zwischen ö. M. und den Ständen. Beide entspringen »der inneren Machtverschiebung«, die Humboldt, so sehr er sie verschleiert, nicht leugnen kann[152]). Beide sind Ausdruck des ganzen Volkes und werden für einander wirksam im Prozeß der Wahl, besonders in der Form, die Humboldt ihm gibt. Es erscheint Humboldt als »eine dunkle, parteiische und niedrige Weise«, wenn die Stimme der Nation »durch die ungeregelte ö. M.« oder durch den Weg der Beschwerde etc. zum Regenten kommt; »ohne ihn von der wahren Lage der Dinge unterrichten zu können, macht sie ihn ungewiß . . . und verliert so das Vertrauen des Regierens«. Nur ständische Behörden können eine wirkliche Information übernehmen. Die Stände, sagt er zusammenfassend »sind das Mittel, die Meynung der Nation zu vernehmen«, . . . gegründet »auf die Verwaltung des Interesses der Nation«[153]). Ihr Aufbau zeigt ein eigentümliches Netz aus deutsch-korporativen und französisch-unitarisierenden Vorstellungen, in das der Systematiker Humboldt seinen Ständebegriff eingewebt hat[154]).

Die Wahl bedeutet die Verbindung des einzelnen sittlichen Willens mit dem der andern zu einem Ganzen, einem Akt des Wollens, der

---

Begebenheiten die Gemüter plötzlich aus mehr oder minder lauteren Beweggründen zu politischer Tätigkeit aufgeschüttelt wurden, so flogen sie mit Überspringung aller Mittelglieder der unmittelbaren Teilnahme an den höchsten und allgemeinsten Regierungsmaßregeln zu und daraus entstand und entstehet noch, was man laut mißbilligen, von sich abwenden und wo man kann niederdrücken muß«, Ausg. Kaehler, S. 174; 175.

[152]) Kaehler I S. 185, Fußnote.

[153]) Oktober 1819 Entwurf II W XII, 390; 393. Die Gründung der Meinung auf das Interesse soll die Verfassung davor bewahren, wie die französische Repräsentativverfassung Raum für Theorien und Gerede zu geben.

[154]) Kaehler hat in einer überaus feinen Studie über Humboldts Entwurf Zt. f. Pol. X 1917 S. 195 ff. die eigentümliche Struktur dieses Wahlrechts erläutert.

auf das gemeinsame Ziel, das Wohl des Ganzen, gerichtet ist [155]). Eine andere politisch sichtbare Form kann das Ganze der ö. M. nicht finden.

Die gewählten Deputierten, in den Ständen, bringen ein Gesamtwollen zustande, indem die einzelnen Deputierten »ihre eigene Meinung oder die öffentliche ihrer Provinz aussprechen« (§ 133) und in diesem Ausdruck wird »die vernünftige Stimme der Nation« (§ 134) erkennbar. Hier wird nun als »Meinung« eine enge Verbindung bezeichnet zwischen dem Interesse und dem Gemeingeist, zwischen dem Einzelnen und dem Ganzen, wie es das Wollen der Gewählten bedingen und bestimmen soll.

Durch unmittelbare Deputierte einer allgemeinen Versammlung für alle preußischen Staaten wird »die vernünftige Stimme der Nation« deutlicher vertreten als durch eine Auslese solcher Deputierter aus dem Kreise der Abgeordneten der Provinzialversammlungen [156]). Humboldt nimmt ohne weiteres an, daß durch ein richtiges Wahlrecht die Mehrheit der Nation in den Ständen deutlich zum Ausdruck kommen wird; und er hat ein Zutrauen zu der Vernunft der »Mehrheit der Nation« [157]). Daß diese und nicht die Volksmasse in den Wahlen zum Ausdruck komme, ist Humbolds Wunsch [158]). Einfluß von Nichtwählenden, Bestechungen, Rednerkünste sollen vermieden werden, ebenso »Neugierde und Parteisucht« auf der Tribüne des Sitzungssaales wie in der Seele des Publikums überhaupt (§ 132). An ihre Stelle soll »wahrer Anteil am öffentlichen Geschäftsleben« treten. Keinesfalls kann die Öffentlichkeit der Sitzungen als ein Recht der ö. M. gedeutet werden: die Handelnden legen dem Zuhörer nicht Rechenschaft ab, sondern sie erziehen ihn.

1818 hatte Humboldt noch gefürchtet, »daß einmal eine Spaltung (nämlich in Parteien) in der Nation« eintreten könne, wie sie in Frankreich unleugbar sei. »In Deutschland und bei uns (in Preußen) hängt es (nämlich diese Spaltung) noch nur an Meinungen, Urteilen,

---

155) Z. f. Pol. Bd. X, 238. Vgl. auch unten S. 261.

156) Damit lehnt H. das Vinckesche Prinzip des stufenweisen Aufbaus der Versammlungen ab und läßt die Bildung des gemeinsamen politischen Wollens wiederum sich vollziehen mit Hilfe der individuellen Einsicht, unter Ablehnung des Korporationsgeistes, der nur allzu leicht sich einer politischen Versammlung bemächtige. Dadurch hat H. den in den Deputierten verkörperten öffentlichen Willen dem Charakter einer ö. M. sehr viel näher angeglichen, denn diese muß ihrem Wesen nach frei sein vom direkten Einfluß politischer Korporationen und bezieht sich immer unmittelbar auf die Gesamtheit der — wenn auch in sich gegliederten — Bürger bzw. Wähler. Vgl. u. S. 198 ff.

157) W XII, 395.

158) Die Schilderungen der britischen Wahlen zeichnet die Masse bewußtlos und gedankenlos dem Geschrei der Demagogen folgend. Das wollte Humboldt gerade nicht. Briefe VI, 225, 233 ff.

Wünschen, und alles was wie dies auf Ideen beruht, ist nicht bloß versöhnbar, sondern immer zum Höheren, Besseren als das Verhindern des bloßen materiellen Übels ist, zu führen, wenn es verständig begonnen wird« [159]). Hier liegt der Keim des Parteigedankens, aber der Parteien der Meinungen, nicht der Interessenparteien. Eine Verbindung der Meinungen mit den Interessen wird nicht erwähnt. Die Meinung der deutschen Nation kann und soll nicht nur durch Interessen, sondern auch Ideen gebildet werden, da mit der deutschen Nation »durch Ideen mehr anzufangen ist« als mit irgendeiner anderen Nation. Auch können sich die Meinungen ausgleichen in der Idee des Staates, und in ihr beitragen zur Erkenntnis, was das Interesse des Landes und der Regierung erfordert. Daß die ö. M. der Zusammenschluß oder Kampf der Meinungen sei, sagt Humboldt noch nicht, und der Begriff der Partei taucht in seinem Begriff der ö. M. in der Februardenkschrift nicht auf.

Die Rolle der ö. M. im parlamentarischen System Englands ist bei uns nicht zu erwarten. Dort wird alles, was die ö. M. repräsentiert und verstärkt, aufgeboten von der Opposition gegenüber der Regierungspartei, um das natürliche Übergewicht jener auszugleichen. Da in Preußen dieser parlamentarische Dualismus nicht besteht, braucht die ö. M. nicht notwendig ihren Platz in den Reihen der Opposition einzunehmen. Die Unabhängigkeit der Wahlen ist auch ohne Teilnahme der ö. M., soweit diese bloße Begleiterin der politischen Aktion ist, möglich. Die Wahlen sollen nicht öffentlich sein. »Die Bewerber sind natürlich vorher bekannt und ihre Brauchbarkeit oder Untüchtigkeit ist natürlich dem öffentlichen Urteil ausgesetzt« (§ 146). Humboldt unterscheidet so, daß die deutsche Stimme des Volks in den Wahlen selbst in die Erscheinung treten soll, während die ö. M. Englands als Ausdruck der Masse die Wahlhandlung begleitet, und zwar in Opposition zur Regierungspartei.

Der Stimme des Volkes »ist in den ständischen Versammlungen ein geeigneter Weg sich zu äußern« gegeben (§ 153), damit »nicht die Stimme des angreifenden Schriftstellers die allein hörbare bleibt«. Hat Humboldt hier einen Gegensatz zwischen Schriftsteller und ö. M. konstruiert oder ist jener nur auch eines ihrer Organe? Das letztere trifft zu, denn Humboldt fordert, sobald die Organisation in Ständen erst da sein wird, die Preßfreiheit. Auch hier übergeht er ihre Schäden möglichst rasch, wie im Januar und September 1816. Die Einschränkung, die ihm das Gesetz vom 8. Oktober 1819 für den

[159]) Briefe VI, 350, 23. 10. 1818, vgl. auch Kaehler, Z. f. Pol. X, 231. H. hat die Entwicklung zur Partei nicht vorausgesehen. Die Gentzsche Unterscheidung zwischen Interessen- und Meinungenvertretung bei Klüber-Welcker S. 213 ff. Vgl. unten S. 199, 207, 259.

zweiten Entwurf auferlegte[160]), widersprach Humboldts Grundauffassung. Eben in dem Jahr, in dem Humboldt die ö. M. zu erziehen suchte, griff der deutsche Bund zum ersten Male durch Zwang und Verfolgung gegen sie ein, suchte sie nicht zu erziehen sondern zu unterdrücken. In den Karlsbader Beschlüssen wurde das Ideal der Preßfreiheit für Deutschland zu Grabe getragen. Humboldts Urteil über die erregte Stimmung jenes Frühlings, der auf Sands Attentat folgte, zeigt ihn, den Regierenden, voll Kritik gegen die Behandlung der ö. M. durch den Bund. Er machte sich gewiß keine Illusionen über die Haltlosigkeit, Wichtigtuerei, den Eigensinn und die Eitelkeit, die die ö. M. zeigte[161]). Ihre Voraussetzung, »der gesteigerte Verkehr«, erscheint ihm tadelnswert[162]). »Jetzt glaubt man, daß der Mensch nicht seine wahre Vollendung haben kann, wenn er nicht lebhaften Anteil an allem nimmt, was im Staat vorgeht«; »schreibt man jetzt wohl einen einzigen Brief ohne dies?« Was Arndt lobte, das verwirft Humboldt[163]). Sehr zögernd fügt er hinzu: »Allerdings mag die Zeit ... dies ... fordern und der Charakter der Nation gewonnen haben ... wenigstens kann man den Strom nicht aufhalten ... man muß also nur die gehörigen Mittel finden, ihn auch so würdig und ohne daß jenes (stille Leben in Literatur und Wissenschaft, dem Humboldts Sympathie gehört) zu sehr leidet, leiten«. Die ständische Verfassung sollte Mittel dazu werden. Aber man mußte sich beeilen: »Ich sehe die Fortdauer öffentlicher Ruhe nicht voraus; wenn es unten siedet, läßt sich der Vulkan oben nicht zudecken«[164]).

»Es ist gewiß, daß die Art, wie einige dem entgegenwirken wollen (z. B. Stourdzas Schrift) dabei nur das Übel vergrößern«[165]). Doch steht Humboldt nicht völlig im Gegensatz zu ihnen; die innere Verwirrung der ö. M. erschreckt ihn zu sehr: »Es ist in den meisten Schriften

---

160) Dieses bestätigte für Preußen die Annahme der Bundestagsbeschlüsse vom 20. Sept. 1819. Der zweite Entwurf Hs, wurde zwischen dem 18. und 28. Oktober geschrieben.

161) Briefe VI, 255, 263, u. v. a.

162) Briefe VI, 118. Eine drollige Bemerkung in seinem Munde: »Die Welt ist unter anderem an zuviel Kommunikation krank«. Dagegen amtlich: Das schade nichts XII 338.

163) Briefe VI, 103. Seine bedenklichen, zögernden Urteile über Görres' Coblenzer Adresse (Briefe VI, 128, 136), die eine Mobilisierung der ö. M. für einen bestimmten politischen Zweck bedeutete, über das Wartburgfest, über all die Zeichen der erregten ö. M. der Zeit Br. VI, 256, 52 lassen ihn erkennen als einen innerlich konservativen Menschen, dem gefühlsmäßig dies alles unsympathischer ist, als es seinem Denken entspricht.

164) Briefe VI, 110 (1818, vor Sand).

165) Briefe VI, 512.

und Zeitungsartikeln, selbst wenn sie von guten Köpfen herrühren, doch eine Verwirrung der Begriffe ... und indem dies geschieht, wird ewig über unterdrückte Preßfreiheit geklagt« [166]).

Die Verhaftungen, die Zensur, die Aufsicht über die Studenten scheinen Humboldt nicht so empörend wie Arndt [167]). Es ist aber vielleicht kein Zufall, daß sich solche Urteile nur in den Privatbriefen, nicht in den amtlichen Denkschriften finden. Auf die königliche Kabinettsorder vom 11. 1. 1819, die sowohl die Teilnahme der Beamten an Unzufriedenheit und Tadelsucht der ö. M. als die allzufrühe Politisierung der Jugend auf den Turnplätzen, endlich die Schriftsteller tadelte, antwortete Humboldt durchaus als Verteidiger »der politischen Denkart«, die in Gemeinschaft mit der religiösen sich gewaltig verändert habe »in allen gebildeten und sich fortbildenden Völkern«, aber noch immer durchaus »von einem besseren Geist beseelt« sei [168]). Selbst in der Denkschrift für den König rechtfertigt er die Klagen der Behörden über den schwerfälligen Geschäftsbetrieb damit, daß auch die öffentliche Stimme darüber klage; »ihr tiefes Gefühl der Mängel, ihr lebhaftes Streben zu bessern, was den allgemein gefühlten Bedürfnissen nicht zusagt«, erscheint ihm nicht als eine Sünde [169]). In der amtlichen Denkschrift vom 5. Okt. bekämpft er die Methode der Demagogenverfolgung [170]). In zwei später gestrichenen Stellen des eigenhändigen Entwurfs warnte er noch zweimal vor der Mißachtung der ö. M. durch die Regierungen, da, wo jene »nicht offenbar irregeleitet« sei [171]); auch durch Unterdrückung der Preß- und Lehrfreiheit könne sich die Regierung »unübersteigbare Hindernisse schaffen« [172]). Am allerwenigsten aber bestehe die Gefahr, daß die preußische Stellung in der ö. M. Deutschlands

---

166) Briefe VI, 529. Die öfftl. Meing. nahm sogar Sand in Schutz; ihr moralisches Urteil, das quasi ein weltliches Gewissen darstelle, billigte auch Stein nicht: es lasse »Ernst und Einsicht« vermissen.

167) Briefe VI, 508; an Stein Pertz V, 437.

168) W. XII, 316 ff., 324, Aug. 1819.

169) W. XII, 335; 324.

170) Besonders »was nun das Gefährliche ist«, daß sie »sich in tiefes Geheimnis hüllt«. W XIII, 362 ff. Die Mißbilligung des geheimen Vorgehens der Polizei auch XII, 378, Briefe VI, 83 u. a. Als Hauptargument gegen die Karlsbader Beschlüsse schiebt H. freilich die Verteidigung der preußischen Staatshoheit vor, die durch die Kompetenzen der Bundeszentraluntersuchungskommission der Karlsbader Beschlüsse beeinträchtigt werde.

171) Vgl. auch XII 340 Berichtigung der Irrtümer der ö. M. ist Aufgabe der höheren Polizei.

172) W. XII, 363, 371 Anmerkungen.

durch allzu große Freiheit erschüttert werde, wie der König unter ausdrücklicher Anführung der ö. M. befürchtete [173]).

Humboldt verweist dem gegenüber immer wieder auf die glückliche Wirkung einer Verwaltungsreform und einer Verfassung auf die deutsche ö. M. der Länder und der Regierungen. Durch »die Volksrepräsentation soll ein und dieselbe Volksmeinung für den Souverän und dessen Regierung gewonnen oder vielmehr geschaffen werden«, so wird sie das festeste Bollwerk gegen die Unruhen [174]). »Man muß Vertrauen der Regierungen auf ihre Autorität und auf die Stimmung und Gesinnung der großen Masse zeigen« — denn diese Masse sind die Besitzenden, die keine demagogische Gesinnung kennen [175]). Die Erfahrungen Humboldts an den schon bestehenden Verfassungen widerlegten solche Hoffnungen nicht: im bayrischen Landtag findet er »wohl viel unnützes Gerede, aber Demokratismus und Demagogie finde ich nirgends ... die existieren wirklich nur in den Zeitungsartikeln und Pamphleten« [176]). So bleibt ihm die Verfassung das wahre Mittel für die echte oder gegen die entartete ö. M.

Nach Boyens und seinem Abgang und nach dem Sieg der Hardenbergschen Alleinherrschaft im Bunde mit der reaktionären Partei erweist sich seine Bemühung um die preußische Verfassung definitiv als erfolglos. Im März 1820, also 2 Monate nach seinem Abgang, schreibt er an Stein: »Es ist mir ordentlich beruhigend, daß man die Konstitutionssache ganz ruhen läßt ... es wäre weiser, abzuwarten ... bis das Vertrauen zur Verwaltung wieder erwacht und hergestellt sein wird, ehe man Versammlungen zusammenberiefe, die immer schon viel zu sehr darauf hingewiesen zu sein scheinen, zu beurteilen und zu tadeln ... Die Reform der Verwaltung ist das einzige Mittel gegen die wahre drohende Gefahr, die demagogische Gesinnung« [177]).

Da die Verfassung auf der Gesinnung beruht [178]), so ist die Erziehung der Gesinnung doch das Zentralproblem der Staatsreform, auch wenn diese jetzt in die Verwaltungsreform verlegt wird. Die Organisation der ö. M. schob man auf; die freie ö. M. suchte man zu unterdrücken, zu ersticken und trieb sie dadurch notwendig in die Opposition zur Regierung. Was allein übrig blieb, war, daß in den

[173]) Fried. Wilh. III. fürchtete, Preußen errege durch seinen »liberalen Geist« den Schein, »es bezwecke sich solcher ... zu bedienen«. Das war ja Arndts und Görres' Hoffnung gewesen! W. XII, 340, 341.

[174]) W. XII, 325, ähnl. Pertz V, 437.

[175]) 5. 10. 1819. W. XII, 379.

[176]) 31. 5. 1819 Briefe VI, 555.

[177]) 20. 3. 1820 Pertz V, 450.

[178]) W. XII, 422 u. v. a.

10*

untersten Verwaltungsbezirken, den Gemeinden, auf denen sich stufenweise die Ständeversammlungen hatten erheben sollen (§ 44), die Nation sich einstweilen »erst einen anschaulichen Begriff von einem so geeigneten Geschäft erwerben« sollte, ehe man einmal eine allgemeine Versammlung berufen werde [179]. »Die Moralität« werde durch die aktive Teilnahme des Bürgers in der Selbstverwaltung mehr gehoben als durch »einzelnes Handeln in einer größeren Masse«, wie es die Ständeversammlungen erfordert hätten. Letzten Endes bleibt die »Moralität« das Ziel der Humboldtschen Reformideen, der preußischen Reform überhaupt, der es die Hebung der sittlichen Individualität des Staates und des Bürgers galt, die einander bedingen [180].

Mit dem Rückzug auf die Verwaltung schob Humboldt selbst die Verfassungsfrage auf das Gleis, auf dem der Verfassungsausschuß unter dem Kronprinzen 1822 sie fortführte bis zur allmählichen Einführung der Provinzialstände in den einzelnen Provinzen Preußens.

Nach dem Abschluß seiner politischen Tätigkeit von 10 Jahren schilderte Humboldt die dem Politiker und Geschichtsschreiber in Gegenwart und Vergangenheit gemeinsame Aufgabe und — wie man wohl sagen darf — sein eigenes Bemühen: Die Begebenheiten entstehen durch den Volkscharakter, aber geadelt werden sie durch die Handlungsweise des Einzelnen; dieser ist frei in der Tat, aber er vermag mit hellem Blick »das Wahre in der jedesmal herrschenden Ideenrichtung — (das doch auch in der ö. M. zum Ausdruck kommt) — zu erkennen und sich mit festem Sinn daran anzuschließen«. Das ist eine gewissermaßen passive Aufgabe, die seltsam kontrastiert mit dem Wunsch, der Wirklichkeit den Stempel der Idee aufzudrücken. Weil Humboldt seine Aufgabe aber so sah, war er persönlich der ö. M. gegenüber so duldsam und zugleich so sicher, ja oft vertrauend. Sein Vertrauen auf die Menschen — wie es sonst dem Demokratismus eigen ist — und auf die geschichtlichen Kräfte — wie es der Konservatismus pflegt — machen seine harmonische

---

[179]) Görres hat wohl nicht so ganz Unrecht, wenn er den preußischen Staatsrat das Prinzip der preußischen Regierung so aussprechen läßt:

»Es vollenden viel Hände
ein Werk leicht und behende,
allein viel Köpf und Sinnen
werden selten was Gutes beginnen«.

Rh. Merkur 76, Görres' Werke II, 319 ff., zit. b. H. A. Münster, S. 15. Der Vers bezieht sich auf Pr.'s Stellung zur deutschen Frage, paßt aber auch zu der Stellung gegen die allgem. Ständeversammlung.

[180]) Freilich hebt Meinecke mit Recht hervor, daß 1819 das Problem nicht gelöst sei. Neue deutsche Rundschau, Berlin 1920, S. 890 ff. Vgl. unten.

Gelassenheit wohltuend; der freilich zutiefst ein ganz unpolitischer Lebenswille zugrunde liegt, dem im Dezember 1813 — nach der größten erfolgreichsten Kraftanspannung des ganzen Volkes — das gefährliche Wort entspringen konnte, das der Idee der ö. M. in der preußischen Reform genau entgegengesetzt war: »Die Weltbegebenheiten gehen in dem Maße besser, als die Menschen nur negativ zu handeln brauchen« [181]).

Damit wird deutlich, wie tief Humboldt trotz der Reformarbeit seiner unpolitischen und passiven Natur treu blieb. 1792 hatte sie ihn schreiben lassen: »Die Sorgfalt für das Nützliche führe meistenteils zu positiven, für das Notwendige meistenteils zu negativen Veranstaltungen«, d. h. zu Befreiungen, da »die Stärke der selbsttätigen Kraft des Menschen« andere nicht zur Notwendigkeit werden läßt. Stein sah das Ziel umgekehrt: er suchte durch die Freiheit in der Bindung »die Stärke der selbsttätigen Kraft des Menschen« überhaupt erst zu wecken und dieser höchst positive Veranstaltungen zu überlassen; wobei freilich auch für Stein das Notwendige im Gegensatz zum nur Gedachten Grund und Maß für das Tun im Staat bilden sollte. Wie weit die Wesensart beider auch auseinanderliegt, ihre Entwicklungswege in der Wirklichkeit des politischen Lebens haben sie gerade aufeinander zugeführt. Humboldt hat als Diplomat gewußt, wie fremd der Menge der Menschen die Selbsttätigkeit ist, die er einst seinem Individuum ohne Weiteres beigelegt hatte; deshalb hat er die ö. M. Preußens zur Selbsttätigkeit erziehen wollen. Stein aber hat gerade in den entscheidenden Jahren die Selbsttätigkeit der Menge, jene »schlummernde Kraft«, in der ö. M. schon wach vor sich zu sehen geglaubt, die der Erziehung im Staat nur wenig bedürfe um die größte »negative Veranstaltung der Notwendigkeit« zu unternehmen, die Befreiung aus den Fesseln der napoleonischen Knechtschaft.

Aus ihr stammt der Begriff der ö. M. Es laufen so viele Fäden in ihm zusammen, daß es unmöglich ist, ihn zu definieren. Schon weil er wie seine Urheber die Doppelheit in sich trägt, konstatierend und normativ zugleich zu sein, weil er aus dem Vertrauen auf die Selbsttätigkeit und aus einer ethisch-politischen Zielvorstellung der Selbsttätigkeit der Staatsbürger oder des Volkes geboren ist, bedeutet er mehr oder weniger als eine »gesellschaftliche Willensform« (Tönnies) oder »die Wertgebungen eines Volkes an die Objekte seiner Kultur« (Gersdorff) [182]).

---

[181]) W. XI, 95.

[182]) Vgl. F. Tönnies, Kritik der ö. M. 1922. Gersdorff bei W. Bauer, Gesch. der ö. M. Tüb. 1914.

II. Teil: Darstellung des Begriffs.

Die Träger der öffentlichen Meinung.

Einleitung.

Aus der Fülle von Zeugnissen dafür, daß die ö. M. überhaupt eine große Rolle in Steins, Arndts und auch Humboldts politischem Denken spielte, läßt sich nicht ohne weiteres eine Definition ableiten oder ihr Begriff von einer ö. M. an einer heutigen Definition der ö. M. messen. Es gibt keine wissenschaftlich anerkannte Definition [1]; auch die von Tönnies: eine gesellschaftliche Willensform — ist nicht unbestritten.

Es erscheint außerdem nicht richtig, einen unter ganz anderen historischen Umständen und Denklagen sich bildenden Begriff an unserem heutigen »richtigen« Begriff zu messen [2]. Vielmehr ist aus den Merkmalen, die sich an den Trägern, der Funktion und psychologischen Eigentümlichkeit der »ö. M.« Steins, Arndts und Humboldts nachweisen lassen, ein Rückschluß zu ziehen auf das, was ihre ö. M. sein sollte. Es ist eine — oder mehrere — Vorstellungen von ö. M., nicht ein ausgebildeter Begriff in einem System, vorhanden. Aber diese Vorstellungen sind uns wichtig, weil sie das Ringen des werdenden deutschen politischen Denkens um eigene, nicht fremden Kulturen entnommene Begriffe deutlich machen. Ob sie »richtig« sind, steht zu beurteilen uns nicht an [3]. Es wird eher zu begründen sein, warum sie damals so entstanden und warum sie für jene richtig waren.

Ein Eindruck drängt sich dem Leser sofort auf: Jene ö. M., von der Stein, Arndt und Humboldt sprechen, ist meistens ein Wunschbild, Vorstellung von etwas, das werden soll und nicht von etwas, das ist. Damit aber entzieht sie sich schon stark der Beurteilung, ob sie »richtig« war; sie war vielleicht zu wenig gebunden an das, was vorhanden war, aber sie konnte eben nur dadurch ihre Ver-

---

[1]) Vgl. W. Bauer, Tüb. 1914, Kap. 1—3.

[2]) Wie Hans A. Münster in seiner Arbeit über den Begriff der ö. M. bei Görres. Er mißt ihn am Begriff von Tönnies.

[3]) Vgl. dazu allerdings Treitschkes, Delbrücks u. a. schroffes Urteil.

dichtung zu dem Normbegriff einer ö. M. für Stein und Arndt erreichen.

Görres hat für seine Vorstellung von der ö. M. als dem natürlichen Ausdruck der Opposition der Gesellschaft gegen die Regierung und zwar als gesellschaftliche Willensform von verschiedener Bewußtheit und Intensität, Lob geerntet; er habe keinen anderen Träger außer einer solchen Gesellschaft für seine ö. M. gesehen.

Stein und Arndt aber sahen oder wollten sehen einen Träger der ö. M., der wesentlich und unter allen Umständen nicht so sehr Kenntnisse und Urteile der Regierten als eine Gesinnung repräsentierte, eine Gesinnung, die aus ewigen nationalen elementaren Untergründen aufsteigt und deshalb von allen Volksgenossen getragen wird; ob im, ob gegen den Staat, ist für sie nicht entscheidend; jedenfalls beruht ihre ö. M. nicht auf der Spaltung zwischen Regierung und Regierten, sondern sie soll vor jener da sein und wenn möglich eben über sie hinweghelfen. Denn von diesem Ziel her wird ja besonders Steins politisches Denken bestimmt und zur Erreichung dieses Zieles ist ursprünglich auch der Begriff der ö. M. geschaffen worden. Dieses innenpolitische Ziel wiederum war gerechtfertigt als Voraussetzung für die Befreiung der Nation, und für diese ist der tiefere und umfassendere Begriff der ö. M. als Gesinnung des Volks geschaffen worden. Er ist der Mutterboden geblieben auch für jene letzte Form, die der Begriff in der Verfassungsdenkschrift Humboldts erhielt, die Steins Idee von ö. M. auszugleichen suchte mit der Entwicklung nach 1815; diese hatte den Begriff in den Verfassungskämpfen immer stärker zum Ausdruck des Willens der Regierten gegen die Regierung werden lassen. Man sieht, daß das Problem der Begriffsbildung sich vielfach ausbreitet: In verschiedenen Phasen mit verschieden betonten Zielgedanken entwickelt jeder der drei Denker eine verschiedene Vorstellung von den bestimmenden Elementen der »ö. M.«

Zunächst soll untersucht werden: Wer sind die Träger der ö. M. Steins, Arndts und Humboldts?

Beim jungen Arndt und Humboldt begegnet man zunächst eine vage unbestimmte Menge der Zeitgenossen als Träger der »Meinung«, die abwechselnd als Konvention verachtet oder als alle bestimmender Zeitgeist sehr wichtig genommen wird (wobei die Bewertung dieses Zeitgeistes schwankt).

Bei Stein dagegen wird das Wort ö. M. zuerst gebraucht für die Menge der Regierten im Staat: dem öffentlichen, d. h. politischen, nicht literarischen oder ästhetischen Leben gehört der Begriff an, und so auch der Mensch oder die Menschengruppe, die die ö. M. trägt.

Auf den Menschen als Persönlichkeit aber kommt es Arndt und Humboldt letzten Endes in ihrem gesamten Denken an. Es war der große Schritt, der vom individual-ethischen zum politisch-ethischen Denken zu tun war, daß dieser Einzelne in eine lebendige Beziehung zur Gesamtheit gesetzt werden sollte. Es war die Voraussetzung auch für eine fruchtbare Vorstellung von einer ö. M., da sie immer von einem Kollektivum, einer Gesamtheit getragen wird. Es erhebt sich nun die doppelte Frage: wie ist dies Kollektivum beschaffen, und wie steht der einzelne in ihm?

Humboldts Forderung 1792, daß das Individuum je individueller es werde, aus der Masse hinausstreben solle [4]), wurde in den Fragmenten 1805 in gewissem Maße auch von Arndt erhoben. »Masse« und »Meinung«, die von einer Masse getragen wird, sind die Feinde des Individuums. Auf den Gedanken der Ausbildung der Individualität ist Stein für die einzelnen Menschen nicht eingegangen, nur für die Nationen. Als echtem Kind des 18. Jahrhunderts kam es ihm zwar — wie Arndt und Humboldt — gerade auch im politischen Leben letzten Endes auf die Veredelung des Menschen an, aber auf die Veredelung möglichst vieler Menschen. Daher hätte Stein scheinbar am leichtesten auch im staatlichen Leben zur Anerkennung einer Meinung aller über das, was gut ist oder dieser Veredelung dienen kann, gelangen können, zur Bejahung der moralischen ö. M. der Gesellschaft, wie sie das aufgeklärte Jahrhundert bereits besaß. Aber Stein hat als den Zweck des Staats nicht die Hebung der Humanität schlechthin — in der Menschheit oder den Individuen — bezeichnet, sondern »die religiös-sittliche Entwicklung des Volkes«[5]). Bis zu dieser Auffassung hatten Arndt und Humboldt einen weiten Weg zu gehen, der sie zunächst von einem grundsätzlichen Individualismus hinführte zur Anerkennung der notwendigen Bindung der Persönlichkeit in ein Kollektivum; ja zu der doppelten Einsicht, daß »der Einzelne für sich nichts ist [6])«, daß aber »die Freiheit mehr im einzelnen erscheint, die Naturnotwendigkeit mehr an Massen und dem Geschlecht« [7]). Aus der Erkenntnis, »daß aber auch das geistige Wirken in der Menschheit nur als Zusammenwirken gedeiht« [8]), kommt man zuletzt zu einem »rein ethischen Kollektivis-

[4]) H., Ideen für e. Versuch, die Grenzen ... Ausg. Kähler, S. 12.

[5]) Pertz V, 749. Im politischen Testament Pertz II, 309 ist die stärkere Betonung des individualistischen Motivs (daß jeder Staatsbürger seine persönliche Kraft voll entfalten könne und solle) für die Reform wohl der Abfassung des Testaments durch Schön zu danken.

[6]) H., Dez.-Dk 1813, W XI, 97.

[7]) H., W III, 365.

[8]) H. 1810 Klass. d. Pol. S. 80.

mus« der geistigen Totalitäten [9]), denen sich der einzelne mit sittlicher Tat hingibt. Ein solch »rein ethisches Kollektivum« sollte zuletzt der Träger der ö. M. sein.

»Es gibt aber keinen Individualismus in Geschichte und Kultur außer wie er ausfließt aus Gemeinschaft und dadurch bedingt bleibt, oder wie er Gesellschaft hervorbringt und trägt«; »dieses entgegengesetzte Verhältnis des einzelnen zur Menschheit ist das reine Problem« [10]). Man darf wohl sagen: für den Individualismus Arndts und Humboldts, wenn er sich einer Gesamtheit zuwandte, galt es klar zu werden, ob diese eine »Gemeinschaft« oder »Gesellschaft« sei, jedenfalls ob sie als »Gemeinschaft« oder »Gesellschaft« gedacht werden sollte. Diese soziologischen Kategorien erweisen sich fruchtbar für die Bestimmung der Träger der ö. M. bei Arndt, Stein und Humboldt [11]), weil deren Begriffsbildung sich in einem Moment vollzieht, in dem der Übergang von »Gemeinschafts«-Bewußtsein zu »Gesellschafts«-Bewußtsein als ein besonders schöpferischer erscheint [12]). Wenn also zwar Tönnies' Begriff der ö. M. ausdrücklich nicht als Maßstab jenes historischen Begriffs von ö. M. gewählt wird, so wird doch versucht, den historischen Begriff zu erläutern mit Hilfe der von Tönnies geschaffenen Kategorien, die als solche völlig in die Forschung aufgenommen sind [13]).

Gemeinschaft und Gesellschaft stehen bei Tönnies in einem grundsätzlichen Gegensatz ihres Aufbaues: Gemeinschaft umschließt von Natur die Individuen als ihre Glieder und ist als Ganzes vor den Teilen. Die Glieder sind notwendig ungleich, aber als Glied gleichwertig. Gesellschaft wird durch den freien Willen der sich summierenden gleichen Einzelnen erst geschaffen. Das Bewußtsein in der Gemeinschaft zu leben, ist das ursprüngliche Sozialerlebnis des Menschen; erst ein hoher Grad rationalen Selbstbewußtseins löst den Menschen aus ihm heraus und macht die Vorstellung der »Gesellschaft« möglich. Jeder Willens-, Wirtschafts-, Rechtsform der

---

9) Meinecke, Pr. u. Deutschl. Ges. Aufs., S. 447. Das Problem dieser Entwicklung kann hier nur angedeutet werden.

10) Ferd. Tönnies, Gemeinschaft und Gesellschaft Einl. S. 29. 1. Aufl.

11) Bei Arndt finden sich die Worte obenhin in dem Sinne unterschieden, den die Tönniesschen Kategorien zum fundamentalen Gegensatz vertiefen. Vgl. W XI 123, 124, 127 gegen VII 167 »jener stolze Sinn der Gemeinschaft«.

12) Vgl. Troeltsch, Probl. d. Historismus S. 759 ff.

13) Troeltsch, ebenda, S. 40, 260 u. a. hat noch andere soziale Formen gesehen, z. B. Bruderschaften, Sekten etc. Schmalenbach (Dioskuren I) schiebt eine Kategorie des Bundes zwischen Gemeinschaft und Gesellschaft, Max Weber teilt die Gemeinschaft in traditionale und emotionale. Auf alle diese soziologischen Begriffe legt sich die historische Erörterung nicht weiter fest.

Gemeinschaft entspricht eine solche der Gesellschaft, die sich langsam aus der ersteren entwickelt durch Rationalisierung ihrer Inhalte. Die bedeutendste Willensform der Gemeinschaft bei Tönnies ist die Religion, die der Gesellschaft bei Tönnies die rationalisierte Religion der ö. M. Die ewigen Formen der Gemeinschaft erhalten sich unter dem Prozeß der Rationalisierung noch lange, das Gewohnheitsrecht, die Sitte neben der Satzung und Konvention, der Glaube neben der Meinung der allgemeinen Vernunft. Was die Geister aber scheidet, ist, ob sie, einmal auf der Stufe der Bewußtheit angelangt, entscheidungsfähig und kritisch, »Gemeinschaft« oder »Gesellschaft« höher bewerten, jene lebendig erhalten oder möglichst überwinden wollen.

Bei den deutschen Menschen, die die französische Revolution erlebten, hatte die »Gemeinschaft« drei große Verbündete: Natur, Geschichte, Religion. Der Akzent, den jeder der drei Männer auf diese Elemente legte, war sehr verschieden. Aber es wird sich zeigen, daß alle drei entschieden, daß ein ethisches und produktives Verhältnis des einzelnen zur Gesamtheit, dessen sie bedurften, vorwiegend zu finden sei, wenn diese Gesamtheit den Charakter der Gemeinschaft trage. Zu diesem Gedanken trägt jeder auf andere Weise bei; alle hatten eine tiefe Abneigung gegen »die Gesellschaft« zu überwinden. Arndts und Steins Erlebnis der politischen Gemeinschaft war lebendig genug, daß sie früh schon und mannigfaltig Träger einer politischen ö. M. in verschiedener Art sahen. Humboldt hatte dies Erlebnis erst 1813. Sein Beitrag zur Betrachtung der Träger der ö. M. ist deshalb gering, er achtete ihrer nicht so viel. Die Betrachtung der Träger der ö. M. bei Arndt und Stein wird deshalb überwiegen. Aber den entscheidenden Gedanken, warum sie eine Gemeinschaft repräsentieren sollten, um Beachtung der ö. M. fordern zu können, gab er: nur eine Gemeinschaft kann sittliche Individualität sein, der sich die Einzelpersönlichkeit hingeben will und soll; nur sie ist organisches sittliches Ganzes, während die Gesellschaft, nur Summe von Kräften, zur Individualität nicht aufsteigen kann. Diese Humboldtsche Erkenntnis wurde aber erst fruchtbar 1813, dessen Geiste der Begriff der ö. M. seine wichtigste Form verdankt. Diesem Jahre aber gingen bei allen drei Männern manche andere Formen der ö. M. voraus, deren Träger nicht immer, nicht ausschließlich, nicht klar als »Gemeinschaft« gedacht wurden oder doch zwar als eine Gemeinschaft, aber aus sehr verschiedenen Begründungen heraus.

I.

Alle drei Politiker übernahmen zunächst als Träger der ö. M. die »Gesellschaft«, wie das fortgeschrittene politische Denken des Westens sie auffaßte. Unter dem Einfluß einer christlichen Weltkultur und einer gemeinsamen rationalen Kultur des Abendlandes suchte man den universalen Träger einer rationalen ö. M. [14]). Die ethischen Inhalte werden — als »vernünftige« — universalistisch gedacht. Ist Paneuropa damit eine geistige Totalität, ein ethisches Kollektivum, das die ö. M. tragen kann?

Nur wenn ö. M. Gesinnung ist. Da sie das bei Humboldt am wenigsten, eigentlich nur 1813 ist, erscheint bei ihm eine universale Meinung — vielleicht überraschend — am seltensten. Man wird Humboldt als Politiker betrachten müssen, um diesen Mangel einer universalistischen ö. M. bei ihm zu verstehen [15]). Arndt im Gegenteil kommt von einer universalistischen »Meinung« oder einer europäischen Meinung, die seit 1815 auch ö. M. heißt, in allen Epochen seines Denkens nie ganz los [16]). Stein aber kennt eine universale ö. M. in seinen geschichtsphilosophischen Betrachtungen von 1811 und eine europäische ö. M. in der napoleonischen Kampfepoche.

Am deutlichsten zeigt Arndt in seinen Fragmenten über Menschenbildung [17]), wie auch er in »jener noch hochuniversalistischen Stimmung« [18]) der Jahrhundertwende zu dem Postulat einer einheitlichen Gesinnung kam, das allein seine Forderung einer einheitlichen universalen ethischen ö. M. tiefer begründen konnte. Er setzte 1805 die Hoffnung für das Weltheil auf die »Gesinnung, auf den Einen Sinn aus vielen Gesinnungen« — und dieser ist zweifellos der Vorläufer auch seiner ö. M. Träger solcher Gesinnung ist die Menschheit; Träger der »Meinung« war, konkreter, Europa. Wenn auch Arndt Gesinnung als wesentliches Element seiner ö. M. betrachtete, so kam es ihm doch eben so sehr auf ein Willenselement in ihr an. Dies aber wurde erst sichtbar, wenn er nicht eine allgemeine ideale Menschheit, sondern eine wirkliche europäische Menschheit ins Auge faßte, die

---

[14]) So sagte sogar Arndt, der am frühesten und elementar national bewußt war: »Man könnte wohl beinahe behaupten, daß die Europäer durch die Religion, Sitte, Verfassungen jetzt fast ebenso nah verbunden sind, als die alten Griechen« in ihren Staaten und Ländern, »aber die Natur hat doch immer noch Unterschiede des Lebens aufrechterhalten. Das Streben, die Ansichten (!) sind fast dieselben, nur die Ausführung ist verschieden nach Nationen und klimatischen Notwendigkeiten«. Hist. Charakterschilderungen, 1810, S. 240, ähnlich S. 250.

[15]) Vgl. unten S. 341 ff.

[16]) Vgl. oben S. 63, 93 ff.

[17]) Altona 1805, S. 285, 234.

[18]) Meinecke, Weltbürgertum und Nationalstaat, 6. Aufl., S. 162.

diese Gesinnung besaß und in der herrschenden »Meinung« ausdrücken wollte. Allerdings: diese Meinung wollte nur gelten; als »Papst der neuen Zeit« wollte sie, getragen von der geistig politischen Einheit Europas, das politische Leben aller europäischen Völker regeln. Geschaffen aber wurde dies Leben erst durch die ursprüngliche politische Triebkraft dieser Völker selbst: Die Völker besitzen jenen Willen, der eng an die eigene Wirklichkeit gebunden, auf die Gestaltung dieser Wirklichkeit hinzielt. Der Träger der ö. M. soll nicht nur der Träger einer Gesinnung sein, sondern Vertreter eines Willens, und deshalb einer individuellen Realität. Auch der Träger der universalen ö. M. wird bei Arndt jener, der »aus seinem Volk und aus dem Leibe seiner Zeit redet« [19]). Der ältere Arndt hat das nationale Leben als den Wirklichkeitsboden des Universalen nie mehr verlassen. Seine ö. M. soll neben ihrer ethischen notwendig auch eine irdische Seite haben, nur dadurch wird sie politisch; denn in der Politik treffen und verschmelzen sich Geistiges und Irdisches, Gesolltes und Gegegebenes. So begegnet sich im Träger jeder ö. M., d. i. politischen Meinung, ideale, allgemeine Gesinnung und irdisches Interesse zu einem realen Willen.

Drei Epochen eines universalistischen Begriffes von »Meinung« lassen sich unterscheiden; nur in der zweiten finden sich Träger einer ö. M.

In der ersten Epoche eines psychologischen Universalismus lehnen Arndt, Humboldt und Stein übereinstimmend die gleichmäßige allzu rationale »übergeistige« Struktur der europäischen Zeitgenossen ab. Humboldt vermißt Tiefe, Ursprünglichkeit und Harmonie aller Kräfte [20]), Arndt ähnlich »Seele« und Stärke, Stein endlich Religiosität, Zucht und Willen [21]). Beides: ethische Reinheit und reale Gebundenheit fehlt den Zeitgenossen, und deshalb sind sie alle keine Träger dessen, was ö. M. ist oder sein soll. Geben sie aber vor, eine allgemeine Meinung zu repräsentieren, so werden sie von Arndt, Humboldt und Stein immer abgelehnt: die Masse oder die soziale Gesellschaft [22]), die oberflächlich Konventionen setzt, oder die Menge der gebildeten Kosmopoliten [23]) tragen keine gültige Meinung.

---

19) Germanien und Europa, 1802, S. 301.

20) So im »18. Jahrhundert«, Werke Bd. 2.

21) Pertz I, 129.

22) Arndt, Fragmente 228, Leibeigenschaft u. v. a.

23) H. bemerkt 1796 ohne Lob und Tadel jenes Paneuropa der Gebildeten, die keine nationalen Verschiedenheiten kennen. W II, 40. Arndt: in »diesem großen europäischen Volk der Gebildeten« ist das ursprüngliche Naturgepräge ganz verwischt. W II, 173.

Die Meinung der Zeitgenossen wird geführt von denen, die die Intellektualität am weitesten ausgebildet haben, von Franzosen und Juden. Sie führen Europa, die Gesellschaft, die Gebildeten. Indem man dies aber erkannte, lehnte man es bereits ab und suchte sich zu wehren. Arndt aber suchte den Weg von der konventionellen Meinung der Zeitgenossen zu einer natürlich und ethisch tiefer verwurzelten »Meinung«, die der Irreligiosität, dem Relativismus des Zeitgeistes eine ethische Gesinnung und Kraft gegenüberstellen sollte.

Denn Arndt begnügte sich nicht damit, die Inhalte, die der Zeitgeist bot, und die psychologische Struktur der Menschen, die ihm entsprach, einfach abzulehnen. Es ist angeführt worden[24]), wie Arndt mit einer romantischen Neigung diesen Zeitgeist herleitete aus den großen unsichtbaren Zusammenhängen der Geschichte, und wie er ihn als ein Kennzeichen der »großen Abschnitte und Übergänge in der Geschichte« scheu verehrte. Er wollte ihn vor allem verstehen, um jenes »Gesetz der Politik« aufzufinden, das er »in seiner feinsten Vergeistigung« bergen sollte[25]).

Praktisch sah Arndt die Unmöglichkeit ein, die Menschen seiner Zeit von der einmal erreichten psychologischen Entwicklungsstufe der Bewußtheit zurückzuholen. Dann aber sah er auch die großen neuen Möglichkeiten, die auf dieser Stufe sich für die Verbreitung jener »Einheit großer Gesinnungen« ergab, die ihm ethisch so wichtig war. Die Meinung der Zeitgenossen mußte nur geführt werden, so konnte sie sich zu einer Gesinnung vertiefen. Die Führer aber mußte Arndt gerade unter jenen Bewußten, jenen Meistern der Zeit und Männern des Worts suchen, die er im Geist der Zeit die paneuropäischen Schreiber nannte. Er glaubte unter ihnen jene großen Führer zu finden, die die Eine Wahrheit, die Eine Gerechtigkeit verkündigen würden. Nur jene verdammt Arndt, »jene sind überflüssig, die ihrer (Wahrheiten) mehrere bringen«[26]). Der Glaube an die Mission der Führer, die »Verstand und Klarheit bringen« sollten, hat Arndt gezwungen, die »Verständigen« hochzuschätzen und ihnen in der »Meinung« ein Wirkungsfeld offenzuhalten. Sie würden auch als ethische Führer durch ihre intellektuelle Überlegenheit, durch das Wort, die Zeitgenossen leichter führen, als es in früheren stumpferen Jahrhunderten möglich war. Erst die neue, von Arndt kollektivpsychologisch verstandene Entwicklung zu einer allgemeinen größeren Bewußtheit macht die Wirkung dieser geistigen Führer seiner Zeit ganz möglich.

[24]) Vgl. oben S. 64 ff.

[25]) Arndt, G. d. Z. II, 158.

[26]) Arndt, G. d. Z. I, 51.

Eine unmittelbare politische Bedeutung bekommt das neue Verhältnis zwischen Zeitgenossen und Führer, aus dem die neue »Meinung« hervorgehen soll, sobald es in der europäischen Meinung eine politische Waffe in der Hand des Führers schafft. Die Gesamtheit der europäischen Zeitgenossen soll sich unter dem Führer für die Eine Gerechtigkeit, die er erkannt hat, einsetzen. So wird sie eine geistige Macht, die eine politische Macht wie die Napoleons bedrohen kann. Aber hatte der Führer der Meinung jene Bindung an die Notwendigkeiten des irdischen Lebens, die allein erst fähig macht zum Träger einer politischen, einer ö. M.? Entstammte er nicht gerade den Schichten, die dem realen Leben am meisten entfremdet und deshalb allzu stark durch Zeitgeist, Rationalismus und Konvention allein gebildet waren? Arndt hat das zunächst weder zugegeben noch abgelehnt. Für ihn war jener geistige Führer der universalen »wahren« Meinung und der sie in concreto vertretenden europäischen Meinung ein Ausdruck der Allgewalt des Geistes und der Gesinnung der Menschheit, an die er glaubte.

Er war nicht realuniversalistisch gedacht: etwa als Glied einer internationalen europäischen Gesellschaft oder einer Gesellschaftsschicht, einer europäischen Gelehrtenrepublik oder einer internationalen Welt der Kunst oder des Salons. Jener geistige Führer sollte nicht Weltbürger sein [27]) wie der universale Typ des 18. Jahrhunderts. Er war nur Mensch. Arndt konnte nicht umhin, wenigstens anfangs, ihn in der Schar der Gebildeten zu denken; damit war er weder national noch sozial bestimmt; er brauchte aber deshalb nicht unnational zu sein [28]). Daß der Führer der Meinung sozial nicht bestimmt war, erklärt sich aus der Tatsache, daß Arndt — gleichgültig ob dies seiner Neigung entsprach oder nicht — in Deutschland tatsächlich Schreiber und Redner aus allen sozialen Schichten vor sich hatte, vom Leinenweberssohn (Fichte) und Bauernsohn (Arndt selbst) bis zum preußischen Militäradel (Kleist) und dem Hochadel des Reichs (Dalberg). Arndt zog seine Vorstellung immer am liebsten von der unmittelbaren Anschauung ab: der geistige Führer in Deutschland gehörte nur dem höchst unirdischen »Stand der Verständigen« an, war ohne Kenntnis, ja ohne Bewußtsein sozialer oder nationaler Interessen, ohne Gefühl, Glied der Volksgemeinschaft zu sein,

---

[27]) Der Kampf gegen die Kosmopoliten setzt bei Arndt schon in Germanien und Europa 1802, S. 4, ein und ist nie verstummt.

[28]) So hatte der »Aufgeklärte« im Salon des Ancien régime freilich eine europäische Meinung gebildet, die den Anspruch auf eine allgemeine Gültigkeit erhoben hatte, aber der Träger dieser Meinung war zunächst ein echter und oft national bewußter Franzose gewesen.

in seiner Bewußtseinslage durchaus dem Menschen der Tönniesschen Gesellschaft entsprechend. Dieser Gebildete sollte die Meinung Europas tragen und führen, den Zeitgeist erkennen, beherrschen oder bekämpfen.

Der aktuelle Inhalt der konventionellen Meinung Europas war seit der französischen Revolution der politische Gegenstand geworden, aber das machte sie noch nicht zu einer politischen oder gar ö. M. Auf sozialem Gebiet war die Meinung einheitlich zum humanen Dogma vom Selbstzweck des Menschen übergegangen; sozialpolitisch aber beschränkte man sich auf die theoretische Diskussion, auf die Meinungen, und dies noch mehr auf rein politischem Gebiet. Da aber setzte die schroffe Kritik Arndts und Steins ein: politischem Kaffeeklatsch und Salondisputationen in ganz Europa fehlt eben jene ernste Entscheidung für das Eine Wahre, die Einheit der großen Gesinnung, durch die allein die vereinzelte politische Meinung des Gebildeten zu der des Führers der ö. M. werden konnte und durfte.

Wenn z. B. Wieland sich im Teutschen Merkur um die Politisierung der Gebildeten verdient machte, so bedeutete das in Arndts, besonders aber Steins Augen nicht viel. Nur durch rationalistisch-moralische Überlegenheit, durch die Erkenntnis der Einen Gerechtigkeit, konnten die Gebildeten die Führung der Meinung Europas auch in politischen Fragen beanspruchen. Die Führung der universalpolitischen ö. M. gegen Napoleon fiel ihnen erst zu, als Napoleon, der eine große Ungerechte, das böse Prinzip wurde und nicht irgendein Interesse, sondern das Gute schlechthin in und durch die Meinung verteidigt werden sollte.

Diese zweite große Epoche einer ethisch-politischen universalistischen Meinung wird ebenso wie von Arndt von Stein vertreten. Ihre Träger sind wiederum die Schar der Guten und eine ethisch-politische Einheit Europa. Die »Eine große Idee«, nach der die universale Meinung der ersten Epoche und ihr Führer suchte, ist nun gefunden: in einer doppelten Gestalt: es ist die Freiheit des Geistes, noch mehr aber die Freiheit der individuellen Nationen, die beide von Gott gewollt sind und gegen Napoleons Despotie verteidigt werden müssen. Die Guten, die »Besseren«, die diese Meinung nun führen, sind jetzt die nationalbewußten Gebildeten aller europäischen Nationen, die im Kampf gegen Napoleon stehen und sich tragen lassen von den Kräften aller Volksgenossen der Nation, der sie angehören. In dem Maße aber, in dem sie ihrem Volkstum entfremdet sind, sind sie unfähig zur Überwindung des Zeitgeistes und zur Führung der antinapoleonischen, nun ö. M. Diese war zunächst die natürliche Erweiterung der nationalen ö. M. Deutschlands, die

Arndt und Stein inzwischen entdeckt und aufgerufen hatten. Die Geführten — früher die Menge der durch den Zeitgeist bestimmten Zeitgenossen — sind jetzt, in Völker gegliedert, zu lebendigen Trägern der ö. M. geworden, mit denen der Führer in einer unauflöslichen elementaren Verbindung steht. Ohne diese Gemeinsamkeit von Trägern und Führern gibt es keine nationale ö. M., deren Erhöhung zur allein-guten Meinung den neuen Universalismus ausmacht. Dieser aus dem übersteigerten Nationalismus hervorgewachsene Universalismus von 1812 hat ein konkretes politisches Ziel, daher ist seine Meinung nicht nur eine ethische Gesamthaltung, sondern eine ethisch-politische Zielsetzung, ein Wille, eine ö. M. Träger dieser ersten universalistischen ö. M. sind die europäischen Völker und Staaten in einer nationalistischen Solidarität gegen Napoleons internationalen Zäsarismus. Arndt und Stein haben diese europäische ö. M., die »Religion unserer Zeit«, zu führen geglaubt. Die Deutschen, die an die Freiheit des Geistes und an die Gemeinschaft des Volkes glauben, sind für sie »besser als die Franzosen« [29]; sie sind aber auch — ganz universalistisch — das Menschheitsvolk und deshalb Träger der universalen ö. M. der Guten. Zu solchen hat Arndt neben ihnen und neben den nationalbewußten und traditionsehrfürchtigen Menschen jedes Volkstums auch aufgerufen alle »männlich Kraftvollen«, alle Christen, alle Vertreter des Geistes. Man sieht, wie aus den verschiedensten Quellen sich die Ströme seines universalistischen Denkens nähren, die zusammenfließen, um den Kreis der Träger der antinapoleonischen ö. M. so groß als möglich zu ziehen. Das nationale Prinzip geht bei Arndt — am deutlichsten wohl im Kurzen Katechismus von 1812 — in jeder dieser ethischen Argumentationen völlig auf. Das sittlich Gute fällt absolut mit dem Nationalen zusammen, jeder muß sich für beide entscheiden mit völliger Hingabe, vor allem aber die Führer [30]).

Im ganzen war Arndt während des nationalen Kampfes gegen Napoleon sparsam mit dem Gebrauch des Wortes ö. M., während Stein geradezu verschwenderisch in dieser Epoche damit umgeht. Stein hat, als er von Österreich und Rußland aus die nationalen Kräfte Europas gegen Napoleon entfachen wollte, jeden zum Träger dieser antinapoleonischen ö. M. gemacht: Humboldt als preußischer Kultusminister schien ihm ebenso dazu berufen wie Arndt als Publizist; Fürsten, Regierungen, Gelehrte, Bauern, Aristokratinnen, Nationen, Europa, die Menschheit — alle können diese ö. M. an-

---

29) Arndt W. X, 128. Vgl. unten S. 315 ff.

30) G. d. Z. II, S. 155, 157, 163.

regen, tragen, führen, ihr folgen und dienen. Stein hat den absoluten ethischen Dualismus zwischen den Trägern des Lichts und der ö. M. und denen der Finsternis, des französischen oder kosmopolitischen Zeitgeistes vielleicht noch schroffer ausgesprochen als Arndt [31]. Über die ethische Bedeutung der ö. M. hat Stein erstaunlich hoch gedacht: sie ist die Zunge des Gewissens der Menschheit. Für Humboldt würde sie höchstens die Künderin der Notwendigkeit, die in der Masse liegt, gewesen sein; für Stein war sie die Stimme der Vernunft und die des Guten. Aber wer spricht diese Stimme aus? »Vernunft und Gewissen« Steins stecken in den Trägern einer möglichst homogenen Kultur [32], in einer übernationalen — nicht internationalen — Gemeinschaft von Zeitgenossen. Isolierte Einzelne einer »Menschheit« werden sie 1811 für Stein nicht sein; das nationale Bewußtsein gilt ihm damals als Element der Kultur, und, so darf man schließen, deshalb sind die Träger des Gewissens der Menschheit für ihn wohl national bewußt und nationalen Zielen, in denen übernationale Bedeutung schlummert, dienstbar. Diese ö. M. der Weltgeschichte Steins ist ethisch-politische Gesamthaltung einer Zeit, politisch nur insofern, als Stein jede ethische Haltung sofort auf die Gestaltung der politischen Wirklichkeit bezieht und in ihr wirksam denkt. Sie ist enger der Arndtschen »Meinung« als der ö. M. verwandt. Aber sie ist ö. M., weil Stein ihre Träger nur einmal, da aber politisch bestimmt hat: »Nationen und Regenten«. Stein liebte es nicht zu philosophieren. Wenige Seiten nach seiner weltgeschichtlichen Betrachtung spricht er ganz konkret und ganz politisch — auch ohne jeden Anklang an die romantisch-ethische Schwärmerei Arndts für das Volk — von der ö. M. der großen Staaten oder der »großen Mächte« [33]. Am politischen Körper tritt für ihn ö. M. in Erscheinung, ob auch jene universale ö. M., das spricht er nicht genau aus. Sie, die das Gewissen Europas verkündet, ist ein Begriff, den er dem Vorrat der Ideen des 18. Jahrhunderts entnahm, aber mit seiner ethischen und politischen Leidenschaft jetzt neu erfüllte [34].

Die dritte Epoche einer universalistischen ö. M. hat

---

[31]) Vgl. Botzenhart: I S. 101, 111.

[32]) Vgl. oben S. 27 Botzenhart I 69. Deutlicher konnte sich Stein nicht als Kind des 18. Jhds. bekennen.

[33]) Botzenhart I, 117.

[34]) Man wird sagen dürfen: die europäische Staatengesellschaft sei für Stein eine Kulturgemeinschaft. Auch in seiner Sympathie für die heilige Allianz spiegelt sich noch einmal der Abglanz dieses Gedankens in einem religiösen Lichte. Über Steins Universalismus vgl. unten S. 288 ff.

den deutschen Begriff einer ö. M. am stärksten gefährdet, denn nach Beendigung der napoleonischen Kriege hat sie, als der »Papst der neuen Zeit«, nicht mehr den nationalen Gedanken als den schlechthin guten verkündigt, sondern den der geistigen, persönlichen und bürgerlichen Freiheit. An diesem universalistischen Begriff der ö. M. war nur Arndt beteiligt. Stein und Humboldt zogen sich auf die ö. M. im gegebenen Staat zurück. Eine universale Meinung Europas wurde jetzt getragen entweder von den legitimen, antinapoleonischen Regierungen oder von den Völkern, den Regierten. Diese ging langsam in eine grundsätzliche Opposition eben gegen die europäischen Mächte über, die die heilige Allianz vereinigte. So droht die politisch-ethische Solidarität auch gegenüber dem zerrütteten irreligiösen übergeistigen Zeitgeist jetzt auf die Regierungen überzugehen und die europäische ö. M. der Regierten droht zum Ausdruck eben dieses Zeitgeistes herabzusinken.

Damit hört für Stein die Möglichkeit auf, eine universale ö. M. zu vertreten. Sowohl ihre Macht als Gesinnung wie als politischer Wille wird ihr jetzt genommen. Das gemeinsame Ziel ist weggefallen[35]; ihre Gesinnung hat zwei Tendenzen: sie vertritt gegenüber der Gewalt den nationalen Gedanken und die Macht des Geistes. Damit ist sie einerseits nach dem Abschluß der napoleonischen Kriege zu einem Problem des werdenden Nationalstaates geworden — es ist das Problem, in dem sie für Stein und Arndt, vor allem aber für Humboldt, ihre entscheidende Bedeutung gewonnen hatte. Andererseits aber sinkt sie nach 1815 wieder herab zur »bloßen Meinung«, denn die Macht des Geistes gegenüber der Gewalt bedeutet eben durchaus keine politische Zielsetzung. Universalpolitisch wird diese Meinung gedeutet als »Anerkennung einer geistigen Herrschaft auf Erden«[36]. Einzelstaatlich politisch aber läuft eine solche »Meinung« in die liberale naturrechtliche Lehre vom Menschenrecht des Einzelnen im Staat hinaus — im Gegensatz zu der immer stärker sich verbreitenden Lehre von den gottgewollten Abhängigkeiten, die in romantischer und naturrechtlicher Fassung nach 1815 immer mehr Boden gewinnt.

Zum politischen Willen verdichtet sich diese Meinung überhaupt nur durch die politische Voraussetzung des westlichen Liberalismus, die Opposition der Regierten gegen die Regierungen. Träger der ö. M. können dann nur alle Regierten sein. Eben solche ö. M. aber war nicht nach dem staatsbejahenden Sinn Arndts. Er zog

---

35) Ein internationales Interesse etwa der Wirtschaft oder des Handels kann für Stein nicht als Grundlage einer ö. M. in Frage kommen.

36) Arndt, Schriften II, 421 ff.

widerstrebend diese Konsequenz, als er aus seinem universalistischen Meinungsbegriff, der die Macht des Geistes in der Politik darstellen sollte, eine ö. M. im gegebenen Staat ableiten mußte. Doch verzichtete er dann im wesentlichen auf die Funktionen seiner ö. M. . . Arndt hatte sich dieser Konsequenz zunächst noch entziehen können durch zwei Fiktionen: einmal war ihm die ö. M. als Herrschaft des Geistes, nicht nur eine Erbin der mittelalterlichen Kirche, sondern auch der Geistigkeit des Christentums, zum andern war sie ein Erziehungsmittel für den vollkommenen Menschen; da dieser aber national bestimmt sein sollte, so traf sie in ihm mit den lebenspendenden und bindenden elementaren Kräften des Volkstums zusammen. Die ö. M. konnte Arndt als »Königin des Lebens« dieser Zeit nur anerkennen, weil er sich zu einer Bejahung der Bewußtseinslage der Zeit entschlossen hatte. Er sah die Zeitgenossen (wenn er auch noch zuweilen in die nationalistischen Unterscheidungen der vorigen Epoche verfiel) jetzt von Intellektualität und Skepsis vorgeschritten zu Religion und Ehrfurcht, und sie alle tragen die neue ö. M. Sie ist eine säkularisierte Kirche und ihre Priester sind alle jene, denen Gaben des Geistes und Gewalt über die Seelen verliehen sind: Priester, Erzieher, Gelehrte und auch die idealistische Jugend. Diese Bejahung der geistigen Lage sucht man bei Humboldt (außer gegenüber Friedrich Wilhelm III. 1819) vergebens, und bei Stein ist der alte Haß gegen die Bewußten, die Gelehrten, die Theoretiker aller Richtungen wieder neu aufgelebt. Ja gerade die Träger der »liberalen Ideen« 37) sind es, die seinen Zorn erregen. Geistigkeit und Religiosität sind für Stein zwei absolut getrennte, ja gegensätzliche Welten, während sie für Arndt immer inniger verknüpft werden im Träger seiner »Meinung« nach 1815, und dadurch diese rechtfertigen. In der Person des Trägers aber vollzieht sich auch die Verbindung des Geistes mit den Notwendigkeiten des Volkstums. »Geistigkeit und geistiges Leben ist und bleibt der Charakter der Gegenwart und der Zukunft sowohl der Europas als der der Deutschen« 38). In der christlichen Geistigkeit 39) wird der Riß zwischen Zeit und Erde, Geist und Natur geheilt, der in »Germanien und Europa« unüberbrückbar schien.

Der Träger dieser neuen Geistigkeit hat nun freilich ein tieferes Recht auf die Freiheit der Äußerung als der Schwätzer aus dem

---

37) Wobei »die liberalen Ideen« in Steins Munde noch 1817 ein lobender Terminus sind. — Gegen Dahlmann Pertz V, 473; Thimme 155, 159 u. a.

38) 1814, Schriften Bd. II, S. 144.

39) »So sind wir als Menschen und als Völker mit unserer Zeit und unserer Erde wieder in Gemeinschaft gesetzt« »durch die Anbetung Gottes in der Natur«. 1814 Schriften Bd. II, S. 139.

Geist der Zeit I. Die ö. M. beruht jetzt mehr auf einer Summe persönlicher »Meinung« [40]). Damit aber hat Arndt eine tiefere Beweisführung des Liberalismus angeschnitten, der die Zukunft der europäischen Meinung gehören sollte, nicht nur weil in ihr das christliche Menschenrecht geltend gemacht wird, sondern weil er den Geist des Protestantismus damit verschmelzen wollte. Dieser schien da leibliche und geistige Freiheit zu fordern, wo sich eine religiös-sittliche Gesinnung auf das Wirken im Irdischen richtete. Das ist Arndts Ideal eines freien und aktiven Christentums, das auch die Forderung nach einer lebendigen allgemeinen ö. M. einschließen kann, die getragen wird von allen jenen tätig religiösen Naturen, die das Diesseits schon im Sinn der göttlichen Gebote gestalten wollen [41]). Damit hat Arndt das höchste Maß für die Träger einer universalen ö. M. gefunden, das ihrem Wesen als Gesinnungsmacht und als politischer Wille gleicherweise zu entsprechen vermag. Zugleich hat er soziale oder Bildungsunterschiede nicht mehr zu Kriterien der Auswahl seiner Träger der ö. M. werden lassen. Er hat für jenes mehr oder weniger klare »Gut-gesinnt-sein« eine bestimmte Vorstellung eingesetzt [42]). Dieser protestantische Idealtypus des Trägers der großen allgemein verbindlichen ö. M. der Zeit ist ein Erziehungsideal wenn man so will; es ist der »politische Mensch« Arndts. Da dieser aber nur in der Nation wurzelt, nur in ihr unmittelbar wirkend, nur in ihr die universale Meinung der Zeit erhorchend gedacht wird, kurz die Nationalität ein notwendiger Wesenszug der »guten Gesinnung« des politischen Menschen ist, auch wenn er der universalen Meinung dienen will, so ist dieser Träger der universalen ö. M. erst die Frucht der Entwicklung, die Arndt durchmachte zu der Erkenntnis, daß ö. M. eine vornehmlich nationale Willensform sei. Die Träger der europäischen Meinung sind nicht ein Kollektivwesen, sondern sie sind eine Summe Einzelner, deren jeder notwendiges Glied eines Ganzen, nämlich seiner Nation ist und nur dadurch seinen Platz in der Masse der Zeitgenossen findet. Sie sind Elite derer, die den Geist ihres Volkes und seine echte ö. M. vertreten

[40]) Im tieferen Sinne Humboldts 1796 oder Rankes s. o. S. 110.

[41]) Schriften Bd. II, S. 421 ff. Daß Arndt nicht das christliche Mitleid mit den Schwachen im politischen Leben sich auswirken lassen wollte, hat er oft betont. Vgl. »Germanien und Europa« S. 294; »Geist der Zeit« II, bei Müsebeck I 178 zitiert, Schriften Bd. II, S. 411.

[42]) Im G. d. Z. IV wird diese Wesensbestimmung seines Trägers der universalen ö. M. seiner Zeit ausgeführt und seine gleichzeitigen Schriften aus kirchlich-religiösem Interessenkreis beweisen, wie er sich immer mehr erfüllt mit einem bestimmten Bilde des protestantischen Menschen im öffentlichen Leben.

und auch darin die Zeit und das Gute, das sich so offenbart, vernehmen und aussprechen können und wollen. Ein Persönlichkeitsideal Arndts bestimmt den Träger der ö. M., das in ihm nicht nur den Vertreter des Geistes und des Volksgeistes sieht, sondern auch den eines Dranges nach der Verantwortlichkeit, Wirklichkeit zu gestalten. Das macht für Arndt den echt politischen Sinn aus.

Dieser politische Sinn findet sich keineswegs in der Masse politisch sehr erregter und interessierter Menschen in ganz Europa, wie sie Arndt, Stein und Humboldt seit der französischen Revolution umgeben. In ihnen sieht Arndt nur das Gefühl der Zeitwende lebendig, und dies ist die Voraussetzung für die Bildung der neuen Zeit. Ihre neue Überzeugung von der Freiheit des Menschen und des Bürgers teilen Arndt, Humboldt und Stein mit dem Liberalismus. Zu dieser Freiheit wurde der politische Mensch erzogen als Träger der ö. M., und sollte durch sie die Glieder seines Volkes zu jener führen.

II.

Träger der ö. M., sowohl der universalistischen Meinung als der politischen europäischen ö. M., sollte der politische Mensch sein.

Dieser Mensch aber ist, wie schon der junge Arndt sagte, Bürger, »Glied eines Volkes von Bürgern und Männern« [43]). Als solcher ist er Teil jenes Kollektivums im Staat, das zuerst Stein, Humboldt und Arndt als Träger der ö. M. ansehen: der Gesamtheit der Regierten im Gegensatz zur Regierung. Es ist charakteristisch, daß alle bei der ersten Übernahme des Wortes in ihren Sprachgebrauch den französischen Begriff anwenden, nicht achtend auf die nächste Wirklichkeit: eine politische ö. M. wurde in Preußen gar nicht von der Masse der Regierten, sondern von den Beamten getragen [44]). Bei Stein und Humboldt begann das Interesse für die ö. M. der von ihnen selbst Regierten ihres Staates. In Arndts Verfassungsidee in »Germanien und Europa« handelt es sich um die Vorstellung einer Menge von Untertanen, die gegenüber der Regierung zu einer Geltendmachung ihrer Meinung berechtigt sind. Ein vager Prozeß der Auslese der Verständigen ergibt die Sprecher jener Menge; bei Humboldt ist kein Interesse für einen solchen Vorgang, der doch sein »Publikum« erst redend macht. Bei Stein ist dieses Interesse so realistisch stark, daß bei ihm sowohl die Regierten als auch ihre Sprecher sofort als sozial und verfassungsrechtlich bestimmte Per-

---

43) Arndt, Briefe an Freunde 1805 S. 167.

44) Vgl. Max Lenz, Geschichte der Universität Berlin Bd. I, Kap. 3.

sonen betrachtet werden. Bei Stein verschiebt sich damit das Problem des Trägers der ö. M. zuerst in eine verfassungsrechtliche Frage: wer sind die im Staat berechtigten Träger einer auf gesetzmäßigem Wege organisierten ö. M.? Stein hat für diese verfassungsrechtlichen Träger der ö. M. zurückgegriffen auf die alten Stände, d. h. den Adel und Großgrundbesitz, einige Vertreter der Städte, kurz auf die sozial und politisch besonders hervorragenden Gruppen im alten Deutschland. Der Gedanke der Vertretung der Bauernschaft wird in diesen Anfängen (1802, 1804 und auch noch in der Nassauer Dk. von 1807) nur angedeutet. Arndt hat zunächst in seinen Trägern der ö. M. nur die uniforme Menge der »Bürger« und ihre Führerschicht gesehen — eine durchaus französisch anmutende Vorstellung, in der immerhin bereits für Arndt charakteristisch ist, daß er eine qualitativ über der Menge stehende Führerschicht wählt, nicht einfach eine Schar von Vertretern der Menge. Diese zeichnet sich 1802 noch aus durch »Verständigkeit«, also eine rationalistisch-moralische Qualität. Doch hat sich Arndt gerade von dieser Vorstellung schon zu befreien gesucht, um dem Staat oder dem politischen Menschen seine Eigensphäre zu sichern: »die Mehrzahl der Gleichmeinenden[45]) kann hier (im Staat) nichts entscheiden«[46]). Am wenigsten verfassungsrechtlich gedacht ist der Begriff Humboldts vom »Publikum«, das der Träger der ö. M. bei ihm ist. Die Wesenszüge dieses Publikums[47]), das ihm als einförmige Gesamtheit erscheint, lassen es als das gebildete Bürgertum, das ja einen Teil des Adels in seinem Lebensstil beeinflußte und mit seinem geistigen Leben erfüllte, erkennen[48]); jede Besinnung über seine soziale Zusammensetzung, seine Gliederung oder Sprecher fehlt.

Die Betrachtung der Träger der ö. M. als einer politisch bestimmten Menge scheidet sich in zwei Teile: einmal die im Staat organisierten verfassungsmäßig berechtigten Träger, auf die es Stein zu Beginn und Stein und Humboldt am Ende wesentlich ankam — sie sollen in einem besonderen Kapitel behandelt werden. Daneben die politisch bestimmte, aber nicht verfassungsmäßig organisierte Menge, die Träger einer ö. M. ist; diese gewinnt in der zweiten Phase der Bildung des Begriffes — 1806 bis 1813 — erhöhte Bedeutung. In

45) Im Sinne der gleichen »Grundsätze« H.s 1796 s. o.

46) Germ. u. Eur. 1802 S. 306, 307.

47) Religiosität, Idealismus, Konservatismus, aber auch Freiheitsstreben gegen die Zensur, Erregbarkeit und Tadelsucht gegen die Regierung.

48) Daß dies Publikum vom »Volk« direkt unterschieden wird, findet sich erst später. Briefe V, 78: »Beim Publikum aber nicht beim Volk« macht die Zerstörung des Museums (Sept. 1815) den größten Effekt.

der ersten Phase handelte es sich für Stein darum, die preußischen Staatsbürger für ihren Staat zu gewinnen. Er wollte es mit Hilfe der Verfassung erreichen, in der die ö. M. Organe finden sollte. Als aber der Staat zertrümmert war und die Schaffung einer Verfassung auch für das ostelbische Preußen unterbunden wurde, war es eben gut, daß man in der unorganisierten ö. M. einen Ausdruck des Lebens und Wollens der Bürger vor sich hatte, der auch auf nicht gesetzmäßigem Wege in Erscheinung treten und dem Staate dienen konnte. Die ursprüngliche Gegenüberstellung zwischen Regierung und ö. M., die bei Stein und Humboldt vom Staatsmann aus gesehen zunächst angenommen wurde, drohte freilich gerade, sobald man die Träger der ö. M. nicht mehr staatlich zu organisieren unternahm, einen gefährlich revolutionären Charakter annehmen zu können, und gewiß ist auch, daß Stein diesen revolutionären Beigeschmack spürte, wenn er 1808, 09 ff. die Menge der ö. M. zu alarmieren begann: Stein hat im Träger der ö. M. immer den Gegner, den Kritiker der Regierungsmaschine, den dem Buralisten Überlegenen gesehen; im Träger der ö. M. steckte für ihn immer der Lebendige und Selbständige gegenüber dem bloß Gehorchenden; der das praktische Leben kennt und die eigene Entscheidung vertritt im Gegensatz zum regierungsfrommen Aktenmenschen. Auf die Kraft dieser lebendigen Menschen auch gegen die Regierung verließ sich Stein, als er die ersten Insurrektionspläne entwarf — die er wohl zunächst als Minister anordnete, aber schon in der Absicht, die Menge der Untertanen auch zu selbständigem Handeln gegen den Feind anzuregen, wenn die Regierung dazu den Mut oder die Freiheit nicht mehr besitzen würde.

Bei diesen Plänen sah Stein sich genötigt, mit dem Kollektivwesen, das die ö. M. trägt, genauer zu rechnen. Und da ergab es sich, daß die Träger der ö. M., die zur Insurrektion treiben sollten, andere waren als jene, deren Organe die ständischen Deputierten 1802 darstellten. Es kam hier keineswegs besonders auf die sozial und politisch hervorragenden Stände an; im Gegenteil: Götzens Bemühungen [49]) in Schlesien sollten vor allem der breiten Masse des einfachen Volkes gelten, also vorwiegend Bauern, kleinen Handwerkern, Leinwebern. Sie sind die Träger jener elementaren Instinkte des Hasses und der Selbstverteidigung gegen fremde Rasse, fremdes Gesetz, die einen Willen zum Kampf erzeugen, der nur durch Stimmung und Gefühl, nicht durch Erwägung geleitet wird. Dadurch sind diese elementaren Träger der ö. M. freilich nur Geleitete, nicht Verantwortliche. Stein braucht deshalb noch zwei andere Gruppen von

---

[49]) Pertz, Gneisenau Bd. I, S. 432, 503 ff. Vgl. oben S. 20.

Trägern für solche Volksmeinung: die Kerntruppen der Gesinnungsbildung, die patriotischen Vereine der Gutgesinnten, und die direkt amtlich beauftragten Organisatoren der ö. M., Publizisten, Prediger und selbst Beamte. Durch diese übernimmt die Verantwortlichkeit für die ö. M. gewissermaßen noch die Regierung. Die Organisatoren sind noch nicht Führer. An diesem Punkt wandelt sich Steins Auffassung entscheidend, sobald er die Grenze Preußens als Flüchtling überschreitet. Nun setzt er seine Hoffnung auf den Mut dieser Menschen, selbst die Verantwortung für die Führung der ö. M. zu tragen. Der einzelne Führer der ö. M. wird aber gerechtfertigt in seinem Tun, auch wenn es gegen die Regierung unternommen wird, als Repräsentant einer höheren Macht: die von ihm geführte ö. M. ist der Ausdruck der Nation und diese Nation selbst ist der eigentliche Träger der ö. M.

III.

Das große Kollektivwesen, dessen Ausdruck die ö. M. ist, ist nun nicht mehr die Gesamtheit der Bürger eines Staates, nicht die der sozialen Stände, nicht die der Gebildeten und der Menge, es ist jetzt die deutsche Nation in allen ihren Gliedern.

Diese Nation — so ist die nativistisch-ethische Auffassung, die Stein 1810 in Brünn, Arndt und zuletzt Humboldt 1813 vertreten — umfaßt alle Stämme, alle Stände, alle Bürger der Territorialstaaten Deutschlands, alle einzelnen deutschen Menschen als eine Einheit. Ihre ö. M. ist Ausdruck einer einheitlichen Gesinnung, eines Charakters, eines harmonisch-einheitlichen Interesses aller Glieder — diese nationale ö. M. ist es, die den Kampf gegen Napoleon allein tragen kann. Die Frage nach dem Träger dieser ö. M. fällt zunächst zusammen mit der nach dem Nation-Begriff Steins, Arndts, Humboldts. Er kann nur in kurzen Andeutungen hier gegeben werden.

Wenn Thiébault bereits 1788 die ö. M. beschränkte auf eine Nation, so grenzte er sie als eine politische Denk- und Willensform, die sich wesentlich nur auf nationale Interessen erstreckt, ab gegen die anderer Länder [50]). Er hatte dabei in den Franzosen eine Staatsnation vor Augen, in der das nationale und das politische Bewußtsein, das nationale und das politische Interesse tatsächlich meist zusammenfiel. In Deutschland aber wird die Nation als Blut- und Kulturgemeinschaft zum Träger der ö. M., da die Bürgerschaften der Staaten, von einander in Interessen getrennt und ohne nationale Anteilnahme, im Kampf gegen Napoleon versagt haben. Der Träger der ö. M. wird zunächst für Stein nicht eine Nation schlechthin, theo-

50) Vgl. Wilhelm Bauer S. 21 ff.

retisch; sondern die deutsche Nation, deren Nationalcharakter sich besonders eignet, wird von Stein und Arndt zum Träger ihrer ö. M. bestimmt. Der allgemein gebildete Begriff der opinion publique weicht einem spezifisch von deutschem Wesen abgezogenen Begriff der deutschen ö. M., die nicht nur ihrem Inhalt nach, sondern auch durch ihre Entstehungsweise und ihre psychologische Beschaffenheit sich von der französischen opinion publique unterscheiden soll. Aus dem verletzten nationalen Stolz, aus der Tiefe des Volksgemüts, nicht aus der politischen Leidenschaft der Masse und den intellektuell gebildeten politischen Meinungen der Köpfe wird sie geboren und bestimmt.

Das deutsche Volk soll Träger der ö. M. sein und durch die ö. M. zur Nation werden.

Das Volk hat Arndt einmal definiert [51]): »Was die Menschen von einer Zunge in Sitten, im Leben, Taten, Wissenschaft und Künsten Gemeinsames hatten und taten, haben und tun — das heißt ein Volk«. Diesem Bild des Volkes wird 1815 jenes hinzugefügt [52]): »ein Volk gleicht einem Baum, in welchem sich ein freies und edles Streben regt«. Das Volk ist Kulturgemeinschaft und Organismus, aber nicht nur ein vegetativer; es ist Individuum, und, was Arndt und Humboldt wichtig ist, »der Einzelne ist ein Individuum vom Individuum« [53]). Wir verdanken Arndt viele Charakteristiken der individuellen Völker [54]), in denen er bestätigt, was er später zusammenfaßte: Das Volk ist eine Persönlichkeit mit eigenem Charakter, eigenem Gesetz und Wert [55]). Als solche ist das Volk »das ewige und soll das ewige sein, und nach dem Sinn und der Not dieses Volkes muß jeder leiden und tun mit der besten Liebe und der besten Pflicht seiner Zeit« [56]).

Das Volk ist organische und sittliche Einheit, in der sich ein Göttliches offenbart. Arndt hat 1812 das Sonderwesen des Volkes besonders nachdrücklich durch den Willen Gottes gerechtfertigt. Humboldt aber hat den Gedanken, daß das Volk ein sittliches Wesen sei, ausgebaut zu der Idee von der nationalstaatlichen Indivi-

---

51) Werke Ausg. Meißner Bd. XIII, S. 107 (1812).

52) Arndt, XIV, 200. Vgl. auch H. W III, 352, 1814. »Der Einzelne ist im Verhältnis zu seiner Nation nur in der Art ein Individuum wie ein Blatt im Verhältnis zum Baum«.

53) H. W III, 352. 355: Durch den Zusammenhang der Organisation mit dem Charakter »wird diese Individualität fester«.

54) Vgl. G. d. Z. I oder Schriften I, 410 ff. Auch H. 1798 ff. Vgl. W. XIV u. XV. Tagebücher in Frankreich und Spanien.

55) 1847 Cottas Deutsche Vierteljahrsschrift 1. Heft. Schr. IV »die Persönlichkeit des Volkes«.

56) Geist der Zeit II Kap. 4 zitiert bei Müsebeck I 234.

dualität, in der sich das Individuum Volk zur Individualität erhöht und zugleich die Identität von Volk und Staat im höheren Dritten des Nationalstaats gewonnen wird. Bei Arndt hatte sich das Verhältnis zwischen Staat und Volk anders gestaltet: für ihn bleibt das Volk als solches das sittliche Wesen, das des Leibes, des Staates, bedarf [57]). Aber das Volk ist immer für Arndt Träger des Staates und nicht der Staat Träger des Volkes. Daraus ergibt sich, daß das Volk auch als Träger der ö. M. bei Humboldt stärker auf den nationalen Staat bezogen wird, die ö. M. überhaupt mehr eine Funktion im staatlichen Leben ist, während sie für Arndt eben durch ihren Träger, das Volk, ein selbständiges Leben hat, auch neben dem Staate. Bei Stein herrscht nur vorübergehend während des Exils die Arndtsche Auffassung vom Volk als elementarem organischen Gesamtwesen als Träger der ö. M. vor, während sonst der Gedanke an seine notwendige staatliche Bindung stärker ist [58]).

Worin sich aber alle einig sind, das ist, daß das Volk eine sittliche Einheit und die ö. M. als sein Ausdruck eine sittliche Macht sei; daß das deutsche Volk einen besonders sittlichen Nationalcharakter habe und oft die deutsche ö. M. »rein erhalten« sei [59]).

Diese Erhaltung der reinen Kräfte des Volkes hängt in Deutschland ab nicht etwa von seiner »wunderbaren Verfassung« [60]). Sie scheint vielmehr allen verknüpft zu sein mit der Art seines sozialen Aufbaues. Dieser ist es, der die Vorstellung von Wesen und Bildung der tatsächlichen ö. M. in Deutschland entscheidend beeinflußt.

Humboldt hat 1818 [61]) in seiner vorsichtigen Weise auf den Unterschied des soziologischen Aufbaues der verschiedenen Nationen hingewiesen: »bei den Nationen hat man bis jetzt fast immer nur auf die äußeren, auf sie einwirkenden Ursachen, besonders Religion (!) und Staatsverfassung, aber viel zu wenig auf ihre inneren Verschiedenheiten geachtet, z. B. auf die merkwürdigste aller, daß einige kastenweise, andere individuenweise leben und andere in mehr oder minder

---

57) Arndt verkennt nicht, daß der Staat die Einheit des Volkes fördert, aber er schafft sie nicht.

58) Drüner hat bei Stein den Nationalstaatsgedanken mit stark Arndtschen Elementen durchsetzt sehen wollen. Ritter hat diese Ansicht widerlegt und in Stein — m. E. mit Recht — die alte Tradition des Reichsgedankens stärker lebendig gesehen als den neuen Nationgedanken, der vom »Volk« als elementarer Kulturgemeinschaft ausgeht und den Nationalstaat fordert. Hist. Vjs. 1925; Arch. f. Pol. 1927.

59) Sie ist das trotz der Wirkung der Aufklärung und Friedrich des Großen, ihrer gefährlichsten Verführer. Arndt, Geist der Zeit I, Stein, Thimme S. 79.

60) Arndt, Geist der Zeit II, 98. Man war geneigt, sie zu tadeln.

61) W III, 363.

angemessener Teilung derselben in kleinere Stämme«. Hier ist die Andeutung auf das Gliederungsprinzip gewisser Nationen, die in in sich selbständige, aber im Ganzen als Glied gedachte Teile zerfallen. Ihren Wert erhält diese Andeutung, wenn man dazu hält, was Arndt und Stein über den organischen stufenweisen Aufbau der deutschen Nation in ihrem Staate sagten. Es ist deutsch für Arndt und Stein [62]), daß sich die Gesamtheit der Bürger eines deutschen Idealstaats organisch in selbständige Gruppen gliedert, in denen der Einzelne sich nicht als Individuum, sondern als Glied der Gruppe fühlen soll. Dieselbe Vorstellung ist uns in den Verfassungsideen Steins, die auslaufen in die Humboldtsche Verfassungsdenkschrift vom Februar 1819, vertraut [63]). Man wird sie nicht einfach aus einem romantischen Volksbegriff ableiten dürfen: Stein ist 1807 so wenig Romantiker wie Humboldt 1818 [64]); daß sie dem rationalistischen Volksbegriff des Naturrechts widerspricht, der den Gedanken des organischen Gliedverhältnisses zwischen Teil und Ganzem nicht kennt, ist klar [65]). Man darf hier wohl am besten die Begriffe Tönnies' von Gemeinschaft und Gesellschaft anwenden, nach denen dieser den grundsätzlich verschiedenen soziologischen Aufbau unterscheidet, und kann zusammenfassen: die drei deutschen Denker haben versucht, »das Volk« und auch das tatsächliche deutsche Volk von 1812, das ö. M. tragen soll, als Gemeinschaft aufzufassen.

Die hohe Bewertung der Gemeinschaft erklärt sich vor allem dadurch: nur sie ist ein Ganzes. Nur sie ist natürlich und historisch gewachsen, nur in ihr gilt Ehrfurcht vor Tradition und Geschichte, die allen im Widerspruch zur französischen Revolution wichtig ist; nur sie kann eine sittliche Einheit bedeuten, einen Charakter tragen, jene überindividuelle Persönlichkeit sein, in die der Einzelne als Persönlichkeit aufgehen will und soll.

Was aber bedeutsam hinzukommt: die gegliederte Gemeinschaft, das ist die ursprüngliche, die elementare Stufe des Zusammenlebens der Volksglieder, jene frühe Stufe, in der die religiösen und sittenbildenden Kräfte des Volkes [66]) noch ungetrübt durch die Bewußtheit rationalistischer Jahrhunderte sich auswirkten — und wenn man an

---

62) Fantasien 1812 u. v. a.

63) Vgl. unten S. 207 H., Dk 1819, § 6, 19, auch 14.

64) Vgl. Teil III Abgrenzung gegen die Romantik. Ursprung und Argumente ihres Volksbegriffs sind andere, erst recht seine Konsequenzen.

65) Der ständische Gedanke bei Haller ist durchaus naturrechtlich.

66) In denen »sein Geist in ihm mächtig wirkt«, Arndt, W X, S. 129. Ähnlich auch Schriften Bd. II, S. 357 ff.

eben diese unbewußten Kräfte so sehr glaubte[67]) wie besonders Arndt, aber auch Stein und wieder anders auch Humboldt, so mußte man auch an die soziologische Ordnung dieser Kräfte in der ihnen entsprechenden Form glauben[68]). Man darf sagen: Arndt und Stein hatten diese noch erlebt, sie war in ihnen — trotz ihrer ganz rationalen Bildung — noch durchaus lebendig.

Als Geschöpf seines Bodens, seiner Geschichte, seines Glaubens ist Arndts deutsches Volk Gemeinschaft. Er betont, daß es »ein jugendliches Volk« sei[69]), seine Leidenschaften sind noch ungebrochen und blind[70]) und seine Ehrfurcht vor Geschichte und Tradition ist noch nicht durch Überklugheit zerstört. Wenn Arndt und Stein dabei immer an die Wirtschaftsform und Bewußtseinslage des deutschen Bauern anknüpfen, so ist es, weil sie die Gemeinschaftsstufe am reinsten darstelle[71]). Der Adel, ja auch Bauer und Träger der Würde und der Sorge gegenüber den Dienenden, ist ein echtes Glied der Gemeinschaft. Es ist charakteristisch, daß Stein und Arndt instinktiv an ihm festhalten[72]). Der deutsche Staat schließlich soll Abbild der Gemeinschaft werden[73]) und so »das heilige Gemeinwesen Staat zu einer lebendigen sich immer gegenreizenden Gesamtheit«. Die Überzeugung, daß das verschiedene Interesse aller Glieder harmonisch zusammenklingt — die ihren Ausdruck findet in der Fiktion einer notwendig zur Einheit gelangenden ö. M. — ruht bei Arndt und

---

67) »Die Menschen denken oft mehr und tiefer in den Zeiten, wo noch keine Bücher geschrieben werden, keine Schriftgelehrten predigen.« Arndt, Wächter 1816 Bd. III, S. 274. Ebenso Geist der Zeit IV, S. 28 u. v. a.

68) Fantasien: »Wenn ein hoher Volksgeist wieder alles beseelt«, dann wird jeder Stand zu seiner echten Ehre und Funktion wieder erwachen. S. 137 u. v. a. Hier ist die Berührung mit der Romantik am nächsten. Arndt betont immer wieder die Macht der Sitte, Bedeutung der Sage als Ausdruck des Volkes — jener Zeichen und Willensformen, die Tönnies der Gemeinschaft zuschreibt (z. B. W XI, S. 71).

69) Schriften Bd. II, S. 273.

70) Schriften Bd. II, S. 225.

71) Zuweilen sähen sie eine sittliche Gesundung des Volkes, d. h. eine Rückkehr »der irregeleiteten ö. M.« und »des verderbten Nationalcharakters« zur Gemeinschaft am liebsten durch eine Rückkehr in bäuerliche Lebensformen: bei Arndt wird die Hoffnung ausgesprochen, daß durch Errichtung von Bauernmajoraten mancher Stadtmensch wieder zurück aufs Land kehren werde. Fantasien S. 114.

72) Auch H. hält den Adel »gesellschaftlich« für unersetzlich, politisch aber hält er nicht viel auf ihn und ist »darin sehr auseinander mit Stein«. Briefe V, 243, 1816.

73) Bezeichnend, daß Arndt sagt: »Das Bild der Staatsgesellschaft (denn der Staat dünkt ihm rational) bleibt immer das Bild des Volkes und der Gemeinde. W X, S. 77.

Stein stärker auf einer Vorstellung des Volkes als Gemeinschaft als auf einem aufgeklärten Ideal einer universalen Interessenharmonie. Arndt in den Fantasien leugnet dieses Ideal für die Staatenwelt ausdrücklich.

Den Franzosen warf man vor allem vor, daß sie nicht Gemeinschaft sondern Gesellschaft seien, verderbt, mit allen Sünden eines klugen und alten Volkes [74]. So wenig wie ihre soziale [75] reicht ihre geistige Struktur [76] hinab zu den Urgründen, aus denen die Gemeinschaft entspringt. Weil ihre ö. M. nicht von der Gemeinschaft eines Volkes getragen wird, entbehrt sie — ganz anders als die deutsche — eines tieferen sittlich begründeten Anspruchs.

Man hatte trotz dessen unverkennbar ein Gefühl dafür, daß die Gesellschaftsstruktur nicht nur eine nationale Eigentümlichkeit, sondern auch eine Entwicklungsstufe sei (— für Stein ohne weiteres eine Stufe der Verderbnis des öffentlichen Geistes). Hier lag die große Schwierigkeit, man konnte dann die »Gesellschaft« nicht einfach ablehnen.

Besonders der junge Arndt übersah keineswegs die Spannung, die auch in Deutschland zwischen dem Zeitgeist der »Gesellschaft« und den elementaren Volkskräften der Gemeinschaft bestand. Er hat das Mittelalter fast im Tönniesschen Sinne als Zeit der Gemeinschaft [77] und die Entwicklung seit der »Mündigkeit« des 16. Jahrhunderts auf die Gesellschaft hin geschildert. »Aber ich habe den Begriff von der mündigen Menschheit nicht« [78] — und in diesem religiös verankerten Bekenntnis liegt der letzte Grund dafür, daß Arndt (und Stein) immer wieder auf die Kraft der Gemeinschaft zurückgreifen, die diese Mündigkeit des Individuums, die die Gesellschaft voraussetzt, ebenfalls leugnet, jedenfalls nicht fordert. Humboldts Wendung um 1813 zu bewußter Religiosität hat ihn ja auch

---

74) Arndt: Schriften II, 357 u. 328 u. a.

75) Ausdrücklich warf Arndt den Franzosen den Mangel eines organischen Gemeinschaftsaufbaues vor und verstand, daß der Absolutismus in Frankreich der Nivellierung der Stände und also der »Gesellschaft« vorgearbeitet habe. (Was später Toquevilles These wurde.)

76) Ob Stein das Unglauben und Halbwisserei, Arndt Übergeistigkeit, Herrschaft der Konvention und Radikalismus, Humboldt Mangel an Metaphysik (1798) oder Glauben (1813) nannte — es war immer dasselbe. Botzenhart I S. 118.

77) W XI, S. 94 u. 104/05 u. a.: das Mittelalter »ist jene Periode der Kindlichkeit, die zu Ende ging«, als die Reformation kam. Diese führte »durch das ärmere Land des Begriffes, damit es auf weiten Umwegen zu dem Neuen der Vernunft komme.« Schr. III, 5, 1816. Ähnlich G. d. Z. II, 134.

78) W XI, S. 118.

erst der Welt Steinschen Denkens wie der Verehrung für »Gott und das Volk« näher gebracht. Die Wendung Arndts und Humboldts, vor allem aber Steins zur Vergangenheit als zu dem Besseren, dessen Kräfte in der Gegenwart wieder lebendig werden sollen, erscheint so als eine Rückwendung zum Geist der Gemeinschaft. Es muß im deutschen Volk das Alte wieder entdeckt werden, wenn es der Träger einer echten ö. M. werden soll. Arndt hat den Weg aus der Gefahr, romantisch oder gar reaktionär in der Politik zu denken, — d. h. einen seelischen, sozialen, rechtlichen Zustand der Vergangenheit wieder heraufzwingen zu wollen — früh herausgefunden [79]), während Stein sich eigentümlich wechselnd verhielt. Schon das Christentum habe zu der Entwicklung beigetragen, daß »wir Menschen des Bewußtseins geworden sind« [80]), selbst die französische Revolution habe einen Sinn und Wert als Etappe dieser Entwicklung [81]). »Wer gedacht hat, muß denken — aber er muß noch mehr« [82]). Nun sollte das Neue, jenes höhere Dritte über Gemeinschaft und Gesellschaft in der geistig-seelischen und sozialen »vernünftigen« Struktur des Volkes entstehen [83]).

So darf man wohl sagen: das deutsche Volk, das Träger seiner ö. M. sein sollte, wurde in der Zukunft, auf der Höhe jener Entwicklung über Gemeinschaft und Gesellschaft stehend gedacht; in der Zukunft sahen alle drei Denker die ö. M. Ihre Träger waren auch in der Nation immer erst die zu Erziehenden, und in den Prozeß der Erziehung gehörte zugleich die ö. M. hinein.

Daß der Träger auch der nationalen ö. M. ein Geschöpf der Gesellschaft bezw. der gesellschaftlichen Bewußtseinslage sei, gaben Arndt und Stein in der Praxis immer wieder zu. Denn das kindliche deutsche Volk, dessen Meinung durch Glaube, Gefühl, Anschauung und Sitten

---

79) An Boisserée am 3. IX. 1814; G. d. Z. IV, 52 — im bewußten Kampf gegen die Romantik: »Jene Unschuld der Zeiten der politischen Gnadenlehre, wenn sie einmal war, ist vorüber. Mag vormals manches auf Herkommen und stiller Übereinkunft beruht haben und durch Gewohnheit und Glauben getragen sein«, — und Arndts Gemeinschaftsvolk hat manches davon erhalten — »wir leben in einer andern Zeit und das Unsrige muß aus Einsicht geboren und auf Gesetz begründet werden«.

80) Kriegsordnung 1813 (Arndt) S. 62.

81) G. d. Z. II, 125, 129, 139. G. d. Z. III, 27 u. a. Theoretisch, nicht historisch hat Arndt diese Entwicklung schon in den Fragmenten und in den Charakterschilderungen (1805 und 1806) angedeutet.

82) G. d. Z. I, 25.

83) Schillers berühmter Gedankengang von der Entwicklung der schönen Seele über Natur und Kultur hinaus, die dreitaktige logische Entwicklung bei Hegel sind die naheliegenden Parallelen im Denken der Zeit, die Arndt angeregt haben mögen.

gebildet oder ausgedrückt wird, hat offenbar in dem Augenblick der napoleonischen Fremdherrschaft allein nicht zur Entfaltung seiner Kraft kommen können. Die natürliche Führerschicht der Gemeinschaft, der Adel, der natürliche große Führer, der König, in dem sich die Einheit der Gemeinschaft in einem mystischen Glanze symbolisiert, haben beide versagt. Jener außergewöhnliche Führer aber, in dem sich der Volksgeist in außergewöhnlichen Zeiten der Not an der Spitze der Volksgemeinschaft zeigt [84]), ist ausgeblieben. Zahllose Glieder des Volkes, eben seine gebildeten Schichten fühlen sich nicht mehr als Glieder der Volksgemeinschaft, »ermangeln des Sinns der großen deutschen Gemeinschaft« [85]).

Folgerecht werden sie zunächst von allen drei Denkern von den Trägern der ö. M. des Volkes ausgeschlossen. Das Mißtrauensvotum gegen die höheren Stände, diese Träger des Einzelbewußtseins und des Kosmopolitismus, ist allgemein [86]). Am meisten überrascht das bei Humboldt, der völlig aus ihnen hervorging. Er sieht in den Schriftstellern nicht Träger der ö. M., sondern sie stehen neben ihr, gegen sie.

Und doch ließ sich nicht leugnen, daß eben diese geistig gebildeten Schichten das Wesen des deutschen Volkes, dem man in der ö. M. zum Ausdruck verhelfen wollte, tiefgehend bestimmten. Zum andern ließ sich das organische Gliederungsprinzip der Gemeinschaft in Deutschland nicht überall mehr nachweisen, weder im sozialen noch im politischen Aufbau Gesamtdeutschlands stand jedes Glied an der Stelle, die ihm das Ganze »in Würde und Dienst« zuwies. Der Absolutismus des Territorialstaats hatte beides zerstört [87]); die Religion trennte die Nation. Nur Sprache und Sitte, die höchsten Schöpfungen der Gemeinschaft, verbanden die Deutschen, und gerade die Bildung, jene Macht im Deutschland des 18. Jahrhunderts, begann jetzt ein Nationalbewußtsein zu ahnen, ja zu wollen [88]). Darin lag die entscheidende Wendung Arndts und Steins zur wirklichen ö. M.: man mußte sich entschließen, die Träger der Bildung als Träger des Gemeinschaftsbewußtseins anzuerkennen oder zu erziehen; man mußte in ihnen bewußt jenen Gemeinschaftswillen wieder erzeugen; umgekehrt aber sollten sie dann die noch latenten Kräfte der Menschen der alten Gemeinschaft, die noch instinkthaft der Erde

84) G. d. Z. I, 138; auch Charakterschilderungen.

85) Arndt Schriften III, S. 343. Derselbe Ausdruck Werke XI, 63.

86) So auch Scharnhorst I. IX. 1808, Pertz II, S. 216.

87) Aber auch dieser Territorialstaat bedeutete jetzt schon eine geschichtlich gewordene Macht neben dem Reich.

88) Stein selbst mußte das anerkennen. Pertz Bd. VI, II S. 170.

und gläubig Gott verbunden sind, bewußt machen und auf ein allgemein-deutsches Ziel richten; ja sie sollten die deutsche, über die kleinen lokalen und ständischen Sondergemeinschaften hinwegreichende Gesamtvolksgemeinschaft als solche erst wieder bewußt machen [89]).

Die Bildung der nationalen ö. M. gehört also doppelt in einen Prozeß des Bewußtwerdens hinein, und ihre Träger sind Objekte oder Subjekte dieses Prozesses. Die Objekte dieses Prozesses sind Nichtverantwortliche. Stein als Minister hatte schon die Menge der Autochthonen (wie Arndt sie nannte) dazu gemacht. Arndt sah in ihnen nicht nur die Objekte; vielmehr traute er ihnen, besonders in der höchsten Not des Jahres 1812 zuletzt zu, daß sie »als wilde Menschen voll Kraft«, die Initiative ergreifen würden [90]). Wenn Arndt auf die Gefühlskräfte der Autochthonen rechnet, so Humboldt vor allem auf ihre Kraft der Beharrung [91]). Durch beides unterscheiden sie sich vom Pöbel, der neuerungssüchtig und flatterhaft ist. Er ist Masse, ein Gebild summierender Gesellschaft und wird ausdrücklich dem Volk entgegengesetzt [92]). Das Volk ist Träger des Gemeinschaftsinstinktes und der Gemeinschaftsgesinnung, daher Mutter- und Resonanzboden der ö. M., selbst wenn es nicht immer ihr unmittelbarer Träger ist.

Es ist ein ethisches Postulat für Stein und Arndt 1809—13, daß es alle Deutschen umfasse, und zwar alle — nicht als Bürger ihrer Staaten — als Glieder des gesamtdeutschen Volkes und als Kinder einer deutschen Lokalheimat [93]). Der Ausgleich zwischen unitarischem

---

[89]) »Das deutsche Volk muß mit sich selbst bekannt werden«.

[90]) Arndt, »Ich will sie, selbst wenn ich nicht weiß wohin sie fahren«, 1809 zit. bei Müsebeck S. 230; auch G. d. Z. II 1. Aufl. W. VII, S. 102 verspricht den Autochthonen »Herrschaft und Tat«; »Haß gibt Tatenreiz«, Wort über die Franzosen 1814 S. 26, vgl. auch Wächter I, S. 314 ff. W X, S. 169. »Der Geringe ist für den heiligen Zweck einzig fähig.« Briefe 1811, S. 65. Nur »die Kleinen im Volk sind Träger des gesunden Hasses gegen Juden und Franzosen«. Wächter II, S. 200.

[91]) Die sie einmal als Masse aufweisen, (W III, S. 361, 1818 und III, S. 208, 1807), zum andern durch den bäuerlichen Konservatismus. Arndt liebt diesen auch, unterstützt ihn (Wort über die Franzosen S. 34 u. v. a.), kennt aber auch seine Gefahren; er kann auch stumpf machen (W XI, 62).

[92]) Wächter I, 392. Briefe 1813 S. 96. Arndt: »Von unten auf, d. h. nicht vom Pöbel, kann nur ausgehen, was jetzt mit dem Volk getan werden« soll.

[93]) Arndt hat bei aller Neigung, die lokale Verwurzelung im einzelnen Deutschen lebendig zu erhalten, einen großen Wert auf die Vereinheitlichung gelegt, z. B. durch die Verkehrsfreiheit, die eben dieser Verwurzelung in der Entwicklung des 19. Jahrhunderts entgegengearbeitet hat. Humboldt hat die ganze Frage nur als politische gesehen und als deutsches Verfassungsproblem und preußisches Verwaltungsproblem nach 1815 behandelt.

Nationalbewußtsein und dem partikularen Heimatsgefühl, das gewachsen und lebendig ist, sollte auch — neben der Verfassung — in der ö. M. geschehen. Dieses brachten die Autochthonen, jenes die gebildeten Führer mit: beide aber als Formen des nationalen Gemeinschaftsbewußtseins. Alle Stämme, aber auch alle Klassen [94]) sind Träger der ö. M., aber nicht als unitarisch-demokratischer »Brei«, sondern jeder an seiner Stelle als Glied des Volkes [95]). Unter ihnen steht voran der Bauer.

Diese Wertschätzung des Bauern ist bei den Zeitgenossen allgemein. Um die persönliche Befreiung des Bauern hatte das aufgeklärte Jahrhundert lange genug gekämpft, mit ihm der junge Arndt. Zuerst hatte dieser utilitarisch argumentiert: Arbeiter und Taglöhner schienen ihm in Frankreich 1799 »unstreitig die nützlichsten und verdientesten Glieder des Staats«. Der junge Humboldt hatte gemeint [96]), auch der Bauer könne eine gewisse harmonische persönliche Ausbildung, eine Individualität erreichen. Über dieses rationalistische Urteil wuchs Arndt, über das individualistische Humboldt hinaus. »Der Bauer ist der ehrwürdigste Teil der Nation« [97]) und der Bauernstand bedeutet wirtschaftlich und sozial die Basis der ganzen Volksgemeinschaft und ihres Staates [98]). Teilte man damit etwa Napoleons Auffassung, der sagte: »was kümmert mich die Meinung der Salons und der Klatscher? Ich schenke ihr keine Beachtung und kenne überhaupt nur Eine Meinung, die der Großbauern [99])?« Gewiß nicht! Wenn auch Napoleon die »wunderbare Kenntnis der Massen und der Einzelwesen besaß« und deshalb die ö. M. meisterhaft zu behandeln verstand [100]), so kannte er ihre Interessen; die Deutschen aber wollten das Wesen der Bauern kennen und ehren, denn jene lebten eng mit der Erde und ihrer Notwendigkeit, innig mit den Menschen durch Sitte und gewachsene Ordnung, ehrfürchtig mit der Natur und Gott verbunden. Man bedarf nicht nur des »Volkes«, son-

---

94) Gegen die Erbitterung der Klassen bes. Schön im Politischen Testament Steins. Pertz Bd. II, S. 302. Arndt, W X, S. 110.

95) Arndt W XI, 106, 118.

96) Ideen zu einem Versuch 1792, Ausg. Kähler S. 26.

97) Arndt, W X, S. 43 ff. u. v. a.

98) Es ist gefährlich, wenn diese Basis »nicht mehr« vorhanden ist wie in England. Arndt, Werke X, S. 51, aber auch schon Reisen II Aufl. 1804, III. T., S. 108; Leibeigenschaft S. 258, ebenso schon in Germ. u. Eur., 1812 Fantas.

99) Zit. aus Thibaudaut Memoiren bei Taine, übers. von Katscher III S. 32 Anm.

100) Ebenda Bd. III S. 34.

dern »noch vielmehr seines Sinnes und Gemüts« [101]). Dieser Sinn des Volkes fand sich außer im Bauern vor allem noch in der Jugend, »die darum dem Volk näher ist, weil das Volk eine ewig jugendliche Masse bleibt« und darum eine »bessere Gesinnung« hat. Deshalb sind hervorragende Träger der nationalen ö. M. die Jungen [102]). Sie teilen mit den Autochthonen die Kraft des unmittelbaren Fühlens [103]) und des absoluten ethisch-politischen Wertens und Wollens. Gemeinschaftssinn und -sitte teilen mit den Bauern die kleinen Handwerker und Stadtbürger, die in ihren Zünften eine »deutsche Freiheit« erziehen und bewähren und deshalb auch Träger der ö. M. des Volkes sind [104]). Was endlich die Bauern allein auszeichnet und sie praktisch zu so bedeutsamen Trägern der öffentlichen Gesinnung macht, das ist ihre Kraft, auf der wesentlich jede militärische Verteidigung ruht [105]). Aber diese Kraft muß geleitet werden, Nicht-Autochthone »müssen für das Volk arbeiten« [106]) denn sie können »viel mit dem Volk tun«. Es ist oben dargelegt worden, wie Arndt ein Meister der Kunst war, auf das Volk zu wirken, seine Gesinnung in eine bestimmte politische Meinung und einen Willen umzuwandeln. Er hatte dabei die unterste Basis der Volksgemeinschaft weit über die Schicht der Bauern ausgedehnt und so das einfache wirtschaftlich und sozial bestimmte Bild der Gemeinschaft bereits gesprengt. Die Träger der ö. M. soweit sie Gemeinschaftsmenschen sind, werden mit einer romantischen Mannigfaltigkeit, nicht mit einer zweckhaften Eindeutigkeit ausgewählt.

»Kraft« sagte Stein 1812 vom Volke, »ist vorhanden, aber keine

---

[101]) H. Briefe V. S. 106/7, 28. Okt. 1815. H. lobt auch »die größere Treue d. Volkes«. Briefe IV. 318, 21. IV. 1814, gelegentl. d. Abschieds Napoleons von seinen Soldaten. Niebuhr hat, genau wie H. zu Li, gemeint: »Nur die verdienen Liebe, die da sind wie die Bauern«. 15. IV. 1813 Notgedr. Ber. Bd. II, S. 163.

[102]) Arndt: Germ. u. Eur. 236. Briefe S. 90, S. 108 u. später. G. d. Z. IV. Stein, Pertz III, 128. Stein hat in der Zeit, in der er das ganze Volk aufrief, die Jugend unter die Kerntruppe der Gutgesinnten gezählt, wenn auch nie so übertreibend wie Arndt, »daß die Jüngsten befehlen müssen«. (Arndt: Briefe 1812 S. 86.) Ganz anders wird die Stellung der Jugend, sobald es sich um den Träger nationaler ö. M. im Staat bezw. in der Verfassung handelt. Auch Arndt geht da 1848 schließlich so weit, die Jugend auszuschließen, indem er das aktive Wahlrecht erst mit dem 28. Lebensjahr gewährt.

[103]) Dies schreibt Arndt auch den Frauen zu, die dadurch auch Träger der nationalen ö. M. werden können.

[104]) Arndt: W X. S. 100 XI. S. 112, Fantas. u. a.

[105]) Der junge Arndt Br. S. 35, Stein Pertz II, 373, III. 157/59, 204 u. a.

[106]) Arndt: Briefe 30. X. 12; 1813 S. 96; 1814 an C. v. Wolzogen S. 104.

Leitung« [107]). Darin erwies sich der Zerfall der alten, auf dieser Basis aufgebauten Gemeinschaft, daß sie keine natürlichen Führer mehr besaß. Der Adel [108]) sollte eine stolze blühende, kultur- und traditionsgesättigte Schicht sein, auch in Arndts demokratischster Fantasie von 1812. Dem Idealbild des Ritters, der wirklich Führer der Gemeinschaft und ihr Bewußtmacher war (wie Arndt ihn in Stein verkörpert sah), stand in der Wirklichkeit das Junkertum und der Hofadel des 18. Jahrhunderts (wie Arndt ihn z. B. im Grafen Münster haßte) gegenüber, dem alle Gliedgesinnung abzusprechen weder Stein noch Arndt zögerten [109]). Solange der Adel sich als alleinigen Träger der ö. M. fühlt, ist er unfähig, überhaupt zum Träger der echten nationalen ö. M. zu werden. Stein hoffte, ihn »durch manche Reizmittel zu reinen Grundsätzen zurück« zu bringen [110]), denn er traute ihm eine angeborene nationale Gemeinschaftsgesinnung zu.

Diese Reizmittel aber waren dieselben, mit denen die rationale gesellschaftliche Kultur der Franzosen im sozialen und politischen Leben zu kämpfen pflegte: geistige Propaganda und gesellschaftliche Konvention und Ehre, die für die nationale Gemeinschaft kämpfen sollten [111]). Die Wirkung solcher geschaffenen Konvention und der geistigen Beeinflussung schätzten Arndt und Stein sehr hoch ein. Die geistige, d. h. literarische Beeinflussung stellt Stein in wachsendem Maß höher, während Arndt umgekehrt sie Anfang 1806 höher bewertet als 1811. Arndt wendet sich immer stärker der Konvention zu, da »auch unsere Literatur ungewußt von denen hier unten über den Köpfen des Volks hingeht« [112]). Alle die Sitten, die er künstlich pflanzen wollte, alle die Feste und Spiele, Ehren und Strafgerichte für gute oder schlechte Nationalgesinnung waren zunächst bewußt gesetzt und also Konvention — damit gab Arndt selbst zu, daß er es in seiner Zeitlage mit einer Gesellschaft zu tun habe, für die sich Sitten schaffen ließen; mit Hilfe der ö. M. mußten diese Konventionen sich

---

107) Pertz: III, 171; ebenso Arndt: Briefe S. 108. Das schroffste Urteil über den Adel im »Geist der Zeit« II 1809 (VII. 102, Z. 19 und S. 80).

108) Arndt W X. S. 105: »Die Vertreter des Unsterblichen und Bleibenden im Volk«. »Die ersten Geweiheten für die Aufopferung und den Dienst am Vaterland«. Fantas. S. 109.

109) Dieser Adel lebte nicht »im Geist des Volks« (Arndt, X., 70 u. a.), sondern im »Geist einer Kaste« und gab vor, daß sein Interesse das der Nation, ja die ö. M. sei — was Niebuhr z. B. ausdrücklich einwandte (Lehmann, Bd. III, S. 59, 60), als Hardenberg sich 1810 auf solche ö. M. berief.

110) Pertz: II, 373 an Gentz.

111) Heute muß durch bewußte Erziehung das geschehen »was alles früher durch Gewöhnung geschah«. Arndt.

112) Arndt: Br. 1811 S. 64.

erst zu Sitten einwurzeln. Arndt hat diesen Vorgang geschildert [113]: »es muß sich zuletzt zu etwas alt aussehendem, zur Gewohnheit verwachsen, wenn es bleibende Früchte tragen soll«. Man sieht: die Restauration der Gemeinschaft geschieht mit Hilfe gesellschaftlicher Mittel, zu deren Wirksamkeit die ö. M. notwendig ist. Man knüpft selbstverständlich so stark als möglich an die Reste gemeinschaftlicher Sitten, z. B. der Bauern, an. Außer durch diese Konventionen geschieht die Restauration der Gemeinschaft durch das Wort, das zündende oder überzeugende Wort, dem Arndt und Stein Gestaltung und Aktivierung des Volksbewußtseins um so mehr anvertrauten, als sie gerade in Deutschland ein Volk vor sich zu haben glaubten, dessen Neigung seit Jahrhunderten auf das denkende, das bewußte Formen seiner Gesinnung ausging. Stein nannte das einfach — da es ihm persönlich durchaus fremd war, anders als durch religiösen Glauben seine Gesinnung zu bilden — das viellesende Volk. Da er selbst nur in einem erstaunlich geringen Grade an der Kultur des idealistischen, neu-humanistischen und romantischen Deutschland um 1800 teilhatte, vielmehr an die Alleinherrschaft einer einfach religiösen Gesinnung und einer volkstümlichen Kultur im deutschen Volk auch jetzt glauben wollte und jene andere als »metaphysische Hirngespinste« verachtete, so konnte er die tiefe nationale Eigentümlichkeit und Kraft, die in jener Kultur lag, nicht höher bewerten. Er neigte dazu, sie in bedenkliche Nähe zum französischen Rationalismus zu rücken. Und doch stellte Stein den Träger dieser philosophisch-ästhetischen Kultur in den Dienst des Staats [114]. Immer mehr paßte er sich den vorhandenen Mächten seiner Zeit an, um wirken zu können und machte so den Gelehrten scheinbar zum Träger einer ö. M. Er befahl ihm die Verbreitung nationaler Gesinnung — und nahm dabei eine Praxis des absoluten Staates gewissermaßen wieder auf [115]. Diese herrische Auffassung »über die metapolitischen

---

113) W X. 78.

114) Was Stein ursprünglich so scharf gegen die Träger dieser Kultur machte, war nicht so sehr ihre Unkenntnis der Wirklichkeit und des Staats, als der sittliche Mangel, »daß die Philosophie auf Selbstsucht und Indifferenz hinwirkt« (Pertz I, 569) und also vom Gemeinschaftsgeist völlig entfernt. Ähnliche Urteile bei Botzenhart I S. 126, Pertz V, 424, 445, Lehmann III, S. 4. Selbst La Harpe nimmt Stein nicht aus: HZ. 60, 449 u. v. a. z. B. auch nicht Dahlmann Pertz V 473. Die Gedanken der Gebildeten schienen ihm willkürliche Hirngespinste, nicht die Ergebnisse einer jahrhundertelangen Entwicklung des europäischen Denkens, Schöpfungen in seinen bestimmten, nicht mehr abzuändernden Denkformen; die freilich dem Volk kaum zugänglich sind.

115) Er gedachte die Gelehrten dafür zu belohnen, nicht achtend, daß in ihnen der Geist sich nicht befehlen oder belohnen ließe und Fichtes Reden an die deutsche Nation nicht im Auftrag gedacht und gehalten werden konnten.

Köpfe« behielt er immer bei: er machte sie zu Organisatoren der ö. M., aber er überantwortete ihnen nicht eine selbständige Führung der ö. M. Wirkliche Träger oder gar Führer nationaler ö. M. werden sie für ihn nicht.

Humboldt und Arndt, selbst zunächst »Köpfe« und nur das, fühlten die Kluft zwischen der Bildungsschicht und dem Volk wohl, aber sie zogen verschiedene Konsequenzen. Humboldts Gebildeter ist Denker, isoliert, selbständig gegenüber seiner Zeit, so daß weder seine Bedingtheit durch sie, noch seine politische Macht in ihr sehr wichtig erscheint. Das persönliche Recht auf Äußerung und die persönliche Verantwortung für sie spricht Humboldt ihm prinzipiell zu; Bedeutung in und für die ö. M. aber hat die Äußerung nur selten; eigentlich nur die gewisser nicht hochgebildeter Publizisten hat Einfluß auf die breite Masse des Volkes. Humboldt hat so in der ö. M. die Kluft nicht zu überbrücken vermocht, hatte keinen Begriff von der Führerschicht der ö. M. ausgebildet. Aber allgemein stellte er fest: »mit den noch in natürlicher Schlichtheit lebenden niedrigsten Volksklassen stehen nur die edelsten und zartesten Individuen in unmittelbarer Berührung des Sinnes und der Empfindung«; nur diese Höchstgebildeten reichen wieder hinab in die Urgründe der Gemeinschaftsseele, haben jenen höheren Zustand schon erreicht über die Kultur der Gesellschaft hinaus, in der andere »in der unseligen Mitte ... der echten Natur und der echten Verfeinerung gleich fremd sind« [116]). Humboldts höchst entwickelte Persönlichkeit reicht so wieder hinab zum Volk und könnte Arndts erhoffter politischer Mensch sein [117]): aber von politischer Führung als Aufgabe dieser Persönlichkeit spricht Humboldt nicht. Der revolutionäre Sinn solcher Führung im Rahmen des gegebenen Staates widerstrebt ihm [118]). Humboldt hat an Erziehen und Führen seinem eigenen Wesen gemäß nur wenig gedacht.

Sah Humboldt den Denker vielleicht zu groß und zeitlos, Stein aber ihn zu klein und zeitlos, so hat Arndt allein ihn als Schöpfer

---

116) H.s W III, 203.

117) Wenn H. meint: durch die Handlungsweise des Einzelnen werden die Begebenheiten geadelt, die durch die Beweglichkeit des Volkscharakters entstehen (H. W III, 164 Skizze über Latium u. Hellas), so darf man das auf das Verhältnis zwischen Führer und ö. M. übertragen: Sollte ein Humboldtscher Führer nicht den Haß adeln, der als blinder Trieb die ö. M. Arndts mitbildete? Sollte er die primitiven Gemeinschaftsgefühle der ö. M. ohne weiteres als das Gute anerkennen? Nicht vielmehr erziehen zu dem »neuen Stadium der Vernunft«?

118) Vielmehr zitiert H. W II, 23 Schiller: »Nimmer darf der Freie den Freien zum Führer sich nehmen« etc. Spaziergang, V. 187 und zeigt sich so als der Antipode Arndts.

und Geschöpf der Zeit im guten und bösen Sinn erfaßt. Er hat ihn deshalb nicht prinzipiell als Persönlichkeit respektiert [119]), sondern nur insoferne er Träger der ö. M. war. Der Träger des Worts konnte das überhaupt nur werden, weil Arndt die Herrschaft der Bewußtheit anerkannte, ja wie oben gezeigt wurde, universalhistorisch begründet und dadurch bejaht hatte. Der Schreiber konnte nur zum Führer nationaler ö. M. werden, wenn er bewußt den Weg zur nationalen Gemeinschaft zurückfand, nun nicht mehr aus Instinkt, sondern Erkenntnis sich wieder als Glied der Volksgemeinschaft fühlte und ihr dienen wollte [120]). Arndts Publizist sollte Führer des Volkes sein wollen. Denn Arndt glaubte: im Wort des Führers liege die heilige Kraft, elementare und bewußte Kräfte von Volk und Zeit zu verschmelzen und wirksam für die politische Gemeinschaft zu machen. Irgendein religiöser Unterton schwingt bei Arndt mit, wenn er die Träger des Worts als die »Halter« der ö. M. zu ihrem hohen Amte aufruft. Sie sind verantwortliche Träger der ö. M. [121]) und ersetzen die geborene Führerschicht, den Adel. Bildung verpflichtet und Geist macht zu größerer Tat fähig, genau wie alter Besitz und politische Führerstellung. Hier lag die Möglichkeit für die revolutionäre Wendung, die Arndt im Geist der Zeit II sagen ließ: »Männer aus dem Volk erheben sich durch Edelsinn über die Fürsten«. So gut wie die Gemeinschaft die Besitzungleichheit und die Kraftungleichheit ihrer Glieder als natürlich bejaht, ebenso auch die Bildungsungleichheit, die in Arndts »Fragmenten« selbstverständlich vorausgesetzt wird. Humboldt betont, daß die »niederen Stände« zu ihrer Bildung [122]) der höheren viel weniger bedürfen«, als die feinste Bil-

---

[119]) Was nicht ausschließt, daß er vom Staat fast immer Zensurfreiheit gefordert hat; der freien ö. M. stand eben die Kritik über die Schreiber zu.

[120]) Arndt war stolz auf die geistige Beweglichkeit und Tiefe der Deutschen (Schrift. II, 147, W XI, S. 16, 34. Ähnlich Humboldt 1799 in Paris), trotz allen Tadels, den auch er gegen die Gelehrten aussprach (Seit Germ. u. Eur. S. 180 häufig), die er tiefer verstand als Stein. Er setzte eben Napoleons Mißachtung des Geistes seine Ehrfurcht vor dem Geiste entgegen. Humboldts Schriftsteller, der reinste Vertreter solchen Geistes, war als Persönlichkeit durch den Nationalcharakter mit bestimmt; sein nationales Bewußtwerden war seine private Angelegenheit und wurde nicht zur Mission. Das aber war sie bei Arndts Publizisten, der bewußt den Kampf gegen die gemeinschaftslosen kosmopolitischen Zunftgenossen aufnehmen sollte. Ihn adelte erst die Gemeinschaft und er brauchte sie.

[121]) Arndt Bd. X, S. 178 u. v. a.

[122]) »Sie (die niederen Stände) sind eigentlich selbständig« — so wiederholt H. — hier romantisch beeinflußt — die Überschätzung der Gemeinschaftsmenschen auf dem Gebiet der Bildung, die oben bei Arndt und Stein auf wirtschaftlichem, ethischem und politischem Gebiet schon erwähnt wurde. Fehlte

dung der Grundlage der Volksbildung bedarf. Die Organisation der Bildung, wie Humboldt sie schaffen wollte [123]), diente ebenfalls der Restauration der natürlichen Gemeinschaft.

Für Arndt bedeutet geistige Bildung eine Führerqualität [124]), und so kommt er in seinem Führergedanken, der einen erstaunlich breiten Raum in seinem Denken einnimmt, nicht los vom Bild der geistigen Führerschicht. Diese macht die ö. M. zu etwas anderem als einem einfach organischen Produkt der Volksgemeinschaft.

Das Wort des Führers entspringt seiner persönlichen Bewußtheit und Erkenntnis, aber weil er der Gemeinschaft innerlich angehört, wird es doch Ausdruck dieser Gemeinschaft. Dies ist entscheidend für Arndts Fiktion, daß die Meinung der echten Führer notwendig sich zur Einheit der Volksmeinung zusammenfinden könne. Das Wort des Führers entstammt der ö. M., einigt die ö. M. und schafft sie doch erst. Wer nicht der nationalen Gemeinschaft innerlich verhaftet und verpflichtet ist, findet dieses Wort nicht; er trägt nur seine rationale Meinung vor. Viele solche stehen im Kampf gegeneinander, falsche Führer, die nicht der nationalen einen ö. M. zum Ausdruck verhelfen, die sich seit 1812 mit der guten Meinung schlechthin identifiziert. Gegen diese falschen Führer kämpft Arndt sein Leben lang den heftigen und vergeblichen Kampf, in dem er alle Argumente gegen die Gelehrten und Schreiber [125]) vorbringt, die Stein gebraucht hatte.

Zwischen die bewußte Führerschicht und die Gemeinschaft schiebt sich nun noch die patriotische Gesellschaft als Träger der ö. M. Diese willkürlich zusammengetretene Vereinigung einzelner Gutgesinnter [126]) übernimmt weniger die Bildung der ö. M. durch das Wort als durch die neu gepflanzte Sitte; sie ist eine typische Schöpfung der Gesellschaft, gemacht und nicht gewachsen, und doch als Mittelglied, als Träger der ö. M. unentbehrlich [127]). Die

---

dort der Adel als Führer, so fehlt hier die Verbindung der höheren Stände mit dem Volk, wie es eine natürliche Gemeinschaft erforderte.

[123]) Humboldt hat durch den Gedanken der gleichmäßigen Grundbildung der Nation (vgl. Spranger II. oder W XIII, der Litauische Schulplan) dem sozial-aristokratischen Bildungsideal Arndts im Staat eine Doppelheit demokratischer und individueller Bildung entgegengestellt. »Was über die Volksbildung sich erhebt, geht schlechterdings ins Individuelle und tritt so, seinem Streben nach, aus der Nation heraus« (H.s Briefe 20. Aug. 1814 IV, 379).

[124]) Freilich die Weisen, nicht die Gelehrten sollen Führer sein, z. B. Fantasien S. 230. Geistige Bildung soll für Arndt von der Wirklichkeit ausgehen, und wieder auf die Wirkung in der Wirklichkeit zielen.

[125]) Ihnen folgen nur die Massen, der Pöbel.

[126]) Hier darf man wohl an die Kategorie des »Bundes« erinnern.

[127]) Stein hat solche Gesellschaft gelegentlich als Träger der ö. M. genannt,

höheren Stände sollten durch sie Mittelpunkte erhalten für die Bildung ihrer nationalen Gesinnung und so der ö. M. überhaupt. Auch dieses künstliche Gebilde der »deutschen Gesellschaft« — dessen erste Idee von Körner, dem Freund Schillers, stammte und seine Verwandtschaft mit den literarischen oder philosophisch-religiösen Gesellschaftsbildungen des 18. Jahrhunderts nicht verleugnete — ist ein Träger der ö. M., der ihren Kompromiß- oder sagen wir lieber Übergangs- und Zukunftscharakter deutlich beleuchtet. Die deutschen Gesellschaften waren Mittel zur Nationalisierung und Politisierung der viel geschmähten, aber unentbehrlichen höheren Stände, die durch sie fähig werden sollten, Träger der ö. M. zu sein.

In Frankreich waren die Gebildeten dazu erzogen worden im Salon, sowohl noch im Salon des ancien régime als dann in dem der französischen Revolutionsgrößen [128]). Soweit es in Deutschland einen solchen politisch schwatzenden Salon — etwa in den Hofgesellschaften [129]) — gab als Nachfolger des ästhetisch schwatzenden, wurde er von allen drei Denkern als Träger der ö. M. abgelehnt mit einer Schroffheit, die deutlich zeigt, wie wenig allgemeinpolitische Information, Bildung, »Interesse«, ja selbst Urteil allein zu solchen befähigte; wie auch keines der sozialen Vorurteile der alten Gesellschaft den neuen Begriff des Trägers der öffentlichen Gesinnung bestimmen sollte [130]). Auch den »politisch versierten« Kreisen würde

---

Vgl. oben Seite 36; an Gentz Pertz II, S. 372. Woltmann, der Historiker, gab in Metternichs Diensten eine Charakteristik des Tugendbundes als Verein mit einer Führerschicht Br. Preuß. Forsch., Bd. 40, S. 93. Er hielt fälschlich Stein für den Schöpfer. Arndt (Fragm. über Erzieh. 1805, auch noch Fant. S. 220, 227 vgl. dazu Meinecke, Die deutschen Genossenschaften und der Hoffmannsche Bund) hat in romantischer Schwärmerei in seiner Jugend geheimen Orden eine besonders gemeinschaftsbildende und erziehende Kraft zugesprochen. Dies Urteil über Gesellschaften als Träger der ö. M. haben beide revidiert; Arndt ist 1818 Gegner der geheimen Orden, weil sie unorganische, abgeschlossene Fremdkörper im Volksleben und geheime Staaten im Staate seien (Vgl. G. d. Z. IV), und Stein hat nachträglich dem Tugendbund seine Sympathie entzogen, seine Bedeutung geleugnet (Pertz VI, II. Beilage 170). Arndt aber hielt an dem Gedanken der öffentlichen Gesellschaft als einer notwendig gewordenen künstlichen Gemeinschaftsbildung in der nun einmal bestehenden Gesellschaft der Gebildeten fest.

[128]) H. lernte noch den letzten Abglanz in Paris 1798 kennen. Vgl. Tagebücher, W XV.

[129]) Vgl. Gentzens Vorrede zu Burkes reflections 1793 oder Arndts Haß gegen die Kaffeeklatscher im G. d. Z. I. Pertz II, 297 u. a. Stein schrieb dem politischen Getratsch der Salons während des Wiener Kongresses immerhin den Einfluß zu, die Geschäfte zu stören und die ö. M. zu verwirren. Pertz IV. 252.

[130]) Das schließt nicht aus, daß Stein auch den Salon zum Träger nationaler

Humboldt entgegenhalten: »dem Staat ist es nicht um Wissen und Reden, sondern um Charakter und Handeln zu tun« [131]). Die ö. M. ist Gesinnung zum Handeln weit mehr als politisches Urteil für alle drei Denker — wenigstens bis 1815. Nach 1815 tritt Wissen und Reden in ihr mehr hervor. Dann aber betont man, daß alles rationale politische Denken erlernbar, die Gesinnung aber die Basis auch für das politische Wissen der ö. M. sei, welches Bürger und Bauer bereits gelernt haben oder rasch lernen werden, da ihnen auch politische Urteilsfähigkeit angeboren sei oder leicht durch Handeln anerzogen werde. Damit aber tritt man an eine Frage heran, die in der Verfassung bzw. durch die Selbstverwaltung gelöst wird, was im nächsten Kapitel zu betrachten sein wird.

Den wichtigsten Schritt zur Verschmelzung von Charakter und Wissen, irrationaler und bewußter Kraft, »von Vergangenheit, Gegenwart und Zukunft« [132]) hatte Arndt in seinem Führerbegriff für die ö. M. getan.

Nun tat sich die Frage auf: wenn der Führer seine Mission in der nationalen ö. M. erkannt hat, wird die ö. M. ihn erkennen? Arndt vertraute dem reinen Instinkt der Gemeinschaft für die echten Führer; in seiner romantischen Demokratie der Fantasien »werden die besten Männer von allen erkannt werden«, also doch wohl von der ö. M. Damit ist aber schon der Boden bereitet für die durchaus rationalistisch gedachte »natürliche« Führerauslese, auf der der Gedanke der Abgeordneten beruht. — Aus romantischen und demokratischen Neigungen hat Arndt die Vorstellung von einer sittlichen Führerschicht der Nation gesteigert zum Bild des großen Einzelnen, des Helden, in dem sich die Gemeinschaft vollendet, aus der er entspringt [133]). Napoleon der große Böse, in seiner Größe »fast wunderbar«, hat in Arndt ein mystisches Bild entstehen lassen von dem

---

Gesinnung, echter ö. M. zu erziehen nicht verschmäht; vgl. seine persönliche Wirkung in Petersburg 1812.

[131]) 1810, Ausg. Kähler S. 82.

[132]) G. d. Z. II, 119.

[133]) Arndts Vorstellung vom Helden entstand zunächst durch sein Bild vom großen Menschen im Volk, von Goethe und Luther. Briefe an Freunde S. 18, 84, G. d. Z. I, 46. Erst dann für den Führer des Volksstaates, Fantasien S. 94; vgl. zum Helden G. d. Z. I, 138, Ansichten 461, 417, 427 und in den histor. Charakterschilderungen, wo er auch biologisch erklärt wird. Arndt beobachtete an Napoleon und seinen Zeitgenossen mit Haß und Verzweiflung (G. d. Z. I, 186, II, S. 142, Glocke 2. Aufl. S. 90 u. a.) die mächtige Wirkung des Helden, bei den Alten aber sah er mit Enthusiasmus in ihr ein Erziehungsmittel der Nation. An Gagern 30. Aug. 1831. Man hat nicht geltend gemacht, daß »nur der Einzelne die

Einen, der, gestützt auf die ö. M., gegen ihn den Kampf für das Gute zum Siege führe [134]). Würde aber dieser Eine, im tiefsten verwandt mit der nationalen ö. M., nicht doch der echte Ausdruck gerade der irrationalen Kräfte des Volks sein, echter als die vielfach rationalisierende ö. M. das sein kann? Würde er nicht die wahrhaft politische Macht sein, die man bisher dem Kollektivwesen der ö. M. zuschrieb, zuschreiben wollte? Auch Stein hoffte phantastisch auf den großen Führer, den Diktator aus irgendeiner Klasse des Volks. Durch historische Erinnerung und praktisch politische Forderung wird sein Bild deutlicher als das Arndts [135]). Auch Stein sieht keinen Gegegensatz zwischen dem großen Führer und der nationalen ö. M.: er wird die Nation vollenden, sie wird ihm zujubeln [136]). Daß er revolutionär gegen die alten Mächte stehe, scheute Stein so wenig wie Arndt. Bei diesem kann sein Bild trotzdem mit dem Idealbild eines »Königs« verschwimmen, in Steins Phantasie vielleicht mit dem eines deutschen Kaisers.

Im Führergedanken zeigt sich am deutlichsten, daß bei steigendem Kampf gegen Napoleon der Wunsch nach absoluter Zusammenfassung, völliger Einheit immer mehr steigen mußte. Dieser Wunsch ließ ein für allemal keine Anerkennung des zwiespältigen Wesens der ö. M. aufkommen, so verschieden ihre Träger und Führer sein mochten. Arndt hat wohl zuweilen die Lehre vom Antagonismus, die dem Denken der Zeit nicht nur durch Adam Müller geläufig ist, aufgenommen: die Notwendigkeit des Streites zwischen den Völkern, zwischen den Geistern, ja zwischen den Interessen im Volke und Staate macht für ihn das lebendige Leben aus. Grundsätzlich aber hat er eine Auswirkung solcher Lehre in der Parteispaltung innerhalb der ö. M. nicht anerkennen wollen. Niemals sollte die ö. M. getragen werden von Parteien, sondern immer schon von einem höheren Dritten

---

dem Wollen spezifische initiative schöpferische Funktion« habe. (H. Kelsen, Arch. f. Soz. Wiss. 1921 V, 75.)

[134]) G. d. Z. II, 70. Die Hoffnung auf den großen Einen schon Germ. u. Europa, G. d. Z. I, 198, II, S. 99, 105. Briefe 1811 u. v. a. Es war eine Hoffnung der meisten Zeitgenossen, z. B. Pozzo an Stein 1810, Pertz II, S. 441, Erzherzog Karl, Lehmann III, S. 179, Gneisenau u. a. Bei allen stammte dieser Eine aus dem Volk, war nicht einer der Fürsten.

[135]) »Jeder, der die Verfassung Deutschlands wieder aufbauen kann«, Pertz III, S. 46. Steins phantastische Andeutungen wirken mitten in praktischpolitischen Erwägungen ideologischer als Arndts zusammenhängende Phantasiebilder. Auch hier für den Helden geht Stein von der Befreiung und der Verfassung Deutschlands, Arndt aber stärker vom deutschen Volke oder von dem Guten aus.

[136]) Vgl. Lehmann Bd. III, S. 118, 1811.

— der Nation —, in dem sich der Gegensatz jener aufhob; sie sollte, wenn man so will, selbst schon das Höhere sein, in dem sich die lebendigen Widersprüche und Gegensätze auflösten.

IV.

Gerade während des großen Jahres schien sich zu bewahrheiten, daß die ö. M. Eine, ihre mannigfaltigen Träger Eine Gemeinschaft seien. Nur ihr Verkörperer, der Held, fehlte. Die ersehnte Nation, die die deutsche ö. M. trug, schien lebendig vorhanden [137]). Man begann mit ihr zu rechnen, man schrieb ihr einen Willen für die Kriegsziele, für den Staatsneubau und das Recht zu, ihn zu äußern. So wird jetzt vor allem die Funktion der ö. M. eine andere als bisher und unmittelbar politisch bedeutsam.

Indes schon während des erregten Kongreßjahres mußte man zugeben, daß die Meinung in Deutschland keine einheitliche war. Das beleuchtet der Streit Steins und Humboldts über die deutsche Kaiserfrage: jeder berief sich auf die öffentliche Stimme der Nation [138]). Diese Nation zerfiel noch immer: nicht sozial in Klassen — das wäre einfach zu tadeln gewesen —, sondern politisch in die Bürger»nationen« der Territorialstaaten oder in Stämme, die gegenseitig Kritik an ihrer Wesensverschiedenheit übten. Die aufgeklärten, beweglichen Preußen [139]) und die dumpf-frommen Österreicher lassen sich schwer zu Trägern Einer deutschen ö. M. vereinen. Preußen konnte die Führerrolle in der ö. M. Deutschlands übernehmen wie die Gebildeten, Österreich schien dagegen die Elemente der ö. M. zu verkörpern, die man den bäuerlichen Klassen zuzuschreiben pflegte.

Das Problem, wer die Träger und Organe einer gesamtdeutschen ö. M. seien, die verfassungsrechtlich zur Äußerung kommen sollten, legte den Gedanken nahe, auch die nicht in der Verfassung organisierten Träger der deutschen ö. M. realistisch zu prüfen auf ihre Fähigkeiten hin, die neuen Funktionen der ö. M. zu erfüllen. Nicht mehr der Rhetor Arndt, sondern der Politiker betrachtete jetzt die

---

137) Für H. macht 1813 dafür mehr Epoche als für Arndt, der auch jetzt noch bewußt für die Einigkeit der ö. M. kämpft; war auch die Aktion einheitlich, so sah Arndt in der Meinung doch auch 1813 Verführer tätig.

138) Vgl. oben S. 43; S. 126.

139) Pertz IV, 745 Februar-Dk. 1815 Die Preußen sind die Träger »des lumières, des mouvements dans l'esprit, des opinions«. Scheinbar wiederholt sich in ihnen der Gegensatz zwischen französischem und deutschem Wesen; die preußische Stellung zum Wiederaufbau des alten Kaiserreiches deutete man als Ehrfurchtslosigkeit vor dem Alten. Arndt und Humboldt haben gerade dagegen die Preußen glühend verteidigt.

ö. M., und sie ist nicht mehr nur Aufgabe, sondern ein Gegebenes. Dabei vollzieht Arndt eine Wandlung von romantischer zu realistischer Auffassung des Volks als Träger der ö. M. Nach 1815 erscheint statt der idealen Volksgemeinschaft immer häufiger die große Zahl der einzelnen Volksgenossen und der »vaterländischen Demagogen« In den Zensur- und Verfassungskämpfen verblaßte das außenpolitische Motiv, das bisher alle Träger der ö. M. erfüllte und verband; es entstand eine Spaltung unter ihnen. Humboldt, dessen letzter Begriff einer allgemein-deutschen ö. M. in der September-Denkschrift 1816 uns über den Träger dieser erhofften ö. M. ganz im Unklaren läßt — selbst Regierungen scheinen dort die ö. M. zu vertreten —, wendet sich mit Energie jener ö. M. zu, die von einer sehr differenzierten, erregten Menge preußischer Staatsbürger getragen wird. Unter ihnen beanspruchen einige, die den außenpolitischen Gesichtspunkt der Stärke Deutschlands in Europa und die dafür notwendige Einheit betonen, die einzigen echten Träger der Nationalgesinnung und somit der deutschen ö. M. zu sein. Ihnen gegenüber aber wächst die Gruppe derer, die — wohl ursprünglich von demselben außenpolitischen Motiv ausgehend — jetzt die innenpolitische Forderung nicht so sehr nach Einheit Deutschlands als nach Freiheit in Deutschland, in seinen einzelnen Verfassungsstaaten, vertreten. Humboldt wendet sich gegen die einen, sobald sie das historische Recht des Einzelstaates vergewaltigen, gegen die anderen, sobald sie einen undeutschen Freiheitsbegriff erstreben. Beide sind auch für Stein nicht die Träger der echten ö. M., obwohl ja nicht bezweifelt werden kann, daß sie beide der deutschen Volksgemeinschaft bewußt und verantwortlich dienen wollen. Das national-ethische Kriterium für die Auslese der Führerschicht der ö. M., das während der Insurrektion Arndt besonders für die Gebildeten angewandt hatte, erweist sich als ungenügend. Warum macht der gute vaterländische Wille allein die Berliner Militär- und Patriotenkreise jetzt nicht zu Trägern oder gar Führern der ö. M.?

Eine neue Forderung an den Träger und Führer der ö. M. gewinnt jetzt Bedeutung: er muß politische Einsicht besitzen.

An dieser Forderung scheiden sich die Geister: Stein weist diese politische Einsicht wesentlich nur den Deputierten der Stände zu; und diese bezeichnet er nicht mehr wie 1807 als Organe der ö. M. Der unverantwortliche Schreiber vertritt eine ö. M. den Abgeordneten gegenüber, die kaum mehr national bestimmt, gefestigt und dadurch sittlich begründet scheint; doch wird gelegentlich seine Hilfe im Kampf um die Verfassung schätzbar.

Ganz anders entscheidet Arndt, wie oben schon kurz angedeutet wurde: Aus mystischen Gründen der wunderbaren Zeitwende oder rationalistisch einfach erklärbar schreibt er politische Einsicht allen Volksgenossen zu [140]). Dank der deutschen Fähigkeit zur Freiheit in der selbstgewollten Bindung [141]) und des Sinns für die Notwendigkeit findet Arndt sie jetzt bei allen Trägern der unorganisierten nationalen ö. M. In dieser bewußten Zeit der Erkenntnis und Setzung haben gerade die Teile des Volkes, die echte Träger der Gemeinschaft sind, noch das unmittelbare Verständnis des Glieds für das Ganze. Jeder besitze jene instinktive Kenntnis nationalen Wesens, seiner historischen Verwurzelung, seiner gegenwärtigen Interessen [142]); und so urteile jeder über das politische Leben der Nation richtig. Kann Bildung oder Lehre zur Sicherheit solch instinktiven Urteils Wesentliches hinzutun? Oder zerstört sie sie nicht? Arndt weist der Lehre doch eine große Bedeutung zu, denn er gibt zu: »die Gefühle für das Vaterland sind bei den meisten Deutschen lebhafter und inniger geworden. Aber man darf sich nicht verhehlen, daß die Begriffe über das Wohl und Wehe desselben und über das, was dies Zeitalter ... geboren ... hat, die allerbuntesten und verwirrtesten sind. Die meisten jedoch, wenn sie auch nicht wissen was sie wollen, gehen im Glauben auf Gott rüstig vorwärts und lassen sich nicht irre machen«. Die Verworrenheit entstammt der »Unkunde der politischen Einrichtungen, nicht aber bösem Willen« [143]). Der Wille der Gemeinschaft für das Vaterland zu wirken ist rein und unfehlbar, aber er bestimmt nur das Ziel, nie den Weg [144]). Über die politischen Wege und ihre zweckmäßige Auswahl entscheiden dagegen politische Kenntnisse [145]). Das deutsche »viellernende

---

[140]) »Alle fühlen was alle bedürfen«, Wächter III, S. 23, denn »etwas, was wir freilich nicht wissen können, was aber wirklich da ist, hat alle Menschen zu Wissenden gemacht«. Wächter III, 56 ff. , 96. Durch die Übersteigerung ins Mystische wird das bereits aus dem Bezirk des Gemeinschaftsbewußtseins hinausgehoben zu allgemein mythischen Kräften des universalen neuen geistigen Lebens.

[141]) »Der Sinn der Geister ist auf das Hohe und Gesetzliche gerichtet«, G. d. Z. IV, 45 u. v. a.

[142]) »Ja der einfältigste und ungebildetste Bauer und Bürger empfindet und versteht und spricht aus, was in allen Menschen als Wunsch und als Bedürfnis lebendig ist . . . worauf es in der Zeit ankommt und was das Vaterland und die Welt bedarf . . . besser, als vor 20 oder 30 Jahren der Gelehrte und Edelmann«. G. d. Zt. IV, 45. Wächter III, 56.

[143]) Sie ist bei einigen Verwirrung der Bosheit (Haller), bei anderen Verwirrung des Irrtums (Romantik; Jakobinerdeutschtum), G. d. Z. IV, 28, 46.

[144]) Das klingt stark an Rousseau an. Vgl. u. S. 242 ff.

[145]) Sie sind durch Lesen u. Gespräch od. durch Erfahrung in politi-

Volk« [146]) soll sie in allen seinen Schichten erwerben. So wird die intellektuelle Reife — später das eigentlich kritische Problem für die verfassungsrechtlichen Träger der ö. M. — zu einer doppelten Erziehungsfrage: sind staatsbürgerliche Kenntnisse, ist politische Bildung für alle nötig, die Träger der ö. M. bleiben sollen? Arndt bejaht das Erste, verneint das Zweite [147]). Der Aufklärung über politische Einrichtungen bedürfen alle; aber den rechten politischen Sinn besitzen die Autochthonen instinktiv, während die Gebildeten seiner ermangeln. Denn er ist für Arndt eine politisch-ethische Qualität, die durch bloßen Erwerb lernbarer stofflicher politischer Kenntnisse natürlich nicht vermittelt werden kann. Was Arndt fordert, um ihn zu wecken bei den Ge- und Verbildeten der »gesellschaftlichen« Bewußtseinslage, war weit mehr als rationalistische politische Erziehung [148]): durch national-ethische Bildung, die auf der breiten Basis des Zeitverständnisses ruhe, sollen sie zu politischen Menschen erzogen werden. Humboldt vermeidet eine politische Erziehung des Bürgers; aus dem Zusammenwirken der Verfassungsorganisation und der Menschenbildung entsteht sie mittelbar; mochte der Staat Persönlichkeiten erziehen und Wähler organisieren; sie würden von selbst gute Bürger werden.

Zur Antithese gegen den Rationalismus kommt jetzt der Gegensatz gegen das »romantische« Ideal eines dumpf vegetativen Volkes oder das der Untertanenmenge. Darum wird jetzt Arndts Träger

---

scher Arbeit erlernbar. Den zweiten Weg können nur die verfassungsrechtl. Träger der ö. M, begehen; zögernd schlägt Arndt für die Träger der freien ö. M. den ersten Weg ein.

[146]) Wort über die Franzosen 1814 S. 30.

[147]) Er lobt das politische Gespräch, G. d. Z. IV, 42, das »auf den Jahrmärkten Volksunterhaltung geworden«. Es ist nicht mehr Geschwätz der Gasse wie in G. d. Z. I, sondern Zeichen des Fortschritts im politischen Verständnis des Volkes.

[148]) Wie sie z. B. das republikanische Frankreich und das Empire anstrebten. Sie beruhte auf der Ansicht, daß die Schule bestimmte politische Überzeugungen und Bürgertugenden lehren könne. Arndt hat sie schon 1799, 1805 und noch im Studentenstaat 1815 energisch abgelehnt. Fragm. II, 200, aus individualistischen Gründen: die allseitige Ausbildung des jungen Menschen solle nicht zu früh auf eine einzige Richtung beschränkt werden. Arndts Erziehungspläne gelten allerdings immer nur der Elite. 1810, Briefe S. 60, seine Vorschläge in den Fantasien, im »Rhein« u. a. Über die Erziehung der »großen geschickten arbeitenden Menge« sagt er meist nichts. Stein hat in Fachschulen aus utilitarisch-wirtschaftlichen Gründen an die Verbesserung ihrer Bildung gedacht. Über ihre staatsbürgerliche Erziehung anders als in der Selbstverwaltung liegt keine wesentliche Äußerung von ihm vor. Doch lag ihm romantische Rücksicht, die volkstümlichen Kräfte nicht durch Bewußtheit verbilden zu wollen, fern.

der ö. M. nicht nur vor intellektueller »politischer Erziehung« und Anmaßung bewahrt, sondern ebensosehr vor Stumpfheit oder praktisch-intellektueller Hilflosigkeit gegenüber dem verwickelten politischen Leben. Der Kampf gegen zwei Fronten erschwert das Problem der Erziehung des Trägers der ö. M. jetzt besonders [149]). Dazu kommt eine neue Schwierigkeit: das deutsche Volk nach 1815 als Träger seiner ö. M. soll eine Gemeinschaft und zugleich Gesamtheit politisch Wissender sein. Es ist aber noch ein Drittes; bewußt steht es mitten in den großen Strömungen der Zeit: »alle haben und nehmen Anteil an dem Kampf der Ideen der letzten dreißig Jahre«. Es ist auch Träger der universalen Meinung, und dies ist es weniger als Gemeinschaft denn als die große Menge bewußter, den Zeitgeist und seine Inhalte verstehender Menschen. Langsam wird der Anteil des Trägers der ö. M. am Kampf der Ideen wichtiger als sein Anteil und Urteil über das Geschick der Gemeinschaft; diese konnte er aus Empfindung und Erfahrung unmittelbar bilden, zum Kampf der Ideen bedurfte man der Bewußtheit der Zeit. In diesem Kampf wird deshalb das Verhältnis des Volks zu seinen Bildungsschichten wichtig. Humboldt hat dieses Problem nicht gelöst [150]), Stein ebensowenig, Arndt aber wollte es noch immer im Führer der ö. M. lösen. Jetzt waren die »10—15 000 gebildeten Jünglinge und Männer, die mit im Feldzug waren« [151]) diejenigen, »die eine Meinung bestimmen können« [152]). Wenn die Universitäten bezeichnet werden als »in den Volksgeist eingreifende Bildungsanstalten«, so bedeutet das die möglichste Annäherung zwischen dem Ideenkampf der Zeit und dem Geist des Volks, und zwischen nationalisierter Bildung und dem Volke selbst. Träger solcher Bildung ist freilich noch mehr der Student als der Gelehrte bei Arndt. Es ist natürlich nicht Aufgabe dieser Führer, politische Kenntnisse zu lehren oder zu lernen [153]).

---

[149]) Eine Frage, die letzten Endes aus dem Bereich liberalen Denkens stammt, fügte Arndt noch hinzu: das Mißverhältnis zwischen Erkenntnis und Glück und jenes zwischen der Bildung und dem Staat veranlassen ihn zu fragen, »ob die allgemeinere Bildung der Bürger des Staats für sie und für den Staat ein Glück oder Unglück sei«. Wächter III, S. 342. So ist auch politische »Bildung« aus eudämonistischen und politischen Motiven für die Menge abzulehnen — selbst wenn diese nicht aus kraftvollen Autochthonen bestehen würde, die ihrer nicht bedürfen.

[150]) Vgl. Meinecke in der Neuen Rundschau 1920.

[151]) Arndt: W Ausg. Meißner XIV, S. 217.

[152]) Notgedr. Ber. Bd. II, S. 42 Brief vom 9. II 1816.

[153]) Arndt lehnt das genau ab wie Humboldt. Außerdem sind »die Schriften, die die Deutschen über politische Dinge zutage gefördert« haben, so wenig geeignet zum politischen Unterricht, daß »das Volk wahrlich wenig davon gelesen hat.« G. d. Z. IV, 42.

Es ist ein Aufeinanderwirken, nicht ein unmittelbares Erziehungsverhältnis zwischen Gebildeten und Volk, wenn auch nicht mehr ganz so unrational wie in den Fantasien 1812, »wo die Weisesten lehrten«. Noch immer fehlt es an schärfer präzisierten politischen Inhalten und Zielen; noch immer gibt der Führer nur mythische, pathetische, mit absoluten Werten arbeitende Darstellung der politischen Lage wie der Geschichte, noch immer setzt er nicht ein politisch denkendes, sondern ethisch-politisch fühlendes und wertendes Volk voraus. Dadurch hat Arndt selbst beigetragen, dem Träger der ö. M. den Erwerb möglichst rationalklarer verfassungsrechtlicher Begriffe und realpolitischer Vorstellungen zu erschweren [154]), und doch hat er über den Mangel politischer Begriffe geklagt. Er wollte nicht zugeben, daß die Menge, die die ö. M. trägt, bestenfalls innenpolitisch unterrichtet sein kann [155]), nur die Wenigen aber politisch zu denken vermögen; es hätte seine Grundauffassung zerstört, daß die ganze Nation die ö. M. trägt. Wenn es jetzt gelten sollte, »den festen Punkt in der Wirklichkeit [156])« zur Anwendung der politischen Ideen zu finden: würde Arndts ö. M. der Volksgemeinschaft dies vermögen? Die politischen Ideen waren der Besitz der Gebildeten, die Idee des Vaterlandes allein die der Autochthonen. Immer mehr werden die ersteren zu Trägern der ö. M., besonders jetzt, da sie den Regierungen schroff gegenübertritt. In inniger Verknüpfung mit dem Wandel der Funktion der ö. M. [157]) treten die Schichten in den Vordergrund, denen »Bildung ein Instrument der Herrschaft« ist [158]). Die bewußten Liberalen, ja schließlich sogar Verfassungstheoretiker werden Führer der ö. M. Als Träger aber erscheint die »gute Mehrheit« des Volkes [159]). Majorität und Köpfe — mündet auch Arndts Trägervorstellung in den westlich liberalen Begriff der ö. M. ein?

---

[154]) Arndts einzige eigene politische Detailarbeit wendet sich deutlich nur an die Gebildeten. Über die teutschen Verfassungen 1814. Ganz selten leitet er zu politischem Denken, d. h. Abwägen der Interessen der Mächte gegeneinander an. Schriften II, über Frankreich und England.

[155]) Solange Außenpolitik wesentlich nichts war als der Verteidigungskampf gegen Napoleon, konnte Arndt behaupten, daß alle sie verstünden. Nach 1815 aber mußte Arndt selbst zugeben, daß der einfache Träger der ö. M. nur ein Urteil über innenpolitische Vorgänge habe, von einem anderen bleibe das Volk ausgeschlossen. Es blieb aber auch ausgeschlossen von dem Kampf der Ideen, an denen nur bewußte Bildung teilnehmen konnte.

[156]) G. d. Z. IV, 48.

[157]) »Wir müssen nach den Gründen des bürgerlichen Zustands, nach Pflichten und Rechten der Fürsten und Völker fragen, um zu einem bewußt gesetzlich geregelten« Herrschaftsverhältnis vorzustoßen. Geist der Zeit IV, 50.

[158]) G. d. Z. I, 123.

[159]) G. d. Z., IV 44. Sie ist so nicht einfach die zahlenmäßige, sondern

Es ist unleugbar, daß Arndt seinem Realismus von 1802, wo jeder Dreißigste und keineswegs die Mehrheit für verständig galt, und seinem angeborenen sozialethischem Aristokratismus jetzt untreu wird. Demokrat ist Arndt keineswegs, aber er hat sich den demokratischen Tendenzen nicht ganz entziehen können, wie seine Bemühung bewies, alle Volksgenossen als geistig-politisch gleich reif anzusehen. Eben 1815 betont er auch erneut die christliche Gleichheit, die er 1810 gegenüber der Antike gerühmt, 1802 aber als unnatürlich und politisch unbrauchbar verworfen hatte [160]). Das Gleichheitsverlangen begriff er jetzt als ein ursprüngliches und natürliches menschliches Verlangen [161]). Auffallender noch ist, daß er den demokratischen Geist des Protestantismus [162]) zu Hilfe ruft. Die immer wieder betonte historische Verbindungslinie von der Reformation über die Aufklärung zu Preußentum und modernem Zeitgeist, die in der ö. M. des Verfassungsstaats münden soll, läßt seine Fiktion, daß die unbewußte Gemeinschaft des deutschen Volkes diese ö. M. trage, nun einmal psychologisch und historisch paradox erscheinen. In der ö. M. aber sollen auch die Kräfte von Pietismus, Phantasiebewegung und Gemeinschaftsverlangen des deutschen 18. Jahrhunderts einmünden, und diese sind in jener guten Mehrheit des Volkes vielleicht lebendig. Arndt nennt Demokratie — protestantische Demokratie — nicht die Herrschaft der Vielen, sondern der Optimi. Die Besten führen die Meisten gerade in der ö. M., und oft sind für Arndt die Meisten — die breite Basis der Volksgemeinschaft — eben auch die Besten. Bei dieser Wendung zu demokratischer Auffassung hatte Arndt nicht das Gefühl, sich den gehaßten französischen Maximen zu nähern [163]). Er hat den Gegensatz dieser Einteilung in Beste und Meiste gegen das Gliederungsprinzip der Gemeinschaft als solchen nicht gefühlt. Die Glieder des ständischen Organismus im Staat haben nichts mehr mit den Trägern von Arndts ö. M. gemein. Jener große Held der Gemeinschaft wird auch nicht mehr erhofft, seit der große Gegenspieler, der Cäsar der Massen, verschwunden ist. Was er verkörperte, die Einheit der Nation, sie

---

wieder eine ethische Größe. Die alte Liebe für die Gemeinschaftsglieder, Bauern und Bürger, geht unvermindert nebenher. G. d. Z. IV, 232, 19.

160) Schriften II, 413; 1810 W X, S. 40; 1802 Germ. u. Eur. 294.

161) 1816, Wächter III, S. 221.

162) Wächter III, S. 162.

163) Stein bezeugt indirekt für das Bewußtsein jener Jahre, daß Demokratie und der gehaßte französische Liberalismus oder die französische Massenherrschaft der Revolutionsjahre durchaus getrennt erschienen, wenn er am 15. V. 1819 Pertz V, 361 erst bemerkt: »Die Demokraten fangen an Panegyristen der französischen Einrichtungen zu werden«.

eben ist zuletzt nicht mehr Sinn und nicht mehr Träger der ö. M. Damit ist die Voraussetzung gefallen, von der aus der Begriff der freien deutschen ö. M. in den napoleonischen Kampfjahren entstanden war; nun, in den nicht mehr nationalen, sondern innerdeutschen Kämpfen sucht man vergeblich nach ihrem wahren, »echten Träger«. Der politische Mensch blieb es allein.

Stein sah, wie im Irdischen, Arndt, wie im Weltanschaulichen diese politischen Menschen sich zu keiner Einheit, auch nicht der nationalen, zusammenzufinden vermochten, die die ö. M. hätte tragen können. Arndt erhoffte die Gemeinsamkeit deshalb, wenn der politische Mensch mehr durch irdisches Interesse bestimmt werde. Stein aber erlebte den Zusammenbruch dieses Ideals: die Interessen finden sich nicht im Staatsinteresse zusammen, im Gegenteil, sie schließen einander aus. Weder als Interessen- noch als Weltanschauungsvertreter sind die politischen Menschen eine Gesamtheit und Träger Einer ö. M. Es ist das Schicksal der politischen ö. M., daß sie von Parteien getragen wird. Dieser Erkenntnis hatte sich der »Gemeinheits«idealismus der Deutschen lange widersetzt. Nun siegte sie doch. Der Träger der ö. M. war nun keine überindividuelle Persönlichkeit, kein Ganzes mehr und die ö. M. nicht mehr Ausdruck eines Willens, Charakters, Geistes und Sinnes. Nur in den Augenblicken des Kampfes konnte sie es wieder werden; in den nicht außergewöhnlichen Zeiten war sie getragen von den öffentlichen Menschen, die das Volk der neuen Zeit, ihrer Bewußtheit — und der Verfassung, ihrer Schöpfung — verdankte. Jeder von ihnen übernahm für sich selbst die Entscheidung, welche Meinung es wert sei, die öffentliche, die richtige zu sein; nur in der Seele dieses Einzelnen wurde, weil sie ewig aus der nationalen Gemeinschaft ihre Kraft ziehe, die ö. M. noch getragen von dem Geist und Sinn des Volkes. Als sich der Kollektivträger der ö. M. als eine einheitliche — und sittliche — Kollektivpersönlichkeit nicht mehr begreifen ließ, hoffte Arndt, daß aus nationalbewußten Einzelnen und Gruppen einmal eine solche kommen würde; die Erziehung dieses Einzelnen zum nationalen und politischen Menschen der Zukunft, das ist der Ausweg, den Arndt ergreift. Bis 1821 hat sich keiner der drei Denker zur Anerkennung und Verwertung der Parteien als Trägern der ö. M. entschlossen.

Die ö. M. in den Verfassungskämpfen nach 1815 mußte sich scheinbar definitiv trennen von dem nationalen Bewußtsein und den nationalen Tendenzen (um nicht zu sagen nationalen Willen), mit denen sie so lange durch Personalunion in ihrem idealen Träger, der deutschen Volksgemeinschaft, verbunden war. Immer mehr drangen

Elemente des westlichen Begriffs, der opinion publique ein, die getragen wird von der Gesellschaft, die sich zum Richter über die nicht mehr anerkannte Autorität des Staates aufwirft, seit sie aus ihm entlassen ist. Auch der ö. M. der Gesellschaft liegt, jedenfalls fiktiv, eine weltanschauliche Einheit zugrunde; gerade sie spricht die Eine Wahrheit. Weil Arndt festhielt daran, daß der Träger der ö. M. der Vertreter der Einen wahren Gesinnung sei, konnte er sich zu der universalen Fassung des westlichen Begriffs hinüberfinden. Es ist oben gesagt worden, daß er die universale und die nationale ö. M. wiederum vereinigte in Personalunion durch den idealen Träger beider, den politischen Menschen, der »Volk und Mensch würdig zu vereinen weiß in sich« [164]). In ihm lösen sich alle Spannungen, die zwischen dem Wesen der verschiedenen Träger der ö. M. bisher bestanden: er ist gemeinschaftsnah aber zeitbewußt, heimattreu, aber nicht partikularistisch; nationaldeutsche und Territorial-Staatsgesinnung, historische und zeitbedingte praktisch-politische Einsicht, sittliche Weltanschauung und irdisches Interesse werden gleichermaßen zu Elementen seiner politischen Meinung. Seine Bildung ist nationalisiert [165]); durch ihn vermag sich jene ideale Volksmeinung von 1813 allmählich zu rationalisieren und zu verwirklichen.

V.

Von Anfang an trieb Steins Wunsch, Träger der ö. M. zu erziehen, zur Organisation der ö. M. im Staat. Nicht verfassungstheoretische Erwägungen über Rechte des Einzelbürgers oder der Bürgergesamtheit, sondern die Frage nach der verfassungsrechtlichen Organisation der Gemeinschaftskräfte im Staate führte Stein zur Anerkennung der ö. M. in der Verfassung.

Ich möchte hier die in der Verfassung organisierte ö. M. als Ö. M. bezeichnen [166]). Sie gehört noch nicht von selbst dem öffentlichen Leben an, sondern soll gerade durch den Staat und in ihm erst geschaffen oder ihm eingegliedert werden. Stein will das öffent-

---

164) Schriften I, 1813, S. 404.

165) Sie ist »durch das Studium des Volksgeists« bestimmt.

166) Tönnies hat zwar die Ö. M. weiter gefaßt und dahin bestimmt, daß ihr »Subjekt eine wesentlich politisch verbundene Gesamtheit ist, die darüber einig geworden ist, so zu meinen und so zu urteilen und die eben dadurch wie von selber der Öffentlichkeit, dem öffentlichen Leben angehört«. Sie habe mehr einen Willens- als Gedankensinn. Dies trifft für die Ö. M. Steins eben nicht zu. Tönnies, Kritik der ö. M. S. 131 ff. Und der Träger der Ö. M. ist gerade bei Stein mindestens ebensosehr durch intellektuelle Einsichten bestimmt als der der nationalen ö. M., dessen elementare Willenskräfte vielmehr in außergewöhnlichen Zeiten in ihr aktiv werden.

liche Leben nicht draußen, neben dem staatlichen Leben fluten lassen.

In der Verfassung[167]) sind die Träger und Organe der Ö. M. organisiert als Wähler und Abgeordnete, die die mehr oder weniger politisch-aktiven Vertreter der Volksgemeinschaft darstellen. Hier erhebt sich sofort die Frage, die das Bild der Träger der O. M. immer wieder verdunkelt: waren die Gemeinschaftskräfte überhaupt organisierbar? Und konnten die Träger der nationalen ö. M. Steins und Arndts von 1809 bis 1813 überhaupt in einer Verfassung aktiv gemacht werden[168])? Es handelte sich darum, in der Verfassung die Darstellung der Gemeinschaft im Staate[169]) zu schaffen und dem echten Glied der Gemeinschaft seinen Platz in ihm zu sichern. Nur jene Träger der ö. M., die echte Glieder der Volksgemeinschaft waren (wie sie jedenfalls von Stein und Arndt gewollt wurde, wenn sie auch nicht immer als vorhanden betrachtet wurde), sollten zu berechtigten Trägern der Ö. M. im Staate werden.

Dieser Staat war aber nicht der deutsche Nationalstaat. Die nationalen Kräfte erscheinen im Verhältnis zu den Territorien als überstaatliche Kräfte.

Von einer verfassungsrechtlichen Vertretung der deutschen ö. M. in einem deutschen Verfassungsstaat hat man auffallenderweise unmittelbar nicht gesprochen, Stein hat das Wort ö. M. nicht wie einst in der Nassauer Denkschrift gebraucht. Einen Reichstag oder Reichsstände hat man niemals als Vertretung der deutschen ö. M. bezeichnet. Inwiefern man sie hätte als Organe der ö. M. auffassen können, wird sich im folgenden erweisen[170]). Alle Pläne einer unitarisch-deutschen

[167]) Bismarck hat später einmal gesagt, daß es das Ziel jeder Repräsentation sei, »die wirklich besonnene und berechtigte Meinung des Volkes vollständig zu photographieren und en miniature wiederzugeben«. Zit. bei Frensdorff: Aufnahme des allgemeinen Wahlrechts in das öffentliche Recht Deutschlands. Festschrift für Jhering S. 199.

[168]) Sie berührt sich mit der vielumstrittenen Frage der politischen Reife der Träger der O. M. Bei Treitschke Preuß. Jhbb. 29 erscheint es so, als habe Stein erst 1816 in seinem Groll die Deutschen für unreif zu einer Verfassung gehalten; Lehmann aber sagt II. 76, II, 519, III, 411, Stein habe die Deutschen zunächst nicht für reif gehalten, dann aber diese Auffassung »beiseite gelegt«. Weil die Deutschen Stein bald mehr als Gemeinschaft, bald mehr als Gesellschaft erscheinen, schwankt er in seiner Meinung über ihre politische Reife. Man darf erinnern, daß er sich 1808 wie 1814 (gegen Münster Pertz IV, 134) wie 1816 (gegen Niebuhr oder Thimme S. 151, 20. VIII. 1816) immer wieder entschieden hat für den Glauben, daß die Deutschen zu echter ö. M. in der Verfassung reif seien.

[169]) »Ständische Verfassung beruht auf notwendiger Verschiedenheit der ein lebendiges Ganze konstituierenden Glieder«. Pertz, VI, 2. Beilage S. 110 ff.

[170]) Die Reichsstände, die diese Vertretung hätten übernehmen müssen

Organisation der ö. M. bleiben reine Ideen, in denen die Träger der ö. M. nur jene unfaßbaren »wir« sein konnten, die Arndts Verfassungs-Fantasien im Geist der Zeit II [171]) diktierten. Nur als Arndt die bestehenden Staaten einfach negierte, konnte er zu Vertretern der Volksgemeinschaft jene »Volksboten« des Reichstags machen, die in den Fantasien 1812 durch ein gleiches indirektes fast allgemeines Wahlrecht gewählt werden. Sobald man in der Wirklichkeit an die staatliche Organisation der deutschen ö. M. heranging und das Prinzip des Von-unten-aufbauens anwandte, mußte man die gegebenen Territorialstaaten zumindest als Zwischenstufe zwischen Gemeinde und Provinz einerseits und dem ganzen Reiche andererseits anerkennen; in allen diesen politischen Einheiten galt es stufenweise die Aktivierung einer Ö. M. Man wollte ja gerade nicht durch eine allgemeine Repräsentation der ungegliederten Massen der Deutschen in einem Reichstag die deutsche ö. M. lebendig machen! Es wäre das im Widerspruch zu Struktur und Wesen des deutschen Volkes gewesen [172]). — Der Begriff der ö. M. in Deutschland entsteht eben am Schnittpunkt zweier Bewegungen: das Volk sucht den Staat; und zwar zunächst der Einzelne, der sein Menschentum als Bürger vollenden will [173]), dann aber auch der Volksorganismus [174]),

---

(in Analogie zu den Ideen über preußische ständische Verfassung 1807), werden bei Stein so stark von den Ständen des alten Reichs (Fürsten und Städte etc.) abgezogen, daß sie als Vertretung der Volksgemeinschaft und ihrer ö. M. nicht in Frage kommen. Als Annex zur alten Reichsverfassung wollte Stein im August 1813 (§ 21) in ganz geringem Umfang eine mittelbare Vertretung der Territorialstände; W. A. Schmidt S. 68 f. hat das »einen Versuch moderner Ständedelegation« genannt. Im März 1814 sollen sie ähnlich neben den Abgeordneten der Fürsten und der Hansestädte einige Kuriatstimmen haben. Der Gedanke der Vertretung der ö. M. liegt also völlig fern. Humboldt hat in »wahren Reichsständen« (Dez.-Dk 1813, Kähler S. 103) auch die Vertretung der deutschen Territorialmächte, nicht der ö. M. im Auge. Nur Arndts Landboten aus den Provinzialständen des Reichs, die unmittelbar in einem Reichstag zusammentreten XI, 98 ff., könnten vielleicht als Vertretung einer Ö. M. aufgefaßt werden. Vgl. A. W. Schmidts Kontroverse gegen Treitschke: Wollte Stein ein deutsches Parlament a. a. O. S. 68 ff. Die Bemerkung S. 77 ebda. über H.s Reichsstände scheint verfehlt: in Preußen sollen Provinzen zusammen regiert werden, während es sich im Reich um halbsouveräne Staaten handelt. Ihre Vertretung muß danach verschieden sein.

[171]) G. d. Z. II, 171.

[172]) Vgl. H., Sept.-Dk 1816 W XII, 112, Februar-Dk 1819 § 19, 20.

[173]) H.: »Nur in der Art wie beide (Mensch und Bürger) im Individuum verschmolzen sind, kann ein Unterschied liegen und hierbei kommt die politische Verfassung in Betrachtung«, Februar-Dk 1819.

[174]) H.: »Durch Organisation aber wird die Individualität fester.« W III, 355.

der die lebensnotwendige Form in der Organisation, im Staate sucht. Dies macht den Inhalt der deutschen Bewegung aus, der besonders Arndt dient. Der Staat umgekehrt sucht die praktischen und moralischen Kräfte des Volks in sich einzusaugen; diese Bewegung stellt sich hauptsächlich als die Verfassungsbewegung dar, der Stein und Humboldt in Preußen dienen. Jener ersten dankte die ö. M., daß man ihr das Volksganze und seine Führer zu Trägern gegeben hat — was bisher dargestellt wurde [175]). Jener zweiten Bewegung aber sollte die Ö. M. ihre dauernde Wirksamkeit im Staate danken und die verfassungsrechtliche Einteilung und Bedeutung ihrer Träger. An die Stelle der Führer treten in der Ö. M. die Organe, wobei die Frage noch offen bleiben soll, inwieweit sie den Trägern gleichgeordnet, die Führer aber jenen übergeordnet gedacht werden. Die Verfassungsbewegung verknüpft die Bildung des Begriffs ö. M. mit dem Bemühen des 19. Jahrhunderts um einen »öffentlichen Staat« [176]) in entscheidender Weise.

Sie beginnt mit der Verschmelzung des Begriffs mit dem ständischen Verfassungsgedanken, die schon der frühe Stein versucht. Weil Stein zunächst von dem Gedanken ausging, daß Ö. M. Kritik und Antwort der Regierten auf die Maßnahmen der Regierungsmaschine sei, sind seine Stände — als ihre Träger — zuerst das Gegenteil der Buralisten, sind praktisch erfahrene Geschäftsleute und Eigentümer und haben das Ansehen der gebildeten Klassen. Arndt teilt diesen Ausgangspunkt mit Stein nicht. Bei ihm wie bei Humboldt wird deshalb die Erfahrung und Kenntnis der Interessen bei den Trägern der Ö. M. nie so stark betont wie bei Stein. Für diesen aber ist »das richtige Verständnis des eigenen Interesses« [177]) das Kriterium der Auswahl der berechtigten Träger der Ö. M. im Staate. Es fragt sich, ob die so bestimmten Träger mit den Gliedern der Volksgemeinschaft identisch waren und ob sie auch wirklich Vertreter der idealen nationalen ö. M. sein konnten.

Von der Nassauer Denkschrift 1807 bis zur Februar-Dk 1819 § 153 wird der Gedanke festgehalten, daß die Institution der ständischen Versammlung oder Behörde zugleich eine Äußerung und Verfestigung der Ö. M. gewährleistet, daß die ständischen Abgeordneten Sprecher der Ö. M. sind. Jedesmal wird der Gegensatz zwischen den unverant-

---

[175]) Arndt hat das Bild dieser Träger am schärfsten gezeichnet, Stein es nur angedeutet, zwischen 1809 und 1815, bei Humboldt fehlt es fast völlig. Die Funktion dieser Träger wird als eine andere denn die der Träger der Ö. M. zu untersuchen sein.

[176]) Droysen Bd. II, S. 412, 423.

[177]) Das nennt Jhering politische Bildung. Zit. bei Smend, Maßstäbe des parlament. Wahlrechts i. d. dtsch. Staatstheorie des 19. Jh.s. Stuttg. 1912. S. 6.

wortlichen Trägern der ö. M. — Einzelnen, Gesellschaften, Schreibern — und der Verantwortlichkeit, unter der die ständischen Organe der Ö. M. sprechen, betont. Verantwortlich sind aber auch die Wähler, die die Organe abordnen. Beide sollen nicht nur sprechen, sondern auch politisch handeln. Sie werden erzogen nicht durch Beeinflussung von Führern, sondern durch die Sachlichkeit der Mitarbeit in der Verwaltung [178]). Diese Erziehung der Gesinnung und zugleich selbständiger politischer Einsicht macht den ständischen Abgeordneten nach außen wiederum zu einem Führer der ö. M., der sie aus der Opposition zur Bejahung der Regierung und Verwaltung führen kann. So kann man wagen, die Träger der Ö. M. zu einem höheren Selbst- und Bürgerbewußtsein zu ermutigen [179]), ohne fürchten zu müssen, daß die neue Einsicht in die eigenen Standesinteressen und in das Staatsinteresse dem staatlichen Leben schaden könne (Opposition gegen die Regierung an sich würde für Stein nicht immer Mißbrauch der neuen Einsichten bedeuten).

Nur ein ständischer Abgeordneter ist Organ der Ö. M., nur ein ständisch gegliedertes Volk ist Träger der Ö. M. in Steins Verfassungsstaat. Denn die ständische Gliederung allein gewährleistet ihm die natürliche Bindung der einzelnen an das Interesse, auf der das staatliche Leben beruht [180]). Drei verschiedene Organe der Ö. M. hat Stein in seinen Anfängen genannt: 1802 die alten Paderborner Stände, 1804 die Person des Ministers, 1807 »zweckmäßig gebildete« reformierte Stände.

Das bedeutet drei verfassungstheoretisch verschiedene Möglichkeiten, die Ö. M. zu konkretisieren: im altständischen, im rein parlamentarischen und in dem neuen, erst zu schaffenden deutsch-ständischen System. Das altständische System ließ Stein fallen, weil der alte Stand grundsätzlich nur sein Recht wahrte, nur sein Standesinteresse [181]), seine Standesmeinung, nicht die der Gesamtheit vertrat; weil die alten Stände wesentliche Glieder der Volksgemeinschaft — die Bauern und einen Teil der Bürger — nicht umfaßten. Doch

---

[178]) »Überhaupt werden sich die Menschen erst durch Geschäfte bilden und durch Handeln wird die Nation erst mit ihrer Geschäftsfähigkeit bekannt.« Zu Rhedigers Entwurf 1808 für Preuß. Reichsstände Gneis., Pertz I, 402.

[179]) Vgl. sehr schön Vincke, Pertz Dken S. 7.

[180]) Die metapolitischen Spekulationen französ. Verfassungstheoretiker schwebten allen als Schreckbilder vor. Nur in einer »irdischen« Verfassung sollte die deutsche ö. M. wirksam werden.

[181]) Vgl. Treitschke, Preuß. Jbb. Bd. 29, S. 273 Fußn.; im Gegensatz dazu sind Hardenbergs Stände »im modernen Sinne Interessenvertretung« ebda. S. 333. Zwischen Stein und Hardenberg stehen Humboldts künftige Stände.

knüpfte Stein an das altständische System an [182]). Es gab ihm den Namen für die neue deutsche stufenweis aufgebaute »Repräsentation« der gegliederten Gemeinschaft, die er langsam zu schaffen suchte.

Stein hat zweifellos die Opposition des Ministers im Namen der Ö. M. dem parlamentarischen System entnommen, aber er hat sie nach seiner Kampfzeit gegen die Kabinettsregierung nicht mehr erwähnt [183]). Humboldt hat den grundsätzlichen Unterschied zwischen der parlamentarischen englischen ö. M. und der deutschen Ö. M. in § 146 der Februar-Denkschrift 1819 auch für ihre Träger betont: in England tragen zwei Parteien die ö. M., deren jede weder aus einem bestimmten sozialen Stand, noch aus einer einheitlichen Interessengruppe besteht. Sie sind nur geschieden als Regierungs- oder Oppositionspartei. Eine solche Teilung der Träger der ö. M. vertrug sich nicht mit der Idee der nationalen Gemeinschaft, die die transzendente Begründung ist für die Auswahl und Bedeutung der Träger der Ö. M. in Deutschland, im deutschen Staat [184]). Sie vertrug sich ebensowenig mit dem Prinzip organischer Gliederung in Interessengruppen.

Solche aber — und zwar allein — sollen die Träger der Ö. M. in den Ständen sein. Das natürlichste Kriterium sollte das reale Interesse sein, durch das der einzelne Stand zugleich mit der Volksgemeinschaft verknüpft schien; denn an die Harmonie der Interessen aller Stände glaubte Stein fest. Das Interesse entstand da am stärksten, wo es sich aus Bodenbesitz ergab. Der Gemeinschaftsstaat Steins soll auf dem Zusammenhang von Volk und Boden ruhen, wie ja die Bearbeitung und Verteidigung des Landes die natürliche Aufgabe des Volkes ist. Deshalb trägt jetzt die ständische Ö. M. die große Masse der freien Eigentümer: ihnen steht das Recht zu, Deputierte aus ihrer Mitte zu wählen. Die Geschäftsleute, die gebildeten Klassen, treten hinter ihnen zurück (seit 1808). Man ist zur Be-

---

[182]) Er beteiligte sich sogar Febr. 1818 am Antrag der alten westfäl. Stände auf Wiederherstellung einer ständ. Verfass. für die preuß. Provinzen. Pertz V, S. 184.

[183]) Ranke hat in Hardenbergs Denkwürdigk. IV, S. 622 gelegentlich der Schrötterschen Eingabe an den König Juni 1806 bemerkt, daß Steins eigene Auffassung von seiner Stellung als Minister so war »wie sie sonst nur in parlamentarisch regierten Staaten« vorkomme. Steins historischer Staatsauffassung aber ist die Idee der echten parlamentarischen Ö. M. fremd. Ein Gedanke wie der Hippels z. B., der dem König empfahl, die Staatsbeamten aus der Versammlung der neu zu schaffenden Stände auszuwählen, ist Steins Idee der Selbstverwaltung im Grunde entgegengesetzt. Vgl. Stern, Abhandl. und Akten S. 151. Stein hat diesen Vorschlag Hippels leider nicht kommentiert, vielleicht nie gesehen.

[184]) Vgl. Rud. Smend, Maßstäbe des parlamentarischen Wahlrechts S. 2 ff.

stimmung dieser Träger der Ö. M. aber auf ganz anderem Wege gekommen, als zu der der Insurrektionsträger 1810.

Der Gedanke der ursprünglichen Bindung der Bürger an Interessen ist durchaus rationalistisch. So galt sowohl für Kant [185] wie für Sièyes, für Justus Möser wie für Constant Besitz als Voraussetzung für die Staatsbürgerschaft. »Sie sollen etwas zu verteidigen haben« ist Kants einfache Formel [186]. Im Naturrecht Kants entsteht diese Forderung dadurch, daß der Träger der Rechtsgesellschaft, die den Staat trägt, Rechtssubjekt nur ist, wenn seine Person umgeben ist mit einer dinglichen Rechtssphäre des Eigentums, des »erworbenen Rechts«. Bürgerlich selbständig ist nur der Eigentümer [187]. Die Gleichheit der Staatsbürger lehnte man damit, auch bei Anerkennung der persönlichen Rechtsgleichheit, ab: die Besitzungleichheit schied die neuen Klassen. Stein hätte so das Gliederungsprinzip der modernen Gesellschaft anerkannt, wenn er diesen Besitz nicht anders als der westliche Rationalismus aufgefaßt hätte. Dieser Besitz war doppelt modifiziert: »Der Grundbesitz und seine Verteilung war die Ordnung aller Form der Gemeinschaft«, der Geldbesitz gesellte sich erst seit der Verfassung von 1791 in Frankreich gleichberechtigt zu ihm [188], ferner aber trat der erworbene Besitz ebenda gleichberechtigt neben den ererbten. Dieser Entwicklung wollten Stein und Humboldt nicht folgen. Sie setzten sich beide für den Primat des Grundbesitzes ein [189], aber für die Freiheit aller, ihn erwerben zu können. Humboldt hat ganz in Steins Sinne gesagt: »Das Prinzip des Geldes ist hohl« [190].

---

185) Vgl. Metzger S. 90, 98.

186) Man hat diese rationalistische Auffassung des Staatsbürgertums ausgebildet bis zum Begriff eines Staatsaktionärs (Hegewisch 1815).

187) Ebenso auch Fichte vgl. E. v. Meier, Staats- und Rechtsentwicklung Bd. I, S. 43. Mit Ausnahme der Verfassung vom 24. VI. 1793 machen auch die Verfassungen der französischen Revolution das Wahlrecht abhängig vom Besitz. Tecklenburg, Entwicklung des Wahlrechts in Frankreich S. 74, 86.

188) Lorenz Stein, Soz. und Komm. im heut. Frankreich 1848 II. Aufl., S. 31, zit. bei Tecklenburg S. 113.

189) H., Februar-Dk § 75. Die Beschränkung auf den Bodenbesitz als echtes Eigentum findet sich ebenfalls im Rationalismus; der jüngere Condorcet (d. h. vor 1789 vgl. Tecklenburg S. 114) vertrat den Grundsatz, daß nur der Grundeigentümer echtes Interesse am Staatsleben habe. Oeuvres VIII, S. 129. Vgl. dazu auch Turgots Municipalitätenentwurf für die Bedeutung, die in der städtischen Selbstverwaltung und in den französischen Provinzialverfassungsideen vor 1789 der physiokratische Eigentumsbegriff gewonnen hatte. G. Ritter macht auf die Einflüsse dieser Ideen auf Stein aufmerksam. HZ. Bd. 137, S. 568 ff.; auch Botzenhart II erwähnt, daß sich Brandes mit Turgots Entwurf auseinandersetzte, S. 99.

190) H., W XII, 411.

Auf die Abneigung Steins, Arndts und Humboldts gegen das Geldwesen, die Neigung, den Agrarstaat festzuhalten oder ihn wieder aufzubauen, ist oben hingewiesen worden bei der Darstellung ihres Begriffs von der Gemeinschaft des Volkes. Drei Gründe vereinigen sich dafür: man hält das Condorcetsche Motiv fest: »Der Boden der Erde ist die eigentlich bindende und fesselnde Gewalt des Staatsbürgers« [191]). Man knüpft das Bild des Eigentümers an das des germanischen Gemeinfreien, der ein lebendiger Träger Öffentlicher Meinung gewesen sein soll und wieder werden soll [192]). Endlich glaubt man, daß in der Anknüpfung an Natur und Geschichte [193]) die Möglichkeit der Erhaltung der Gemeinschaft und ihres Geistes gegeben sei, daß nur der Grundeigentümer Ö. M. als Interesse und Gesinnung trage. Das Eigentum sichert dem Träger der Ö. M. (für Stein) Unabhängigkeit — das wäre liberal gedacht — aber auch Sicherheit gegen die Veränderlichkeit der menschlichen Meinungen [194]). Diese hat Burke drastisch so benannt: »Eigentum macht schläfrig, untätig und furchtsam« [195]). Stein hat sich 1812 aus Burkes Schrift über den Adel notiert [196]): daß die großen Grundeigentümer »der Ballast sind, ohne welchen das Staatsschiff nicht mit Sicherheit schiffen kann«, »ja selbst ohne Rücksicht auf ihre sittlichen Eigenschaften« hänge es von ihnen ab, das Vollkommenste zu erreichen. So wird das — nur kleine — corpus der großen Landeigentümer für Stein wie für Arndt und Humboldt ein unentbehrlicher Träger der Ö. M. im Staat. Soll dies den Adel bilden, nicht jene, die in der nationalen Gesinnung am meisten hervorragen? So erhebt sich ein Gegensatz zwischen dem rational begründeten sozialpolitischen und dem ethisch-romantischen Konservatismus. Die ethische Staatsauffassung bejaht den Adel als Leistungsaristokratie; deshalb befürwortet sie zuweilen

---

[191]) Arndt, Werke X, S. 107. Ebenso Vincke, Pertz Dken S. 6.

[192]) Vorläufer dieser Auffassung war der originelle Möser, der historisch, aber doch rationalistisch argumentiert. Vgl. Brandi, Einleitung zu seiner Auswahl oder auch Botzenhart II S. 163. Auch für Vincke ist es »die ursprünglich germanische Form, die Repräsentation auf Grundbesitz zu gründen«. Pertz, Dken S. 6. Stein nennt den Güteradel, Bürger und Bauern zusammen den »alten Stand der Freien«, Thimme 161.

[193]) Die Verwandtschaft mit den von englischen Gedankengängen abhängigen Göttinger Studienfreunden Rehberg und Brandes spielt für die Ausbildung dieses Arguments bei Stein eine vielbeachtete Rolle. Vgl. Erich Weniger, Rehberg und Stein; Botzenhart II (S. 78, 137).

[194]) Pertz, Gneis. Bd. I, 401 ff. Gutachten zu Redigers Entwurf 1808. Schön meint: Eigentum der Träger der Ö. M. sei »Sicherheitsmaßregel« nicht mehr. Ebenda S. 412, 416.

[195]) Zit. bei Marschall, Pertz Bd. IV, 689.

[196]) Pertz III, 105.

die Freiheit des Aufstiegs der unteren Schichten [197]. Die rationalständische Auffassung dagegen überspannt das Interessenprinzip zugunsten der großen Majorate, so daß der Adel nicht Geburtssondern Besitzaristokratie sein soll [198]. Die historisch-ständische Auffassung endlich beruft sich auf das alte Recht des Adels [199]. Stein hat gelegentlich jede zu seiner Überzeugung gemacht. Den Ausgleich suchte man endlich darin, den Adel zum politischen Stand zu machen [200]. Es würde hier zu weit führen, zu untersuchen, wie schwankend Stein, Arndt und Humboldt den Adel betrachten; aber gerade am Problem der Stellung des Adels in den Verfassungsplänen tritt deutlich in Erscheinung, daß man die alte soziale und politische Ordnung der Stände nicht einfach vermehrt um den Bauernstand der staatlichen Organisation der Träger der Ö. M. in der Verfassung zugrunde legen konnte.

Es kann hier nicht die Aufgabe sein, das aktive und passive Wahlrecht bei Humboldt und Stein und etwa auch bei Arndt 1814 erschöpfend zu untersuchen auf sein Wesen, Herkommen, Ziele und Wirkungen hin. Aber Humboldt und Stein geben einige Winke über das aktive und passive Wahlrecht, die man wohl zur Vervollständigung des Bildes heranziehen darf, das sie — normativ — von der Ö. M. entwarfen.

Zunächst sollte die Masse der freien Eigentümer, Adlige, bürgerliche Rittergutsbesitzer und die Menge der Bauern das aktive Wahlrecht besitzen, wenn sie nur festen, am liebsten geerbten Boden unter den Füßen haben; Stein zweifelte so wenig wie Arndt und Humboldt daran [201], daß »ihr schlichter Verstand« ausreichen werde für die politische Arbeit, in der sie die Ö. M. aussprechen sollten. Aber gegen den Versuch, die Staatsbürgerlichkeit allein aus dem Grundbesitz abzuleiten, erhoben sich mannigfache Einwände [202]. Besitz verbürge

---

197) Diese sozial-aristokratische Auffassung findet sich bei Arndt, aber auch bei Stein, der im Zorn von 1807 den Adel nur durch Verdienste vor dem Feinde erhalten oder erworben wissen wollte. Die Nassauer Dk ebenfalls für den Aufstieg der unteren Schichten, weil die Gemeinschaft damals noch ganz zweckhaft gesehen wird. Vgl. auch Lehmann III, 479.

198) Gegen die alten Stände Pertz VI, 184 u. a. schon an Sack 1802.

199) Pertz, Dken 1816, S. 23.

200) Das Endergebnis in H.s Februar-Dk § 82 f., Thimme S. 154, 192.

201) Pertz, Gneis. I, 418. Arndt, W X, S. 51 ff. Humboldt, Februar-Dk § 105 u. v. a.

202) Den geistreichsten machte wohl der junge Humboldt: daß nämlich der Mensch nie so sehr für sein halte, was er besitze, als das, was er tue; so sei der Arbeiter, der den Garten bestellt, vielleicht in einem wahreren Sinne Eigentümer als der müßige Besitzer. Man könnte sagen, Stein habe in seiner Idee

nicht genügend sittliche oder intellektuelle Qualitäten des Trägers der Ö. M. Stein waren die sittlichen Kräfte weit wichtiger: er hat Niebuhr entgegnet [203]: Grundbesitz verbürge Sittlichkeit — hat also den Burkeschen Realismus verleugnet.

Das Ideal des Staatsbürgers setzte die Agrarwirtschaft voraus; wie aber, wenn man die sozial-geistigen Kräfte des städtischen Bürgertums organisieren wollte [204]? Man hat das Wahlrecht der Städteordnung an das Gewerbe und an den Hausbesitz geknüpft, der hier in der Stadt Ansässigkeit, Konservatismus und Gemeinsinn zu verbürgen schien. Sie waren hier besonders wichtig, um eine rein erhalten Ö. M. durch die Organisation zu erfahren, hier, wo Ideen rasch umliefen, wo enger Zunftgeist den Gemeinsinn zu ersticken drohte, wo wurzelloses geistiges Proletariat sein Wesen trieb und die Ö. M. vergiften konnte. Aber sie boten keine Sicherung dagegen: Humboldt war mißtrauisch gegen die Bedeutung des Hausbesitzes [205], der keine wesentliche Bestimmung des Stadtbürgers sei. Das war vielmehr nur das Gewerbe [206]. Nach Abschaffung der Zünfte mußte man die Menge der Gewerbetreibenden, da man sie nicht nach der Höhe ihres Geldeinkommens unterscheiden wollte, nach Berufsgruppen zusammenfassen; nur Humboldt tat das in der Februar-Dk, während Stein und Arndt auf den Wunsch nach neuen Zünften zurückkamen [207]. Der Geldbesitz, noch dazu ohne das konservative Element des Erbes, das man dem Grundbesitz zuschrieb, ergab nur das »abscheuliche Geldkriterium« (wie Niebuhr gesagt hatte); dieses zu vermeiden, war die gemeinsame Überzeugung aller preußischen Reformer um Stein.

Besitz ist für Stein kein Eigenwert, (ebenso wenig für Arndt und Humboldt), Reichtum nicht ein gesteigerter Wert [208]; sondern Be-

---

der Selbstverwaltung auf diese menschliche Eigentümlichkeit gerechnet, wenn er den Bürger den Staat zu einem inneren Besitztum erwerben ließ, indem er an ihm arbeitete. Versuch die Grenzen . . . 1792, Ausg. Kähler S. 23.

[203]) Pertz V, 342.

[204]) Stein, Lob des Bürgertums Okt. 1814 an Alex., Pertz IV, 715; dagegen Tadel des Mittelstands 1816, Pertz, Dken S. 23 ff. Lehmann macht II, 52 aufmerksam, daß das Bürgertum in Deutschland während der Nachwirkung der französischen Revolution allein dem Staate gegenüber bescheiden, ja »zahm« geblieben sei.

[205]) Schon 1796 kritisierte er die Hamburgische Stadtverfassung, daß sie nur reiche Hausbesitzer zu Worte kommen lasse, und später (1831) erkannte er klar, daß Hausbesitz Spekulationsobjekt werde. Reisetageberichte der norddeutschen Reise 1796. Hrsg. v. Leitzmann, Weimar 1894, S. 111; W XII, 533.

[206]) Ähnlich Stein gegen Frey, vgl. Lehmann II, 464.

[207]) Fantasien 1812; Thimme S. 171.

[208]) Wenn auch Stein lange unter dem Einfluß Adam Smiths' Reichtum der Nation für einen Segen im Sinne des Wohlfahrtsstaates hielt, so hatte sich

sitz in beschränktem Umfang ist nur notwendige Grundlage für die Entfaltung aller sittlichen Kräfte, deren die Träger der Ö. M. bedürfen. Besitzlosigkeit ist unabänderlich mit Unsittlichkeit und Gährung im Staat verknüpft, und das ist der Grund für Arndts und Steins Abneigung gegen die »Fabriksüchtigen« [209]) und gegen die »französische Bauernfreiheit« ohne Land, wie sie die Hardenbergsche Agrarreform in Preußen zu ergeben drohte [210]).

Unsittlich aber ist auch für Stein — und hier erweist er sich als Antipode der calvinistischen Sozialethik, (die ihm in Adam Smith in ihrer spezifisch englischen Form entgegentrat), »Reichtum aus Erwerbfleiß gewonnen«, »indem er die edleren Gefühle des Menschen erstickt« [211]). Gerade auf den versittlichenden und politischen Wert des Erbes, das die Verfestigung der wirtschaftlichen und sozialen Ordnung des »Standes« erst gewährleistet, legt Stein (und auch Arndt!) großen Wert, sowohl für die individuelle als für die nationale Sittlichkeit [212]). Freilich dient das Erbe mehr der Kraftentfaltung des Standes als der des Einzelnen: so kommt es Stein eben auch mehr auf die Sittlichkeit des Standes als auf die des Individuums allein an. Der Stand, nicht der Einzelne ist Träger der Ö. M. Die Tüchtigkeit des Einzelnen z. B. erfahrenen und erfolgreichen Geschäftsmannes geht nicht unmittelbar in den Dienst der Ö. M. und des Staates über; sie soll es gar nicht [213]).

Reichtum, ja blos Geldbesitz, lehnte man so sicher ab, weil man in ihm auch nicht die Basis oder Garantie einer besseren Ausbildung des Einzelnen sah [214]). Aber die Bedeutung der Bildung für den Träger

---

Humboldt aus individualistischen Gründen schon 1792 gegen die Überschätzung der Güter auf Kosten der Kräfte gewandt. 1810 aber hielt Stein Smith entgegen: »Ein frommer reiner tapfrer Sinn der erhält die Staaten, nicht Reichtum und Aufklärung«. Thimme S. 73.

[209]) Wächter, Bd. III, 89. 276, 288.

[210]) Ebda. III, S. 261; Pertz V, 639; Thimme 183. Damit der Sittlichkeit weder Rechtsungleichheit noch Besitzlosigkeit im Wege stehen, erwägt Stein sogar gelegentlich den »Reichtum zweckmäßig zu verteilen durch alle Klassen der bürgerlichen Gesellschaft«. Dann würde nur die Ungleichheit des Berufs und die ihr entsprechende zweckmäßige Besitzungleichheit bestehen, die durch den verschiedenen Zweck der Stände in der Gemeinschaft gerechtfertigt wird. Thimme S. 73. Vgl. auch Braubachs Idee einer Befreiung durch Eigentum, zit. bei Kallen Ilbergs Jhbb. 1926, II, 155 ff.

[211]) Thimme S. 72.

[212]) Wächter III, 283 und Fantasien 114, Thimme 179, 192 u. a.

[213]) Der Tüchtige in seinem Selbstvertrauen ist dem buralistenfeindlichen Stein nur anfangs vorübergehend ein Träger der Ö. M.; organisiert, soll er in seinem Stande aufgehen und dadurch seine Neuerungssucht gedämpft werden; die Burke, Pertz IV, 689 fürchtete, und ihm folgend Stein Pertz, Dken 23 ff.

[214]) Pertz, Gneisenau I, 401 ff. Bei Sièyes z. B. in Qu'est ce que le

der Ö. M. wandten Steins Mitarbeiter gegen die Alleinherrschaft des Interessenkriteriums früh ein [215]). Stein aber floß für die Ö. M. leicht immer wieder jene Verbindung aus der Feder: »die Verständigen Vermöglichen Angesehenen der ganzen Nation [216]).

Schroffer noch als in der freien ö. M. sprach man im Staate dem unvermögenden, wurzellosen Gebildeten, dem landfremden Beamten, Gelehrten, Künstler und Advokaten das Recht ab, Ö. M. zu repräsentieren, ein Stand zu sein [217]). Sie fallen als Wähler und auch als Organe der anderen Stände, etwa der Bürger und Bauern, meist weg. Was man einigen unter ihnen an Führerqualität in der freien ö. M. zusprach, das eben sollte Ersatz sein für ihre völlige Bedeutungslosigkeit in der Ö. M. der Verfassung [218]). Arndt hatte mit diesem Ausgleich zuerst begonnen, als er 1810 den Clerus auf seine Führerbedeutung in der Erziehung des Volkes hinwies, während er ihn als politischen Stand, so ehrwürdig und historisch bedeutsam er war, aufhob. Darin waren Stein, Arndt, Humboldt, so verschieden ihre kirchliche Gesinnung sein mochte, alle echte Protestanten und Feinde der Romantik eines Johannes von Müller wie der Adam Müllers [219]).

Man wollte überhaupt kein »geistiges Element in die Stände aufnehmen« [220]); an eine propriété qu'on a nommée intellectuelle [221]),

---

tiers état? wird der dritte Stand im wesentlichen durch Besitzende vertreten, da sie genügend Geld und Muße besäßen, um sich eine umfassende Aufklärung zu verschaffen. Constant bildet diese Auffassung weiter aus, vgl. réflexions sur les constitutions Paris 1814, S. 107, die im erhöhten Zensus (vor allem des passiven Wahlrechts) ihren Ausdruck findet und in der Verfassung des liberalen Bürger-Königtums ihre Triumphe feiert.

[215]) »Der große Grundbesitz sei ärmer an Bildung als der Mittelstand«, meinte Auerswald. Preuß. Jhbb. 29, S. 357. Vgl. dagegen Vincke Pertz, Dken S. 6.

[216]) Pertz II, 557, 1810. Der »Geringe«, so wichtig für die freie ö. M., trat ganz zurück.

[217]) Obwohl man »bei unserem Volke wirklich gar nicht . . . Lust in öffentlichen Angelegenheiten eine Stimme zu führen« (H., W XII, 491), vorhanden sah, und doch wieder gerade deswegen, fürchtete man die »Advokaten und Schreier« (Pertz II, 557, 680; Pertz, Gneis. I, 417; Arndt, Bauernstand W X) in Erinnerung an die französischen Versammlungen, man ignorierte die Künstler, man haßte die Gelehrten und die Beamten. Stein an Gagern, Anteil an d. Politik IV S. 91; Pertz V, S. 300; H., Februar-Dk § 59. Das Heer endlich sollte nicht Träger der Ö. M. im Staate sein. Pertz V, S. 384 u. a.

[218]) Arndt, W XI, 126.

[219]) Arndt, W X, 80; XI, 103; gegen Müller X, 96; X, 92 ff.; H., Febr.-Dk § 77—79.

[220]) Wie Pertz es 1848 gewünscht hätte. Pertz II, 164.

[221]) Constant I, 2, 1818, S. 297.

die die politischen Fähigkeiten und Gesinnungen erzeugen kann, die mit dem Grundbesitz verknüpft sind, glaubte man nicht [222]).

Die strenge Durchführung des Interessenprinzips für den Aufbau der sozial-politischen Gemeinschaft, die den irdischen Staat tragen soll, zwang dazu, ausschließlich die Glieder solch zweckhaft verstandener Gemeinschaft als Träger der ständischen Ö. M. anzuerkennen; sie zwang auch dazu, neben ihnen noch eine andere, »geistige« ö. M. zu sehen, in der die propriétaires intellectuels »die größte und heilsamste Wirkung auf den Staat« haben mochten.

Stein denkt inhaltlich die ethische und organische Gemeinschaft des Volkes, aber in den rationalistischen Denkformen, mit den rationalzweckhaften und moralischen, manchmal auch mit den rechtlich-konservativen Begründungen des 18. Jahrhunderts; zuweilen scheint das Interessenprinzip jegliche organisch-ethische Gliederung des Volksganzen überflüssig zu machen, wie sie wesentlich Arndts Gemeinschaftsbild bestimmte, das dichterisch erlebt und erschaut ist und der politischen Wirklichkeit so viel ferner nicht liegt als das Steins. Weder die stabile und klare Ordnung der Steinschen Stände [223]) nach ihrem Zweck, die den sozialen Organismus ungeheuer vereinfacht darstellt, noch Arndts Einteilung in die natürlichen Stände und darüber die Weisen und der Diktator erfassen die tatsächliche Menge derer, die das staatliche Leben und die Ö. M. tragen könnten. Sie sollen das tun als Wähler.

Während diese bei Stein Korporationen sind und er über die Stellung des Einzelnen in ihnen nicht viel sagt, hat Humboldt dem Einzelnen gewissermaßen bewußt noch freigestellt, sich in den Korporationen zum Träger der Ö. M. zu machen [224]). Nur bei Arndt kommen

---

[222]) H.s Idee, die Universitäten in den Ständen vertreten zu lassen, als Huldigung für die Wissenschaft Februar-Dk § 80, Arndts analoge Idee für den »erhabenen Stand der Priester« Schriften II, 449, 1815, können nur als momentaner Durchbruch persönlicher Neigungen gewertet werden und bestimmen das Gesamtbild der Stände nicht. Einmal nur, 1808, hat Stein den Plan einer »Sektion für den Gelehrten Stand«, durch die »die Repräsentation auch auf Geisteskraft gegründet« werden sollte, gebilligt. (Pertz, Gneis. I, 416, 418). Stein will diesen Stand ganz besonders aristokratisch in sich organisiert, so daß die großen Gelehrten »über das Heer der gewöhnlichen Hommes de lettres das Übergewicht haben«. Er teilt damit Arndts und Humboldts Auffassung, daß Bildung und Wissenschaft nie Sache eines Standes, sondern nur der Wenigen, der Persönlichkeiten sei. Diese aber müssen einzeln in den Dienst des Staates wie der ö. M. berufen werden.

[223]) »Die Stände müssen nebeneinander, nicht durcheinander gemengt bestehen«. An Arndt 1818. »Güteradel, Bürger, Bauern«.

[224]) Vgl. dazu die interessante Studie von S. Kähler über das Wahlrecht Z. f. Pol. X, S. 194 ff., die vor allem die Beziehung Humboldts zu Condorcet

die einzelnen Bürger nicht korporativ oder sozial gegliedert in den Wahlen der Volksboten 1812 zu Wort. Humboldt aber kommt über Steins allzu rationale und allzu »historische« Stände hinaus und der lebendigen Wirklichkeit am nächsten in seiner Idee der künstlichen, systematischen Durchgliederung der Bevölkerung, die so durch politische Organisation zu der Volkseinheit umgeschaffen wird, die 1819 in Preußen weder psychologisch noch sozial noch territorial vorhanden war. Er teilt die Summe seiner Bürger — die identisch ist mit der der Wähler — ein in die natürlichsten Stände des Landbewohners und Städters (§ 74, 76), die in politischen Körpern oder Gemeinheiten zu politischen Ständen werden; sie sind nicht modern-mechanische Interessenstände »durch den ganzen Staat hindurch« (§ 79), sondern Teile des Ganzen, (des Kreises, der Provinz, des Staats), in Analogie zur organischen Natur geschaffen, der ja jede menschliche Operation möglichst getreu folgen soll. Sie dienen der Gestaltung einer bewußt geschaffenen Ganzheit, während Stein und Arndt eine solche in viel stärkerem Maß als vorhanden voraussetzen. Diese Ganzheit ist ein Kollektivwesen, das Eine Ö. M. tragen kann[225]. Es fällt auf, daß Humboldt die Organisation des ganzen Staatsvolkes wichtiger war, während Steins Interesse sich auf die Einfügung der ständischen Abgeordneten in ständische oder staatliche Behörden richtete. Die Organisation des Volkes ist für Stein natürlich und historisch eigentlich gegeben[226]; für Arndt ergibt sie sich scheinbar leicht aus seinem Volksbegriff; nur Humboldt schafft sie als ein Neues.

Die organisierten Wähler sind gleicherweise wie ihre ständischen Behörden nach der einen Seite dem Staate, nach der anderen dem Volksganzen verpflichtet, sie stehen zwischen ihnen[227]. Zweifellos sind sie Träger der ständisch organisierten Ö. M., zugleich aber auch der freien ö. M., die so nebeneinander stehen können; wobei die freie ö. M. durch sie erzogen werden soll (Febr. Dk. § 3).

---

und die Gegenüberstellung seiner ständischen Verfassungsideen gegen die des alten Preußen einerseits, des französischen Konstitutionalismus Constants andererseits, endlich die — wenn auch sehr seltenen — Berührungen mit Rousseau aufzuzeigen unternimmt (S. 204 ff. und H., W XII, 435). Kähler sagt: »der in ungezählter Wiederholung sich bekundende Wille des Einzelnen, seine politischen Rechte ausüben zu wollen, gibt im ganzen genommen als eine volonté générale die Grundlage ab für das neue ständisch-politische Leben.«

[225]) Die Vorstellung dieser Ganzheit ist, wenn auch entfernt und mannigfaltig modifiziert, doch verwandt mit der volonté générale Rousseaus.

[226]) Die Organisation der Bürgerschaft, die in der Städteordnung nach einem mechanischem Prinzip (nach Quartieren) geschieht, muß bekanntlich dem Kantianer Frey zugesprochen werden.

[227]) Analog sagt später Gneist, die Repräsentation stehe zwischen Staat und Gesellschaft.

Von den Organen der Ö. M., den Abgeordneten, werden die Träger der Ö. M. nicht tiefergehend unterschieden [228]), ja Humboldt kam zu einer Gleichsetzung von aktivem und passivem Wahlrecht [229]).

Für dies letztere nun wurde kritisch, daß »der Standpunkt (des Wählenden, und warum also nicht auch der des Gewählten, der demselben Kreise entstammte?) der des geringen Mannes« war, der nicht »mit Urteil und Umsicht seine Entscheidung trifft« [230]). Würden solche Abgeordnete die Ö. M. erfolgreich vertreten, die verschiedenen Aufgaben in den kleinen und großen ständischen Behörden erfüllen? Oder sollte man auch jetzt die Gebildeten rufen, die ja auch in der ö. M. der nationalen Gemeinschaft Führer geworden waren, obwohl sie der Gemeinschaft am stärksten entwachsen waren?

Prinzipiell sollte jeder Stand, auch der Bauernstand, durch seine eigenen Glieder vertreten werden; man hatte einige Geistliche [231]) als Organe zugelassen, aber sorgfältig Notabeln und Gutsherrn als Organe der Bauern vermeiden wollen. Die einfache Rede der bäuerlichen Abgeordneten sollte gerade gewährleisten, daß eben in den ständischen Behörden auch wirklich Ö. M. laut werde; rückblickend auf die westfälischen Erbentage fürchtete man nicht, daß sie nicht ihr Interesse und das des Staates wirksam vertreten würden [232]).

Daß man durch die Abgeordneten nicht Organe des Standes sondern der Ö. M. zu erhalten glaubte, beruhte auf dem Prinzip (seit der Städteordnung), daß der Abgeordnete nicht Delegierter und nicht mehr Mandatar seines Standes wie in der altständischen Verfassung und noch nicht durch ein imperatives Mandat einer Partei gebunden war; sondern aus seiner persönlichen Überzeugung handelnd und urteilend sollte er zum Munde der Gesamtheit werden [233]), ein echtes

---

[228]) »Weil es für H. zunächst . . auf Gemüt und Willen des Wählers ankommt, stellt er sich zunächst . . . auf dessen Standpunkt.« Kähler, Z. f. Pol. X, 235 mit Hinweis auf § 139 Februar-Dk.

[229]) Z. f. Pol. X, 230 Hinweis auf H.s Verwandtschaft darin mit Condorcet.

[230]) Z. f. Pol. X, 235. Vgl. H., Februar-Dk § 44.

[231]) H. § 77, Arndt 1814, W XI, »hie und da einige Geistliche«.

[232]) Vinckes Urteil über die westfälischen Erbentage lautete freilich nicht so hoffnungsvoll. Vgl. Bodelschwingh, Georg v. Vincke Bd. I, S. 74.

[233]) Vgl. Städte-Ord. § 110, dazu Lehmann II, 453, Kähler, Z. f. Pol. X, 198, Anm. 1. Humboldt hat die große Bedeutung »des Ausspruchs des Staats« betont, »daß er die Stimme gewisser Personen für die Stimme des Volks ansehen will«. Werke XII, 477 (490), 1821 an Vincke. Der Staat kann das nur, wenn diese Personen (Abgeordnete) unmittelbar durch Urwähler gewählt werden und nicht durch mittelbare Wahl zum Organ einer Korporation, ständischen Behörde etc. herabsinken. Vgl. Februar-Dk § 134; Stein, Thimme S. 182, ebenso Vincke, Pertz Dken Sept. 1808.

Organ der Ö. M. sein. Man gab damit dem ursprünglich französischen Gedanken, daß die Einzelpersönlichkeit des Abgeordneten den Allgemeinwillen offenbaren könne, Raum, und kam so zu einem anderen Maßstab für die Auslese der Sprecher der Ö. M., »des politischen Verstands des ganzen Volks«, als für die Menge der Träger der Ö. M.

Im kleinen Kreis der Gemeinde, in der der Abgeordnete nur teilnehmen sollte an der Verwaltung, genügte seine Geschäftsfähigkeit und sein Gemeinsinn, wie sie Stein 1807 — wieder vor allem im Gegensatz zum Theoristen französischer Prägung — betonte. Hier konnten Bauern und Bürger vollwertige Organe der Ö. M. der Gemeinde sein. Aber in den preußischen Reichsständen bedurfte es seiner politischen Urteilsfähigkeit und Übersicht, einer inneren Freiheit, das lokale Interesse der Gemeinde und Provinz dem Gesamtinteresse unterzuordnen, einer Vertrautheit mit den Wünschen und Gesinnungen der ganzen Nation, die Vincke nur den »ausgezeichnetsten Talenten« zuschrieb, die aufzufinden das Interessen- und Besitzkriterium ungeeignet sei[234]). Im Gegenteil: wieder erweisen sich Adel und Großgrundbesitz, die natürlichen Organe der rationalen Interessengemeinschaft wie der ethischen Volksgemeinschaft, dazu nicht fähig[235]). Vincke riet deshalb 1808 (umgekehrt als der Burkesche und der französische Konstitutionalismus) für das passive Wahlrecht zu den Reichsständen nicht eine Verschärfung des Interessenprinzips, d. h. eine Erhöhung des Census, sondern seine Aufhebung: »von selbst vermögenden Wählern ist die Wahl unmoralischer Stellvertreter nicht zu besorgen«. So sind allein die Organe dem Interessenprinzip, das die Träger der Ö. M. bestimmt, nicht unterworfen, sondern sind »Talente«, Einzelne. Humboldt hat den Weg des Kompromisses zwischen dieser Auffassung und der Burkes oder der französischen Notabeln (die er

---

234) »Vermögenssatz läßt zwar bei der Masse, nicht aber gerade bei dem Einzelnen« auf gute Gesinnung und Bildung schließen. Humboldt, Werke XII, 536 zur St.-O. 1831.

235) Beiden mangelt das Zutrauen der Nation (Auerswald) und die politische Einsicht über den ständischen und lokalen Interessenbezirk hinaus. Man hält aber an der unmittelbaren Landstandschaft des Adels in den Provinzialständen und an der politischen Führerstellung in der »adligen Kammer« fest. H. freilich möchte auch die politische Bedeutung des Adels von seiner moralischen abhängig sehen (Dk § 95). Vincke, Pertz Dken S. 10; Schön, Pertz, Gneis. I, 401 ff. In seiner liberal rationalen Terminologie sucht Schön »die verständigsten, unterrichtesten und (daher!) besten Staatsbürger«. Stein hält immer am adligen Oberhaus fest, freilich 1808 an dem des reformierten Adels, der echte Oberschicht der Interessengemeinschaft sein wird. 7. XI. 1808. Stern 152, 153; 1816 Thimme 148 u. v. a.

§ 142 Febr.-Dk erwägt) eingeschlagen, indem er aktives und passives Wahlrecht gleichmäßig an einen sehr niedrigen Census band. Vinckes Abgeordnete sind nicht einfach dasselbe wie ihre Wähler, sondern Führer, ihnen geistig übergeordnet, und die Eigenschaften des Führers der ö. M. scheinen sich vereinfacht und rationalisiert in ihnen zu wiederholen.

Den Glauben an die Möglichkeit der Auslese der Verständigsten, Besten teilen die liberalen Mitarbeiter Steins mit dem optimistischen Arndt. Wie jener sie in der freien ö. M. für sicher hielt, so erhoffen sie sie durch den ständischen Wahlakt; gerade darin sind sie unerschütterlich dem liberal-parlamentarischen Dogma verpflichtet. Stein und Humboldt sind skeptischer. Daß überhaupt genug politisch reife Menschen für Abgeordnete der preußischen Reichsstände vorhanden seien, bezweifeln sie nicht: gibt es ja auch genug Staatsbeamte [236]) und drängen sich ja auch immer mehr Personen zum Staatsdienst herzu. Aber Stein und Humboldt suchen nicht die Weisesten und Urteilsfähigsten, sondern halten fest an der Forderung, daß der Abgeordnete im engen Kreis politischer Gemeinschaft wurzele und da »anfange, wo unmittelbares Berühren der Verhältnisse wirkliche Einsicht und gelingendes Einwirken möglich macht« [237]). Sobald aber der zu vertretende politische Körper größer wird als die praktischen Kenntnisse des ständischen Vertreters ausreichen — und das ist schon in der Provinz der Fall — fordert Stein von ihm den zielbewußten, zum Teil intellektuellen Erwerb einer umfassenden Kenntnis »des Zustands, der Geschichte und Verfassung des Landes durch Aktenwesen, Reisen, Besprechen mit Verständigen und Gutgesinnten« [238]). Bäuerliche Abgeordnete kommen nur in geringem Maße für diese Organe der Ö. M. in Frage. Auch ist praktisch die diätenlose Tätigkeit in den Provinzial- und Reichsständen, wenn sie so vorbereitet werden muß, den minderbemittelten Ständen verschlossen.

Der bodenverwurzelte Abgeordnete, der die selbstverständliche Kenntnis der Interessen des Standes und der natürlichen, zweckhaften und ethischen Gemeinschaft in der Selbstverwaltung anwendet, und der politisch gebildete Abgeordnete, der sich um das Zutrauen der Nation und um die politische Einsicht in die Bedürfnisse des künstlichen Gesamtstaats bemüht — das sind die beiden — fast entgegengesetzt scheinenden — Idealtypen der Organe

---

236) Thimme S. 151.

237) H., W XII, Februar-Dk § 11. H. fürchtet mannigfachen Mißbrauch der Wahlen (z. B. für den Magistrat der Städte) und sieht deshalb eine möglichst häufige Wahl der Organe der Ö. M. vor. W XII, 474.

238) An Gagern 1820. Anteil an der Politik IV, 89.

der Ö. M., die Humboldt auf einen gemeinsamen Nenner bringt: in der guten Gesinnung, die beiden eignet. Sie, »und nicht gerade Kenntnisse«, ist notwendig für das echte Organ der Ö. M., das nach der Stimme seines Gewissens zur Stimme des Volkes werden kann. Damit ist man zuletzt auch für den Abgeordneten bei einem wesentlich ethisch-persönlichen Ideal angelangt, das sowohl der schlichte Bauernverstand als der politische Kopf, jeder in anderer Aufgabe, erfüllen kann. In ihm wird der Gegensatz zwischen dem Bewußtsein der engen Gemeinschaft und dem Einheitsgedanken des großen Gesamtstaates aufgehoben. Um dies zu erreichen, hat man die persönliche Einsicht zum Vertreter der Ö. M. werden lassen, ebenso wie das Verständnis für die Einheit der deutschen Nation zuletzt mehr in die Hand der Persönlichkeiten als die der schlichten Menschen gegeben war. —

Die Erfahrungen, die Stein in den westfälischen Provinzial-Landtagen 1827 ff. machte, ließen ihn die Bedeutung der Bildung des einzelnen Abgeordneten ganz neu betonen [239]). Jetzt werden neben dreiviertel Abgeordneten des Grundbesitzes und Erwerbs in der Gemeindeverwaltung noch ein Viertel Notabeln zu Organen der Ö. M. der Stadt. Diese erstaunliche Umwandlung erklärt sich aus der Zeitlage: Der Feind stand nicht mehr im Lager französierender Radikalisten sondern in der reaktionären Regierung Preußens; jetzt lud man kein nationales Odium auf sich, wenn man die französische Munizipalordnung offen bewunderte, wenn man »Ideenreichtum und Gemeingeist« erwartete von einem »Verein der Notabeln in den Städten« [240]). Stein wußte jetzt, daß der Gemeinsinn der Eigentümer und ihre politische Einsicht so groß nicht war, daß ihre Interessen sich zum Staatsinteresse zusammengeschlossen hätten. So sind auch jetzt die Träger der Ö. M., die Wähler, nicht mehr durch das Eigentum allein bestimmt und »die Intelligenz« erhält »eine angemessene Stelle«. Was man nun nicht mehr fürchtete im Träger der Ö. M., das waren seine »Meinungen«, seine Ansichten. Ihre Synthese zu Einer Ö. M. schien im Gegenteil leichter und sicherer als die Vereinigung der ständischen Interessen. Nach »Ansichten« schienen Stein die englischen Parteien geschieden, in ihrer vaterländischen Gesinnung aber bereit, sich jederzeit zu vereinigen [241]). Nachdem sich der soziale Konser-

---

239) »Wissen ist Kraft«; »man stoße Geist und Bildung nicht von dem Einfluß auf das Öffentliche zurück, den ihm die Vorsehung angewiesen; wehe dem Volk, das solche politische Sünde begeht« . . .

240) An Gagern Bd. IV, 250 ff.; Pertz VI, 2 Beilagen 252 ff., 782, 1829. Bei der Assimilation der großen Rheinstädte an Preußen spielte die Intelligenz der Notabeln eine bedeutende politische Rolle, die auch Stein jetzt nicht mehr außer Acht lassen konnte.

241) So an Graf Spiegel Erzbischof von Köln vgl. Deutsche Rundschau,

vatismus und die Alleinherrschaft des Ständeprinzips als unhaltbar erwies, wird die eigentümliche englische Organisation der ö. M. in Parteien für Steins ethische wie rationale Staatsauffassung zuletzt das Vorbild. Erst wenn der Träger nicht mehr durch das ständische Prinzip gebunden ist, wird er die Eine Ö. M. finden, die der Staat sucht.

B. Die Funktionen der öffentlichen Meinung.

An der wechselnden Auffassung vom Träger der ö. M. spiegelte sich die sich wandelnde soziologisch-politische Vorstellung der Denker, die ihrer politischen Begriffsbildung das Fundament gibt. Deutlicher noch als diese Wandlungen des Trägerbegriffs zeigen die des Funktionsbegriffs der ö. M. die innere notwendige Abhängigkeit der politischen Begriffsbildung überhaupt von der Ziel- und Zwecksetzung, die durch die historisch-politische Lage gegeben ist; ihr ist das politische Denken untertan.

Der Wandel der Funktionen der ö. M. vollzieht sich in zwei entgegengesetzten Richtungen: der Begriff der organisierten ö. M. Steins von 1804 wird geschaffen, um eine zuverlässige Information der Regierung über die Interessen ihrer Untertanen — und dazu die selbsttätige Vertretung dieser Interessen in der Verwaltung 1807 — zum Wohle des Staates zu erreichen. Eine andere als diese utilitarisch gedachte Funktion fehlt ursprünglich. Umgekehrt geht Arndt aus von der Aufgabe der universalen Meinung als einer Geistesmacht, die eine ethische Norm findet, ausspricht und geltend macht, das Bestehende aber an dieser Norm messen soll.

Aus dem Zusammentreffen dieser zwei grundverschiedenen Funktionen: der ethischen Normgebung aus Vernunft und dem praktischen Geltendmachen der Notwendigkeiten ergibt sich die eigentliche ethisch-politische Doppelaufgabe der ö. M., regulativ nach Vernunft und Notwendigkeit im Staatsleben zu wirken; eine Aufgabe, die Steins, Humboldts und Arndts ö. M. lösen sollte im weiten Spielraum zwischen lebendigster politischer Aktivität und einer auf die Gesinnung zurückgezogenen Passivität.

Die eigentümlichen Auswirkungen der deutschen ö. M. nun entstehen dadurch, daß an Stelle der ursprünglich dem echten Rationalismus angehörigen Begriffe [1]) Vernunft und Notwendigkeit diejenigen von Natur und Geschichte treten; und durch die spezifische

---

Bd. 136, Juliheft 1927 S. 635 ff. »Hier ist Sittlichkeit, Vaterlandsliebe, Gottesfurcht«. Ähnlich Hb. s. oben S. 143.

[1]) Vgl. Erich Kaufmann, der Organismusbegriff; 1910, S. 4.

Wandlung des Trägers zur Nation und zum nationalstaatlich denkenden politischen Menschen.

Wenn im folgenden die normierende, die regulierende und die staatlich produktive Leistung der ö. M. untersucht werden soll, wie Arndt, Stein und — in angemessenem Abstand — Humboldt sie sahen, so ergibt sich oft ein scheinbar unentwirrbares Chaos widersprechender Bemerkungen der einzelnen Denker, an einzelnen Stellen, die sich nur durch den jedesmaligen Zweckzusammenhang erklären lassen. Das aber kann hier die Aufgabe nicht sein. Vielmehr wird versucht, systematisierend einen Überblick über die Funktionsgebiete der ö. M. zu gewinnen.

I

Am deutlichsten im Boden einer idealistisch-optimistischen Aufklärung wurzelnd fand sich als Ausgangspunkt die normative Bedeutung der universalen Meinung; jene Gewalt des Geistes und ihr Ausdruck, beruhend auf dem consensus omnium über die Allgemeingültigkeit und Unantastbarkeit bestimmter ethischer Werte, besitzt Fähigkeit und Anspruch, diese Werte zu benennen und alle auf sie zu verpflichten. Bewußt ist eine solche normative Funktion nur beim jungen Arndt.

Es mußte für rationalistisch geschulte »Köpfe« wie Arndt und auch Humboldt entscheidend sein, welchen Inhalt sie diesen Normen gaben. Von ihm hing es ab, ob eine solche Normgebung überhaupt zur Funktion einer positiven politischen ö. M. umgewandelt werden konnte. Wenn man gesagt hat, die ö. M. habe eine Usurpation der Politik vollzogen [2]), so beruht sie auf diesem Vorgang der Ausdehnung ihres normativen Anspruchs auf das Gebiet des politischen Lebens — eine Ausdehnung, die in kirchlich-religiösen Formen anderthalb Jahrtausende christlicher Kultur im Sinn einer kirchlichen Herrschaft über die weltliche beansprucht, oder — durch einen quietistischen Noncooperation-Standpunkt gegenüber der civitas terrena — vermieden hatten. Weder der altkirchlich gläubige Stein noch der Heide Humboldt — denn als solchen muß man Humboldt doch wohl ansprechen — melden Ansprüche der Meinung auf Normgebung an [3]);

---

[2]) Oncken, H., Aufsätze Bd. I, S. 235 ff.

[3]) Der junge Humboldt, der die Norm der allseitigen proportionierlichsten Ausbildung aller Kräfte des Individuums aufstellte, lehnte von vornherein irgend welche noch darüber stehende Norm in diesem »organischen« Prozeß ab; Stein aber glaubte jenes allgemeingültige Gebot wie selbstverständlich aus der christlichen Religiosität zu empfangen, so daß er keine säkularisierte Ethik und »Meinung« zu bemühen brauchte. Erst 1811 im Exil faßte er die Meinung auf als das

es ist der protestantische Theologe Arndt auf seinem Wege durch die vergangene und gegenwärtige Wirklichkeit in Geschichte und Politik, der in der »Meinung« eine positive ethische Macht erblicken will: ihr einziger konstanter Inhalt allerdings ist ihre Richtung gegen die Gewalt, ist die Beschränkung der Willkür. Es ist entscheidend wichtig, daß auch die wesentliche Funktion der universalen Menschheitsmeinung nicht in der Schaffung eines bestimmten, etwa des Humanitäts-Ideals besteht, sondern nur in der Eindämmung der ungeistigen Kräfte, die der Verwirklichung jeden Ideals im Wege stehen.

Die Meinung vermag dies ihr allgemeines negatives Ideal, — das sich aus dem Consensus omnium ergeben hat — zur allgemeinen Anerkennung zu bringen durch die doppelte Begründung ihrer Normen.

Einmal werden diese gewonnen aus der Erkenntnis dessen, »was hier unten recht ist«, gemäß »dem Gesetz der Dinge«[4]). Aus ihm ergeben sie sich, und so sind sie gültig im Diesseits der Dinge. Grade dies Argument wog schwer für Arndt, aber auch für Stein und Humboldt. Die Normgebung der Meinung sollte aber nicht nur naturgebunden sein; sie sollte zugleich über das Naturgegebene, über das Bestehende allein hinausführen; dann begründet man die Normen der »Meinung« auf ein ganz undiesseitiges Prinzip: nicht nach dem Erfolg — wie der platte Zeitgeist — sondern nach der Gesinnung soll die Meinung urteilen. Ihre zweite Quelle ist eine christliche Innerlichkeit, sie ist bei allen [5]) eine entscheidende Voraussetzung für die sittliche Bedeutung der Meinung. In dieser Doppelheit: diesseitige Gesinnungsmoral liegt der Keim für die Allverwendbarkeit der Meinung als moralischer Instanz für das soziale und politische Leben beschlossen, zugleich aber auch der Keim all der Schwierigkeiten, in die sie ihre innere Verwandtschaft mit dem »Zeitgeist« einerseits, dem »Geist des Guten« andererseits bringen wird.

Schon die rationalistisch-diesseitige Normgebung der Meinung [6])

Gewissen der Menschheit, als eine instinktive regulative Kraft; über die Normen und Inhalte der ethischen Wertgebung, nach denen dieses Gewissen reagiert, findet sich bei Stein wenig Positives gesagt — es hatte ihm nie in Zweifel gestanden.

4) Dies erscheint auch in der Geschichte, ist etwa »Gesetz der Natur«; manchmal scheint aber Geschichte ihm entgegenzuwirken. Die Auffassung wechselt, vgl. besonders Arndts frühe Schriften, Fragmente.

5) Für Stein und Arndt durch ihr lebendiges Christentum gegeben; für Humboldt gewann sie durch seine Kant-Studien eine verwandelte Bedeutung.

6) In Arndts »Leibeigenschaft« ist die Meinung der Gesellschaft noch nur ein Wissen um das, was recht ist hier unten, und er hofft durch »Aufklärung« allein zur Erfüllung ihrer Aufgabe vorzudringen; die tiefere Erklärung der Meinung als Gesinnungsmacht wird gleichzeitig schon vorbereitet, die dann im G. d. Z. unverkennbar ist.

führte zu ihrer Verdichtung zu einem positiven Willen: die »Meinung« soll den Handelnden das Ziel anweisen, antreiben zu einer Gestaltung der sozialen Wirklichkeit, nicht nur Gesinnung und allgemeine Richtung geben. Dadurch aber mußte die Funktion der Meinung, bisher noch unpolitisch, auf doppeltem Wege zu einer politischen werden.

Einmal bedurfte die Meinung der Verlautbarung, die ihr der bestehende absolute Staat nicht ohne weiteres zu gewähren pflegte, sie bildete also den bestimmten politischen Wunsch und Anspruch auf Preßfreiheit aus. Zum andern aber wurde es Arndt durchaus bewußt, daß die soziale Welt gestaltet wird durch die Modifizierung der bestehenden konkreten Rechtsverhältnisse innerhalb des bestimmten Staates, der diese garantiert. Die Meinung wurde so politisch wirksam als Kritik — der aber keine Sicherheit gehört zu werden verbürgt war — die fruchtbar wurde nur als Antrieb für die Handelnden, als welche allein Regenten und Gebildete auftreten. Aus dem sozial-ethischen Willen der Öffentlichkeit war so, indem er sich auf politische, rechtliche Wandlungen bezog, ein politischer Wille geworden, jedenfalls seinem Inhalt nach, nicht aber in seiner Form.

Noch immer formal ohne spezifisch politische Funktion blieb auch die Meinung Europas wie Arndt sie 1805 sah, beschränkt auf Kritik, Richtung-weisen, selbst Antrieb-spenden in politischen Lagen, aber nicht mehr. Eine eigentlich politische Funktion gewann sie erst, als man die ethische Aufgabe, Gewalt und Willkür zu beschränken, bezog auf den konkreten Fall Napoleon. Als die europäische Meinung gegenüber diesem Gegner ihre Normen im Leben der Staaten durchsetzen wollte, wurde sie ein politischer Wille.

Kritik und Antrieb genügen ihr jetzt nicht mehr. Praktisch wird jetzt der Kampf gegen die Gewalt, für die Aufrechterhaltung des europäischen Gleichgewichts, der Gott-gewollten Nationalitäten, der legitimen Staaten nacheinander die Aufgabe der europäischen Meinung. Wenn die soziale Kritik fruchtbar wurde als Antrieb für die Handelnden, so sollte die europäische politische Kritik wirksam werden als Hemmung der willkürlich Handelnden; ihre Hauptfunktion schien Erhaltung, Wiederaufbau, nur in geringerem Maße der Neubau der Staaten. Die regulative Funktion der Meinung wird immer doppelt bestimmt: Wahrung des Alten und Forderung nach dem Neuen; diese Doppelheit führt oft zum Zwiespalt zwischen den tatsächlichen Aufgaben, die man der Meinung dann stellt; sie wird im Denken der drei Männer ebenso oft überwunden durch einen Kompromiß, wie jene Doppelheit der Bewertung irrational begründeter Kräfte und rationaler Fähigkeiten überwunden werden sollte in ihrer Vorstellung vom Träger der ö. M.

Die konkreten Aufgaben, die man der Meinung zuteilt — Kritik, Antrieb, Schutz des Alten — werden alle begründet und gerechtfertigt als notwendig zur Wahrung der Sittlichkeit im sozialen und politischen Getriebe. Und diese Funktion sei — so betont es besonders Arndts Geschichtsauffassung — bedeutend geworden durch das rationalistische (das 18.) Jahrhundert: in seinen Kämpfen spreche zum erstenmal die Meinung das entscheidende Wort, und, wie es 1815 heißt: das Versöhnende [7].

Viele Gegensätze sollen sich in der universalen »Meinung« versöhnen: Zunächst der ursprüngliche zwischen den individuellen Grundsätzen und denjenigen der Gemeinschaft [8], dann jener zwischen Verstand und Enthusiasmus, zugleich jener zwischen der endlichen Zielsetzung des Politikers und der unendlichen des Denkers [9]; endlich der Gegensatz zwischen Altem und Neuem.

Diese synthetische Funktion mußte der Meinung eine große Bedeutung geben, zumal in einer Übergangszeit, wie Stein und Arndt sie beide bewußt erlebten [10]; vergebens aber erwartete man von ihr, daß sie den Dualismus aufhebe zwischen der enthusiastischen, allzu rationalen Normgebung der Wissenschaft an die staatliche Wirklichkeit und umgekehrt der des wirklichen Staats an die Wissenschaft. Arndt selbst fiel in gewissem Sinn diesem »ungeschlichteten Verhältnis von Wissenschaft und Staat« [11]) zum Opfer; auch die Meinung, »der Papst der neuen Zeit«, bildete dafür keine Schiedsrichterinstanz, sie versagte ihm ein gültiges Urteil.

Die schwerste Aufgabe blieb, Ausgleich zu schaffen zwischen dem Bestehenden und der »natürlich«-moralischen Normgebung, jener

---

7) Vgl. oben Arndt S. 63, 94, 106.

8) Vgl. oben H. S. 110 ff. Hier wird deutlich, wie der Begriff der »Meinung« ursprünglich einer individualistischen Kultur entstammt.

9) Diesem kommt es aufs Sein, jenem aufs Wirken an. Gerade dieser Ausgleich, den die »Meinung« schaffen sollte, war im Deutschland von 1810 bedeutsam, in dem »die Unendlichkeit das Gegebene, und die volle Endlichkeit als das Aufgegebene aus ihr zu entwickeln« war. Westphal, Philos. der Politik S. 49 ff. Politische Kraft der Deutschen will er entwickeln aus einer Synthese von religiösem Gefühl u. organisatorischem Geist. Das liegt nicht weit ab von Wesen und Aufgabe der »Meinung« Arndts. (Vgl. die Bedeutung religiösen Gefühls u. Begriffs als Grundlage des deutschen Denkens, aber eben nicht als Formung der deutschen objektiven Kultur, bei Em. Hirsch, die Reich-Gottes-Begriffe S. 20 ff.)

10) Stein 27. III. 1809 Pertz Gneis. I 482 »Sehr übel ist es, daß wir in einer Übergangszeit leben, und daß wir weder das Alte kräftig verfechten noch das Neue richtig und kräftig auffassen«. u. v. ä.

11) Westphal a. a. O. S. 53 (Vgl. auch Meinecke, Humboldt und der Staat. Neue Rundschau 1920).

theoretischen Staats-Lehre, auf die die Aufklärung so stolz ist. Kritik und Utopie waren die nächstliegenden Ausdrucksformen, denen auch der junge aufgeklärte Arndt verfiel. In Frankreich schlichtete die »Meinung« den Gegensatz, indem sie den einen Partner, den bestehenden Staat, negierte. Das soll aber gerade die Meinung Arndts in Deutschland nicht tun; sie soll die wissenschaftliche Überheblichkeit der Theoretiker ebenso wie die absoluten Ansprüche des Gegebenen ablehnen; sie tut das, sobald sie zur nationalen Meinung wird, die gegenüber dem bestehenden Staat nicht mit der Staatslehre, sondern vornehmlich mit der Geschichte als Wissenschaft operiert und dabei durch diese Wissenschaft ebenso viel Wirklich-Gegebenes, »Seiendes« zu erkennen glaubt wie im Getriebe des politischen täglichen Lebens; das Tote dort, das Zufällige hier erkennend und auslöschend kann die Meinung dann jenes Element auffinden, das Wissenschaft und Staat gemeinsam ist und sein soll — die nationale Individualität. Nur Arndt hat sich zu diesem Glauben bekannt [12]), während Humboldt in sich selbst das völlig getrennte Wesen des Kontemplativen und des im Staate Handelnden deutlich spürte [13]).

Damit aber steht man vor einer besonders schwierigen Aufgabe, die der Meinung zufällt: nachdem sie die Zusammenfassung zu einer geistigen Einheit geschaffen hat (consensus omnium), welche die Grundlage aller Kulturen ist, und aus dieser Einheit Normen gibt, die allgemein gültig im Wirklichen sein sollen, in dieser Einheit aber die hemmenden und unfruchtbaren Gegensätze aufzuheben imstande ist, soll sie nun eine schöpferische Kritik entwickeln. Dabei wird das eigentümliche Wesen der Meinung deutlich, daß sie gegebene Lebenskräfte einigt, ordnet, führt, aber nicht schafft. Denn ihr Inhalt erweist sich beschränkt auf das negative »der Gewalt entgegen zu stehen«. An diesem Leitmotiv läßt sich eine politische Ethik — ein Maß für das Handeln der Politischen Menschen — nicht gewinnen.

Arndt behauptete, die Kritik der Meinung sei Kampf um die Durchsetzung ihrer Normen; so habe sie, kämpferisch, das 18. Jahrhundert [14]) erfüllt. Er hat das entscheidende Wort gefunden, daß das

---

[12]) G. d. Z. IV. Stein in der großen Notzeit von 1812 nur unbewußt; später bezeichnet er diese Hoffnung wiederholt als sinnlos, besonders gegenüber dem einzelnen Wissenschaftler. Anderseits freilich zeugt die Monumentengründung dafür, wie er sich die Wechselwirkung zwischen nationaler ö. M., nationaler Wissenschaft und in gewissem Sinne einem zukünftigen nationalen Staat dachte.

[13]) H. betonte das immer wieder — fast mit einer gewissen Selbstbeschauung, die eitel anmuten könnte; der ö. M. schrieb Humboldt weder die Funktion des einen noch des andern zu, ja vielleicht hatte sie nicht einmal das Verständnis für jeden dieser Typen und seine Leistung.

[14]) Germ. u. Eur., S. 179 u. a.

ethische Richteramt der Meinung in der politischen Welt eine Mitverantwortung ihrer Träger erfordere. Aber gerade Arndt hat das große Hindernis einer schöpferischen Kritik der Meinung erkannt: die völlige Andersartigkeit der individualen und der politischen Ethik. Wenn aber der Meinung das Recht der Normgebung auch in der Politik zustand, so mußte man voraussetzen, in der Meinung ruhe eben nicht das Gewissen schlechthin, sondern das spezifisch politische Gewissen der Menschheit, eben im Gegensatz zum individual-ethischen Gewissen des Einzelnen: einmal weil ihr die Erkenntnis der Zeit und der irdischen Notwendigkeit gelang, die der Einzelne nicht besaß, zum andern weil der Staat aus der Summe bzw. besser aus dem Ganzen der Grundsätze (= Meynung) seiner Bürger seine sittliche Richtschnur empfangen sollte. Deshalb sei eben sie jene echte politisch-ethische Instanz, die der Einzelne nie sein dürfe und könne. Nun hat aber Arndt zuweilen das politische Gewissen nur in den großen überlegenen Einzelnen verlegt, in den Führer, der nicht mitverantwortlich, sondern allein Gott verantwortlich ist; das Verständnis für dessen echtpolitische Ethik ist der Menge und der Meinung verschlossen [17]). Dieser Einzelne beschränkt sich nicht auf jene politische Moral der »Meinung«, der Gewalt entgegen zu stehen; er muß positive Ziele setzen, wollen, handeln. Diese — instinktiv richtige — Lösung aus dem Geist der Zeit I hat Arndt aufgegeben, sobald er den Begriff der nationalen ö. M. gefaßt hatte; ihr sprach er genau wie Stein die Kritik, ja das Richteramt über die politisch Handelnden in weitgehendem Maße zu. Nur der Individualist und Realist Arndt hatte die Kluft zwischen der schöpferischen Leistung des Einzelnen und dem Urteil und Gewissen aller anerkannt.

Es ist Stein, der auch der universalen Meinung, »dem Gewissen der Menschheit«, in der höchsten Not 1811 neben der regulativen selbst die produktive Kraft zusprechen möchte. Dabei gelten ihm die Meinung und der große wollende Einzelne nebengeordnet, bei Arndt aber wird in einem durchdachten Verhältnis beider die »Meinung« aktiviert, produktiv durch den Führer; bei Stein scheint sie — aber nur vorübergehend (1811) — das Geschehen selbst zu schaffen; bei Arndt ist sie sein Urgrund und sein Maß; bei Humboldt bleibt sie nur seine Begleitung.

Die konkrete europäische Meinung hat zunächst dieselben Aufgaben erfüllt wie die Menschheitsmeinung: sie hat Europa als eine Kultureinheit zusammengefaßt und -gehalten und steht prinzipiell jeglicher Übermacht in Europa entgegen. Hier aber deckt

---

17) Geist der Zeit I, 35, 55 u. a.

sich diese Gesinnung mit einem sehr realpolitischen Interesse der einzelnen europäischen Staaten, des europäischen Staatensystems der Neuzeit überhaupt. Daß die politische, durch Diplomaten ausgesprochene europäische Meinung Normen gebe, wird auf dem Wiener Kongreß von Stein abgelehnt, denn sie sei nichts als der Ausdruck der Interessen der Mächte unter einem idealen Mäntelchen; aber die europäische Meinung gegen Napoleon [19]) war der eigentliche ideale Normgeber, der Geist wie Interessen der Völker verteidigt.

Diese »Meinung«, die die irdische Notwendigkeit nicht nur kennt, sondern selbst eins mit ihr ist, gebiert den politischen Willen aus sich: sie steht der Gewalt nicht nur entgegen, sie will selbst Gewalt haben und schaffen; sie wird politisch d. h. durch einen konkreten Zweck bestimmter Wille zur Macht. Ehe diese neue Funktion der noch europäischen doch öffentlichen Meinung untersucht wird, mit der das eigentliche Gebiet politischen Lebens auch in seiner Theorie und in der Begriffsbildung erreicht wird, muß noch der Blick fallen auf das innenpolitisch gewendete Prinzip, Gewalt zu hemmen, wie es die soziale Meinung Arndts 1802 in der »Leibeigenschaft« bestimmt und wie es — ohne Namen der ö. M. — in der Utopie des Verfassungsstaates in »Germanien und Europa« 1802 auftritt. Dort wird die Funktion der Normgebung und Regulation zu moralischer Kontrolle über die Exekutivgewalt und zu einer unmittelbaren Kritik sowohl an Gesetzgebung und Verwaltung wie an der Außenpolitik; beides soll jene Bürgermenge leisten, die noch dazu auf unbekanntem Wege die Auslese der Verständigsten vorzunehmen imstande ist.

Die Funktion der Meinung beruht hier zugleich auf der Zusammenfassung der Bürger; ohne diese wäre die politisch hemmende Kraft, die ihr zugeschrieben wird, nicht möglich. Normgebung steht ihr zu sowohl zu dem idealen negativen Zweck der Kontrolle der Gewalt als auch zu dem praktischen positiven Zweck, »Gesetze zu finden«. Das Entscheidende aber ist, daß Arndt sich hütet, sie diese Gesetze geben zu lassen; wenn er auch annimmt, daß sie politische Gedanken und Zielsetzungen erzeuge, so soll doch nicht positiver politischer Wille in ihr sein, Weg und Ziel zu erkämpfen. Sie bleibt vielmehr immer passiv. Die Meinung dieser Bürger soll das Räderwerk des Staats sehen, die Gesetzgebung des Staats kennen und anerkennen — aber ohne ein Mittel, ja ohne den Willen, die Gesetze selbsttätig abzuändern, wenn sie zu dieser Anerkennung nicht kommen sollte. So funktioniert sie negativ, ausschließlich als Zustimmung durch einen Consensus

---

[19]) Für Arndt im G. d. Z. I wie für Stein im Exil.

tacitus oder als moralischer Druck. Wie konnte Arndt dazu kommen? Unter dem Eindruck der französischen Revolution besann man sich in Deutschland vor allem auf die konservierende Kraft der Gesinnung, die man dem Staatsbürger oder der Menge zuschreiben wollte. Wenn Arndts »Verständigste« in seinem Idealstaat geradezu dazu da sein sollten, Revolutionen zurückzuhalten, so hielt Humboldt für möglich, durch die ö. M. der Menge die Neuerungssucht der Gebildeten abzubremsen; schon als Kollektiverscheinung schlechthin schien die ö. M. für eine retardierende Funktion geschaffen, die die Entwicklung in einer gleichförmigen Bewegung festzuhalten geeignet sei. Innenpolitisch soll so die regulative Kraft der Meinung im Idealstaat — von dem man bei Stein überhaupt nichts hört — die Gewalt ebenso hemmen wie eine sich überstürzende Entwicklung [20]). Beides richtet sie sowohl gegen den absoluten wie den Revolutionsstaat, gegen den politischen Rationalismus in beiden Extremen. Dabei aber verfällt Arndt in den bei ihm, dem Willens- und Wirklichkeitsfreudigen, wohl seltsamsten Fehler, dieser ö. M. jeglichen Willen zu beschneiden. Er tut das übrigens gewiß nicht aus einer besonders geringen Einschätzung der Intelligenz, die diesen Willen leiten müßte; aber er will jegliche liberal-revolutionäre Ausdeutung vermeiden. Das verantwortliche Handeln wird den Weisen zugeschoben, während die Teilnahme der Menge »in der Idee, im Herzen« geschieht, schroff ausgedrückt »in der Einbildung«, eine nur subjektiv gesinnungsmäßige Angelegenheit, an Stelle eines objektiv bestehenden Rechts oder einer Pflicht. Damit aber wird der Bürgermenge in Arndts frühstem Verfassungsstaat jene typische Haltung zugedacht, die immer der Fluch der ö. M. war: sie fühlt sich mit-verantwortlich, ohne es faktisch, rechtlich zu sein.

Ist die ö. M. so beim jungen Arndt wesentlich dasselbe wie bei Humboldts Anfängen im preußischen Staat: ist sie nichts weiter als Antwort auf die Handlungen der Regierung? Allenfalls »Regelung des Mutwillens« neuerungssüchtiger Regierungen? Arndt hat in ihr doch noch ein Stärkeres gesehen: »die stille Gewalt, die zwingen kann«, ja die Regenten stürzen kann. Diese stille Gewalt beruht auf der absoluten Sicherheit ihrer inneren Entscheidung, die dem Gebiet

[20]) Arndt teilte mit H. und dem Stein der Reform die Auffassung, daß »aus beiden, aus der Entwicklung, deren Stufen sich (kausal) verfolgen lassen, und den neuen (unerklärbaren) Erzeugungen der Revolutionen sich die Weltgeschichte zusammensetzt. Mit Rücksicht auf beides muß ihr Gang beobachtet werden«. Man darf für Arndt schließen, daß die »Meinung« für beide Vorgänge den sicheren Instinkt besitzt, weil sie naturnotwendig sind. H. Weltgesch. 1814, W III 365. E. Spranger, H. und das Humanitätsideal, S. 270, erklärt diese Doppeleinstellung H.s durch den Einfluß Schellings. Der spätere Stein wollte keine unerklärbaren »Erzeugungen« gelten lassen.

des Sittlichen, nicht dem der politischen Erkenntnisse angehört [21]); die Meinung der Weisesten besitzt eine solche Gewalt kraft ihrer ethischen »Grundsätze«, ihrer Gesinnung. Dadurch wird sie deutlich zu etwas anderem erhoben als es jene Meinung des Public in Humboldts konkretem Staat ist [22]). Wenn diese »ein Begleitaffekt zu einem politischen Vorgang ist [23]), der sich in einem Räsonnement mit intellektualistischem Material formt« [24]), so soll Arndts Meinung das gerade nicht sein [25]): sie ist von einer festen Norm der Gesinnung ausgehende bestimmte Kritik; auf sozialem Gebiet formt sie sich sogar schon zu einem Willen um [26]).

Über eine passive Kritik hinaus wächst sonst die »Meinung« nur in der Ermahnung des Fürsten; ihm macht sie moralische — nicht politische — Vorschläge, die aber politisch sich auswirken [27]). Erziehung oder Auslese des Handelnden — das sind die beiden einzigen Aktionsmöglichkeiten solcher Meinung im Staat; beide hat Arndt 1802 als solche nicht erfaßt.

Die einzige positive Forderung der Meinung ist vielmehr die nach Öffentlichkeit der Regierungs-Maßnahmen; und an diesem Punkte gewinnt Arndt die Verbindung mit der Wirklichkeit des Augenblicks. Sie hieß Napoleon. Von ihm sollte die Meinung zunächst Öffentlichkeit seiner Politik fordern [28]), dann sollte sie seine absolute Gewalt (z. B. im Moreau-Prozeß) einschränken durch ihren moralischen Druck.

II.

Gegenüber Napoleon, dem Inbegriff der herrschenden Gewalt, wuchs die Meinung empor zu einer willensbestimmten Aktivität.

---

[21]) Arndts Wirklichkeitssinn läßt aber doch auch diese Meinung »lernen«.

[22]) Denn H.s Public führt jenen entscheidungslosen Austausch von Meinungen mit der Regierung, auf den Schmitt-Dorotič (Polit. Romantik S. 130) bei Adam Müller aufmerksam macht; es ist ein »Gespräch« zwischen Regierung und Opposition.

[23]) Die einfachste Form: »er handelte, sie staunten«. Arndt zu Napoleons Kaiserwahl in der Flugschrift »die Glocke der Stunde ...« 2°. 1813 S. 90.

[24]) Schmitt Polit. Romantik S. 109.

[25]) Zwar begleitet sie auch den politischen Vorgang, aber sie entsteht nicht erst an ihm; sie trägt ursprünglich jene Normgebundenheit, jene Entscheidung in sich, die dem romantischen, verantwortungslosen Begleitaffekt gerade völlig mangelt.

[26]) Vgl. oben S. 216.

[27]) Beständige Zensur des königlichen Betragens und Warnung durch die Presse würde Karl I. von England gebessert, einen Bürgerkrieg verhindert und ihn gerettet haben. Arndt, Rhein. Mark W XI, 196. 1814.

[28]) Die französische ö. M. fordere die Erklärung seiner weit ausgreifenden Außenpolitik, nicht obwohl sondern gerade weil sie dem Untertanenverstand so unbegreiflich und gefährlich dünken muß.

Zunächst hatte Napoleon zweifellos »die Idee der Zeit für sich«[29]). Aber die Meinung als europäische Macht wird gegen ihn in die Schranken gerufen, um den Geist gegenüber der Gewalt zur Geltung zu bringen. Jetzt zwingt die regulative Aufgabe der Meinung zum Schritt ins konkrete politische Leben: Wahrung gegen die Gewalt zwingt zur Mitarbeit an eigener Gewalt; zu dieser realistischen Wandlung gelangt man erst, als man die Macht des eigenen Staats durch die ö. M. zu stärken unternimmt für den Kampf gegen Napoleon.

Diese ö. M. innerhalb der Feindstaaten Napoleons, die ihre Regierungen im Kampf unterstützt, wird am deutlichsten von Stein bezeichnet. Er stellt ihr als wesentliche Aufgabe eine scheinbar gar nicht ethisch begründete Funktion: die Interessenvertretung der Staatsbürger. Sie wird organisiert, die einzelnen Funktionsgebiete dieser ö. M. werden im Zusammenhang zu betrachten sein. Indem sich aber ethische Normgebung und Interessenvertretung jetzt in der ö. M. gesellen, gewinnt der Aufgabenkreis sein eigentlich politisches Gesicht. Gegen diese ethisch und realistisch gegründete ö. M. »wird Napoleon unfähig sein anzukämpfen« [30]).

Soll die Meinung ihren eigenen Staat unterstützen — wodurch sie erst auf diesen Staat bezogen ö. M. wird —, so setzt das voraus: daß die rein passive Ethik der Gewaltbeschränkung aufgegeben wird und man sich zur ethischen Anerkennung der Macht bekehrt [31]); andrerseits, daß der Bürger als Träger der ö. M. Einblick und Verständnis für das komplizierte Getriebe des modernen Staates gewinnt; zuletzt, daß das Mitverantwortlichkeitsgefühl vorhanden ist oder erzogen werde — kurz das, was Arndt zusammenfassend nennt: »das Volk würdigt seinen Staat«.

Auf dieses Ziel hin arbeiten scheinbar im konkreten Staat jene Bestrebungen der preußischen Reform vor 1806, denen Humboldts erster Begriff der ö. M. entspricht; Stein und sein Antipode Beyme [32]), so wesensverschieden ihre Auffassung vom Träger der ö. M. ist, stimmen beide doch in der Hauptbedeutung der ö. M. über-

---

29) Max Lenz, Napoleon, Bielefeld, 1905, S. 192. Sehr ähnliche Formulierung beim jungen Arndt. Vgl. Wielands Diktator-Hoffnungen seit 1794, die sich seit 1798 unmittelbar auf Napoleon richteten. Alfred Stern, Ges. Aufs., Wieland u. die frz. Revol. Ranke, Denkw. Hardenbergs IV, 300.

30) So alle preuß. Reformer, z. B. Ancillon, Dez. Dk. 1812, Ranke, Denkw. Hardenbergs IV, 341.

31) Eine Bekehrung, die Arndt nicht nötig hatte, vgl. Germ. u. Europa; Stein bedurfte ihrer auch nicht; H. aber erlebte sie klar und gab ihr Ausdruck in dem Nationalstaatsgedanken der Dez. Dk. 1813, s. u. III. Teil.

32) In einer Denkschrift vom Herbst 1806 betont er ihre Macht im Heere und im Staate. Lud. Dehio, brand. preuß. Forschungen, Bd. 39.

ein: sie allein gewähre staatliche Kraftentfaltung. Humboldts und Beymes Rücksicht auf ihre Kritik aber — und diese ist die wesentliche Leistung des Public — gebietet die Klugheit des aufgeklärt-absolutistischen Staatsmannes, daneben aber auch jener aufgeklärte Respekt vor Vernunft oder Geist, die sich zuweilen in der ö. M. auszudrücken belieben und die man in ihr nicht knebeln wolle noch könne, vielmehr zum Nutzen der Regierung heranziehen solle.

Was nun die »Meinung« solchen Publics grundsätzlich unterscheidet von der Arndts und Steins, ist, daß sie nur rezeptive und kritische Funktionen hat. Über das Unrecht empört sie sich nicht und glaubt nicht an das Recht, setzt auch nicht neue Ziele. Humboldt in seinen Amtsjahren 1809/10 spricht meist von der ö. M., die die Regierung oder die Öffentlichkeit informiert und kontrolliert. Ihre Normgebung zieht sich zurück auf die bescheidensten Äußerungen einer Vorliebe für die Unterstützung religiöser oder wissenschaftlicher Tendenzen durch die Regierung. In jedem Falle ist sie eine Kritik, die noch nicht notwendig durch dasselbe Ziel des Staatswohles mit der Regierung geeinigt ist oder ihr Richtung gibt. Wichtig für den Begriff der nationalen ö. M., wie er sich später ausbildete, sind nur zwei Funktionen des Public geblieben: die Information und die Kritik über den Einzelnen.

Die Information der Regierung durch die ö. M. setzt eine bessere Kenntnis des Gegebenen auch bei der ö. M. Humboldts voraus. Stein hatte sie begründet mit Interessenkenntnis; Humboldt schwächte das ab zur größeren Vertrautheit mit den Wünschen der Bevölkerung. Diese Wünsche werden durch sich selbst gerechtfertigt, ohne eine tiefere Begründung. Sie werden berücksichtigt, damit das Publikum folgsam sei. Unbewußt teilt Humboldt diesen Standpunkt mit Hardenberg und dem gesamten aufgeklärten Beamtenliberalismus in Preußen [33]). Steins Gründe für die Berücksichtigung der gesunden Kräfte der Bevölkerung in der Verwaltung des Landes waren ihnen fremd. Umgekehrt verachtete Stein gerade diejenigen, die sich (wie Necker) durch die Wünsche des Public leiten ließen [34]). Solange ein unverantwortliches Publikum überhaupt im Bewußtsein des handelnden Staatsmannes lebt, bleibt er auf dem Standpunkt der persuasorischen Gesetzgebung des 18. Jahrhunderts stehen, die auf dem Gedanken der Erziehung oder Information des Publics mit den Ansichten der Re-

---

33) Ranke, Denkw. Hardenbergs, IV, 248, vgl. auch die Rede zur Eröffnung der Notabeln-Versamml. 23. 2. 1811, Pertz II 561, Schön u. a.

34) Während Stein die ungeleitete Masse unter »Public« versteht, faßt Humboldt gerade nicht die Masse, sondern die Beamten als das neuerungssüchtige überkritische Publikum der Regierung auf.

gierung beruht. Dieser Erziehung der Öffentlichkeit durch die Regierung dient die ö. M. sowohl bei Humboldt, als auch bei Stein. Besonders klar hat Stein dies als Funktion der organisierten ö. M. bezeichnet, die die freie ö. M. im Sinne der Regierung beeinflussen soll (Städteordnung) [35]. Arndt hat sich erst ganz zuletzt entschlossen, ein Abhängigkeitsverhältnis der Meinungs-Bildung von der amtlichen Denkweise zuzugeben; ihm, dem Publizisten des» Wächter«, schien 1816 aber eben das verwerflich, was den Staatsleitern ein besonderer Vorzug der ö. M. dünkte: daß sie Instrument der Regierung werde, sobald diese ihrerseits Information und Leitung der ö. M. übernimmt.

Die Kritik des Public sollte sich vor allem über den Einzelnen aussprechen — in dieser Funktion lag die Vorbereitung zweier liberaler Rechte der organisierten ö. M.: die Auslese der Handelnden und deren Verantwortlichkeit ihr gegenüber. Und es nimmt wunder, von dem Individualisten Humboldt eine hohe Bewertung solcher Kritik zu hören, der doch die sittliche Sphäre des Einzelnen vor dem Zugriff der andern hüten wollte. Aber er entdeckte eine Kraft der kritischen ö. M., das Individuum zum Handeln mit fortzureißen, ihm jenen moralischen Auftrieb und das Selbstvertrauen zu geben, dessen es zum Handeln bedurfte. Vielleicht hat Humboldt die ö. M. als eine vorhandene Kraft überhaupt erst dadurch erfaßt, daß sie sein persönliches Wirken oder Nichtwirken für den Staat kritisieren werde — wobei ihm die Maßstäbe ihrer Kritik fremd aber doch gültig scheinen [36]. Über die Kluft zwischen dem Urteil des Publikums und der Lage des Politikers hat Humboldt sich theoretisch nicht geäußert; praktisch verfuhr er meist im Gefühl des Primats des Handelnden, der auf die ö. M. hört, wenn sie ihn versteht. Beides lag für Stein anders: sein Rigorismus unterlegte der ö. M. dieselben festen sittlichen Maßstäbe, die er in der Privatmoral für gültig ansah, und er pflegte sie ungescheut anzulegen. Persönliche und sachliche Kritik am politischen Gegner verschmelzen in seinem allzu sicheren sittlichen Eifern so untrennbar, daß er das für die Kritik der ö. M. an den Einzelnen ebenso annehmen mußte. Die Sicherheit und Unbezweifelbarkeit seiner ethischen Maßstäbe hieß ihn die ö. M. nicht nur zur Kritik, nein zum Richten aufrufen; damit ging er weit über Humboldt hinaus.

[35]) Häufig auch der alte Stein; im übertragenen Sinne findet sich diese Auffassung noch in Humboldts Februar-Dk. 1819, § 3. Vgl. unten S. 256.

[36]) Wenn Humboldt Hardenbergs Privatleben mißbilligt, nicht weil es seinen eigenen sittlichen Anschauungen widerspräche, sondern weil das Publikum — nach anderen Maßstäben messend — Anstoß daran nimmt, so erteilt er der ö. M. ein so weitgehendes Recht zur Kritik, daß es sich fast nur durch die Gegnerschaft Humboldts zu Hardenberg im Zeitpunkt der Äußerung erklären läßt.

Erließ man eine Verfassung, so würde man jenes kritische Publikum überhaupt aufheben, indem man es zur verantwortlichen Mitarbeit heranzog. Dies schwebt Stein von Anfang an vor.

Er hat als Minister mehr als dies getan, wenn er die Bürgermenge ermächtigte zum eigenverantwortlichem nationalen Aufstand. Indem er aber durch die Reform die bürgerliche Ehre erhöhte durch die gesteigerte Responsabilität des Einzelnen, erlaubte er niemandem mehr, sich auf das kritische — wenn auch mit noch so idealem Maßstab messende — Zusehen zurückzuziehen. Ja, Stein verurteilte mit fast ungerechter Schärfe 1811 die Kritik des Publikums, die Humboldt als dessen natürliche Funktion erschien[37]). Denn dieser sah 1811 noch immer keinerlei politisch-produktive Fähigkeiten in der Opinion. Das weitgehendste, was er ihr zutraute, war eine politische Zielsetzung im allgemeinen. In Spanien sah er ihre Unfähigkeit, ein Gouvernement und eine echte Verfassung zu schaffen. Der Grund dafür lag freilich in der diversité d'opinions, die jene wie die ö. M. des Public unschöpferisch bleiben ließ.

Während nun Stein dahin treibt, aus dem Publikum jene moralisch begründete »Meinung« und den »Volksgeist« als ethische Mächte herauszuhören und diesen beiden zusammen zum Beispiel die Kritik des königlichen Hoflebens ohne weiteres gestattet, hält Humboldt sich vorsichtig davon zurück, national und ethisch begründete Urteile bei der Opinion zu suchen. Er überläßt ihr nur die Aufgabe, die Bürger zur Unterstützung des Schulwesens und der Universität anzuregen; so beweist sie ihre innere Verwandtschaft mit dem Geistesleben und bildet zugleich den Bürgersinn aus. Aber unmittelbar politische Aufgaben gewinnt sie nicht.

Das aber ist gerade die große Kraft der nationalen ö. M.: sie kämpft so sehr für die eigene nationale Macht, daß sie nur im Nationalstaat Ziel und Erfüllung finden kann; da aber soll sie so tätig mitwirkend sein, daß es in ihm keine Opinion mehr geben wird.

Diese n a t i o n a l e ö. M. erreicht zwei Dinge, die dem Public im Staat unerreichbar waren: sie ist einig und beständig in ihren Zielen. Einig ist sie durch das Wesen ihrer Träger, die die Volksgemeinschaft bilden; fest oder konsequent ist sie dadurch, daß sie unmittelbar die wichtigste Funktion der universalen Meinung übernommen hat: die Normgebung für das, »was hier unten recht ist«, und das ist für Arndt und Stein immer nur eins. Dieses Eine aber fällt zusammen mit dem Lebensinteresse der Nation.

So verknüpft die nationale ö. M. gewissermaßen die Funktionen

---

37) Vgl. oben S. 114, 146.

der universalen, der idealstaatlichen und der praktisch-preußischen ö. M.: sie soll eine allgemeine, soziale und völkerrechtliche Normgebung leisten, dazu innerstaatliche Zielsetzung und Regelung auf dem Wege einer — idealistischen oder praktischen — Kritik, gesinnungsmäßige Anteilnahme und realistische Interessenvertretung im Staat. Endlich soll sie noch neue Aufgaben bewältigen; sie soll die Nation zur bewußten Einheit zusammenfassen, sie als solche darstellen und ihr den staatlichen Leib schaffen und erhalten bzw. garantieren.

Es versteht sich von selbst, daß all diese Funktionen sich aufbauen auf der Tatsache, daß der nationalen ö. M. schöpferische Kräfte innewohnen. Jetzt ist die erste und entscheidende Fähigkeit der ö. M., nicht nur Gesinnung oder Haltung, sondern ein Wille zu sein, der die Zielvorstellungen, wie sie die universale und idealstaatliche Meinung bei Arndt schon selbst finden sollte, auch in der Wirklichkeit zu realisieren strebt. Von dieser ö. M. glauben Stein und Arndt, daß sie vor allem wolle, ja mehr einem dunklen triebhaften Willen unmittelbar entstamme als irgend einer intellektuellen oder moralischen Kritik; daß sie »die Taten schaffe«, die Ereignisse des nationalen Lebens [38]) und damit die der Weltgeschichte, »indem sie entwickle, was da ist«, in Zusammenarbeit mit Männern und Zufall.

Es ist scharf genug betont worden, daß diese Illusion von der schöpferischen nationalen ö. M. ein Ausweg des ungestümen Steinschen Kampfwillens gegen Napoleon war, als er ohne politische Machtmittel im Exil dem Friedensschluß von Wien 1809 und dem französisch-preußischen Bündnis vom Frühling 1812 zusehen mußte; daß diese Illusion zugleich geeignet sein sollte, die Ohnmacht der Regierungen gegenüber Napoleon und den Mangel an Institutionen »einer richtigen Staatsverfassung« auszugleichen oder unschädlich zu machen; daß endlich dieser schöpferischen ö. M. alle jene Funktionen zufallen mußten, die auszuüben die Regierung im außenpolitischen Kampf nicht imstande war.

Nun hatte die ö. M. gelernt, den Staat zu würdigen, besonders in dem reichen Reformjahr Steins. Aber hier lag eine der Klippen, zwischen denen sich die ö. M. hindurchschiffen sollte: wie sie bisher das Alte wahrte und das Neue förderte, so sollte sie jetzt dem Staate — Preußen — dienen, aber gegebenenfalls über ihn hinweggehen zum nationalen Gesamt-Staat.

Indem sie das eigene nationale Lebensinteresse gegen die will-

---

[38]) Arndt an Reimer, 24. 7. 1810. Das eben hat Arndt für Frankreichs ö. M. 1799 mit Recht geleugnet. Es nimmt der ö. M. nichts von ihrem Werte, wenn der aufgeklärte Metternich im abschätzigen Sinne ihr dieselbe gefährliche Kraft zuschreibt. (Hardenberg, Denkwürdigk., Ranke, IV, 376).

kürliche Gewalt wie gegen das schlechthin Böse verteidigte, hatte sie die erste Klippe, das Dilemma, Gesinnung **und** Interesse zu vertreten, einstweilen überwunden. In der nationalen Selbstbehauptung fielen sie zusammen. Aber der Zwiespalt tat sich in der liberalen Epoche (nach 1815) groß und unüberbrückbar auf, und es gelang weder ihn klar als solchen zu erkennen noch ihn zu überbrücken.

Der Ausgleich zwischen Altem und Neuem sollte von der nationalen ö. M. um so leichter gefunden werden, als sie in dem Boden und der Geschichte wurzelte.

Die Vereinigung von Staat, Staatsgefühl und revolutionär-nationalem Geiste aber hing völlig und ausschließlich vom Gang der politischen Ereignisse ab, an dem es sich gerade erwies, daß die mitschaffende politische Kraft der ö. M. doch nur gering war im Verhältnis zur Macht der traditionellen politischen Tendenzen der bestehenden Staaten, als deren Diener und Vollstrecker die jeweilig führenden Politiker erschienen — erscheinen mußten, wenn sie gute, erfolgreiche Politiker waren.

Im Widerspiel zu diesen führenden Kräften des politischen Lebens war bald die Funktion der Normgebung und des Richtens, bald die der Sammlung und Mobilmachung der staatlichen Kräfte, bald die des politischen Neuschaffens besonders wichtig, und so wechselte man — unbewußt — die Vorstellung vom psychologischen Wesen der ö. M. Die bisherige Entwicklung des Aufgabenkreises der ö. M. zeigt deutlich, wie die politische Begriffsbildung dem Zwecke dienstbar ist.

Und der erste Zweck der nationalen ö. M. war zweifellos der, nationale Kräfte als solche bewußt zu machen und als lebendige Einheit fühlen zu lassen. Man wollte diese Einheit, die einstweilen historisch, kulturell und manchmal gefühlsmäßig vorhanden war, in die politische Wirklichkeit überführen. Vielleicht darf man dies als den neuen Inhalt, als eine **nationalstaatliche Norm** der ö. M. bezeichnen, die an die Stelle der alten Norm vom Widerstand gegen die Gewalt schlechthin tritt.

Die neue Norm der ö. M. wurde gesetzt von der nationalen Gemeinschaft. Deren Wesen mußte die Wege weisen, auf denen man sie erfüllte. Wie nun Humboldt ursprünglich keine Vorstellung vom Wesen nationaler Gemeinschaft hat, so fällt für seine ö. M. auch das gefühlsmäßig-elementare nationale Bewußtwerden fort. Das aber war Aufgabe der ö. M. während der Notjahre für Arndt und Stein, das Erregen des Hasses, der Leidenschaften [39]), nicht der Gedanken, eine

---

39) Wächter I, 131, 134, 139; die Katechismen u. v. a.

Aufgabe, die Humboldt der ö. M. niemals stellte. Die unmittelbare Verbindung von Gefühl und Tat macht Humboldt für die Wirksamkeit seiner ö. M. nie fruchtbar. Umgekehrt stellt sich Stein die Unmittelbarkeit solcher Verbindung anfangs 1808/09 doch wohl etwas zu groß vor. Seine Furcht ist, daß wenn die Erregung die ö. M. nicht sofort zum Handeln treibe, sie im Geschwätz sich verflüchtige. Dagegen trägt Arndt Sorge dafür, daß sie sich zum Willen und dadurch zu einer nicht elementaren sondern bewußten, in die Politik einzurechnenden Tat verdichten möge. Die Umsetzung des Gefühls in einen zähen ausdauernden Willen ist allerdings Aufgabe des Führers [40]; die ö. M. selbst drängt nur, sie schwankt, wenn sie nicht sofort handeln kann, er hält das Ziel fest; sie »läutert und weiht« seinen Willen und in ihm sich selbst [41]), umgekehrt aber läutert und weiht er auch ihre wirren Strebungen. Die ö. M. erfaßt und verbreitet, was er ihr als Ziel bewußt gemacht hat. Zugleich aber, da der kollektive nationale Glaube allein nicht genügt »für das Echt-Politische«, soll die nationale Gemeinschaft, um eine ö. M. zu haben, politisch lernen [42]). Das soll das Gefühl der Nation verbinden mit einem Sinn für die praktische Lage, in der sie sich befindet, für die politischen Möglichkeiten, durch die sie sich aus dieser Lage befreien kann. Arndt schien das politische Verstehen der nationalen ö. M. gut vorbereitet und gesichert durch ihre Erkenntnis der Zeit, der Geschichte, ihrer selbst und ihrer Aufgabe in der Nation. Stein hielt dagegen mehr vom Bürgersinn; beide aber ließen vor 1815 solches Verständnis sich unmittelbar äußern in Kritik und Vorschlag.

Humboldt allein spricht sofort von einem Willen des Volkes, ohne ein langsames Zusammenwachsen dieses Willens aus Gefühl, nationalem Glauben und Bewußtwerden mit dem Willen des Führers zu bemerken. Gerade Humboldt scheint den Verstärkungsmultiplikator [43]) ganz zu übersehen, der immer im Bewußtwerden von Tendenzen liegt und der ja die Aufgabe der ö. M., bewußt zu machen, erklärt [44]).

40) Nur er besitzt die dem Wollen spezifische schöpferische Funktion, Kelsen Arch. f. Sozialwiss. 1921 V 75.

41) Der idealistische Dohna faßte das 1808 so auf.

42) Es ist ausgeführt worden, wie diese doppelte Aufgabe der ö. M. notwendig ganz verschiedene Träger für sie heranziehen hieß und wie Stein dies politische Lernen nur sehr ungern von den Institutionen abgelöst einer freien ö. M. überließ.

43) Das Wort ist entlehnt von Emil Löbl, (Kultur u. Presse, S. 253) der es nur auf die Presse anwendet.

44) Dabei hat Humboldt zu Jacobi gesagt: »Da endlich doch immer die Form und der Gedanke siegen und alles, wie stark es auch sei, untergehen muß, das keinen intellektuellen Ausdruck zu finden vermag«. Kappstein, S. 120 ff.

Verstärkend wirkt die ö. M. ferner durch die Kollektivität überhaupt, dadurch daß sie einem Geist entstammt, »der durch das Ganze wehen wird [45].« So nun wird sie geweiht, gerechtfertigt, dem Strom der Geschichte eingefügt, von Willkür erlöst und fähig — und das ist das Wichtigste für ihre politische Wirksamkeit — jene sittliche Entscheidung zu fällen und auszusprechen, die — über die Relativität hinausführend, die den Zeitgeist lähmt — zum Entschluß und zur Handlung reif macht.

Es ist eine nicht nur notwendige, sondern sittliche Aufgabe der ö. M., daß sie die Einheit der Nation repräsentiert und will. Es fügt ihrer Würde und der Größe dieser Aufgabe kaum etwas hinzu, daß die nationale ö. M. auch »den Geist ausströmt«. Bei Humboldt findet sich gerade diese letzte Fähigkeit nicht erwähnt.

Drei Etappen zur Erfüllung der nationalstaatlichen Norm hat die ö. M. zu durchschreiten: sie stellt die nationale Einheit dar, sie wahrt sie oder macht sie wieder lebendig, sie hilft, ihr den neuen Staat zu bauen. Das erste bedeutet zunächst die Selbstverständigung der Nation. Dann, indem die ö. M. die Einheitsgesinnung ist, geht sie defensiv bereits gegen die nationalen Gegner vor, wandelt sich in eine Lehre vom nationalen Werte um und in einen Kampfwillen, der sie zuletzt zu positiven Neuschöpfungen drängen läßt, an denen sie scheitert.

Es ist charakteristisch für die ö. M. bei Arndt, daß sie vor allem die Einheit der Gesinnung erzieht und zugleich schon darstellt, während bei Stein die ö. M. die Einheit der geistigen und wirtschaftlichen Kräfte im Staat darstellt und dann erst die Einheit der nationalen Kräfte ohne Staat. Daß die Einheit nicht nur ruht auf der nationalen kulturellen Tradition sondern auf dem Druck des Feindes, das läßt sie deutlich nicht als einen Zustand erscheinen, sondern als einen immer neuen Vorgang des Zusammenschlusses. Sie trägt für Arndt und Stein immer einen dynamischen Charakter, ist ein mehr oder weniger bewußter Einheitswille. Diese werdende Einheit stellt die ö. M. dar und spricht sie aus. Beide Funktionen erscheinen problematisch.

Ist solch Einheitstrieb, der die nationale Norm durchzusetzen strebt, ja sie eben erst geschaffen hat, tatsächlich vorhanden? Feststellen läßt es sich erst, wenn er bereits zum bewußten Einheitswillen erhoben ist. Arndt hat an ihn geglaubt; er suchte die soziale Einheit zuerst. Dabei fällt auf, daß die ö. M. eine solche in ihren Trägern immer voraussetzt. Sie sammelt vielleicht und einigt die Schar, sie ordnet sie sogar in Führer und Menge, aber sie gliedert sie nie. D. h. die ö. M. organisiert nicht »Gemeinschaft«; diese Gliederung in der sozialen

---

[45]) Das ist Arndt immer lebendig.

Einheit wird als vorhanden angenommen. Indem die Arndtsche ö. M. zu allen oder für alle gleichmäßig spricht, ignoriert sie den Pyramidenaufbau der echten Gemeinschaft. Nicht die Glieder der Gemeinschaft in ihren natürlichen Gruppen werden erkannt als Träger der divergierenden Tendenzen, die den postulierten Einheitstrieb der »Nation« während seines Bewußtwerdens gefährden, sondern die intellektuell argumentierenden Einzelnen.[46])

Diese hatten in der Literatur des 18. Jahrhunderts beigetragen[47]), »die Nation ihrer Einheit zuerst wieder eigentlich bewußt« zu machen; was die ö. M. jetzt tat, war das Bewußtmachen des Triebes zur Einheit, und erst das verknüpfte sie mit der großen nationalen Politik. Dabei wirkten die bewußten »Meinungen« der Einzelnen gefährlich. In der größten Vielfalt gaben sie Begründungen für — und auch gegen — den Einheitswillen der Nation und erschwerten es, daß der gemeinsame Trieb und Wille sich zu einer Ansicht, einer Lehre verfestige über den Weg, den man wählen sollte. Daß die ö. M. einer solchen Lehre bedürfe — wenn man will, als Disziplinierungsmittel der Geister — das sah nur der Publizist. Gerade die Diskussion in der lebendigen ö. M. stellte aber den Gewinn einer solchen Lehre in Frage. Auch dies Problem wurde nicht zu der klaren Lösung geführt, die Görres ihm gab: »Sind die Gegensätze erst recht scharf herausgetreten, dann mag man um so durchgreifender der höheren Einheit wahren«[48]). Die ideale nationale ö. M. sollte selbst schon der geschlossene Ausdruck der höheren Einheit sein. Es gibt einzelne Bemerkungen, in denen Arndt anerkennt, daß die Vielheit innerhalb der nationalen Einheitstendenz notwendig ist, die ö. M. jene also auch spiegeln, dann aber zusammenfassen soll. Ebenso spricht Stein von der Kraft der ö. M., das freie Spiel der Kräfte darzustellen und dabei sich selbst zu reinigen. Darin stimmte er Arndt zu, daß die einigende Kraft der ö. M. so groß sei, daß sie »die Schwerter in der Scheide zu halten« vermöge.

Über den sich reibenden Interessen klingt die ö. M. »als Götterstimme«. Die Antagonismus-Lehre und die Lehre von der Mannigfaltigkeit in der Einheit, wie sie die Romantik, vornehmlich Adam Müller und Novalis ausgebaut haben als Lehre von dem wirklichen statt dem mechanischen politischen Leben, scheint hier im Denken der Zeit so lebendig, daß sich jeder, Stein so gut wie Arndt und Humboldt, ihr nicht entzieht. Freilich mit dem Unterschied, daß Stein ein Widerspiel der Interessen innerhalb der Nation nicht erwähnt — nur inner-

---

[46]) Die Spaltung der Willensrichtungen, untrennbar verknüpft mit dem Vorgang des Bewußtwerdens, stellt die Einheit der ö. M. sofort in Frage.

[47]) Ranke, Die großen Mächte, Insel-Ausg., S. 43, 44.

[48]) Hans A. Münster, Die ö. M. bei Görres, S. 27; Görres W II 313.

halb der sozialen Stände einer Staatsbürgerschaft — und ein Widerspiel der Weltanschauungen kann es für seinen starren ethischen Dualismus nicht geben; so ist auf dem Felde der nationalen ö. M. (nicht der innerstaatlichen) für ihn wirklich nur Einheit, keine innere Vielheit der Tendenzen möglich. Humboldt hat die Funktion der ö. M., den nationalen Einheitswillen zu verkörpern, erst 1813 erkannt, also in dem Augenblick, als er als wahrhafter Wille schon erwacht zu sein schien. Arndt aber steigerte die Fiktion von der höheren Einheit der ö. M. dahin, daß verschiedene widerstrebende Interessen freilich sein können, aber für verschiedene Wertungen kein Raum in ihr ist.

Indem man die Einigungsfunktion der nationalen ö. M. in den Vordergrund schob, hatte sich die Aufgabe besonders schwierig gestaltet, solche Einheit zu verlautbaren. Gerade eine einheitliche Gesinnung pflegt sich nicht auszusprechen, sondern als Gemeinschaftsausdruck, eben weil sie ohne Gegner ist, dem nationalen Leben still und fest zugrund zu liegen [49]. Da sie aber erst entstand oder wiederentstand, so kam es auf die möglichst werbende und einigende Äußerung der nationalen Meinung [50] an: auch diese Äußerung selbst nannte man ö. M. Wo nun war sie am stärksten lebendig? Während die ö. M., als ein Bewußtwerden, der Umgestaltung der Gemeinschaft in die gesellschaftliche Bewußtseinslage diente, wurde sie gedacht als Dienerin der umgekehrten Bewegung, nämlich der Verwandlung der Gesellschaft in die Gemeinschaft. Arndt hat sich an die Träger der Gesellschaft gewandt, um die nationale Einheit wieder lebendig auszusprechen. Diese führten die ö. M. zurück auf ihre alte Aufgabe, höchste moralische allgemeine Ziele zu setzen und Instanz zu sein: freilich nicht mehr allgemein-moralische, sondern nationalethische Instanz.

Was die Rechtfertigung aus den Kräften des Nationalen und Ethischen bedeutete, ist bei der Charakteristik der Nation als Gemeinschaft gesagt worden. Die Begründung der sittenrichterlichen Funktion der ö. M. hatte sich jetzt geändert und so auch das Gebiet, auf das sie sich ausbreitete, das sich jetzt unendlich vergrößerte, ja recht eigentlich das gesamte öffentliche und selbst das private Leben umfaßte. Die ö. M. zwang jetzt jeden dazu, auch sein Leben als ein Stück öffentlichen, verantwortlichen Lebens aufzufassen, dabei von seinen Interessen ganz abzusehen und seine ethische Haltung als ein wesent-

---

[49]) Symbolischen Ausdruck der nationalen Einigung sah Arndt (Fantasien) in der Verehrung eines Kaisers, im Glanz einer Hauptstadt und nationaler Feste.

[50]) Dafür blieben allein jene Symbole und Feste, die man erst einführte, und das Wort.

liches Stück politischer Kräfte zu betrachten. Die idealistische Übersteigerung dieses Gedankens war notwendig, weil nur noch ein völliger Verzicht auf die eigenen Interessen den Einzelnen zur Hingabe an die fast aussichtslos scheinende nationale Befreiung bewegen konnte. Wer an sie nicht glaubt, über den hält die ö. M. Gericht. Wie die Kirche die reine Lehre verbreitet und sie in den Seelen wirken läßt, die Abtrünnigen dann aber straft, so handelt jetzt die nationale ö. M.

Sie verkündet die Lehre von der nationalen Einheit, indem sie die elementaren Nationalgefühle und die historische Tradition beschwört, Zeiten und Institutionen nationaler Einheit glorifiziert [51]). Es ist die Ehre der ö. M., zu erhalten oder wiederzuerwecken, nicht neu zu schaffen, sondern zu erneuern; die Formen der Gegenwart, unter denen das Alte begraben war, z. B. die Territorialstaaten, werden ignoriert oder verachtet. Arndt besonders hat diese Aufgabe der ö. M. in historisch-romantischem Licht gesehen und begründet. Stein hat die Aufgabe der ö. M., auf die nationalen Ursprünge zurückzugehen, in langsam ansteigendem Maße vertreten, wie Arndt umgekehrt von 1812 an sie langsam weniger betonte. Stein hielt sich dabei, besonders für den Reichsgedanken, stärker und man möchte fast sagen phantasieloser, juristischer als Arndt, an die Formen und Institutionen der nationalen Vergangenheit. Diese schien ihm die ö. M. 1813—15 wieder zu fordern. Arndt hielt sich nur an den Grad nationaler Gesinnung und Einheit, den er sich in der Vergangenheit vorbildlich lebendig dachte, in einer phantastischen, oft nur losen Verknüpfung mit den alten Formen, nicht so fest durch sie bedingt (Fantasien). Deshalb konnte er, als es an die Pläne zum Wiederaufbau der Institutionen ging, von seiner ö. M. sich belehren lassen, daß die politische Gegenwart das alte Kaiserreich nicht mehr schaffen könne, während Stein seiner ö. M. den heftigen Wunsch nach ihm unterstellte.

Immer hat die ö. M. die Aufgabe, die nationale Gesinnung der Volksglieder wach zu halten und zu sichern. Dazu wendet sie Kritik und Erziehung an.

Die Erziehung der ö. M., ausgehend von Gemeinschaftsbildungen oder den Führern, ist ausführlich geschildert worden, wie Arndt und Stein sie gehandhabt wissen wollten. Sie besteht in der Vertiefung der einfachen Volksgefühle, zugleich aber in der Erweckung solcher Gefühle in den Gebildeten. Seltsam ist, wie beides gedacht wird in einem gewissen Anschluß an kirchliche oder reli-

---

[51]) Dabei bleibt Arndt konsequent und nennt die eigene Geschichte das beste nationale Erziehungsmittel, während Stein, noch in einem rationalistisch-universalen Denken befangen, in England »die beste«, die lehrreichste Geschichte schlechthin zu finden glaubt.

giöse Bestrebungen, indem die Versittlichung und auch die praktische Organisation der Volksinstinkte durch die Pfarrer auf dem Lande geschehen soll [52]), während unter den Gebildeten der Städte die religiöse (d. i. nicht unbedingt: die kirchliche) Wiedererweckung mit der nationalen gemeinsam erfolgen wird. Beide werden in der nationalen ö. M. ihre Synthese »mit jener Bildung der Ideen« eingehen, durch die die deutsche ö. M. von so besonderer Gefährlichkeit für Napoleon wurde. Dieser hatte das elementar-volksmäßige und das religiöse Element in Spanien und Rußland nicht gefürchtet, vielleicht unter dem Eindruck seiner Erfahrungen auf Corsika; die deutsche national-religiöse Meinung unter ihren idealistisch gebildeten Führern aber fürchtete er [53]).

Diesen entsprach es, wenn die nationale Meinung idealisierte, einen gewissen nationalen Heroenkult trieb. Auch die Neigung des Volks kam ihnen darin entgegen: es liebt den Antrieb, der im Vorbild oder Ideal liegt. Wenn man sich dabei scheinbar zunächst von unmittelbar politischen auf national-kulturelle Erziehungsziele der ö. M. zurückzog, durfte ihr dynamischer Charakter nicht verloren gehen. Sie übernahm den kulturellen Kampf gegen »die leisen Gefahren« »der Ausrottung deutscher Art«, die größer waren »als die äußeren des Staats« [54]), die Deutschland seit zwei Jahrhunderten bedrohten. Zu diesem Zweck trennte sie jeglichen Einfluß französischen Wesens scharf ab; und während es also ihre Aufgabe ist, Scheidemauern zwischen den Nationen als Kulturgemeinschaften aufzurichten, legt sie solche nieder zwischen den Gliedern der Nation. Sie besitzt keine andere Autorität als die des National-Guten, und so kämpft sie zugleich »für persönliche und öffentliche Tugend«. Ihre Mittel sind das »Volksgericht« und die Setzung von Sitten. Diese Setzungen, die Pflege der deutschen Sprache und Geschichte sind die einzigen positiven Arbeiten, die die ö. M. unmittelbar zu leisten imstande ist. Diese Erkenntnis ist bei Arndt, jedenfalls so umfassend programmatisch ausgewertet für die Vorbereitung des Befreiungskampfes, neu. Die ö. M., die allein die neuen Sitten durchsetzt, hat damit eine bedeutsame Aufgabe gewonnen. Denn nicht nur die Aufrechterhaltung alter, noch bei den Bauern lebendiger Sitten ist Arndts Ziel: sie sind nicht mehr lebendig genug in seiner Zeit und müssen neu geschaffen, mit neuem nationalen Sinne erfüllt werden.

Dazu bedarf die ö. M. der schöpferischen Gemeinschaftskräfte; zugleich aber hilft auch die nur äußerliche, gesellschaftlich

---

52) Stein 1809, auch Arndt in den Fantasien.

53) Ranke, Hardenberg Denkwürdigkeiten IV 378; Lenz, Napoleon S. 100.

54) Arndt, W XI 70.

regulative Kraft der Konvenienz, die gewissermaßen erst auf einem Umweg auf die Gesinnungsbildung wirkt. Das ist in Frankreich ein so wichtiges Element der Opinion, daß Arndt es auch für seine deutsche ö. M. nicht verschmäht [55]).

Wenn man so davon hört, wie die ö. M. äußere, ja äußerliche nationelle Lebensformen schaffen sollte, mag die Frage auftauchen, ob diese nationale ö. M. ein Zivilisationsbegriff oder ein Kulturbegriff sei. »Die Idee der Moralität gehört noch zur Kultur; der Gebrauch dieser Idee aber, welcher nur auf das Sittenähnliche in der Ehrliebe und äußeren Anständigkeit hinausläuft, macht bloß die Zivilisation«, — so die Unterscheidung, die Kant zwischen diesen heute zum Schlagwort gewordenen Begriffen traf [56]). Die ursprüngliche Ableitung des Begriffs der ö. M. aus dem Wesen der sittlichen Volksgemeinschaft und aus dem moralischen Consensus omnium macht die ö. M., wie es bisher deutlich geworden ist, zu einem Kulturbegriff. Aber sobald man der ö. M. Funktionen im gesellschaftlichen und politischen realen Leben zuschreibt, die irgendwie sichtbar in Erscheinung treten, muß sie sich an den äußeren Ausdruck und Anschein der Gesinnungen, an den »Gebrauch der Moralität« halten. Dieser Zwang zu veräußerlichen, was rein ethisch gemeint war, wird sehr deutlich bei der zweiten Funktion der ö. M.: in ihrer Kritik, besser in ihrem Gericht. Die Wendung der ö. M. von ethischer zu politischer Wirkung macht sie — trotz ihrer Verknüpfung mit und Begründung durch das National-Gute — als reinen Kulturbegriff unmöglich, auch in ihrem idealistischen und spezifisch deutschen Sinne bei Arndt und Stein.

Es ist die Hauptaufgabe der nationalen freien ö. M. bei Arndt, die Volksglieder zu richten, alle, Fürsten und Bürger, Führer und Regierungen. Nur die religiös-ethische Wurzel dieser durch die ö. M. aufrechterhaltenen Gemeinschaftszucht erklärt die große Ausdehnung des Richteramts und die praktisch-politische Bedeutung, die Arndt ihm beimißt. Die ö. M. richtet eine Herrschaft über die (nationalen) Gesinnungen auf, damit die Nation gut und im Stande der Gnade sei. Mit dem Fanatismus des Gläubigen treibt sie, um »die Bosheit zu zügeln und zu bessern«, zum Gericht über die Weichen, Feilen und Ungläubigen, die aus der Gemeinschaft ausgestoßen werden. Der stolze Mensch der Arndtschen Fragmente, der keiner »Meinung« untertan

---

55) Wenn Willemer von der teutschen Mode im Rheinischen Merkur (vom 26. 8. 14) sagte: »Nicht zum Sinn führt die Tracht, von ihm ausgehen muß sie«, so unterschätzte er den Einfluß äußerer Gewohnheit und Massenwirkung, der gerade auf kindliche oder feige und eitle Menschen in solchen »Kleinigkeiten«, wie Arndt selbst sagt, wirksam wird.

56) Zit. bei Meinecke, HZ. 137, S. 14.

sein sollte, beugt sich jetzt dem Urteil der Nation. Das Verhältnis des sittlichen Individuums zur Gemeinschaft erscheint definitiv festgelegt als Unterordnung.

Praktisch entstand diese Auffassung bei Arndt und Stein dadurch, daß sie durch das Gericht der ö. M. sich selbst rechtfertigen lassen wollten auch dann, wenn sich ihr Tun gegen die bestehenden rechtmäßigen Gewalten richtete. Sie waren ähnlich persönlich bestimmt wie Humboldt einst gegenüber der ö. M. des Publikums. Aber die Kompetenz des Urteils der ö. M. war jetzt deutlich beschränkt auf die »öffentliche und persönliche Tugend« des öffentlichen Menschen, nicht ausgedehnt auf die Richtigkeit seines politischen Handelns. Dem stimmte Humboldt 1814 durchaus bei für »die Volksstimme« [57]).

Zunächst erwies sich das Volksgericht der ö. M. nützlich als Einschüchterung der Schlechten, die es von feindlichen Handlungen, Propaganda u. ä. abhalten würde. Dem Realismus Steins war dies z. B. in Rußland 1812 wichtig. Im übrigen legte er mehr Wert auf die erregende, zur Tat treibende Kraft der zusammenströmenden Empfindungen der Nation, während Arndts Volksgericht eben dieses Zusammenströmen gewährleisten sollte und die Einheit der Gesinnung in der nationalen ö. M. vor innerer Zerstörung durch Andersdenkende schützen wollte. Die Gefahr des Volksgerichtes verhehlte sich Arndt doch nicht. Er rief die national-ethische Instanz lebhaft an und wußte doch, daß das Urteil über das Sein, die Gesinnung des Einzelnen auch von der Gemeinschaft nicht anders gefällt werden kann als nach dem Augenschein seines Wirkens; ja er betont, je höher der Handelnde stehe, desto stärker solle es so sein; aber das Wirken, besonders das politische, trägt seine eigenen, dem persönlichen Willen entzogenen Bedingungen und Konsequenzen in der Welt der Wirklichkeit in sich, die einem Urteil, das auf die Reinheit des Willens zielt, nicht erkennbar sind. Die Kunst des politisch Handelnden bleibt deswegen notwendig dem nur moralischen Urteil unverständlich [58]). Arndts ö. M. besitzt

[57]) H. Briefe, IV 449; persönlich riefen H. und Arndt am Schluß ihrer Wirksamkeit die ö. M. auf zur Richterin über die Reinheit ihrer Motive, über ihre bürgerliche Intaktheit, aber nicht über die Notwendigkeit und Angemessenheit ihrer politischen Tendenzen und Werke. Stein allerdings hat die Diskrepanz zwischen dem Urteil über politische Gesinnung und politische Maßnahmen wenigstens bei seiner Beurteilung politischer Praxis walten lassen, aber nicht bewußt erkannt und benannt. Er hätte eine wache nationale ö. M. auf eine harte Probe gestellt, wenn sie sich ein Urteil bilden sollte über seine Pläne (über die Landung eines englischen Heeres in Nordwestdeutschland; über den Einmarsch der Russen in Ostpreußen; über die Ausschließung Wiens und Berlins aus dem deutschen Bund und anderes, was er ihr als nationale Politik zumuten wollte.)

[58]) Arndt, Schriften I, 184 u. a. G. d. Z. I, über Friedr. II., Karl XII.

zwar — im deutlichen Gegensatz zum Public — einen Maßstab, der ethisch ist und zugleich das nationale wirkliche Lebensinteresse in sich begreift; doch fragt es sich, ob sie ihn an die Leistung des nationalen Führers legen darf. Stein und Arndt haben das bejaht: die unmittelbare Richtung auf die nationale Befreiung würde die ö. M. an jedem politischen Handeln erkennen. Die Schranke, die dem nationalethischen Gericht der ö. M. in der Politik gezogen ist, bezeichnete Arndt, er, der in die leidenschaftlichsten Haßgesänge gegen den bösen ewigen französischen Erbfeind ausbrach: »Die politische Welt ist das ewig Wechselnde und Bewegte des Lebens in der Mitte zwischen der irdischen und idealischen Welt.. unbestimmt .. und unbestimmbar«, man soll in ihr »nicht zu fest lieben und hassen«. Politische Wahrheiten und Politik sind »zu grob für die Feinsten und zu fein für die Groben« [59]).

Noch während die nationale Politik ausschließlich und eindeutig auf die nationale Befreiung zielt, erweist sich die Richter-Aufgabe der ö. M. als eine unlösbare. Allzu deutlich bezeugt das die wechselnde Weise, mit der sie sich mit den geborenen Führern, den Fürsten, abfindet.

Es fällt schon auf, daß Arndt immer die Führer der ö. M. zur Festigkeit ermahnt, niemals aber die ö. M., dem Führer treu zu sein. Die Beständigkeit der deutschen »guten Menge« [60]) im Festhalten an ihren Dynastien kannte er als Hindernis für den Einheitswillen wie für die Befreiung und als Deckmantel für die politische Verantwortungslosigkeit des Einzelnen. Die Politik der Dynastien machte die nationalen Führer zu Revolutionären, wogegen diese sich durch die ö.M. und ihr nationales Widerstandsrecht rechtfertigen lassen. Dadurch gerät die nationale ö. M. — so abweichend sie begründet ist — in eine unleugbare Verwandtschaft zu jener französischen Opinion, auf die sich die siegende Revolutionspartei berief, wenn sie den Gegner stürzte.

Humboldt gestand, Karoline gegenüber, »dem Volk« 1813 wohl die bessere Gesinnung, aber niemals das Gericht über die Gesinnungen seiner Fürsten zu. Umgekehrt hat Stein sein reichsritterlicher Haß gegen die Fürsten schon vor der nationalen Notzeit dazu getrieben, das Gericht der ö. M. über einen von ihnen aufzurufen. Arndt unter-

---

59) Schriften I, 448, 446; 1813! Theoretisch läßt sich das freilich ausgleichen mit dem Urteilsanspruch der ö. M.: für die Gemeinschaft der Feinen und Groben, die eben ein Neues und Ganzes ist, für die Gemeinschaft von Bauer und Gebildeten sind die »Wahrheiten der Politik« erkennbar. Aber: es sind Wahrheiten, nicht mehr die absolute Sicherheit der einen nationalen Wahrheit, die so klar die Guten von den Buben scheidet.

60) Arndt, Werke XI 159.

nahm es, der Gemeinschaft des Volks den Traum des gottgesetzten Königtums zu erhalten und doch ihr das Urteil über die angeborenen, aber partikularen Fürsten zuzuschreiben. Die nationale Norm trat dabei mit der historischen Ehrfurcht in Konflikt. Sie sollte zum Siege gebracht werden durch das Argument, daß die Rheinbundfürsten durch eine Revolution von oben, durch 1803 und durch Napoleon, ihre Macht erhalten und dadurch ihr ursprünglich angeborenes Fürstenrecht verwirkt hätten. Für Preußen aber galt das nicht. Trotz dessen mußte die nationale ö. M. den Bundesgenossen Napoleons vom Frühling 1812 doch wohl verdammen. Sie mußte zur Konsequenz fortschreiten, daß auch das legitime Fürstentum vor ihrem Gericht sich zu verantworten habe, und damit hatte man bewußt oder unbewußt nicht nur den Begriff des historischen Rechtes und der Legitimität, sondern das monarchische Prinzip überhaupt ins Wanken gebracht. Arndt hat zwar später betont, daß seine Fantasien 1812 nicht »gegen die Fürsten gerichtet« gewesen seien (im notgedrungenen Bericht); aber sie mußten den Zorn gegen das undeutsche Wesen und die bonapartistische Politik der Fürsten so lebendig machen, daß sie ein für alle Mal die dynastische Autorität untergruben. Das Volk und die ö. M. konnte keine Unterscheidung machen zwischen der Person dieser Fürsten und der Idee des Monarchen, und wie in der nationalen Bewegung [61]), so war es auch hier gegangen: »Viele erwachten zuerst zum Zorn, dann zum Gedanken, darauf zur Hoffnung«. Da die ö. M. zum Bewußtsein erziehen sollte, mußte sie vom Zorn gegen die Fürsten zum Gedanken ihrer Absetzbarkeit vorschreiten (Katechismen, Kalischer Aufruf) und zu der Hoffnung, der eigenen Kraft ein Wirkungsbereich im Staate zu sichern. Die scheinbar nur normierende und kontrollierende Funktion der nationalen ö. M., die produktiv höchstens auf dem Gebiet der Sitten sein sollte, hatte eine revolutionäre Konsequenz [62]), die durch die Berufung auf das echte alte deutsche Wesen nur eine halbe Rechtfertigung, ein scheinkonservatives Mäntelchen erhielt.

Aus dem national-ethischen Richteramt entwickelte Arndt 1814, als sich die Befreiung zuletzt doch noch unter der Leitung der dynastischen Regierungen vollzogen hatte, das Amt der ö. M., diese Regierungen zu kritisieren; das unterschied sich von jenem des Public durch den ernstlichen Anspruch, den Arndts ö. M. machte, gehört zu werden. Langsam setzt die liberale Umbildung ein,

---

[61]) Arndt, Werke XI, 16, 1813.

[62]) Die nicht geleugnet werden konnte durch Arndts sachliche noch durch Steins persönlich sehr weitgehende Vorbehalte, diese Normierung auf das politische Handeln nicht immer auszudehnen.

die das Richteramt zum formalen Anklagerecht der ö. M. gegenüber den Regierungsbeamten werden läßt, deren Übermut und Dummheit den Staat schädige. Festgehalten aus der Befreiungszeit ist der Gedanke, daß die nationale ö. M. die bessere Gesinnung vertrete, aus Steins Reformzeit, daß sie das nationalstaatliche Interesse besser verstehe als die Regierenden im Staate selbst. Daraus entwickelt sich schon 1814 der Anspruch, diese zu richten, sogar ein- und abzusetzen, eine verfassungs- und verwaltungsrechtliche Funktion, die weit über Normierung und Kontrolle hinausgeht. Ohne noch solcher Ansprüche sich bewußt zu sein, hatte die ö. M. während der Kampfjahre ihre Kritik schon besonders gerichtet gegen die Helfer der Rheinbundfürsten, »Minister, Generale, wie viele Beamte und Schriftsteller [63])«. Den direkten Eingriff in das Leben des Einzelnen durch die ö. M. [64]) heißen Stein und Arndt dabei beide gut, eine privatrechtlich gesicherte freie Sphäre des Individuums erkennt solche nationale ö. M. nicht mehr an.

Die Entwicklung, die das Richteramt der ö. M. nahm, ist besonders aufschlußreich für die Gründe, warum die politische Gedankenwelt Arndts, in der sie eine so große Rolle spielt, so wenig sich durchsetzen sollte in der Wirklichkeit nach 1815. Nachdem Arndt und Stein, fast allzu rigoros für den deutschen Individualismus, die Idee des Gesinnungsgerichtes der ö. M. propagiert hatten, sollte gerade an dieser Funktion die ö. M. scheitern.

Zunächst verlor sie nach 1815 ihre politische Stoßkraft. Zwar »richtet und straft sie uns alle« noch im Studentenstaat Arndts, aber sie dient keinem eindeutigen Ziele mehr. Ihr ethischer Urteilsspruch wird von denen die es angeht, nicht mehr gehört und gefürchtet. Denn entweder richtet sie nicht mehr laut und voll Zorn, sondern wird zur stillen Kraft des Maßes und der Regel, nur zur Wahrerin einer Gesinnung, aber ohne allen Einheitswillen — der sich notwendig gegen die lose und schlechte Form der Einung im Bunde richten müßte; oder aber sie findet ein neues politisches Ziel, das der »deutschen (bürgerlichen) Freiheit«, das sie in eine bedenkliche Nähe zur liberalen Forderung der persönlichen Freiheit im Staat führt. Im einen Fall hat der idealistische Glaube, der der außergewöhnlichen Betonung des Richteramtes zugrunde lag [65]), zu ihrer Stillegung

---

63) Schriften II 308. Beherzigungen 1814.

64) Die grausame Vorstellung einer Lynchjustiz taucht auf, die nur bei dem ganz ungrausamen deutschen Volkscharakter nicht zu befürchten stand.

65) Diesen Glauben nimmt Kluckhohn, Persönlichkeit und Gemeinschaft, 1925, S. 104 für die deutsche Romantik (Steffens) in Anspruch: »Das Schicksal aller Staaten hängt von der herrschenden Gesinnung ab«. Es ist

nach 1815 geführt. Man pflegt in der ö. M. eine Gesinnung, ohne daß diese den Entschluß zur Tat vorbereitet; diese ö. M. hält die Geister bereit, trägt aber selbst keinerlei dynamischen Charakter mehr; sie weckt und entfesselt nicht mehr die sittlichen Kräfte der Nation, sondern beruhigt und bindet sie. Im andern Falle gewinnt das Volksgericht der ö. M. eine neue, nicht rein nationale sondern eine nationalliberale Norm, »die deutsche (innerstaatliche) Freiheit«, die die ö. M. fordert, aber auch regelt und richtet. Die ö. M. übernimmt damit einen Teil der Funktion der liberalen Opinion, die die Freiheit des Bürgers vertritt gegen die Regierung; daraus entwickelt sich für die organisierte ö. M. die liberale verfassungsrechtliche Funktion, die Rechenschaft der Minister entgegenzunehmen (vgl. unten).

Arndt hat das Richteramt aus der engen Verwandtschaft mit dem ursprünglichen ethisch-universalen Begriff der »Meinung« entwickelt. Die Klippe, ob Individual- oder Staatsmoral ihr Maß abgebe, glaubte er umschifft zu haben. Die Klippe, daß die ö. M. revolutionär gegen die bestehenden höchsten staatlichen Autoritäten angehen oder auf politische Wirksamkeit verzichten müsse, konnten weder Arndt noch Stein überwinden. Sie folgten dem Strome der Ereignisse, der sie von Kalisch über Ried und Fulda zum Wiener Fürstenkongreß führte, lange mit revolutionären Ideen; zuletzt erlahmten sie doch; trotz Steins bitterem Protest gegen den Bund, gegen Scheinverfassungen wie die Hannovers, trotz Arndts Geist der Zeit IV riefen sie doch nicht eine ö. M. der Nation unmittelbar gegen die Regierungen auf.

Hatte man jetzt eingesehen, daß ein Volksgericht der ö. M. nur Sinn hat, wenn eine Gewalt hinter ihm steht, die seinen Spruch wirklich vollzieht? Und scheute man diese Gewalt, wie Stein sogar schon 1809 zuweilen auf sie verzichtet hatte? Auf dem verfassungsmäßigen Wege erhoffte man die Auswirkung der richtenden ö. M. statt sie zu erzwingen. Man hatte bis 1815 kaum gefühlt, daß es sehr fraglich war, ob die erst werdende nationale ö. M. in einem noch nicht vorhandenen und von den europäischen Mächten nicht gewünschten Nationalstaat sich einen verfassungsmäßigen Platz, ja nur irgend eine Wirkung überhaupt erwarten könne; nach den Enttäuschungen des Wiener Kongresses hätte man verstehen müssen, daß nur die Wahl blieb, darauf zu verzichten oder es zu erzwingen. Beides sollte die ö. M. nicht tun.

---

aber ein ebenso aufgeklärt-idealistischer und dem Westen genau so vertrauter Zug, zu glauben z. B. »daß von der Moral der Völker der Ausgang des Krieges abhängt«. Max von Baden, Memoiren, S. 70. Vgl. dazu in größtem Ausmaß die Publizistik des Weltkrieges.

Das einzige, was man für die Realisierung des Richteramtes und der Einungskraft der ö. M. praktisch-politisch forderte, war Öffentlichkeit und Preßfreiheit; die man aber sogleich wieder verletzte, indem man Unterstützung und Pflege der nationalen ö. M. auch durch den Staat, mit Hilfe der Zensur, zu erhoffen begann. Doch unterscheidet sich Arndt deutlich von den beiden Staatsmännern darin, daß für ihn solch staatliche Erziehung und Mitwirkung in der ö. M. unerwünscht, für Stein und Humboldt aber an sich durchaus erwünscht und nur mit dem bestehenden Staatswesen in seiner äußerlich und innerlich unfreien Lage jetzt nicht vereinbar und möglich ist. Am schärfsten klaffen idealistische und realistische [66]) Auffassung einer politischen ö. M. auseinander, wenn Humboldt und Arndt die Preßfreiheit damit motivieren, daß die ö. M., die sich in ihr auslebt, keinerlei Interesse vertrete, ja durch kein Interesse getrübt sei [67]), während Stein zwar nur einmal, da aber deutlich in ihr das Widerspiel der sich reibenden Interessen fördern wollte. Die Politik der Regierungen soll nach Arndt der ö. M. immer zu Information, Einsichtnahme und Kontrolle offen vorliegen, sie kann das nicht nach Humboldt, und zwischen beiden wechselt Stein je nach der Lage des Moments.

Das wesentliche Problem der Presse als politisches Ausdrucksmittel der ö. M. ist natürlich das Verhältnis zwischen Schreiber und Volksgemeinschaft, das im vorigen Kapitel untersucht wurde. Je nachdem es gelöst wird, behauptet man, daß die Presse den öffentlichen Geist mißleite oder wecke und führe, die Funktionen der ö. M., normieren, kontrollieren, richten, erziehen, unterstütze oder störe. Die einzige unbestrittene Funktion der Presse ist die Information der Bevölkerung und die Verbreitung der nationalen Ideen. Beides sind intellektuelle Aufgaben, deren Vertiefung zur Gesinnungsbildung der ö. M. selbst überlassen bleiben muß. Schließlich ist die Presse geeignet, politische Sprache und Diskussionsfähigkeit zu schaffen, deren die nationale ö. M., wenn sie politisch wirken will, noch bedarf.

III.

Das selbstverständliche Ziel, dem die moralische Einigung der Nation und das Erwachen ihrer schlummernden Kräfte dienen sollte, war die Befreiung Deutschlands; Ranke hat erwähnt, daß ohne das

---

[66]) Für Kluckhohn »romantische« und rationalistische Auffassung.

[67]) Es ist erwähnt worden, daß Humboldt so weit ging, der ö. M. zu sagen, Preußen habe seinen eigenen Vorteil aufgeopfert — was für gesamtdeutsche Interessen Arndt auch gefordert hätte — und was deutlich macht, wie unpolitisch im Sinn der Einzelstaaten die nationale ö. M. denken und urteilen sollte.

»selbst eine Verbesserung der Militärverfassung« [68]) das Werk der Befreiung nicht hätte schaffen können. Und so zeigt es vielleicht am besten den riesigen Umfang der Leistung, die man von der ö. M. erhoffte, daß Arndt und Stein gelegentlich den Mut hatten, selbst diese »Verbesserung« ihrer moralischen Kraft und ihren losen Organisationsformen anzuvertrauen [69]).

Es hing nun ab vom Wesen des Trägers der ö. M., nämlich »der Nation«, daß sie zum Kampf drängte zuerst und wesentlich gegen den nationalen Feind, erst in zweiter Linie für den Staat; daß sie außenpolitische Ziele hatte vor den innenpolitischen; daß sie zuerst die fehlende Kraft der Heere ersetzte, ehe sie die vorhandene Kraft des Volks im Staat zu vertreten wünschte.

In der Außenpolitik sollte die freie ö. M. Preußens als Kontrolle schon 1805 einen Einfluß haben [70]), schon in Osterode gab sie dem Widerstand Steins gegen einen verfrühten Friedensschluß den moralischen Auftrieb. Man vermißte ihre organisierte Form für eine außenpolitische Entscheidung 1808 und legte ihr damals die Würde zu, letzte Instanz zu sein für den Abschluß eines Bündnisses mit Frankreich. Man rief sie an in Lagen, in denen sie nicht zu bestimmen hatte, ob etwas nur Wünschenswertes begonnen oder etwas Notwendiges getan werden solle, sondern in jenen verzweifelten Lagen, in denen die Unterscheidung zwischen dem Notwendigen und dem Entwürdigenden allein zu treffen sei. Gerade ihr nationalethischer Charakter ist darin von Anfang an unbezweifelbar. Aus ihm folgert man konsequent, daß die ö. M. im Detail der Politik geleitet werde, aber den Regierungen die allgemeine Richtung der Politik angebe und die Außenpolitik, sofern sie in einem nationalen Sinne geführt werde, kräftig zu unterstützen vermöge.

Stein erweist sich aber im Gegensatz zum Humboldt der Wiener Zeit als Idealist und geborener Innenpolitiker, der von sozialen und ethischen Vorstellungen von der Nation und nicht wie der Außenpolitiker vom Staat und dem Beziehungsnetz der Staaten ausgeht. 1809, als er die ö. M. unmittelbar in die Außenpolitik, in den Krieg

---

[68]) Ranke, Große Mächte, S. 56 Insel-Ausg.

[69]) Stein zu Götzen, 1808; Arndt wiederholt, Fantas., noch 1814 im Entwurf für teutsche Verfassungen. Freilich erklärt sich das vor allem aus dem Haß gegen das stehende Heer, der besonders in Arndt lebte (G. d. Z. I). Stein hatte übrigens in seiner frühen Amtszeit z. B. 1804 die ö. M. gerade im Gegensatz zum Militär in Schutz genommen, das im nachfriedericianischen Preußen mit dem breitesten Anspruch auftrat. Praktisch zog er sie 1813 zur Ergänzung der militärischen Organisation heran. (Lazarett usw.)

[70]) Zur Kritik der Haugwitzschen Politik sah Ranke eine ö. M. in Preuß. erwachen. Hardbg. Denkw. I 613/14.

eingreifen lassen wollte, riß ihn sein ungeduldiges Fühlen und normatives Denken über eine nüchterne Betrachtung der Lage hinaus. Später hat er der ö. M. seltener das Anrecht auf außenpolitische Mitwirkung zugesprochen als Arndt, und weniger klar als Humboldt, was am erstaunlichsten scheint [71]). Dieser nämlich übertrug ihr 1813 ein entscheidendes Recht der Außenpolitik: sie sollte den Eintritt in den Krieg und Frieden fordern dürfen, ihre Forderung sollte für den Politiker wenn nicht rechtlich so doch moralisch verbindlich sein. Auch den Umfang der Friedensbedingungen [72]) hat Humboldt, der Diplomat, durch die ö. M., die er als allgemeinen Volkswillen auffaßte, bestimmen bzw. sich bestätigen lassen; ihre Wünsche, durch die Leistung im Kriege gerechtfertigt, sollten als eine heilige Forderung geehrt werden. Darin finden wir Humboldt einig mit Arndt und Stein, darin aber lag auch die Brücke zu liberaler Argumentation [73]). Arndt geht über Humboldt hinaus, indem bei ihm der Wunsch des Volkes, der aber nicht ö. M. genannt wird, die Grenzen im Friedensschluß und das Schicksal der Rheinbundstaaten bestimmen soll. Doch weiß er so gut wie Humboldt, daß der öffentliche Wille, in den sich die ö. M. im Kampf verwandelt hat, weder eine Übersicht der allgemeinen außenpolitischen Bedingtheiten hat, noch eine rechtmäßige Stelle zur Geltendmachung seiner Forderungen besitzt. Das scheint ungefährlich, solange die einzige Frage des Kriegs und Friedensschlusses die ist, wie man der Nation ihren Platz an der Sonne wahre. Diese Eindeutigkeit und die innige Verbindung der ö. M. mit der Gesinnung verknüpft die ö. M. mit der militärischen Aktion, entfremdet sie der diplomatischen: »Die erstere beruht ja auf den Gesinnungen, welche die Erhebung der Waffen überhaupt hervorgerufen hatte [74])«, sie sind normativ, kategorisch; die diplomatische Aktion aber knüpft an die Gegebenheiten an, berechnet, denkt relativ, und es bleibt fraglich, ob die ö. M. sie

[71]) Es mag offen bleiben, ob ihn die Eindrücke in Österreich und Rußland dazu bestimmten, wo er beobachtet hatte, wie die ö. M. sofort zerspalten in Parteien auf außenpolitische Ereignisse reagierte, bei der ersten Niederlage hilflos schwankte, und nur der Einzelne eine einheitliche Politik verfolgte, oder ob es Steins Herrschinstinkt war, der sich nicht scheute, ja wünschte, die Verantwortung für die Außenpolitik allein zu tragen. (Pertz III 208).

[72]) Maß zu halten ist der ö. M. aus ihrer regulativen Fähigkeit heraus gegeben. Er wollte sich übrigens nicht begnügen im II. Pariser Frieden mit »sittlichen Gewährleistungen, die auf der Meinung beruhen«; dem Feinde gegenüber bedürfe man sachlicher Gewährleistungen, die auf der Gewalt beruhen. Pertz IV, 491 und 506 ff. gegen Capo d'Istria.

[73]) Vgl. die preuß. Erklärung Pertz IV, 521 für den II. Pariser Frieden: »Jede Macht hat förmliche Verpflichtungen gegen ihr Volk übernommen, ihm einen festen ... Frieden zu geben.« Stein 18. August 1815: Pertz IV, 555.

[74]) Ranke Hard. Denkwürdigk. Bd. IV, 391.

versteht [75]). Humboldt hat schon die Details der deutschen inneren Regelung — wie sie z. B. die Frage der Rheinbundstaaten bedeutete — dem Volkswillen nicht mehr zur Entscheidung überlassen. Steins ö. M. aber würde diese Fragen noch beurteilen, eine bayerische Thronkandidatur Eugen Beauharnais' verhindern, die Annexion Sachsens durch Preußen fordern. Kurz, die Funktionen der Steinschen ö. M. nach 1813 liegen mehr innerhalb des Staatsgebiets der nationalen Gemeinschaft, die der Humboldtschen ö. M. stärker im Kampf der volonté nationale nach außen, die Volksstimme Arndts hat Wünsche auf beiden Gebieten. Daß die ö. M. das deutsche Volk in der Welt repräsentiere oder für es Propaganda mache, findet sich kaum. Bei allen aber spielt die — vom preußischen Staat aus gesehen außenpolitische — Wirkung seiner staatsbürgerlichen ö. M. auf Gesamtdeutschland eine große Rolle.

Der Preuße Humboldt unterscheidet sich dabei deutlich von den zwei Nurdeutschen: diesen war die preußische ö. M. gewissermaßen der Sauerteig der nationalen ö. M., ihm aber lag zuerst daran, daß die nationale ö. M. für Preußen als den Staat wirbt, der die nationaldeutsche Politik verfolgt wie sie sie wünscht. Das Werben der ö. M. für den preußischen Staat ist die Aufgabe, durch die für Humboldt die deutsche ö. M. schon 1809 (Universitäts-Denkschrift) bedeutsam wird; für Arndt wird das Werben der ö. M. für Preußen wichtig im »Bauernstand« 1810, — gerade als Stein über die preußische ö. M. sein vernichtendes Urteil sprach — und noch stärker 1815, als sich der Gegensatz zwischen den Südstaaten und Wien gegen Preußen auftat. Damals betonte Arndt die Kraft der nationalen ö. M., Preußen gegenüber Wien stärker zu machen als es seiner tatsächlichen Macht entsprach, wieder also dem Staat Macht zu ersetzen, diesmal aber nicht für den militärischen Kampf, sondern für die diplomatische Ausbalanzierung der Mächte im neuen Deutschland. So darf man doppelt fragen: bedeutet die Mitwirkung der ö. M. in irgend einer Form eine Stärkung des gedachten deutschen Einheitsstaates nach außen? Und der konkreten Territorialstaaten untereinander? Außer in Preußen und Österreich hoben die Tendenzen einer echten nationalen ö. M. wie Stein und Arndt sie dachten, das partikulare Staatsgefühl auf; und in jenen beiden bedrohte die Einungsfunktion der nationalen ö. M. die andere Aufgabe, Lebensinteressen des eigenen Staates zu vertreten.

Freilich setzten Stein, Arndt und Humboldt (Sept.-Dk. 1816)

---

75) Ähnlich Humboldt Werke XI 91: toute négociation paralyse toujours... en refroidissant l'ardeur des soldats et des nations. 9. XII. 1813.

für jede Neugestaltung des Reichszusammenhangs die Gleichgerichtetheit und Verknüpfung der österreichischen und preußischen Politik voraus; diese Fiktion verbot, die Lebensinteressen der beiden Führerstaaten als getrennte, vielleicht entgegengesetzte zu erkennen, eine offene »nationale« Kritik z. B. an der Politik des Kaiserstaates zu üben. Nun hatte aber die einigende Kraft der gemeinsamen Außenpolitik aufgehört,[76]) und so beruhte diese einzige nationale »Lehre«, die die ö. M. besaß, nur auf einer Hoffnung, nicht auf der Realität. An der an sich durchaus phantastischen Frage, ob man einen habsburgischen Kaiser[77]) oder wie sonst eine kaiserliche Spitze wünschen könne, brach die Einheitlichkeit der nationalen ö. M. und ihrer Wünsche zusammen. Humboldt hat mit aller Schärfe 1815 betont, daß damit ihr Anspruch in der Politik gehört zu werden, erloschen sei, und ist rasch wieder zurückgekehrt zu der alten praktisch »richtigen« Einsicht, daß die ö. M. in außenpolitischen Verhandlungen störe, da diese Geheimnis, Umwege, Alleinverantwortlichkeit des Handelnden und eine sehr umfassende Einsicht erfordern, die die ö. M. weder billigen noch besitzen kann. Steins und Arndts Ungeduld über die Diplomaten des Wiener Kongresses wollte das manchmal nicht zugeben. Humboldt dagegen hatte sofort eine Kritik der ö. M. über die Diplomaten abgelehnt. Gerade 1815 kehrte er sich wieder davon ab, eine wollende ö. M. mit positiver Zielsetzung und Forderungen anzuerkennen, vielmehr beschränkte er sie auf das reine Kontrollieren und Einigen.

Um dies auszuüben, soll die ö. M. ihren Ehrenplatz neben den dürftigen Organen des deutschen Staatenbundes von 1815 einnehmen, auch hier wieder Ersatz für eine kläglich geringe positive Macht; sie wird von neuem wichtig, um moralisch die Einheit zu verbürgen, ihre Verwirklichung in rechtlichen Formen langsam vorzubereiten. Bei Humboldt hat sie wenig Willenselement, während es bei Stein und Arndt mit einem leisen nationalrevolutionären Groll nach- oder auch vorklingt.

Allen ist es eine unlösbare Frage: welche verfassungsrechtliche

[76]) Dazu läßt sich eine Analogie in Englands napoleonischen Kämpfen sehen: über den Gegensatz der Parteien hinweg hatte sich 1807 eine nationale ö. M. gegen Napoleon gebildet, die das whigistische Ministerium genau so wie das torystische vorher in den Krieg gegen Napoleon trieb; kaum stand der Kampf, so kehrte die ö. M. aus ihrer Stellung über den Parteien wieder in die Parteien selbst zurück. Lenz-Napoleon, S. 113. In Deutschland aber brach die ö. M. nach dem Frieden auseinander in die traditionellen Partikular-Gefühle und zum ersten Male in die Keime politischer Parteibildung. Vgl. A. Wahl, Hist. Z. 104, Brandenburg H. Z. 118, Meinecke H. Z. 119, s. u.

[77]) Da Metternich für Franz die Kaiserkrone ja abgelehnt hatte.

Form der Einheit die ö. M. denn eigentlich wünsche oder aber vorbereite? und welche verfassungsrechtliche Stelle die ö. M. einnehme oder einnehmen wolle, deren Willen man eben noch in der Außenpolitik mit so großer Ehrfurcht genannt hatte, der aber jetzt jede Lehre fehlte.

Im Aufbau Deutschlands wurden die Funktionen der ö. M. deshalb unklar gesehen, weil das nationale Prinzip als Norm den Aufgabenkreis allein nicht mehr bestimmen konnte; vollends im Territorialstaat hing dieser nur sehr indirekt mit diesem Prinzip zusammen. Die Folge war, daß der Aufgabenkreis in dem Maße enger zu werden drohte, als er nicht mehr »national« zu begründen war, und sich verflüchtigte in eine Kultur-Aufgabe. Politisch aber wuchsen immer stärker aus andern Wurzeln der ö. M. neue Funktionen zu.

Die wesentlichen Motive für die »Meinung« waren abgeleitet aus deren Fähigkeit zur Vereinheitlichung und zur Wahrung des Rechts als Schranke der Gewalt. So konnte es (A. 1802) die soziale Funktion der »Meinung« der Gesellschaft sein, die einheitliche Gesellschaft der Rechtsgleichen aus Gründen der Humanität zu schaffen.

Die Hauptaufgaben der nationalen ö. M. wiederholten diese Motive: ethische und kulturpolitische Zusammenfassung der Nation zur Wahrung ihres Rechts in der Welt. Alles dies wirkte zusammen, wenn die ö. M. nun an ihre eigentlich innenpolitische Aufgabe heranging: die Mitarbeit an der Umbildung der Institutionen des deutschen Reiches im Sinne der durch sie selbst ursprünglich repräsentierten Ideen. Den Willen zum Staat überhaupt als der Form der Macht hatte man definitiv gewonnen [78]). Worum es sich jetzt für die ö. M. handelte, war, den Sinn für den institutionellen Charakter des Staats als Organisation zu finden, nachdem man ihn als den Leib des Volkes, als Organismus, hatte ehren lernen. Es mußte sich zeigen, ob die organische Einheit des Volks — nach dem Prozeß ihres Bewußtwerdens (in der ö. M.) — auch eine Staatseinheit notwendig ergeben würde [79]).

Die Nation als solche war jetzt zum Träger der geistigen, der persönlich-sittlichen und der rechtlichen politischen Freiheit erklärt worden; es fragte sich, wie sich das — etwa durch die ö. M. oder institutionell — auswirken könne und werde. In zwei Streitfragen trat in Erscheinung, was man von der ö. M. für den Reichsneubau erwartete: Man betrachtete ihren Sinn für das institutionelle Wesen des Staats ganz verschieden je nach dem Vorherrschen ihrer bewußten oder unbewußten, rationalen oder irrationalen Elemente,

---

[78]) Humboldt in d. Dez.-Dk. 1813 für den Nationalstaat.

[79]) Vgl. dazu Erich Kaufmann, der Organismusgedanke... S. 10 (Kap. 3 über Stahl, der eben das verneint).

was praktisch sichtbar wird im Vorherrschen der einen oder andern Gruppe ihrer Träger. Weiter sollte die ö. M. entweder die großen Höfe hinführen [80]) auf die Schaffung von Institutionen für die »Union constitutionelle«, ja diese selbst durchsetzen, oder sie sollte den Mangel solcher Union constitutionelle einstweilen ersetzen. Man könnte nun wohl begründen: der ersteren Ansicht hätten Arndt und Stein vor 1815 gehuldigt, so lange sie Hoffnung auf die Verwirklichung haben durften. Während oder nach dem Wiener Kongreß, der jeglichen Einfluß der ö. M. auf den Reichsneubau so gut wie ausschloß, habe man sich zurückgezogen auf die zweite Ansicht, der man schon 1809—13 gehuldigt hatte. Dagegen spricht, daß Stein gerade in der ersten Enttäuschung über die Bundesakte eine ö. M. wollte, um jene einmal zu zerstören und durch eine bessere deutsche Verfassung zu ersetzen. Und Arndt hat gerade 1818 bitter gesagt, der Trost, die ö. M. ersetze geistig die fehlende Einheitsverfassung, sei ein schlechter Trost [81]), eine Verfassung könne man nicht »geistig« oder moralisch ersetzen. Gleichzeitig schrieben beide doch der ö. M. gelegentlich diese Funktion zu, um ihr die Größe ihrer Verantwortung ins Gedächtnis zu rufen; und es ist wohl diejenige Aufgabe gewesen, die die wirklich vorhandene nationale ö. M., von der Hagen berichtet [82]), in Deutschland von 1813—20 und später wieder von 1830 an ausgefüllt hat, bis die Zusammenfassung zu einem Reiche kam.

Was die ö. M. der Nation bisher geleistet hatte von 1806—14, war die Erhaltung der Reichsidee über den Fall der Institution hinweg. Und man hätte sagen können, sie habe das schon seit 1648 geleistet [83]). Daß aber gerade in Deutschland die Erhaltung der Reichsidee leichter als in andern Staaten auch ohne Institutionen geschehen konnte, mochte herrühren von ihrem Wesen, wie Ranke es schildert [84]): das deutsche Reich sei vorzugsweise auf die Idee des Rechts und der Religion gegründet; da sich das aber in der Reichsverfassung so ausdrückte, daß »die Idee des Rechts nicht an den Inhalt der Gewalt geknüpft ist«, so nimmt es nicht wunder, daß sie nie »zu einer reiner Erscheinung gekommen« ist. Es ist nicht schwer, in der Idee des Rechts das Motiv der Meinung wiederzuerkennen; die nationale ö. M. von 1813 aber erhält ihr besonderes Gepräge dadurch,

---

80) Pertz VI, 2. Teil, S. 85 Beilage.

81) G. d. Z. IV, 111.

82) Karl Hagen, Die ö. M. in Deutschland nach den Befreiungskriegen, in Raumers hist. Taschenbuch, 1846, 1847.

83) Stein lobte den öffentlichen Geist der Nation während der zwei Jahrhunderte des Zerbröckelns der Reichinstitution. Vgl. Botzenhart I.

84) Ranke, Deutsche Gesch. im Zeitalter der Reformation, vgl. Joachimsen, Einl. zur Akad.-Ausgabe, S. 31 u. 32, S. 39, S. 62.

daß sie »die Idee der Religion«, das religiöse Moment, das bei den Deutschen besonders stark ist, in dem Begriff des National-Guten zu säkularisieren und ihn wiederum mit jenem zu heiligen suchte. Die für die ö. M. bei Arndt abgeleitete Ethik trägt zweifellos einen eher religiös als humanitär fundierten Charakter, was sie von der liberalen Meinung unterscheidet [85]). Man fand in dem Begriff des deutschen Reiches etwas vor, das dem ethischen, nicht staatsrechtlichen Charakter der ö. M. entsprach und ihr eine andere Aufgabe stellte als »einfach« den Entwurf der besten Verfassung.

Einer absolut besten Verfassung — das kam für die individuelle und historische Denkweise der drei Denker gar nicht in Frage; aber die für die jetzige Lage und für den deutschen Charakter angemessenste Verfassung — die wünschte man wohl; die Richtung für eine solche, wenn auch nicht einen detaillierten Entwurf, würde die ö. M. geben können. Aber man fand keine »unwillkürliche Überzeugung« [86]) vor über die neue Verfassung. Die Gefühlskräfte des Volks, die der ö. M. in ihrer außenpolitischen Funktion zugute kamen, waren kaum zu rationalisieren und zu disziplinieren für die bewußte rechtliche Staatsgestaltung [87]). Vor allem widerstrebten sie einer unitarischen deutschen Verfassung, da der Deutsche sein engeres Vaterland zuerst liebt und zuerst auch rechtlich ausgestaltet sehen will. Die ö. M. der Gebildeten faßte die reine Idee des deutschen Einheitsstaates, losgerissen von der Erscheinung der traditionellen Territorialstaaten, die ihn zusammen ausmachten, die ö. M. des Volkes konnte das nicht. Arndt sieht und beklagt es, Humboldt aber bejaht es [88]). Die deutsche ö. M. konnte trotz ihres Einheitswillens sich nicht zu einer Lehre über die unitarischen Institutionen verfestigen, und keiner erwartete sie mehr von ihr. Stein wollte in seinen Kaiserplänen im Februar 1815 sich noch einmal auf die ö. M. stützen; sie sollte die Idee des Reichs retten vor der Wirklichkeit der »Kleinkrämerei« der deutschen Bundesstaaten [89]).

Humboldt dagegen deutete ihren Wunsch nach Reichseinheit nicht als einen Willen mit politischer Stoßkraft; der Wunsch verdünnte sich mehr und mehr zur Einsicht in die komplizierten Bundesverhält-

---

85) Vgl. unten. Teil III.

86) Ranke, Papstgesch. II. Buch, Einleitung.

87) Daß diese notwendig war, erwähnt gerade Arndt.

88) Vgl. W. XI 270 ff. Nov. 1814. Dez.-Dk. 1813.

89) Ob er wirklich glaubte, sie würde — wenn sie wirklich den Kaiser wollte — sich durchsetzen gegen die bundesstaatlichen Mächte? Es lag in seinem Temperament, gelegentlich die Wirklichkeit beherrschen zu wollen dadurch, daß er sie leugnete, wenn sie ihm widerstand (vgl. die kursächsische ö. M. 1814). Er unterschätzte die politische Lebenskraft des Einzelstaats, weil er ihn nationalethisch nicht gerechtfertigt fand.

nisse oder zum Anspruch, gleiche Verfassungen in allen Bundesstaaten Deutschlands durchzusetzen und zu garantieren, oder überhaupt nur zur Wahrung national einheitlicher Gesinnung. Die Aufgabe der nationalen ö. M. wird eine nur moralische oder eine intellektuelle; politisch wird sie nur, sofern sie liberal begründet wird.

Im Urteil über die intellektuelle Aufgabe der ö. M. widersprechen sich Arndt, Humboldt und Stein. Zwar versteht Humboldt das lebhafte »Bedürfnis zu bessern« an der deutschen ö. M. sehr gut, spricht ihr aber jegliche Einsicht in die Besserungswege ab, deshalb auch das Recht, Vorschläge zu machen. Ihr Teil sei nicht Wissen, sondern Fühlen, Wollen und Handeln. Seit 1815 hat sie dafür kein Betätigungsfeld mehr. Von der allgemeindeutschen ö. M. erwartet sich Humboldt deshalb auch nie mehr etwas. Anders Arndt, der ihre Wege zu politischen Kenntnissen, zum »Urteilen und Sprechen«, offen sieht für alle, auch wenn sie nicht in einzelstaatlichen Verfassungen erzogen, nicht in einer gesamtdeutschen Verfassung vereinigt sind. Stein endlich spricht der ö. M. jegliche Einsicht nach 1815 ab, wenn sie sie nicht durch Verfassungen erwerben und nutzbar machen könne; ohne Verfassungen verliert die ö. M. jetzt bei ihm alle Funktionsmöglichkeiten. Damit wird die ö. M. überhaupt, in die Einzelstaaten zurückgeschoben, auf andere Träger als auf die ganze Nation verlegt.

Es ist nicht zu leugnen, daß mit der Forderung der ö. M. nach Verfassung im Einzelstaat die nationale Funktion langsam zurücktritt, alles triebhaft Volkstümliche in ihr unwichtig wird, nur das Gesinnungshafte bleibt. Und nur insoweit Gesinnung zur Aktivität in der Wirklichkeit drängt — wie in Arndts Politischem Menschen — ist die nationale ö. M. auch jetzt noch dynamisch-voluntaristisch. Jener in der ö. M. bewußten Nation hat man das Vorschlagen der neuen Reichsverfassung und das »Gesetze finden« genommen; nur Arndt überließ ihr wenigstens, »Rat« zu geben.

Ihr blieb nur die regulative Funktion. Wie das Volk Maß und Würde gibt, so sollte sie jetzt die lose Bundesverknüpfung moralisch unterstützen, durch das national-ethische Richteramt über die Regierungen garantieren und neben dem Bunde die eigentliche gemeindeutsche Autorität darstellen. Diese die Institution ergänzende, »erhaltende und bindende« Aufgabe der ö. M. will Humboldt ausnützen, um wenigstens das vorhandene, wenn auch schwache Band straff zu erhalten, das Deutschland zusammenhält. Er findet dadurch sich und die ö. M. mit dem Gegebenen ab, während Stein und Arndt nie aufhören, ihre ö. M. auch auf das ferne Ziel einer besseren Reichsverfassung hinzuweisen, das sie einst mit erkämpfen werde.

Es ist bezeichnend, daß Humboldt noch im Kampf von 1813 bereits die liberale Gefahr sah: daß die ö. M. die Mitarbeit an der Staatsgestaltung fordern und erzwingen werde.

Wenn sie für Deutschland nur den freien Ratschlag forderte, so lag das daran, daß sie keinen Punkt fand, ihre Arbeit, ihre Entwürfe anzuknüpfen außer in der Vergangenheit, keinen Mittelpunkt, dem sie ihre Forderungen und Wünsche hätte vortragen können. Der freien idealistischen ö. M. war es so unmöglich, das Notwendige vom Nurwünschenswerten zu unterscheiden und dem ersten den Vorzug zu geben [90]).

Traf dies mehr auf die große Menge der einfach Fühlenden und Hoffenden zu, so war es den Gebildeten und Erkennenden nicht möglich, ihre staatsrechtlichen Ziele für den Reichsneubau »elastisch, unscheinbar und weitgreifend« und doch unter Anknüpfung an das Gegebene zu fassen [91]) wie es die Politik erfordert [92]).

Hier wird wieder einmal die Unvereinbarkeit solch echt politischer Zielsetzung mit der der ö. M. deutlich: die letztere, weil sie vom Ethischen ausgeht, sieht und bedarf hohe Ziele, die klingen und werben, fest, formelhaft, zur Lehre zusammengefaßt, ja verflacht zum Schlagwort von scheinbar eindeutiger Bestimmtheit. Ein solches

---

90) Was Stein und Humboldt gerade von der organisierten Ö. M. rühmten.

91) So empfahl es Bismarck für die Abfassung einer Dk. über die Verfassung des norddeutschen Bundes an den jüngeren Savigny.

92) Steins Ziele, das was er für das Notwendige hielt, waren freilich »elastisch und weitgreifend« genug, aber nicht »unscheinbar«. Treitschke, Dtsche Gesch. im 19. Jahrh., Bd. I, 446, 567. Treitschke hat es der ö. M. von 1815 vorgeworfen, daß sie von den unerläßlichen Vorbedingungen der deutschen Einheit und von staatsrechtlichen Begriffen damals keine Ahnung gehabt habe. Dagegen scheint es, daß die ö. M. die unerläßlichste, die Befreiung vom französischen Joch, mit bewundernswerter Kraft verfochten hat und daß es wohl nicht Sache der ö. M. ist, staatsrechtlich einwandfreie Ziele zu entwickeln und zu verfolgen. Bei aller Intensität des Rationalisierens unterbewußter Tendenzen und Triebe bleibt es doch gerade der Vorzug der ö. M., jedenfalls in den Augen Arndts und Steins, daß sie die unmittelbare Empfindung für das Gegebene und für das ethisch-praktisch, nicht dogmatisch-juristisch Seinsollende besitzt. Vielleicht könnte män umgekehrt Treitschke vorwerfen, daß er und die von ihm geführte ö. M. seiner Zeit allzu dogmatisch klare staatsrechtliche Begriffe und Ziele hatte und damit das Wirken der Politiker auch mißverstand und erschwerte. wie die Unklarheit es 1811—20 getan hatte. (1863 im Verfassungskampf oder 1870 z. B. das Urteil über die Versailler Verträge). Aus dem Gegensatz der deutschen ethischen zur theoretischen westlichen ö. M., der bewußt unterstrichen wurde durch alle drei Denker, erklärt sich ihre absichtlich nicht-verfassungsrechtliche, undogmatische Zielsetzung, da selbst Humboldt, der Systematiker, betonte, daß sich aus Begriffen nichts Lebendiges entwickeln lasse (1792).

Ziel hatte man außenpolitisch gehabt; innenpolitisch besaß die ö. M. es nicht, für Deutschland nur die vage Vorstellung der Einheit, für den Einzelstaat die noch unbestimmtere der Freiheit.

IV.

Die Verfassung des Einzelstaats, die die Freiheit gewährt, sollte nach Stein unmittelbar von der Tradition und den Gesinnungen der partikularen Regierung und Bevölkerung abhängen [93]), nicht von einer allgemein-deutschen Überzeugung, wie sie wohl zuweilen bei Arndt Inhalt einer nationalen ö. M. war.

Der Schutz der bürgerlichen Freiheit wäre eigentlich eine wichtige Aufgabe der allgemein-deutschen ö. M. gewesen, das deuteten Arndt, Stein und Humboldt während der Kampfjahre auch wiederholt an. Dies war aber die durch das Birthright des englischen Bürgers und theoretisch durch Locke geschaffene englisch-liberale Aufgabe einer innenpolitischen ö. M.; andererseits klang das an den französischen Liberalismus an, der dann mit den allgemeinen Menschenrechten argumentierte.

Die Forderung der Mitarbeit und der Kritik der nationalen ö. M. an der einzelstaatlichen Verfassung bedeutet den Schnittpunkt der national-ethischen mit der liberal-moralischen Argumentationskette und mit der Lehre von der Interessenvertretung durch die ö. M., wie sie vor allem die Funktion der Steinschen organisierten O. M. bestimmt. Die national-ethische Instanz erhält ihre letzte politische Aufgabe durch die Garantie der einzelstaatlichen Verfassungen am Bundestag. Wenn sie diese Verfassungen fordert, wird das noch national begründet damit, daß die Verfassungen dem historischen Recht und der kulturellen Eigenart der Nation entsprechen. Dann aber überwiegt das liberale Motiv der Gewaltbeschränkung jenes andere der sittlichen Erziehung und Zusammenfassung der Nation, das die Freiheit des Einzelnen so stark beschnitt. Die alte Norm der »Meinung« taucht jetzt wieder über der nationalstaatlichen Norm der ö. M. auf.

Hineingerissen in den Kampf um die territorialstaatlichen Verfassungen setzt sich die ö. M. ein gegen die Gewalt der bonapartistischen süddeutschen Staaten. Was sollte sie aber zum deutschen Absolutismus Österreichs und Preußens sagen? Die ö. M. bekämpft jetzt die Gewalt der Tradition, soweit diese den Absolutismus unterstützt; das neue Recht erkennt sie und anerkennt nicht mehr das bisher geltende öffentliche Recht. Endlich schränkt sie die Gewalt der Beamten ein, denen die Despoten sie zur Ausübung anvertraut haben.

---

93) Ebenso H. W. XI 258 Nov. 14 § 83. Vgl. oben S. 43.

An diesem Punkte schließt sich der Ring zu jener ersten Aufgabe, die Stein lange vor dem nationalen Kampf und ohne jede nationale Begründung der ö. M. in den westlichen Teilen der preußischen Staaten gestellt hatte und die er nur lösbar sah, wenn die ö. M. — in ihrer organisierten Form — selbst in die Ausübung der Gewalt, in die Verwaltung mit eingriff. Der Ring schließt sich auch zu jenen Gedankengängen Arndts von 1802, die keineswegs national motiviert waren, und zu der Humboldtschen Praxis von 1809.

Es ist keineswegs so gewesen, als hätte man die national-ethische Begründung der ö. M. jetzt als idealistische Fiktion beiseitegeschoben; aber man sah den Weg zur Einheit zunächst darin, daß die ö.M. jetzt die Freiheit fände, sich im Einzelstaat auszusprechen (in Preßfreiheit und Verfassung) und so diese Einzelstaaten dazu vorbereitete, später dem Einheitswillen der Nation nachzugeben, ihn auszuführen [94]); die Freiheit im Verfassungsstaat sollte der Umweg zum deutschen Nationalstaat werden.

Dafür behielt die ö. M. im Territorialstaat das alte Amt, die Regierungen zu tadeln; selbst in den Demagogenverfolgungen wahrte ihr Stein dies Recht noch [95]). Ihr Maßstab kann jetzt eudämonistisch sein [96]) wie es dem aufgeklärten Absolutismus und dem Liberalismus gemeinsam ist, wie er aber für ein politisches und ethisches Werturteil gleich gefährlich erscheint. Eine solche liberalistische Wendung des Begriffs vollziehen alle nur vorübergehend, am stärksten Arndt. Davon, daß die Regierungen die ö. M. erziehen, ist sehr selten die Rede [97]).

Ihre großen Leistungen im Staat, ihre intellektuelle Reife berechtigen sie, Verfassung zu fordern. Dem gibt Arndt dadurch liberalen Charakter, daß er geistige, sittliche und bürgerliche Freiheit gleichsetzt [98]), und zum Bundesgenossen und Vater der ö. M. den Geist der Zeit herbeiruft, der, gemeinsam mit dem Recht des Geistes überhaupt, ihre Forderung nach Verfassungen als allgemein-europäische

---

94) Aus Steins Kritik der Bundesverfassung ist das herauszuhören. Pertz Bd. IV, 433, 434, 446, Pertz VI, Teil 2, Beilage 87, Thimme, 147.

95) Arndt Wächter I, 295. Vgl. oben Stein S. 45 Gg. 47.

96) Sie fragt, ob die Maßnahmen »dem öfftl. Glücke dienen« P. IV 445, 1815. Allerdings an Alexander.

97) Jetzt zum erstenmal und widerwillig bei Arndt. H.s nationale ö. M., die volonté nationale, hätte solcher Erziehung nie bedurft. In der Febr.-Dk. 1819 ist die ö. M. eine neue, freilich national vertiefte Form der alten ö. M. der Staatsbürger des aufgeklärten Preußens, die der Hoheit der deutschen ö. M. von 1813-15 entbehrt; das schränkt ihr Funktionsbereich ein, da H. am vorsichtigsten liberale Rechte der ö. M. vermeidet.

98) Dieser Freiheitsbegriff im Deutschen Liberalism. vgl. Teil III.

moralische Notwendigkeit begründe und ihr Geltung gegen die Regierungen verschaffe.

Arndt scheute sich nicht, die universalen Funktionen der Meinung wieder aufzunehmen. Dadurch hob er auf, daß die ö. M. nur nationaler Ausdruck sei und nationalen Aufgaben diene. Wieder sollte sie die Macht des Geistes repräsentieren: wurde ihr Funktionsbereich dadurch größer? Es wurde boden- und wurzelloser, weniger individuell bestimmt, damit unbegrenzter, unfaßbarer, passiver, kurz unpolitischer [99]). Arndts europäische ö. M. vermittelt und versöhnt, wo die nationale ö. M. den Rigorismus besessen hatte, auszustoßen und zu verdammen. Deshalb schafft sie aber auch keine Einheit, was Arndt von der nationalen ö. M. für erreichbar hielt [100]). Sie ist ein Stück der universalen liberalen Meinung der Zeit, und doch vertritt sie das allein wahre Urteil des Volksgeists. Dieser und der Zeitgeist verstärken einander in der ö. M.: der Schutz des Volkes wie des Geistes gegen die Gewalt ist ihre Forderung, die durch den politischen Menschen auf die nationale Politik bezogen wird. Aber sie wird nicht zu einem politischen Willen, sondern zum Ausdruck einer mehr und mehr theoretischen Überzeugung.

Neu ist ihre Funktion, die Zeit zu vernehmen und zu deuten, eine Aufgabe, die der instinktive Volkswille unmittelbar aus seinem Bedürfen gelöst hatte, ohne dabei zu »politischen Ansichten« über die Zeit zu kommen, die sich jetzt in der ö. M. breit machen. Das Lehren und Propagieren von Ansichten kann jetzt erst Aufgabe der ö. M. werden, die nur Arndt und dieser immer mit Vorsicht stellt.

Die freie ö. M. gewinnt eine ganz ideenhafte Aufgabe: in der großen Auflösung der Ideen, in der man sich begriffen fühlt, in der Zeitwende soll die ö. M. neuen Halt und Zusammenhang auffinden und allen lebendig machen. Die Überbetonung der religiösen Kräfte wie der intellektuellen neben den national-elementaren Kräften kennzeichnet diese neue ö. M., die stärker »dem Reich der Bildung« [101]) und dem der Religion verwandt und verpflichtet ist als dem der Politik. Arndts ö. M. vertritt zuletzt die Wendung des protestan-

---

[99]) Arndt hat sich darüber hinweggetäuscht, das Erbe des idealistischen Universalismus half ihm dazu ebenso wie Stein die Reste der Aufklärung. H. erwähnt eine europäische ö. M. so wenig wie ihre Aufgabe, die »höchsten irdischen Ideen der Zeit auszusprechen«. War das aber eine politische Aufgabe? Sie hätte besser Kräfteverhältnisse regeln, Recht und Gleichheit schaffen sollen.

[100]) Jetzt nach 1816 kann man nur noch die Guten in der ö. M. stärken, nicht mehr sie zur Alleinherrschaft bringen.

[101]) Joachimsen, Einl. zu Rankes Reformationsgesch., Akad. Ausg., S. 64.

tischen Humanismus zur Politik, mit der diesem eigentümlichen nationalen und pädagogischen Färbung, aber nicht mehr mit der ungebrochenen Stoßkraft eines nationalpolitischen Willens, der sich auch auf die Institutionen des Staates richtet. Die Verbindung mit dem öffentlichen Geist ist theoretisch ein sittliches Postulat, praktisch aber sehr lose geworden. Das bewußte Wollen und Wirken nur aus der Gesinnung und Theorie trägt utopischen, nicht politischen Charakter. Arndt spürt das selbst, wenn er den Jünglingen nichts läßt als »in Demut« »zu bekennen«. So hat sich psychologisch und praktisch die Funktion der freien ö. M. völlig verändert. Es ist tatsächlich die Leistung der Besten geworden, sich auf die pädagogischen Wirkungsmöglichkeiten der ö. M. zurückzuziehen [102]).

Aber nicht nur die Auflösung des Gedankensystems soll die ö. M. überwinden, sondern auch die des politischen Gleichgewichts und der politischen Institutionen, die sich in rasendem Tempo vollzieht, so daß Arndt wie Humboldt die Revolution drohend nahe über Geistern wie Staaten fühlen. Diese Bewegung der Zeit kann und will man nicht willkürlich abstoppen, aber in eine wenn auch rasche Entwicklung einfangen; denn während man die — als notwendig gefühlten — Umwälzungen fürchtet, ersehnt man ihre Resultate. Die ö. M. nun soll die Entwicklung vertreten: so erhofft man von ihr letzten Endes Überwindung, Ersatz der Revolution [103]). Das nächste Ziel ist, den (westlich liberalen) Gegensatz von Autorität und Meinung aufzuheben, der in solcher Revolution explodiert. Deshalb »vermittelt die ö. M. zwischen Fürst und Volk« [104]) — was aber zweifellos eine liberal gedachte Aufgabe ist. Wären jene beide zusammen eine Gemeinschaft, so wäre sie überflüssig. Aber das Ideal der »gesetzlichen Freiheit«, das von 1815 an die ö. M. erfüllen soll, zeigt deutlich, daß man jetzt die erträumte ö. M. der Volksgemeinschaft ausgleicht mit der konkreten ö. M., die das politische Leben in Deutschland allein zeitigen konnte. Stein und Arndt, die »historisch-Liberalen« [105]) scheuen vor sehr deutlichen Anleihen in der westlich-liberalen Terminologie nicht zurück, die »Feinde der gesetzlichen Freiheit« [106]), die »Despoten und Beamte«, stehen im schärfsten Gegensatz zu ihrer

[102]) Auch der späte Stein hat sich auf den Standpunkt gestellt, daß der Publizist die neuen Menschen, die Träger künftiger Verfassung bilden, nicht aber eine bestimmte Verfassung fordern solle.

[103]) Arndt an Reimer 1816, im Notg. Bericht.

[104]) Beherzigungen Arndt.

[105]) Das Wort entlehnt aus Kluckhohn, Persönl. u. Gemeinsch. S. 102.

[106]) Solche sind für Stein auch die Verneiner jeglicher Autorität, die Anarchisten — das ist bei Stein leichter erklärbar als bei einer polit. Lehre, die vom einzelnen allein ausgeht (wie der »gesellschaftliche« Liberalismus).

ö. M., und nur für Humboldt tritt dieser Gegensatz auch 1819 verhältnismäßig stark zurück, so daß er in diesem Punkt am wenigstens als Liberaler erscheint. Bei allen soll die freie ö. M. den Einzelnen gegen die Autorität verteidigen, wie es dem aufgeklärten Humanitäts- und Rechtsstaatsgedanken entspricht. Aber während das Arndt immerhin sehr wichtig erscheint, fegt Stein, dem es im Grund nie auf persönliche »menschliche« Freiheit, sondern auf bürgerliche Freiheit ankommt, gelegentlich solchen Professorenliberalismus mit einer Handbewegung beiseite.

Mag lieber die Verfassung, die »Constitution« der Febr.-Dk., die Verteidigung des Einzelnen übernehmen; wenn jene erreicht, daß in gewissem Maße die Regierungen »die ersten Stellvertreter des Volks« werden [107]), so wird ihre Verteidigung die politisch richtigste und wirksamste sein. Was vermag überhaupt die freie ö. M. für Stein, wenn sie nicht durch die in der Verfassung organisierte Ö. M. ergänzt wird! Auf deren Arbeit kommt es am meisten an. Deshalb soll die freie ö. M. sie vor allem fordern.

Was dann beide leisten sollen, Verfassung und ö. M., wird bei Humboldt und Stein vom Staate her gesehen: die Kraft der Staatsbürger wenden sie dem Staate zu. Man hatte erfahren, wie wirksam das sein konnte; man konnte sich nicht begnügen, das nur dankbar festzustellen, und es war politisch gedacht, nicht so sehr zu fragen nach Anspruch und Recht der ö. M. für das Geleistete, als nach der realen Kraft, die ihr in Zukunft innewohnen würde; man mußte diese als ein Stück Macht berechnen, nutzbar machen, organisieren. Was Arndt 1812 gewünscht hatte: »die Volksfreiheit zu ordnen« und damit die Revolution zu vermeiden, das konnte einzig der in der Verfassung organisierten Ö. M. gelingen.

V.

Nach Arndts Auffassung steht die ö. M. prinzipiell unorganisiert als ethisch-kritische Instanz über Verfassung und Verwaltung des Staates; Stein nach 1815 sieht meist umgekehrt eine echte ö. M. nur in enger Abhängigkeit, wenn nicht überhaupt nur in Verfassung und Verwaltung selbst lebendig. Ein Kompromiß zwischen diesen beiden, ein Übergang von der ursprünglich freien ö. M. der Welt oder der Nation zur ständischen Ö. M. ist Humboldts preußische ö. M., die auf einer spezifischen Staatsgesinnung ruht. Die Einheit dieser ö. M. bildet sich durch die Idee des Staates, die an die Stelle der Idee des Volks tritt, die Arndts nationale ö. M. konstituierte. Die neue Norm

---

[107]) Arndts Ausdruck Wächter I 295.

dieser ö. M. weicht damit ab sowohl von der Rechtsnorm wie von der nationalen Norm, die bisher für die ö. M. gültig waren; die Idee des Staats fordert als Erstes das Ineinanderfügen von Regierung und Regierten, was auch Steins erstes Motiv für eine ständische Ö. M. war. Sie entzieht die ö. M. völlig den liberalen Tendenzen, indem sie die Opposition nicht gegen sondern für den Staat wirksam und sinnvoll zu machen sucht, wobei es freilich wechselt, wie stark man den »Staat« abgelöst von seiner monarchisch-bürokratischen Regierung zu sehen vermag. Die preußische ö. M. sah Humboldt hauptsächlich tätig als Kritik, ja Beschwerdeführung gegen die Regierung; er hielt es aber für notwendig, daß sie mehr Einsicht gewänne in die Interessen des Staats; durch mannigfache Parteieinflüsse schien sie ihm entstellt und gefährdet in der Sicherheit des politischen Urteils, erst recht des Zielsetzens. Darum hat die preußische ö. M., Vorstufe und Kind der echten ständischen Ö. M., das kleinste Funktionsbereich, bleibt am stärksten in Wechselwirkung mit der Regierung, die die ö. M. regelt und leitet. Die preußische Regierung darf frei Einmischung oder Konkurrenz dieser ö. M. ihrer Staatsbürger ablehnen; das hätte sie nicht gekonnt gegenüber der nationalen oder universalen freien ö. M. Arndts, nicht gegenüber der organisierten Ö. M. Steins. So stellt Humboldts preußische ö. M. von 1815—19 den Tiefpunkt dar, in dem der Aufgabenkreis am engsten gezogen wird, wo selbst Information des Fürsten und Zusammenfassung der Bürgerkräfte nicht mehr zu ihren Funktionen gehören, wo sie ohne rechtlichen und sittlichen Anspruch der Regierung gegenübertritt. Vielleicht stimmte nur an diesem Punkte der Begriff der ö. M. überein mit der vorhandenen Möglichkeit ihrer Auswirkung.

Rückhalt und Erziehung für diese preußische Staatsgesinnung sollten die ständischen Behörden (Febr.-Dk. § 3) gewähren, in denen die letzte Form der Steinschen organisierten Ö. M. gewissermaßen erreicht wird. Humboldt hat sich gerade auf diese Form der Organisation der Ö. M. nicht unbedingt festgelegt, trotz seiner systematischen Bemühung um sie. Er wie Arndt betonten wohl: »Formen sind sehr wichtig, aber sie machen die Sache nicht aus«. »Jede Verfassung hat ihr Gedeihen und ihr Fortbestehen nur von dem Geiste zu erwarten, der ihre Mitglieder beseelt! [108])« In diesem öffentlichen Geist aber, aus dem für Stein seit 1804 auch die ö. M. fließt, sind freie und organisierte Ö. M. untrennbar verbunden und im Grunde Eines.

Deshalb müssen auch ihre Funktionen ähnlich sein, sich aus

---

[108]) An Vincke, Hb. W. XII, 487; 1823; auch in der Begleitnote vom 10. 12. 15 XI, 258. Arndt G. d. Zt. II 180.

einander entwickeln lassen und dürfen sich nicht widersprechen. Die Funktionen der freien ö. M. rechtfertigen, bereiten vor und vertiefen den Sinn der Funktionen der organisierten Ö. M. Zuweilen freilich wandeln diese sich sehr stark dadurch, daß jetzt das bestimmende Motiv unmittelbar und eindeutig die Stärke des Staats ist, nicht das Nationale, auch nicht das Gute. Aus der Idee des individuellen preußischen Staates — der als Einheitsstaat 1807 bzw. 1815 ein Novum war — hat Humboldt eine Norm entwickeln wollen, die hoch genug war, daß sie neben die des Guten und der Nation treten konnte, und dabei deutlicher als jene verschwistert war mit dem realen Interesse des Staats, wodurch sie eine echt politische Norm »in der Mitte zwischen dem Himmlischen und dem Irdischen« wurde.

Dieser Norm sollte die organisierte Ö. M. dienen. Liberale Tendenzen: die Befreiung der Eigenkräfte des Einzelnen, die Wahrung seines Rechtes, die Einschränkung der Gewalt gingen auch bei Stein in seinen ersten Plänen für Preußen nur untergeordnet nebenher [109]). Steins Ö. M. konnte liberal erscheinen gegenüber der altständischen Interessenvertretung in dem Moment, in dem sie dazu diente, diese, weil sie dem Staatsinteresse entgegenwirkte, zu verdrängen und durch eine weit staatsbejahendere Einsicht zu ersetzen. Ranke hat betont, daß sie nicht als Beschränkung sondern als Unterstützung der Regierung letzten Endes gedacht war [110]). Darin aber ist sie deutlich nicht das Kind, sondern der Antipode einer liberal-individualistischen, oppositionellen Staatsauffassung.

Dieser schien man eher noch verwandt, wenn man unter den Pflichten der Stände aller deutschen Territorialstaaten den Schutz der Person und des Eigentums nannte »gegen die Eingriffe der Regierung«, wie Humboldt deutlich sagte [111]). Nur die Stände können ihn

---

[109]) Sie können wichtiger erscheinen als sie es waren, weil Stein die Idee des Staats (in den Dken. 1802—08) — trotz der gegenteiligen Behauptung Ernst von Meiers (französische Einflüsse auf die preuß. Staats- und Rechtsentwicklung Bd. II, 247) — schlecht aufgehoben sah in den Händen derer, die ihn, da sie die Exekutive hatten, doch eigentlich repräsentierten. Stein verteidigte mit der Idee der ständischen O. M. die lebendige Kraft des Staats wie er ihn wollte und wie er ihm diente, gegen den unbeweglichen und kleinlichen Monarchen und gegen die reaktionären oder radikalen Beamten, die ihn im Augenblick darstellten. Er, der niemals das Individuum dem Staat überordnete, dem der Staat niemals individuellen menschlichen Zwecken untertan war, konnte in dieser Opposition liberal wirken, aber er war es nicht. Am Ende seiner Tätigkeit klingt diese Unterscheidung noch einmal an, da wo die O. M. den König, der den Staat wahrhaft darstellt, gegen seine Buralisten unterstützen soll. Pertz Dken S. 266, 1831.

[110]) Ranke Denkwürdigk. Hardenbergs IV, 124; Lehmann I 254 bestätigt das, die Kompetenzen der neuen Stände waren geringer als die der alten.

[111]) »Les droits de chaque Allemand seront assurés« — die Wahrung des

garantieren, und dieses Motiv verschärft die Verfassungsforderung. Es ist schon im vorigen Kapitel betont worden, daß von deutschen Reichsständen als organisierter deutscher O. M. nicht gut gesprochen werden kann. Ein einzigesmal übernimmt Steins O. M. der Territorialstände durch Delegierte im »Rat der Fürsten und Stände« des Reichs eine Funktion für Gesamtdeutschland: sie schützt die Verfassung und nimmt teil an der Bundesgesetzgebung, die dieser Rat gemeinsam mit dem Direktorium ausüben soll [112]). Territoriale Landstände garantieren auch bei Humboldt mit den Bundesbehörden zusammen die Territorialverfassungen, deren Abänderung von ihrer Zustimmung abhängen soll [113]). Eine andere für den ganzen deutschen Bund wirksame Funktion haben die Stände nicht, man brauchte keinen ständisch delegierten Bundestag, es gab keine Bundesregierung, der er zu dienen, die er in Schranken zu halten hatte. Hier entfernte sich die Ö. M. der Stände am weitesten von der freien ö. M., die eben nach 1814 ihre besondere politische Bedeutung im Bunde gewonnen hatte.

Arndts Ideen über die Funktionen der Stände finden sich nur selten [114]) angedeutet; aber er faßte sie nicht als Funktionen einer organisierten Ö. M. auf. Vielmehr hat Arndt den Abstand zwischen echter ö. M. und Volksvertretung nie verwischt; seine ö. M. diente immer der Bewegung des Volks auf den Staat hin, nicht der des Staats auf das Volk zu, der die Ö. M. der Stände notwendig angehörte. Nur um des Zusammenhangs willen, den Arndts Ideen mit Steins Gedankenwelt haben, ist es erlaubt, sie nach Funktionen einer Ö. M. zu untersuchen. Stein machte in den Ständen die Ö. M. selbst zu einer Institution im Staat; für Arndt blieb die ö. M. die Vertreterin der Ideen gegenüber den Institutionen. Aber Stein hatte ihr damit etwas gegeben, was Arndt vergeblich seiner freien ö. M. zu gewinnen suchte: bestimmte Rechte auf Einwirkung, auf Geltung, also Kompetenzen[115]).

---

deutschen Bürgerrechts, nicht einfach eines allgemeinen Personenrechts wird garantiert durch die partikulare O. M. Ein persönliches Recht über das Bürgerrecht hinaus wäre Steins Denken überhaupt fremd. Dem jungen Arndt war es das nicht, hatte seinem Wirklichkeitssinn sich in Frankreich aber bald als eine Fiktion entdeckt, und wurde überflüssig, sobald er den echten Menschen nur im Bürger finden wollte. Das Recht des freien Bürgers betonte Arndt besonders seit den Beherzigungen gegen die Despoten. Pertz IV 134, 218, 280, 719; H. W. XI 108; 209; Thimme 124.

[112]) Pertz IV, 58, ad § 23 des Hardenbergschen verbesserten Entwurfs . . . (1814).

[113]) H. Werke XI, 258 ff. Entwurf zur Bundesverfassung November 14/Februar 15, § 84.

[114]) In den Fantasien und im Entwurf zu deutschen Verfassungen, endlich in den Beherzigungen.

[115]) Vielleicht darf man sagen, man habe so versucht, den Begriff der Opi-

Erst dadurch schien aus dem halb soziologischen, halb ethischen Begriff der ö. M. sich ein politischer, ja staatsrechtlicher Begriff zu bilden.

Aus den Funktionen wurden Kompetenzen, um die es sich im weiteren handeln muß. Ihre Begründung — ausschließlich die wirksame Vertretung des Interesses — ist eindeutiger als jene der Funktionen war; ihre Auswirkung ist verfassungsrechtlich und zwang zuletzt zur Frage, ob man eine rechtliche Beschränkung der Gewalt des Monarchen, ja eine Beschränkung seiner Souveränität bejahte.

Man wäre dieser Frage gern aus dem Wege gegangen. Die Errichtung von Ständen sollte moralisch keine Beeinträchtigung der königlichen Gewalt, rechtlich keine Beschränkung der Souveränitätsrechte bedeuten [116]. Aber in der Februar-Denkschrift 1819 (§ 15, § 22) hat Humboldt offen gesagt, »daß mit jeder Einführung einer ständischen Verfassung eine Entäußerung eines Teiles der königlichen Rechte verbunden ist«, und Stein hat das 1819 lebhaft bestätigt [117]. Freilich 1808 hätte Stein dies vielleicht nicht ohne weiteres zugegeben. Die Betrachtung der Kompetenzen, speziell der verfassungsrechtlich entscheidenden, der Legislative und des Budgetrechts, wird zeigen, ob »die legislative Gewalt des Königs über alle Zweifel erhaben« [118]) blieb und der Plan einer Nationalrepräsentation 1808 keine Verfassungsänderung bedeutete, wie Ranke es für Hardenbergs Pläne von 1809 und 1811 mit Recht sagen konnte.

Das vernichtende Urteil, das Stein und Humboldt über Hardenbergs Nationalrepräsentation fällten, deren Funktionen vor allem unzureichend seien, läßt das schon fraglich erscheinen. Humboldts Kritik gibt gleichzeitig an, welche Funktionen er sich für echte Landstände gedacht hätte: »Vermittler zu sein zwischen Regierung und Volk« oder »Leiter der ersteren« und »Beförderer eines selbsttätigen Geistes in der Nation« [119]. Durch welche Kompetenzen dies geschehen könne, hat Humboldt damals nicht geäußert. Daß aber auch er den Landständen damals nicht eine untergeordnete, sondern koordinierte

---

nion zu einem Rechtsbegriff zu machen; Meinecke (Staatsraison S. 165) hat das als »eine echt deutsche Weise« bezeichnet (in der man den Begriff ratio status assimiliert habe).

116) Hb. W. XI, 209, auch Feb.-Dk. § 15; § 42; Dez.-Dk. Art. 18.

117) Pertz Dken 178.

118) Ranke Hardenberg IV, 249; 226; 1807 S. 122 nannte er sie »intakt«.

119) Hb. Br. an Nicolovius hrsg. Haym S. 25, 26. 2. 11; zugleich sollte durch die Stände verhindert werden, daß die Regierung die Zügel »nicht so schlaff hält, daß Aufstände möglich sind«, wie sie es bisher tat. Unter diesen Aufständen waren nicht Hungerrevolten sondern die Schillschen und Dörnbergschen Unruhen von 1810/11 (also Explosionen »selbsttätigen Nationalgeistes«!) gemeint.

Stellung neben der Regierung anwies, geht deutlich hervor. War man sich jetzt klar, daß man »die unumschränkte Gewalt« des Königs schmälern mußte? Das Politische Testament aus dem November 1808 hatte (§ 4) betont, daß sie durch die preußischen Stände nicht angegriffen werde; daß diese nur informieren, damit die Gewalt des Königs »das Gute wirken könne, das in ihr liege«. Wenn die Informations-Funktion auch für Steins Stände 1802—08 die wichtigste war, so ist Steins Auffassung mit der Schöns doch nicht unbedingt identisch. 1814, als Stein im Ratschlag für die badische Verfassung einen Premierminister forderte, auf den der Großherzog »einen Teil seiner Gewalt als auf einen Stellvertreter überträgt«, dieser aber den Ständen verantwortlich gemacht wird, hat sich Stein klar entschlossen, »der Willkür der obersten Gewalt Grenzen zu setzen«. [120])

Man hat gesagt, die Zuständigkeit der Stände sei Stein früher und sicherer klar gewesen als ihre Zusammensetzung [121]). Freilich wußte Stein, was er von den Ständen wollte, wozu er ihrer bedurfte, früher als den Weg, auf dem er sein Ziel erreichen werde. Die ersten Kompetenzen der Ö. M. in Preußen sind Beschwerdeführung gegen die Bureaukratie, Information der Regierung, Kontrolle der Verwaltung; sie dienen als Schutz gegen Irrtum, Übereilung und Neuerungssucht der Beamten, worin Stein mit Rehberg und Brandes übereinstimmte [122]). 1804 übernahmen Steins Stände noch nicht die Administration selbst, auch nicht eigentlich die Steuerbewilligung — obwohl die der alten Stände nicht direkt verworfen wurde — und ebenfalls nicht die Gesetzgebung. Gewissermaßen ruft nur die Regierung die Stände zu Hilfe, weil der mangelhafte bureaukratische Apparat ohne ihre Unterstützung nicht genügend funktioniert. Sie sollen ihn »von einer Menge Details entlasten«, vereinfachen, verbilligen [123]).

All das verrät Verwandtschaft mit der rationalistischen Ansicht des Staates als Anstalt, ja Maschine, zum Zweck der Interessen-Versicherung [124]); sie erfuhr ihre bedeutsamste Ausgestaltung in der Utopie Rousseaus vom Intérêt commun, das die Volonté générale vertritt [125]). Eine unveränderte Interessenlehre beherrscht

---

[120]) Pertz IV, 218, 221, 25. 11. 14.

[121]) v. Meier, Franz. Einflüsse II, 372.

[122]) Vgl. Botzenhardt II, 79, 157. Als retardierendes Element werden die Stände auch aufgefaßt von Meier ebenda II, 288. Auch die Stadtverordneten waren konservativer als die Regierung, nicht anders als die altpreußischen Stände.

[123]) Diese Grundgedanken Steins sind die praktische Grundlage seines Wunsches nach Ständen geblieben. Pertz V, 525; noch am 1. 4. 18 Thimme 164.

[124]) Der Ausdruck bei Kluckhohn, Pers. u. Gemeinsch., S. 43.

[125]) Contrat social 1, II, c. 4 Abs. 7 ce qui généralise la volonté c'est moins

die rationalistische »Metapolitik« des Fürsten Metternich, der das Volk durch das Interesse allein an den Staat binden wollte, ohne auf ethische Bindungen überhaupt zu rechnen [126]). Die Synthese von ethischen Motiven und Interessenlehre ist aber das Charakteristische der Steinschen Denkart [127]). Soweit Stein damals Anhänger des Adam Smith ist, fließt ihm das Interesse des Einzelnen aus der Summe des Gesamtinteresses, das unmittelbar das des Staates ist.

Arndt hat die Verbindung des rationalistisch-utilitarischen Denkens mit dem rationalistisch-ideologischen Denken Rousseaus deutlich werden lassen, wenn er jene unbestimmte »Götterstimme« (aus dem Manuskript zur Zeitgeschichte 1809) das Interesse des Volkes, jenes vague intérêt commun verkündigen ließ. Aber er hat sich dann zu der realistischen Erkenntnis der widerstrebenden Interessen bekannt, deren Gefahr er in Deutschland in ihrem Gegensatz zum Nationalinteresse wohl sah [128]). Die neue Aufgabe der Stände war, nicht nur Interessen zu vertreten, was der Bauernstand so besonders gut vermag, sondern »den gesetzlichen Kampf« zwischen ihnen auszufechten [129]). Dieser aber machte doch wieder eine übergeordnete Macht nötig, die die widerstrebenden Interessen und Kräfte zusammenband, die ihre Gemeinschaft repräsentierte, und das sollte das Königtum sein. Alle wünschten die Einheit und Stärke des Staates im Monarchen.

Der Gemeingeist erweiterte die Funktion der Stände von vornherein, ja ließ es zu Verständnis und Vertretung des Gesamtinteresses erst kommen [130]). Rousseau dachte sich dieses unmittelbar verfolgt durch eine allgemeine direkte Gesetzgebung, Stein aber

---

le nombre des voix que l'intérêt commun qui les unit (wichtig für Hb.s § 136 der Feb.-Dk. vgl. Kaehler, Z. f. Pol. X, 223.

[126]) Vgl. H. v. Srbik, Bd. II, 562—563.

[127]) Schon 1796 Pertz I, 165 tadelt Stein an den despotischen Regierungen, daß sie den Charakter des Volks vernichten und das Interesse mißkennen, auf dem sie selbst ruhen.

[128]) G. d. Z. II, 148. Die Interessen verhinderten, daß man das Volk zu einem Gefühl für alle begeistern könne.

[129]) Arndts W., Ausgabe Meißner, XIV, S. 212 »in Verfassungen ist ein gesetzlicher Kampf gestiftet und anerkannt« — der Stände untereinander oder zwischen Ständen und Regierung?

[130]) Schon im Munizipalitäten-Entwurf sagte Turgot, daß es eine Gefahr bedeute, wenn jedes Glied des Volkes n'est guère occupé que de son intérêt particulier exclusif. Die Herstellung der Beziehung zum andern (nicht der Gemeingeist) sei von der größten Wichtigkeit. v. Meier, Franz. Einfl. II, 233. Über Turgot vgl. auch Adalb. Wahl, Annalen d. dtsch. Reiches 1903; Vorgeschichte der frz. Revol. Bd. I, 248, Bd. II, 43 u. v. a.

durch die Zusammenarbeit der ständischen Interessevertreter in der Verwaltung. Die konstitutionelle Form der Interessen-Vertretung durch eine (nicht-gesetzgebende) Repräsentativversammlung hatte Rousseau abgelehnt; sie wurde von Arndt 1802 ebenso umgangen wie ursprünglich von Humboldt [131]). Beide nahmen erst nach Steins Einfluß den Gedanken der Stände auf. Diese Stände Steins sollten in zeitlicher und lokaler Stufenfolge übereinandergeschichtet werden; auf der Basis der Kompetenz, mitzuverwalten im kleinen Kreise, erhob sich erst zuletzt für die Reichsstände die Kompetenz der Gesetzgebung. Man faßte sie auf als die Funktion, die Regierung anzuleiten, den »Sinn zu bestimmen, den man einheitlich in das Regieren hineinlegen« solle, nicht aber so sehr die Formen des Regierens zu kennen und mitzubestimmen. Aus dem Wesen der überlegenen nationalen ö. M. ergibt sich stärker die erste Aufgabe, die Gesetzgebung. Aber der Bewegung des Staats auf das Volk hin dient die Verwaltung durch die ö. M. besser. Eine Vereinigung beider Aufgaben hat die Februar-Denkschrift (§ 44) dargelegt, indem sie die Kompetenzen verteilt auf die verschiedenen Kreise oder Stufen der ständischen Behörden, wobei gleichzeitige Einführung und Koordination dieser Behörden gefordert wird, die erst zusammen die Organisation der ö. M. ausmachen, erst zusammen ihre Aufgaben erledigen.

Für die unmittelbare Gesetzgebung Rousseaus [132]) finden sich bei Arndt, Humboldt und Stein keine oder nur momentan zu bewertende Vorschläge. »Die gesteigerte staatsbürgerliche Aktivität« wird nicht angestrebt als direkte: nicht im Plebiszit [133]), nicht im Referendum, nicht in direkter Ein- und Absetzung der Beamten.

Ob Arndts phantastisches »wir richten uns so ein [134])« überhaupt auf einer verfassungsrechtlichen Vorstellung beruht, steht dahin; er hat nichts über die Gesetzgebungsart ausgesagt. Später hat er wie 1802 betont, daß »nicht alle unmittelbar teilhaben sollen« an der

[131]) Das führt Kaehler in vorsichtiger Weise auf Einflüsse Rousseaus zurück. Z. f. Pol. X, 197 ff.

[132]) Vgl. darüber Karl Löwenstein, Studien z. Dogmengesch. der unmittelbaren Volksgesetzgebung in »Volk u. Parlament nach der Staatstheorie d. franz. Nat.-Vers. 1789«, München 1922. Über Rous. vgl. Krienitz, d. Gemeinschaftswille, Diss. Greifswald 1925, S. 37. Rousseau enthält der Volonté générale die eigentlichen Regierungsgeschäfte vor, die wenn auch nur im kleinsten Kreise der Mitarbeit des einzelnen Bürgers in Preußen offen stehen.

[133]) Einen seltsamen Fall von Plebiszit unter Hardenbergs Anregung führt Ranke Denkw. Hards I. 363 an: in Nürnberg 1796 stimmte die Mehrheit der Bürger für Anschluß an Preußen. Stein erklärt 1808 das Plebiszit für »gefährlich« Lehmann II 522.

[134]) Verf.entwurf G. d. Z. II 173.

Gesetzgebung [135]), »weil das eine polnische Anarchie gäbe«. Ähnlich steht es mit der Beamteneinsetzung, die phantastisch »dem Volk« überlassen bleibt, aber 1814 deutlich den Ständen [136]). Stein billigt auch den Ständen nur ein einziges Mal die Wahl der Richter zu [137]).

Nicht als Repräsentant, sondern unmittelbar sollte der Einzelne zur Mitarbeit herangezogen werden zu der Rechtsprechung durch Geschworene. Für diese englische und auch schwedische Tradition haben sich Arndt und Stein eingesetzt [138]). Man kann sie nur sehr bedingt als Funktion einer ö. M. ansprechen, nur insofern eben der Einzelne seine Meinung und die richtende ö. M. ausspricht. Stärker wird die Rechtsprechung vorübergehend mit der ö. M. in Verbindung gesetzt durch die erwähnte Richterwahl und durch die öffentliche Kontrolle der ö. M. über die Gerichtssitzungen [139]). Die Justiz in Preußen war durch die Reform der »Regierungen« ein für allemal klarer von der Verwaltung abgegrenzt als selbst in Frankreich und entzog sich als Ganzes jeder Mitwirkung einer ö. M. immer mehr, im seltsamen Gegensatz zu der Bedeutung, die das moralische Gericht der freien ö. M. haben sollte.

Hardenbergs Kompromißform der Selbstverwaltung, nämlich die Zusammenarbeit von Beamten und Bürgern, die den letzteren nur halb Verantwortlichkeit lassen konnte und wollte, hat Stein 1807 gelegentlich angeregt [140]), später abgelehnt. Humboldt entschied 1819 für völlige Trennung ständischer und bürokratischer Behörden, wobei diesen nur ein Aufsichtsrecht über jene zustehen sollte. (Febr.-Dk. § 53).

Aber in den Landgemeinden bleibt die Wahl der Verwaltenden, des Schulzen und zweier Mitarbeiter, unmittelbar den Gemeindegliedern überlassen. Diese direkte (echte) Selbstverwaltung der Bauern findet sich bei Möser [141]), der überhaupt keine Wahl von Abgeordneten, keinerlei ständische Vertretung der Bauern wünschte.

Das entscheidende Neue bei Stein und Humboldt, das sie unter-

---

135) Wächter III, 231, 1816 wie in Germ. u. Eur. 275.

136) Beherz. 1814, S. 30.

137) Entwurf Bundesverf. 1814, vgl. v. Meier, Franz. Einfl. II, 371.

138) Für die deutschen Bundesstaaten, nicht für Preußen.

139) Beherzigung S. 31; Lehmann III, 348, Meier II, 371.

140) Vgl. Stern Abh. u. Akt. S. 161; Ranke Denkw. Hardbgs IV 380, 411.

141) Vgl. Botzenhart II, 174, auch Brandi, Einl. z. Auswahl i. d. Samml. dtsch. Staatsgedanke. Halb Repräsentant d. ritterschaftl. Kreises, halb Beamter ist der altpreuß. Landrat, vgl. Humboldt § 55 Febr. Dk. Schon in der preuß. Stadtgemeinde aber werden einzelne Bürger nur ganz selten zur Mitarbeit in den Verwaltungskommissionen gewählt; die Verwaltung wird durch den Magistrat, der von den Stadtverordneten gewählt ist, und von einzelnen Stadtverordneten übernommen.

schied von Mösers bäuerlicher und der englischen aristokratischen Selbstverwaltung, war, daß man nicht die Verwaltenden direkt durch die Gesamtheit wählen ließ, sondern durch die Stände. Darin lag die Verschmelzung des Repräsentativgedankens mit dem der Selbstverwaltung, auf die alles ankam [142]). Nur die wesentlichsten Kompetenzen der Ö. M. in diesem System sollen charakterisiert werden.

Im Gegensatz zu England wurde den untersten Selbstverwaltungskreisen, der Stadt- und Landgemeinde, Gerichtsbarkeit und Polizei, jedenfalls im alten Umfang, genommen [143]). An der Übertragung der Polizeigewalt auf die von Deputierten gewählten Verwaltungen (Magistrat) schieden sich die Geister: systematische Köpfe wie Schön sahen darin eine Beschränkung der obersten Gewalt; um das zu vermeiden, betonte Stein in seinen Entwürfen 1807/08, daß die Übertragung ex jure delegato geschehe. Humboldt gab (§ 49) 1819 die Polizei den Gemeinden nur, insofern sie »die Schäden abwendet«. Arndt war eine Beschränkung der obersten Gewalt zeitweise durchaus Ziel, aber er hat 1818 den Ausweg ergriffen zu betonen, es vermindere die oberste Gewalt gar nicht, wenn sie die niedere Gerichtsbarkeit und Polizei den Gemeinden überlasse [144]).

Die eigentlichen ständischen Kompetenzen, Information und Beschwerde, erhielten sich von 1803 an bis zu Humboldts Denkschrift 1819 immer lebendig; dazu kamen Selbstverwaltung, Entgegennahme des Rechenschaftsberichtes der Regierung, Steuerbewilligung. Die letzteren, gesteigert zur Ministerverantwortlichkeit und zum Budgetrecht, sind die Kernrechte der Repräsentation, die tatsächlich die Monarchie beschränken. Stein, Arndt und Humboldt nehmen durchaus wechselnd Stellung zu ihnen.

---

[142]) Durch sie hat man so vielerlei Verwandtschaft der Steinschen Ideen auffinden können, zum Munizipalitätengesetz von 1791, (Lehmann II, 87 Preuß-Jhbb. 93, 509) zu Turgot, aber auch zu den Westphälischen Erbentagen und wiederum ganz anders gearteten Einrichtungen. Um den Vergleich der Entwürfe und Gesetze haben sich Lehmann und Meier so ausführlich bemüht, Botzenhart wird demnächst einen solchen der Institutionen noch einmal hinzufügen, daß darauf hier nicht eingegangen werden soll.

[143]) Vgl. v. Meier, II, 233 ff. über die StO. Die Ablösung der Gerichtsbarkeit und Polizeigewalt vom Rittergut, als dem kleinsten ländlichen Verwaltungsbezirk — die Landgemeinde war noch nicht geschaffen — schien nach dem Oktoberdikt 1807 logisch notwendig (v. Meier II, 278, Lehmann II, 358, 368), wurde wiederholt gefordert, war aber praktisch besonders schwierig durchzuführen. Später hat Stein die Abschaffung der Patrimonialgerichtsbarkeit nicht mehr gefordert. Zusammenfassendes Urteil über die Kompetenzen der ländlichen und städtischen Selbstverwaltung nach Steins Plänen von Meier II 344, aber 353; Lehmann II 85.

[144]) Daß die Gemeinde sie von oben erst überlassen bekommen müsse, sah Arndt 1818 ein; 1812—14 pflegte er sie ihr ohne weiteres beizulegen.

Die Gesetzgebung endlich, die gefürchtetste wichtigste Kompetenz der französisch revolutionären Versammlungen, wurde jedenfalls nicht wie in Frankreich abgelöst von der Exekutive, von der (königlichen) Regierung, sondern diese und die Stände sollten sie »konkurrierend« zusammen ausüben [145]).

Stein hat 1808 den preußischen Reichsständen das Vorschlagsrecht »zum Vorteil des Fortschritts« zubilligen wollen im Gegensatz zu der Lehre, die der Kreis um Rehberg vertrat [146]). Humboldt aber hat den Ständen nicht die Initiative zugestanden (§ 36, § 121), sondern sie ihnen — ebenso wie der spätere Stein — nur als Verbesserungsvorschläge bei Beschwerden ermöglicht [147]). Solche Furcht vor der Neuerungssucht der Stände, vor ihrem bloßen Gesetze-machen nicht aus der Notwendigkeit, sondern für das Wünschenswerte, hat Arndt nicht; er spricht häufig von »Vorschlägen«. Stein und Humboldt aber wollten keine Pläne der Ö. M. hören, sie sollte nur die Regierungsinitiative begleiten.

Freilich nicht nur passiv, nicht etwa nur als consensus tacitus! Deutlich ist eine Zunahme der Stände-Kompetenzen von bloßen »Gutachten« [148]) zum »Mitregieren« vorhanden, wenn Stein den preußischen Reichsständen 1808 ausdrücklich »vorläufig« nur das Gutachten zusprach, 1814 aber ihre Beschlußkraft forderte. Die Provinzialstände aller deutscher Staaten »müssen mehr als nur Gravamina vorzutragen haben«, auch mehr als nur das Recht der Beratung besitzen [149]). Humboldt endlich hat sich, wenn auch vorsichtig und systematisch argumentierend (in den §§ 23—32 der Febr.-Dk.), für das Entscheidungsrecht der Reichsstände in Preußen ausgesprochen,

---

[145]) Darin folgte man Montesquieu, Burke, dem Kreis um Brandes usw., der auf ein Übergewicht der kgl. Regierung bei der Legislative bedacht war, indem er ihr das Initiativrecht vorbehielt. Vgl. Steins Notizen aus D'Jvernois Pertz I, 468; III, 169; vgl. Botzenhart II, 91, 219. vgl. das Versprechen der deutschen Fürsten auf dem Wiener Kongreß, die Stände sollten konkurrieren à l'impôt et à la législation, Pertz IV, 719; die scharfe Kritik Steins, daß nicht mal dieses Versprechen eingehalten würde, 24. 5. 15, Pertz VI, Teil 2, Beilage 87.

[146]) Pertz-Gneisenau I, 397 ff.

[147]) Kaehler: Humboldt habe eine Hintertüre offen gelassen. Klass. d. Pol., S. 183 Anm. 1. Das war auch das Recht der Nationalrepräsentation von 1811, wenn auch sehr verklausuliert; allerdings sollte dort der Regierung freistehen, auf diese Vorschläge einzugehen oder nicht. Stern, Abh. u. Akt. 195.

[148]) »Mitraten« sagt Arndt 1814. Beherz. S. 30; Pertz-Gneisenau I, S. 397 ff.; Stern 157.

[149]) Aug. Dk. 1813, an Münster Okt. 1814 Pertz IV 135 ff. Später 1822/23 ca. lehnte er für die Prov.stände Preußens ein Recht der Beratung ohne folgendes Recht zu beschließen schroff ab, die Stände blieben dann nur eine »inerte Masse«. Treitschke Preuß. Jhbb. 29, 468.

nicht obwohl, sondern weil das ihre Verantwortlichkeit und Bedeutung erhöhe.

Die Beratung an sich hatte am meisten Ähnlichkeit mit dem Kampf der freien ö. M.; auch wirkte die Diskussion am stärksten auf diese zurück. Arndt — und auch Stein [150]) — hielt diese Rückwirkung für notwendig und segensreich, nur 1816 fand Stein sie auch einmal gefährlich. Durch die Beratung recht eigentlich erhielten die Stände den Charakter einer Ö. M., aus ihren Diskussionen — nicht durch den Beschluß allein — gewann die Regierung ihre Information, und es mußte nur vermieden werden, daß der Meinungskampf sich nicht zu sehr dem der freien ö. M. annäherte. Arndt sah in ihm zwar auch hier den schöpferischen Kampf von Weltanschauungen und Interessen, Humboldt aber schränkte die Beratung weise auf den letzteren ein, indem er sie streng an den politischen Gegenstand band [151]).

Es fragt sich, ob das Beschlußrecht die Rechte des Königs beschränkte. Derselbe Stein lobte 1822, daß das preußische Volk die legislative Gewalt unbeschränkt beim König sehen wolle, der die Bedeutung der Legislative sonst darin sah, daß sie »dem Mißbrauch der obersten Gewalt Grenzen setze und die Geisteskräfte, die Vaterlandsliebe... in ihrem vollen Umfang entwickle« [152]). Der Widerspruch ist schwer zu übersehen. An zwei Fragen wird aber die Entäußerung königlicher Rechte, von der Humboldts § 15 sprach, evident: welche Gesetze gibt die Regierung allein? Und vor allem: haben die Stände das Steuerbewilligungsrecht bzw. in welchem Umfang?

1808 überließ Stein den Ständen, »den Grad der Neuerungen« zu bestimmen und nur ihnen, altes Recht aufzuheben. Setzte diese Funktion die Furcht vor dem Neuerungsgeist der Regierung voraus, so hatte man umgekehrt auch Furcht, die Stände würden wohltätige Reformen aufhalten. Deshalb beschränkte Humboldt die Legislative (§ 27, § 32) auf »alle eigentlichen und allgemeinen Gesetze«, gewährte aber keine Zuständigkeit für die Verwaltungs- bzw. Ausführungsgesetze (§ 34), ebensowenig für andere Steuergesetze als solche, die »eine Veränderung in der allgemeinen Besteuerung« bedeuten (§ 33). Schon der junge Humboldt sah die zentrale Stellung des Steuerproblems im modernen Staat, wenn auch nicht das Bud-

---

[150]) Vgl. StO.; 1808 legt Rhediger großen Wert auf die Diskussion und Steins Gutachten widerspricht nicht; 1814 für die Konstitut. von Baden u. Nassau.

[151]) Humboldt und Stein hätten wohl das Wort Roederers von 1799 umkehren mögen: délibérer c'est le fait de plusieurs, administrer c'est le fait d'un seul. Vgl. über diesen Gegensatz zwischen ihrer und napoleonischer Auffassung E. v. Meier Frz. Einfl. II 194 ff.

[152]) Thimme 186; dagegen Thimme 182, Beides 1822!

getrecht[153]). Dieses, das entscheidende Recht der jährlichen Steuerbewilligung, fehlt auch 1819 (§ 37).

Arndt in seiner nicht eben verfassungsrechtlich bestimmten Ausdrucksweise hat sich über die legislative Funktion sehr dunkel ausgesprochen[154]). 1802 sind Vorstellungen aus dem Bereich der Legislation der Volonté générale unverkennbar.

Völlig entgegengesetzt wie Humboldt äußerte sich Stein in seinen Verfassungsplänen für Nassau im August 1814[155]), die den Ständen weitgehendere Befugnisse geben: Gesetzgebung auch für die Verwaltung, und jährliche Steuerbewilligung. Es läßt sich nicht verkennen, daß Stein die Kompetenzen, die er im Oktober 1814 für die Stände aller deutschen Staaten genannt hatte, am liberalsten interpretierte, sobald es sich um die Rheinbundstaaten handelt. Wenn die Konstitution für Nassau 1814 wirklich am meisten Steins Ideal entsprochen haben sollte, so ist Stein in Preußen vorsichtig gewesen, dieses Ideal nicht anzuwenden; das wird besonders deutlich am Steuerbewilligungsrecht.

Den alten Ständen hat Stein es nicht abgesprochen, den geplanten reformierten Ständen sollte nur die Bewilligung von Sondersteuern der Provinz zustehen, dazu Kontrolle und Beschwerde über die Erhebung und Verwaltung der laufenden Steuern. Möglichst einfach wollte man die Steuerkraft des Landes anregen und ausnutzen[156]). Die Reichsstände 1808 sollten zusammenberufen werden, um die großen Kriegssteuern zu bewilligen, die ausgesprochen einmalige Auflagen waren[157]). Wenn Ernst v. Meier die Zuständigkeit der Stände

---

[153]) Ideen 1791 Ausg. Kaehler S. 8.

[154]) Über den Erlaß der Steuergesetze findet sich bei Arndt auffallend wenig; seine Gesetze sollten rein politischen oder humanen Zwecken dienen. (W. X, 38); 1810 unterschied er zwischen programmatischen »staatlichen Gesetzen«, die von allem Zufälligen (zeitlich und lokal bedingten) möglichst rein sein sollten, ferner »kleinpolitischen bürgerlichen Gesetzen« und polizeilichen Gesetzen; 1815 zwischen allgemeinen, der Gesellschaft aller Staaten unterliegenden Gesetze und den »volklichen«, die in den individuellen Nationalstaaten verschieden gegeben werden müssen; jene ersten erläßt und vertritt die freie ö. M., die »volklichen« Gesetze aber die organisierte O. M.; Schriften II, 338.

[155]) Bei Thimme 124 ff., vgl. auch Sauer, Gesch. Nassaus... S. 16. Vgl. Dk. Chaumont 1814, Aug. Dk. 13; für Baden Pertz IV, 218. Darüber Lehmann III, 348; v. Meier Franz. Einfl. II, 371.

[156]) Lehmann I, 254; 223.

[157]) Man hatte die Nationalrepräsentation ins Auge gefaßt zuerst pour arranger les finances, wie Hardenberg vorsichtig sagte. Vgl. den Beschluß jenes Pseudo-Generallandtages in Ostpreußen, der eine einmalige — und deshalb in ihrer Bedeutung umstrittene — Einkommensteuer bewilligte. Eine solche schlug Stein auch für den Gesamtstaat als »momentane zeitliche« Auflage an Hardenberg 1810 vor. Ranke, Hardenberg IV, S. 222—228. Vgl. die Kontroverse

Steins »nicht nach französisch-revolutionärem sondern geschichtlichem deutschen Vorbild bemessen« sieht, so schließt eine solche jedenfalls den Sinn einer Steuerbewilligung ein: nämlich die, wenn nicht Teilung, so doch Beschränkung der obersten Gewalt, was die absolute Monarchie mit so vieler Mühe überwunden hatte [158]. Deutlich in Erscheinung tritt das, wenn Stein den Ständen seiner süddeutschen Despotenstaaten die Steuerbewilligung und Finanzkontrolle zuspricht »um der Gewalt Grenzen zu setzen«, ja, »jährliche Neubewilligung« forderte, »um jährliche Berufung sicher zu stellen«. Wenn die periodische Bewilligung nur ein Druckmittel der Stände sein sollte, so erscheint das Mittel bedeutsamer, entscheidender als der Zweck.

Jährliche genaue Rechnungsablage, die selbstverständliche Folge des Budgetrechtes, hat Stein zu allen Zeiten gefordert, auch als er vom Budgetrecht — für Preußen — absah. Der Grund scheint im Wandel der Zeit und in der Lage der Staaten, die das Budgetrecht gewähren sollten, zu liegen. Steins »Überzeugungen« waren nicht so starr, daß er sich nicht nach den wechselnden Bedingungen hätte richten mögen [159]. Nach 1818 tritt, wie 1808, Aufsicht über die Verwaltung der Steuern und das Recht der Beschwerde, dazu die Bewilligung neuer Steuern an Stelle eines Budgetrechtes. Ebenso entschied Humboldt (§ 37 und 129). Wo ein altständisches Recht auf Steuerbewilligung in einzelnen Landesteilen sich erhalten hat (Provinz Sachsen und Pommern), will Humboldt (§ 71) es »möglichst gut beseitigen«, bis es in das Recht der allgemeinen Stände aufgehen wird.

Stein und Humboldt haben das Recht der Verweigerung nicht nur des Budgets, sondern überhaupt jeden Gesetzes als eine entscheidende Kompetenz der Stände gescheut. Humboldt ließ schließlich unter

---

zwischen Lehmann II 188 ff., Preuß. Jhbb. 1897 und Ernst v. Meier, Franz. Einfl. II, 382 ff. Pertz II, 497, 511.

[158]) v. Meier II 379. Er stellt II 442 ff. die Entwicklung der Steuerbewilligungskompetenz bis zum Edikt vom 17. Jan. 1820 über das Staatsschuldenwesen in Preußen dar, das die Auflage einer neuen Steuer von der Zustimmung von Reichsständen abhängig macht, was aber erst 1847 zur Berufung des vereinigten Landtags führte.

[159]) Das erscheint in der dogmatischen Auffassung Ernst v. Meiers a. a. O. 380 zu wenig. Dort erscheint das period. St.-Bewill.-Recht nur als Aushilfsmittel und »weil Stein es für ausgeschlossen hielt, daß ein solches Recht mißbraucht werden könne, um die Verwaltung des ganzen Staates durch die Verweigerung des Budgets zu stören«. Pertz V, 328. Eben das befürchtete Stein aber im Hinblick auf Frankreich 1831, gezwungen durch die unstaatliche Gesinnung der Bürger, die zwar nicht dem Geist seiner Reform aber der Wirklichkeit entsprach, während er es 1817 noch nicht befürchtete, bzw. noch nicht so sehr, daß es ihn abgehalten hätte, 1814 und 1817 das Recht auf period. St.-Bewilligung zu erteilen.

erschwerenden Formen die Stände Mißbilligung an den vorgeschlagenen Gesetzen aussprechen, ja »Maßregeln der Regierung durch ihre Mißbilligung kraftlos machen« (§ 26, 39 das suspensive Veto § 22). Nur durch das königliche Recht der Auflösung der Stände wird noch verhindert, daß der Schwerpunkt wirklich in das Parlament verlegt wird. Das war nur für die süddeutschen Staaten Steins Wunsch; denn in jeder Verweigerung tritt der Widerstand der Bürger gegen die Regierung offen zutage, sie ist der verfassungsrechtliche Ausdruck der liberalen Opposition: ö. M. gegen Autorität, die dem Geist der Verfassungsideen Steins, Humboldts und Arndts widerspricht. Aber die historische Entwicklung erwies diese Opposition auch in Preußen immer mehr als wirklich, ja, als das Beherrschende des politischen Lebens; eben deshalb verweigerte man ihr den Ausdruck, die rechtliche Stellung in der Verfassung mit steigender Vorsicht und Strenge.

Man verwandelte diese Kompetenz vielmehr in Beschwerde. Und weil »durch Personenwechsel der Wechsel der Maßregeln allein gesichert wird[160])«, galt es besonders, die Beschwerde der Ö. M. über die Regierenden, die Minister, zu regeln. Zunächst konnte ein Wechsel nur bei verfassungswidrigen Maßregeln gefordert werden: »Die Beobachtung der Verfassung unterliegt also dem Urteil der Nation«. (Humboldt 1819 § 24.)

Die Kontrolle der Stände bezieht sich auf die Rechtmäßigkeit, aber auch auf die Richtigkeit der Regierungsmaßnahmen. Das ist ihr Erbe aus dem national-ethischen Richteramt der freien ö. M. und die Folge ihrer in der Selbstverwaltung bewährten Sachkenntnis des Staatsinteresses. Die Regierung hat »genau Rechenschaft zu legen« und ihre Grundsätze vor den Ständen zu rechtfertigen (Humboldt § 41). Das Beschwerderecht, das bei allen drei Denkern immer eine große Rolle spielt, ist nur die primitivste Form der Kontrolle, die am meisten dem Staatsbürgerpublikum des absoluten Staates anstand [161]). Es wird gegenüber dem Minister zum Anklagerecht der Stände. Er ist doppelt verantwortlich: dem König und den Ständen (Humboldt § 5), in beiden aber der Idee und dem Gesamtwohl des Staates. Diese doppelte moralische Verantwortlichkeit erkannte Stein schon 1802 für seine Person an. Daß das Staatswohl von verschiedenen Trägern vertreten wird, denen man verantwortlich ist, ist Stein besonders natürlich, der früh erfahrungsgemäß den Staat von Fürst, Regierung oder Beamten zu scheiden pflegte. Dies aber macht die rechtliche

---

[160]) Pertz I, 338; April-Dk. 1806 Stein.

[161]) So hatte der bürokratische Hardenberg die Beschwerde der Nat. Repräsentation gewährt. Vgl. Stern, 195.

Fixierung der Verantwortlichkeit schwierig. Hardenberg stellte noch 1819 vage fest: »Die Minister sind dem König und der Nation verantwortlich« [162]).

Ganz so pflegte sich Arndt auszudrücken: Ihm war die Kritik der handelnden Personen, in denen er — und mit Recht — das Zentrum der Politik zu sehen glaubte, immer besonders wichtig; ihm kam es an auf ihre moralische Bindung an die Nation. Wenn sie zur gesetzlichen Bindung wurde, sollten alle Probleme, die das Richteramt der freien ö. M. in der schwankenden eigengesetzlichen Welt der Politik erschwert hatten, hier vereinfacht werden zu der Frage, ob die Person des Ministers — oder eines Beamten — persönlich intakt sei und verfassungsmäßig gehandelt habe. Die Ministerverantwortlichkeit taucht bei Arndt früh auf, er fordert sie für alle deutschen Landstände [163]) als erster und betrachtet sie bewußt als Mittel, auch den Fürsten zu binden an das, »was er tun soll« [164]). Auch Humboldt teilte jene »Nation«, der der Minister verantwortlich ist, in freie ö. M. und Stände. Moralisch ist er beiden verantwortlich, rechtlich ist er es nicht eigentlich in der Februar-Dk. (§ 42), die noch den Fall vorsieht, daß der König einen durch die Stände angegriffenen — und offenbar auch mit Grund angegriffenen — Minister schützen dürfe. Die Oktober-Fassung aber fordert die Ministerverantwortlichkeit wörtlich und klar [165]). In Humboldts Kampf gegen Hardenberg mag seine anfängliche Zurückhaltung, den Ständen das Urteil über die Politiker zuzugestehen, überwunden worden sein durch den Wunsch, unter allen Umständen die unbeschränkte Macht eines Premier so nicht unkontrolliert zu lassen [166]). Diesem Wunsch entsprang aber zugleich die Übernahme der Idee des englischen einheitlichen geschlossenen Ministeriums, die die Verantwortlichkeit des Einzelministers nur für Vergehen bestehen läßt, aber die Verantwortlichkeit für die Regierungsmaßnahmen dem Gesamtministerium überträgt. Während Humboldt auf die Verbindung des Einzelministers mit den Ständen persönlich Wert legt [167]) und die moralische Bindung immer eine persönliche Angelegenheit ist, soll die »Güte der Politik« eines Ministeriums in der Einheitlichkeit und Kontinuität der gesamten Verwaltung liegen, nicht in der Leistung

---

[162]) Hardenbergs Mai-Dk. von 1819 abgedruckt A. Stern, Gesch. Europas im 19. Jahrh, I, Beilage 9. Die Forderung nach Minister-Verantwortlichkeit erhob schon die Rigaer Dk. vom Sept. 1807.

[163]) Vgl. A. W. Schmidt, Geschichte d. dtsch. Reichsverfassungen, S. 78.

[164]) Beherz., 1814, S. 31.

[165]) W. XII, 408, vgl. das monarchische Prinzip in d. Oktfass. XII, 392.

[166]) Über diesen Kampf vgl. Haacke: der Preuß. Verfassungskampf vor 100 Jahren und neuerdings S. Kaehler, Wilhelm v. Humboldt und der Staat, 1927.

[167]) Humboldt Briefe Bd. VI, S. 505.

des Einzelnen. Diese Idee findet sich bei Stein und Arndt, die den irrationalen spontanen Kräften des Einzelnen das Entscheidende zutrauen und abfordern, nicht. Die verfassungsrechtlichen Konsequenzen erschienen Humboldt so groß wie sie tatsächlich waren: die ständische Anklage gegen ein ganzes Ministerium griff die Regierung sachlicher und umfassender an und nahm gewissermaßen beim Kampf um die Entlassung eines Ministeriums auch den um die Änderung der Richtung der Gesamtpolitik dabei mit dem Fürsten auf. »Humboldt kann«, fügt Kaehler hinzu, »die innere Machtverschiebung im Staate hier nicht mehr übersehen«[168]).

Ebensowenig kann das Stein, wenn er den badischen Premier verantwortlich machte. In Preußen hat Stein 1807/08 die Ministerverantwortlichkeit noch nicht gefordert, erst 1814 für alle deutschen Territorialverfassungen zum Schutz der Bürger, und weiterhin verfocht er sie mit Heftigkeit beim Anblick all seiner Gegner auf Ministersesseln, all dieser reaktionären und liberalen Buralisten, als das Recht der echten staatsbürgerlichen Kräfte[169]).

Verfassungsrechtlich weniger bedeutsam ist die Kontrolle der Beamten, die Stein und Arndt für eine wichtige Aufgabe der Ö. M. hielten und die auf derselben Fähigkeit der Ö. M. beruhte. Z. B. die Stadtverordneten kontrollierten den — allerdings von ihnen gewählten — Magistrat, der gleichzeitig der Regierung verantwortlich war. An dieser »Abhängigkeit des städtischen Beamten von der ö. M. und den Gesinnungen in der Gemeinde« hielt Humboldt mit Energie fest[170]), aber »es ist allerdings hierbei Mißbrauch möglich«. Dies war die Gefahr, daß ein tüchtiger Magistrat den Machenschaften der Stadtverordneten zum Opfer fallen konnte, denn sie ihrerseits waren nicht ihren Wählern sondern nur ihrem Gewissen[171]) und der breitesten Öffentlichkeit der freien ö. M. verantwortlich, auf deren Mitwirkung (besonders von Stein und Arndt) als Kontrolle der organisierten Ö. M. deshalb gerechnet wurde[172]). Nur so konnte die organisierte Ö. M. der freien

---

[168]) Kaehler, Klass. d. Politik, S. 185 Anm.

[169]) Auch in Preußen wettert Stein gegen Hardenberg, gegen »den nichtswürdigen Wittgenstein«, Schuckmann u. a. 2. 2. 18, Pertz V, 182, z. B.

[170]) H. W. XII, 472 »Es liegt darin und in dem engen Zus.hang der Bürger mit ihren Vorstehern das Distinktive einer Munizipalverfass.« Dk. 21. 11. 1819.

[171]) Über den Ursprung dieses »Phrasenartikels« — gegen diese verständnislose Bezeichnung hat sich schon Kaehler Z. f. Pol. X, 226 Anm. gewehrt — vgl. E. v. Meier, Franz. Einfl., 315 ff. dort auch die Beziehung zum franz. Gesetz vom 8. 1. 1790, Art. 34 und zum Wahlrecht der Verfassung von 1791 wie andrerseits zu den Grundsätzen des ALR. über die Verantwortlichkeit des Magistrats II, 341.

[172]) Steins Forderung der öffentl. Abstimmung 1808; seine Zustimmung zu Rhedigers Entwurf Pertz-Gneis. I, 397 u. a. Pertz VI, 2 Beil. 220, 1826 fordert

ö. M. wirklich verantwortlich werden, wenn nicht nur die Verhandlungen öffentlich waren, sondern auch durch Druck der Protokolle eingehend nachgeprüft werden konnten [173]).

Damit ist der Aufgabenkreis betreten, in dem freie und ständische ö. M. für einander wirken. Die Ö. M. belehrt die freie ö. M., diese aber erliest jene aus sich aus. Arndt vertraute dieser Auslese durch Wahl vollständig, auch noch 1818, daß sie die geeigneten Männer ausfindig machen werde [174]). Wie aber die ö. M. die organisierte Ö. M. erst schaffen, dann beeinflussen [175]) und kontrollieren will, so wiederum vertritt die ständische Ö. M. mit Nachdruck die Forderung nach Preßfreiheit gegenüber der Regierung, durch die die freie ö. M. erst recht eigentlich zu Leben und Wirksamkeit im Staate gelangt. Es ist oft genug geschildert, wie sie gegenseitig sich aufeinander berufen, sich erziehen, sich garantieren und rechtfertigen.

Eine Funktion aber der freien ö. M. fehlt für die Stände vollkommen: die einigende. Die nationale ö. M. hatte das Eine nationale Interesse verfochten gegen die fremden Völker, dann gegen die Territorialstaaten, indem sie die Einheit der Kultur und der Verfassung zu wahren oder zu schaffen suchte. Aber die nationale Einheit hatte keinen politischen Leib erhalten. An Preußen mußte es sich erweisen, ob die Einheit, die in der Idee eines Staates lag — dieses neuen preußischen Staates an Stelle der vielen alten »preußischen Staaten«, für die noch das ALR erschienen war — von der ö. M. verstanden, ergriffen und unterstützt werde. Die Einungsfunktion der ö. M. schien aber hier zu versagen, auch wenn sie Organisationsformen der Einheit mitschaffen sollte.

Humboldt empfand das im neuen Preußen besonders deutlich. Wenn die ö. M. nicht liberal als allgemeine Kritik und Opposition gegen die Regierung aufgefaßt wurde, war sie nicht einigend; im neuen Preußen und seinen Provinzen wiederholte sich vielmehr das Problem der nationalen ö. M.: die Gemeinschaftstendenzen der Gemeinden und Provinzen widersprachen einer einheitlichen Staatszusammenfassung, sie waren partikular. Stein hat das bejaht. Die Ö. M. erschien ihm nach 1815 immer stärker provinziellen Ursprungs

---

Stein umgekehrt strengste Geschäftsverschwiegenheit der provinzialständischen Abgeordneten.

[173]) Vgl. Botzenhart II, 161, Anm. 3. Das Prinzip aus England oder von Montesquieu.

[174]) Arndt allein nähert sich so republikanisch-demokratischer Auffassung.

[175]) Als moralischer Druck wirkt die ö. M. auf die Stände, besonders wenn diese sich der Regierung widersetzen wollen. Außenpolitische Eindrücke und Stimmungen der ö. M. wirken auf die Innenpolitik der Stände. usw.

und organisiert für die Vertretung der provinziellen Interessen [176]. Sie sollte vor allem ihre Form in den Provinzialständen finden, später werde dann eine einheitliche, allgemeine preußische Staatsgesinnung entstehen. In der Ö. M. der Provinz ist schon das politische Interesse der Provinz als einer Einheit lebendig, das — auch durch den »Gemeingeist« — in sich die auseinanderstrebenden sozialen Interessen zusammenfaßt [177]. Humboldt aber fürchtete das Überwiegen der provinzialen Tendenzen zu sehr, als daß er ihre Organisation erlaubt hätte ohne unmittelbare Nachfolge der allgemeinen Stände des Gesamtstaates [178]. Diese würden dann die verschiedenen lokalen Interessen der Bürger Preußens einigen! In der Gleichheit der Kompetenzen, »im gleichen Recht« der Stände (§ 70) lag ein einigendes Band. Arndt hatte ursprünglich gedacht, jede Provinz werde die ihrer Tradition und Lage entsprechenden Rechte besitzen. Aber so weit hatte das Bemühen um die institutionelle Zusammenfassung des Staats in Humboldt doch über die historisch-individuellen Rechte und Rücksichten gesiegt. Freilich konnten die Stände nicht »die Einheit des Staates« darstellen, die, wie Humboldt formulierte, »eine Idee ist, eine in die Handlungen der Regierung gelegte Modifikation und daher leicht zu zerstören« [179]. »Die Einheit im Regiment« sah vielmehr Stein 1822 gesichert dadurch, daß sie nicht den Reichsständen sondern dem König für den Gesamtstaat übertragen war [180]. Und Humboldt läßt die »Idee der Einheit des Staates« sorgfältig durch die Beamten und die Behördenorganisation gewahrt werden, auch gegen die provinzialen »lebendigen Kräfte« der Ö. M., die »sich selbst verteidigen«. So ist also die wertvollste Funktion der nationalen ö. M., das Vereinigen, das Streben der lebendigen Kräfte zur politischen Einheit, im Territorialstaat jetzt in die Hände der Regierung übergegangen.

Im ganzen gesehen wird an dem langsamen Ansteigen und Wiederabsinken des Umfangs und der Bedeutung der Funktionen der ö. M. — in ihrer freien und ihrer organisierten Form — deutlich,

---

[176]) Arndt Notgedr. Bericht II, 267. An Gagern, mein Anteil IV, 195.

[177]) Nur so hatte H. Gentzens Merkmal ständischer Verfassung auch für seine Provinzialstände zur Geltung gebracht, zugleich aber vermieden, daß die Deputierten zu Vertretern sozialer Interessenparteien herabsanken; nur so konnte Humboldt sagen, kein Stand, auch nicht der Adel, habe »ein von den übrigen Ständen geschiedenes Interesse«.

[178]) Humboldt, W. XII, 488 ff. Ebenso Humboldts Festhalten an den Steinschen Fachministerien gegen Provinzialministerien, die Schön besonders propagierte, 1825, W. XII, 491, 492. Dagegen Stein-Thimme, S. 158, 1818 u. v. a.

[179]) H. W. XII, Dk. über die Prov.ministerien 1821 S. 483, 486.

[180]) Thimme, 182.

wie wenig der Begriff einer ö. M. sich verdichten konnte unter dem dauernden Wechsel seiner Bestimmung; wie fast unmöglich es war, seine entscheidende Bedeutung durch alle Schwankungen hindurch festzuhalten: daß ö. M. Ausdruck sein sollte für Streben und Urteil der nationalen Gemeinschaft, die sie vertrat im Staat, den sie dadurch belebte und erfüllte.

III. Teil: Die psychologischen Voraussetzungen der politischen Begriffsbildung.

Einleitung.

»Wie oft entwickelt nicht ein neues, aus dem Leben geborenes und anfangs sehr schillerndes Schlagwort eine ungeahnte Fruchtbarkeit, indem es dazu treibt, verstreute Einzelerscheinungen zu Zusammenhängen zu vereinigen. Die Klärung und Abgrenzung so weit sie möglich ist, kann dann immer erst allmählich erfolgen [1]«. Solches Schlagwort ist auch die ö. M. als politischer Begriff, die bisher aus dem Denken der drei Deutschen herauszuschälen versucht wurde. Wurzel und Bedeutung ihrer Begriffsbildung darzustellen war die ursprüngliche Absicht, deren völlige Ausführung leider über den Rahmen der vorliegenden Arbeit hinausging.

Die Begriffsbildung entstammt der dreifachen Bedingtheit durch die historische Lage und ihre gewaltigen Umwälzungen, durch die geistesgeschichtliche Entwicklung speziell des politischen Denkens, das in den Zeiten des Kampfes, ja der Katastrophen besonders lebendig fortschreitet [2]) und in enge Wechselwirkung mit den Geschehnissen tritt; endlich durch die Eigenart der Persönlichkeiten, die sie in jener geistigen und politischen Lage bildeten, behaupteten, sie gestalteten. Ihre politische Begriffsbildung aber wirkt sich aus innerhalb der Geistesgeschichte und der politischen Geschichte, in den Anfängen einer Parteigeschichte und in der Verfassungsgeschichte als ein Versuch, zwischen den westeuropäischen Liberalismus und eine organisch-ständische Staatslehre der Restauration, zwischen den westeuropäischen Konstitutionalismus und die naturrechtlich-Hallerisch oder romantisch gedachte Monarchie eine spezifisch deutsche Zwischenform einzuschieben [3]).

Dabei wäre speziell der Begriff der ö. M. abzugrenzen gegen den

---

1) Meinecke, HZ. Bd. 136, S. 13.

2) Meinecke, Staatsraison, S. 190, 438; Ranke, S. W. 24, 237.

3) Wie sie vielleicht in den Ideen der Gagern einerseits, Stahls andrerseits später auftauchte.

Begriff eines Allgemein- oder Gemeinschaftswillens (volonté générale)[4]) dessen voluntaristischer Charakter zweifellos auf die deutschen Denker bei ihrer Vorstellung von ö. M. miteingewirkt hat, die aber ihrer ö. M. den ganz anderen Charakter einer national sittlichen Gesinnung gaben und ihr nicht die Gesellschaft, sondern die Gemeinschaft zugrunde legten. Die Fortbildung, die die »systematische Einheit« des naturrechtlich gesellschaftlichen Gemeinwesens durch Kant erfuhr[5]) — ihm kam es darauf an, daß es »in strenge Gesetzlichkeit gegründet ist« und daß der Privatwille um sittlich zu sein, seine Abhängigkeit vom allgemeinen Willen empfinde — würde hinführen zu den Ideen, die Stein und Humboldt in ihren kantisch geschulten Mitarbeitern im preußischen Staate lebendig vorfanden[6]), denen der Ausdruck des allgemeinen Willens in der ö. M. ebenso am Herzen zu liegen schien als ihnen selbst. Dieser allgemeine Wille des juristisch-politischen Gemeinwesens aber trat bei diesen in einen innigen Konnex mit einer ganz anderen Idee, mit dem Zeitgeist, während das Charakteristische der ö. M. Steins, Arndts und Humboldts war, daß sie diese, als Ausdruck der nationalen Lebensgemeinschaft, mit dem Volksgeist verknüpften und das Gemeinwesen weniger als soziale oder gesetzlich-sittliche denn als historisch-organische Einheit sahen, deren Ausdruck die ö. M., aber nun wiederum nicht nur voluntaristisch, sondern auch stark rationalisiert sein sollte — was beides dem Volksgeist in seinen verschiedenen Formen keineswegs zukam. Dieser Volksgeist stellte für jene Menschen nicht »eine mystische Entität eines vor und ohne Individuen gedachten Gemeingeistes« dar wie für die Romantik[7]), gleichzeitig aber war ihnen die innere Bedingtheit des isolierten Einzelbewußtseins und Einzelwillens durch das Ganze eines Volksgeists und -willens lebendig, besonders insofern jener entspringt aus einer kon-

---

4) Vgl. M. Krienitz, Das Wesen des Gemeinschaftswillens bei Rousseau, Diss. Greifswald 1925. Daß die Gemeinschaft will, hat als erster Rousseau gelehrt. Zur Unterscheidung ist wesentlich, daß die volonté générale (Contrat social 1. II c. 2) auf die unanimité nicht angewiesen ist, die für die ideale ö. M. der Volksgemeinschaft bei den Deutschen so hoch bewertet, ja vorausgesetzt wird als bedingt durch den Charakter der Gemeinschaft als geschlossene Individualität, was die Sozialgemeinschaft Rousseaus nicht ist. Während die vol. gén. souverän ist, ist es die ö. M. niemals. Vgl. Kähler, Z. f. Pol. X, 206. Vgl. auch G. Ritter, Stein HZ. 1928, wo der Begriff der volonté publique bei Turgot genannt wird.

5) F. Metzger, Gesellschaft, Recht u. Staat in der Ethik des deutschen Idealismus. Hrsg. Ernst Bergmann, Leipzig 1917, S. 59 ff.

6) Vgl. Altensteins Dk. bei Ranke, Clausewitz' Dk. u. a. bei Rud. Vaupel, Der deutsche Staatsgedanke I 8. München 1923 u. a.

7) Troeltsch, Probleme des Historismus, S. 46.

kreten sittlichen Gesamthaltung der Nation, die von Arndt und Humboldt in wachsendem Maße als geschlossene Persönlichkeit aufgefaßt wird. Die ö. M. als Ausdruck des Volkswillens schließt den Gesamt- und Einzelausdruck zugleich zusammen und muß gegen die Überbetonung des kollektiven wie des individualistischen Elementes gleichermaßen geschützt werden [8]).

Wenn man einen Prozeß der Auflösung des »Volkes« aus Gemeinschaft in Gesellschaft im Bewußtsein seiner Glieder am Ausgang der Epoche des Absolutismus annehmen darf, so stand jene Begriffsbildung an dem Punkt, da man einerseits diesen Prozeß noch nicht an der sozialen Umwandlung und Auflösung aller patriarchalischen Gemeinschaftsverhältnisse mit Unabwendbarkeit hätte ablesen müssen; Stein konnte noch auf ihre unmittelbare Wiederbelebung hoffen, Humboldt und Arndt auf ihre Neugestaltung. Andrerseits aber sah man bereits, daß die politisch-rechtlichen Formen, die man der neu und wieder ständisch zu gliedernden Volksgemeinschaft im ständischen Repräsentativsystem hatte schaffen wollen, nicht mehr den Geist der Gemeinschaft tradierten oder schufen und außerstande waren, die lebendigen Gruppen moderner Parteibildung aufzunehmen und zu einer neuen Einheit zusammenzuschließen. Zugleich schien der ursprüngliche Versuch, in der ö. M. geistige Kräfte zu politisieren, insofern gescheitert, als sie sich nicht — auch nicht als nationale — zu einer weltanschaulichen Einheit in der ö. M. zusammenfanden, sondern sich in die für Deutschland eigentümlichen keimenden Weltanschauungsparteien zu spalten begannen [9]).

Der Versuch, auf diesem spezifisch deutschen politischen Denken eine Verfassung aufzubauen, die sich grundsätzlich unterscheiden sollte von westeuropäischen, aus dem Naturrecht entwickelten, mit der Volkssouveränität argumentierenden Verfassungsgedanken, wurde durch die Lage des preußisch-deutschen Problems auf dem Wiener Kongreß und später vereitelt, die Hardenbergs Politik bedingte, als

---

[8]) Vertiefung der Frage bei Schelling: ist der allgemeine Wille bedingt durch den individuellen oder umgekehrt? cf. Metzger, S. 242 ff. Ebda. S. 162 Anm. 3 die Ablehnung des neuerdings von O'. Spann wieder betonten vagen »konkreten Ganzen«, von dem aus das soziale Leben nicht verstanden werden könne, vielmehr nur von der (abstrakten) Beziehung von Person zu Personen. Delbrück, Regierung und Volkswille, S. 45 bezeichnet wohl absichtlich nüchtern u. vereinfachend als realen Gehalt des »Volkswillens im Staat nichts anderes als die Willensbeziehung des einzelnen zum Staat«.

[9]) Vgl. die Kontroverse Meinecke gegen Brandenburg, Wahl HZ. 104, 537; 118, 46; 119, 63. Vgl. auch Festschrift für Meinecke Mü. 1922 S. 1 ff., 308 ff., 342 ff. Otto Koellreuter, Die politischen Parteien im modernen Staat, 1926 (Zur Einführung) u. a.

er zum Bündnis mit der Reaktionspartei und zum Bruch mit Humboldt und der Verfassungspartei schritt. Hardenbergs Politik schloß jene Anfänge deutschen politischen Denkens vom lebendigen Kontakt mit dem staatlichen Leben aus, und dadurch wurden sie immer mehr zu nur theoretisch fortwirkenden Ideen, die in das geistig politische Leben des 19. Jahrhunderts immer geringer eingriffen, den politischen Institutionen und politischen Lebensformen in Deutschland vollends ihren Stempel nicht aufgedrückt haben.

Wenn nun auch auf geistige und politische Herkunft und Bedeutung des gewissermaßen »deutschen« Begriffs der ö. M. nicht weiter eingegangen werden kann, so soll doch die psychologische Wurzel der Begriffsbildung, die schon im analytischen Teil der vorliegenden Arbeit wiederholt angedeutet wurde, im ganzen aufgezeigt werden — nicht in dem Glauben, die Begriffsbildung dadurch ganz erklären zu können; wie sehr diese vielmehr durch geistesgeschichtliche Kausalitäten im allgemeinen bedingt ist, durch Verwandtschaft und Besonderheit gegenüber der europäischen Staatslehre und ihren Formen in der deutschen Aufklärung, gegenüber der Staatslehre des deutschen Idealismus wie gegenüber den folgenden verschiedenen Volksgeist lehren [10]), wird eben an dem Zusammenströmen all dieser Ideen im Denken der Persönlichkeiten deutlich. An der Hand der vornehmlich biographisch betriebenen Forschung zeigt sich der Prozeß der Begriffsbildung zunächst.

Stein.

»Was kann einem überwältigenden Schicksal ähnlicher sein als die Macht der Meinung, die unbemerkt um sich greift, die Gemüter in Besitz nimmt und plötzlich mit einer nicht mehr zu bezwingenden Stärke auf dem Kampfplatz erscheint [11]).« Diesem ungeheuren Schauspiel wohnten die Menschen jener Epoche, in der das Leben Europas sein Tempo verzehnfacht zu haben schien, zweimal bei, das erstemal als Zuschauer der französischen Revolution, das zweitemal als Handelnde, die das aus der französischen Revolution in ihrer zweiten Epoche geborene nationale Prinzip zur lebendigen politischen Kraft erhoben und gegen den Erben der Revolution selbst ins Feld führten. Diese Menschen, wenn sie sich dem politischen Wirken zuwandten, empfanden und erlebten die Macht der Meinung als Schrecknis, als Aufgabe und als Hoffnung, sich selbst aber als die Führer, jene zu überwinden, zu lösen, zu realisieren. Es bedurfte reicher und kraft-

[10]) Des Nationalgeistes bei Fichte wie des Volksgeistes bei Schelling u. a. Lit. bei Meinecke W. u. N. 6° S. 221; Kantorowiz HZ. 107 Rexius HZ. 108 u. a.

[11]) Ranke, Reformationsgesch., Akad. Ausg. Bd. I, S. 22.

voller Menschen, mitten im Strom der Meinungen selbst stehend, die sich die Kraft zutrauten, das zu leisten. Jeder in seiner Art waren Stein, Arndt und Humboldt dazu berufen.

Bestimmt wurden sie alle durch das Verhältnis, das in ihnen Idee, Ideal, Norm und Wirklichkeit zueinander gefunden hatten; es ist der Schlüssel zum Verständnis jener idealistischen Generation — so grundverschieden in jedem sich die Elemente auch lagerten [12]. Es war das Kernproblem jener Zeit, »den wirklichen Staat und die Ideale der Vernunft tiefer miteinander auszugleichen« [13]. Aus diesem Verhältnis aber folgt die Art ihres Denkens ebensowohl wie ihre Art zu handeln; die Inhalte ihres Denkens werden dadurch ebenso ausgewählt aus der Fülle der Vorstellungen und Ideen, die in der Zeit durcheinanderströmten und sich anboten, wie ihre Denkformen und -weisen dadurch mitbestimmt werden; die Stellungnahme zu den entscheidendsten Erscheinungen der Zeit: zu Individualismus und Auflösung der alten inneren und äußeren Gebundenheiten [14], zur französischen Revolution und Auflösung des absoluten Herrschaftsstaates, kurz: zur »Freiheit«, der alle einen positiven statt eines negativen Wertes zu geben suchen. Eine Bindung der Freiheit haben auch die Franzosen der Revolution nach 1792 gefunden in der Idee des Volksstaates und im nationalen Prinzip, die beide für die Deutschen von entscheidender Wichtigkeit werden mußten.

I.

Der größte unter ihnen als Mensch, eine gewaltige Natur, in ihrer Einmaligkeit nicht erklärbar, ist Stein. Vergebens hat sich die Forschung bemüht, über ihn ein einheitliches Bild zu gewinnen. Die Methode, den Reichtum und die Widersprüchlichkeit einer großen Persönlichkeit einzufangen in ein Netz antithetischer Begriffspaare, in denen ihre Struktur festgelegt werden soll, will bei Stein am wenigsten verfangen. Doch fühlen alle die Größe der Persönlichkeit gleich stark, jeder zitiert sie für seine Ideale, niemand (in Deutschland, Cavaignacs Doktrinarismus scheidet aus) entzieht sich dem Zauber, den das heroische und nüchterne, schroffe, einfache und im Grunde

[12]) Auch für Stein ist erlaubt, von »Idee« zu sprechen, wenn sie auch ihm etwas anderes als Arndt und Humboldt bedeutet. 1810 fordert Stein (Dk. Brünn, März 10) von den Bürgern seines Staats »ein Leben in der Idee«, das alles bloße Trachten nach Genuß aufhebe. »Idee« ist dabei sittliches Ideal, das das Leben normativ bestimmt. »Ideen« sind Stein Hirngespinste.

[13]) Meinecke, Staatsraison, S. 433.

[14]) Vgl. C. Schmitt, Politische Romantik, der die Auflösung der religiösen Gebundenheit betont, Tocqueville für die Aufhebung der sozialen Gebundenheit und v. a.

tragische Wesen dieses Mannes ausübt, um den sich keine einheitliche Legende gewoben hat wie um die doch um vieles komplizierteren, wenn nicht bedenklicheren »Heldenbilder« Friedrichs des Großen und Bismarcks. Geschah das nur darum, weil ihm die Wirklichkeit, der Erfolg, der in der Welt der Politik alles entscheidende, nicht Recht gegeben hat?

Die Forschergeneration, die noch aus dem deutschen Idealismus stammte, urteilte über Stein (bzw. seine Reform): »Sein Wert ist bei weitem nicht in dem, was er erreichte, sondern in dem, was er erreichbar glaubte«. [15]) Das aber war auch noch ihr eigener politischer Glaube; Droysen 1846 konnte in Stein noch den Beginner des ersehnten kommenden Neuen sehen, den ersten Staatsmann, der die Ideale eines deutsch-sittlichen Liberalismus verfolgt habe, Freiheit in der Bindung der nationalen Staats,« das Werden der Freiheit ... gegründet auf der sittlichen Natur der Staates und die natürliche Sittlichkeit der Volkseinheiten, gegrundfestet in neuen Verfassungen [16])«. Ranke hat 1877 vorsichtig das Urteil gefällt, daß Stein der intellektuelle Urheber des Repräsentativgedankens in Preußen gewesen sei, und ihm damit in einen Entwicklungszusammenhang gestellt, der auf die neue Zeit, das neue Reich zuzulaufen schien, wenn auch nicht auf einen unbedingten Wert darin. Hintze aber 1894 hat klar und scharf gesehen, daß dem nicht so war, und daß Steins wesentliche Ziele von der historischen Entwicklung, die Deutschland im 19. Jahrhundert nahm, nicht berührt worden sind, daß seine Wünsche und Ideale heute klingen wie »eine Stimme aus dem Lager der Besiegten« [17]).

Diese eigentümliche Kluft zwischen Steins politischen Zielen — die man wohl als den wesentlichen Inhalt seines Lebens bezeichnen darf, da sein persönliches Leben in hohem Grade von dem des Staatsmanns aufgezehrt erscheint — zwischen Steins Wollen schlechthin also und der Wirklichkeit, der es leidenschaftlich und immer dienen sollte, fiel schon den Zeitgenossen auf, erschien schon ihnen zugleich als Zeit- und Wirklichkeitsfremdheit, die hinter die Gegenwart zurück und über sie hinausgriff, kaum aber in ihr Wurzel zu fassen vermochte. Das wird umso seltsamer, als in Stein eine durch und durch praktische Natur sich der Politik zuwendet, die von keinem Corps de doctrine ausgeht (der Vorwurf Cavaignacs) und auch nicht gelernt hat, systematisch zu denken (der Vorwurf Schöns); zugleich eine Natur, die der vorwiegend theoretisch geistigen Bildung, die die Kultur der Persönlichkeit im Deutschland jener Zeit wesentlich bestimmte, nur

---

[15]) Droysen, Vorlesungen über die Freiheitskriege, Bd. II, 446.

[16]) Ebenda, Bd. II, 640.

[17]) Hintze, Ges. hist. pol. Aufsätze, Bd. III, S. 106.

untergeordnete Einflüsse verdankte. Das zurückhaltendste Urteil über Stein verdanken wir — während der Reaktion in Preußen 1853 — dem klug beobachtenden und nicht eben allzu idealistischen Alexander von Humboldt, einem großen Kopf, der sich gewöhnt hatte, an der Wirklichkeit allein zu lernen und am Erfolg zu messen. Er allein sagte, Stein sei »kein großer Mann, aber oft groß im Handeln; ein Mann der raschen Tat, mächtig von Willenskraft, aber kein Staatsmann; ungebildeter als das Zeitalter, in dem er lebte, aber fein und edel im Gemüt, bei vielen Ausbrüchen...« und so gab Alexander schon im Wesen Steins jene Widerspruchsfülle an, die noch stärker in den Ideen Steins sich wiederholt.

Einheitlich groß in diesem Menschen ist der Wille überhaupt, der aus einem leidenschaftlichen Charakter aufsteigt, oft sich in vulkanartigen Ausbrüchen austobt, den Umgang mit ihm einzelnen Menschen erschwert [18]), aber in guten Stunden zu einem großen mitreißenden Erlebnis macht. Denn dieser Wille dient zugleich einer lauteren und reinen Gesinnung, die von dieser großen Natur nicht erkämpft ist, sondern ihr mitgeboren erscheint, und die ihm jenes »Leuchtende« gibt, das Caroline von Wolzogen, das Humboldts Gattin an ihm empfanden, das Arndt an ihm liebte. Aus dieser Gesinnung ergaben sich ihm unmittelbar unumstößliche und unabwendbare Grundsätze sittlicher Natur, die er in selbstverständlichem Einklang mit den sittlichen Geboten seiner Religion und mit der rationalen Moral fand und die ihn notwendig, nicht starr (wie erworbene sittliche Doktrinen) leiteten, durch die er aber, dem expansiven Zug seines Wesens und den moralpädagogischen Tendenzen und Lieblingsgedanken seines Jahrhunderts folgend, nach einer Erziehung im großen Stil trachtete. Mit Recht betont Gerhard Ritter [19]) den Erziehungsgedanken als das Zentrum der Steinschen politischen Wirksamkeit. In ihm fand Stein den Ausdruck für das Normative seines Wesens, für die einheitliche Geschlossenheit seiner ethischen Zielbestimmtheit und für die Kraft »der schöpferischen Illusion« [20]), deren die Erziehung so gut wie die Geschichte bedarf. In Steins politischem Denken war es die Illusion einer sittlichen und praktischen Einheit von Gemeinschaft und Staat.

Im Gegensatz zu der ungeheuren Bildsamkeit und Aufnahmebereitschaft, diesem Umgetriebensein Arndts durch alle lebendigen Strömungen seiner Zeit, im Gegensatz zu der rein geistigen, großen intellektuellen Rezeptivität Humboldts hat Stein etwas ehrwürdig

[18]) Vgl. dazu Arndts Zeugnis in den Wanderungen. Briefe 24. IV. 13 u. a.

[19]) Gerhard Ritter im Arch. f. Pol. u. Gesch., 1927, Heft 7.

[20]) Meinecke: Boyen u. Roon, in Ges. Aufs. Preuß. u. Deutschl. 1917.

in sich Ruhendes; aber keineswegs etwas Unbewegtes! Denn während Humboldt, alterslos der Gleiche, in seine persönlichen Krisen in rhythmischem Auf und Ab versponnen ist, Arndt aber sich durch hundert Erlebnisse und Wandlungen hindurchkämpft, um immer wieder als der gleiche Unbekümmerte aus ihnen hervorzugehen, läuft — nach Ritters letztem und überaus kraftvoll zusammengeschautem Bild — Steins Entwicklung in konzentrischen, immer weitere Bereiche des Lebens umfassenden Kreisen; ihr Mittelpunkt, sein unwandelbarer Charakter, steht fest und unverrückt, und am Abend seines Lebens zieht sich der Kreis wiederum eng zusammen. Auch Meinecke beklagt eine gewisse »Verengung« der Ideen am Schluß des Steinschen Lebens [21]). Sie hatten sich gewandelt unter den Einflüssen seines wachsenden Lebens, das ihn bis zu welthistorischer Bedeutung emportrug, der Mensch und das Wollen, dem sie dienten, blieben dieselben.

Dieses Wollen wurzelt tief in einer natürlichen und stolzen Bejahung alles Gegebenen, des angestammten Standes und seiner Aufgaben, der eigenen Nation und ihres Reiches, und der Geschichte, die in diesen beiden dem Reichsfreiherrn immer lebendig ist. Steins Wesen ist so boden- und traditionsverwurzelt wie sein Wille idealistisch darüber hinausgreift [22]). Sein Wirken ist die weitgeschwungene Brücke zwischen ihnen, deren tragender Pfeiler Steins eigentümliche Religiosität ist. Jeder Forscher hat sie erwähnt, bei Pertz erscheint sie als eine etwas offizielle lutherische Frömmigkeit, Lehmann gibt ein schwungvolleres Bild eines männlichen, tatenfrohen Protestantismus, der nüchtern kühle Realist E. v. Meier anerkennt etwas strikte die Steinsche Orthodoxie. War sie jenes »schlichte Denken wie sein Pfarrer« wie Haake es — offenbar im Anschluß an Meineckes Charakteristik von 1913 — nennt [23])? Eigentlich religiöse Bewegtheit, Gefühle der Furcht, Schuld, Reue und Vergebung durch den Glauben, auch das Gemeindeerlebnis findet sich in den zurückhaltenden Zeugnissen des Steinschen persönlichen Lebens nicht. Die Verbindung Steins durch sein Elternhaus mit dem deutschen Pietismus, auf die Kluckhohn [24]) und andeutungsweise auch Ritter hinweisen, ist danach nur für die Tatsache, daß Stein überhaupt christlich, streng dualistisch fühlt, nicht aber für den Charakter seiner Religiosität bestimmend gewesen. Eine einfache, fast gebrauchsfertige, ganz auf die Bewährung der Sittlichkeit in der Wirklichkeit des um-

---

[21]) Preußen u. Deutschl., Stein-Aufsatz von 1913, S. 125 ff.

[22]) Ebenso Meinecke, W. u. N. 6°. S. 190; Drüner, Hist. Vjschr. 1924, S. 28 ff.

[23]) Haake, der Preuß. Verfassungskampf.. 1921, S. 21.

[24]) Kluckhohn, Persönlichkeit u. Gemeinsch., 1926, S. 104 ff.

gebenden Lebens abzielende Kirchenfrömmigkeit scheint die Religiosität Steins, aus der sich sein stolzer und zum Heroischen aufsteigender Wille erhebt. Durch sie erscheint Stein als ein Mensch von fast unbegreiflicher Ungebrochenheit, vielleicht so wie er selbst seine frühmittelalterlichen Heldengestalten sah, stärker vielleicht noch als ein Vertreter jener handfesten rationalen Umformung lutherischer Staatspädagogik, wie sie das 17. Jahrhundert (etwa in Veit Ludwig von Seckendorff) vertrat und wie Stein sie unbewußt und bewußt nach dem Einbruch des individualistisch-liberalen Denkens im 18. Jahrhundert verfocht, das einem Manne wie Friedrich Wilhelm I. so noch nicht gegenüber gestanden hatte wie ihm. Und während das 18. Jahrhundert eine utilitaristische, intellektualistisch und eudämonistisch gedachte Humanität der Masse und dann die höhere individuelle Humanität der Persönlichkeit [25]) erstrebte, lenkte Steins altertümlich einfache Moral zurück zur lutherischen Lehre vom bösen Menschen, der nur durch die Religion veredelt werden kann zu einer ihrem Inhalte nach von Stein nie angezweifelten christlichen Sittlichkeit, die erst dadurch spezifische Züge des Rationalismus erhielt, daß sie dem Interesse und einer natürlichen Sittlichkeit nicht entgegen zu stehen schien, daß keine unüberwindbare Kluft zwischen ihr und der Wirklichkeit sein sollte, und daß sie rationalistisch typisiert als das Ziel für alle Völker gedacht wird, in denen die Sittlichkeit des einzelnen aufgeht. Darin nähert sich Stein philanthropischen Gedanken, aber auch Adam Smith. Daß die Sittlichkeit der Völker durch die Entfaltung ihrer Eigenart bedingt sei, ist ein Gedanke, den Stein erst später — als den einzigen unbewußten Einfluß der Individualitätslehre — aufnimmt und durch den er seiner Idee des Erziehungs- oder Veredelungsstaates eine neue Note, die des National-Staates hinzufügt [26]). Der Wesensgrund seiner persönlichen Kultur unterschied sich so stark von dem der individualistischen Persönlichkeitskultur seiner Zeit, daß man für Steins geistige Lebenshaltung von »Naivität« (Ritter) gesprochen hat; dadurch aber kannte Stein die psychologische und geistige Wirklichkeit seiner Zeit nicht. Auch hat Meinecke von »ethischer Mittellage« sprechen können und doch das Heroische seines Wesens nicht übersehen, was beides als etwas völlig Einmaliges aus Steins Wesen mit vielfältigen Ideen der Zeit zusammentrifft und verschmilzt. Dabei treten Kraft des Charakters und Bildung in eine Verbindung, die der letzteren nur eine

---

[25]) In den (nicht polaren sondern auseinander entwickelten) Tendenzen der Klassik u. Romantik (Korff).

[26]) Pertz V, 251, 30. III. 1818 Aufgabe wird: »vollständige und fortschreitende Entwicklung des Geistes und Charakters der Nation«.

untergeordnete Bedeutung gibt, eben in dem Bildungsjahrhundert, an dessen Ausgang Arndt vergeblich nach ihrem richtigen Verhältnis sich sehnte und es im zukünftigen Menschen erziehen wollte; dessen Repräsentant Humboldt in hervorragender Weise ist, der im Ungenügen des Bildungsmenschen 1792 übertreibend formulierte: »so stehen Kraft und Bildung ewig im umgekehrten Verhältnis«. Dafür ist Stein, der Bildungswirklichkeit seiner Epoche fremd [27]), vielleicht der bedeutendste Repräsentant, wenn er die höchst gebildeten politischen Köpfe in Preußen um sich sammelt wie Niebuhr, Vincke, Schön, Frey, Humboldt, Süvern u. a. Steins Kraft gelang es, unter diesen den Geist selbstverständlicher Hingabe an die Wirklichkeit öffentlicher, politischer Arbeit immer wieder zu beleben, die ihm durch die Tradition des reichsritterschaftlichen Selbstregimentes und die halb lutherisch, halb rationalistische Auffassung tätiger und sozialer Arbeit als selbstverständliches Erbgut mitgegeben war. So verpflanzte Stein ein Stück lutherisch-deutschen Staatsgedankens, ihm selbst unbewußt, durch sein Wesen mehr als durch seine Ideen, unter die kantischen preußischen Beamten, mit denen zusammen er der Illusion diente, Volk und Staat zu einer Einheit zu machen.

Diese Illusion beruhte bei Stein nicht etwa nur in Gemüt und Willen, sondern auch auf einem unmittelbaren und angeborenen Sinn für die lebendige Welt der Wirklichkeit des täglichen und natürlichen Lebens in Gemeinschaft und Staat, einem Wirklichkeitssinn, wie Stein und Arndt ihn vorzüglich an Bauern und Geschäftsleuten zu rühmen pflegten, und wie ihn der Reichsfreiherr besaß, der früh schon (mit 26 Jahren) die Familiengüter zu verwalten hatte und zwanzig Jahre lang die Praxis preußischer Verwaltung kannte. Die Forschung hat mit steigendem Anteil für Steins seltsame und großartige Natur die Bedeutung betont, die seine reichsritterschaftliche Herkunft hat sowohl für die innere Geschlossenheit seiner vornehmen Gesinnung und die trotzig gegen die rationalistischen Zeiteinflüsse behauptete altertümliche Gläubigkeit wie für seinen angeboren praktischen und aufs Herrschen gerichteten Sinn [28]). Dieser nun mag auch jene Eigentümlichkeit in Stein bewahrt haben, die so seltsam mit der Unbedingtheit seiner immer lebendigen ethischen Zielsetzungen kontrastiert, die unbewußte praktische Anpassung an den Moment, an das Gegebene, das Aufnehmen von Hilfskräften aus allen eben verfügbaren Quellen, die allein z. B. seine Zu-

---

[27]) Trotz Botzenharts und noch umfassender Ritters Nachweis der vielseitigen Einflüsse und Beziehungen des geistigen Lebens vor 1789 zu Stein.

[28]) Lenz, Kleine hist. Schriften, II, 409 ff., Ricarda Huch, 1924. Hans Thimme, Einl. zur Auswahl a. a. O., ihm folgend Botzenhart, II, Einl. u. a.

sammenarbeit mit den preußischen Mitarbeitern der Reform ermöglichte, die ihn zugleich aus diesem Kreis von Gelehrtenbeamten heraushebt, aber auch seine Schwankungen erklärt, seine Widersprüche zwischen theoretischen Zielsetzungen und praktischen Maßnahmen, das Unberechenbare und das zugleich Produktive seiner organisatorischen und diplomatischen Schritte und Unternehmungen. Es ist die Tradition einer herrschenden Klasse, wie der englische Adel z. B. sie besitzt, Politik der Wirklichkeit zu machen aus dem Gefühl unmittelbarer Verantwortung für das gesellschaftliche und politische Leben, und dabei das Durchdenken und Verschärfen der Probleme beiseitezuschieben — auch unter der Gefahr des Vorwurfs, »man lebe nicht genug in der Idee«[29]) — um die Probleme nur praktisch vor allem zu lösen. Aber zugleich ist Stein erfüllt von allzu hoch gespannten ethischen Forderungen, für die diese sozialpolitischen Probleme gelöst werden sollen und müssen.

Diese Doppelheit, in der Wirklichkeit zu wurzeln, aber mit ethischen Forderungen an sie heranzutreten[30]), macht Stein zum Idealbild eines politischen Menschen in Arndts Sinn. Als die Stunde seiner welthistorischen Wirksamkeit im Kampf um die Befreiung kam, gab sie seinen Taten den einzigartigen Schwung großer Politik und sittlicher Tat.

Die Zeitgenossen aber empfanden sonst, bald daß er zum Ausführen (Adam Müller), bald zum Führen der Menge (Schön) oder zum Beraten einzelner Handelnder (Humboldt), zur Außenpolitik (Niebuhr) oder zur Innenpolitik (Schön, Papiere I, 33) nicht berufen sei. Humboldt schrieb 1818 an Caroline von Wolzogen (18. Juli): »Zu Geschäften ist Stein nicht mehr; ... allein er ist trefflich, um den, der wirken soll, immer in der höheren Region des Denkens und Fühlens zu erhalten«; und umgekehrt 1819 fügte er dem wärmsten Lobe Steins hinzu: »nur ist das alles nicht zur höchsten Richtung vereinigt, die es zu nehmen fähig wäre, er ist zu sehr bloß dem Wirklichen im Leben zugewendet«.

Reißt sich hier bereits die Kluft auf, die Humboldts Wertung des Wirklichen, des Lebens im Staate, »in Geschäften«, von der Steins trennt, so ist Humboldt doch schon deutlich, wie Stein in der Wirklichkeit, aber nicht für sie lebt, während er selbst — um es vorweg zu sagen, — die Wirklichkeit unterschätzt, um sie aus der Entfernung des ruhigen Betrachters zu erkennen und sie in ihrem Sinne

29) Das ist Schöns Vorwurf, den Stein erwidert mit dem Vorwurf allzu großer doktrinärer Hartnäckigkeit, die nichts sei als verfeinerter Egoismus. (Bei Niebuhrs und Schöns Abgang unter Hardenberg 1810.)

30) Meinecke, Preuß. u. Dtschl., S. 127 (1913).

zu verstehen. Humboldt sucht die Wirklichkeit und entzieht sich ihr doch, Stein besitzt sie und will über sie hinaus, will sie beherrschen. Humboldts kontemplative passive Natur, die aus dem Gegensatz heraus die Energie »die größte Tugend« nannte, glaubte durch das Erkennen zum Sein zu gelangen, Stein und Arndt in Übereinstimmung mit ihrem Wesen forderten das Wollen und das Wirken. Während Humboldt dann glaubte, ein großes persönliches Sein mache ein Wirken in der Wirklichkeit überflüssig, ja das Wirkliche »nämlich die Geschäfte, der Erfolg könne es nur beirren«, fühlten Steins und Arndts aktive Naturen, das Wirken fließe notwendig aus dem großen Sein und in ein solches zurück und bedeute die einzige Bewährung sittlichen Seins überhaupt. Stein zielt auf Handeln als Hingabe schlechthin, aber nicht auf Erfolg, nicht auf Macht. Und insofern ist er ein Phänomen unter den Staatsmännern — kein großer Staatsmann? Die Forschung hat sich mit diesem Problem beschäftigt seit Treitschke, der der idealistischen Generation von 1815 en bloc Wirklichkeitsfremdheit vorwarf und doch den einzigen und gewiß nicht weniger ideologisch planenden und wertenden Stein ausnahm, freilich indem er Rankes Gedanken über Stein übertrieb und ihn zum Schöpfer der Idee eines deutschen Reichsparlamentes machte; das wies Schmidt (1890) zunächst unter Hinweis auf Steins zweifellos ideologische deutsche Reichsverfassungspläne zurück, ohne damit die Größe Steins, die Treitschke in der bekannten »Bläserinstrumentation« (Dove) pries, wirklich herabzusetzen. Gerade die deutschen Reichsverfassungspläne blieben die Nuß, an der man den Kern der Steinschen Wirklichkeitsverbundenheit aufzuknacken suchte. Zunächst bemerkte Delbrück [31]), daß »die verschiedenen Distanzen der Politiker vor dem Problem« ihnen ein verschiedenes Urteil gäben, und zwar seien gerade die der Realität näher, »die den konkreten politischen Verhältnisses des Momentes ferner sind«. Mit diesem Argument wird die Begründung für die Wirklichkeitsfremdheit Steinscher Verfassungspläne hinfällig, die Schmidt vorbringt [32]) und die Lehmann für Steins schroffe Urteile über Preußen wiederaufnimmt [33]). Meinecke sah den Grund zu Steins Nicht-Realistik tiefer; er fühlte die ideologisch-sittliche Struktur des Steinschen Wertens und Wirkens [34])

[31]) Preuß. Jhbb. 64; jetzt Ges. Aufs. Erinnerungen, Reden, S. 93.

[32]) Schmidt, Gesch. d. dtsch. Verf. Frage, S. 36 »Weil in keines Staates Diensten, ließ sich Stein nur allzu leicht durch unpraktische Theorien und Ideale bestimmen«.

[33]) Lehmann, Bd. III, 114 »Stein verfiel doch einigermaßen dem Schicksal aller Emigranten, die früher oder später die Fühlung mit den Realitäten verlieren«.

[34]) 1908 in der ersten Auflage von »Weltbürgertum und Nationalstaat«

gerade bei der Deutung des nationalen Machtkampfes als sittlich absolute Forderung Steins besonders stark heraus; sein allzu heftiges Wollen habe ihm — im Gegensatz zu Humboldt — den Blick für die Realitäten getrübt. Dagegen wandte sich Ulmann [35]) in einer temperamentvollen »Verteidigung« Steins als eines nationalen Realpolitikers; er unterstrich wohl mit einigem Recht die national-politischen Tendenzen der Steinschen Politik 1812—15 stärker als Meinecke, aber das Wesen Steins verzeichnete er dabei doch wohl zu sehr ins Modern-Realistische. Meineckes überlegener Psychologie gelang dann die Vertiefung des Problems 1913 dahin: Stein war der Wirklichkeitsmensch inmitten der idealistischen Denker, aber er war nicht Realist im Sinn des ausgehenden 19. Jahrhunderts. Die Wirklichkeit ist ihm Stoff und Aufgabe zur Bildung des sittlichen Charakters. Ritter führt diese Unterscheidung weiter, wenn er 1927 Stein eine nicht realistische, aber praktische Struktur zuschrieb; und diese ist es, die Stein so weit von Humboldts Verständnis entfernte. Die Frage seiner Realpolitik aber entscheidet Ritter, den Widerspruch gegen Meinecke überspitzend, dahin: »Viel zu kühn und zu einseitig national denkend war Stein, um realpolitisch zu sein; die Zuziehung der nichtdeutschen Mächte zur Befreiung Deutschlands war sein erster noch unsicherer Schritt auf der Bahn der Realpolitik [36]).«

Die praktische Struktur Steins machte ihn zum Kenner und Organisator der inneren Verwaltung, seine Hingabe für die Idee machte ihn zur treibenden Kraft unter den europäischen Mächten gegen Napoleon, das Mittelglied, die realpolitische Einsicht, wie die europäischen Staaten gegen Napoleon zu organisieren und untereinander zu befriedigen seien, blieb dahinter zurück. Der große politische Mensch war der große Staatsmann nicht, den man nach seinen Erfolgen, nicht nach seiner Gesinnung allein mißt [37]). Freilich teilt diese Auffassung Stein selbst nicht, gerade in den Momenten nicht, wo er sich zu seiner Größe, zu seiner weltgeschichtlichen Bedeutung erhebt, wo er wünscht, daß »nur das Gefühl für Recht und Pflicht uns leiten soll ... selbst bei Gewißheit des Nicht-Erfolges für eine große edle Sache zu handeln« [38]). In dem »dennoch-Handeln« — notfalls an der Grenze des rechtlich und sittlich Erlaubten — lag der Ausweg für seine vulka-

35) Hist. Viertjsch. 1910.

36) Vgl. dazu das Urteil Hintzes, Aufs. Bd. III, S. 106. »Die auswärtige Politik war nicht sein Feld...«. Ähnlich Lehmann.

37) Das betont Kaehlers neue Humboldt-Monographie; er glaubt nicht, daß, wie Meinecke noch durchfühlen läßt, der große Wille die Einsicht trübt, die dem passiven Betrachter leichter sei.

38) Thimme, 1822, S. 180, ebenso an Friedr. Wilh. III., 28. 12. 1812 u. a.

nische Natur, die ohne solche sittliche Gebundenheit zum Condottiere, zum Abenteurer die Kraft zu haben glaubte [39]). Für Stein gilt der entgegengesetzte Grund als der, warum Humboldt sich auf die Verachtung des Erfolges zurückzieht, der sich dadurch dem vollen Einsatz in Wirklichkeit und Handeln zu entziehen wünscht [40]). Humboldt sichert dadurch die Sphäre persönlicher Intaktheit, Stein die persönliche Sittlichkeit, wenn er sich nicht — wenigstens nicht ausschließlich — nach den Gegebenheiten richten will. Aber während Humboldt überhaupt dem Handeln aus dem Wege geht, war es für Stein und Arndt der instinktiv und durch ihren Protestantismus gegebene Weg in die Wirklichkeit. In der großen Politik erwiesen sich beide schreibend und handelnd als Ideologen in jenem Glauben, daß die Welt in Gut und Böse, in Feinde und Freunde Napoleons gespalten sei. Durch diesen Glauben allein aber rissen sie das idealistische Geschlecht der Fichte und Kleist, Schleiermacher und Steffens zum entscheidenden militärischen Kampf der Befreiung hin. An diesem Glauben aber zeigt sich am stärksten der fortlebende Universalismus des 18. Jahrhunderts, der nach Meineckes These den beginnenden nationalstaatlichen Gedanken in seinem Erwachen belebte und doch schon wieder zu ersticken drohte. An diesem Problem hat die Stein-Forschung angeknüpft und die Frage nach dem Verhältnis von Wirklichkeit und sittlicher Norm, »Idee«, in Steins Wesen und Politik verengert zur Frage des Machtstaatgedankens bei Stein und der nach seinem Nationalismus und Universalismus.

Der Machtstaatsgedanke in seiner unmittelbaren Kälte, durch keinerlei rationale oder romantische Theorie gerechtfertigt: vom notwendigen Kampf der autonomen Staaten oder der historisch-nationalen Lebensgemeinschaften, der Volksgeister, Volkspersönlichkeiten oder gar der Nationalstaaten als überpersönliche Individualitäten — er ist Stein fremd. Auch Drüner hat im letzten Abschnitt seines Aufsatzes über den nationalen und universalen Gedanken bei Stein mit Recht den Machtstaatsgedanken abgewiesen [41]), aber auch alle die Rechtfertigungsmöglichkeiten sind Stein, wie Meinecke darstellt, noch fremd. Denn das Charakteristische der Steinschen Staatsauffassung ist zunächst — und das machte zuletzt wieder Gerhard Ritter gegen Botzenhart

---

39) Meinecke, Boyen I, 162/163.

40) Ganz selten finden sich auch bei Stein Anklänge an diese Zeitstimmung, an die Sehnsucht nach dem unbefleckten idyllischen Leben. Pertz IV 159; so auch Schön, Pertz III, 39 u. viele Zeitgenossen.

41) Hist. Vjschr. 1925, S. 62 ff. Im 8. Kap. von »W. u. N.« hat Meinecke an Steins dtsch. Verfassungsplänen das Problem dargelegt.

mit Recht geltend [42]) — daß der Sinn des Steinschen Staates in einem überstaatlichen Zweck liegt. Er ist nicht ein Gebilde außermenschlicher, außersittlicher Natur und eigenen Rechtes. Macht bedarf der Steinsche Staat so weit, als sie ihm nötig ist, damit er zur Veredelung der Menschen, genauer der Nation, beitragen kann. Die sittliche Hebung der Staatsbürger aber wird selbst zur echten Machtquelle des Staates, dem es nicht auf die Güter, sondern auf die moralischen Energien der Bürger ankommt [43]). Keiner der Forscher seit Droysen hat diese »Metapolitik« Steins — um sein eigenes Wort zu gebrauchen — geleugnet, auch v. Meier, auch Ulmann nicht, daß nicht die Macht, sondern die Versittlichung des Staats Steins letztes Ziel war, und Lehmann, der große Biograph Steins, hat es mit Recht nachdrücklich hervorgehoben. Aus diesem Grunde war Stein der strikte Gegner des bloßen Herrschaftsstaates, ein »Liberaler«, und das unterscheidet ihn völlig von Bismarck [44]). Damit ist nicht gesagt, daß Stein nicht unter den anderen Staaten Europas den Machtkampf für den deutschen Staat voll aufgenommen habe [45]). Aber er tat das unter der inneren Voraussetzung, daß dieser Kampf um den Raum seines Volkes für dessen sittliche Entfaltung nötig sei und auch für ein christlich-europäisches Gemeinwesen, dem die Nationen und ihre Staaten als Glieder angehören, am liebsten wie die Glieder einer rationalen europäischen »Gemeinschaft« der Nationen [46]). Nationalismus und universal europäische Sittlichkeit, universal-europäisches Staatensystem waren ihm keine Gegensätze; er empfand das weder als persönlichen, noch als sachlichen Konflikt. Zu tief durchdrangen ihn noch die universalen Traditionen der Aufklärung, die zugleich eine nationale Individualisierung, eine historische Entwicklung und damit eine gewisse Relativierung der sittlichen Werte nicht kannte, noch weniger den Machtkampf der historisch-natürlichen Lebensmächte außerhalb der christlich-sittlichen Normen anerkennen wollte. Die einfache Morallehre, daß, was sittlich gut sei, auch nützlich sei, deckte den schwarzen Abgrund zwischen Moral und Politik im allgemeinen für Stein zu und wurde nicht von ihm bezweifelt [47]). Alle Skepsis, die das Handeln

---

[42]) Vgl. HZ. 136, 568 ff. Rezension zu Botzenhart II. 1927.

[43]) Also in Übereinstimmung mit Humboldt und gegen Adam Smith.

[44]) Vgl. Lenz, Schriften II, 409 ff.

[45]) Darauf legt Ulmann besonderen Wert, ebenso Ritter.

[46]) Während Humboldt eben dieses als echte »Gesellschaft« der Nationen, der Staaten auffaßte, die nur auf Verträgen beruhe.

[47]) Doch empfand Stein — zwar nicht für seine Person — aber bei Betrachtung Friedr. Wilh. des Dritten den Abstand zwischen persönlich christlicher Gesinnung und politischer Kraft: »Diese Milde, diese Rechtschaffenheit

lähmt, lag seiner Natur fern. Zweifellos erhielt er sich auch dadurch in jener »ethischen Mittellage«, die Meinecke in eine fast bedenkliche Nähe zu Betrachtungen über das philiströse deutsche Bürgertum gesetzt hat, das in den Kleinstaaten in einfach engen und tüchtigen Lebensformen diese Mittellage repräsentierte.

In dem Reichsritter aber war daneben ein außerordentliches Gefühl von der nationalen Würde und Ehre, von dem historischen Reich lebendig — nicht von der einzigartigen Fülle und Tiefe des nationalen Geistes wie in Humboldt, nicht von der Schönheit und Mannigfaltigkeit der nationalen Kultur wie in Arndt, sondern eben noch von dem Reich als der wirklichen Erscheinung, dem politischen Leibe dieser Nation, das Stein noch immer notwendig in das europäische Gemeinwesen zu gehören schien[48]). Besonders für die historischen Ideen und den politischen Instinkt Steins glaubte man das Zeugnis seiner Geschichtswerke heranziehen zu können[49]), für seine eigentlich politischen Ideen aber machen gerade diese, wie auch seine so oft zitierte reichsritterschaftliche Herkunft die Antithese von Nationalismus oder Universalismus hinfällig, und am meisten tut das Steins Politik selbst, an der sie Ulmann zuerst abzulesen glaubte. Denn in dieser Antithese laufen zwei Kreuzungen von Idee und Wirklichkeit, zwei verschiedene Arten Universalismus durcheinander: Stein umgab ein universal-europäisches Staatennetz mit dem droit de convenance des 18. Jhdts., dem die Realisierung des nationalen deutschen Staates, dieser »Idee« Steins, unterworfen war; es ist nicht ideologische, sondern im höchsten Grade reale Politik, wenn Stein bei der Gründung des nationalen Staates seine universal-europäische Bedingtheit berücksichtigte. Nur dadurch konnte er überhaupt preußische und deutsche Politik treiben[50]). Zum anderen aber sah sich Stein zwischen der Idee einer menschlich sittlichen europäischen Solidarität gegen Napoleon, deren Führung bei der deutschen Nation lag, und der Wirklichkeit der auseinanderstrebenden Tendenzen der Staaten, die in dieser Solidarität zusammen geschlossen sein sollten, Rußland, Preußen, Österreich und England. Und in diesem Falle behält doch wohl Meinecke recht, wenn er betont, daß diese universalen Neigungen Steins

---

beförderte nur seinen Fall«. Pertz II, 526, 1811; 1812 fügte er hinzu: »es ist schwer, die Pflichten des Bürgers mit denen des sittlichen Menschen zu vereinigen«. Pertz III, 28.

48) Vgl. jetzt HZ. 140, 57 ff. Arnold Berney.

49) Zuerst Hans Thimme in der Auswahl München 1923, dann Botzenhart I 1924, vgl. jeweils die Einleitung der Herausgeber.

50) So hat Ritter die Kontroverse Ulmann ca. Meinecke geschlossen. Vgl. Pertz IV 148, (4. XI. 1814 an Alex.), 186 (26. X. 1814 an Hardenberg).

stärker als die Erkenntnis dieser Wirklichkeit waren; Stein hat sich 1818 sympathisierend für die heilige Allianz, die Erbin dieser Solidarität ausgesprochen, die »jenen Gemeingeist der europäischen Staaten«, den gerade Steins Geschichtswerk annimmt [51]), und »jene großen Interessen Europas« repräsentierte, von denen Stein in der Polendenkschrift an Alexander sprach. Drüner hat diese doppelte Beziehung von Steins Nationalismus und Universalismus sorgfältig untersucht und die nationale Komponente seines Wesens der universalen Neigung zuletzt übergeordnet. Darin stimmt ihm Alfred Stern bei [52]), während Dietrich Gerhard [53]) mit Recht Botzenharts Antithese von Nationalismus oder Universalismus für Stein überhaupt ablehnt und als Steins »stärksten politischen Antrieb jenes Ineinander nationalstaatlichen und universaleuropäischen Denkens« bezeichnet, das »der harmonischen und optimistischen Gesinnung« entsprach, »in der für Stein nationales und gesamteuropäisches Empfinden sich ohne Reibung zusammenfanden, auch in seinem Geschichtsbild«. Dieses zielt im Grunde ab auf ein statisches europäisches Gesamtbild, »auf ein von den Begriffen der nationalen Ehre und der christlichen Zucht getragenes« — und durch die ö. M., das Gewissen der Menschheit, mitgeregeltes — »Miteinander-Leben politisch freier und männlicher .. Völker« und gehört so der Aufklärung wie Romantik, jedenfalls aber nicht dem Geist des 19. Jhdts an.

Eben auf jene durch Lehmann nur selten benutzten, durch E. v. Meier vielsagend erwähnten und durch Hans Thimme teilweise, durch Botzenhart ausführlich veröffentlichten Geschichtswerke Steins stützt sich unter den jüngeren Forschern die erneute Betonung des national-deutschen Charakters, wenn nicht der Politik, so doch der Ideenwelt Steins. Und diese, nicht sein Wesen und nicht seine Politik, ist das eigentliche Problem der Steinforschung geblieben, von Cavaignacs erstem Angriff und Kosers Verteidigung [54]) bis zu Botzenharts und Ritters jüngsten Veröffentlichungen.

---

[51]) Botzenhart I, 89.

[52]) In der Zusammenfassung über die neuere Steinforschung im Archiv für Politik 1926, ebenso Kallen in Ilbergs Neuen Jhbb., Bd. II, 1926, Müsebeck in den Meistern der Politik, Bd. II, 1922. Meinecke stimmt Drüner zu in der Annahme, daß Nationalismus und Universalismus eine Synthese in Stein eingehen, wünscht diese aber auf ihre zeitliche oder innerliche Bedingtheit hin näher untersucht. HZ. 131, 177 ff.

[53]) Rezension von Botzenhart I. Arch. f. Pol. 1924 Bd. VI, 622.

[54]) Ges. Aufs. 1921, S. 269 ff.

II.

Die Ideenwelt Steins ist kein politisches System — das war das erste, was Koser dem französischen esprit du système 1896 entgegenhielt — und sie ist nicht der unmittelbare Ausdruck Steins selbst — das folgt aus seiner unsystematischen und praktischen Veranlagung. In ihr fließt vielmehr seine unbewußte Welt- und Staatsanschauung, die dem klaren, unbefangen optimistischen Erziehungsstaatsgedanken entspricht, zusammen mit dem Bildungserlebnis — wie Gerhard Ritter das nennt — seiner Göttinger Studienzeit, dem hannöverschen Liberalkonservatismus, den die jüngsten Untersuchungen Wenigers und Botzenharts besonders berücksichtigen, und mit den Anregungen seiner staatstheoretisch ungemein an-, ja aufgeregten Zeit, mit den vielseitigen englischen und französischen Ideen des 18. Jahrhunderts hauptsächlich vor der Revolution, auf die Wahl (1908) und Ritter (1927) besonders ihr Augenmerk richten [55]). Nur Max Lehmann, der Biograph Steins (1902 ff.), hat sich, durch einige wenige aber deutliche Übereinstimmungen in der Fassung Steinscher Reformgesetze mit Gesetzen der französischen Constituante verführt, für den Einfluß der berüchtigten »Ideen von 1789« auf Stein ausgesprochen und das in der 2. Aufl. seines Werkes 1921 dahin formuliert: »Stein war ergriffen von den Ideen, die man herkömmlich nach 1789 benennt. Freilich er gab sich ihnen nicht hin. Er wollte sie sozusagen ermäßigen, er wollte eine Synthese zwischen ihnen einerseits, den überlieferten Zuständen Preußens und den protestantischen Idealen Deutschlands andrerseits«. Darauf antwortete 1907 der schroffe Angriff des Juristen E. v. Meier, der jeglichen Einfluß der französischen Ideen auf Stein — und in einem Anhang auch auf Humboldt — rundweg in Abrede stellte [56]). Die ganze Kontroverse, betrachtet man sie auf ihre Ergiebigkeit für die Analyse der Steinschen Ideen, wird erst fruchtbar, wenn man scharf unterscheidet: einmal, was man unter Einflüssen überhaupt zu verstehen habe; zum anderen, in wieviel verschiedene Fragen der Komplex der umstrittenen »Ideen von 1789«

---

55) HZ. 103, 359; früher schon in Annalen des Deutschen Reiches 1904. Ritter Arch. f. Pol. Aug.heft 27; HZ. 1928.

56) Die Kontroverse, die nicht eben in den vornehmsten Formen wissenschaftlicher Polemik ausgefochten wurde und unter den Beteiligten nicht zu vorsichtigen begrifflichen Untersuchungen führte, wird ausgezeichnet dargestellt in der Einleitung Friedrich Thimmes zur 2. Aufl. von Meiers »Reform der Verwaltungsorganisation in Preußen unter Stein und Hardenberg« 1912; sie war zusammengefaßt und im allgemeinen zugunsten E. v. Meiers entschieden worden durch Hintze. Forsch. zur Brandbg. Preuß. Gesch., Bd. 21, S. 313 ff.; vgl. auch Wahl, HZ., 103, 359.

auseinanderfällt; zuletzt: ob sich der Gegensatz zwischen Stein und diesen Ideen zu einer ideengeschichtlichen Antithese zwischen Stein und der Staatslehre der Aufklärung schlechthin vertiefen und ausgestalten läßt, wie Botzenhart es 1927 getan hat.

Zur Frage der Einflußnahme hat Botzenhart, unter starker Betonung des Einmaligen im Wesen des Genies, vorsichtig aus vier Stufen eine Reihe von Einflußbeziehungen von verschiedener Tiefe und Intensität angenommen [57]), die sich zunächst bewähren sollte zur Klärung der Tatsache, daß Steins Reformgesetze durchaus Anklänge an französische Gesetze von 1791 und 93 haben können und doch aus einem entgegengesetzten Wollen, einer ganz anderen Ideenwelt stammen [58]); daß zwischen den Gesetzen und den Ideen ein Unterschied besteht wie zwischen Form und Inhalt. Dazu aber kommt bei der Gesetzabfassung gerade die eklektisch-praktische Richtung des Politikers Stein mit in Frage, die Mittel, Hilfe, Formulierungen während der Reform hernimmt, wo er sie findet [59]). Die Traditionen des aufgeklärten preußischenReformbeamtentums vor 1806, auf deren Kontinuität mit Steins Reform E. v. Meier, Hintze folgend [60]), so großen Wert legt, wirkten sich in den sogenannten Steinschen Gesetzen sehr stark aus — und nähern sie ideengeschichtlich damit stark der Staatslehre des Rationalismus [61]), trennen sie von einer spezifisch Steinschen »organisch-historischen« Staatsauffassung. Während also Meier den Zusammenhang der Steinschen Reformideen mit der preußischen Beamtenaufklärung betont, um diese Ideen gegen »französische Einflüsse« zu sichern, muß notwendig Botzenhart — im Verfolg der These Wahls von der gemeinsamen staatsauflösenden aufklärerischen Richtung Frankreichs vor der Revolution und Preußens vor Stein (1768—1806) — eben deshalb einen scharfen Trennungsstrich zwischen Stein und der preußischen Reformbewegung, oder besser, zwischen Steins Ideen und Steins Reformgesetzen ziehen.

---

57) Botzenhart II, S. 3 ff.

58) Botzenhart folgt darin seinem Lehrer Wahl. Treitschke Pr. Jhbb. 29, S. 329, sagte noch nur aus den Gesetzen schließend: »Stein adoptierte damit die liberalen Ideen«.

59) Die Formulierungen Schöns im politischen Testament geben nicht Steins Staatsanschauung (wie Droysen — im ungestörten Einklang von idealistischem Liberalismus und angeborenem Sinn für »Staatlichkeit« — zu Unrecht glaubte), so wenig wie Freys St.-O.

60) Hintze, HZ., Bd. 76, 1896; auch Max Lenz, Gesch. d. Univ. Berlin, Bd. I, legt Wert auf die Reformideen der preußischen Beamten vor Stein, die »Kampf und Parteiung« unter ihnen mit sich brachten. Inwiefern sie eine ö. M. vorbereiteten, konnte nicht weiter ausgeführt werden.

61) Der doch wohl Kant u. Adam Smith auch für Botzenh. unwidersprochen angehören.

Was sie aber verbindet, stärker, als sie der von Botzenhart postulierte Gegensatz der Staatsauffassung trennt, das ist zweierlei: der typisch-moralische Grundzug der gesamten preußischen Reform, der sich bei Stein zu einem ethischen Pathos zuweilen erhebt, und ferner (trotz Wahl) die Tendenz zur Staatlichkeit, d. h.: »der Begriff der Regierung« bildete für alle die Reformer »stets als eine dem Volk übergeordnete höchste Gewalt den Mittelpunkt ihres Denkens«[62]. Diese Gemeinsamkeit der preußischen Reform trennt sie als ein Ganzes ab gegen die »Ideen von 1789«, obwohl ihre Staatsanschauungen zum großen Teil, jedenfalls ursprünglich gar nicht organisch-historisch, sondern echt aufgeklärte sind. Botzenharts Vereinfachung des komplizierten Begriffes einer »Staatslehre der Aufklärung« wird jedem in die Augen springen[63]. Die Stellung Steins zur Aufklärung ist weit positiver als Botzenhart sie zeichnet, sowohl dem Inhalt seiner Ideen nach, als vor allem den Formen nach, in denen sich das Steinsche Denken bzw. die Steinsche Argumentation bewegt. Darauf wird unten einzugehen sein.

Was innerlich zutiefst Stein und die preußischen Reformen von dem ganzen Komplex der Ideen von 1789 trennt, ist ein ideeller, instinktiver oder ein praktischer Anti-Individualismus, den auch die preußischen Reformer haben, die ursprünglich vom Recht des Einzelnen ausgehen, es aber dem Sinn des preußischen Staates doch unterordnen. Bei Stein war er in seinem altertümlichen Wesen verankert, das Ricarda Huch an ihm als an dem großen Rebellen gegen ein auflösendes individualistisches Zeitalter liebt. Steins Menschentum gehört innerlich tatsächlich noch in eine Lage von Gemeinschaftsbewußtsein hinein, durch das er seiner Zeit völlig entfremdet ist. Denn diese hat nicht nur durch die Antriebe des nivellierenden absoluten Staates und der naturrechtlichen Staatslehre gelernt, die Individuen als Grundpfeiler und Sinn des gesellschaftlich staatlichen Aufbaus zu sehen, sondern auch die Gegenbewegung des Rationalismus, Pietismus und der Phantasiebewegung in Deutschland haben auf eine individuelle Kultur gezielt, der die Klassik den Gedanken der bewußten und gewollten Rückkehr des »dienenden Gliedes in das Ganze« hinzufügte, was in Humboldts Rückkehr zum Staate deutlich sichtbar wird. Dies alles ist Stein fremd, nur der Schluß des Faust zog ihn an. Steins Gefühl für das Ganze war ebensowenig erklärbar wie die innere Über-

[62]) Dietrich Gerhard, Einl. zur Ausg. der Briefe Niebuhrs 1926 S. 78.

[63]) Ritter hebt HZ. 137 mit Recht hervor, daß sie der Grund ist dafür, daß die umfangreiche und diffizile Untersuchung Botzenharts doch ein einseitiges, etwas konstruiert, nicht historisch wirkendes Bild der Steinschen Ideenwelt gibt.

zeugung der preußischen Tradition, daß der Staat ein übergeordneter Wert sei, es war deshalb ebenso wie jene preußische Staatlichkeit durch den Individualismus der Zeit angreifbar und ebenso instinktiv sich behauptend als ein Stück echtester Wirklichkeit. Auf diese politischen Urerlebnisse, auf die grundverschiedenen Bildungserlebnisse[64] der grundverschiedenen Persönlichkeiten der Reform, trafen die Ideen von 1789 (von denen Ritter mit Recht sagt, es sei an der Zeit, sich durch sie den unbefangenen Blick auf die lebendige Fülle politisch-geistiger Tendenzen des 18. Jhdts. nicht mehr trüben zu lassen). Was ihr Gemeinsames, ihr Wesen ausmacht, ist nicht einmal übereinstimmend festzustellen, wieviel schwerer also eine geschlossene Antithese zu ihnen zu finden [65]). Daß sie ein Produkt der Aufklärung sind und jedenfalls »rationalistisch«, steht allein fest; aber damit ist kein Gegensatz zu Steins Denkweise gegeben. Redslob [66]) hat betont, daß in den Staatstheorien der französischen Nationalversammlung 1789 zwei ganz widerstrebende Elemente spitzfindig vereinigt werden: die naturrechtliche Theorie, besonders in ihrer letzten phantastischen Umformung durch Rousseau — gegen die Steins Gegensatz unbezweifelbar nachgewiesen worden ist — und die Montesquieusche biologisch-historische Staatstheorie, die eine bestimmte psychologisch-geistige Haltung und Eigenart der Völker zur Grundlage, ja zur Begründung der verschiedenen Prinzipien der Staatsformen (Monarchie, Republik usw.) macht [67]), und in dieser noch rationalistisch-psychologischen Staatslehre der romantisch-organischen, individuellen Staatsauffassung vorarbeitet. Steins Übereinstimmung mit den staats- und verfassungsrechtlichen Grundanschauungen Montesquieus hat Botzenhart ausführlich — und »zu seiner eigenen Überraschung« (Ritter) — nachgewiesen, was einen Gegensatz Steins gegen das rationalistische Denken (etwa wegen seines »organischen« Denkens) doch wohl auf-

---

[64]) Die wichtigsten Bildungserlebnisse dieses Kreises sind Reisen in England (von einer solchen Steins wissen wir leider nichts), west- und ostdeutsche Verwaltungseindrücke, die Lehren der Göttinger Schule und des Rehberg-Kreises, die Adam Smiths und der englischen Historiker, endlich die Lehre Kants.

[65]) Entstanden aus allgemeinen Tendenzen der europäischen Geistesentwicklung verdichten sie sich nicht schlechthin zu Staatstheorien, die vom gleichen Individuum ausgehen, — der Anteil Montesquieus ist schon der Gegenbeweis — sie sind auch nicht notwendig doktrinär ahistorisch. Aber durch den Gegensatz zum absoluten Staat treiben freilich alle, auch die anglisierende aristokratische Staatstheorie etwa der Reformpartei Lally-Tollendals, in den Gegensatz zur Staatlichkeit überhaupt hinein.

[66]) Staatstheorien der franz. Nationalversammlung 1789, München 1911.

[67]) Vgl. Hintze, Hist. pol. Aufs., Bd. IV, S. 43.

hebt [68]). Das spezifisch »Französische« (Hintze) der Ideen von 1789 aber, dem Stein sich leidenschaftlich entgegenstellte, war nun, daß man die Lehre von Gleichheit, natürlicher Freiheit, Gesellschaftsvertrag, Volkssouveränität und den systematischen ahistorischen Charakter der naturrechtlichen Vernunftdoktrin übertrug auf das Konglomerat von verfassungsrechtlichen Vorstellungen, das sich in den Kämpfen der verschiedenen Parteien der Nationalversammlung schließlich herauslöste und in der Verfassung von 1791 sich darstellte. Individualistisch, d. h. vom Recht des Individuums allein ausgehend und dadurch von Staat-auflösender Tendenz waren diese Ideen von 1789, insofern sie die skeptische Richtung des französischen Rationalismus aufnahmen, statt die durch Turgot und Dupont-Nemours angegebene Linie staatspolitischer Reformideen zu verfolgen, nicht aber notwendig aus ihrem rationalistischen Charakter überhaupt. Wenigstens konnte das Stein selbst so erscheinen, der die europäische Aufklärung vor Voltaire in seinem Geschichtswerk als eine günstige Entwicklung darstellt [69]), eine seltsame und bemerkenswerte Stelle, deren Deutung man bei Botzenhart vermissen kann. Freilich könnte man sagen, daß Stein selbst, unsystematisch wie er war, den Widerspruch zwischen seiner eigenen, in seinem Wesen verankerten instinktiven Staatsanschauung und der, die notwendig aus der gepriesenen Denkfreiheit folgerte, nicht fühlte; der Widerspruchsreichtum seiner Persönlichkeit muß wohl hingenommen werden.

Wieder für sich steht Steins Stellung zu den faktischen Maßnahmen, nicht den Ideen der Revolution. In ihnen trat jener Charakter einer schroffen »Staatlichkeit« hervor, die alle Lebenskräfte und -äußerungen der französischen Nation zusammenfaßte gegen den Feind und in der keineswegs mehr die Freiheit der Individuen als der leitende Gedanke des neuen Revolutionsstaats erschien. Die Sympathie Steins für diese Maßnahmen 1793 [70]) ist unleugbar und verträgt sich sehr gut mit dem leidenschaftlichen Haß, den sein Geschichtswerk gegen den französischen Geist der Skepsis, der zur Revolution führte, an den Tag legt.

---

[68]) Wenn man unter »rationalistisch« eine Denkart versteht und nicht etwa wie Troeltsch eine Weltanschauung, die, dem empiristischen und utilitaristischen Denken (Montesquieu oder Adam Smith) entgegengesetzt, nur aus den abstrakten Sätzen der Vernunft ihre Erkenntnis der Wirklichkeit herleitet. Empirismus und Utilitarismus fallen hier vielmehr mit unter den Begriff des rationalistischen Denkens; es gehört vorzüglich der Epoche der »Aufklärung«, aber nicht ihr allein an.

[69]) Botzenhart I, S. 114.

[70]) Pertz III, S. 18.

Steins Haß gilt immer einem Geist der Ehrfurchts- und Bindungslosigkeit, der »Gesellschaft«, wo immer er ihm entgegentritt [71]). Verschuldet aber hat diesen Geist der absolutistische Herrschaftsstaat, noch mehr sein Erbe, der bureaukratische Staat, und der Haß gegen diesen — wegen der sittlichen Verderbnis der Gemeinschaft, die er mit sich brachte — macht Stein zum Liberalen. Dasselbe Pathos, mit dem er gegen den Geist Frankreichs 1789 zürnt, klingt aus seinem Verdammungsurteil über die kleinen deutschen Dynastien (schon 1804). Wenn man Steins Mißachtung gegen die Dynastien durch sein feudales oder nationales Gefühl auch erklärt (Treitschke, Lehmann, Botzenhart u. a.) so hat man doch sein persönlich unerschrockenes Selbstbewußtsein gegenüber Friedrich Wilhelm III., der ihn gefürchtet haben soll, sehr verschieden beurteilt [72]). Stein beansprucht instinktiv — für seine Person doch wohl etwas individualistisch — nicht etwa Freiheit vom Staat, aber eine ganz besonders große und eigenmächtige Freiheit im Staat, Freiheit zur Kritik und beim Handeln, was beides die Grenzen des rechtlich Erlaubten im absoluten Staate weit überschritt [73]). Aber Stein wollte die Freiheit des politischen Menschen nicht im englischen Sinne zu seiner Sicherheit, sondern für seine sittliche Entfaltung. Die Unterordnung unter die Regierung, unter die Idee des Staates, unter die nationale Gemeinschaft und deren Haupt, den ersehnten Kaiser, blieb dabei unantastbar heilig und notwendig, kurz die Einordnung in das staatliche und soziale Leben. Denn auf Ein- und Unterordnung beruhte für ihn die sittliche Erziehung der Nation. In diesem ethisch motivierten, beschränkten Freiheitsideal konnte Stein den hannöverschen konservativen Liberalismus mit dem kantisch-preußischen Liberalismus verbinden. Von Teilnahme der sittlichen Kräfte der Nation an der Souveränität des Staates war damit nicht die Rede; dadurch, nicht nur durch die immer gleich strikte Ablehnung der Gleichheitslehre, blieben Stein und die preußische Reform einer De-

---

[71]) In Frankreich, aber auch wenn er ihn unter den reichen Krämern in England oder unter den deutschen Kosmopoliten zu begegnen glaubt, auch verborgen unter utilitaristischer Moral oder Humanitätsschwärmerei.

[72]) Bald hat Stein das begeisterte Lob Ricarda Huchs als Rebell, »als Tribun des Volkes« gefunden, bald hat man, um Steins fromm-romantische Loyalität zu rühmen (z. B. Müsebeck) jene Stelle zitiert, in der Stein ergeben schreibt, Gott werde wissen, warum er dem Staat dieses Haupt (den schwachen Friedr. Wilh. III.) gegeben habe, dem man sich beugen müsse. An Vincke, 30. I. 1806. Das Entscheidende bei Ranke: »Parlamentarisch«!

[73]) Vgl. die Insurrektionsideen 1808—11; die Kritik der Mitarbeiter von 1806, die Bedingung ihrer Entlassung für seinen Eintritt, die zu seiner Entlassung vom 3. I. 07 führte.

mokratie immer fern, ebenso wie dem nur negativen Liberalismus subjektiver Sicherungen, wie ihn der junge Humboldt wünschte. Stein notierte sich 1810 vielmehr aus Sismondi: La liberté démocratique se compose non de garanties mais de pouvoir ... le citoyen doit enfluer le sort de sa patrie [74]). Und diese positive Stellung zum Staat teilte der Steinsche konservative Liberalismus durchaus mit der »Demokratie«, an die Stelle der »Volksherrschaft« aber setzte er den Gemeinschaftsstaat.

Die Idee des Gemeinschaftsstaates nun, nirgends ganz programmatisch ausgesprochen, in vielfachen Farben schillernd durch den Kampf in und gegen die verschiedensten absoluten Monarchien Europas und für das Idealbild eines deutschen Reiches, dankt Stein außer dem reichsritterschaftlichen Vorstellungskreis altdeutschen, in Montesquieu und in Möser sehr verschieden fortwirkenden Ideen [75]), ferner dem genossenschaftlichen Gedanken [76]), wie er sich über das spezifisch deutsche Naturrecht des Althusius aus der Wirklichkeit des Mittelalters in das Denken des 18. Jhdts. hinüberrettete, besonders in die Ausgestaltung verfassungsrechtlicher Möglichkeiten in der Staatstheorie des Rehbergkreises; endlich dankt Stein seine Staatsanschauung, sofern sie den Staat der organischen individuellen nationalen Gemeinschaft sucht, auch dem Einfluß Herders [77]). Ritter hat noch die weiteren Beziehungen Steins zur Gedankenwelt der Philantropen, Pestalozzis, zu den englischen Historikern und französischen Reformern aus dem Physiokratenkreise [78]), zu Adam Smith, Benjamin Constant, kurz zu den verschiedensten Gedanken der Aufklärung erwähnt, die aber den Charakter des Steinschen Liberalismus als einen nicht individualistisch, sondern sozial-ethisch begründeten, auf die Stärkung des Staats, nicht seine Schwächung zielenden »Staatsliberalismus« oder konservativen Liberalismus in ihrem Zusammenwirken nicht mehr wesentlich modifizieren werden [79]).

Zur Charakteristik des Liberalismus der Steinschen Ideenwelt gehört vor allem seine Stellung zwischen historischer Tradition und

---

[74]) Pertz II, 458.

[75]) Ihre Bedeutung und Übertragung auf Stein erörtern, nach Anregungen E. v. Meiers und Wahls, die Untersuchungen Botzenharts (1927 II); Ritter bewertet sie etwas abweichend, Möser niedriger, Montesquieu und die englischen Historiker höher.

[76]) Am stärksten betont in Gierckes Rede über die St.-O. Internat. Wochenschrift, 1909, Nr. 6 u. 7; wieder betont bei G. Kallen, Ilbergs neue Jhbb. II, 1926.

[77]) Vgl. dafür wieder Botzenhart II, auch Therese von Ladiges, Herders Staatsanschauung, Münch. Diss. 1920.

[78]) Vgl. auch Wahl; Botzenhart II, S. 107.

[79]) Das angekündigte Buch Ritters wird darüber Aufschluß geben.

Neuschaffen, gehört der »reformatorische Konservatismus«, der bei Steins politischem Handeln sehr wechselnd zutage tritt.

Die ältere Forschung empfand das Auftreten Steins — und für Stein als politischen Menschen gewiß nicht mit Unrecht — als etwas vollkommen Neues, ja Umstürzendes im preußischen Staatswesen. Droysen empfand, daß etwas von der bürgerlichen Freiheit und »der staatlichen Energie, die die Revolution geschaffen« und doch auch bewiesen hatte, in ihm lebte und daß er sie wollte. Ranke empfand Steins Remonstration an den König 1806 als etwas, das nur einem parlamentarischen Minister zukäme, und in seinen Repräsentativideen den Anschluß an eine dem bisherigen Staatswesen absolut entgegengesetzte Richtung [80]). Lehmann hat — mehr sachlich, Ricarda Huch mehr menschlich — das große Rebellische und Neue der Steinschen Gemeinschafts-Staatsidee gegenüber dem Ancien régime in Preußen betont, Hintze sprach von »einer großen moralisch-politischen Umwälzung [81])«. Demgegenüber betonen die, die Steins Liberalismus schärfer abheben wollen von den Ideen von 1789, die Kontinuität der Steinschen Reformen, die organische Weiterbildung, die historisch-organische Staatsauffassung — die er von Burke direkt gelernt habe [82]), — endlich die historisch-ständischen Grundvorstellungen [83]). Das sind aber ganz verschiedene Arten und Grade von »Konservatismus«.

An keinem Punkt wird man — bei allem Verständnis für das Ganze von Anschauung und Handeln des Genies — begrifflich so scharf scheiden müssen zwischen dem handelnden Stein und den von ihm schriftlich dargelegten Ideen und wieder zwischen dem Inhalt der Ideen und den Denkformen, endlich zwischen Stein auf der Höhe seines Wirkens und dem Greis im Nassauer Turm oder in den Wäldern von Cappenberg, wie bei dieser Frage nach seiner Stellung zwischen Alt und Neu, zwischen Tradition und Revolution, zwischen Erhalten und Machen und ihrem Ausgleich, dem Entwickeln, der Reform. Haym hat 1856 sich so entschieden, wie es neuerdings Meinecke und Ritter wieder anklingen lassen [84]): »Umgekehrt wie die meisten der

---

[80]) »Die monarchischen und die revolutionären Ideen treten in Bund.« Für Ranke steht alle Repräsentativverfassung in irgend einer inneren Beziehung zur Idee von der Volkssouveränität, »dem ewig beweglichen Ferment der modernen Welt«, Engl. Geschichte III, 287, vgl. auch Meinecke, HZ. 118 dazu.

[81]) Hintze Aufs. III, 105. Vgl. Lehmann, über die April-Dk. 1806, Bd. II; ebenso Haake S. 24.

[82]) Botzenhart II, 223—25.

[83]) Giercke; Thimme; Botzenhart I, (besonders Einl.)

[84]) Meinecke: »Verengung«; Ritter spricht von starkem Abfall nach 1815,

Menschen war er kühner und freier in der Praxis gewesen als er jetzt in der Theorie war. Seine politischen Ideen werden begleitet und modifiziert von seinen Antipathien gegen den Neuerungsgeist des Jahrhunderts«[85]). Die Antipathie gegen die revolutionäre Grundauffassung, gegen das unmittelbare vernünftige Machen spricht Steins berühmtes Urteil über die französische Revolution ein für allemal aus. Gewiß teilte deshalb Stein mit dem Rehbergkreis die Ehrfurcht vor dem Gegebenen im weitesten Sinne; wie weit dies aber das Gewordene war, das es nur zu entwickeln gelte, ist bei Stein nicht so einfach wie bei Burke und Rehberg, die mit den eigentümlichen Traditionen Englands rechneten, das den gemachten, mechanischen Staat des Absolutismus überhaupt nicht kannte. Diesem sah Stein sich im Handeln gegenüber: und »konservativ« war er da wenig; auf Bewahrung des Bestehenden, des historischen Rechtes nahm Stein in ihm keine Rücksicht. Er führte Preußen in Reformen hinein, deren Ergebnisse er später — nach Alex. von Humboldts Wort — »zuweilen bereute«. Wahrhaft revolutionär verfuhr Stein auch in den Plänen seiner deutschen Politik. In der Spannung »zwischen Wandelbarem und Unwandelbarem, die das geschichtliche Leben erzeugt«, schlägt das Pendel weit nach der Seite des Wandelbaren.

In Steins Wesen lag genug des Unwandelbaren, um Gegengewicht gegen sein Neuschaffen zu bilden. Steins Rebellion gegen das Bestehende ist ein Stück Reaktion eines älteren kraftvollen ethisch-politischen Deutschtums gegen den Absolutismus und das Humanitätszeitalter[86]); eine Negation der Entwicklung zugunsten des Älteren, das in Blut und Sinn des Reichsfreiherrn noch lebendig ist, eine Ablehnung des Gewordenen, wie es vor ihm steht, um zum idealen längst Gewesenen zurückzukommen, zu jener alten Gläubigkeit und Treue, zum Gemeinschaftssinn, zu den Institutionen eines idealen Deutschlands der vorstaufischen Zeit, der Ahnen. Und einen anderen persönlich konservativen Zug trägt Steins Reform: er ist bemüht, die Grundlage seiner patriarchalisch-sittlichen Lebensformen aufrecht zu erhalten bzw. wiederherzustellen, und verabscheut alles, was sie erschüttern kann[87]). »Stein«, sagt Arndt, »bejammerte den Untergang des Alten und der damit verknüpften Tugend. Er schloß die Augen halb zu gegen das, was er in der Zeit und in ihren Entwicklungen als eine unver-

---

85) Haym, »Humboldt«, S. 400/401.

86) Gerade das dichterisch geschaute Stein-Bild Ric. Huchs, das seinem Wirken am wenigsten, Wesen und Plänen am stärksten nachgeht, betont das Rebellische und das Altertümliche. Der Tadel Gerhards HZ. 133, 162 ff., daß zu wenig vom Wirken Steins deutlich wird, ist berechtigt.

87) Meinecke, Preußen und Deutschland, S. 125 ff.

meidliche und fast unbesiegliche Gewalt hereinbrechen sah... Aber dieser Ritter war kein Junker.« Wie könnte man schlagender den Unterschied dieses persönlich-sittlichen Konservatismus von verstockt-egoistischem Beharren auf altem Recht bezeichnen.

Wie aber spiegelt sich Steins »historisches Wesen« und sein persönlicher Konservatismus in seiner Ideenwelt? Naturgemäß spaltet sich diese Frage: welche Rolle spielte in Steins Denken das Prinzip des Bewahrens, der Burkeschen historischen Kontinuität, welche aber der Gedanke der notwendigen historischen Entwicklung, welche endlich inhaltlich aus der Geschichte gewonnene »historische« Vorstellungen? Wollte Stein ein Stück seiner Zeit, seines Volkstums tradieren in die Zukunft? Es fällt auf, daß diese Fragen ganz verschieden beantwortet werden müssen.

Es wäre falsch, aus der Geschlossenheit seiner Persönlichkeit auch auf eine Geschlossenheit seiner Ideenwelt zu schließen. Und vor allem klaffen hier abermals und noch schärfer als beim Aufbau seines ethisch-liberalen Staatsgedankens die Inhalte und die Denkformen auseinander. Jene waren »historisch« in gewissem Sinne, diese waren es keineswegs so klar, als es der deutschen »organisch-historischen« Staatsauffassung entsprechen würde, die man nach Botzenhart bei Stein als unrationalistische erwarten muß. Sie waren es — um eine allgemeine Grundlage eines »historischen« Denkens bei Stein einstweilen festzustellen — insofern als »er aber (nämlich trotz seines Jammerns um das Alte) wohl begriff, daß es weltgeschichtliche Entwicklungen und allmächtige Stöße solcher Entwicklungen gebe, welchen auch der Tapferste und Weiseste weichen und gehorchen muß« [88]. Damit hat Arndt bereits die Antinomie zwischen konservativen und historischen Neigungen und einem echt historisch, nämlich in Entwicklungen Denkenden angedeutet, die für die Doppelgesichtigkeit der Steinschen Ideen wichtig ist.

In der Praxis, in der Stein — die Gemeinschaft mit ihren organischen sittlichen Bindungen vor Augen — den modernen Gemeinschaftsstaat schaffen wollte, schwankte er durchaus nach der Notwendigkeit der Stunde zwischen rücksichtsloser Vernichtung des historischen Rechtes (des Adels in Preußen, der Dynastien in Deutschland) und sorgfältiger Anknüpfung an die seltenen institutionellen Reste des ehemaligen ständischen Staates. Für die Praxis betonte Stein auch die Bedeutung langsamen stufenweisen Werdens, die Entwicklung, an der er als Zuschauer später leicht verzweifelte und die er dann dem Lob des Gewesenen allmählich unterzuordnen pflegte.

---

[88]) Arndt, Erinnerungen, S. 153. [Briefe Dresden 24. IV. 1813].

In diesem Lob nähert sich Stein — besonders deutlich seit Ende seiner politischen Tätigkeit — unverkennbar der Welt der Romantik, wenn auch nicht der romantischen Staatsanschauung, der das Gewordene an sich heilig ist, was es Stein, wenn er, absolut und nicht historisch messend, es als »schlecht« durchschaute, nie werden konnte. Dem klaren und systematischen Konservatismus eines Metternich, eines Gentz, der von sich sagen konnte, er habe immer gewußt, daß er dem Zeitgeist entgegenarbeite und ihm einmal unterliegen werde, steht in Stein ein wunderliches Gemisch revolutionärer und »historischer« Prinzipien gegenüber, das — vielleicht echt deutsch? — auf ideale vergangene Zustände einer höheren Sittlichkeit zielt. Auch Stein negiert wie Metternich in gewissem Sinn die Entwicklung, die auf den heutigen Zustand, den heutigen Zeitgeist hingeführt hat; aber dies Heute ist gerade der stumpfe Absolutismus, der Eudämonismus, der für Metternich die natürliche und ewige Grundlage seines Systems bildet. Während Metternich ihn in einfacher Frontstellung gegen den andringenden »Freiheitsgeist« verteidigt, will Stein jenen wirksam bekämpfen durch einen neuen Geist, der zurückgreift auf die Wurzeln der alten Kraft und vorwärtsweist über die intellektuelle Entwicklung der letzten Jahrhunderte hinaus zu einer höheren Zukunft, der Stein dient, nicht indem er seinen Zeitgeist »versteht«, sondern indem er ihn verachtet, bekämpft, zerstört. Das wahrhaft historische, kontinuierende Element des Gemeinschaftsgeistes, des Volksgeistes, fehlt diesem Zeitgeist ebenso wie dem jetzt geltenden Recht, dem sogenannten historischen Recht. Deshalb fühlt sich der Reichsritter Stein gerechtfertigt, wenn er Geist und Recht der Väter dem der Ahnen opfert. So argumentiert Stein nur, gerade bei seinen revolutionären Reformen, mit Vorliebe »historisch« — also nicht konservativ, nicht mit dem Entwicklungs- und Kontinuitätsgedanken — etwa wenn er die Verleihung des Eigentums an Bauern begründet [89]) mit dem Recht der Kolonisten in Preußen von 1233 und 1249. Mit dem Gewesenen stimmte Stein aber doch überein nicht zuletzt, weil es so fern war, daß es jegliche Idealisierung, Romantisierung, wenn man will, vertrug, daß es einfach zum Symbol seiner sittlichen Ideale wurde und zur Anschauung der Gemeinschaft, des Reichs, des politischen Lebens, die er in sich trug. Es setzte seinem ursprünglich nomothetischen Denken nicht die Schranken wie die Gegenwart oder die jüngste Vergangenheit, an die anzuknüpfen doch die eigentliche Aufgabe eines reformerischen Konservatismus war. Die Anknüpfung an Geist, Taten, Institutionen der Väter ist Menschen

---

[89]) Pertz II, 639 Dk. 14. 6. 1808.

von so ungestümem und idealistischem Willen wie Stein schwerer als die an eine fernere Vergangenheit. Stein nun fand in Preußen und Deutschland ein Werden und ein Gewordnes vor, das seiner eigenen »historisch-organischen« Vorstellung von Volksgemeinschaft, wie sie seinem Wesen entsprach und wie sie vielleicht am reinsten in seinen ständisch-korporativen Plänen und in seinem Geschichtswerk zutage trat, durchaus widersprach. Die preußische Reformbewegung (von 1790—1806) steuerte auf einen moderneren, wenn man will westlich-liberal infizierten Staatsbegriff zu, auf die Rechtsstaatsidee, die sich aus der Aufklärung entwickelt hatte und aus der eben die Aufhebung der organischen Gemeinschaftsgliederung folgen sollte, an deren zwar nicht feudal-rechtlichem, sondern reformiertem Fortbestand Stein viel lag [90]). Eben dies aber darf nicht überschätzt werden [91]). Steins »ständische« Auffassung fand ihre Grenze an der Forderung der momentanen Staatsnotwendigkeit in Preußen, die durch die Katastrophe und durch die bisherige Reformbewegung gegeben war; jene ermöglichte und rechtfertigte die Revolution von oben, die Stein im Staate Friedrichs des Großen während eines Jahres vollzog; diese drängte ihm die Formen der Umwälzung oft genug auf und er paktierte mit ihr im Sinn dafür, daß eine vorhandene Bewegung sich in ihrem Charakter eher als in ihren Mitteln ändern läßt, daß ein bureaukratischer Staat doch rasche, willkürliche Reformen verträgt, daß eine feudale Gesellschaft zerstört, nicht sanft umgewandelt werden muß, ehe eine neue gesunde Gemeinschaft aus ihr erwächst. Gerade dafür spricht Kallen enthusiastisch das Lob aus, man müsse Stein einen historischen Instinkt zuschreiben, der ihn richtig geleitet habe, der ihn der laufenden Entwicklung gemäß, also »historisch richtig« handeln ließ [92]). Trotz dessen wird Steins Vorgehen gegen den altmärkischen Adel, gegen die alten Stände, gegen die Zünfte, seine Wünsche auf Abschaffung der Patrimonialgerichtsbarkeit immer deutlich die Kluft zeigen, die seine praktische Auffassung trennt von der Interpretation, die Burke zu finden pflegte und die sich bei Stein nach 1815 [93]) auch immer mehr in den Vordergrund schiebt.

Tatsächlich sind Steins Reformen sozial und verfassungsrechtlich die Grundlagen einer ganz neuen möglichen Gemeinschaft und ihres

---

90) Die Übertreibungen Botzenharts in dieser Richtung — er sprach von einer historisch-feudalen Anschauung bei Stein — wurden mit Recht einstimmig durch Gerhard, Stern und Ritter abgelehnt.

91) Schon E. v. Meier möchte das gern tun.

92) Kallen, Ilb. Jhbb. II, 173. Vgl. Rothenbüchers »Vom Wesen des Geschichtlichen«.

93) Herrenbank-Dk. für Baden Pertz-Dken S. 24, 1816.

Staates, aber nicht Wiederherstellung irgend eines alten ständisch korporativen Zustandes. Die lebendige Entwicklung aber und seine Zeit, die Wirklichkeit des Staates und des Moments waren stärker als seine »historisch«-organischen Ideale; sie bauten auf den Trümmern der feudalen nicht Steins neue sittlich-politische Gemeinschaft auf, sondern eine echte Gesellschaft; es war nun Steins persönliche praktisch-politische Größe, einen Ausgleich zwischen diesen Idealen und der Wirklichkeit zu suchen, und es ist nicht zu leugnen, daß es ein Kompromiß (wenn man lieber will eine Synthese), jedenfalls ein schöpferisches Kompromiß war, dessen der Politiker, der wahrhaft »historisch«, aber auf Zukunftsziele zu, handelt, wohl bedarf. Jedenfalls geht es nicht an, um der Konsequenz willen nur die Ideen der Steinschen Briefe und Geschichtswerke zu interpretieren. Gerade ein Begriff wie die ö. M. ist der Inkonsequenz, ist diesem Kompromiß entsprungen.

Und auch in seinen Ideen selbst schloß Stein ein Kompromiß. Von der rationalistisch-optimistisch den Fortschritt auf das Heute hin bejahenden Geschichtsauffassung des 18. Jahrhunderts trennte Stein das Verdammungsurteil über den Geist des Heute, obwohl er ein Stück der Entwicklung lobte, die zwischen Reformation und der deutschen Aufklärung für ihn lag [94]). Von der romantisch-quietistischen Geschichtsauffassung, die den Entwicklungsglauben des Rationalismus in eine verwandelte Form gießt, statt der ratio die irrationalen Mächte Volk und Geschichte setzt, trennt Stein sein idealistischer Aktivismus und sein durchaus mit rationalen und absoluten Maßstäben wertender Wille.

Auch der Entwicklung des Staatsgedankens in Deutschland folgte Stein nicht. Es ist vielleicht zu viel Annäherung an die romantische Weltanschauung, wenn Müsebeck meint, Steins Staat »sei eine Idee, die nicht ist, sondern wird« [95]). Jedenfalls in Steins Bewußtsein scheint das nicht der Fall. Steins Staat steht etwas handfester im 18. Jahrhundert, ist eine Schule, eine Anstalt, die erzieht, deren Sinn freilich in der Erziehung selbst allein besteht und deren Geist und Leistung sich durch die zur Selbsttätigkeit Erzogenen hebt.

Den Erziehungsgedanken der Väter verschmolz Stein mit der Gemeinschaftsstaatsidee der Ahnen, wohl in der Hoffnung, daß »gerade von dem Kulminationspunkt der älteren aufgeklärten Reformidee es hinübergehen kann zur jüngeren« [96]) Gemeinschafts-

94) Dilthey, Dt. Rundschau, 1901, Das 18. Jhd. u. die geschichtl. Welt. Botzenhart I, 114.

95) Meister der Politik, Bd. II, 445.

96) Meinecke, Staatsräson.

staatsidee, vom Erziehungsstaat zum Staat der selbständigen Meinungen und Kräfte. Sturm und Drang und die Klassik hatten sich im Namen der Menschlichkeit, im Namen der Persönlichkeit — nie im Namen der Gleichheit — gewehrt gegen den Erziehungsstaat, gegen die sozialen Schranken, die doch ursprünglich der — wenn auch jetzt entstellte — Ausdruck der organischen Gemeinschaftsgliederung waren, die in Steins ständisch-korporativen Bindungen eine neue Form finden sollte; sie hatten zugleich jene natürliche Erziehung durch die Gebundenheit in die Gemeinschaft des Volks anerkennen gelernt, die die Romantik immer mehr betonte, ja verehrte, aber mit einer Ehrfurcht vor dem Irrationalen und Unabänderlichen des Ursprungs und der Entwicklung der Gemeinschaft, die dem kühl verständigen Sinn Steins ganz fremd war, der im Grunde Gemeinschaft und Entwicklung zu erklären und zu reformieren können glaubte.

Auch von dem linken Flügel der »Romantik«, den geistig weniger bedeutende Männer, etwa wie Arndt und der Reimerkreis, repräsentieren können, denen das Fortentwickeln der Zeit aus dem »Volksgeist« heraus möglich dünkte, trennt sich Stein. Die gemeinsame Grundlage aller Romantik: daß man von dem Enthusiasmus für die Individualität aus zur Gemeinschaft kommt, daß man das Irrationale in Individualität und Gemeinschaft verehrt, daß man endlich dynamisch, in unendlichen Bewegungen und Antithesen denkt — das ist Stein fremd [97]).

Was Stein einzig den Romantikern verwandt erscheinen läßt, ist sein Erlebnis der Nation weniger als einer Gemeinschaft im Raum als in der Zeit, das bei ihm ursprünglich ist und vor Burkes Lehre, und das bei ihm die historische Kaiser- und Staatsidee der Ahnen zur eigentlichen nationalstaatlichen Idee werden läßt. Dazu ist die Kraft des historischen Idealbildes von einem deutschen Kaiserreich als Kernstück eines noch immer irgendwie als res publica Christiana gedachten Europa so groß in Stein, daß sie, »romantisch«, eine realpolitische Einsicht in den deutschen Dualismus verhindert. Charakteristisch, daß mit dieser »Romantik« Steins Hand in Hand Reminiszenzen höchst rationalistischer europäischer Kabinettspolitik des »Machens«

---

97) Kluckhohn geht wohl zu weit in seinem Begriff der Romantik: Von einem Neuaufbau Preußens aus romantischem Geiste nach 1806, S. 104, kann nicht gut gesprochen werden. Vgl. ebda S. 111. Die Auffassung Schmitts von der Person des Romantikers wie die universalistisch-spekulative »Romantik« bei Spann haben mit Stein natürlich nichts zu tun. Für einen Mann des Handelns wie Stein kommt solche Romantik oder die »der mittleren Linie« (Kl. S. 104) kaum in Frage. Wenn Stein »über den Parteien, nicht in den Parteien« steht, so ist auch das nicht romantisch (ebenda über Friedr. Schlegel, Anm. 2, S. 104).

gehen, die vollends die Problematik des historisch entwickelnden Sinnes in Stein beweisen[98]). In der deutschen Frage, in der der Boden unmittelbarer staatlicher Notwendigkeit nicht gegeben war, trat das Denken Steins aus »gemeinschaftlichen« Grundvorstellungen heraus zum erstenmal an die Gestaltung außenpolitischer Probleme. Deutlicher noch als in der sozialen Umgestaltung Preußens gedachte er hier das Gewordene Gegenwärtige der Idee einer deutschen und einer europäischen Gemeinschaft aufzuopfern. Es erwies sich noch deutlicher, wie historische Eindrücke und aus den inneren Voraussetzungen seines persönlichen Gemeinschaftsbewußtseins fließende Vorstellungen in seinem Denken zusammentrafen mit einer undynamischen, unhistorischen, rationalistisch ethisch festgelegten Denkweise. Diese Verbindung trennt Stein von seiner geistigen Umgebung, macht seine Begriffsbildung, die noch dazu die eines Handelnden, nicht eines Theoretikers ist, fast unfaßbar. Damit wird das Problem angeschnitten, mit dem sich außer Meinecke nur vorübergehend Gerhard und andeutungsweise Ritter beschäftigen: die Diskrepanz der Steinschen Denkformen von den Denkinhalten.

Dachte Stein rationalistisch, historisch, nomothetisch, empirisch?

III.

Humboldt fand 1815, Stein »denke zu historisch« — während er ihm anderseits vorwarf, er sei zu sehr in die Wirklichkeit gebunden. Dies bezog sich auf Steins Lebenshaltung, das »Historische« aber auf Steins politische Ideen über den Neubau des Reichs, über die ständische Volksvertretung, die allzu sehr historischen Traditionen nachgebildet, nur noch als bloße Ideen der Wirklichkeit gegenüberstehen. Denn Stein erkennt manchmal den ungeheuren Abstand, den die Entwicklung z. B. zwischen das Deutschland der Vergangenheit und das des 19. Jahrhunderts gelegt hat, nicht an, will ihn nicht anerkennen, betont dagegen die Konstante des Volkscharakters, die heute wieder Zünfte fordere, wenn auch reformierte, wieder Gemeinschaftsgliederung, wieder ein kaiserliches Haus; dies alles aber nicht nur, weil sie deutsch, sondern nun doch auch, weil sie eben Gewähr der Sittlichkeit, weil sie ein für allemal gut sind.

Schön hat überliefert, daß Stein für die Entscheidung einer Frage sein historisches Notizenmaterial nach Präzedenzfällen in der Weltgeschichte durchsucht habe, statt sie im Sinne der leitenden Idee der Regierung und der Notwendigkeit, die in jeder Sache liegt, zu entscheiden. Er traf damit eine Methode des Denkens, die etwas

---

98) Meinecke, W. u. N., 6. Aufl., S. 188.

englisch anmuten könnte, und die, keineswegs »historisch«, vielmehr nur historisches Material benutzt, der aber gerade der wichtigste Begriff historischen Denkens fehlt, der einer lebendigen, dauernd den Sinn von Worten und Institutionen verändernden Entwicklung. Die andere Bedeutung der »Entwicklung«, daß nämlich jedes Tun in eine solche Entwicklung eingefügt werden müsse zwischen Altes und gewolltes Zukünftiges, hat man bei Stein, Humboldt und Arndt als Gegnern der französischen Vernunftkonstitutionen immer besonders lebhaft, lobend und mit Recht betont[99]. Beim jungen Humboldt von 1791 ist dieser Gedanke schärfer ausgeprägt als bei Stein zeitlebens, der die historischen Entwicklungslinien zwar zieht, aber sie in der Gegenwart abbricht und zu ihrem Ursprung als dem Guten zurückweist, eine Methode der Betrachtung, die in Zeiten der Krise begreiflich erscheint. Den Geist der Zeit verachtet man im Namen der Geschichte, weil diese wiederum von den Zeitgenossen verachtet wird. Bei Stein scheint anfangs die »historische« Argumentation nur ein Mittel — wenn auch ein im Deutschland des 16. und 17. Jahrhunderts immer sehr beliebtes Mittel —, später nach 1815 erstarrt es langsam zum Prinzip. Die große Spontaneität seines Willens und seiner Handlungen während der Jahre der Reform und der Befreiung ließ die historischen Rechtfertigungen zurücktreten hinter dem Ziele — auch wenn dieses nach historischen Ideen geschaut war. Erst der Zuschauer im Turm von Nassau suchte die Vergangenheit selbst in ihren Dokumenten auf.

Beim späten Stein wird der Liberalismus, in dem immer ein wenig feudal-aristokratische Opposition durchklingt, durch Überbewertung »historischer« Vorbilder oft unfähig, dem Entwicklungsgedanken genug Raum zu lassen, der aber andererseits im Kampf gegen die Reaktion und für die Verfassung noch oft von Stein (z. B. an Gagern) angerufen wird. Stein glaubt an das Heranreifen der Deutschen zum politischen Volk, aber sein »Glaube an die mittelalterliche Mythe von deutscher Freiheit in ständischen Abstufungen« (so Alex. von Humboldt) hindert ihn zunächst, die Entwicklung selbst, wie sie in den großen geistigen und sozialen Umwälzungen vor seinen Augen vor sich geht, objektiv zu sehen. Entwickeln heißt für Arndt und Humboldt: selbst in der Richtung der Entwicklung schaffen und

99) Die Bestrebungen Hardenbergs enthalten für Ranke »ein historisches Element, den Reflex der allgemeinen Bewegung der Zeit und zugleich die Notwendigkeit des Moments«; da Hardenberg wie Altenstein »aus dem Geiste seiner Zeit« und für ihn reformieren will, so denkt er gewissermaßen bewußt historisch, wenn er auch weniger »historisch richtig« gehandelt haben mag in seinen Edikten. Vgl. Denkwürdigkeiten IV, 244; Rothenbücher a. a. O.

zwar so, daß eine selbständige Entwicklungsmöglichkeit der jetzt geschaffenen Formen und Institutionen besteht (Humboldt Dk. 19). Das ist historisch gedacht. Stein aber schwankt und geht allzuleicht auf die einzige richtige, sittliche, deutsche Form aus. Ein solches nomothetisches, aber auch Arndts und Humboldts historisches Denken steht diametral jenem quietistischen Evolutionismus gegenüber, wie er aus der Romantik hervorgewachsen ist in der historischen Rechtsschule, die die Entwicklung des Rechts der Selbstentwicklung des Volksgeistes [100]) überlassen möchte, dessen Emanationen das politische und rechtliche Leben und seine Formen sind. Die Überspannung des evolutionären Gedankens macht sich nun die so ganz entgegengesetzt geartete rationalistische universalistische Metapolitik Metternichs dienstbar zum Ausbau der eigentlichen Reaktion, die die Reformen und den Geist Steins unbedingt bekämpft. Es wird immer ein tragisches Schauspiel bleiben, wie der in altertümlichem Wesen und altertümlichen Idealen lebende Stein weniger der natürlich vorwärts drängenden Entwicklung als der Reaktion, die jene für zwei Jahrzehnte zu unterbinden begann, unterlag. Diese Reaktion aber verbündete sich mit den staatlichen und geistigen Tendenzen, die im Moment die stärksten waren: mit den historisch gewordenen legitimen Dynastien und mit der christlich-romantischen Staatsauffassung in ihrer passiven Ausdeutung.

Stein war nur in seinen Denkformen so weit nicht entfernt von der Reaktion, als er es durch Wesen und Ideenwelt, durch reichsfreiherrliche, altprotestantische, Göttinger und ein wenig auch durch preußische Staatsgesinnung sein mußte; er war es gerade durch jene Mischung historischer, langsam immer mehr zur Lehre bei ihm erstarrender Vorstellungen von sittlich sozialer Gemeinschaft mit einer rationalistischen Denkweise, der der Gedanke individuellen Rechtes und individueller Entwicklung — die Hauptfeinde des Metternichschen Systems — fremd blieben [101]). Denn es muß doch wohl betont werden [102]), daß Stein nicht nur ethisch universalistisch und insofern in den Traditionen des 18. Jahrhunderts, des deutschen

[100]) Gerade an dem vielfarbigen Begriff des Volksgeists wird die Grundverschiedenheit historischer Vorstellungen und historischen Denkens deutlich; der Historiker Niebuhr (W. u. N. Meinecke, 6° 219 ff.) konnte den »Nationalgeist selbst, wiewohl er als bewußtlos die mächtigste und reinste Gewähr der Fortdauer ursprünglicher Eigentümlichkeiten ist«, einer unvermerkten Wandlung und Entwicklung unterwerfen, »oft bis zur völligsten Revolution der Gesinnungen«! Also einer psychologischen Wandlung, die sogar die ethischen Wertungen in Mitleidenschaft zieht. Das ist Steins Denken völlig fremd.

[101]) Wenigstens in gewissem Maße!

[102]) Gegen Botzenhart, auch gegen Kallen, Müsebeck, kurz jeden, der Stein

Idealismus dachte, nicht nur wie jener den Erziehungsgedanken überschätzte (Fichte), sondern auch durchweg die Überschätzung des Rationalen teilte — gewiß nicht in Wesen und Idealen, wohl aber in der bewußten Darstellung seiner Ideen und in seiner Terminologie. Stein hat doch wohl an der Eroberung der Erkenntnis des Irrationalen als der letzten entscheidenden aber unerkennbaren Kräftequelle nicht teil, die der deutschen Romantik im Anschluß an Herder gelang und an der Humboldt wie die Klassik und wie Arndt teilnahmen durch ihren Glauben, daß die Grundtriebfedern jeder sittlichen Individualität irrationale seien. Demgegenüber faßt Stein die sittlichen Energien doch weit mehr als rational erkennbare und rational erziehbare — und dies ist notwendig für sein normatives Denken.

Es ist bei der Untersuchung der Träger der ö. M. gesagt worden, daß Stein die sittliche Notwendigkeit der »Gemeinschaft« glaubt und will, daß er diese Gemeinschaft aber rational, als das ausrechenbar, verständig aus seinen Gliedern zusammengesetzte Ganze betrachtet [103]). Stein empfindet und denkt das Lebendige um sich als rational durchdringbar und bewertbar und auch die historischen Zustände, die historische Gemeinschaft versteht er, indem er sie rationalisiert, in ihrer einmaligen Bedingtheit nicht ganz. Das ist die Rationalität seiner »organischen« Staatsauffassung, die ihn stärker mit der Aufklärung verbindet, aus der ja auch der Organismusgedanke stammt [104]).

Der Gemeinschaftsgedanke Steins ist nur bedingt organisch, bedingt historisch, nämlich ohne Entwicklung in sich selbst und nicht individuell dem deutschen Volk, dem Moment allein notwendig, sondern immer zu allen Zeiten und Völkern die einzig richtige Basis eines sittlichen politischen Lebens. Was aus sittlicher und realer Notwendigkeit sein soll, das beherrscht Steins Denken. Stein kommt

---

der »Romantik« allzu sehr nähern möchte und ihn nur der Aufklärung feindlich gegenüberstellt.

103) Daß keine absolute Kluft zwischen der germanischen Vorstellungswelt, zwischen ihrem Gedanken der organisch historischen Gemeinschaft, und den rationalistischen Denkformen bestehe, beweist die englische Entwicklung und Staatsauffassung, die durchaus in rationalistischer Argumentation befangen bleibt; das beweist auch Möser, der in völlig naturrechtlicher Terminologie die Vorstellung von ständischer Gemeinschaft und ihr historisches Gewordensein erläutert; das beweist auch Montesquieu, dessen biologisch organisch-historischer (Rexius: »negativ historischer«) Staatsbegriff noch als naturgesetzlich erklärbar betrachtet wird, und nicht mit jener Gloriole individuell-irrationaler Kraft umgeben ist, mit der die Romantik den Nation- und den Staatsbegriff umgibt, wodurch diese dann bei Humboldt zur überpersönlichen Individualität des Nationalstaats aufsteigen können.

104) Vgl. Erich Kaufmann, der Begriff des Organismus in der Staatslehre des 19. Jhdts. 1907.

dabei nicht zur dogmatisch-juristischen, sondern immer zur ethisch-pädagogischen Norm, in die der Liberalismus sich einfügt, der gegen Metternichs dogmatisch-mechanistische Norm nur opponieren kann. Durch diesen Zug unterscheidet sich Stein von allem Rationalismus, der die Norm selbst aus dem oder gegen das Gegebene entwickelt, statt aus einer sittlichen, nicht-irdischen, ja religiösen Bedingtheit. So wie Steins ethisch-politische Norm aus einer solchen fließt, erscheint sein vor allem ethischer Universalismus doch wohl eher als ein zeitloser denn als ein zeitgeschichtlich bestimmter und erklärbarer Faktor [105]). Der ethische Zug Steins erklärt seine Mitarbeit in und an der Entwicklung, die er so mehr pädagogisch als historisch erfaßt, in den Seelen und nicht in den Dingen, nicht in den Formen des Staats. Freilich vollzieht sich für Steins Augen auch die Entwicklung auf die »Veredelung« hin auf eine fast berechenbare Weise, durch »kirchlichen Glauben« und »gesunden Menschenverstand« [106]); Steins Ethik gibt sich erstaunlich stark im Stil des Rationalismus. Aber das Objekt seiner Erziehung, das Volk, die Gemeinschaft selbst ist nicht das des Rationalismus, ist nicht der Einzelne, nicht die Menschheit. Auch die vergangene Entwicklung kommentiert Stein meist, ohne irgend einen irrationalen Faktor einzurechnen, mit rationalistischen Argumenten; auch die geistig sittlichen Mächte, auch die ö. M., scheinen erklärbar, und deshalb kann die gesamte Entwicklung mit absoluten Werturteilen begleitet werden [107]). Der Romantik ist Stein auch dadurch ganz fremd und eher nähert er sich Fichte. Stein repräsentiert einen gewaltigen Feind des Intellektualismus, aber deshalb doch ohne Neigung für Irrationalismus, Mystizismus, relatives verstehendes, begleitendes, kurz romantisches Denken [108]). Seine allgemein typischen, nicht in-

---

[105]) Vgl. Meinecke HZ. 131, 177 gegenüber Drüner. Der ethische Universalismus ordnet den Kampf »für Deutschland« wie jeden politischen Kampf dem Dualismus von gut und böse unter; das ist ein anderer Universalismus als die durch das 18. Jhdt. bestimmte Betonung der geistigen, historischen und realpolitischen Verflochtenheit Deutschlands in Europa, der Deutschen in die Menschheit, von der oben die Rede war und die sich natürlich mit dem ethisch-persönlichen Universalismus Steins dauernd durchdringt.

[106]) Urteil über England, Botzenhart I, 107 ff.

[107]) Ebenda S. 6. Botzenhart meint, man könne Stein beneiden um sein unerschütterliches Vertrauen in die Zweckmäßigkeit allen Geschehens. Zuweilen ist Stein das Nützliche auch das Gute — dann argumentiert er für die Selbstbehauptung des Staates utilitarisch; zuweilen gilt ihm das Gute schlechthin auch für das Nützliche, dann argumentiert er schroff idealistisch und mit dem strikten rationalen Moralismus des 17. Jhdts. In Adam Smiths Lehre von den moral sentiments liegt etwas ähnliches, auch sie tritt bei Stein vorübergehend auf. Immer jedenfalls ist das rationalistisch gedacht.

[108]) Steins Menschentum dem der Romantik entgegenzusetzen — sei es

dividuellen, seine absoluten, nicht relativen Werte verbinden ihn der Popularphilosophie des Rationalismus, wenn die »Idee«, das »Wahre«, das »Freie« bei ihm gebraucht werden. Es sind nicht die Begriffe Fichtes, Stein ist auch nicht aus philosophischer Schulung wie etwa der preußische Beamtenkreis zu dieser Terminologie gekommen. Aber das Gute und das Böse hat in Steins Munde doch noch einen grollenderen Beiklang, der von ferne an Luthers Glauben an den Teufel erinnert; ihr Gegensatz ist nicht nur logisch da, sondern gefühlsmäßig durchkämpft, religiös notwendig empfunden. Neben Steins tief in religiösem Dualismus begründeter voluntaristischer Ethik behauptet sich in seinem Denken eine weitgehende optimistische Rationalität — was beides ihn in einen strikten Gegensatz zur Romantik setzt. Steins Anschauungen sind wohl schwerer von ihr zu unterscheiden: aber der Organismusgedanke Steins hat mit dem organischen Staat als »Kunstwerk« (bei Schelling) wenig gemein, der Staat Steins ist auch nicht das Abbild der natürlich-patriarchalischen Gemeinschaft »mit Nüanzierung ins Gefühlsmäßige«[109]. Immer ist Stein sittlich entschiedener, unmittelbar nüchterner als jede Romantik. Und Steins Denkweise spiegelt das noch klarer als seine Ideen; er denkt nicht antithetisch, sondern einfach rational, er erklärt — und »macht« lieber — bewußt und energisch, als daß er ahndevoll wachsen ließe, er zielt auf Sollen und Schaffen und freut sich nicht wie die Romantik am Sein und vielflutender Bewegung. Er liebt mit dem verständigen Rationalismus alter Zeiten »die Heiligkeit eines Vertrags, den gesetzlichen Rechtsgrund«[110] statt des ewig fließenden Zustands, er wünscht ihn, die Verfassung, für den klaren Abschluß der staatlichen Entwicklung, an die er glaubt. Würde aber die organisch sittliche Einheit der Gemeinschaft, an die er glaubte, die Staatseinheit und den Willen der Herrschaft erzeugen? Im Gegensatz zur Romantik[111] glaubt Stein letzten Endes wohl daran, wenn auch nicht in der Praxis, so doch für jene Zukunft, in der die Gemeinschaft die Verwaltung mit übernehmen wird. Der Monarch ist immer nur die Erfüllung der Gemeinschaft selbst, ist ihre natürliche Spitze. Es war eine Ideologie,

---

der Gundolfs, sei es der als okkasionalistisch verdammten Schmitts — ist selbstverständlich leicht. Von Stein könnte man am ehesten sagen, seine Ideenbildung sei die Begleiterscheinung seiner eigenen Entscheidungen statt, wie beim Romantiker, die fremder. Vgl. HZ. 123, 377 ff.

109) Schmitt ebenda.

110) Thimme, 163.

111) Und zu Stahl, der völlig im Gegensatz zu Stein und Arndt definiert: »Staatliche Herrschaft ist das Aufnehmen des Denkens und Wollens des Herrschers in das Sein der Beherrschten«.

der Arndt stärker zum Opfer fiel, der hier wie oft die Stein selbst unbewußten Konsequenzen aussprach; es war eine schöpferische Illusion, die jedenfalls bei Stein mehr aus dem sittlichen als dem organischen Charakter des Gemeinschaftsstaats folgte, der als ein Erbe aus lutherischer Staatsauffassung und rationalistischer Erziehungsstaatsidee oben erfaßt wurde [112]). An dieser Ideologie selbst zeigte sich die Entwicklung von historisch-feudaler Staatsauffassung zum Rehbergschen organischen Staatsgedanken, der sich mit der Idee der Individualität eines Volkes verschmilzt; wenn dies Volk identisch ist mit der Gesamtheit der Bürger, so wird der Staat der Gemeinschaft erhoben zur Idee der Staatspersönlichkeit. An dieser Entwicklung nimmt Stein teil mit der Doppelheit seiner ethisch-rationalen und seiner historischen Argumentation in einer Mittelstellung zwischen Aufklärung und Romantik. Wie in seinem Temperament und in seinen Vorstellungen, so auch in seinem Denken halten sich der Wille nach dem Neuen und die Ehrfurcht vor dem Alten die Wage; aber das Ältere überwiegt.

IV.

Für die Analyse der politischen Begriffsbildung Steins, der der Begriff der ö. M. in seiner Eigenart entsprang, war es nötig, diese Steinsche Vielfältigkeit sich bewußt zu machen. Dieser kurze Überblick über die wesentlichsten Punkte, in denen die Ideenbildung Steins in der neueren Forschung verschieden aufgefaßt wird, ergibt für die Bildung seines Begriffs von ö. M., der sich als der bestimmende für diese Gruppe eines »historisch-ethischen Liberalismus« erweist, folgende bedeutsame Resultate. Steins ursprüngliche politische Kraft assimiliert den Begriff der ö. M., der in Deutschland unpolitisch-literarisch war, politisch aber seine Bedeutung im Westen erhalten hatte durch die westliche Gesellschaft; die, nachdem sie der Staat aus sich entlassen hatte, sich als ö. M. in ihm zum Worte meldete und in der Ideologie der französischen Revolution die ö. M. zur höchsten Bedeutung erhob. Die völlige Verwandlung, die Stein mit diesem Begriff vornahm, ist ein Beitrag mehr zu dem umstrittenen Problem, wie weit Stein den Ideen der französischen Revolution einen Einfluß zu verdanken habe, wie sehr diese Ideen sich in Deutschland verwandeln.

Wie sich in Stein Universalismus und Nationalismus durchdringen, so erzeugen sie gemeinsam den Begriff der ö. M., geben ihr den universal-ethischen Charakter einerseits, lassen sie getragen sein

---

[112]) Vgl. zusammenfassend Holstein, Luther und die deutsche Staatsidee, i. d. Samml. Recht u. Staat, Tüb., 1926. Meinecke, HZ. 121.

von der Nation andrerseits, wie es in der Analyse des Begriffs deutlich wurde. Dieser ist zugleich eine der Brücken, die in Steins politischem Denken seine Idee mit der Wirklichkeit verbinden sollen. Wenn Stein nicht den Machtstaat, sondern den Veredelungsstaat im Grunde will, so kann sich die ö. M. als eine mit den Staatszielen parallel wirkende, auch sittlich erziehende Macht in den Staat einfügen, ja ihn fördern, statt wie im Machtstaat notwendig im Staatswesen ein Fremdkörper zu sein, ihn mit fremdem Maß zu messen, ihm Opposition zu bieten.

Wenn Stein nicht den Herrschafts-, sondern den Gemeinschaftsstaat will, wenn es ihm »weniger auf die Macht als auf die Zusammenfassung der sittlichen Kräfte des Volks ankommt« [113]), so wird für ihn die ö. M. geradezu eine politische Kraft, ein notwendiger Bestandteil des politischen Lebens, weil und sobald sie als Ausdruck der Gemeinschaft gefaßt oder dazu gebildet wird. Der politische Glaube, der zum Begriff der ö. M. bei Stein führte, hat insofern die Zukunft des 19. Jahrhunderts doch recht gefühlt, als man die Entwicklung so hat charakterisieren können: »Wohl sind die politischen Parteien .. die geistigen und sozialen Massenbewegungen innerhalb der Staaten .. immer stärker geworden, auch für die Staaten selbst immer wichtiger — aber sie haben dadurch die Bedeutung des Staatsganzen nicht herabgedrückt, sondern eher noch gesteigert« [114]). Stein wollte die Bewegung der Gemeinschaft im Staat, weil er wußte, daß sie ihn steigern, nicht sprengen würde, freilich die Bewegung sollte einheitlich und nicht in Parteien zerspalten sein. Gerade für den Begriff der ö. M. zeigt sich, daß »jeder Fortschritt unseres politischen Lebens die Nation zu Steins Idealen« nicht »zurückgeführt« [115]) hat, aber daß die Entwicklung zu Erscheinungen geführt hat, die er — freilich in anderer Form, auf anderer Grundlage — wollte.

Steins antiindividualistischer, organischer Liberalismus gibt der ö. M. als Kollektivausdruck einen besonderen Wert, sie allein stellt das sonst nicht faßbare Ganze der Gemeinschaftsgesinnung dar. Steins antidoktrinärer Liberalismus will eine ö. M. nicht als intellektuellen, immer gleich gültigen Ausdruck rationaler Vernunftgründe auffassen, sondern wesentlich als Ausdruck von Gesinnungs-Urteilen und Willensrichtungen der Gemeinschaft. Steins antidemokratischer Liberalismus läßt das Massen-Element der ö. M.

---

[113]) Meinecke, Das Zeitalter der Erhebung, S. 48, das gilt für fast alle Reformer der Erhebungszeit.

[114]) Meinecke, Ges. Aufs., Preuß. u. D., S. 370 ff. (zur Beurteilung Rankes).

[115]) Gegen Treitschke, Bd. 1, 274, vgl. oben.

möglichst zurücktreten und sucht in ihr nach Führerschichten, nach der organischen Schichtung der Gemeinschaft überhaupt. Und Steins staatlicher Liberalismus setzt die Leistung der ö. M. möglichst bald und sicher in organisierte politische Arbeit um, fügt sie damit dem Staat ein, zugleich aber und bewußt ordnet er sie damit der Regierung unter. Steins unzeitgemäßes Wesen und seine Neigung für historische Vorstellungen erschwert ihm die Erkenntnis der ihn umgebenden intensiv sozial und geistig sich wandelnden Welt; er versteht deshalb die ö. M. wie sie ist, kaum und baut sie, wie er sie will, auf einer nicht mehr lebendigen Welt, auf einer ihm noch lebendigen Volks»gemeinschaft« auf. Steins Konservatismus verwandelt den Begriff der ö. M. der preußischen Reformer [116]) durch den Gedanken, daß die sittliche Gemeinschaft der Bürger ihr Träger sei, völlig und nähert ihn dann durch die Betonung des nationalen Elementes dem Volksgeist der Romantik. Die Unbedingtheit des ethischen Wollens bei Stein aber, der mit ihm verknüpfte Universalismus und die rationalisierende Denkart machen die ö. M. zu etwas völlig Unromantischem, leihen ihr noch Züge des aufgeklärten Begriffs der opinion, die mit den Wesenszügen einer ö. M. der organisch-historischen Gemeinschaft eine seltsame Synthese eingehen, durch die allein die ö. M. nationales Gefühl, ethische Gesinnung, politisches Wollen gleichermaßen enthält. Logisch kann eine solche Mischung vielleicht gar nicht ganz erhellt werden, aber die politische Produktivität des Begriffs beruht gerade auf ihr [117]).

Das Überwiegen nomothetischen Denkens und historisch-idealer Vorstellungen sowie der Mangel einer objektiven Anschauung der Entwicklung der Gegenwart konnte bei Stein einen Begriff der ö. M. entstehen lassen, der sich so nur in eine pädagogisch gesehene Entwicklung, nicht aber in die tatsächliche des historischen Lebens einfügen ließ; ein Begriff, der als Wunschbild dem faktisch Gewordenen: der atomisierten Gesellschaft, dem absoluten bureaukratischen Staat, dem erschöpften Zustand seiner Untertanen, genau widersprach und dessen echte innere Wirklichkeit, der Geist von 1813, entstellt, ja fast erstickt wurde durch die allzu starke Betonung des Idealbildes deutscher organischer Gemeinschaft in den Formen der Vergangenheit.

---

[116]) Dieser Begriff der Beamten des aufgeklärt-absoluten Staates beginnt bei den Köpfen des ALR, in der persuasorischen Gesetzgebung; das führt hier zu weit in die Geschichte der Voraussetzungen des Begriffs hinein.

[117]) Eine ähnlich zusammengesetzte ö. M. sieht Th. Roller im Kreis der preußischen Patrioten um Reimer lebendig, dessen Mitglied unter anderen Arndt ist. Georg Reimer und sein Kreis, Ein Beitrag zur Gesch. d. polit. Denkens i. Deutschland. Berlin 1924.

Arndt.

I.

Arndt, sagt Gundolf [1]), ist Steins Stimme; in Stein und Arndt zusammen sah Haym einen politischen Luther [2]), sah sie menschlich ebenbürtig, sich einander ergänzend, auch wenn Arndt die kantige, ja tragische Größe Steins nicht erreicht.

Dies nun scheint gerade daran zu liegen, daß Arndt zwar wie Stein wurzelt in der ewigen, die Geschichte tragenden und bewahrenden »Gemeinschaft«, in einer erdnahen bäuerlichen Familie, in den schlichten Verhältnissen und Seelen der Hausgemeinschaften auf dem Lande, unter dem Rügenschen Volk und in dem deutschen Volk als Ganzem, dem er sich mit ganzer Seele zugehörig fühlt; daß er aber darüber hinaus in einem ungleich stärkeren Maße als der altertümlich geschlossene Stein in der wirklichen Bewußtseinslage seiner Zeit lebt, in ihren weltanschaulichen Wirren, in der Fülle ihrer sich wandelnden Ideen, die Arndts Gedanken-Welt recht eigentlich auszumachen scheinen, während Steins einmal bestimmte Ideen wohl unter dem Eindruck der sich wandelnden Wirklichkeit beweglicher werden, aber fast ohne Berührung mit der Entwicklung der Bildungsmächte der Zeit bleiben. Um so merkwürdiger mag es sein, daß in Arndt eben das aufdämmert, was ihn von all der Ideenfülle seiner Zeit unterscheidet, was ihrem Verhältnis zu Idee und Wirklichkeit völlig widerspricht, daß nämlich in Arndt instinktiv »eine Ahnung aufblitzt«, daß »die irdischen Gesetze der Welt und des Staats die ewigen wären«, d. h. wie Meinecke [3]) interpretiert: daß in Arndt der historisch-politische Realismus des 19. Jahrhunderts kurz aufleuchtet. Aber: er besitzt diesen Realismus [4]) instinktiv, er bestimmt seine Grundhaltung zu den wechselnden Problemen der Zeit, immer in der Mitte zwischen den Extremen der Richtungen; er könnte Arndt zum eigentlich politischen Kopf unter den Zeitgenossen machen, aber

---

[1]) Gundolf, Drei Reden, Heidelberg 1924.

[2]) In einem großzügigen und warmen Nachruf in den Preuß. Jhbb. kurz nach Arndts Tode 1860 V, 470 ff., 486.

[3]) Germanien u. Europa, 263: »Ich sehe die Erde fest, ihre Gesetze klar und bestimmt; wie aber, wenn diese irdischen Gesetze die ewigen wären, zur Gestaltung und Erhaltung der Welt und der Staaten hinreichend? Wenn aus diesem festen Boden alles Himmlische, Göttliche, kurz alles Höhere, wenn nicht gerade entspränge, doch aus ihm sich entwickelte. Es kömmt mir dies freilich nur wie eine Ahnung.« Meinecke, W. u. N., 6°, S. 95.

[4]) In der Leibeigenschaft S. 268 noch mit dem rationalistischen Argument: das Rechte und die Interessen decken sich. Echter Realismus in seiner Bewunderung für Englands Politik, weil es so gut für sich sorge. Wächter, III, 110.

Arndt vermag ihn nicht wirklich ins Bewußtsein zu heben, jedenfalls nicht zu durchdenken (Meinecke). Sobald er sich nicht handelnd, sondern denkend mit dem Leben auseinandersetzt, steht er vor der Kluft zwischen ewigen Normen, zwischen Idee und Wirklichkeit, die er primär nie durch Erkenntnis, sondern immer durch Leben, durch Aktivität überwindet. In seinem Wollen ist eben jener glückliche und starke Instinkt mächtig, der durch keinen christlichen, keinen philosophischen, keinen romantischen Idealismus je sich verwirren läßt. Alle »Ideen« treten vielmehr für Arndt in eine funktionale Abhängigkeit von seinem Wollen, das sich als ein Stück irrationale natürliche Kraft in ihm immer wieder erhebt, das das eigentliche Zentrum seines Wesens ausmacht, von dem seine verschiedenen Taten und Ideen ausstrahlen.

Aber die Spannung zwischen dem Natürlichen und dem Guten ist ihm nicht fremd, und aus einer harten Kampfzeit seiner Jugend bleibt ihm ein Sinn für den sittlichen Dualismus, der seinen starken Willen schärft, den er bewußt für eine Entscheidung, für »das Gute« eingesetzt hat und einsetzen will. Aus der Doppelheit einer christlich-dualistischen und einer instinktiv heidnisch-harmonischen Moral bestimmt sich Arndts Wille, an dem die folgenden Generationen bald die eine, bald die andere Seite stärker, alle aber die sprühende, durch die Lauterkeit der Gesinnung geadelte Lebenskraft bewunderten. Sie ist ein Zeichen dieses ewig Jugendlichen, unendlich lange Werdenden, der ganz im Gegensatz zu der großartigen und rätselhaften Geschlossenheit des immer fertigen, immer männlichen, festen und tätigen Stein lange an den Grundlagen seiner bewußten Weltanschauung baut.

Arndts Bildungsgeschichte ist die denkbar aufschlußreichste für das an solchen Werdensgeschichten reiche Humanitätszeitalter. Sie ist zugleich die Geschichte eines Menschen, der, auf dem festen Grunde einer bäuerlich religiösen Kultur, die dem Menschen einen ehrfürchtigen Sinn für das Göttliche im Irdischen mitgibt, sich auf den Weg macht, mit der Kraft eines aufsteigenden Geschlechts seine Zukunft in der praktischen und geistigen Wirklichkeit seiner Zeit, nicht in Träumen zu suchen, der aber nicht wie der Aristokrat einen wohlgesicherten Kreis bedeutender Tätigkeit in der Gegenwart ohne weiteres vorfindet. Das gibt der Geschichte Arndts die fast revolutionär vorstoßende Bewegung. Abenteuer und Schicksal prallen zusammen in dem Auf und Ab der Erlebnisse und Ideen, von Anfang an, während bei Stein bis zu den großen Schicksalsschlägen der Franzosenzeit ein selbstverständlich und zielsicher anmutendes Leben abrollt. Arndts Leidenschaftlichkeit äußert sich innerlich und äußerlich in rastlosem Wandern, in Weltoffenheit und »fliegendem Schwung«; Steins Leidenschaft wandelt sich in Energie oder entlädt sich in Zorn, in Reizbarkeit und schroffem Stolz. Freilich schleudert seine tausendmal nüchtern gebändigte Leidenschaft in ihren großen Momenten Handlungen und Aussprüche hervor wie riesige Blöcke aus einem Vulkan. Sie macht Geschichte, die Arndt, der Begleiter, der Dichter nur erlebt, der er dient mit der ganzen Hingabe seines lebhaften aber harmonischen Temperamentes. Arndts schönste Worte freilich können den vollen Klang der Glocke haben, hallend und rund, da so viele Nebenklänge in ihm mitschwingen.

Gerade diese aber pflegte man bei Arndt meist nicht zu hören, wenn man — wie es zwischen 1860 und 1914 meist der Fall war [5]) — sich mit der einfachen »fürs deutsche Haus« bestimmten Formel für Arndt begnügte: »der treffliche Patriot«; eine Formel, die immer ein wenig peinlich wirkt und ein wenig langweilig. Dieser wackere Arndt mit seinem Gott, der Eisen wachsen ließ, war am wenigsten anziehend unter den vielen Persönlichkeiten jener reichen Zeit von 1813. Haym hatte solcher Vereinfachung des Arndtbildes insofern etwas vorgearbeitet, als ihm am wichtigsten in Arndts Bildungsgeschichte nicht ihr Problemreichtum, sondern ihre starke instinktsichere Problemlösung war, die Summe eines »kerngesunden Daseins« [6]), in dem »der Instinkt für das Kraftvolle mit seinem Gewissen in derselben Richtung geht«, in dem ein »vergeistigtes Christentum zur Einfalt der Natur zurückführen« soll. Gewiß ist das Einmalige und Starke an Arndt, das, was ihn Stein sympathisch machte, diese aus Instinkt und nicht

---

5) Es kann da von Arndtforschung kaum gesprochen werden, vgl. die Einl. zu Müsebecks »Arndt« 1914, die nur von vorbereitenden Arbeiten Meißners zu berichten hat. Die Lebensbilder H. Meißners und Steffens zeichnen, wenn auch durch einzelne neue Quellen bereichert (Briefe), den selben Haymschen starken und tatfrohen, liebenswürdigen und sprachgewaltigen Menschen und Schriftsteller. Von einer Diskussion einzelner Probleme, wie sie die Stein-Literatur erfüllt, von einem tiefen inneren Gegensatz, wie er besonders in der neuesten Humboldtlit. zutage tritt, ist in der spärlichen Arndtlit. nicht eigentlich etwas zu bemerken. Dissertationen mit einzelnen pädagogischen, sprachlichen oder geschichtswissenschaftlichen Fragestellungen geben Ausschnitte aus Arndts Ideen, die sein Bild als »trefflichen Patrioten« sozusagen schon voraussetzen. Unter ihnen hat die aus der Lamprecht-Schule hervorgegangene Arbeit von R. Krügel über den Volksgeistbegriff in Arndts Geschichtsanschauung, Langensalza 1914, ein gewisses Interesse für die Untersuchung der ö. M. bei Arndt; sie wurde von mir erst bei Abschluß der Arbeit bemerkt und benutzt.

6) Haym bekämpft dabei die Differenziertheit und Kraftlosigkeit seiner Zeit besonders wegen ihrer politischen Unfähigkeit. Es wäre wohl nötig, Haym selbst genauer zu betrachten, von dem das erste, jedenfalls das bestimmende Bild Wilhelm v. Humboldts 1856 u. Arndts 1860 geprägt wurde.

aus dialektischer Erkenntnis gefundene Lösung der tausend Widersprüche und Probleme der Zeit, ist es sein Gefühl von einer absoluten letzten Einheit, die irrational alle in der Wirklichkeit einander widerstrebenden Kräfte und Ideen umschließt. Für Arndt kennzeichnend aber ist die Verbindung des inneren, natürlich auch des äußeren Lebens »mit der geistigen und politischen Entwicklung seines Volkes«, die die umfangreiche Biographie Müsebecks aufzeigen will [7]). Diese faßt Arndt auf als den Mann, in dem »die Massenenergie des nationalen Bewußtseins zu persönlicher Kraft wird« und »dessen Charakter und Schicksal das deutsche Volk in seiner idealen Erscheinung darstellen« [8]). Sie sieht also Arndt so, wie er selbst als Historiker in den Spuren der Alten die Helden und Führer eines Volkes hat sehen wollen [9]), und sie kann das vielleicht mit Arndt leichter tun, als es mit den beiden andern in menschlicher Eigenart und in ihrer Wirksamkeit ungleich bedeutenderen Männern, mit Stein und Humboldt, möglich wäre. Erst Gundolf [10]) stempelt Arndt zum genialen Volksmann und meint, er habe die geisteswissenschaftliche Stellung noch nicht gefunden, die ihm gebühre. Diese Stellung hat Müsebeck Arndt doch wohl geben wollen, wenn er ihn schildert, wie er in ehrlichem Kampf die Unvereinbarkeit des Altluthertums, der rationalistischen Moral und seiner eigenen irrationalen Weltanschauung durchschaut und den ursprünglichen Beruf des Theologen aufgibt; wie er im Gegensatz zu Steins nüchternstrengem Glauben, der keinen Blick in die Klüfte einer dunklen Natur gestattet, all diese Widersprüche als persönliche Krisen bewußt durchlebt und zum Teil mit den Mitteln seiner Zeit zu durchdenken unternimmt; wie er idealistischen und romantischen Individualismus überwindet und Wegbahner des neuen Gemeinschafts- und Volksgefühls und des nationalstaatlichen Gedankens in Deutschland wird. Freilich ist der pädagogische, christlich-idealistische Sinn des Biographen fühlbar. Für Gundolf ist Arndt spontan groß, eine außergewöhnliche und geist-reiche Natur, voll starker irrationaler Kräfte; Müsebeck will mehr die durch einen sittlichen Willen geformte und bewußte Persönlich-

---

7) Der 1. Teil bis 1815 erschien 1914. Ferner Einzelstudien z. B. Arndt in den geistigen u. pol. Strömungen nach dem Wiener Kongreß, Dtsche Rundschau 1916, H. Z. 105 u. a. Eine ausführliche Besprechung H. Z. 115, 537 von A. Dühr, der die Erforschung der schwedischen Tätigkeit und Einflüsse Arndts übernommen hatte.

8) Müsebeck Einl. S. 4.

9) Vgl. Schwedische Geschichten; Charakterschilderungen.

10) a. a. O. auf Grund seiner Deutung der Arndtschen Gemeinschaftspoesie. Seine Bewunderung für Arndt, wie sie ihm aus der Gegensätzlichkeit entstanden sein mag, hat fast etwas Hinreißendes.

keit Arndts aufzeigen [11]). Deshalb sieht er Arndt wohl noch zu stark mit jener Bildungsaristokratie zusammen, die durch Ethik, durch Reflexion, durch Zeitverständnis zur Gemeinschaftsstaatsidee kommt, nicht aber durch die elementare Volksverbundenheit, die Arndt rascher und sicherer leitet. Für die gemeinsame Idee wirbt, lebt, denkt Arndt mit einer großen und überzeugenden Kraft, einer tapferen, ja schöpferischen Ausschließlichkeit, die die andern kaum besitzen.

In Wesen und Wollen, im Ausgangspunkt und Ergebnis ist Arndt Stein sehr nahe; aber er geht durchaus allein den Weg durch die Zeit. So ist seine geistesgeschichtliche Bedeutung vielleicht ergiebiger als Steins ungleich größere politische Leistung. Dabei hat Arndt nicht wie Stein in Göttingen ein Bildungserlebnis, das sich seiner Grundlage organisch einfügte und durch folgende Erfahrungen weiter fruchtbar wurde, sondern er begegnet in verwirrender Folge der Aufklärung, Herder, Rousseau, der heidnisch schönen und heroischen Welt der Antike, Fichte, der Romantik in allen Schattierungen, lernt von allen und behauptet sein Wollen gegen sie. Dazu aber fügt er die Erfahrung der äußeren Welt in acht verschiedenen Ländern und Völkern Europas, sich »bildend« mit Muße nach den Kämpfen der Schul- und Studienjahre in Stralsund, Greifswald, Jena und auf Rügen. In dieser Bildungsgeschichte war Arndt sich selbst Problem und Aufgabe geworden, und damit ist Arndt ein für allemal Individualist, der sich selbst bewußt sucht, nicht zehn, nein hundert Jahre jünger als Stein und in unmittelbare Nähe gerückt zu Humboldt, ein echtes Kind des Jahrhunderts, das die Frage nach dem Ausgleich der menschlichen, der persönlich-individuellen Bildung mit der Welt der andern, der Gemeinschaft oder Gesellschaft, dem folgenden ungelöst überließ. In diesem Individualismus zuerst kam Arndt zur bewußten Verehrung der irrationalen Kräfte im Menschen, zu der ihn auch sein ursprüngliches Vertrauen in die großen und schönen Kräfte der Natur trieb [12]).

Ließ sich dann der seiner selbst bewußt gewordene Arndt durchströmen von den Ideen seiner Zeit, so entschied er sich für den Irrationalismus der deutschen Phantasiebewegung, gegen Orthodoxie und Rationalismus, aber ohne einer romantischen Verherrlichung des

---

[11]) Es ist ein Unterschied etwa wie wenn Ricarda Huch oder Botzenhart Steins »ethische Natur« bewundern.

[12]) Aus den harten Kämpfen mit seiner eigenen Natur gewann er weder eine rationalistische dürre Moral der nützlichen Zucht noch der rousseauistischen Rechtfertigung der natürlichen und guten Triebe, vielmehr ein Zutrauen in die Kraft seines Willens. »Die irdischen Gefühle sind die Grundlage alles Guten, wenn auch noch nicht das Schöne und Edle selbst« 1802.

Gefühls und des Unbewußten zu verfallen, und mit der Betonung der Notwendigkeit eines aktiven Willens [13]. Er entschied sich »für die Genialität der Jugend« [14] — die, wenn etwas Geniales an ihm gefunden werden kann, in diesem Menschen während seines 90jährigen Lebens lebendig ist — gegen die Verständigkeit des Alters, er entschied für die Zugehörigkeit zum Natur-, nicht zum Kulturzusammenhang (Korff), dem er sich im Gegensatz zu Rousseau aber auch wirklich zugehörig fühlen konnte; für die Seele gegen den Geist: und dies alles für sich, für sein halb rousseauistisch, halb antik gesehenes menschlich persönliches Ideal und für sein Helden- und Völkerideal.

Rousseaus »Emile« und Fichte sind die beiden Eckpfeiler seines Individualismus, der natürliche und gute Mensch und das abstrakte Ich der idealistischen Philosophie; Arndts Individualismus hat wenig zu tun mit den klassischen und Schellingschen Gedanken über die Persönlichkeit als ästhetisch organisches Kunstwerk. Gerade der ästhetischen Ideenbildung seiner Zeit ist Arndt meist fern geblieben; das Ideal des schönen und starken Menschen entstand bei ihm unmittelbar aus jenem instinktsicheren Heidentum, »das wir nimmer hätten verlieren sollen« [15] und das ihm angeboren war. Die ethischen, historischen, politischen und sozialen Ideen erfüllen sein Interesse.

Denn er ist »ein Mann, der in der Welt etwas tun und wirken will« und deshalb seinen Willen selbst regiert. Die Welt ist seiner unsentimentalen und gar nicht bedingten Weltfreudigkeit vertraut, die Wirklichkeit liegt seinem angeborenen, trotz seiner »Bildung« ungebrochenen Sinn für alles Reale nicht hinter tausend Schleiern der Empfindung oder Spekulation, die Gefahr, sich in Träume zu verlieren, läßt seine realistische und willensfrohe Natur auf die Dauer nicht zu, denn sie zwingt ihn immer wieder, seine Gefühle und Gedanken für das Handeln im Moment zu ordnen [16]. Aber wie sollte er die Wirklichkeit packen anders als durch das Wort, das er gelernt hatte als sein Handwerk?

So nun findet sich dieser stürmische und optimistische Mensch, dem objektives Wissen und Erkennen immer bewußt nur Mittel und deshalb nie ganz erreichbar ist, unter den — von ihm so oft verachteten — Wissenschaftlern. Arndts großzügiger, rasch und anschaulich gestaltender Geist, seine lebendig umgestaltende Rezeptivi-

---

13) »Das Denkende soll nicht oben liegen und das Empfindende zurückgetrieben oder zur Fratze übertrieben« sein, Schr. II, 358, vgl. ebda 453 u. v. a.

14) Schriften I, 222.

15) Vgl. Arndts Urteil über das Christentum (wie beim jungen Hegel), Briefe an Freunde, 1805, S. 120 ff.

16) Diesen Zug hebt Bezold hervor. Gesch. d. Universität Bonn.

tät und seine sichere Beobachtungsgabe für große Kollektivwesen schaffen zusammen seine gewissermaßen naturhistorischen Völkerskizzen [17]). Für sein geistiges Gesamtbild sind sie interessant, weil sie Arndt »den Täter« zeigen, wie er einen Stoff geistig durchdringt, um ihn zu benutzen [18]); zugleich zeigen sie, daß Arndt wirklich »entwickelnd« denkt: auf die Gegenwart zudringend und zu ihrem Verständnis, die ihm zwar ebenso wie Stein Krisis, Katastrophe und Übergang scheint, aber doch von einer unendlichen Fülle lebendiger und entwicklungsfähiger Anlagen. Arndt teilt mit Stein den Blick für die lebendigen Kräfte des Mittelalters, den noch Herder nicht besessen hatte, aber die Fremdartigkeit seiner sozialen, politischen und besonders seiner religiös-geistigen Struktur ist ihm, dem echten Kind seiner Zeit, fühlbarer: jene Jugend der Menschheit, so schön sie war, ist ihm doch vorüber durch jene bedeutende, wenn auch gefährliche Zeitepoche des Christentums, die mit Luther einsetzt, und die subjektive Prüfung und Entscheidung des Einzelnen fordert. Denn aus dieser Epoche ergibt sich jenes geistige Leben für Arndt, das »nicht sowohl auf einer gläubigen und gehorsamen Annahme der objektiven Ideen als auf einer freien subjektiv vermittelten, also auch beschränkten Anerkennung beruht, die nicht ohne Kampf und Streit zu gewinnen ist,« wie Ranke in der Englischen Geschichte sagt. Joachimsen hat [19]) das als die Grundlage einer genuin protestantischen Geschichtsbetrachtung bezeichnet, die aus dem protestantischen Humanismus entspringe, der nach den Befreiungskriegen sich erhob und zu dem man Arndt wohl zählen muß. Sein gewissermaßen religiöser Individualismus, der ihn mit dem Protestantismus und mit der Persönlichkeitskultur seiner Zeit verbindet, unterscheidet ihn scharf von Stein, der das nicht kannte. Im übrigen ist Arndt einer der Protestanten, die von einer gewissen »formlosen religiösen Überzeugung« (Dilthey) neben naturphilosophisch pantheistischen Neigungen [20]) seiner

[17]) Z. B. in den Charakterschilderungen, im G. d. Z. I; man vergleiche sie mit den Ideen Montesquieus, denen doch Arndt sehr viel verdankt! Gundolf hat die Leistung Arndts als Historiker, die Haym in der Hochblüte historisch-kritischer Geschichtsforschung naturgemäß niedrig einzuschätzen neigte, »einen großen Schritt vorwärts in der universalen Geschichtsschreibung vor Ranke« genannt und die Kraft seiner Völkercharakteristik bewundert. Es ist die »Schau« des Künstlers, die Arndt in ihnen gibt, mit einer starken Dosis rationalistischer, »negativ-historischer« Geschichtsbetrachtung zuweilen noch seltsam versetzt.

[18]) Und zugleich, wie lebendig unter seinem Blick die Masse eines großen Stoffes wird, die er weniger mit dem Verstand als mit der Phantasie meistert.

[19]) Ilbergs neue Jahrbücher, 1926, II, Heft 3, S. 311.

[20]) Die Krügel erheblich zu überschätzen scheint.

Jugendjahre zu einem wachsenden biblischen und endlich kirchlichen Glauben »sanft zurückkehrt«, wie er selbst sagt und wie es der allgemeinen Entwicklung der Zeitgenossen in und nach den Befreiungskriegen entsprach, die die Blüte eines mit idealistischem Gedankengut durchsetzten Protestantismus erlebten [21]). Humboldt hingegen verkörpert einen heidnisch ästhetischen Humanismus ohne protestantische Grundlage — was nicht etwa religiöse Elemente in ihm überhaupt leugnen soll —, der den Individualismus übersteigert und in seiner Individualitätsidee in der Synthese von Antike, Christentum und Humanitätsgedanken das Mittelglied beiseite läßt.

In Arndt kann eine solche Synthese gefunden werden, nicht nur in dem Menschen Arndt [22]), mehr noch in dem politischen Schriftsteller, der eben wegen seiner doppelten Neigung »für das Irdische und das Himmlische« einen besonderen Sinn für die »Mittelwelt der Politik« hat. Unverkennbar bewundert er in dieser — besonders als junger Mensch — die Helden, die mit »gewaltiger Naturkraft das Irdische bändigen«, die Fürsten, die die Kunst des diplomatischen Schachspiels meistern [23]).

Sein naives und starkes Lebensgefühl wird ihm leicht unbewußt auch zum sittlichen Wertmaßstab für das Individuum [24]). Die erhabene Naturkraft in Napoleon zieht ihn an, aber er fragt: »ist er mehr?« [25]). Dieses »Mehr« sucht er in einer bewußten Eingliederung des Einzelnen in einen höheren Zusammenhang, in dem er tätig sein will und soll, um sittlich zu sein. Arndts Fähigkeit zu aktiver und freiwilliger Einordnung in den irrationalen Zusammenhang der Natur, der Gemeinschaft, und in den rationalen der Kultur und des Staats, ist groß und für ihn wichtiger noch als der Antrieb, den die Lehre des Protestantismus zur Bewährung in der Welt, notfalls auch im Dulden, gibt.

Immerhin: das Problem des Verhältnisses von Individuum und Gesamtheit, das für Stein selbstverständlich entschieden scheint, hat Arndt, den Schüler Rousseaus, lange beschäf-

[21]) In Rollers Schilderung des Reimer-Kreises tritt das lebendig hervor, zeigt aber auch die seltsamen Widersprüche.

[22]) »Der die Kraft der Leiber« ebenso wie »die Sanftmut der Seelen« bewundert.

[23]) Müsebeck betont das weniger; aber es scheint mir, Arndt habe gerade in den Helden weniger »die sittliche Persönlichkeit« gesucht als den großen Mann »aus dem Leibe seines Volkes und seiner Zeit«, vgl. oben Trägerkapitel.

[24]) Das Maß von Lebensintensität und Lebensechtheit, das einem Menschen innewohnt, bestimmt seine Kraftentfaltung, auch die sittliche, und seine Wirklichkeitsbeherrschung; gewinnen nur die Lebenskräfte genug Raum, so wird sich zeigen, wie aus den elementarischen ideale Kräfte werden. Schr. II, 215.

[25]) Germanien und Europa 405.

tigt. Doch dachte er trotz seines Individualismus ursprünglich und von Anfang an sozial-ethisch[26]), und sein expansiver Charakter bedurfte immer der Gemeinschaft als Wirkungsfeld. Er erlebte sie in seinem Stande und Lande (Leibeigenschaft), er erlebte sie lebendiger — leidenschaftlich wie fast alle Grenz- und Auslandsdeutschen — in der nationalhistorischen Gemeinschaft des deutschen Volkes und wiederum von einer andern Seite her in der Geschichte und auf seinen Reisen in den eigentümlich gestalteten großen Staaten; endlich aber als jene seltsame Einheit: als »seine Zeit«. Man kann nicht sagen, daß Stein dieses bewußte Einordnungsbedürfnis besessen habe, es war ihm nicht erkämpft, sondern praktisch und ethisch selbstverständlich. Anders sah Arndt sich zwischen isolierten kosmopolitischen Gelehrten mit dem starken Drang zu übergeordneten und wirklichen Gemeinschaften allein; die Menschheit, fern und ungreifbar, ließ er als solche nicht gelten, auch wenn er bekannte, sie zu lieben (Schluß von G. d. Z. I). Aus Instinkt mehr noch als aus subjektivistischem Erweiterungsdrang drängt Arndt zur Wirkung in der Gemeinschaft: deshalb führt der Instinkt ihn auch von Menschheit und Gesellschaft, von pädagogischen und sozialen Utopien weg, auch wenn sie in ihm noch manchmal lebendig »spielen« — und hin zu der wirklichen, irrationalen Gemeinschaft »Volk«, zu seiner Darstellung im Staat, zur Politik.

Als Arndt sein persönliches Problem des Verhältnisses von Individuum zur Gemeinschaft löste — auch wenn es in immer neuen Anläufen immer wieder gelöst werden wollte im Auf und Ab seines Lebens —, suchte er in der Wirklichkeit nach seiner Gemeinschaft, und auch da hatte er es nicht leicht, zwischen seinem schwedischen Heimatstaat und der staatlosen deutschen Volksgemeinschaft sein Wirkungsfeld zu finden. Er diente zuerst dem Nächsten, Schweden, obwohl ihm — im Gegensatz zu Stein und Humboldt — die völkische Gemeinschaft mehr am Herzen lag als der Staat. Denn dieser war ihm wesentlich immer nur die Ordnung des Volks, das ihn trägt. Er sah den Staat nicht als Organismus oder als sittliches Wesen, auch nicht als eine Summe von Herrschafts- und Rechtsverhältnissen, sondern als Leib und Form der organischen und sittlichen Volksgemeinschaft. Aber neben das primäre Gefühl Arndts für das Volk trat sein Wirklichkeitssinn, der ohne den staatlichen Leib alles Große und Lebendige des Volkes — und auch die außerhalb von Gemeinschaft und Natur beheimatete, aber nicht minder verehrte Idee der

---

[26]) Arndt erzieht seine Idealjugend nicht allein, wie Emile, sondern in der Gemeinschaft.

Gerechtigkeit — sterben sah, der diesen staatlichen Leib darum stark und schön wünschen mußte wie die Leiber seiner großen Menschen.

Deshalb mußte Arndt politisch werden; seine persönlichen, pädagogischen, sozialen Strebungen flossen mit seinen historischen und völkerpsychologischen Erfahrungen hier zusammen.

Sein Ausgangspunkt von Individuum und Volk unterscheidet den Publizisten immer von Stein, der praktisch vom Staat und einer allgemeinmenschlichen Sittlichkeit, die dieser in seinen Bürgern erziehen soll, ausgeht, und von Humboldt, der von einem reinen Individualismus herkommt, der zunächst Volk und Staat nur erkennend in seine Universalität einbezieht, nicht aber sich ihnen einordnet. Arndt beginnt sofort, für das Volk zu wollen, sich ihm hinzugeben. Die geheimen und großen Lebenskräfte, denen er vertraute, trugen ihn, ob er sie anfangs mehr als irdische, später mehr als göttliche benannte, durch ein politisch aktives Dasein.

Arndts Gemeinschaftserlebnis ist spontan, und es ist kein Zufall, daß in seinen Dichtungen nicht die Einzelseele, sondern der »Gemeindrang« (Gundolf) einen unmittelbaren Ausdruck gefunden hat. Ein solches unauflösbares Gemeinschaftserlebnis ist eine Gabe der Natur, nicht eine Tat des sittlichen Willens; es ist gewachsen wie jene Gabe des Wirklichkeitssinnes. Arndts Wege zu einer tieferen Erfassung des Volkstums sind durch beide gegeben, nicht durch bewußtes Wollen, nicht durch äußere Einflüsse von idealistischer Philosophie oder von der Romantik [27]); soviel Arndts Ideenwelt Herder danken mag, gerade das Rätsel des Volksgeistes und seiner Schöpfungen ist ihm ein Urerlebnis vor allen »Einflüssen« gewesen. In »den außerordentlichen Zeiten« aber offenbart sich der Volksgeist anders: 1813 wird Arndt selbst in Deutschland »der Mund des Volkes«, er, der zugleich die Stimme Steins war.

Damals erfüllte sich an Arndt der Wunsch des Novalis: »es sollte Prediger des Patriotismus, Staatsverkündiger geben«. [28]) Dieser Prediger aber verkündigte nicht den konkreten Staat, sondern griff ihn an, um doch den Zukunftsstaat prophezeien zu können. »Sollen aber die Staatskräfte Deutschlands je eins werden, so muß zuvor der

---

[27]) Er entdeckt sich wieder Sage und Märchen des Volks, die er schon in seinen Knabenjahren erlebte, nicht wie Herder auf der Suche nach der echten Poesie, nicht um an ihrer einfachen Tiefe den Gegensatz zu einer überreifen übergeistigen ästhetischen Kultur zu genießen wie die ersten Romantiker. Er sucht allenfalls, wie Deutschland einen tatfrohen »Volksgeist wieder erhalten könne«, dem er nur bei den rügenschen, den schwedischen Landbewohnern begegnet war, wo Sage und Märchen noch lebendig umgingen.

[28]) Fragmente Ath. II, 270, vgl. Metzger, S. 226.

Nationalwille eins sein.« [29]) Daran arbeitete Arndt. Er bewies darin zunächst, indem das Volk dem Staat vorherging, seinen »Liberalismus«, der aber ein national-ethischer, kein individualistischer war. Der Gemeinschafts*staatsidee* begegnete er zuerst im konkreten Territorialstaat, im Preußen der Reform, aber den Staat seines Volkes suchte Arndt in der Geschichte und in der Zukunft. Für ihn zu wirken wurde er nach Rußland berufen; in Stein trat ihm der große politische Mensch und eine originale politische Gedankenwelt entgegen, deren Wirkung er in Berlin, im Kreise der lesenden und schießenden Gesellschaft seit wenigen Jahren kennengelernt hatte [30]).

Jetzt kreisen Arndts Gedanken nicht mehr um Völkerpsychologie und Individualpädagogik, sondern um die *zwei großen politischen Aufgaben des Momentes*, die Befreiung Deutschlands und die Gestaltung eines sittlichen und kraftvollen Staates der deutschen Volksgemeinschaft. Es sind Steins Aufgaben, Steins Probleme, die nun Arndts politische Ideen erfüllen. Arndt ist nicht nur der Interpret, sondern schon Ausdeuter Steins, der ihn zu Ende denkt in seiner eigenen Weise [31]). Er erweist sich jetzt als Mittler zwischen Führer und Volk, wie er selbst es sich gewünscht hat, zwischen »schöpferischer Kraft und erzieherischer Bildung« (Gundolf), für welch beides er ein tiefes Verständnis besaß.

Die Hauptaufgabe des Steinschen Staates, die sittliche Erziehung, möchte Arndt lieber dem Volke direkt mehr als nur der staatlichen »Schule« überlassen; darin erweist er sich stärker als Liberaler denn Stein. Arndts Schriften erfüllen die von Stein gestellte Aufgabe einer sittlichen Erziehung für den Staat, während Arndts Erziehungsgedanke selbst seinen individual-ethischen Ursprung nie verleugnet. Das Recht staatlicher Erziehung war Stein nie fragwürdig, aber Arndt — nach den Vorbehalten seiner irrationalen Persönlichkeitsauffassung und obwohl oder weil er selbst vielleicht der geborene Erzieher war — empfand es als Problem. Doch überließ er gern jene äußere Erziehung gegen die Französelei der Volksgemeinschaft, und dem Staat die Erziehung zur Tat durch Mitarbeit, die Stein so lebendig vorschwebte. Auch Arndt sieht die »Verjüngung des Staats« in der Erziehung. »Vieles mag die Freiheit selbst schaffen, vieles muß auch für sie

---

[29]) Zitiert bei Müsebeck, S. 202.

[30]) Vgl. über sie Roller und Steig, Kleists Berliner Kämpfe 1901.

[31]) Es mag gut sein, an ein Urteil Humboldts zu erinnern, der selbst von Arndts Wesen doch persönlich sehr fremd berührt wurde: es stecke viel Tiefe in ihm, mehr als man dem Anschein nach denke. Darüber darf die volkstümliche Darstellung der gemeinsamen politischen Ideen nicht täuschen.

gemacht werden« [32]). Das kennzeichnet, daß auch Arndts Liberalismus ein ethischer, ein staatlicher und in welchem Sinne er ein historischer war.

Die Ideen Steins über den Gemeinschaftsstaat überhaupt hat man, wie mir scheint, für Stein zuweilen so bezeichnet, wie sie erst Arndt aufgefaßt und ausgedrückt hat. [33]) Dieser fügt die eigentümlich einfach und »verständig« gedachten Ideen Steins durch seine lebendig umgestaltende Interpretation dem Probleme-denken der Zeit ein, das ihm in Umrissen geläufig ist, er rechtfertigt sie in ihm und macht — in einer halb philosophischen, halb romantischen Ausdrucksweise — den Zeitgenossen ihren Sinn verständlich, der sich bei Stein hinter pathetisch zusammenfassenden Allgemeinheiten und nüchtern rationalistisch begründeten Details verbirgt. Arndt legt den rationalethischen Begriffen Steins natürlich-realistische und dichterisch-gefühlsmäßige Anschauungen unter (z. B. »Volk«, »Wahl« u. a.) und läßt auf Steins rationalen Idealismus einen eher romantisch-revolutionären Idealismus folgen, dem aber wie bei Stein eine unbefangene Frömmigkeit inneren Halt gibt. Arndts vielseitige Verflochtenheit mit den Ideen seiner Zeit, zugleich aber seine innere Verwandtschaft mit Steins ethisch-praktischem Wesen macht ihn besonders geeignet zum Umdenker der rationalisiert gedachten Gemeinschaft Steins in die Welt »romantischer« Gedanken [34]).

II.

»Aus Ideen wirkt sich doch alles«, sagt Arndt: aber weder durch eine Selbstentfaltung des Volksgeists noch der Vernunft, noch weniger durch willkürliches Pressen der Wirklichkeit nach einer außer ihr, über ihr liegenden Idee. Man darf diese Äußerung, mit der sich Arndt zum Idealismus bekennt, weder quietistisch noch Fichtisch dikta-

---

[32]) Bauernstand, 1810, bei Müsebeck zitiert S. 278. Nur so wiederholt sich Fichtes Erziehungsgedanke bei Arndt.

[33]) Wenn Kallen meint, Steins Staat bedeute »die Zurückverlegung des Staats in das Volk«, in die genossenschaftliche Organisation, wenn Müsebeck spricht von Steins Staat, der »eine Idee ist, die wird«, so ist das Arndts dichterisch bewußte Staatsidee, die bei Stein so bewußt, kaum da ist.

[34]) Z. B. träumte A. von einem sozial-ethischen Aristokratismus aus, von einer Synthese von Aristokratie und Demokratie, ein wenig wie Novalis; oder er vertrat, an Adam Müller anklingend, daß eine lebendige Staatsform immer eine Spannung enthalte zwischen König und Volk, Führer und Menge, Tradition und Neuformung, daß aber die Durchführung eines Prinzips, die Herrschaft eines Elementes allein, wie in der franz. Revol., den Tod politischen Lebens bedeuten würde. Gerade diese Spannung ergibt sich für Arndt im Staat der historisch-organischen Gemeinschaft im rechten Maße.

torisch interpretieren, aber sie kennzeichnet auch für Arndt die Bedeutung, die er — im Einklang mit seiner Zeit — den Mächten der »Idee« als Gesinnung, aber auch als Ideen im eigentlichen Sinne, zuschreiben will, und die ihm selbst seine Bedeutung und Wirkung auf die politische Wirklichkeit erst sichert. »Denn das Ideale, wahrhaftig ergriffen, gibt die kühnste Gewalt des Wirklichen«[35]).

Die politischen Ideen Arndts sind nun in ihrer Vielfalt und Widersprüchlichkeit kaum alle anzudeuten. Sie spiegeln die allgemeine Ideenentwicklung, von den Resten naturrechtlicher Vorstellungen des 18. Jhs. bis zur Auseinandersetzung mit der Staatslehre der Restauration in ihrer wieder naturrechtlichen Begründung bei Haller wie in ihrer durch Schelling und die Romantik befruchteten Form, in der historischen Rechtsschule. Sie zeigen die Witterung des Journalisten für alle aktuellen Ideenwandlungen, deren jede eine Spur in seinen Schriften zurückläßt. Aber Arndts eigenste politische Ideenwelt ist begründet, sobald er den Individualismus mit seinem politischen Wirklichkeitssinn in Einklang gesetzt hat durch das Ideal des politischen Menschen. Der zentrale Gedanke aber ist das Ideal des starken Staates, weil er zur Entfaltung aller sittlichen Kräfte der Nation notwendig ist (schon 1802!) Diese beiden ethischpolitischen Grundideen, die Stein, Arndt und Humboldt gemeinsam sind, bestimmen das Wesen ihres national-ethischen Liberalismus durch die ethisch-politische Beziehung, in die das Individuum, die national- historische Gemeinschaft und ihr Staat gesetzt werden, der in diesem Sinne »aus der Idee neu zu bauen ist«[36]).

Die denkerische Auseinandersetzung mit den Ideen der Zeit ist Arndt nun nicht gelungen, wohl aber die publizistische Formulierung, Verteidigung, Auswirkung dieses Liberalismus in den wechselnden Strömungen zweier Jahrzehnte. Darin, also in Arndts Kampf um die ö. M. und mit der ö. M., sind zwei immer neue Ansätze zu jener Auseinandersetzung zu finden; wichtiger dabei ist aber Arndts praktisches Verdienst um die Entwicklung der nationalstaatlichen Idee[37]). Jene Auseinandersetzung selbst wird für Arndt eben immer wieder überflüssig: durch sein diktatorisch sicheres Instinkturteil, aber auch durch seine Propagandaabsicht. Gerade diese erlauben ihm die häufigen Anleihen bei dem Ideenvorrat der verschiedensten Richtungen[38]), die man nicht als Zeugnisse einer starken »Beeinflussung« deuten darf.

---

35) W. X, 90; 128ff.; XI, 88.

36) Geist der Zeit IV, Kap. 9, S. 200.

37) Meinecke, W. u. N. VI°, S. 90.

38) Sie zu sondern und zu ordnen wäre eine Aufgabe für sich.

Das entscheidende politische Bildungserlebnis waren vielmehr für Arndt jene Grundgedanken von 1789 [39]), d. h. das Erlebnis des Individualismus auch in der Politik, das Ideal des gerechten Staats, des »durch das Volk gewaffneten Gesetzes« [40]). Natürlich hat der Irrationalismus Arndts die Gleichheitslehre, den Rationalismus von 1789 instinktiv verworfen und gedanklich zu verwerfen gelernt. Aber Arndt hat die Grundprobleme des Steinschen politischen Denkens ein für allemal von einem stärker individualistisch mitbestimmten Liberalismus aus gesehen. Während Arndt weit weniger als Stein die Terminologie, das allgemein-menschliche Veredlungsprogramm der Aufklärung aufweist [41]), ist er dadurch dem westlichen Denken scheinbar doch näher. Aber die echt nationalstaatliche Fragestellung Arndts in der Politik tritt früher auf als bei Stein, und deutlicher als Stein hat Arndt die Absage ausgesprochen an den Herrschaftsstaat, der sich so leicht noch im Erziehungsstaat verbirgt. Arndts Staat erzieht nicht so sehr wie der Steins, er dient nur der Erziehung; er wird aber auch nicht durch seine Erziehungsaufgabe gerechtfertigt, sondern durch die Idee der Gerechtigkeit und durch sein Eigenrecht, das nicht ohne weiteres ethisch begriffen und gemessen werden kann. So ist der Machtstaatsgedanke bei Arndt stärker vorbereitet als bei Stein, und Arndt hat rascher die Widersprüche überwunden, die die rationale Rechtsstaatsidee ihm entgegensetzt. Er hat den inneren Gegensatz überbrückt durch seine Idee des organischen nationalen Gemeinschaftsstaats, dessen Macht sich bis an die Sprachgrenzen der Nation ausdehnen solle. Dieser Volksgemeinschaft ordnete Arndt sein Individuum ein; in ihr erfüllen Individuum und Staat beide erst ihren Sinn. Und so begegnet Arndt Stein, der den Staat »zurückverlegte« in dieses Volk. Nur im Begriff dieses Volkes als sittliche Gemeinschaft lösen beide auch das Problem der individuellen und der politischen Moral. Die sittliche Einheit von Mensch und Volk war eine ebenso notwendige »schöpferische Illusion« Arndts wie die

---

39) Ihre »politische und geistige Bedeutung in ihrer sittlichen Vertiefung durch den klassischen Idealismus und durch die preußische Reform war Arndt nie zweifelhaft geworden«. Müsebeck in der Dt. Rundschau 1916, S. 346 ff. Selbst 1813 lobt Arndt XI, 95 an der »tollen Revolution«, nachdem er jegliche Anhängerschaft energisch abgelehnt hat: »Wir verdanken ihr unendlich viel Ideen, die zur Begründung der Zukunft am notwendigsten sind«. Vgl. G. V. Gooch, Germany and the Treme Revol. S. 63, 535; Müsebeck S. 28, 62, 191 ff. u. Pr. Jhbb. 1904.

40) 1802 vgl. die Verfassungsideen in Germ. u. Eur.

41) Wenn es auch beim jungen Arndt heißt: »Die höhere Idee des Staats ist die zu veredelnde Menschheit.« Leibeig. S. 265.

der Einheit von Volk und Staat. Das Dynamische des organischwachsenden und drängenden Staates der Gemeinschaft fühlt Arndt stark und bejaht es: »ein Volk soll forttreiben und wachsen« (1815, 2. Pariser Friede). An die Stelle der statischen europäischen Gemeinschaft Steins setzt Arndt ein nach Gottes Willen von ewigem Wettstreit der Nationen erfülltes Europa. Es ist ein lebendiger, nicht ein rationalisiert-ruhender Organismus: die Denkformen und Vorstellungen Arndts gehören dem »modernen« Denken in Bewegungen an, das Stein — trotz seines »organischen Staatsgedankens« — durchaus fremd blieb.

Es ist schon zu Beginn der Charakteristik angedeutet worden: Arndts Weg zur National-Staatsidee führt unmittelbar aus dem Schollenpatriotismus zum realpolitischen Nationalstaat des 19. Jh.s. Den gordischen Knoten von sittlich-universalen, sittlich-nationalen und real-politischen Ideen haut Arndt schon 1802 und wieder 1808 so durch: »das Höchste ist die Gerechtigkeit, aber eine große und erhaltende Politik ist keine Ungerechtigkeit«, und 1818 hat er ihn gelöst: »Das aber steht fest: man muß stolz, frei, unabhängig bei sich sein, damit man als Volk den hohen Beruf der Menschheit und des Christentums erfüllen könne«[42]). Zwischendurch erlebt er den Höhepunkt der Verschmelzung europäisch-sittlicher Solidarität mit dem nationalstaatlichen Gedanken in dem Kampf gegen Napoleon für das nationale und »gute« Prinzip[43]). Dann aber glaubt er nicht so sehr an eine europäische Einheit, eine »heilige Allianz« als vielmehr an eine geistige Einheit, die nicht in dem Staatensystem, sondern in der öffentlichen Meinung in Erscheinung tritt[44]). Sie bleibt klarer als bei Stein beschränkt auf das »hohe Menschliche«, das auch für Arndt zuletzt »über allem Politischen« steht[45]). Mit der universalen Tendenz rückt er wiederum gefährlich an die Ideenwelt von 1789 heran, und der Versuch ihrer Umwandlung zu einer spezifisch deutschen wird deshalb an Arndt deutlich: er sucht und findet wie Humboldt die Bindung des Individuums in die Gemeinschaft im Sinne der Klassik, diese Gemeinschaft selbst als organische und historische, das ist die allgemeine

42) Geist der Zeit II, IV, Geist der Zeit IV, II S. 34.

43) Die Franzosen als Volk hielt Arndt ursprünglich nicht für schlechter, wie Stein und Humboldt schon 1798 — mit ganz verschiedenen Argumenten — es taten; sie waren ihm damals die Schöpfer »der hohen Gedanken der Gerechtigkeit«, ähnliches zitiert gerne der liberale Haym Pr. Jhbb. V 475. Erst 1802 Germ. u. Eur. 249, mit wachsender Schärfe 1806—15 werden die Franzosen zu Trägern des anti-nationalen, deshalb schlechthin bösen Prinzips.

44) Vgl. Müsebeck i. d. Dt. Rundschau 1916.

45) Geist der Zeit II, 87 u. v. a.

Grundlage seines deutschen Liberalismus. Daß Arndt das politische Bild dieser Gemeinschaft in einem nationalen Staate sieht, der sich »nach Stufen und Ordnungen« gliedert (1812 Fant.), ist sein eigener produktiver Gedanke, den er dann unter dem Einfluß Steins in die politische Wirklichkeit, für ständische Verfassungen in territorialdeutschen Monarchien, umdenkt. Statt Steins etwas feudal-aristokratisch gefärbter Opposition gegen die Dynastien tritt bei Arndt ein gewisser »Demokrat smus des gelehrten Volksmannes« zu den bekannten national-ethischen Argumenten gegen die deutschen Fürsten hinzu. [46]) Vor dem dynastischen Recht macht Arndt nicht Halt, wenn es national-sittlich verwirkt scheint. Er konnte das durch die Forderung des Widerstandrechtes gegen eine böse Obrigkeit, durch die Forderung, daß jedermann zuerst für das einstehen müsse, was er selbst als gut erkenne, kurz durch die Forderung der sittlichen Autonomie des Bürgers, die in Arndts Gedankenwelt besser paßt als in die Steins[47]). Kein Zweifel, daß dabei mit dem protestantischen Individualismus auch noch ein politisch-rationalistischer leise mitklang, der aus den Ideen von 89 stammte. 1818 spricht Arndt — nach seinem eigenen Zeugnis von Natur der geborene Royalist und erfüllt von der im König gipfelnden, in ihm sich selbst darstellenden Gemeinschaft — von »Anfangsverträgen zwischen Fürsten und Völkern, aus Macht und Recht erzwungenen« [48]). Deutlicher kann sein Schwanken zwischen westlichen, naturrecht-

---

[46]) So will Arndt »daß auch Fürsten geehrt werden, welchen eine Stadt den Bürgernamen schenkt«. (Fant. 1812.) Eine loyale Stelle (an Karoline von Wolzogen 3. 9. 1814) steht hundert schärfsten Angriffen gegenüber (Geist der Zeit II, 1, Fant. S. 101).

[47]) Lehmann hat Steins Aufforderung zum Fahneneidbruch an die deutschen Soldaten durch eine lehnsrechtliche Auffassung erklärt, nach der der Lehnsmann im Fall der »Perfidie« des Lehnsherrn diesem keine Treue schuldet. Müsebeck (Lebensbild S. 359 ff.) meint dazu, Stein und Arndt hätten durch ihre persönliche Herkunft und Lebensschicksale die moralische Fragwürdigkeit einer solchen Übertragung der alten Lehnsbegriffe auf das inzwischen im absoluten Staat gewandelte Treueidsverhältnis zwischen Monarch und Offizier, das sich besonders in Preußen herausgebildet hatte, nicht erkannt, die Tiefe der Konflikte nicht ermessen: d. h. also, sie hätten das Maß ihres moralisch-politischen Revolutionarismus nicht erkannt, der die Soldaten der deutschen Legion das fast ideelle Vaterland über den historischen Territorialstaat stellen ließ, Das hat Dühr — mit Recht — bestritten. Er sieht in Arndt den ethisch und politisch bewußt bis zu Ende gehenden Revolutionär, der sich zum vollen Opfer der Treue entschieden hat; die Konflikte habe er wohl durchgedacht — freilich so nicht durchfühlen können wie ein geborener Preuße — gab sie aber natürlich nicht zu in den Katechismen.

[48]) Geist der Zeit IV, Kap. 3, S. 50.

lichen Ideen und romantisch schimmernden Majestätsbildern von frommen und heiligen Königen [49]) nicht gezeigt werden. Müsebeck hat versucht, die Widersprüche Arndts gegenüber dem monarchischen Prinzip dahin zu lösen, daß für Arndt Volkssouveränität und Fürstensouveränität sich aufhebe im höheren Dritten der Staatssouveränität — eine Lösung, die Arndt in seinen Verfassungsplänen allerdings voraussetzt und mit deren Hilfe er — genau wie Stein — die staatsrechtliche Frage nach der »Hoheit«, nach der entscheidenden letzten Instanz im Gemeinschaftsstaat verschleiert. Aber das ist keine Frage, daß Arndt — im Gegensatz zu Stein und Humboldt — der Konsequenz der Volkssouveränität näher ist [50]). Seine Verfassungsentwürfe [51]) beweisen, daß sein Sinn für das Lebensfähige unter den Trümmern von 1803 und 1806 sicherer, sein Mut zum Bekenntnis zu seiner Zeit und zu ihren notwendigen Umwälzungen größer ist, durch weniger mittelalterliche Vorstellungen »historisch« rechtfertigend, als der Steins.

Wägt man Arndts Stellung zwischen Tradition und Revolution ab, so wird man eine Unzahl Belege für die Wendung zu beiden finden. Arndt schlichtet den Konflikt auch in seinem Denken immer nur durch den unbändigen auf Tat brennenden Willen, der einfach vertraut: wir wollen das Gute und so ist auch der Weg gut, auf dem wir es suchen [52]). Das Entscheidende an Arndts historischem Liberalismus gegenüber dem Steins ist, daß auch er den historischen Volksbegriff Burkes längst instinktiv erlebt hat, daß er aber wirklich historisch denkt und das »Volk« auch in der Gegenwart wachsen lassen will; er glaubt an diese Gegenwart, wie »sie auf die Vergangenheit gegründet ist« und wie sie die Zukunft aus sich entlassen wird. Die gelegentlichen Unterschiede der politisch-historischen Ideen Steins und Arndts [53]) sind dagegen im einzelnen nicht wichtig. Arndt

---

[49]) »Von denen das Volk alles als bloße Gnade nimmt, weil es sich selbst in der Idee der kgl. Majestät denkt und erhöht.« Von da ist nicht mehr weit zur romantischen Restauration.

[50]) Vgl. z. B. Rheinische Mark, Bd. XI S. 192.

[51]) Eine Zusammenfassung der Entwürfe in ihrer historischen Bedingtheit und eine Würdigung der Grundgedanken gibt Müsebeck i. d. Einl. zu d. Auswahl »Staat und Vaterland«, i. d. Samml.; D. dtsch. Staatsgedanke, München 1923. Nach A. W. Schmidts Urteil ist Arndts Entwurf für d. Verfass. vom März 1814 realistischer, brauchbarer als die Entwürfe Steins. Schmidt, Gesch. d. dtsch. Reichsverfassung, S. 121 ff.

[52]) Wie dieser Glaube revolutionär wirkt, wird in Rollers Darstellung des Reimer-Kreises zu Beginn der Demagogen-Schnüffelei deutlich.

[53]) Tacitus-Ideale im Wächter II, 306; in den Ansichten S. 78, 89, 103 Lob des 11. Jhdts. u. ä.

nähert sich Stein in den »Ansichten« (1813) stark, ja er verdammt in ihnen die Entwicklung der Jahrhunderte der Denkfreiheit schärfer als Stein, aber faktisch zieht Arndt aus seiner Geschichtsdarstellung die Konsequenz, daß seine Gegenwart mit Denkfreiheit geheilt werden muß, während Stein eben das nicht zugeben möchte. Arndt will über die Übergeistigkeit hinweg zur neuen politischen Kultur vorwärts [54]), Stein scheint dagegen eher zum natürlich politischen Kindheitszustand zurück zu wollen. Das drückt sich nicht so sehr aus als Gegensatz der Ideen als in dem der Denkformen, der am deutlichsten wird in dem absolut und allgemein von Stein konzipierten Erziehungsstaatsideal, das er an dem ihm gegebenen Stoff, dem preußischen Staat, verwirklichen will, während Arndt aus seiner empirisch-realistischen Staatsauffassung erst dadurch zu jenem Ideal kommt, daß er seine bisher noch fließenden historisch-politischen Wertungen verabsolutiert für ein bestimmtes, für den deutschen Nationalstaat geeignetes und notwendiges Ideal, das seine Publizistik mit einem Schwung vertritt, als hätte ihr Autor niemals weniger absolut gedacht. Der Gegensatz von Arndts historischem Denken zu dem Steins wird gekennzeichnet, wenn Arndt vertraut, daß das Volk »das Alte fügen wird in die Gestalt des neuen Geistes« [55]), daß »jedes Zeitalter notwendig seine eigene Art und Gestalt hat«, und daß Arndt »gerade in Hinsicht der politischen Dinge« »die großen Unterschiede der Zeiten andeuten« will. Hauptforderung Arndts ist es, daß »dem Tod des Alten noch viel mutiger ins Auge geschaut werden muß« [56]), gerade in der Politik, die das Gebiet ewigen Wandels ist. Damit gibt Arndt gewissermaßen die Theorie zu Steins Reform, auch, wenn er fortfährt: »daß die Bewegung nicht zu rasch gehe und alles aufreibe, das hemmt die irdische Schwere der Dinge, die Kraft der Faulheit, die in der Masse immer neben der Beweglichkeit liegt«. »Sie hemmt in dem Bürger der Mensch.« So ist der Mensch das ruhende, das ewige Element, der Bürger im Staat der sich Wandelnde. Und das führt Arndt auch noch weiter aus: »Als Bürger nehmen wir geringe Lehren von der Vergangenheit«, »die Vergangenheit ist ein hohes, halb verklärtes Verhängnis« [57]).

---

[54]) »Ein halb poetischer halb nüchterner Jugendtraum in seiner Verworrenheit« nimmt jetzt 1814 ein Ende. Jetzt »soll jedes in seine einfachen Bestandteile zurückgetrieben und auf den Elementen seines eigenen Daseins begründet werden, d. h. alle Dinge und Verhältnisse sollen zur Vernunft kommen.« Rheinische Mark, S. 187.

[55]) Geist der Zeit III, 2, Blick 117, 119 ff., Fant. 138 u. v. a.

[56]) XI, 93; X, 109.

[57]) X, 87—88.

Ein seltsames Wort für einen Historiker, das Arndt ganz spiegelt. Die Vergangenheit ist Verhängnis, aber die Geschichte ist ihm Labsal. »Sie soll hineingelebt werden in das deutsche Volk«, und von ihr soll es lernen. Die zahllosen »historischen« Exkurse der Arndtschen Flugschriften, die nur als Beweismaterial dienen, geben Arndt den Historiker nicht. In der »historischen« Argumentation findet der temperamentvolle Publizist einen Ausgleich zwischen seinem ungestüm normativen Wollen und seiner anschaulich empirisch-realistischen Denkweise, gewinnt er ein Mittel, seine Ideen zu motivieren und darzustellen, zugleich einen Weg, Ordnung und Abfolge in seine Vorstellungen, Wünsche, Beweise zu bringen, der nicht streng logische Folge verlangt, keine rationale Konsequenz, die Arndts irrationale Grundauffassung der Wirklichkeit und wohl auch seine lebendige, zuweilen »mystische« Darstellung scheut. Es ist hier nicht der Ort, sich mit Arndt als Historiker auseinanderzusetzen. Aber es ist bezeichnend genug, daß die Versuche, einen deutschen — ethischen und historischen — Liberalismus zu schaffen, von Männern ausgegangen sind, von denen keiner ganz Historiker ist, die sich aber alle in irgend einer Weise intensiv mit Geschichte beschäftigen. Nicht nur der politische Gegensatz zur geschichtslosen Vernunft-Hybris der französischen Revolution, sondern auch eine angeborene Neigung für das irrational Lebendige der Geschichte an Stelle des philosophischen Systems treibt sie dazu. Arndt fühlt sich im Gegensatz zur Geschichtsschreibung der Aufklärung, weil er eine Betrachtung der Geschichte von Einem — christlichen, humanen oder sonstigen Kultur-Ideal aus ablehnt und jedes Ding unmittelbar »historisch, besser naturhistorisch betrachten« will [58]). Er sieht aber in der Geschichte irrationale Mächte wirksam, die er manchmal »erklären« will, manchmal nennt er sie Wunder und Taten Gottes [59]). Arndt steht mit seiner Auffassung des großen Menschen in Volk und Geschichte zwischen den Extremen einer rationalistisch-positivistischen Einspannung der irrationalen Einzelkraft in den Gang des Geschehens und der rationalistischen Überschätzung des politischen Individuums in der sogenannten pragmatischen Geschichtsschreibung [60]). Und man kann im ganzen eine Geschichtsauffassung bei ihm finden, deren Bezeichnendstes der Glaube etwa an die Goethe-Schellingsche spiralisch sich höher schraubende Entwicklung der Menschheit ist [61]); so daß Arndt,

---

58) Werke XI, 122 zu Johannes von Müller.

59) Ansichten 369, Wächter II, 309 ff.

60) Krügel als Lamprecht-Schüler überschätzt den Einfluß der ersteren auf Arndt. Vgl. in den Charakterschilderungen S. 25, S. 16 gegen S. 51.

61) Vgl. Krügel, S. 118.

ohne dialektische Umschläge in der Geschichte anzusetzen, doch vor- und scheinbar rücklaufende Entwicklungen denken kann und Raum behält für das Irrationale ihrer Verknüpfung, für einen Begriff notwendiger Revolutionen [62]). Damit weicht Arndt aber in seiner Geschichtsauffassung auch dem Wirken eines quietistisch vegetativen, ewig gleichen Volksgeistes der Romantik aus, indem er den Volksgeist — der selbst unwandelbar ist — zwar als ewigen Grund des Geschehens sieht, aber seine Erscheinungsformen [63]) beständig in Wandlung begriffen beobachtet. Daraus und aus seinem Irrationalismus fließt Arndt im Grunde seine Hingabe an Volk und Zeit, die man beide nicht »machen«, kaum erziehen kann, denen man vor allem dienen muß.

Unter seinen Zeitgenossen verehrte Arndt Johannes von Müller als Historiker [64]), lehnte ihn aber ab als Politiker ganz ebenso wie Burke und andere Konservative, die »nicht gewagt haben, in die ganze Furchtbarkeit der nächsten Zukunft zu blicken«, die aber »die ewigen Lehren der Erfahrung und Politik gelehrt« haben; solche leugnet also der Historismus Arndts keineswegs. Wenn aber Heeren in seiner »Grabrede« in jene »Furchtbarkeit« blickte. so antwortete ihm Arndt 1810 mit seiner »Hoffnungsrede«. Denn das ist das Bezwingende an Arndt, daß er keine Konsequenz kennt, die die lebendige Kraft und Hoffnung hemmen könnte, keine, die sie nicht fördert. Er ist darin so willkürlich, so vielgewandt wie ein Adam Müller, mit dessen historisierender Sophistik, die nicht der lebendigen Zeit, sondern den Junker-Interessen diene, er im übrigen scharf abrechnet [65]). Arndts Aktivität will, daß der Bürger so stolz sei, daß »er sich die Vorsehung zu sein dünke.«

Dieser Wesenszug sollte dem ersehnten deutschen Liberalismus zu eigen sein. Damit forderte man Persönlichkeiten von der ursprünglichen Willenskraft und Frömmigkeit Steins und Arndts, wie sie sich gerade nicht »erziehen« lassen. Vergebens suchte man sie

---

[62]) »Weltrevolution« im Geist der Zeit I, S. 60.

[63]) Vgl. Krügel S. 70 ff., 86. Krügel setzt diese Erscheinungsformen mit den »sozial-psychischen Komplexen« gleich und läßt sie sich wandeln durch die verschiedenen Zeithaltungen (also Bewußtseinslagen) hindurch. Obwohl Krügel ursprünglich (S. 35 ff.) die Erscheinungsformen des Volksgeistes von diesem selbst unterscheidet, pflegt er doch sprachlich beides zuweilen gleich zu setzen, so daß es erscheint, als wandle sich der »Volksgeist« selbst. Die entscheischeidende Stelle, Geist der Zeit I, 138: daß der Volksgeist unmittelbar in außergewöhnlichen Zeiten und Menschen in Erscheinung tritt, findet bei ihm wenig Betonung.

[64]) Werke XI, S. 100 Anm.

[65]) Notgedr. Bericht II, S. 57.

in der Generation nach 1815, die sich der Wissenschaft, der religiösen Vertiefung einseitig zuwandte oder, aus Mangel an politischem Wirklichkeitssinn und Wirkungsfeld, revolutionär zu schwärmen begann. Der ethisch-historische Liberalismus Arndts setzte Menschen wie Stein und Arndt voraus, so wie Humboldts Idealstaat 1792 a community of Humboldt's [66]). An Stein und Arndt aber tritt die verschiedene Grundlage des Liberalismus nach 1815 deutlicher hervor, auch wenn sie noch demselben Ziele des Verfassungsstaates als dem echten Gemeinschaftsstaat zustreben. Die Form der Bindung der Freiheit wird für Stein steigend wichtig, für Arndt erst einmal die Freiheit; Stein betont immer mehr den historischen Charakter seiner ständischen Repräsentation, Arndt immer mehr ihre Bedingtheit durch die bestehende Bewußtseinslage der Zeit, die auf die Verfassung wartet. Bei jedem aber tritt natürlich auch das Argument des andern auf, beide zusammen erst geben das Bild des »historischen Liberalismus«. Während Stein nach 1815 den aristokratisch-germanischen Freiheitsbegriff betont, geht Arndt zurück auf den nicht minder in der deutschen Geschichte der neueren Zeit wirksamen »humanen Freiheitsbegriff der protestantischen Ethik« (Müsebeck) und versucht in ihm eine Verschmelzung des christlich-demokratischen Freiheitsbegriffes des Westens mit der lutherisch betonten Bindung in die natürliche Gemeinschaft; er versucht bewußt die Idee eines sozial-ethischen Liberalismus, die Stein vorschwebt, zu begründen und nähert sich dabei Steins kirchlichen Grundlagen. Diese aber waren ihm und seiner Zeit nicht mehr lebendig in der Stärke, in der man ihrer bedurft hätte, um den sozial-ethischen Liberalismus zu stützen. Die starke religiöse Wendung nach 1815, zu der Arndt selbst beigetragen hatte, machte andrerseits eine politische, realistische Begriffsbildung doppelt schwer; die ethischen Zielsetzungen überwucherten die politischen, verzerrten sie, führten zu universalistischen Dogmen, zu revolutionärer Sicherheit, zu politischem Quietismus.

Die Geschichte jenes Kampfes um einen ethisch-historischen Liberalismus mit Hilfe des Protestantismus und der Volksgeistlehre stellt Roller dar, der sich im wesentlichen mit dem Begriff der ö. M. in diesem Kreise beschäftigt [67]). Der Reimer-Kreis ist es, der Arndts Gemeinschaftsstaatsidee hinübergetragen hat zu den Anfängen der deutschen Burschenschaft, und in dem die geistig-sittlichen Anstrengungen um ein deutsches politisches Denken gemacht wurden,

---

[66]) Nach Gooch's bekanntem Urteil.

[67]) a. a. O. S. 20 ff. Leider fand ich die Arbeit erst beim Abschluß der meinigen.

die Treitschke als unreif verurteilte. Lesen und Schießen, geistige Vertiefung und politische Tat betrachtete dieser Kreis als seine Aufgabe. Roller schildert ihn nach 1815, also dort, wo Müsebecks Biographie abbricht, und betont, wie er seinen Begriff »ö. M.«, der zuerst nach den Insurrektionsjahren politisch da war, durch romantische Gedanken des Volksgeists unterbaut habe im Kampf gegen die Haller-Partei [68]); dann verband man diese romantischen Ideen mit fanatischem Idealismus, der leicht zur Phantastik wurde, wie sie in Plehwe besonders markant hervortritt, wie ihr aber Arndt nie zum Opfer fällt. Arndt wendet sich im Geist der Zeit IV mit gesundem Instinkt gegen diese Übertreibungen, wie sie wohl nur Phantasien während des Kampfes, nicht Betrachtungen in der Friedenszeit enthalten durften. Arndts Wirklichkeitssinn sucht rastlos nach der Anknüpfung seiner Gemeinschaftsstaatsidee an den konkreten Staat. Aber Preußen, das die stärkste Staatsidee in Deutschland trug, war doch für Arndt nicht Nationalstaat genug; der Geist der Zeit IV ist der Ausdruck dafür, daß Arndt Preußen nicht mehr finden konnte; in ihm endete er; (und es macht dies Ende an sich nicht weniger tragisch, daß Arndt es um ein Menschenalter überlebte, wie Haym sagt).

Hier nun taucht das biographische Problem auf: ob man daran Arndt — besser Arndts Ideen — eine Schuld geben soll; die Forscher haben es sehr verschieden beantwortet. Müsebeck sieht [69]) ganz zweifellos eine Schuld Arndts darin, daß er im Geist der Zeit IV »die politischen Kräfte des Volks zu Ungunsten der Staatsorgane überschätzte«, aber Dühr erscheint dies Urteil bedenklich; sein ehrlich und unerbittlich ethisch-revolutionärer Arndt konnte diesen Realismus nicht besitzen. Von Bezold [70]) beanstandet nicht die Gedanken, aber die Veröffentlichung des »Geist der Zeit IV«, die zeige, daß Arndt keinen Sinn für Opportunität gehabt habe. Die ganze Universität Bonn hätte an diesem Mißgriff Arndts scheitern können; er ist mit der Anlaß zu dem Edikt für das höhere preußische Unterrichtswesen vom 16. I. 1819 (also lange vor Sand), das den Dema-

[68]) Die nachträgliche Unterbauung des politischen Begriffes mit romantischen Gedankengängen läßt sich für Arndt jedenfalls bezweifeln, wie aus seiner Grundidee der Gemeinschaft hervorgegangen sein dürfte (a. a. O. S. 39). Über das Gegenstück zu dieser revolutionär-liberalen »Romantik«, die christl. deutsche Tischgesellschaft in Berlin, Sitz der echten Romantik, vgl. Steig, Kleists Berliner Kämpfe. Arndt lernte dort Kleist kennen, S. 25. Im übrigen wiederholt Roller Treitschkes Urteil: »Eben die Unentwickeltheit einer ö. M. und die dadurch sich ergebende Unerfahrenheit machte die politischen Vorstellungen des Reimerkreises möglich«.

[69]) H. Z. 105, S. 515 ff. besonders S. 563.

[70]) Gesch. d. Univ. Bonn, S. 80.

gogenschnüffeleien schon in bedenklicher Weise den Boden bereitete[71]). Aber ließen sich die früheren Schriften Arndts, in ihrer Art ebenso »politische Taten« wie diese, etwa der 2. Teil des »Geist der Zeit«, dessen erschreckende Wahrhaftigkeit Stein pries, als opportun loben? Man legt einen Maßstab an Arndt an, den er selbst nicht verstanden hätte und auch Stein nicht, der das »dennoch-Handeln« liebte. Politisch »klug« waren Arndts Ideen nie, immer waren sie »Ideen« und griffen über das Wirkliche hinaus. Sie waren jenem Augenblick nicht gewachsen, weil sie zu weit über seine realen Bedingungen hinausgingen: Arndt unterschätzte nicht nur die Eigenkraft des Staats, der Regierung, sondern überschätzte ethisch psychologisch die Kraft der Bürger; er traute ihr Einsicht, Willen, Entschluß zu, freiwillig, also in gewissem Maße willkürlich, aus der gesellschaftlichen Bewußtseinslage heraus, die nationale sittliche Gemeinschaft aufzubauen und langsam von innen her den vorhandenen Staat mit ihr zu erfüllen, als sei er innerlich leer, er, der gerade aus eigener Kraft begann, administrativ die Revolution zu verhindern, die Einheit zu gewinnen, was Treitschke mit Bewunderung geschildert hat. Das Entscheidende endlich vergaß Arndt, daß einstweilen sich dieser Staat und sein Volk als entgegengesetzt empfanden. Deshalb waren Arndts Ideen dem historischen Augenblick so fern wie Steins Verfassungsideen, die das Volk noch immer als eine naturgeschichtlich-korporative Gemeinschaft auffaßten. Arndt aber, »so sehr er die romantische, naturgewollte Einordnung kannte, erzog sich selbst« — und seine Zeitgenossen im Geist der Zeit IV — »zur selbstgewollten Isolierung und dann zur selbstgewollten Einordnung in den Staat«[72]), das ist ethischer Liberalismus, der den organisch-historischen Liberalismus Steins zu sprengen droht.

Das Wort »romantisch« ist bisher möglichst vermieden worden. Es erscheint zu vieldeutig. Daß von Schmittscher okkasionalistischer Romantik in Arndts sittlicher Entschiedenheit aber auch nichts zu finden ist[73]), desto eher romantisierte Objekte, romantische Stileigentümlichkeiten, ist kaum zu bezweifeln. Für Savigny war wie für Arndt der Staat der Körper des Volks, auch Novalis träumte von

---

[71]) Vgl. Müsebeck, H. Z. 105.

[72]) Müsebeck, Dt. Rundschau, S. 359. Müsebeck fährt fort: »Er ist Demokrat, d. h. gegen die bewußtlose Einordnung der Massen in den Staat, sei es absolut oder altständisch-naturgeschichtlich«. Das Wort Demokrat erscheint gefährlich, denn es schließt ein für allemal den Begriff nicht nur freiwilliger Einordnung, sondern der Herrschaft ein, außerdem meistens den Nebenbegriff der Gleichheit der Bürger. Arndt ist Liberaler, nicht Demokrat.

[73]) Vgl. dazu Arndts Ablehnung der nur gefühlsmäßigen Romantik, Blick 120—21, Ad. Müllers vgl. oben, Friedr. Schlegel vgl. unten.

Demokratie, Aristokratie, Monarchie in seinem idealen Staat [74]), Adam Müller lehrte den lebendigen Gegensatz, aber all dies bedeutet nur ähnliche Ideen, nicht gleiches Denken mit Arndt [75]). Der Begriff, um des willen vor allem man Arndt der Romantik nähern könnte, ist der Volksgeist; daß aber für Arndt der Begriff des Volks selbst als Gemeinschaft wichtiger ist als der des Volksgeistes, entfernt ihn von der Romantik. Den Begriff des Volks als sittliche Gemeinschaft hat Novalis nicht; seine Mischformen sollen vielmehr »das mystische Individuum« Staat mit Leben erfüllen; von dem Staatsvolk spricht er nicht [76]). Schellings Staat als Kunstwerk, Müllers Staat als höhere Zusammenfassung aller sozialen und politischen Gegensätze ermangeln des typisch ethischen Akzentes, der Arndts Staat der sittlichen Gemeinschaft auszeichnet. Die Volksgeistlehre endlich müßte erst von Herder bis zur historischen Schule genauer verfolgt werden, um ihre Verwandtschaft mit der ö. M. des historisch-ethischen Liberalismus zu klären. Auch Friedrich Schlegels ständische Normalverfassung, die die dogmatisierte »Gemeinschaft« schlechthin zur Grundlage hat, gilt nicht wie die Arndts für die lebendige individuelle eigentümliche deutsche Volksgemeinschaft des Moments. Sicher ist, daß Arndts »Volksgeist« vor jedem romantischen Einfluß vorhanden ist, und zwar gewinnt er einen voluntaristischen Charakter (der volonté générale) in der ö. M., den Arndt 1802 der stillen Gewalt seiner Bürgerschaft noch nicht bewilligte, die doch weit eher unter dem Einfluß Rousseaus gedacht war. Dieser wollende Volksgeist trennt aber Arndt scharf von der Romantik.

Müsebeck, der Arndt vielleicht etwas zu stark nur in dem Kreis des idealistischen Denkens, unter Fichte und Schleiermacher, sieht, gibt für Arndt keine Beziehungen zur Romantik an. Krügel umgekehrt, der Arndts Protestantismus so gut wie verschweigt, stellt eine Übernahme des Schellingschen Begriffes der Weltseele und der Offenbarung in Natur und Geschichte fest [77]), übrigens ohne Zeugnis dafür, daß Arndt Schelling gelesen habe. Es ist schon gesagt worden, daß Arndt unendlich viel Worte und Vorstellungen den aktuellen Ideen entnahm, ohne doch die geschlossenen Begriffe anzunehmen, die im systematischen Denken einzelner ihnen zugrunde lagen. Eine

---

74) Fragmente II, 121.

75) Bei Roller werden viel »romantische Einflüsse« für den Reimerkreis angenommen, aber es bleibt unklar, ob von der Frühromantik des Novalis, von der »liebeleeren« Philosophie Schellings, von der politischen Romantik Müllers oder des spätern Schlegel die Rede ist.

76) Vgl. Meinecke W. u. N. S. 68 ff., Metzger S. 225 ff.

77) Krügel, S. 148.

innere Verwandtschaft mit Weltbild und Wesen des Naturphilosophen scheint kaum vorhanden, das Zentrum des Arndtschen Wesens strömt eine ganz andere Wirklichkeitsfreudigkeit und Aktivität aus. Wenn Schelling aber sagte[78]: »daß die Religion, der öffentliche Glaube, das Leben im Staate, der Punkt sei, um welchen sich alles bewegt«, so gab er jene Wendung des Idealismus zur Wirklichkeit des Staats, der Arndts Denken den Begriff der ö. M. verdankt. Bei Schelling wie bei aller Romantik erscheint das aber stärker als Wunsch, denn als eine lebendige Überzeugung. Von Schlegel, den Arndt haßte[79], trennt ihn vor allem der Gedanke, daß auch die Gemeinschaft selbst sich wandle und keine statische, gültige Form für alle Zeiten für sie festgelegt werden kann.

Vor allem überläßt Arndt die Abwandlung der politischen Formen der Gemeinschaft nicht einer vegetativen Entwicklung, sondern dem bewußten Willen sei es der Führer, sei es der Gemeinschaft selbst; man kann darin eine noch immer lebendige Nachwirkung der Lehre Rousseaus finden. Gerade den Willen der Gemeinschaft[80] sucht Arndt in der ö. M., der die Gegenwart gestalten soll. Der Blick auf ein paar romantisierte Objekte der Vergangenheit ist daneben nur ein geringfügiges Band, das Arndt mit der Romantik verbindet.

Ihr Bestes, das mit politischer Ideenbildung zunächst wenig zu tun hat, lebt aber in Arndts Stil: die Fülle der Phantasie, die innere Anschauungskraft ihrer Sprache, ihr Spracherlebnis[81], ihr Sinn für Bewegung, für alles Ursprüngliche, alles Dunkle und Irrationale, alles Naive und Unbestimmbare, für den farbigen Abglanz, an dem wir das Leben haben.

Das »Romantische« drückt sich aus in den Darstellungsmitteln Arndts, die — so kräftig sie oft sein mögen[82] — stellenweise von einer unmittelbaren Fähigkeit seiner Sprache zeugen für die Schleier

---

[78]) Treitschke 19. Jhd. II, 84. Der öffentliche Glaube ist hier sehr deutlich die Brücke zwischen Religion und politischem Leben.

[79]) Vgl. Schriften IV, Kritik der Wiener Vorlesungen Schlegels 1828.

[80]) Arndt könnte sein Volkserlebnis in eine Welt des Gefühls »romantisch« steigern, in der er sagen könnte: »ein Volk entsteht und besteht durch ein gemeinsames Pathos, eine Gesamtspannung, einen zentralen Willen, der durch alle seine Glieder waltet. Sobald dieser erlischt, hört das auf, was wir Kultur nennen.« Gundolf, Shakespeare und der deutsche Geist, S. 4.

[81]) Gundolf ebda. S. 29 seine Charakteristik: ihm wird die Sprache »Strom, der die Vorgänge trägt, gleichsam das Strombett der Aktion« und der Geschichte des Volkes selbst.

[82]) In seiner Rede sagt Gundolf, Arndt verfüge sprachlich über den Anschauungsvorrat der Praxis, den Vorstellungsvorrat der Phantasie, den Begriffsvorrat der Wissenschaft. Die beiden ersten sind m. E. wesentlich wichtiger für Arndts Sprache.

über den Dingen und zwischen den Geschehnissen, von einem Vermögen, eine Gesamtspannung fühlbar zu machen, das sich einer bilderreichen, oft nur locker logisch verknüpfenden Sprache bedient, die man nicht auf ihre Begriffe hin analysieren darf, die vielmehr Gefühle unmittelbar in Anschauung umsetzt. Tempo, Farbe, Irrationalismus, sprunghafte Schlüssigkeit, Dialektik des Gefühls, eine unmittelbare Relativierung und Bewegung des Denkens selbst lassen Arndts Denkweise als echte Frucht seiner Zeit erscheinen und grundverschieden vom Rationalismus Steins. Freilich vor dem geistreichen Spiel in Begriffen, wie es die Fragmente des Novalis treiben, bewahrt Arndt wieder seine schlichte Liebe zum Wirklichen. Gerade diese Spannung zwischen realem Sinn und Sinn für das Romantisieren der Objekte, für den »unendlichen Schein«, macht Arndts Eigenart als Schriftsteller aus [83]). Wenn seine Darstellungsformen gar zu romantisch werden, verschwindet das Wort ö. M. Aber wenn irgend etwas, so beweist sein Begriff der ö. M., daß er selbständig und nicht wesentlich unter romantischem Einfluß stand. Er fand mehr zu kämpfen gegen die Romantik, denn ihre Ideen wirkten gerade für die seinen, ihr nur ähnlichen, gefährlich. Sie selbst aber war dem Geiste seines ethisch-historischen Liberalismus fremd und spiegelte in ihrer inneren Haltung, in dem »Interesse« für das Politische statt in der Verpflichtung zu ihm, das Wesen der tatsächlichen ö. M. [84]), das die ideale ö. M. des nationalen Gemeinschaftsstaates erst überwinden sollte. Besonders gefährlich endlich war ihre universalistische Tendenz [85]); sie ist es, die Arndt eigentlich dem entgegengesetzten Universalismus, dem westlichen Liberalismus in die Arme trieb, der in gewissem Maße den Begriff seiner national-ethischen, wollenden ö. M. im Geist der Zeit IV bereits zersetzt hat. Wenn sich im politischen Menschen und in seiner ö. M. Nationales und Universales harmonisch ergänzten, so drohten sie im romantischen Menschen unverbunden nebeneinander zu stehen, das eine mehr in Kunst und Wissenschaft, das andere für das politische Leben, dort aber eine sehr deutliche und durchaus

---

[83]) (Novalis' Ausdruck Werke Minor II, 304.) Vielleicht wirkt es besonders seltsam, wenn dazu noch die feierlich-biblische Altertümelei der Fantasien, die volkstümlich deutsche Statutenliebhaberei, der halb lutherisch, halb pathetisch-»überfliegende« Katechismusstil hinzutreten, zuletzt aber die unglaublich unbefangen geschriebene, schlichte und beschwingte Schilderung des Selbsterlebten, in deren Lob alle Beurteiler Arndts gleich einig sind und deren Reiz sich niemand entzieht.

[84]) Diese beschäftigte sich theoretisch mit der Frage nach einer ö. M., vgl. Tönnies, Kritik der ö. M., S. 417, während es keine politische ö. M. tatsächlich gab, Treitschke II, S. 6.

[85]) Meinecke, W. u. N., S. 87.

unromantische Form anzunehmen: die heilige Allianz der legitimen Reaktion gegen den ethisch-liberalen Geist der Völker von 1813 und gegen die ethisch-liberale ö. M. Arndts.

Humboldt.

Wiederholt ist in der Charakteristik des Steinschen und Arndtschen Wesens der Blick auf Humboldt gefallen, der ihr Antipode scheint. Nur in dem entscheidenden Erlebnis treffen sie sich: das Individuum findet seine sittliche Vollendung in der Gemeinschaft und ihrem Staate — und so findet man Humboldt unter den Reformern.

Dieses Erlebnis, in Stein immer lebendig, in Arndt auch unter den Verwirrungen seiner individualistischen Bildungsjahre immer wieder hervorbrechend, hat Humboldt erst im fünften Jahrzehnt, in der unbestritten erfolgreichsten und »glücklichsten Zeit seines Lebens« [1]), als er die Leitung der preußischen Unterrichtssektion übernommen hatte. Es war dies Erlebnis, das ihn glücklich, vielleicht das ihn erfolgreich machte: so hat es der jüngste Humboldtforscher Kaehler gedeutet, dessen Fragestellung man allerdings das eigene, auch seiner Forschung zugrunde liegende Erlebnis deutlich anspürt.

Als ein »interessanter«, ein »romantischer« Mensch, ohne die kraftvolle Instinktsicherheit Arndts und Steins, mit allen Hemmungen der Mittelbarkeit und des Zweifels, schwankend jedenfalls zwischen Abkehr, Interesse und Verpflichtung zu Gemeinschaft und Staat steht Humboldt »kalt und klar wie Dezembersonne« den Zeitgenossen nur erscheinend, allein und menschlich fern von Arndt und Stein. Auch wenn in Kaehlers Auffassung diese Hemmungen als eine persönliche, sittliche und politische Schwäche fast allzu grell hervortreten, so ist doch der Eindruck, den Humboldt — vor allem neben Arndt und Stein — macht, der des aufs höchste durchgeisteten und ästhetisch verfeinerten Bildungsmenschen von auffallender Mittelbarkeit neben großen und ursprünglichen Naturen, deren Aktivismus er eine umfassende, rezeptiv und kontemplativ erworbene Kultur entgegensetzt, die sich von jeglichem Handeln zurückhält. Humboldt steht überhaupt und in jedem Betracht allein, und er ist und denkt

---

[1]) S. A. Kaehler, W. v. Humboldt und der Staat, 1927. Die vorliegende Untersuchung über den Begriff der ö. M. bei Humboldt war schon beendet, als das Werk erschien. Eine Änderung ihrer Feststellungen schien nicht nötig. Da Kaehler wesentlich vom Menschen Humboldt, nicht von seinen politischen Ideen handelt, ist es erst für diesen letzten Teil herangezogen worden. Der Auffassung Kaehlers von Humboldt in der in ihrer Prägnanz sehr eindringlichen Einleitung zu den Klass. d. Pol. 1922 verdankt die Untersuchung allerdings sehr viel.

auch immer isoliert, von einem bildungsaristokratischen Individualismus aus, den seine Jugend-Schrift über die Grenzen der Wirksamkeit des Staates in einer schlagend konsequenten Weise auf die Welt des Staats überträgt. Seit der vollständigen Veröffentlichung dieser Schrift 1851 ist Humboldt in der allgemeinen Vorstellung der große radikale Individualist, der Freund Schillers und Goethes, in dem die Staatsfremdheit des Humanitätszeitalters zunächst ihren »klassischen« Ausdruck gefunden habe. Er ist Übersetzer der Griechen, Anreger der Sprachvergleichung und Sprachphilosophie, er stellt die Aufgaben des Geschichtsschreibers dar und hilft bei der Neuordnung der preußischen Kunstsammlungen. Dieser selbe Mann aber ist Reformator des preußischen Unterrichtswesens, Gesandter in Wien, auf dem Wiener Kongreß, bei den Pariser Frieden, ist mittätig an der entscheidenden Neuregelung des Steuerwesens in Preußen, endlich an den Plänen für eine Verfassung. Seine Vielseitigkeit übertrifft bei weitem noch die Arndts und sie bedeutet auch mehr, nicht allein durch die Höhe ihrer Leistungen, sondern durch die zwangsmäßige Notwendigkeit, mit der sie durch Humboldts Wesen und Bildungsideal bedingt ist. Dieses nun scheint so absolut individuell, daß es fast gefährlich ist, Humboldt — auch nur der allgemeinen Struktur nach — in einen Typus [2]) einzureihen [3]). Kaehler nun hat ein feines Wort seines Lehrers Meinecke erwähnt: Humboldt gleiche der Sphinx, die jeden Betrachter anders ansieht und die jeder Betrachter anders ansieht. So wird aber an der Darstellung, die dieser seltsame Mensch durch bedeutende Forscher in jeder Generation gefunden hat — Haym (1856), Treitschke (1879), Dove (1881), Bruno Gebhard (1898), Meinecke (1906 ff.), Spranger (1907), Leitzmann (1919), Kaehler (1927) — nicht nur Humboldts Bild immer neu beleuchtet; es könnte fast scheinen, als sei Humboldt einer der Menschen, an denen die letzten Generationen die Grundlage ihrer eigenen geistigen Existenz, jedenfalls ihrer Bildung überprüfen und bewerten; einer aus der Generation von 1914 aber hält Gerichtstag über sie und über Humboldt selbst.

Die sittliche Problematik des reinen Aristokraten-Daseins von Wilhelm von Humboldt und seines zur Gesinnung erhobenen Individualismus war von Anfang an den Forschern gegenwärtig [4]). Nur

---

[2]) Wie es der des Romantikers bei Schmitt ist.

[3]) So viel schlagende Richtigkeit Kaehlers neuester Versuch auch zu haben scheint.

[4]) Vgl. den berühmten Brief an Forster vom 8. Febr. 1790. G. W. I. Dove, ADB XIII, S. 341. Humboldts eigenes Urteil, das schon 1789 von »viel Selbstgenuß« spricht, war lange unbekannt, W XIV 77, 90. Auch sachlich kommt

seiner eigenen Bildung lebend, ist er — wie Dove 1881 klar und doch ohne Schärfe sagt — »Egoist wiewohl in edelster Gestalt, Epikuräer, wenn auch von feinstem Korn« [5]).

Der sich selbst bildende Humboldt lebt der Idee der Humanität, die sich durch Universalität zur Totalität in der Individualität vollendet, und diese Idee bleibt der Ausgangspunkt seines Denkens und Lebens, gibt ihm nach Spranger sein spezifisches individuelles Ethos [6]). Die schöne menschliche Individualität ist Humboldts letztes Ideal, sein Aristokratismus fällt mit dem ästhetischen Idealismus der Klassik zusammen (Haym), der bei Humboldt auf einer echt heidnisch-humanistischen Auffassung der Harmonie von Göttlichem und Irdischem, Geist und Sinnlichkeit im »guten« Menschen ruht, sofern er sich nur irgend individuell ausgebildet habe [7]); sie gibt Humboldt das, was der junge Treitschke als »heidnische Heiterkeit« bewunderte, was Dove an der »früh abgerundeten Persönlichkeit« des jungen Humboldt empfindet, jenes gelassene Vertrauen: »die innere Kraft des Menschen ist gut und heilsam«, »keine ihrer Äußerungen kann je anders als wohltätig wirken« [8]). Daraus ergibt sich zunächst notwendig ein Liberalismus als Achtung vor der Freiheit und inneren Würde des Menschen und zwar des individuellen Einzelnen, der, kantisch, der Freiheit bedarf um sittlich zu sein, d. h. für Humboldt, für die »proportionierlichste Ausbildung aller seiner Kräfte«. Diesen Liberalismus hat Humboldt

---

es nicht über Genuß hinaus: Schillers Urteil 22. Juli 1796, H.ts »individuelle Vollkommenheit liege sicherlich nicht in der Produktion, sondern in Genuß und Urteil«; was Haym, der geniale Biograph von 1856, dahin kommentierte, daß Humboldt die Spannung, mit einer Produktion vor die Öffentlichkeit zu treten, bereits gestört, er sie gefürchtet habe.

5) Und seine Lebensgestaltung »nahm dem Schicksal, das ihn bisher verwöhnt, gewissermaßen die Arbeit seiner ferneren Verwöhnung ab«. Dove, ebda.

6) Dove a. a. O. 347, ausführlich Spranger I. Leitzmann, S. 30. In Humboldts ästhetisch begriffenem Humanitätsideal haben drei Generationen versucht ihr Bildungsideal wiederzufinden, am stärksten vielleicht Spranger. Dove sah die vollkommene Darstellung des Ideals der Totalität und Individualität erst in den beiden Brüdern Humboldt zusammen lebendig, die er als Dual geistreich nebeneinander und einander ergänzend schildert. Neben Wilh.s Passivität stellt er Alex.s tatkräftige weltumspannende Forscherarbeit an der Wirklichkeit. Diese schien ihm das notwendige heroische Moment eines wirklich großen Lebens zu enthalten, zu dem Wilh. nur durch eine »Umkehr« aus seinem bisherigen Bildungsleben gelangen konnte. Ausgew. Aufs. hrsg. Meinecke 1925 S. 104, 117.

7) Fester, Rousseau und d. dtsch. Geschichtsphilos. S. 292 ff.; Spranger.

8) Haym, S. 66. Eine Auffassung, die beim jungen Arndt in den Briefen an Freunde 1805 S. 88—95 zuweilen anklingen kann, aber nie bis zu der letzten optimistischen Behauptung gesteigert.

nie verleugnet, auch nachdem »das ungeheure Schicksal des Vaterlandes an ihm die Bekehrung des genießenden Menschen zum entsagenden Bürger vollbringt«, wobei »die Geschichte nicht ohne List für ihre höheren Zwecke seiner habhaft zu werden vermochte« [9]).

Diese Bekehrung ist das eigentliche Problem der Historiker gewesen, die sich mit Humboldt, »dem Staatsmann von perikleischer Hoheit des Sinnes« (Boeckh, Treitschke), »dem Staatsmann wider Willen« (Kaehler) beschäftigten. Und wenn es bei Dove schon völlig wie bei Kaehler so klingt, daß nicht Humboldt eine Wendung vollzog, sondern daß »facta nolentem trahunt«, so ist doch der große Unterschied der, daß Dove einen Entsagenden, Kaehler einen Sich-Rettenden sah, daß die ältere Generation Humboldt für »frei und besonnen«, jenes Leben in der Idee zweifellos für schön, wenn auch für »bedenklich« hielt, für »eine Gefahr, in Gedankenschwelgerei zu verweichlichen« [10]), während Kaehler seine ganze innere Krisenhaftigkeit aufdeckt, die Haltlosigkeit der bloßen Selbstbildung, die den Individualisten zu seiner Rettung in die lebendige Bewährung in der Gemeinschaft, in ihrer nächsten wirklichen Form, im Staat, treiben mußte. Haym stellte die Geschichte jener Bekehrung noch idealistisch dar: »es war die Probe auf den Wert seiner Bildung, daß er den plötzlich angebotenen Posten ehrenvoll ausfüllen wollte und auszufüllen vermochte« [11]). Die Briefe Humboldts an Karoline lassen dieses »wollte« skeptisch betrachten und von da aus auch an »dem Wert seiner Bildung« zweifeln.

Diese Bildung, von einer imponierenden Weite und Tiefe, die entscheidenden Ideen der deutschen philosophisch-ästhetischen Entwicklung von Leibniz und Kant über den ästhetischen Idealismus zu Schellings Identitäts-Philosophie umfassend, einheitlich in jenem Begriff der großen menschlichen Individualität, der sich die überindividuelle Persönlichkeit bei Humboldt überordnet, diese Bildung wird vornehmlich lebendig in Kritik und Charakteristik [12]). Daraus hat Spranger das Humboldtsche Bildungsideal systematisch dargestellt und von ihm aus gewissermaßen einen Humboldt abstrahiert, der das Symbol, das Zeichen seines Bildungsideales ist [13]). Der Orga-

---

9) Dove a. a. O. 347, 349.

10) Dove, ADB. S. 348 XIII.

11) Haym, S. 246.

12) Vgl. Dove, ADB.; Spranger u. Kaehler führen das weiter aus.

13) Sprangers Humboldt der Vorkriegszeit hat da positive Wertvorzeichen, wo Kaehlers Humboldt der Nachkriegszeit negative setzt. Es ist interessant, wie jener, kontemplativ, den Menschen Humboldt durch die Leistung seiner

nismus-Gedanke [14]) in Humboldts Humanitätsideal, der über das Physische und Psychische zugleich hinausgreift, Humboldts Idee von den polaren Kräften, die das Universum bewegen, vor allem die Erkenntnis: »daß die einzelne Kraft nur aus der gesamten hervorgeht« — das sind die wichtigsten Bausteine zu Humboldts Idee der Gemeinschaft und der Bindung der Individualität an sie, durch die er seinen Platz unter den Reformern findet. Dies aber zu erleben ist Humboldt in seinem völlig asozialen Wesen bis 1813 nicht imstande [15]). Viel mehr führt ihn sein entscheidendes Bildungserlebnis der Griechen zu der Idee des Volkes. Bei ihnen ist das Volk mehr als nur naturhistorische Einheit und entfaltet die menschliche Individualität erst in der Volksindividualität, die ihrerseits die Idealität des Menschlichen allein auszudrücken imstande ist. [16]) Durch die Griechen setzte Humboldt an die Stelle der Gattung, in der sich das menschliche Ideal nur erfüllt (Goethe) und die allein in der Geschichte handelnd ist (Schelling), das Volk [17]). Und am einzelnen Griechen, dem Idealtyp echter Menschlichkeit, pries Humboldt »das Zurückführen von allem auf das wirklich handelnde Leben«; »das öffentliche Leben und Privatleben schmelzen den Charakter fester zusammen statt ihn zu zerreißen«. Wie fern Humboldt selbst diesem Erlebnis, dem ursprünglichen Gemeinschaftsbewußtsein und dem Denken des Volkes war, wird deut-

---

Ideenwelt sieht, dieser, selbst fordernd, nach seiner politischen Leistung und Lebensgestaltung fragt.

[14]) Spranger I S. 201 »Der Begriff des Organismus deckt für das Denken dieser Epoche zugleich das höchste Geistige und das einfach Natürliche: er drückt die Ahnung eines Struktur- und Bildungsgesetzes aus, dem das Leben des Geistes folgt. Alles Leben ist ein System innerer Zweckmäßigkeit ... Jede menschliche Individualität, sei es der Einzelne, sei es die Nation, ist ebenso wie der Naturorganismus eine in der Wirklichkeit dargestellte Idee. Als solche lebt in ihr etwas Unendliches, nie ganz in der Erscheinung sich Offenbarendes. Daraus ergibt sich das ethische Streben jeder Individualität. Andrerseits aber führen Menschen wie Völker ein vegetatives Leben. Damit haben wir die Anschauung der Romantik vom Volksgeist und seinem unbewußten Wachsen, aber auch die Lehre von der unbewußten Genialität, deren Schaffen in einzelnen Individuen und Zeitaltern emporflammt.«

[15]) Das wurde in der Distanz zwischen Humboldt und der ö. M. deutlich; mit der elementaren war Humboldt nicht verwachsen, der räsonnierenden der Gesellschaft zu weit überlegen.

[16]) W VII, 610—13.

[17]) »Vorzug der Griechen, die Aufgabe als Nation das höchste Leben darzustellen, aufgefaßt zu haben.« Sie haben ihren Charakter im Leben dargestellt wie ein Kunstwerk, das tut nur »das Höchste aller Genien, das eines ganzen lebendig zusammenwirkenden Volkes«, das nur einen bestimmten Charakter hat, insofern als es eine bestimmte Sehnsucht hat. Den »politischen Charakter« sprach Humboldt den Griechen freilich ab, WW III, 208.

lich auch darin, daß er das Sittliche im Zusammenhang mit dem Ästhetischen, nicht mit dem Religiösen erfaßt, eine Auffassung, die dem »Volk« als Gemeinschaft immer fremd ist. Auch der Staat wird Humboldt verständlich zuerst als das Schellingsche Kunstwerk, als der Organismus durch Organisation; zu ihm, dem greifbar Wirklichen, findet sich Humboldt aber nicht aus der ästhetischen Betrachtung, sondern aus der Not, und es fragt sich, ob mehr wegen der Not des Staates oder aus der des Menschen Humboldt. Während früher die Not des Staats als Anlaß galt [18]), hat Kähler die Not des Menschen Humboldt gesehen, der sich aus der Unwirklichkeit und Unfruchtbarkeit seines Bildungslebens zur Gemeinschaft geflüchtet habe, was Kähler unerbittlich durchleuchtet. Aus sittlicher Unentschiedenheit, aus persönlicher Schwäche mache das Bildungsideal Humboldts aus seiner Not eine Tugend, und die »interessante« Individualität wünsche dadurch der Verpflichtung zur Tat zu entgehen.

Das Verhältnis von Wirklichkeit und Idee gewinnt so bei Humboldt, dem Freund der Führer des deutschen Idealismus, eine neue Bedeutung, ist sein zentrales Problem. Der klassische Liberalismus eines Haym und Dove suchte Humboldts Konzentration auf das »Leben in Ideen« unter Verachtung des Lebens in Geschäften, in der Wirklichkeit, im Erfolg — das Humboldt selbst so unendlich oft für sich betonte [19]) — zu verstehen, auch wenn er es für bedenklich hielt; er suchte es aufzufassen als innere Vorbereitung auf das Wirken in der Wirklichkeit, im Staat. Dabei verkannte man die Antinomie zwischen der ästhetischen Willenlosigkeit des aristokratischen Kontemplativen und der echten politischen Tatkraft keineswegs, die am stärksten Treitschke ausspricht. Er, aber auch Dove und Haym, bemerken die eigentümlich »emsige, aber im Grunde nicht tatkräftige« Arbeitsweise des Diplomaten Humboldt, politisch immer zwar etwas zu tun, aber nicht zu handeln. Humboldts »Ideen« treiben nicht zum Wollen wie Steins »Idee«, die eine ethische Norm ist, nach der er umgestalten soll und will. Sie sind viel mehr Abbilder eines tieferen Seins, das der Wirklichkeit zugrunde liegt und sich nur dem sinnenden Blick des Zuschauers entschleiert, der vor der Wirklichkeit stehen bleibt. Als solcher erkennt Humboldt den notwendigen Gegensatz von Normativität und Ablauf (Spranger I), den er durch das Ideal eines negativen Handelns auf die geringste Auswirkung beschränken will.

---

[18]) Humboldts Brief an Welcker vom 20. X. 08 legte das nahe. Dagegen das Urteil Kaehlers bes. deutlich S. 14, 15, 17.

[19]) Briefe III, 53, 141, 149, 158; IV, 146; November 1813! 163; Selbstbiographie 1816 WW XV, 453 u. v. a.

Dies Ideal deutet Spranger (1923) aus zu dem einer negativen Politik, das Humboldt deutlich mit der historischen Rechtsschule, mit dem romantischen Glauben an die vegetative Selbstentfaltung auch des politischen Lebens verbindet.

»Verstockt in Ideen« nannte Dove Humboldts Herz; Meinecke sagte 1920: »Alles Wirkliche wird Humboldt zur Idee«; aber die Beschäftigung mit der Idee diene ihm nicht dazu, der Wirklichkeit zu entrinnen und führe ihn in seiner Politik selbst auf den »Weg von den Ideen zu den Realitäten« [20]). Gegen beides wendet sich Kähler [21]), der an Hand der Zeugnisse des allerpersönlichsten Lebens darzulegen unternimmt, daß Humboldts Beschäftigung mit den Ideen und Humboldts Glaube an die Idee letzten Endes dazu diene, seine innere Schwäche, ja seine Entscheidungslosigkeit [22]) zu verhüllen; gegenüber dem Wirklichen solle ihm, der sein ganzes Leben hindurch auf der recherche de la réalité ist, die Idee im Grunde leisten, was der Tat allein vorbehalten ist. Nicht er drücke der Wirklichkeit den Stempel der Idee auf, wenn ihn auch einmal 1809/10 bei seiner erfolgreichen kulturpolitischen Tätigkeit dieser Glaube lebendig begleitet habe.

Ob die »Idee« Humboldts den Zugang zur Wirklichkeit finde, den nur die Tat öffnet, das ist eine Frage nach der ethisch-politischen Bewährungskraft des ästhetischen Idealismus überhaupt, der die Grundlage der Humanitätsbildung ausmacht, gestellt am Beispiel eines ihrer bedeutendsten, aber selbst künstlerisch nicht produktiven, sondern rezeptiven und theoretischen Vertreter. Daß und wie sie von Kähler gestellt wird, beweist eine tiefgehende Kritik; sie bezweckt einen betonten Realismus, eine »neue Sachlichkeit« (Ritter) des historisch-politischen Urteils, die aus dem Widerspruch erwächst gegen eine idealistische Betrachtung der Politik, sofern diese das Handeln zu lähmen droht. Es ist kaum fraglich, daß dieser Realismus den ästhetischen, nicht aber den Idealismus schlechthin angreift, wenn er an (dem unbezweifelbar »heidnischen«) Humboldt gerade jene sittliche Entschiedenheit, jenen starken ethischen Antrieb zur aktiven Bewährung vermißt, die umgekehrt so leidenschaftliche Ideologen wie Arndt und Stein be-

---

[20]) Dove, Ausg. Aufsätze, S. 116. Meinecke, Neue Rundschau, 1920, S. 889 ff. Humboldt und der dtsch. Staat. W. u. N. 6⁰, S. 195.

[21]) Nicht für die deutschen, nationalstaatlichen Ideen gilt Kaehlers Widerspruch, an denen Meinecke das letztere bewiesen hat, das übrigens Treitschke überschätzte; dieser sprach das Kaehlers Auffassung fast parodierende Wort: »Humboldt war (menschlich) zu groß für einen Diplomaten« I, 336, wobei allerdings Treitschke einen Unterschied zwischen Diplomat und Politiker voraussetzt.

[22]) Vgl. Briefe III, 63; Kaehler S. 301

saßen und die sie der religiösen Verankerung ihres Wesens verdankten. Durch sie freilich gerieten sie in jenen universalen Dualismus, der ihnen den klaren Blick auf die auseinanderstrebenden politischen Kräfte trübte, die sich nicht in die Lager des guten und bösen Prinzips verteilen lassen. Diesen klaren Blick besaß dagegen der innerlich nie so stark beteiligte human-gelassene Humboldt, und damit die größere Möglichkeit realpolitischer Erkenntnis. Allerdings hat nun zur Realpolitik dieser gebildete und erkennende Mensch den Mut, die ungebrochene Kraft nicht: das schildert Kähler in der Darstellung des »zufälligen Daseins« und der politischen Leistung oder Nichtleistung Humboldts.

Gibt ihm das schon die Möglichkeit, das Urteil über die historische Bedeutung Humboldts auszusprechen, auch wenn es prinzipiell nicht nach Motiv, sondern Erfolg der Politik gefällt werden soll? Es scheint bedenklich, daß Humboldts Mangel an Erfolg ihm allein so sehr als Schuld, so wenig als Schicksal angerechnet werden soll [23]); noch mehr aber die Methode, mit deren Hilfe es geschieht, die fast ausschließliche Verwertung des rein biographisch-psychologischen Befundes.

Sie hat zunächst vor allem »etwas offenbar Grausames« [24]); auch wenn kein Bedürfnis nach Heldenverehrung vorliegt. Sie erscheint zu eng, um die Bedeutung eines Menschen festzustellen, dessen historische Leistung doch wohl nicht nur »die Vorausnahme« einer für das 19. Jh. typisch werdenden Lebensform [25]) und auch nicht seine mehr oder weniger durch sie zum Scheitern verurteilte Politik ist, sondern die fruchtbaren Anstöße, die er den Geisteswissenschaften und dem politischen Denken auch durch »seine politische Schriftstellerei« gab.

---

[23]) Wenn sich das Scheitern der Humboldtschen Politik auch — nicht allein! — aus seiner persönlichen ethisch-politischen Unfähigkeit erklären ließe, Humboldt also zur Schuld fiele, wie kann man das Scheitern der Steinschen Politik, der Arndtschen Pläne erklären, die einen völlig aktiven Typus vertreten?, die kein Bildungsideal der rezeptiven Universalität lähmte und die doch den zeitgeschichtlichen Bedingungen ebenso wenig wie Humboldt die Verwirklichung ihrer Ideen zu entreißen vermochten?

[24]) Jedenfalls in der sehr interessanten, stellenweise psychoanalytisch infizierten Studie Kaehlers; die Formulierung von Ritter schildert den ersten Eindruck ausgezeichnet. Vgl. Ritters sehr aufschlußreiche Rezension Dt. Lit.-zeitung 1928, Heft 4. Sie konnte eben beim Abschluß der Arbeit noch eingesehen werden. R.s Kritik an der psychologisierenden Methode als solche braucht hier nicht weiter erörtert zu werden. Kaehler geht z. B. bis zu dem deprimierenden Vorschlag (S. 461): »Es wäre lehrreich, die verschiedenen Depressionsformen in ihren brieflichen Äußerungen (beim jungen Humboldt) zu verfolgen«!

[25]) Biogr. Notiz Kaehlers in Klass. d. Pol.

II.

Wenn Kählers Monographie der entscheidende Beitrag zur Psychologie Humboldts ist: wie er zu politischem Denken komme, so gibt sie doch wenig darüber: was er politisch dachte. Kähler selbst hat die Analyse der Humboldtschen Verfassungsideen an anderer Stelle gegeben [26]. Meinecke [27] aber legte aus Humboldts Individualitätsgedanken selbst und aus seiner fortschreitenden Ausbildung und Wirkung eine Kontinuität der Bildung Humboldts mit seinem Dienst am Staat und mit seinen nationalstaatlichen Ideen selbst dar: in der stufenförmigen Entwicklung aus der individualistisch-rationalistischen Epoche zu der, in der das Individuum sich durch die Tat im Staat vollenden will durch die Hingabe an seine überindividuelle Persönlichkeit und von dieser Epoche weiter hinaus zum Erlebnis des Volkes, das Humboldt »in der Hauptsache aus eigener innerer Erfahrung«, nicht aus romantischen Einflüssen fortführt zu der Idee der individuellen nationalen Gemeinschaft, zur Idee des Nationalstaats und endlich unter Steins und unter englischem Einfluß zur Idee des individuellen deutschen Verfassungsstaats. Diese einheitlich aufsteigende Linie, die Raum für mannigfaltige Bekehrungen beim Übertritt in jede neue Epoche enthält, läßt das Leben Humboldts erscheinen als die organische Ausbildung der Leitidee, eine Vertiefung, Versittlichung der Individualitätsidee, ohne deshalb weder eine Kritik des Menschen Humboldt noch eine Kritik seiner politischen Fähigkeiten auszuschließen. Beide bestehen gewiß zu Recht, wie das besonders aus der Geschichte des Konfliktes zwischen Hardenberg und Humboldt bei Kähler im einzelnen deutlich wird. Deshalb ist die Ideenentwicklung Humboldts unter dem Eindruck der großen historischen Ereignisse doch fruchtbar geworden, ist selbst Leistung, die über die einst bewunderte, heute verneinte Persönlichkeitsbildung hinweg bestehen bleibt. Zwar zeichnet sich nach Kähler [28] Humboldts politisches Denken weder aus durch unmittelbare Wirkung in die praktische Politik, noch durch einen großen Einfluß auf weitere Kreise, noch durch Tiefe und Eigenwüchsigkeit; ja es stehe »eigentlich außerhalb der Entwicklung, welche der deutsche politische Gedanke in seiner Zeit genommen« habe — aber: nur »an seiner Wirkung gemessen«. Bedeutsam sei Humboldts politisches Denken durch das biographische Problem seines Werdens allein, durch das deutliche Nebeneinander der idealistisch-weltbürgerlichen und der staatlich-nationalen Tendenz, die nicht — wie bei Arndt — zusammenschießen,

[26] Z. f. Pol. Bd. X; Einl. zu Klass. d. Pol. 1922. Diss. 1917.
[27] Vor allem Neue Rundschau 1920.
[28] Einl. zu Klass. d. Pol. S. 1.

ondern nur zur Annäherung kämen. Sie verschmelzen nicht, weil Humboldt den unmittelbaren politischen Instinkt und das politische Ethos Steins und Arndts nicht besitzt, die die Persönlichkeit — Humboldts höchstes Ziel — bedingungslos zum politischen Menschen machen wollen, die seine »Veredelung« dem staatlichen Leben selbst einordnen möchten und die »Veredelung« der Gemeinschaft selbst auch ihm zum Ziel setzen. Eben das gelingt Humboldt nie ganz: den Selbstzweck des Staats sieht er diffiziler und inniger verschmolzen »mit den Segnungen im Innern« und »dem Geist der Nation«, die Ausbildung der großen menschlichen Einzelindividualität, die den Staat braucht, kann nicht Staatsziel sein. Aber der Ausbildung der überpersönlichen Individualität des Staats opfert Humboldt nicht schlechthin die der Einzelpersönlichkeit. Kähler fand, daß Humboldt zur Einseitigkeit seiner Staatsbejahung ebenso sehr neige 1819 wie einst zur Überspannung seiner Staatsverneinung. So weit, dem Staat die große Persönlichkeit konkret so einzuordnen, daß sie die Verantwortung für ihn, für die Gemeinschaft übernehmen **muß**, wie Arndt es forderte, geht Humboldt aber nicht. Die Hingabe der großen Individualität geschieht bei Humboldt immer nur freiwillig und letzten Endes zum Zweck ihrer eigenen Vollendung; nur in ihrer Wurzel ist sie mit der Gemeinschaft verknüpft, ihre ruhige geistige Bildung möchte er instinktiv bewahren vor dem Trubel des politischen, des wirklichen Lebens; Wissenschaft und Kunst, gewiß auch jene »Segnungen im Innern« darstellend, sind für Humboldt vor und wiederum nach 1813 (1796 und 1826) paneuropäische Werte, denen die nationale Politik nur erst Raum und Ruhe gewähren soll. Humboldts Idee vom Staate hat so zwei Zentren: Persönlichkeit und Staat; sie stammt aus zwei Quellen: aus persönlicher politischer Praxis und aus dem Erlebnis des Volks 1813. Seine politischen Ideen, so wenig zum System zusammengefaßt wie die Steins oder Arndts, tragen deutliche Spuren dieser Entstehung und des großen Einflusses, den Stein in ihr auf Humboldt hatte.

Aber er mußte sie einfügen in das Gedankennetz, das er **vor** Erfahrung und Erlebnis gesponnen hatte und in dem der **Staat** durch seine **Gesetzmäßigkeit** zuletzt die höhere Synthese von Freiheit und Notwendigkeit bedeutete [29]). In ihm hatte Humboldt den irrationalen Individualismus Rousseaus bezogen auf die Individualität, nicht auf die Gattung Mensch schlechthin, und die Fiktion Rousseaus von der volonté générale unter dem Einfluß der Organismuslehre abgewandelt zum Bilde, daß der Staat ein lebendiges **Ganze** mit Einem Willen sei.

---

[29]) Werke III, 365.

Humboldt, der den Staat 1792 als »Summe der strebenden und leidenden Kräfte« auffaßte, hatte dahin einen weiten Weg; der Eine Wille wurde zur naturgegebenen »Richtung«, als die nationale Gemeinschaft, organisch-individuell, den Staat erfüllen und tragen sollte (Dez.-Dk. 1813). Der Staat als Kunstwerk, als sittlicher Organismus, und das Volk, das sich Hb aus psychologischen, sprachlichen und griechischen Studien als Individualität entdeckt hatte, fanden sich im Denken Humboldts zur überindividuellen Persönlichkeit eines Nationalstaats zusammen, in dessen organisch-historisches Werden der Politiker sein Handeln einfügen soll.

Dies ist nun das Resultat Humboldtschen Staats-Denkens, auf das Kähler gewissermaßen Humboldts Wort anwendet, daß das Resultat nichts sei, alles nur die Kräfte, die es hervorbringen. Betrachtet man trotzdessen das Resultat an sich, wie weit es Humboldt deutlich jener Gruppe von ethisch-historischen Liberalen zugesellt, deren politische Begriffsbildung als spezifisch deutsch untersucht werden soll, so wird man nach ihren Kennzeichen suchen in den großen Denkschriften Humboldts [30]). Sucht man zunächst nach dem Machtstaatsgedanken, so erweist sich dieser bei Humboldt lebendiger, weniger durch universal-ethische und national-pädagogische Ideologien verdunkelt als bei Stein und Arndt, völlig frei endlich von dem Schatten der Erinnerung an die europäische res publica Christiana, der bei Stein noch auf den deutschen Reichsgedanken fällt. Die Autonomie des individuellen Staats der nationalen Gemeinschaft wird gefordert wie einst die Autonomie der Persönlichkeit [31]), aber leise bewußt steht hinter Humboldts empirisch-realistischer, an der Außenpolitik gewonnener Betrachtung des Staats jene andere universale Auffassung des kulturellen Berufes der deutschen Menschheitsnation, die keine Macht des Staates, sondern nur die Sicherung durch den Staat wolle. Die historische Reminiszenz fehlt Humboldts universalistischen Ideen ganz. Europa ist Staaten-Gesellschaft; innerhalb des europäischen Staatensystems gibt es nur eine interindividuelle Rechtsordnung; Europa kann nicht zum überindividuellen Ganzen werden, soll nicht eine »Heilige Allianz« sein. Die Individualitäten der Nationalstaaten, durch kein anderes »gutes« Prinzip als eben durch die Individualitätsidee bestätigt und gerechtfertigt, sollen, soweit es ihnen möglich ist,

---

30) Die Dken über den deutschen Nationalstaat (1813—16) hat Meinecke analysiert, die Verfass.-Dk. 1819 über den preuß. Gemeinschaftsstaat außer Meinecke Lenel und Kaehler. Über den Charakter der Denkschriften der preuß. Beamtenschaft zur Zeit der Reform vgl. Kaehler, Einl. Klass. d. Pol., S. 34.

31) Meinecke, W. u. N., S. 200, Dez.-Dk. 13.

die Idee, die ihnen zugrunde liegt, in der Wirklichkeit in Erscheinung bringen — das ist ihr nationalstaatliches Ethos, wie es das der Persönlichkeit sein sollte [32]). Durch dieses Ethos ist auch die ö. M. des Nationalstaats, soweit sie hervorwächst aus der Richtung der nationalen Individualität, ohne weiteres gerechtfertigt, nicht als politisches Recht der Nation, sondern als selbstverständlicher Ausdruck des Strebens der nationalen Individualität.

Nun wird aber gerade bei Humboldts Betonung des Nationalen besonders fühlbar, daß dies bei ihm ganz anders empfunden wurde als bei Stein und Arndt. Für Humboldt fehlt jedes Erlebnis von Gemeinschaft oder irgendeiner Rassen-, Klassen-, Heimatszugehörigkeit; erst recht ein Erlebnis des deutschen Volkes oder seines historisch-politischen Reiches. Humboldts Gefühl für Deutschland ist das einer rein geistigen Zugehörigkeit, das Bewußtsein, daß deutsche Geistesart sein ganzes seelisch-geistiges Sein mitbestimmt und grundlegend von französischem oder anderem unterscheidet, aber dieser klassische »übergeistige« Patriotismus — gleichweit entfernt vom ethisch-radikalen Universalismus Fichtes, den Stein viel stärker verstand als Humboldt, wie vom Schollenpatriotismus Arndts — erscheint Humboldt »in alle Zeiten und Zonen verpflanzbar« [33]). Haß und Liebe, irgendein elementares oder »materielles« Nationalgefühl [34]) ist Humboldt fremd, auch 1813. Deshalb würde er auch der ö. M. nie diese elementaren und materiellen Gefühlsgrundlagen zugeben; sie repräsentiert vielmehr »die bestimmte Sehnsucht der Nation«, ihr Streben, das diese zum »Charakter« macht [35]).

Gerade im Wesen der deutschen Vaterlandsliebe, wie Humboldt sie im Deutschen Bund als ö. M. politisch werden und wirksam sieht, zeigt sich, wie bei ihm »das Politische und das Unpolitische sehr viel subtiler ineinander übergeht« [36]). Erst recht aber in der Abwandlung, die der Steinsche Erziehungsstaatsgedanke bei Humboldt erfährt. Durch das Ethos der — deutschen und preußischen — nationalstaatlichen Persönlichkeit bedarf der Staat nicht mehr der Rechtfertigung durch den Veredelungsgedanken Steins. Noch stärker als Arndt zieht sich Humboldt vor dem Problem staatlicher Erziehung der einzelnen Persönlichkeit zurück; er ist überhaupt nicht Erzieher, auch nach

---

[32]) Spranger I, 201.

[33]) Kappstein, S. 272, 7. 11. 1813!

[34]) Kappstein, S. 218: an Welcker 1808 findet Humboldt selbst, daß durch »Materialismus« die Vaterlandsliebe vielleicht weniger rein und edel, aber desto stärker werde.

[35]) Vgl. oben über die Griechen W VII, 610 ff.

[36]) Meinecke, W. u. N. S. 205.

seinem eigenen Urteil fehlt ihm der optimistische expansive Glaube an die eigene erziehende Kraft, der notwendig sei. Er ist Organisator. Erziehung ist bereits soweit etwas Aktives, daß Humboldt sie scheut. Was Stein und Arndt reizte, die Verbindung zwischen Bestehendem und Zukünftigem durch die pädagogische Norm, die Steins diktatorischen Erziehungsgedanken gerade aus einem sonst nur normativen Denken in die politische Wirklichkeit zurückholte, sah Humboldt vielmehr in einer Entfaltung des Persönlichen, die irrational geschehen sollte — was auf seinem Begriff des Werdens beruht, der unten noch betrachtet wird. Am Widerspruch gegen den aufs höchste gesteigerten Erziehungsfanatismus des aufgeklärten Despotismus ist Humboldts Absage an den Staat 1792 entstanden — so lange, als der Staat eudämonistische Motive seiner Erziehung vorgab. Zur Erziehung des Bürgers aber in die Unterordnung unter die höhere Persönlichkeit der Gemeinschaft und ihres Staats bekehrt Humboldt das eigene Schicksal: er will durch die Organisation aller Volksglieder im Staate jedem Bürger Gelegenheit geben, von der Diskussion über das Problem Staat überzugehen zur Mitarbeit an der Aufgabe Staat, so, wie dies ihm selbst erst das Erlebnis der Gemeinschaft gegeben hat. In diesem Sinn will Humboldt, selbst ein isolierter Mensch echter Gesellschaft, jenes Erlebnis der Gemeinschaft wenn nicht erziehen, so doch wieder ermöglichen, dessen sittliche Notwendigkeit für die Vollendung der Einzelpersönlichkeit er so lebhaft wie Stein und Arndt empfindet. Was das Schicksal 1809—13 an Humboldt »erzogen« hatte, das sollte der Staat selbst durch seine Organisation für die Masse seiner Bürger tun 37). Damit soll die sittliche Kraft der Nation, des Ganzen erhöht werden, und es ist gezeigt worden, wie auch der Begriff der ö. M. in diese politische Aufgabe einbezogen wurde. Das Erziehungs*ziel* ist aber inhaltlich weit weniger bestimmt als bei Stein und Arndt: keine christliche, keine christlich-natürliche Sittlichkeit soll sich im Staat bewähren; Humboldts Idee der Entfaltung der sittlichen Individualität des Einzelnen schlechthin soll sich zwar im Staat erfüllen, aber es bleibt ungeklärt, ob und wie dies Ziel dem der Entfaltung der Staatspersönlichkeit ohne weiteres untergeordnet oder mit jenem ausgesöhnt wird. Ein überstaatliches Ziel kann Humboldts »hohes Menschliches«, die Ausbildung menschlicher Persönlichkeit an sich nicht gut sein; logischerweise muß im Gegenteil die Entfaltung der Staatspersönlichkeit sich selbst Ziel genug sein, ihr die der Einzelpersönlichkeit untergeordnet werden — eine Konsequenz, die zur »Staatlichkeit« preußischen Beamtentums

---

37) Kaehler, Einl. Klass. d. Pol. S. 55: »Der individuelle Entwicklungsgang soll zur normativen Lebensform der Gesamtheit werden«.

und zum staatlichen Liberalismus Steins sehr gut paßte, die auch in Humboldts Februar-Denkschrift deutlich in Erscheinung tritt, die Humboldt aber für sein persönliches Dasein und für die große Individualität überhaupt nie bedingungslos gezogen hat. Humboldt gehört doch 1819 dem ethischen staatlichen Liberalismus völlig an. Er sucht die sittliche Freiheit der Einzelnen gebunden an den Staat der Gemeinschaft und um seinetwillen.

Ihn fand er, der geborene Preuße, leichter als Stein und Arndt in Preußen selbst, und für Preußen hat er vor allem nach der individuell deutschen, für Deutschland »richtigen« Form der Bindung der Freiheit, also nach der Verfassungsform gesucht. Hier nun wird die Bedeutung seines Prinzips einer immer nur individuellen Gültigkeit, niemals theoretischen Allgemeingültigkeit [38]) besonders deutlich. Die Suche nach individuell deutschem politischem Wesen wird — zugleich wissenschaftlich methodisch fruchtbar — ein Prinzip seines gesamten politischen Denkens, ein nicht nur gefühlsmäßig oder historisch begründetes Argument, sondern recht eigentlich der Anstoß, der Grund für sein produktives politisches Denken überhaupt. Es macht wenig aus, wenn Kähler diesen Grund eine Ideologie nennt; sie war fruchtbar. In dieser Ideologie treffen Humboldt, Arndt und Stein, alle den deutschen Aufbau des Staates suchend, von verschiedenen Seiten her zusammen; sie einigen sich auf das Idealbild eines mehr oder weniger organisierten ständisch-korporativen Gemeinschaftsstaates. Wenn Humboldt die Formen dieses Staates auch sehr stark dank der Anregungen Steins sah und mit diesem »im Richtigen wie im Falschen das Selbstverwaltungsdogma des deutschen Liberalismus antizipierte« [39]), so erwies er sich doch in der Begründung dieser Formen als selbständig. Sie waren für Humboldt vor allem mehr »organisch«, und zwar organisiert, als »historisch« und gewachsen [40]). Und eben dies fällt auf, wenn man sein entwickelndes Denken betrachtet.

Während Treitschke [41]) an Humboldts Entwurf lobte, daß er die alten Stände so weit schonte, daß er sie sich nicht zu Gegnern machte, rühmen die neueren Forscher vor allem, daß Humboldt die neuwerdenden politischen Kräfte seiner eigenen Zeit sieht, anerkennt und wirklich

---

38) Spranger I.

39) Lenel, Deutsch-rechtliche Beiträge IX, Heft III, S. 95 ff. Lenel betont, daß Humboldt keine Parallelen zu England gezogen hat. Für die englische Kabinettsverfassung nimmt Kaehler allerdings einen größeren Einfluß auf H. an, S. 381, nicht aber für die englische politische Organisation des Volkes.

40) S. o. d. Träger der organisierten ö. M.

41) Preuß. Jhbb., Bd. 29, 424.

»neue Formen, wenn auch unter altem Namen«, für sie schafft. Der »deutsche« Staat Humboldts wird vor allem so aufgebaut, daß der Raum des Einzelnen im Staat auch wirklich der einer Gemeinschaft sein soll, die ihm den Segen jener sittlichen Bindung gewährt und an der er praktisch mitzuarbeiten imstande ist. Humboldt erwartet sich weniger als Stein praktische Vorteile für den Staat (Ersparnisse usw.), die sittlichen Vorzüge sind wichtiger, auch hier gilt das Resultat wenig, das Spiel der Kräfte alles. Gerade weil die natürliche politische Gemeinde Humboldt viel fremder ist als Arndt und Stein, unternimmt er unbefangener die bewußte stufenförmige Organisation über ihr, die den Staat zum Organismus aus Organismen aufbaut. Rational organisierend schafft Humboldt im Staat so ein sittlich-organisch verstandenes Kollektivwesen, »die Nation« für den Staat. Humboldt fühlt selbst, daß er den Gemeinschaftsstaat konstruiert, dessen Grundlage nicht mehr unbedingt vorhanden ist. Er gibt den Gegensatz zwischen Regierung und Regierten, zwischen den Provinzialtendenzen und der Staatseinheit zu. Logisch — oder ideell — heben sich diese Gegensätze ganz im Sinne Steins und Arndts auch bei Humboldt im Begriff der Staatspersönlichkeit leicht auf, aber Humboldts Erfahrung als Regierender — und zwar immer nur im Zentrum des Staates, nie in den Provinzen tätiger — weiß zu gut um diese latenten Spannungen im Staatsleben [42]). Durch sie gewinnt auch seine ö. M. einen anderen Charakter; sie wird als die der Regierten, als die der Provinzen von dem Staatsinteresse zurückgeschoben, auf das negative Handeln beschränkt und zum Zuschauer, zum Lernenden, Verstehenden, Kritiker gemacht; sie wird, was Humboldt selbst so lange gewesen war; sie soll wie er selbst in großen Krisen des Staates bereit sein, seine Aufgaben mit zu erfüllen, ihn durch ihre sittliche Kraft zu unterstützen. Vielleicht spürte Humboldt, daß der ö. M. wie ihm selbst »das Moralische« nicht immer oder nicht nur »ein Verhältnis zur überindividuellen Einheit selber« [43]) sei, daß auch sie sich zuweilen von ihrer Pflicht und Verantwortung im Staat wieder zurückziehen wolle und könne; daß ihr gegebenes Feld nicht das politische, sondern das geistige Leben sei, ihre Moral sich wieder nur auf interindividuelle Beziehungen beschränke wie jene Meinung des 18. Jh.s vor dem großen Erlebnis der Gemeinschaft.

Das läßt sich aus Humboldts Wesen erklären. Er zog sich ohne wirkliche Trauer nach dem Scheitern des Kampfes gegen Hardenberg um die Verfassung zurück und ließ die ganze Konstitutionssache eben

---

42) Vgl. dagegen Kaehler, Einl. Klass. d. Pol. S. 54.

43) Troeltsch, Westeuropa und wir, S. 150.

fallen. Fast scheint es ihm wichtiger gewesen zu sein, die Verfassungsform des Gemeinschaftsstaates in ihrer individuellen Eignung für den preußisch-deutschen Nationalstaat einmal gefaßt zu haben, für sich selbst über sie klar geworden zu sein, als sie nun auch endlich in der Wirklichkeit durchzusetzen. Das mag abhängen von seinem Ideal des negativen Handelns, das ihn im politischen Kampf lähmen mußte. Es entsprang mit aus einer eigentümlichen Form seines »geschichtlichen Bewußtseins«.

Daß Humboldt persönlich zunächst in dem Sinne »konservativ« war, daß er eine erasmische Abneigung gegen Tumult und Revolution, gegen voreilige Neuerung, überhaupt gegen starke Bewegung des äußeren Lebens fühlte, ist begreiflich. Der Glaube Arndts, daß das Neue den Keim eines Besseren in sich enthalte, war aber, wenn auch gedämpft, in ihm lebendig. Die Neigung Steins für das Vergangene — das ihm, dem ausgesprochen idealisch-zeitlos Gebildeten, innerlich völlig fremd war — teilte er nicht, er liebte es auch nicht wie die phantasievollen Romantiker als Wunschbild aus dem Gegensatz zum eigenen Wesen, zur eigenen Zeit. Wunschbild Humboldts sind die ganz unhistorisch absolut ideal gedachten Griechen [44].

Aber die Ehrfurcht vor organischem Werden ist ein Grundzug allen Humboldtschen Denkens [45] und nähert Humboldts Liberalismus von Anfang an dem des Rehberg-Kreises. Das Werden an sich ist Humboldt ein Wert, wie aus dem oft zitierten charakteristischen Wort hervorgeht von den Resultaten, »die an sich nichts sind, alles nur die Kräfte, die sie hervorbringen und die aus ihnen entspringen« [46]. Zunächst wendet Humboldt für die politische Theorie das noch sehr rationalistisch an: menschliche Operationen sollen möglichst den kontinuierlich entwickelnden der Natur ähnlich sein. Durch diesen Gedanken aber war Humboldt zwei Jahre, ehe Burkes Reflections in Deutschland erschienen, einer der entschiedensten theoretischen Gegner der französischen Revolution. Humboldt vertraut »der an sich wirkenden Kraft der Dinge« in dem Bewußtsein, gegen sie nichts schaffen zu können, aber gefährlich nahe dem Bewußtsein, überhaupt nicht eigentlich schaffen zu können [47], sondern am besten ihrer Auswirkung alles zu vertrauen. Daß alles politische Handeln Humboldts sich an die Notwendigkeit, an die notwendige Entwicklung, die in den Dingen

---

[44] An ihnen erscheint die individualisierte Allgemeingültigkeit oder (Spranger I) »die mit Allgemeingültigkeit gesättigte Individualität«.

[45] Über die philosophische Begründung dazu vgl. Spranger I, 244 ff., Fester 292 ff. u. a.

[46] Klass. d. Pol. S. 10, 1791.

[47] An Caroline, 24. 3. 04 aus Rom.

liege, anschließt, ist damit gegeben wie in Arndts und Steins »historischer« Gesinnung. Aber kein großes Wollen reißt Humboldt darüber hinaus, auch Humboldt der Politiker ordnet sich dem Gang der Dinge nur ein [48]). Er tut das einmal, um die »Illusion der Dauer« für sich selbst zu gewinnen, deren er bedarf, um überhaupt wirken zu können [49]). Er tut das zum andern aus der Erkenntnis der Irrationalität des historischen Ablaufs, der kausal nicht zu erklärenden »Entwicklung« [50]), die die — nie ganz aufzuklärende — Entfaltung der Idee einer Individualität in ihrer Erscheinung darstellt. Es ist erwähnt worden, daß Humboldt die Umwälzungen, die man nicht weiter erklären könne, ebenso hinnahm wie Arndt, auch er dabei in voller Abkehr vom Rationalismus, auch er die Zeit nicht erziehend, sondern ihr dienend [51]). An Humboldt aber erweist sich nun die gefährlich quietistische Wirkung dieser Auffassung; wenn sie lähmend wirkt, so liegt es hier am Menschen, nicht an der Ehrfurcht vor dem organisch-irrationalen Werden. Kähler hat Humboldts Betonung des irrationalen Werdens gedeutet als Ausdruck seines Individualitätsgedankens: ein Instinkt für die Unantastbarkeit individueller Entwicklung, nicht aber für die Kräfte der Vergangenheit ist Grundlage des Humboldtschen »historischen« Denkens; gegen die Systematik des Rationalismus wendet er es ebenso sehr wie gegen die Steinsche Dogmatik der »historischen« Vorbilder. Solche gibt es nicht für Humboldt. So stark überhaupt sein geschichtliches Bewußtsein, sein geschichtsphilosophisches Denken ist, so gering ist die Rolle, die die wirkliche Geschichte und aus ihr gewonnene Anschauungen bei ihm spielen. Gelegentliche Äußerungen, daß das Schöne in der Vergangenheit liege [52]), tragen einen rein romantischen Charakter, bedeuten nicht historisches Interesse, sondern nur Flucht aus der Wirklichkeit, wie die zu den Griechen. Die Vorbilder seiner politischen Ideen gewinnt Humboldt überhaupt nicht aus der Anschauung der Vergangenheit, sondern im wesentlichen als junger Mensch durch Spekulation, später durch Erfahrung, durch Systematisieren seiner Anschauung von der politi-

---

48) Trotzdem verhindert ihn eine doktrinäre Ablehnung von Kompromissen, ein hartnäckiges Festhalten an der als »richtig« erkannten Form, an der praktischen Nachgiebigkeit Steins. Vgl. Briefe an Nicolovius, S. 20, 37.

49) An Nicolovius, S. 6.

50) In dem Vertrauen, daß »in allen menschlichen Begebenheiten das Gute nie wirkt an der Stelle, wo es geschieht, sondern in weiten Entfernungen an Raum und Zeit«. Zit. b. Lenel a. a. O. S. 119.

51) Oder wie er an Carol. v. Wolzogen 1830 schreibt: indem er »dem, was die Zeit sucht, einen heilsamen Sinn unterlegt«. Haym 599.

52) Brief Freiburg, Dez. 13, zitiert bei Haym 379, 381.

schen Wirklichkeit, durch »Charakteristik und Kritik« des deutschen politischen Wesens. Nur der »Politik« seiner Jugendjahre ist die Geschichte »die Magd seiner Spekulation« [53]), später tritt die pseudohistorische Argumentation mit historischem Beweismaterial, wie Arndt und Stein sie liebten, ganz zurück. Doppelt wichtig aber in seinen politischen Ideen ist ihm »der Zusammenhang des Ganzen«, das System.

III.

Humboldt ist imstande, durch die Freiheit seiner Beweisführung nicht allzu pädagogisch und nicht zu historisch über die eigene Zeit hinausgreifend ein Bild des Gemeinschaftsstaats zu zeichnen, das das Gewesene, das Gewordene und das Seinsollende organisch miteinander ausgleicht in einem Verfassungsstaat, wie er 1819 sozial und doch auch verfassungsrechtlich in Preußen wohl möglich gewesen wäre und wie er jedenfalls die Gemeinschaftsstaatsidee der historischen Liberalen zusammenhängend und in der stärksten Annäherung an die Wirklichkeit am klarsten ausdrückt. Die absolute Souveränität der Krone konnte juristisch nur sophistisch in diesen Gemeinschaftsstaat gerettet werden — statt der romantischen Illusion bei Arndt, — und Humboldt hat das zugegeben. Die individuelle sittliche Gemeinschaft kann vielleicht überhaupt nicht einen logisch-juristischen Ausdruck gewinnen, kann nicht zum staatsrechtlichen Begriff werden, wie er für den Erlaß einer Verfassungsurkunde dem Theoretiker notwendig scheint. Gerade deshalb braucht die Gemeinschaft einen Begriff wie die ö. M., die eine rechtlich nicht fixierte, natürlich-sittliche Kraft der Gesamtheit repräsentiert. Als die ö. M. kein politischer Begriff wurde, entging freilich den historischen Liberalen »ein Herrschaftsmittel für die Gestaltung der politischen Wirklichkeit«. Das Problem, das monarchische Prinzip mit der Idee des Gemeinschaftsstaates auszusöhnen, überließ man ungelöst den Nachfolgern. Die ö. M. aber gewann in Humboldts organisiertem Gemeinschaftsstaat einen neuen Charakter: getrennt von jenem seiner selbst bewußt werdenden Streben der Volksindividualität, dessen Ausdruck sie 1813 war und dem sie zur Erscheinung in der Wirklichkeit verhalf, rückt die ö. M. jetzt 1819 bereits ein Stück aus dem Staat heraus, wird aber noch gedacht gebunden an ihn und an die durch ihn organisierte und in Ständen vertretene Nation. In dem »unorganischen Nebeneinander von Herrschafts- und Gemeinschaftsstaat« [54]), das sich tatsächlich vorfand, blieb der ö. M. selbst dieser Platz versagt. Dieser Staat stellte

53) Kaehler, Einleitung, Klass. d. Pol. 26.

54) Meinecke, Ges. Aufsätze, Landwehr und Landsturm.

nicht die moralische Energie seiner Bürger dar, für den historisch-ethischen Liberalismus und für seine ö. M. blieb nur ein geringer Raum in ihm. Die ö. M. wurde aus einer politischen eine geistige Kraft, die allenfalls das politische Leben, den Staat als Problem interpretierte. Sie wird, wie Bismarck sie schildert: scharf gespalten in das unbewußte Gefühl, die Richtung des Volkes, und in das Geschrei derer, die vorgeben, sie zu vertreten; um das sich nie zu kümmern der größte Staatsmann Deutschlands versicherte, damit er desto sicherer das erstere erlauschen und ihm dienen könne. Jene Einheit, von der Stein, Arndt und Humboldt träumten, erwies sich im Fortgang des Jahrhunderts vollends als Illusion.

Der Versuch, Stein, Arndt und Humboldt zu einer Gruppe Historisch-Liberaler zusammenzuschließen, zeigte, wie schwer die Wesensart und die verschiedenen Grundlagen deutscher Bildung, die jeder von ihnen repräsentiert, zu einem einheitlichen »deutschen« politischen Denken zusammengefügt werden können. Wenn auch in jener Zeit selbst der Prozeß »der Selbsterfassung des deutschen Geistes« begann [55]), so konnte man doch gleichzeitig noch nicht zu politischen Begriffen vorstoßen, die diesem Geist entsprechen sollten. Nicht nur die verwickelte Lage des deutschen Staates aus Staaten, sondern eben die Vielfältigkeit und Unbestimmtheit dessen, was deutsch und dadurch individuell gut und gültig sei, machte die Begriffsbildung schwer. Für alles politische Denken blieb das Prinzip übrig, das doch inhaltlich so unbestimmt war: daß die nationale Individualität sich in ihrem nationalen politischen Wesen voll entfalten müsse, woraus noch keine Begriffe entwickelt werden konnten; diese wurden vielmehr im 19. Jh. an der rationalistischen Idee der Gerechtigkeit und des Rechtsstaates bestimmt Die einzige Lehre, die das deutsche politische Denken um 1813 ausgebildet hatte, die Unterordnung der Persönlichkeit in das rein ethische Kollektivum von Staat und Gemeinschaft, eben diese Lehre, Grundlage auch des Begriffs der deutschen ö. M, diente dazu, das »deutsche« politische Denken in die Stille des Vormärz zu führen, in der es — für immer? — zurückgedrängt wurde durch den Einbruch des westlichen, des gesellschaftlichen Liberalismus in Deutschland, mit seinem oppositionellen Individualismus und seinem »Nebel von Humanität und Liberalität« [56]).

---

55) Troeltsch, Westeuropa, S. 218.

56) Stein über Alexander, Pertz II, 220.

Literatur.

I. Stein.

H. G. Pertz, Das Leben des Freiherrn vom Stein, 6 Bde., 1850, zitiert Pertz.
Derselbe, Denkschriften des Frhr. v. Stein, 1848, zit. Pertz Dken.
Derselbe, Das Leben des Feldmarschalls von Gneisenau. 1864, bes. Bd. I, 397 ff.
Steins Tagebuch vom Wiener Kongreß, hrsg. Max Lehmann, H. Z. 60, 385 ff.
Steins Denkwürdigkeiten 1812, Sitz.-Ber. d. Gött. Kgl. Gesellschaft d. Wiss. 1896, S. 171 ff.
Steins Korrespondenz mit Schlosser, hrsg. O. v. Gradenwitz, Sitz.-Ber. d. Heidelb. Akad. d. Wiss., Phil.-Hist. Klasse, 1910.
Steins Staatsgedanken, Hrsg. u. eingeleitet von Erich Botzenhart, Tübingen 1924, zit. Botzenhart I.
Steins ausgewählte Staatsschriften, hrsg. und eingeleitet von Hans Thimme, Mü. 1921, in der Samml. d. deutsche Staatsgedanke.
Steins Briefe an Hans von Gagern, in Gagern, Mein Anteil an der Politik, Bd. IV, Stuttg. 1833.
Steins Briefe an Graf Spiegel, Erzbischof von Cöln, in Dtsch. Rundschau 1927, S. 635 ff.
Vgl. außerdem die August-Denkschrift 1813 bei A. W. Schmidt, Geschichte der deutschen Verfassungsfrage, Stuttgart 1890, S. 58 ff.; H. Z. 80, 259; 84, 257; 102, 556.
Görres, Rheinischer Merkur, Juni bis Oktober 1814, Coblenz 1814.
E. M. Arndt, Wanderungen und Wandlungen mit dem Reichsfreiherrn v. Stein, 1858 (Werke Bong V, S. 13 ff.).
Max Lehmann, Freiherr vom Stein, 3 Bde. 1°, 1902 ff.; zit. Lehmann (2° 1921 in einem Band).
Ernst von Meier, Reform der Verwaltungsorganisation in Preußen unter Stein und Hardenberg, 1° 1881; 2° hrsg. und eingeleitet von Friedrich Thimme, München 1912.
Derselbe, Französische Einflüsse auf die Staats- und Rechtsentwicklung Preußens im 19. Jh., 2 Bde., Leipzig 1907/08.
Otto Hintze, Forsch. zur brandbg.-preuß. Gesch., Bd. 21, S. 313 ff., Adalbert Wahl, H. Z. 103, 359 ff.
Friedrich Meinecke, Weltbürgertum und Nationalstaat, 6° 1922 (Kap. 8).
Heinrich Ulmann, Eine neue Auffassung des Freiherrn vom Stein, Hist. Vjschr., 1910, S. 153 ff.
Hans Drüner, Der nationale und der universale Gedanke beim Freiherrn v. Stein. Hist. Vjschr., 1924, S. 128 ff.
Meinecke, Stein (1913) in Preußen und Deutschland, Ges. Aufsätze 1917, S. 125 ff.
Derselbe, Stein, Hist. Z. 131, S. 177 ff.

Ricarda Huch, Freiherr vom Stein, Leipzig u. Wien 1924. (Vgl. dazu H. Z. 133, 165 ff.)
Ernst Müsebeck, Freiherr v. Stein, Meister der Politik, II, 401 ff., 1922.
Karl A. v. Müller, Freiherr v. Stein, Aufs. u. Vorträge, Stuttgart 1926.
Hans Delbrück, Aufs., Erinnerungen, Reden, S. 95 ff.
Max Lenz, Kleine hist. Schriften II, 409 ff.
Reinhold Koser, Ausgew. Aufsätze, Berlin 1921, S. 269 ff. (377 ff.).
Paul Joachimsen, Freiherr vom Stein (ungedruckter Vortrag).
Gerhard Kallen, Freiherr v. Stein als deutscher Staatsmann, in Ilbergs Jahrbüchern für Wiss. u. Jugendbildung, 1926, II, 155 ff.
Erich Weniger, Rehberg und Stein, Niedersächsisches Jahrbuch Bd. II, 1925.
Erich Botzenhart, Die Staats- u. Reformideen des Freiherrn v. Stein, Tübingen 1927, zit. Botzenhart II; vgl. dazu Gerhard Ritter, H. Z. 136, 568 ff.
Alfred Stern, Sammelreferat, Arch. f. Politik u. Gesch., 1926, VI, 262 ff. H. Rothfels, Über H. G. St. Fords Stein, H. Z. 131, 302 ff.
G. Ritter, Stein. Arch. f. Pol. u. Gesch., 1927, Heft 7; ders. H. Z. 139, 1928. (Alfred Stern, Die Mutter des Freih. v. Stein und Lavater, H. Z. 93; Adolf Bach, Das Elternhaus des Freih. v. Stein, Rheinische Neujahrsblätter, hrsg. vom Verein f. Heimatkunde, ... an der Univ. Bonn 1927, Heft 6. Bequeme Auswahlen mit Einleitung von H. M. Elster, 1925, Mario Krammer, Berlin 1927; Karl Pagel, Leipzig 1927.)

II. Arndt.

Ausgewählte Werke, hrsg. und eingeleitet von Steffens und Leffson, 12 Bände, Bong, 1922, zit. W. (Darin ist Geist der Zeit I—IV = Bd. 6—9.)
Ausgewählte Werke, hrsg. von Heinrich Meißner, Bd. XIII—XIV.
Versuch einer Geschichte der Leibeigenschaft in Pommern, Berlin 1803 (geschrieben 1802).
Germanien und Europa, Altona 1804 (1802).
Reisen durch einen Teil Deutschlands, Ungarns, Italiens ... 1798, 2°, Leipzig 1804 (1801).
Fragmente über Menschenbildung, 2 Teile, Altona 1805, 3. Teil Altona 1819.
Einleitung zu historischen Charakterschilderungen, Berlin 1810 (1806).
Briefe an Freunde, Altona 1810 (1805, 1807).
Ansichten und Aussichten der deutschen Geschichte, Leipzig 1814 (1811—13).
Fantasien für ein zukünftiges Deutschland von E. v. S., hrsg. v. E. M. Arndt, Frankf. 1815 (1812).
Flugschriften: Die Glocke der Stunde in drei Zügen, 2°, 1813 (1812). Kurzer Katechismus für deutsche Soldaten, Petersburg 1812. An die Preußen. Anonym, Königsberg 1813. Zwei Worte über die Bestimmung der deutschen Legion, Dresden 1813 (1812). Entwurf der Erziehung und Unterweisung eines Fürsten, Berlin 1813 (1812). Grundlinien einer teutschen Kriegsordnung, Leipzig 1813. Noch ein Wort über die Franzosen und über uns, Leipzig 1814. Entwurf einer deutschen Gesellschaft, Frankfurt 1814. Noch eine Vermahnung an die politischen deutschen Philister, Frankfurt 1814, auch in
Blick aus der Zeit auf die Zeit, Frankfurt 1814.
Beherzigungen vor dem Wiener Kongreß, von X. Y. Z., 1814.
Der Wächter, eine Zeitschrift in zwanglosen Heften, 3 Bde., Köln 1815/16.
Denkschrift über die Gründung einer Rheinuniversität 1818, gekürzt abgedruckt bei v. Sybel, Kleine hist. Schriften II, 445—453.

Ein abgenötigtes Wort aus meiner Sache. Altenburg, 1821.
Schriften für und an seine lieben Deutschen, 4 Bde., 1845 ff.
Notgedrungener Bericht aus meinem Leben, 2 Teile, Leipzig 1847.
Heinrich Meisner und Robert Geerds, E. M. Arndt, Ein Lebensbild in Briefen, Berlin 1898.
Derselbe, Wilhelm von Humboldts und E. M. Arndts Briefe an Johanna Motherby, Leipzig 1893.
Rudolf Haym: Arndt, Preuß. Jahrbücher 1860, V, 470 ff.
Ernst Müsebeck, E. M. Arndt und die französische Revolution, Preuß. Jahrbücher 1904.
Derselbe, E. M. Arndt und die Reformen des studentischen Lebens, München 1909.
Derselbe, E. M. Arndt, ein Lebensbild, Bd. I, 1769—1815. Gotha 1914. Zit. Müsebeck.
Derselbe, E. M. Arndt, Staat und Vaterland, Einleitung zu einer Auswahl aus Arndts Schriften in der Samml. Der deutsche Staatsgedanke I, 10, München 1921.
Derselbe, E. M. Arndt in den politischen Strömungen nach den Freiheitskriegen, Dtsche Rundschau 1916, S. 346 ff.
Derselbe, Die Einleitung des Verfahrens gegen E. M. Arndt, H. Z. 105, 515 ff.
A. Dühr, Arndts Geist der Zeit II. in Grenzboten Bd. 70, 1911, Heft 38 u. 39.
Derselbe, Probleme einer Arndtbiographie, H. Z. 115, 537.
Rudolf Krügel, Der Begriff des Volksgeistes in E. M. Arndts Geschichtsanschauung. Diss. Leipzig, Langensalza 1914.
F. v. Bezold, Geschichte der Universität Bonn (S. 50, 80, 118, 140, 253 f.).
F. Gundolf, Hutten, Klopstock, Arndt, drei Reden, Heidelberg 1924.

Humboldt.

Wilhelm von Humboldts Gesammelte Schriften, hrsg. von der Berliner Akad. d. Wiss., zit. W., Berlin 1903 ff. (wichtig sind: Bd. I—III, VII, 2, X—XV).
Wilhelm von Humboldts gesammelte Werke, 1841, hrsg. C. Brandes, Berlin, zit. Ges. W. (wichtig Briefe Bd. I, V).
Eine Auswahl aus Wilh. v. Humboldts politischen Schriften, in den Klass. d. Politik Bd. VI, hrsg. und eingeleitet von Siegfried Kähler, Berlin 1922, zit. Ausgabe Kähler.
Wilhelm und Caroline von Humboldt in ihren Briefen, hrsg. von Anna von Sydow, 7 Bde., Berlin 1906 ff.; zit. Briefe.
Briefe Wilh. v. Humboldts an G. H. L. Nicolovius, hrsg. von R. Haym, Berlin 1894.
Briefe von und an Friedrich von Gentz, hrsg. F. C. Wittichen, München 1909 ff.
Theodor Kappstein, Wilh. v. Humboldt im Verkehr mit seinen Freunden, eine Auslese aus seinen Briefen, Berlin 1918.
Rudolf Haym, Wilh. v. Humboldt, Lebensbild und Charakteristik, Berlin 1856.
Alfred Dove, Wilh. v. Humboldt, Allgem. deutsche Biogr. Bd. XIII, 338 ff., 1881.
Derselbe, Die Gebrüder v. Humboldt in Ausgewählte Aufsätze, hrsg. von Friedr. Meinecke, München 1925.
Bruno Gebhard, Wilh. v. Humboldt als Staatsmann, 2 Bde., Stuttgart 1896 ff.
A. Leitzmann, Wilh. v. Humboldts Charakteristik, Halle 1919.
Eduard Spranger, Wilh. v. Humboldt und die Humanitätsidee. Berlin 1908, zit. Spranger I.

Eduard Spranger, Wilh. v. Humboldt und die Reform des Bildungswesens. Berlin 1909, zit. Spranger II.
Derselbe, Wilh. v. Humboldts Rede über die Aufgabe des Geschichtsschreibers und die Schellingsche Philosophie, H. Z. 100, 541 ff.
Meinecke, Weltbürgertum u. Nationalstaat (Kap. 3 und 8).
Derselbe, Wilh. v. Humboldt und der deutsche Staat, Neue Rundschau, Berlin 1920, S. 892 ff.
Paul Lenel, Wilh. v. Humb. und die Anfänge der preuß. Verfassung, Deutschrechtliche Beiträge IX, 3, Heidelberg 1913.
S. A. Kähler, Das Wahlrecht in Wilh. v. Humboldts Entwurf einer ständischen Verfassung für Preußen, Z. f. Politik X, 195 ff., 1917.
Derselbe, Diss. Freiburg 1914. Biogr. Einl. dazu »Beiträge zur Würdigung«...
Derselbe, Wilh. und A. v. Humboldt in den Jahren der napoleonischen Krise, H. Z. 116, 231 ff.
Derselbe, Wilh. v. Humboldt und der Staat, München 1927. (Darin eine umfangreiche Bibliographie für Humboldt S. 433 ff.)
Dazu die Rezension Gerhard Ritters in der Dtsch. Literaturzeitung 1928, Heft 4.

Allgemeines, nur soweit zitiert.

Klüber-Welcker, Wichtige Urkunden für den Rechtszustand der deutschen Nation, Mannheim 1845 (darin F. v. Gentz, Über den Unterschied einer landständischen Verfassung ... S. 213 ff.).
A. W. Schmidt, Gesch. der dtsch. Verfassungsfrage 1812—15, Stuttgart 1890.
F. v. Gentz, Burkes Betrachtungen über die franz. Revolution, übers. und eingeleitet, Berlin 1793.
Sammlung der Gesetze für die kgl. preuß. Staaten, Berlin 1822 (Bd. I, 1806—10 St.-O. S. 324 ff.; Bd. III, 1815, S. 103 ff.).
Paul Hassel, Geschichte der preuß. Politik 1806—15, Publikationen aus den preuß. Staatsarchiven I, 1889 (vgl. S. 547 ff.).
Hardenberg, Verfassungsentwurf vom 3. 5. 1819 in Form eines kgl. Kabinettbefehls, abgedr. bei Stern, Gesch. Europas I, Beilage IX, S. 649 ff.; Ideen zu einer landständischen Verfassung, bei Treitschke, Dtsche Gesch. im 19. Jh., II, Beil. 4, S. 635 ff.
v. Ranke, Denkwürdigkeiten des Fürsten Hardenberg, 5 Bde., Leipzig 1877 (IV, Beilage Rigaer Denkschrift).
Aus den Papieren Theodor v. Schöns, 6 Bde., Halle 1875.
Rudolf Vaupel, Stimmen aus der Zeit der Erniedrigung, in der Samml. d. dtsche Staatsgedanke I, 8, München 1923.
Georg v. Vincke, Darstellung der inneren Verwaltung Großbritanniens, eingeleitet von Barthold Georg Niebuhr, Berlin 1815.
Niebuhrs Briefe, hrsg. und eingeleitet von Dietr. Gerhard, Berlin 1926, Bd. I.
Alfred Stern, Abhandlungen und Aktenstücke zur Gesch. d. preuß. Reform, 1885.
Paul Haake, Forsch. zur brandbg.-preuß. Gesch. Bd. 26, 28—30.
Derselbe, Der preuß. Verfassungskampf vor 100 Jahren. München 1921.
Heinrich v. Treitschke, Der preuß. Verfassungskampf, Pr. Jahrbb. Bd. 29.
Friedrich Meinecke, Das Leben des Generalfeldmarschalls v. Boyen, 2 Bde., 1896.
Derselbe, Preußen und Deutschland. Ges. Aufsätze, München 1917.
Otto Hintze, Hist.-pol. Aufsätze Bd. 3 u. 4 (Bd. 3, 29 ff. = H. Z. 76; 69 ff. = H. Z. 94).
Max Lenz, Gesch. d. Universität Berlin, 1910, Bd. I.
Eduard Spranger, Altensteins Denkschrift vom September 1907 in ihren Be-

ziehungen zur Philosophie. Forsch. z. brand.-preuß. Gesch. 1915, Bd. 18, S. 485 ff. Philos. u Pädagogik der preuß. Reformzeit, H. Z. 104.

Wilh. Metzger, Gesellsch., Recht u. Staat i. d. Ethik des dtsch. Idealismus, Hrs. Ernst Bergmann, Leipzig 1917.

Ferdinand Tönnies, Gemeinschaft und Gesellschaft, 1° 1887.

Derselbe, Kritik der öffentlichen Meinung, 1922.

Ernst Troeltsch, Westeuropa und wir, hrsg. von Hans Baron, Tübingen 1925.

Derselbe, Probleme des Historismus, 1922, Tübingen.

Paul Joachimsen, Zur historischen Psychologie des deutschen Staatsgedankens, Dioskuren Bd. I, München 1921.

Wilhelm Bauer, Die öffentl. Meinung und ihre geschichtlichen Grundlagen. Tübingen 1914.

Hermann Oncken, Geschichtsschreibung, Politik und öffentliche Meinung. Historisch-politische Aufsätze und Reden, 2 Bde., München 1914.

Hans A. Münster, Die öffentl. Meinung in J. J. Görres Politischer Publizistik, Berlin 1926.

Theodor Roller, Georg Andreas Reimer und sein Kreis, Zur Geschichte des pol. Denkens in Deutschland um die Zeit der Befreiungskriege. Berlin 1924.

Karl Hagen, Die öffentl. Meinung in Deutschland nach den Befreiungskriegen bis zu den Karlsbader Beschlüssen, Raumers Hist. Taschenbuch, 1846—47. (Über die ö. M., wie sie bestand und ihren Niederschlag in der Presse fand, wurden eingesehen: Paul Czyan, Zur Gesch. d. Tageslit. während der Freiheitskriege, 2 Bde, 1911 u. zahlreiche Diss.; sie konnten unberücksichtigt bleiben, ebenso die Diss. Leipzig 1901 Otto Kittel, W. v. Humboldts gesch. Weltanschauung..)

Politische Literatur

aus dem Verlage Walter de Gruyter & Co., Berlin und Leipzig

Bismarck und die Friedensunterhändler 1871. Die deutsch-französischen Friedensverhandlungen zu Brüssel und Frankfurt März—Dezember 1871. Bearbeitet von Dr. phil. HANS GOLDSCHMIDT, Archivar im Reichsarchiv, Potsdam. Oktav. 19 Bogen. 1929. M. 12.—, geb. 13.50.

„. . . die dokumentarische Unterlage für eins der glänzendsten Kapitel aus Bismarcks Lebensgeschichte.“ *Neue Preuß. Kreuzzeitung.*

Graf Benckendorffs diplomatischer Schriftwechsel. Herausgegeben von B. von SIEBERT. Neue, stark vermehrte Auflage der Diplomatischen Aktenstücke zur Geschichte der Ententepolitik der Vorkriegsjahre. Oktav. 3 Bände. Zusammen 1315 Seiten. 1928. M. 30.—, geb. 35.—. Band I: 1907—1910, Band II: 1911 und 1912, Band III: 1913 und 1914.

„Auf Grund der geheimen und geheimsten Aktenstücke der Russen läßt sich nunmehr ein bis in kleinste Kleinigkeiten hinein zuverlässiges Bild von der diplomatischen Geschichte aus der Zeit vor dem Kriege zeichnen. Eine große Reihe von historischen Streitfragen wird durch diese Dokumente eindeutig klargestellt. Diese Aktenstücke sind berufen, ein hervorragendes Werkzeug für die praktische deutsche Außen- und Innenpolitik zu werden. Deutschlands ‚Schuld am Kriege‘, einer These, deren innere Unwahrheit auf der Hand liegt, kann jetzt aktenmäßig Jahr für Jahr enthärtet werden.“ *Berliner Lokalanzeiger.*

Deutschland unter dem Dawes-Plan. Entstehung, Rechtsgrundlagen, wirtschaftliche Wirkungen der Reparationslasten. Von Professor MAX SERING, Universität Berlin. Oktav. VIII, 237 Seiten. 1928. M. 10.—

„. . . Dieses Buch ist fesselnd geschrieben und behandelt alle politischen, juristischen und wirtschaftlichen Probleme erschöpfend.“ *Hallesche Zeitung.*

Die Deutschen Weißbücher zur auswärtigen Politik 1870—1914. Geschichte und Bibliographie. Von JOHANN SASS. Groß Oktav. X, 224 Seiten. 1928. M. 10.—, geb. 11.50.

Das Werk erschließt als erstes zusammenfassend die Entwicklung der deutschen Weißbücher im Allgemeinen sowie die Entstehung der einzelnen Veröffentlichungen im besonderen. Darüber hinaus erfaßt die Darstellung in breitem Rahmen die mit der Weißbuchfrage engverknüpften Kämpfe des Reichstages um seine Beteiligung an den auswärtigen Angelegenheiten. Im Mittelpunkt steht die Persönlichkeit Bismarcks, deren ablehnende Haltung dem ganzen Problem gegenüber scharf umrissen und eingehend begründet wird. Das Werk schließt eine wesentliche Lücke in der historisch-politischen Literatur.

Die letzten Etappen zum Weltkrieg. Von Dr. TH. SCHIEMANN, Professor an der Universität Berlin. Oktav. IV, 352 Seiten. 1915. M. 6.—.

„Die Vorgeschichte des Weltkrieges ist in dem Buch Schiemanns meisterhaft zusammengelegt, so daß nicht nur der Politiker, sondern auch der Laie durch das Studium dieses Werkes zu einer rechten Würdigung des großen Krieges kommt.“ *Rheinisch-Westfälische Zeitung.*

Die ersten Stundenschläge des Weltkrieges. Eine Zeittafel der wichtigen Vorgänge bei Kriegsausbruch mit Hinweisen auf die einschlägigen Urkunden. Von B. W. v. BÜLOW. Oktav. VIII, 190 Seiten. 1922. M. 3.—.

„Ein wissenschaftlich aufs beste geschulter Diplomat hat sich mit dieser Veröffentlichung ein neues Verdienst um die Aufhellung der Schuldfrage erworben. Die Schrift wird zum unentbehrlichen Handwerkszeug des Zeithistorikers gehören.“ *Historische Zeitschrift.*

Leitfaden zur Kriegsschuldfrage. Von Graf MAX MONTGELAS, Mitherausgeber der Deutschen Dokumente zum Kriegsausbruch. Oktav. IV, 208 Seiten. 1923. M. 3.—.

„Es kann unbeschadet anderer ausgezeichneter Einzeldarstellungen gesagt werden, daß dieses Buch den höchsten Anforderungen genügt. Das liegt schon an der besonderen Eignung des Verfassers." *Süddeutsche Monatshefte.*

Diplomatie und Weltkrieg. Von Dr. ERNST MÜLLER-MEININGEN. Ein politischer Führer durch die Weltkrisis 1914/1917. 2 Bände. Oktav. XIX, 1315 Seiten. 1917. M. 27.—.

Eine wichtige Anklage und Abwehr; es ist ein Stück selbsterlebte Weltgeschichte, nichts Juristisches, nicht Völkerrecht nur: es ist Kultur- und Ideengeschichte; dieses Buch weckt in jedem Erinnerungen und jede Erinnerung findet hier ihre Grundlagen. Das ist sichere Führung.

Der Weltkrieg und der Zusammenbruch des Völkerrechts. Von Dr. ERNST MÜLLER-MEININGEN. Eine Abwehr und Anklage. 2 Bände. Oktav. XVI, 1025 Seiten, 1917. M. 12.—.

Aus Bayerns schwersten Tagen. Von Dr. ERNST MÜLLER-MEININGEN. Erinnerungen und Betrachtungen aus der Revolutionszeit. Oktav. 338 Seiten. 1922. M. 1.50, geb. 3.—.

„Das Buch hinterläßt vom Verfasser den Eindruck einer begeisterungsfähigen Persönlichkeit. Eine Unmenge von Einzelheiten, Belegen, Anmerkungen und Zitaten heben es über die Gefahr einer oberflächlichen Memoirenleistung empor." *München-Augsburger Abendzeitung.*

Parlamentarismus. Von Dr. ERNST MÜLLER-MEININGEN. Betrachtungen, Lehren und Erinnerungen aus deutschen Parlamenten. Oktav. 216 Seiten. 1926. M. 7.—, geb. 8.50.

„Das Buch ist in heutiger Zeit eine Merkwürdigkeit, denn es vertritt keine Parteilehre, auch nicht im geheimen. Vaterland und Volk sind Ausgangspunkte und Ziel und Sorge dieser rückhaltslos offenen Lebensbeichte eines deutschen Parlamentariers und Juristen." *Deutsche Richterzeitung.*

Politische Geschichte des Weltkrieges. Sein Ursprung und sein Verlauf. Von FR. LUCKWALDT. I.: 1890—1906: Von Bismarck zu Eduard VII. 142 Seiten. 1919. (Sammlung Göschen Bd. 790.) Geb. M. 1.50. II. 1906—1914: Deutschland und der Dreiverband. 143 Seiten. 1922. (Sammlung Göschen Bd. 791). Geb. M. 1.50.

„Mit meisterhafter Kunst hat der Verfasser auf eng begrenztem Raum eine wichtige Epoche der europäischen Politik behandelt. Die neueste Literatur und das nach dem Weltkrieg eröffnete Quellenmaterial ist in den Bänden verarbeitet und verwertet." *Zeitschrift für Internationales Recht.*

Deutschlands und Kaiser Wilhelms II. angebliche Schuld am Ausbruch des Weltkrieges. Eine Entgegnung an Karl Kautsky. Von THEODOR SCHIEMANN. Oktav. 31 Seiten. 1921. M. 0.50.

Der deutsch-englische Gegensatz und sein Einfluß auf die Balkanpolitik Österreich-Ungarns. Von ALEXANDER HOYOS. Oktav. 105 Seiten. 1922. M. 0.50.

Die Fälschungen des russischen Orangebuches. Der wahre Telegrammwechsel Paris—Petersburg bei Kriegsausbruch. Herausgegeben von Freiherrn J. von ROMBERG. Oktav. 48 Seiten. 1922. M. 1.—.

Studien zur rheinischen Geschichte. Herausgegeben von Dr. ALBERT AHN. Heft 12: Franz von Lassaulx. Ein Stück rheinische Lebens- und Bildungsgeschichte im Zeitalter der großen Revolution und Napoleons. Von LEO JUST. XI, 286 Seiten. Oktav. 1926. M. 11.40, geb. 13.—.

FSC
www.fsc.org
MIX
Papier | Fördert gute Waldnutzung
FSC® C083411

Kolibri 360 GmbH
Ferdinand-Jühlke-Straße 7
99095 Erfurt, Deutschland
produktsicherheit@kolibri360.de